第五版

跟我學
Photoshop
一定要會的影像處理技巧
× AI生成應用

序
Preface

　　Adobe 從 CC 版本開始，改變了軟體安裝的方式後，多年來使用者已漸漸習慣透過「Adobe Creative Cloud」雲端下載與更新的運作方式。只要您一直擁有 Adobe 會籍（持續訂閱），就能一直使用該軟體並維持在最新的狀態。近幾年來幾乎年年更新、季季更新，因此，現在用戶群的軟體版本範圍很大，從 CS6、2018、2019... 到 2025 都有，端看使用者更新了沒，不管您正在使用哪個版本，只要用起來順手、效率夠好，就是最適合的版本！

　　2025 年 5 月的改版，主要加入了由 Adobe Firefly 技術支援的「生成填色功能」。AI 是近幾年來最熱門的主題，而 Photoshop 中人工智慧的應用很早就開始，例如：內容感知和神經濾鏡；現在添加了 Firefly 技術的生成填色功能更是如虎添翼，除了減少處理影像的時間外，更能讓使用者輕輕鬆鬆製作出精美的數位藝術作品。

　　時隔多年再改版，花了不少時間更新與補充內容，每次的更版都是大工程，因為，這可是 Photoshop 呢...，再多的內容、再快的速度也趕不上它的更新效率。因此，當讀者在使用本書時，如果畫面或步驟與您實際操作有些差異，那是「無法避免」的。不過，大部分的基本功能不會有太多的改變，應該只會愈改愈好用、操作愈便利才對。還好每次的改版，Adobe 都會在官網提供詳細的說明，並將每次的更新功能條列，方便使用者評估後再決定是否更新。或許當本書上架時，又有功能更新了，這些就留待讀者自行去探索與領悟囉！

　　感謝「碁峯資訊」所有同仁的印製與行銷作業，讓本書能夠順利出版。更要誠摯地感謝所有愛護及追隨「跟我學」系列的讀者，多年來的支持與鼓勵，請繼續給予鞭策與推薦，讓我們知道好書不會寂寞！

郭姮劭・何頌凱

CONTENTS 目錄

認識 Photoshop 的工作環境 ①

- **1-1** 視窗元件與基本操作 1-1
  - 1-1-1 文件編輯視窗 1-4
  - 1-1-2 工具面板 1-4
  - 1-1-3 選項列與面板 1-6
  - 1-1-4 搜尋與探索 1-10

- **1-2** 影像顯示的縮放控制 1-13
  - 1-2-1 使用縮放顯示工具 1-13
  - 1-2-2 以選項控制影像的顯示 1-16
  - 1-2-3 以手形工具移動影像 1-18
  - 1-2-4 以旋轉檢視工具旋轉影像 1-20
  - 1-2-5 使用導覽器面板 1-20

- **1-3** 與視窗有關的操作 1-21
  - 1-3-1 群組文件編輯視窗 1-22
  - 1-3-2 排列視窗 1-23
  - 1-3-3 螢幕模式切換 1-25

- **1-4** 自訂工作環境 1-25
  - 1-4-1 偏好設定 1-25
  - 1-4-2 自訂工具列 1-26
  - 1-4-3 自訂鍵盤快速鍵 1-28
  - 1-4-4 自訂選單 1-31
  - 1-4-5 自訂工作區 1-32
  - 1-4-6 同步預設集 1-34

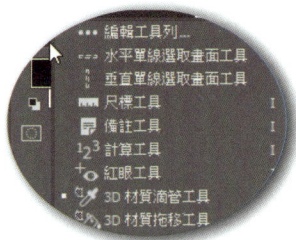

- **1-5** Creative Cloud 的雲端服務 1-36
  - 1-5-1 Creative Cloud 介紹 1-36
  - 1-5-2 訂閱方案 1-39
  - 1-5-3 偏好設定 1-40
  - 1-5-4 線上管理檔案 1-42

III

2 影像檔案的管理

- 2-1 檔案的建立與開啟 2-1
  - 2-1-1 開新檔案—空白文件或範本 2-2
  - 2-1-2 開啟舊檔—已存在的影像檔案 2-5
  - 2-1-3 置入檔案 2-8
  - 2-1-4 讀入檔案 2-10
  - 2-1-5 關閉檔案 2-12
- 2-2 檔案的儲存 2-13
  - 2-2-1 儲存檔案與另存新檔 2-13
  - 2-2-2 轉存檔案 2-18
  - 2-2-3 檔案的偏好設定 2-20

- 2-3 使用 Bridge 組織與管理影像 2-22
  - 2-3-1 認識 Adobe Bridge 的工作環境 2-22
  - 2-3-2 開啟 / 旋轉 / 刪除影像 2-32
  - 2-3-3 分級 / 排序 / 搜尋 / 堆疊 2-33

3 影像範圍的選取與儲存

- 3-1 選取範圍的基本操作 3-1
  - 3-1-1 矩形選取工具 3-1
  - 3-1-2 橢圓選取工具 3-3
  - 3-1-3 水平與垂直單線選取工具 3-4
- 3-2 不規則範圍的選取 3-5
  - 3-2-1 套索工具 3-5
  - 3-2-2 多邊形套索工具 3-5
  - 3-2-3 磁性套索工具 3-7

- 3-3 使用色彩選取範圍 3-8
  - 3-3-1 物件選取工具 3-8
  - 3-3-2 快速選取工具 3-11
  - 3-3-3 魔術棒工具 3-12
  - 3-3-4 以顏色選取範圍 3-13

CONTENTS 目錄

　　　　3-3-5 以焦點區域選取 3-16
　　　　3-3-6 選取主體與天空 3-19
3-4 選取範圍的調整與控制 3-20
　　　　3-4-1 手動調整選取範圍 3-20
　　　　3-4-2 以顏色修改選取範圍 3-22
　　　　3-4-3 選取邊緣的特別處理 3-23
　　　　3-4-4 以修改指令調整選取範圍 3-29
3-5 儲存與載入選取範圍 3-31

影像的基本編輯 4

4-1 基本編輯與拼貼 4-1
　　　　4-1-1 使用滑鼠搬移 / 拷貝選取範圍影像 4-1
　　　　4-1-2 使用指令搬移 / 複製選取範圍影像 4-4
　　　　4-1-3 裁切影像 4-5
　　　　4-1-4 切片與切片選取工具 4-10
　　　　4-1-5 複製影像 4-14
4-2 影像旋轉與變形 4-15
　　　　4-2-1 旋轉版面 4-15
　　　　4-2-2 變形局部影像 4-16
　　　　4-2-3 彎曲變形影像 4-18
　　　　4-2-4 內容感知縮放 4-21
　　　　4-2-5 操控彎曲 4-23
　　　　4-2-6 透視彎曲 4-25
　　　　4-2-7 天空取代 4-29

4-3 重要的編輯指令 4-32
　　　　4-3-1 中斷 / 還原與重做 4-32
　　　　4-3-2 步驟記錄 4-32
　　　　4-3-3 清除暫存記憶體 4-35
4-4 調整影像大小與轉換模式 4-36
　　　　4-4-1 調整影像尺寸 4-36
　　　　4-4-2 調整版面尺寸 4-39
　　　　4-4-3 轉換影像模式 4-41

5 顏色的設定與應用

- 5-1 選取色彩 5-1
  - 5-1-1 前景色與背景色 5-2
  - 5-1-2 使用 Adobe 檢色器 5-2
  - 5-1-3 使用滴管工具 5-5
- 5-2 顏色與色票面板 5-8
  - 5-2-1 顏色面板 5-8
  - 5-2-2 色票面板 5-9
  - 5-2-3 管理色票 5-10

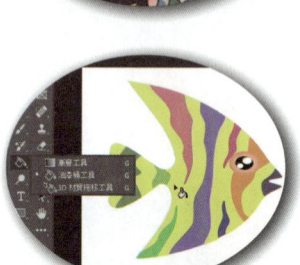

- 5-3 填色與描邊的處理 5-12
  - 5-3-1 使用油漆桶工具 5-12
  - 5-3-2 使用填滿指令 5-13
  - 5-3-3 內容感知填色 5-14
  - 5-3-4 使用漸層工具 5-17
  - 5-3-5 描邊處理 5-20

- 5-4 色版與遮色片 5-21
  - 5-4-1 認識色版 5-21
  - 5-4-2 遮色片的定義 5-26
  - 5-4-3 快速遮色片 5-27
  - 5-4-4 Alpha 色版 5-29

6 影像調整與修復

- 6-1 色階與對比的處理 6-1
  - 6-1-1 影像色階的檢視與調整方式 6-1
  - 6-1-2 調整亮度與對比 6-6
  - 6-1-3 調整色階 6-8
  - 6-1-4 調整曲線 6-12
  - 6-1-5 陰影與亮部 6-15
- 6-2 影像色彩的控制 6-17
  - 6-2-1 色彩平衡控制 6-17
  - 6-2-2 色相 / 飽和度控制 6-18

CONTENTS 目錄

  6-2-3 自然飽和度 6-21
  6-2-4 去除飽和度 6-23
  6-2-5 符合顏色的處理 6-23
  6-2-6 相片濾鏡 6-25
  6-2-7 黑白 6-26
  6-2-8 選取與取代顏色 6-28
  6-2-9 特殊色階效果 6-30

6-3 高動態範圍（HDR）影像 6-31
  6-3-1 將影像合併至 HDR 6-32
  6-3-2 調整 HDR 曝光度和色調 6-35

6-4 潤飾工具 6-39
  6-4-1 指尖工具 6-39
  6-4-2 模糊與銳利化工具 6-41
  6-4-3 加亮與加深工具 6-42
  6-4-4 海綿工具 6-43

6-5 仿製工具 6-44
  6-5-1 仿製印章工具 6-44
  6-5-2 圖樣印章工具 6-46

6-6 修復工具 6-47
  6-6-1 污點修復筆刷工具 6-47
  6-6-2 修復筆刷工具 6-48
  6-6-3 修補工具 6-50
  6-6-4 內容感知移動工具 6-51
  6-6-5 紅眼工具 6-53

圖層的操作與應用 7

7-1 圖層的操作與管理 7-1
  7-1-1 認識圖層 7-1
  7-1-2 圖層的增刪與順序調整 7-6
  7-1-3 圖層的群組 / 連結與鎖定 7-7
  7-1-4 拷貝 / 貼上 / 複製圖層 7-10
  7-1-5 圖層的對齊 / 均分與合併 7-13
  7-1-6 搜尋與篩選圖層 7-15

VII

- 7-2 認識圖層的混合模式 7-19
  - 7-2-1 一般混合 7-19
  - 7-2-2 進階混合 7-25
- 7-3 使用遮色片 7-28
  - 7-3-1 建立圖層遮色片 7-28
  - 7-3-2 編輯圖層遮色片 7-30
  - 7-3-3 關閉／啟動與刪除圖層遮色片 7-33
  - 7-3-4 建立向量圖遮色片 7-34
  - 7-3-5 建立剪裁遮色片 7-37

- 7-4 圖層的格式化 7-39
  - 7-4-1 設定圖層樣式 7-39
  - 7-4-2 建立調整圖層 7-43
  - 7-4-3 建立填滿圖層 7-47
  - 7-4-4 建立自定圖樣與圖樣預視 7-48
- 7-5 認識智慧型物件 7-49

  - 7-5-1 建立智慧型物件 7-49
  - 7-5-2 使用邊框工具 7-52
  - 7-5-3 編輯／更新與取代智慧型物件 7-58
  - 7-5-4 複製與轉存智慧型物件 7-61
  - 7-5-5 封裝檔案 7-64

8 繪製插畫的工具

- 8-1 繪圖環境設定 8-2
  - 8-1-1 滑鼠游標的設定 8-2
  - 8-1-2 繪圖工具的選項設定 8-4
- 8-2 繪圖工具的使用 8-8
  - 8-2-1 筆刷和鉛筆工具 8-8
  - 8-2-2 顏色取代工具 8-12
  - 8-2-3 混合器筆刷工具 8-13
- 8-3 筆刷設定與管理 8-16
  - 8-3-1 筆刷面板與筆刷設定 8-16

VIII

CONTENTS 目錄

	8-3-2 設定筆尖形狀	8-19
	8-3-3 設定其他繪畫選項	8-21
	8-3-4 建立新的預設筆刷	8-25
8-4	繪圖的步驟記錄	8-27
	8-4-1 步驟記錄筆刷工具	8-27
	8-4-2 藝術步驟記錄筆刷	8-30
8-5	橡皮擦工具	8-33

向量圖形的繪製與編修 9

9-1	路徑面板與路徑工具	9-1
	9-1-1 何謂路徑	9-2
	9-1-2 認識路徑工具	9-3
	9-1-3 認識路徑面板和路徑選項	9-4
	9-1-4 新增與管理路徑	9-7
9-2	繪製路徑	9-11
	9-2-1 筆型工具	9-11
	9-2-2 曲線筆工具	9-16
	9-2-3 創意筆工具	9-18
	9-2-4 內容感知描圖工具	9-19
	9-2-5 以形狀工具產生路徑	9-23
9-3	路徑的編輯與處理	9-26
	9-3-1 編輯路徑	9-26
	9-3-2 路徑的操作 / 對齊與安排	9-28
	9-3-3 路徑的處理	9-31
9-4	路徑應用	9-34
	9-4-1 自訂形狀工具	9-34
	9-4-2 自訂對稱路徑	9-36
	9-4-3 以路徑將影像去背	9-37

IX

10 文字的處理

- **10-1** 文字的建立與編輯 10-1
  - 10-1-1 建立錨點文字 10-1
  - 10-1-2 建立段落文字 10-3
  - 10-1-3 建立文字遮色片 10-5
  - 10-1-4 編輯文字 10-6
- **10-2** 設定文字與段落格式 10-9
  - 10-2-1 文字選項 10-9
  - 10-2-2 設定文字的字元格式 10-11
  - 10-2-3 設定文字的段落格式 10-13
  - 10-2-4 樣式的新增與套用 10-14

- **10-3** 建立文字效果 10-15
  - 10-3-1 在路徑上建立文字 10-15
  - 10-3-2 建立彎曲文字 10-17
  - 10-3-3 以圖層樣式格式化文字圖層 10-19
- **10-4** 啟用字體與遺失處理 10-21

  - 10-4-1 從 Adobe Fonts 啟用字體 10-21
  - 10-4-2 搜尋字體 10-27
  - 10-4-3 管理同步字體 10-28
  - 10-4-4 遺失字體的處理 10-30
  - 10-4-5 符合字體 10-32
  - 10-4-6 可變字型 10-34

11 讓影像充滿想像與創意—濾鏡特效

- **11-1** 使用濾鏡特效的方式 11-1
  - 11-1-1 濾鏡特效操作的原則 11-1
  - 11-1-2 使用濾鏡收藏館 11-4
- **11-2** 像素與演算上色濾鏡 11-5
  - 11-2-1 像素濾鏡 11-5
  - 11-2-2 演算上色濾鏡 11-6

CONTENTS 目錄

11-3 筆觸與素描濾鏡 11-8
 11-3-1 筆觸濾鏡 11-8
 11-3-2 素描濾鏡 11-9

11-4 模糊 / 銳利化 / 雜訊濾鏡 11-10
 11-4-1 模糊濾鏡 11-11
 11-4-2 模糊收藏館 11-12
 11-4-3 銳利化濾鏡 11-14
 11-4-4 雜訊濾鏡 11-15

11-5 紋理 / 藝術風 / 風格化濾鏡 11-16
 11-5-1 紋理濾鏡 11-16
 11-5-2 藝術風濾鏡 11-17
 11-5-3 風格化濾鏡 11-18

11-6 扭曲與液化濾鏡 11-20
 11-6-1 扭曲濾鏡 11-20
 11-6-2 液化濾鏡 11-22

11-7 鏡頭校正與最適化廣角 11-25
 11-7-1 鏡頭校正 11-25
 11-7-2 最適化廣角 11-26

11-8 消失點 11-30

11-9 Neural Filters─神經濾鏡 11-31

11-10 Adobe Camera Raw 11-38
 11-10-1 認識 Raw 檔案 11-39
 11-10-2 以 Adobe Camera Raw 編輯影像 11-40
 11-10-3 套用預設集 11-44
 11-10-4 以工作流程輸出影像 11-47
 11-10-5 以 Camera Raw 濾鏡調整影像 11-52

有效率的處理影像 12

12-1 資料庫 12-1
 12-1-1 資料庫的運作方式 12-1
 12-1-2 建立資料庫與新增資產 12-3

12-1-3 從影像擷取 12-7
12-1-4 已連結與解除連結資產 12-10
12-1-5 編輯資料庫與資產 12-12
12-1-6 搜尋 Adobe Stock 12-15
12-1-7 邀請人員與取得連結 12-17

12-2 工作區域 12-21
12-2-1 認識工作區域 12-21
12-2-2 建立工作區域文件 12-23
12-2-3 使用與轉存工作區域 12-27

13 Photoshop 中的生成式 AI

13-1 免費的線上 AI 影像生成器 - Adobe Firefly 13-1
13-1-1 免費取得 Firefly 13-2
13-1-2 以文字建立影像 13-3
13-1-3 生成式填色 13-6

13-2 Photoshop 中的生成式填色 13-8

13-3 生成式填色的實例介紹 13-11
13-3-1 生成式填色之變更背景 13-11
13-3-2 生成式填色之移除與擴張 13-15
13-3-3 生成式填色之無中生有 13-18

本書學習資源

本書範例檔案（基於保護個人肖像權，部分範例無法提供）、精彩影音教學影片（5 小時的影音課程）、以及部分主題的詳細說明（180 多頁的 PDF），放在以下網址供讀者下載：

　　http://books.gotop.com.tw/download/ACU086631

其內容僅供合法持有本書的讀者使用，未經授權不得抄襲、轉載或任意散佈。

CHAPTER 01 認識Photoshop的工作環境

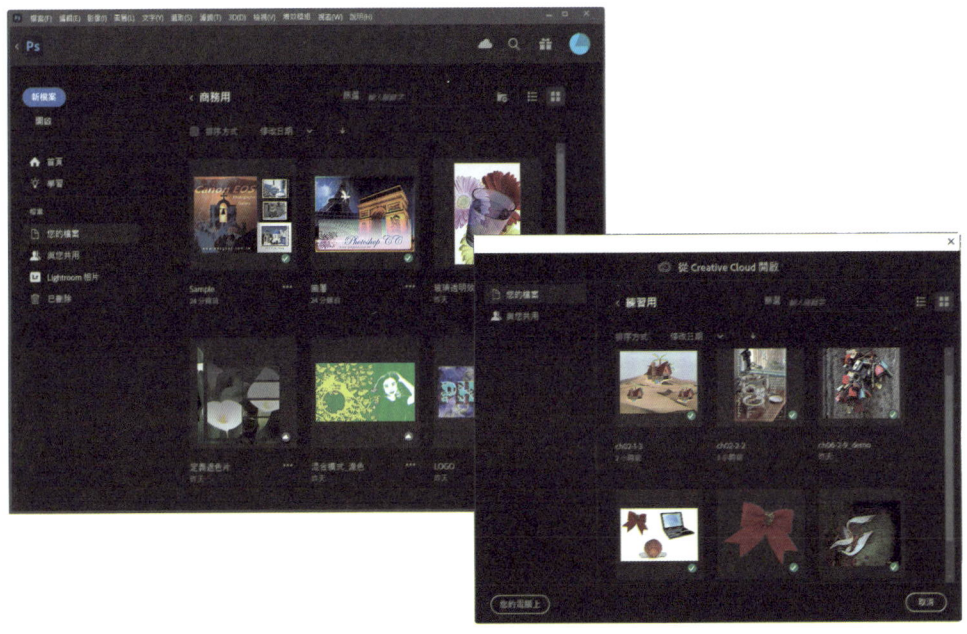

自從 Adobe Photoshop CC 在 102 年中推出後,幾乎每年都有新版本的更新,「CC」代表 Creative Cloud,是一種全新的雲端概念,不僅應用程式的下載、安裝與更新要透過雲端存取,還可將完成的作品儲存在雲端,只要有訂閱 Creative Cloud,即可隨時更新到最新的版本。

1-1 視窗元件與基本操作

Photoshop 每一次的改版,會隨著新增的工具或功能改變,而反應在視窗外觀與操作介面上,認識並熟悉使用環境是學習 Photoshop 的第一步!

Photoshop CC 預設的視窗色系採用暗色調，讓視覺可以集中在影像區域，預設為「基本功能」工作區，下圖是視窗各元件的基本介紹，在本章的各小節中，

1. 應用程式選單
2. 選項
3. 工具
4. 開啟首頁
5. 文件索引標籤
6. 雲端文件圖示
7. 文件編輯視窗
8. 顯示比例
9. 文件資訊
10. 展開文件清單鈕

將進一步說明影像處理的最基本操作，以及相關的環境設定。

11 工作區最小化
12 工作區最大化
13 關閉程式
14 共用文件
15 搜尋工具、說明和更多內容
16 選擇工作區
17 面板標題列
18 面板索引標籤
19 收合面板為圖示及展開的按鈕
20 面板群組槽
21 固定區域

1 認識Photoshop的工作環境

1-3

1-1-1 文件編輯視窗

當我們開啟新文件（執行 **檔案 > 開新檔案**）或已存在的舊檔案（**檔案 > 開啟舊檔**）後，皆會開啟 **文件編輯視窗** 並顯示 **文件索引標籤** 與 **狀態列**，當開啟多個檔案時，**文件索引標籤** 會並排顯示，點選標籤即可切換為作用中檔案。若開啟的檔案很多，無法顯示所有文件標籤，可點選右側的 **文件展開** 鈕，從文件清單中點選要切換的文件。**文件索引標籤** 中包含了檔案名稱、縮放顯示比例、作用中圖層、色彩模式和關閉視窗 鈕。

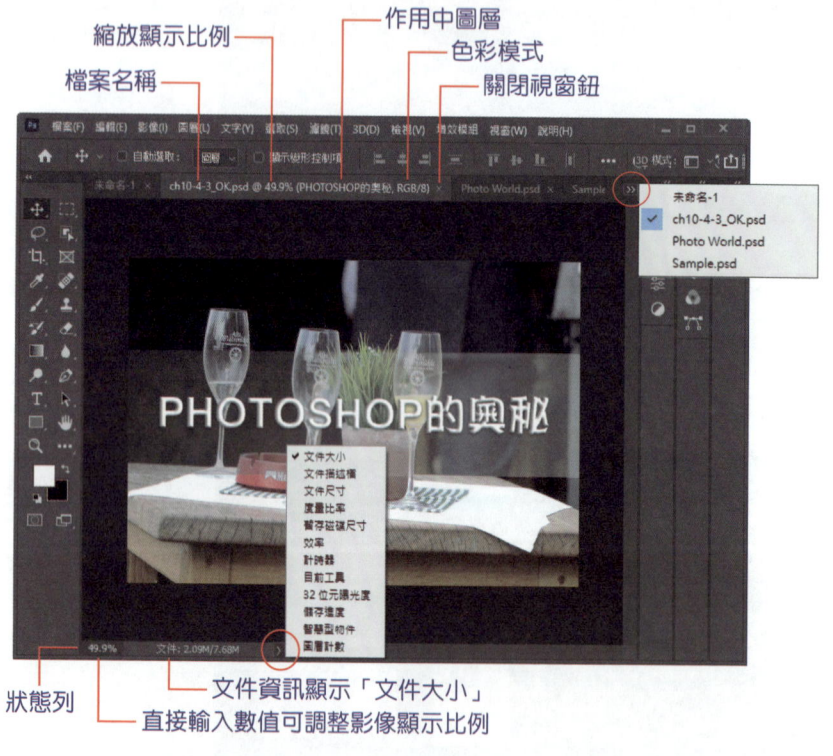

狀態列 上除了會顯示作用中影像目前的顯示比例外，還可切換顯示文件大小、目前所使用的工具、文件尺寸…等相關訊息，只要按一下「文件」右側的 **展開** 鈕，即可選擇所要顯示的文件資訊，預設值是顯示 **文件大小**。

1-1-2 工具面板

Photoshop 中的 **工具** 面板（或稱 **工具箱**）包含各種處理影像時所需的編輯工具，可以幫助您輕鬆地選取、繪製和編修影像，預設會以單欄顯示，可點選 **面板展開** 鈕切換為雙欄顯示，再以 **面板收合** 鈕收合為單欄。

1-4

每一個工具都有對應的 **選項**，當您點選任意工具時，**選項** 列會自動切換為該工具的相關屬性選項。**工具** 面板中的各項工具可概分為四大類：選取 / 裁切 / 度量工具、影像潤飾與繪畫工具、繪圖與文字工具、導覽 / 色彩 / 螢幕模式切換工具。

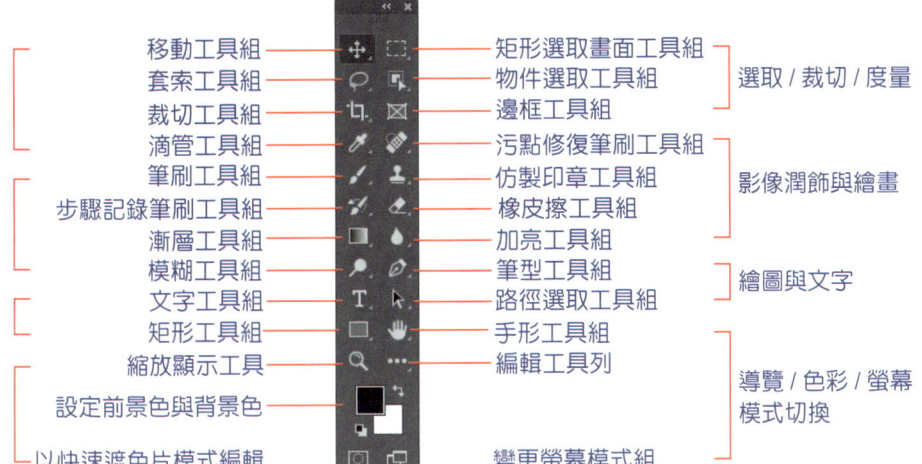

工具 面板中所提供的工具採「群組」方式來組合，預設顯示的工具只是每個工具群組中的其中之一。工具鈕的右下角若有顯示三角形 圖示，以滑鼠左鍵點選不放，即會展開此群組工具清單，接著可以選擇切換到同一類的其他工具。

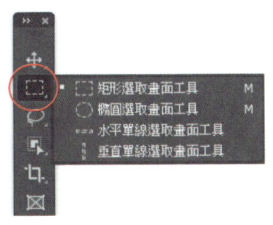 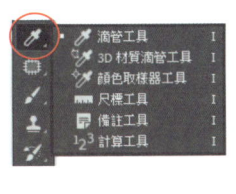

預設的狀態下會啟用「豐富工具提示」，將指標移到 **工具** 面板的特定工具上暫停，Photoshop 會顯示該工具的說明以及操作示範的動畫。執行 **編輯 > 偏好設定 > 工具** 指令，取消勾選 顯示豐富工具提示 核取方塊可取消此設定。

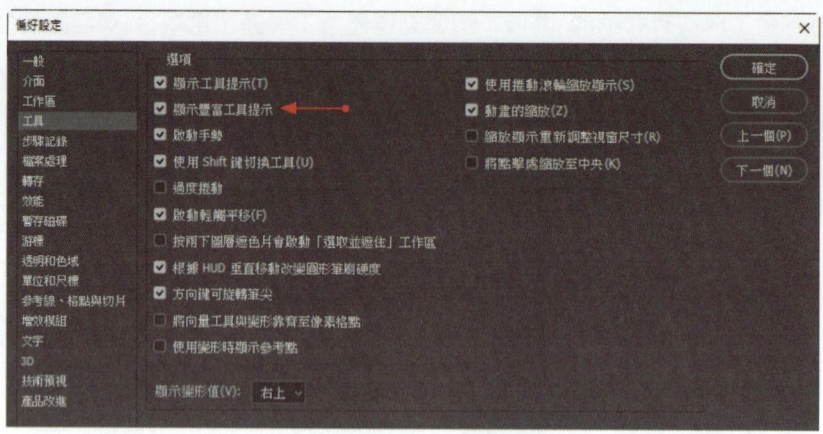

> **說明**
> - 每個工具群組都有預設的快速鍵字母代號,從鍵盤輸入字母即可快速切換到該工具群組。
> - 按住 Shift 鍵並重複按工具快速鍵,或是先按住 Alt 鍵,再以滑鼠左鍵點選某個工具群組,即可循環切換至同一群組中的不同工具。
> - 如何自訂工具列請參閱 1-4 節。

1-1-3 選項列與面板

Photoshop 中無論是文件編輯視窗、工具、選項或各種面板,都可以「浮動」方式顯示。以滑鼠左鍵按住面板標籤或面板群組標題列,即可任意移動到要擺放的位置;若以滑鼠左鍵按住 **選項** 列的 **駐夾列**(呈雙虛線),可以調整其顯示位置。

從 2014 版本開始,許多工具在選項列上的功能,可改以工具鈕呈現,如此可以縮小選項列的長度,適合窄螢幕使用。只要在 **編輯 > 偏好設定 > 工作區** 勾選 ☑ **啟用縮窄選項列** 核取方塊,下次啟動 Photoshop 即可生效。

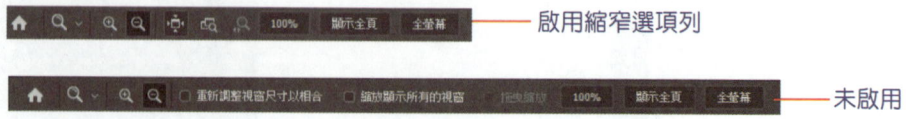

1-6

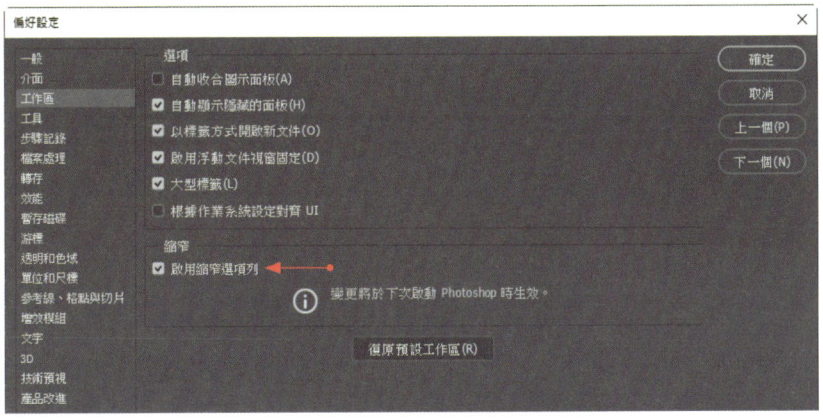

面板的隱藏 / 顯示與群組

執行 **視窗** 應用程式選單中的對應指令，可以控制文件編輯視窗、工具、選項或各種面板的隱藏或顯示，常用的面板也有快速鍵可控制其顯示與隱藏。面板通常以「群組」方式來顯示，點選面板標籤可切換顯示面板內容。

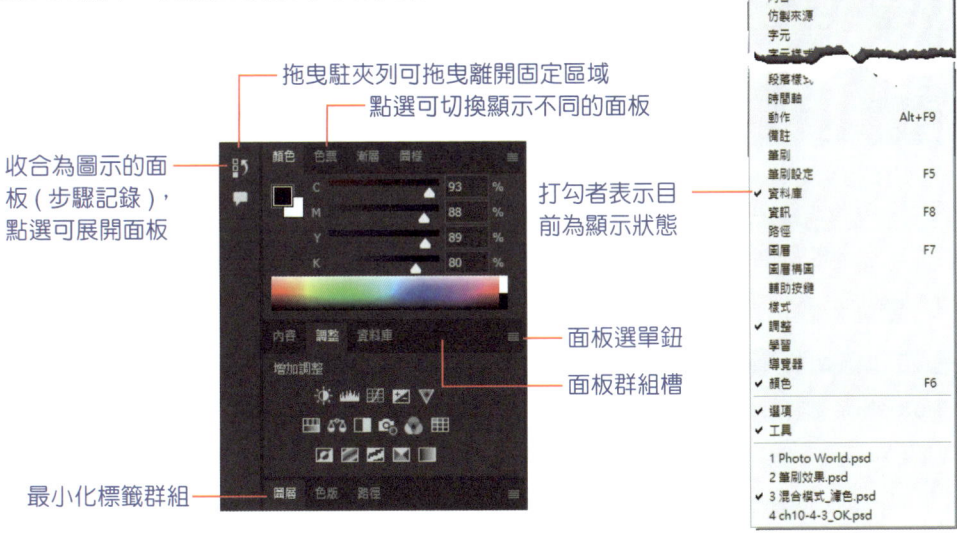

啟動 Photoshop 時預設會展開幾個面板，在 **固定區域** 中則有 **步驟記錄** 和 **評論** 圖示。在已展開面板的標籤上快按二下，可收合面板，按一下則可展開。面板或面板群組槽的右側會有 **收合至圖示** ▶▶ 或 **展開面板** ◀◀ 圖示，點選此圖示可將該面板或群組面板展開或收合為圖示。點選面板右側的面板選單 ≡ 圖示，可展開包含該面板的指令清單。在面板標籤上按右鍵，可關閉或控制面板的收合。

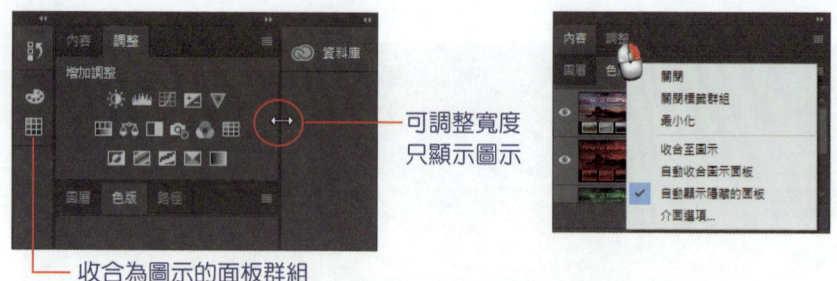

收合為圖示的面板群組

可調整寬度
只顯示圖示

內容 面板會隨著目前所使用的功能而切換顯示相關的屬性，例如：遮色片的屬性、調整圖層和視訊圖層⋯等，為您節省工作時間，相關說明請參考後續的章節。**面板群組槽** 中的面板可以自由移動或新增，拖曳面板的標籤，可以將其從面板群組中獨立出來，也可以再併入其他面板群組中；拖曳到面板群組時，待出現藍色外框線即可放開滑鼠，放開後會自行固定於其中。若要拖曳面板群組，可將滑鼠移至面板群組「標題列」下方、指令清單 ![] 鈕左側的空白處再拖曳。

將「顏色」拖曳為獨立面板

再將「顏色」面板
拖曳到群組面板中

當面板經過移動或重組後，執行 **視窗 > 工作區 > 重設基本功能** 指令或點選 **工作區切換** ![] 鈕，從清單中選擇 **重設基本功能** 指令可恢復到預設位置。Photoshop 根據不同使用者的需求，規劃了多種不同的工作區，切換到不同的工作區時，系統會自動顯示相關面板，預設會顯示 **基本功能** 工作區。

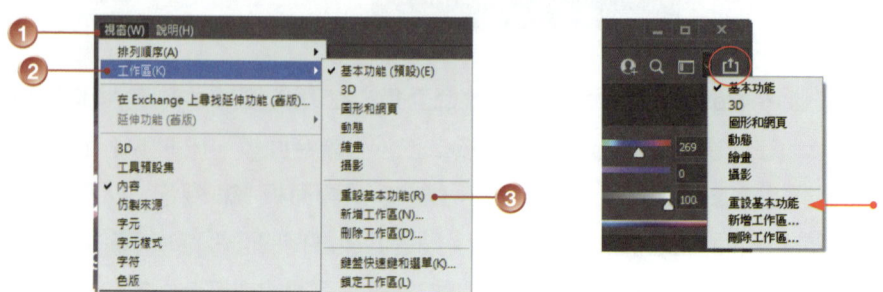

1-8

說明

- Photoshop 會自動記錄您對某個工作區介面所做的變更，因此，當您切換至不同的工作區然後再回到此組態時，您的面板會和離開前完全一樣。
- 要進一步指定使用者介面和面板的選項，可執行 **編輯 > 偏好設定 > 介面** 或 **工作區** 指令。

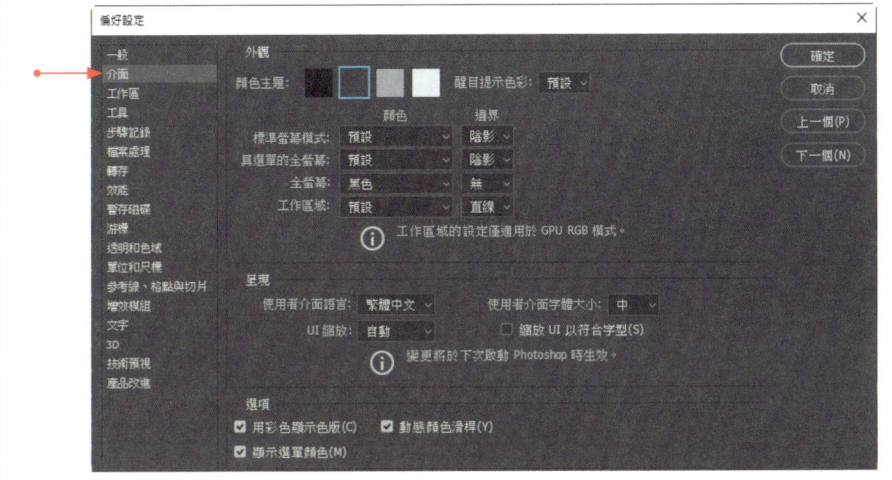

輸入數值的方式

在面板、選項或對話方塊中輸入數值的方式有以下幾種：

- 在數值欄位中輸入數值再按 Enter 鍵。
- 按一下數值欄位，再以方向鍵「上」或「下」來增加或減少數值。
- 拖曳滑桿指定值。
- 將指標移到滑桿或選項的名稱上，當指標變成「指向手指」圖示時向左或向右拖曳。
- 拖曳 **角度** 圓盤。

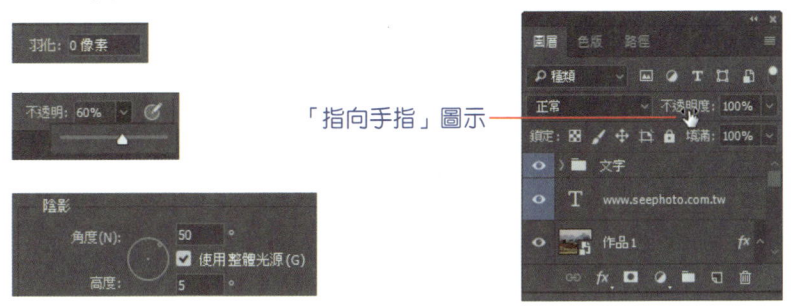

1-1-4 搜尋與探索

新版本的 Photoshop 提供多元的學習管道，您可以在啟動 Photoshop 後，在 **首頁** 畫面（也稱為「開始」工作區）的 **學習** 頁面選擇教學課程以開啟 **探索** 視窗。

返回文件編輯視窗

1-10

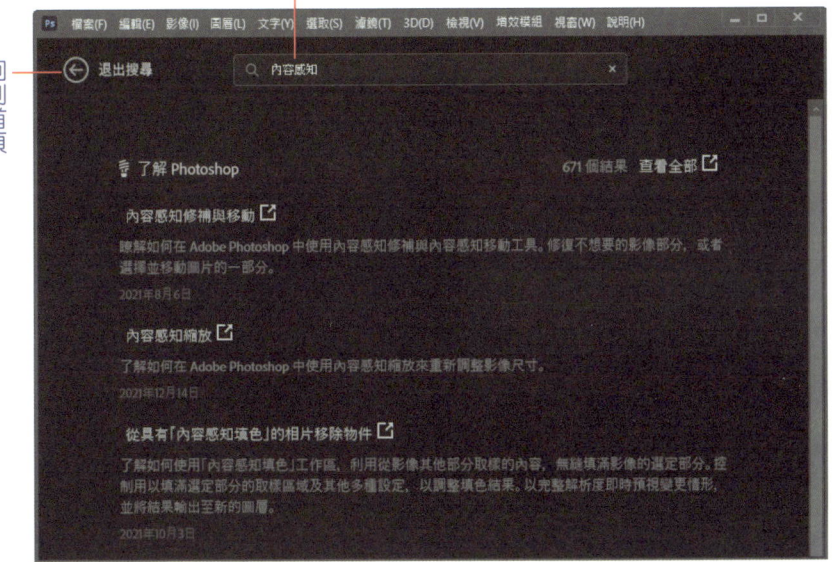

在 Photoshop 中執行 **編輯 > 搜尋** 指令、按 **Ctrl+F** 組合鍵、從選項列上點選 **搜尋** 圖示,也會開啟 **探索** 視窗,可再點選主題進行瀏覽。

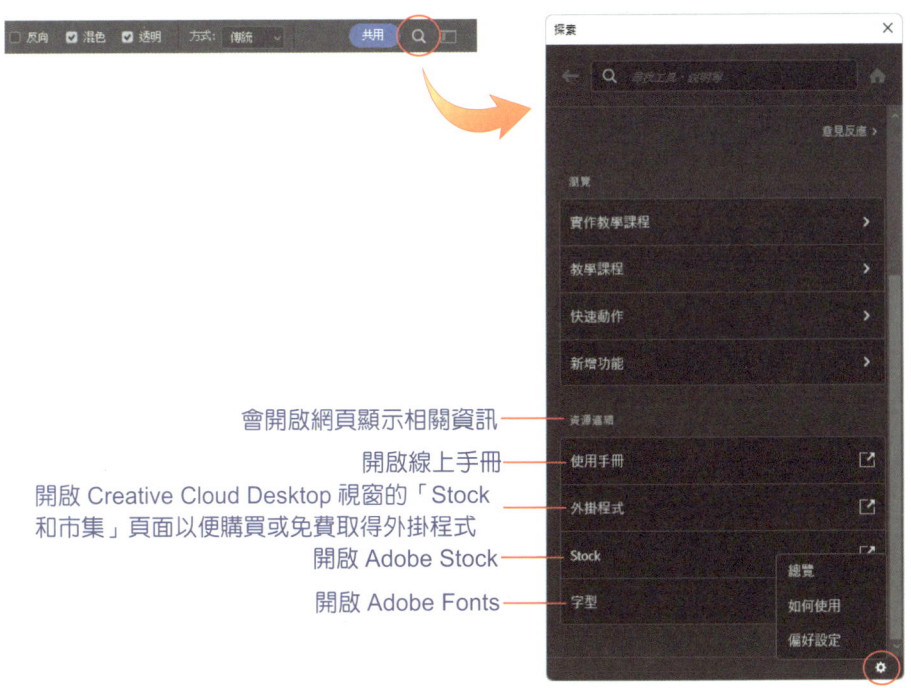

探索 視窗提供許多教學課程與學習資源，您可以在 **搜尋** 欄位輸入要尋找的工具和說明，瀏覽適合新手或有經驗者的各種教學課程，學習如何使用快速動作以簡化編輯流程，了解新增功能，還可連結到相關資源的網頁，獲取更多豐富的線上資源。

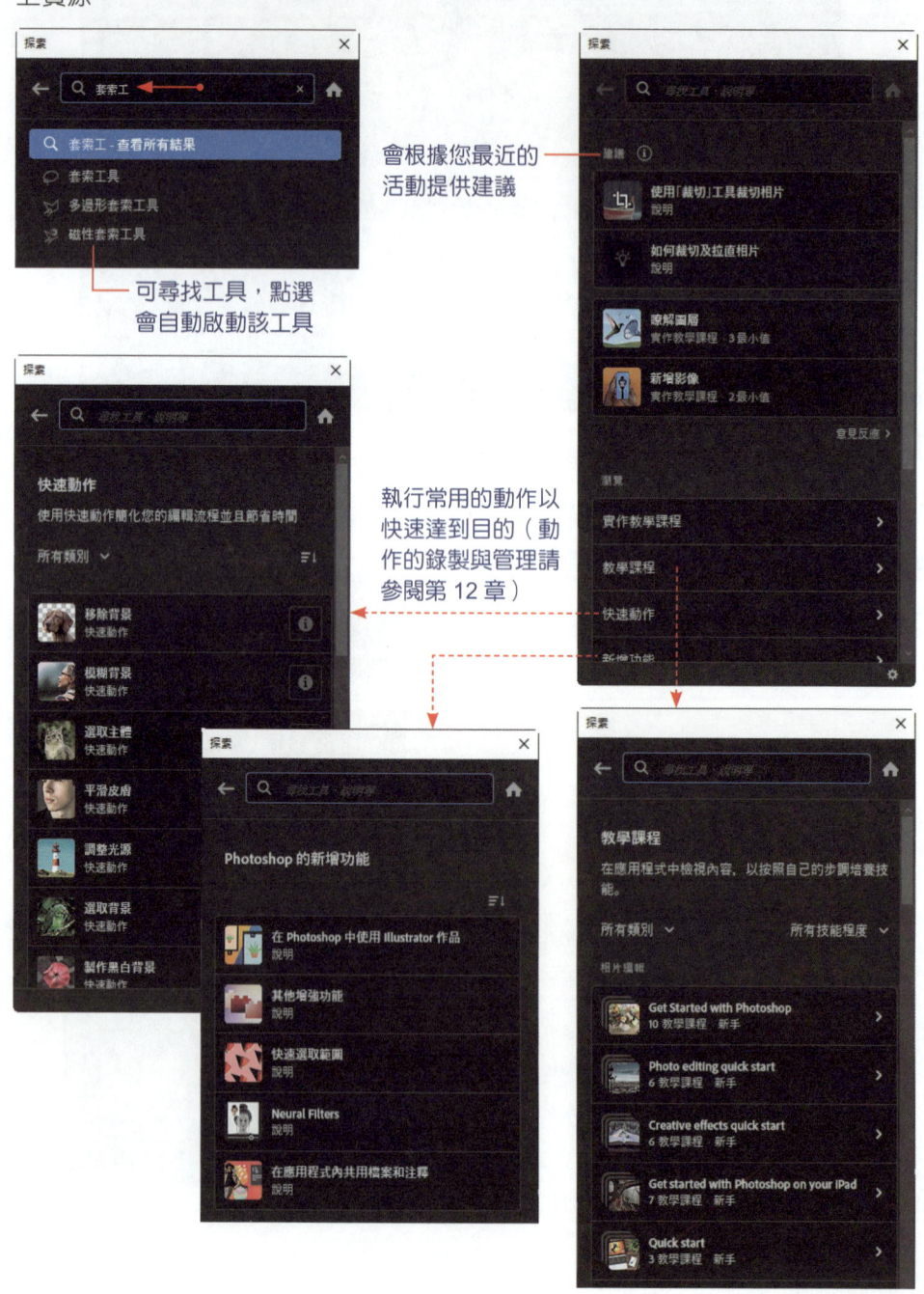

1-12

1-2 影像顯示的縮放控制

文件視窗的大小可以使用滑鼠拖曳視窗邊框的方式來調整,但影像的顯示比例並不會隨之變更。在編修影像時,我們有多種方法可以視需要將影像放大或縮小顯示,以利編輯作業。

1-2-1 使用縮放顯示工具

影像的顯示比例是指螢幕上一個「光點」和影像中每一個「像素」間的比例關係,而非影像的列印尺寸比例,因此縮放功能只會改變螢幕上的顯示,不會改變實際影像的尺寸或解析度。

STEP**1** 點選 **工具** 的 **縮放顯示工具** 🔍,預設為 **放大顯示** 🔍,這時游標會呈現 🔍 放大鏡圖示,將游標移到影像中,每按一下即會放大顯示影像。

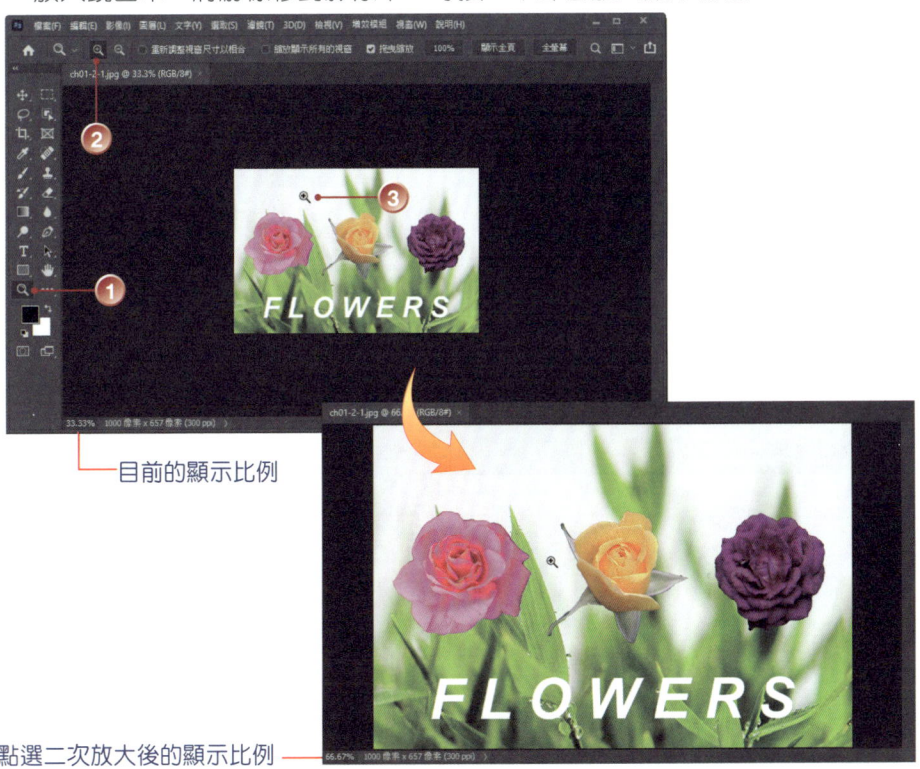

目前的顯示比例

點選二次放大後的顯示比例

STEP**2** 若改選 **縮小顯示** 🔍 或按住 Alt 鍵,游標會呈現 🔍 圖示,將其移到影像中,每按一下即會縮小顯示影像。

接下頁 ➡

1-13

STEP 3 除了以點選方式放大或縮小影像外,在未勾選 ☐ **拖曳縮放** 核取方塊時,可以「框選」的方式框出想要放大的檢視區域。

執行 **編輯 > 偏好設定 > 工具** 指令,在 **偏好設定** 對話方塊的 **選項** 區域中有幾項與縮放顯示工具有關的偏好設定:

- **使用捲動滾輪縮放顯示**:啟動滑鼠上的捲動滾輪來進行縮放。
- **動畫的縮放**:啟動當按住 **縮放顯示工具** 🔍 時的連續縮放功能(注意!您的顯示卡必須支援 OpenGL)。

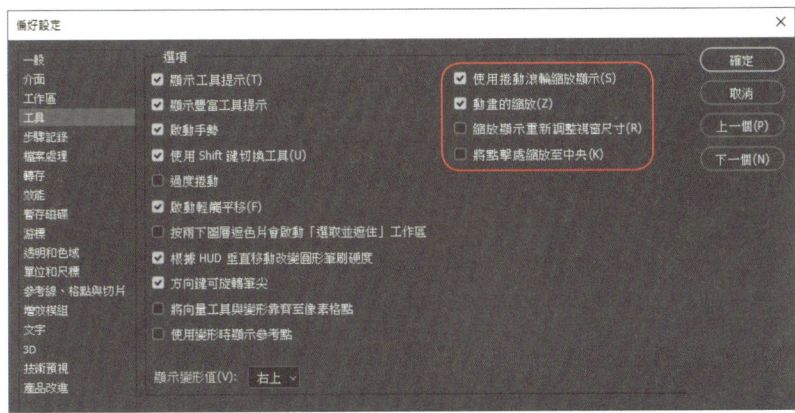

- **縮放顯示重新調整視窗尺寸**：在放大和縮小影像的檢視時，呈浮動狀態的視窗會隨之調整尺寸（也可在 **選項** 中勾選 ☑ **重新調整視窗尺寸以相合** 核取方塊）。

- **將點擊處縮放至中央**：將滑鼠點擊處縮放並顯示在視圖的中央。

💬 說明

進入 **編輯 > 偏好設定 > 效能** 對話方塊，**圖形處理器設定** 區域中會顯示所偵測到的圖形處理器，預設會勾選 ☑ **使用圖形處理器** 核取方塊，在下方的 **描述** 方塊中會說明所啟動的特性和介面增強功能。

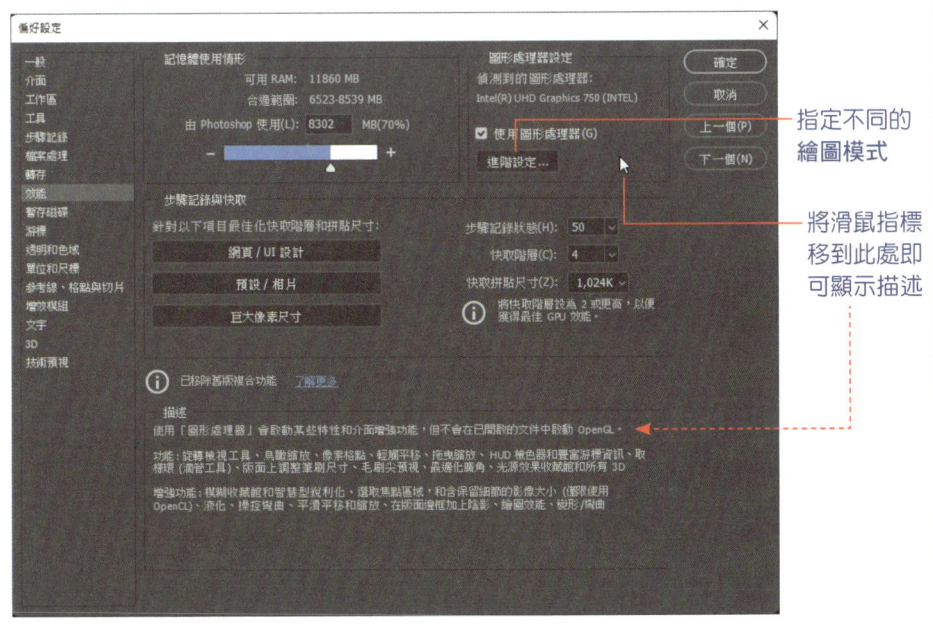

指定不同的繪圖模式

將滑鼠指標移到此處即可顯示描述

1-15

1-2-2 以選項控制影像的顯示

當點選 工具 的 縮放顯示工具 時,可以搭配使用 選項 列上的相關屬性來調整影像的顯示方式。

● **重新調整視窗尺寸以相合**:當視窗呈現浮動狀態時,放大或縮小影像時,會同時調整視窗的尺寸,以最適當的比例顯示在螢幕上。

勾選時,影像縮小,文件視窗跟著縮小

未勾選時,影像縮小,文件視窗不變

● **縮放顯示所有的視窗**:勾選時,所有開啟的影像會同步縮放。

● **拖曳縮放**:勾選時,在影像中向左拖移以縮小顯示,向右拖移以放大顯示,不過電腦必須具備 OpenGL。

● **【100%】**:影像會以 100% 的比例顯示,可執行快速鍵 Ctrl+1。

● **【顯示全頁】**:以目前 Photoshop 的視窗尺寸為基準,用最佳比例顯示完整的影像,可執行快速鍵 Ctrl+0。

● **【全螢幕】**:影像放大到符合視窗的可編輯區域。

說明

- 透過 **檢視** 應用程式選單中的相關指令也可以調整影像的顯示比例。執行其中的 **列印尺寸** 指令,影像會以當時列印的實際大小來顯示。
- 任何時候,只要同時按下鍵盤上的 Ctrl +「+」鍵,就可以放大顯示影像;按 Ctrl +「-」鍵,可以縮小顯示影像。
- 啟動 OpenGL 繪圖後,當放大到一定的比例時,會出現「像素格點」,將每點像素之間用分隔線劃分。若要關閉此顯示功能,請執行 **檢視 > 顯示** 指令,從清單中取消勾選 **像素格點** 指令即可。

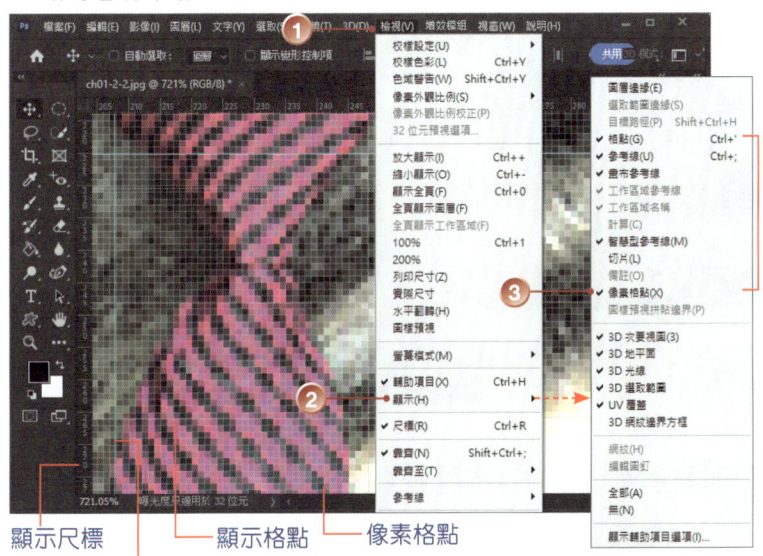

- **檢視 > 參考線** 和 **檢視 > 顯示 > 格點** 指令可以幫助您精確定位影像或元素,當您建立形狀、選取範圍或切片時,**智慧型參考線** 也會自動顯示協助您對齊。當顯示 **尺標** 後,可從水平或垂直尺標中拖曳產生參考線(如上圖),或是透過指令自訂參考線,並隨時以 Del 鍵來選取後刪除不再使用的參考線。

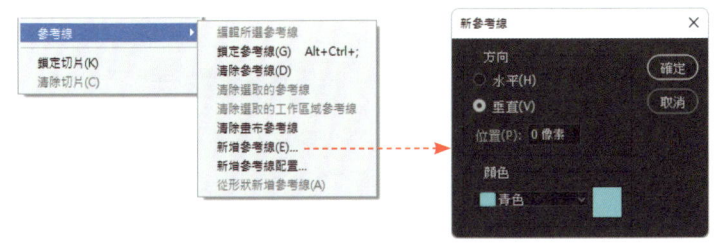

1-17

1-2-3 以手形工具移動影像

當影像放大到超過文件視窗的範圍時,可能無法顯示完整的影像內容,這時除了使用水平或垂直捲動軸移動影像之外,也可以使用 **手形工具** 來自由移動影像。

游標會變成一隻小手的圖示
(往右下方移動)

與 **手形工具** 有關的其他操作整理如下:

- 任何工具使用狀態下,按住「空白鍵」可暫時切換為 **手形工具** ,方便移動檢視範圍。

- 暫時縮放顯示影像:在任何工具使用狀態下,按住 H 鍵(請先切換為英數輸入模式),目前工具就會變更為 **手形工具** ;然後就可以在影像中按住滑鼠左鍵,影像會縮放以符合視窗並出現一矩形範圍,拖曳此矩形範圍以設定選取畫面,放開滑鼠再放開 H 鍵後,影像就會回復到先前的放大比例和使用的工具。

按住 H 鍵後變成手形工具

1-18

放開滑鼠後會放大矩形範圍內的影像

恢復為原顯示比例

- GPU 設定在開啟 OpenGL 繪圖選項後，使用 **手形工具** 能在移動影像時具有「飄動」的效果。使用 **手形工具** 按下滑鼠拖曳後「甩」開，影像會沿著滑鼠移動的方向持續移動（顯示卡 GPU 加速功能需有 Shader Model 3.0 和 OpenGL 2.0 圖形支援）。

- 快按二下 **工具** 中的 **手形工具** ，其功能與 **縮放顯示工具** 的【顯示全頁】功能相同。

- 開啟多份文件時，勾選 **選項** 的 ☑**捲動所有視窗** 核取方塊，可同時移動所有視窗。

移動時，二個視窗會同時動

- 若影像顯示比例不大，文件視窗可以完整顯示影像內容時，視窗的捲動軸會消失，這時 **手形工具** 就沒有作用。

1-19

1-2-4 以旋轉檢視工具旋轉影像

旋轉檢視工具 能以不破壞影像的方式旋轉影像，讓繪圖更順手（顯示卡需支援 OpenGL 繪圖）。

STEP**1** 點選 **工具** 中的 **旋轉檢視工具**，移動滑鼠游標至影像上，按下滑鼠左鍵並移動，這時影像畫面會隨著滑鼠移動而旋轉。

STEP**2** 在 **選項** 中的 **旋轉角度** 欄位中輸入數值可直接指定旋轉的角度。

STEP**3** 要回到原始的角度，按一下 **選項** 中的【重設檢視】鈕即可恢復。

STEP**4** 勾選 ☑ **旋轉所有視窗** 核取方塊，可同時旋轉所有開啟文件視窗中的影像。

1-2-5 使用導覽器面板

導覽器 面板的功能涵蓋了 **縮放顯示工具** 與 **手形工具** 的功能，在編輯影像時會更有彈性。點選 **視窗 > 導覽器** 指令將面板開啟，用滑鼠拖曳 **導覽器** 面板中的檢視方框，以調整影像檢視區域。

按一下 **導覽器** 面板右上方的 **指令清單** 鈕，選擇 **面板選項** 指令，開啟 **面板選項** 對話方塊，可以設定 **檢視方框** 的 **顏色**。

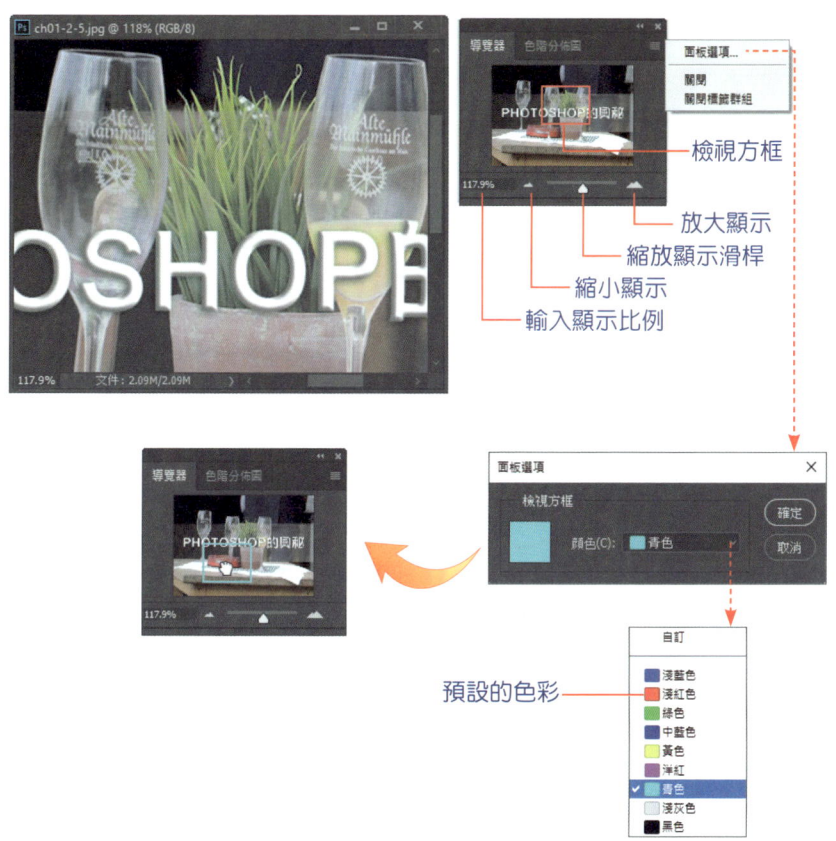

1-3 與視窗有關的操作

在 Photoshop 中可以同時開啟多個視窗，以顯示不同的影像，或是同一個影像的多個檢視（**視窗 > 排列順序 > 新增「XXX」的視窗** 指令），方便您進行影像的剪輯與拼貼作業。影像會以標籤形式顯示在每一個 **文件編輯視窗**，**視窗** 應用程式選單最下方會顯示開啟的檔案清單，每個影像所能開啟的視窗數目視可用的記憶體而定。

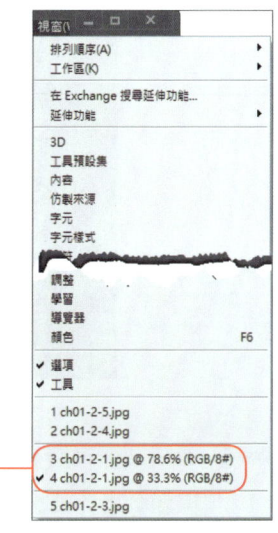

同一個影像檔開啟二個視窗並以不同比例顯示

1-21

1-3-1 群組文件編輯視窗

STEP 1 點選 **檔案 > 開啟舊檔** 指令，開啟任意四個影像檔案，工作區中會出現一個群組的固定視窗，每個文件視窗用索引標籤表示，亮度較高的索引標籤代表正作用中。

STEP 2 當索引標籤過多而超出視窗可顯示的範圍時，在視窗的右上方會出現 **展開** ≫ 鈕，點選後會出現所有已開啟檔案的清單。

STEP 3 以滑鼠拖曳視窗的索引標籤，可以將被群組的視窗拉出成獨立的浮動視窗。

STEP 4 若要回復為群組的狀態，只要再將獨立視窗拖曳回群組的標籤式標題列，當標題列上方出現藍色框線時即可放開滑鼠。

1-3-2 排列視窗

如果浮動的獨立文件視窗彼此之間相互重疊,可以透過 **視窗** 應用程式選單下方的檔案清單點選進行切換;或執行 **視窗 > 排列順序** 指令,再視需要選擇清單中的相關指令調整視窗的顯示方式。

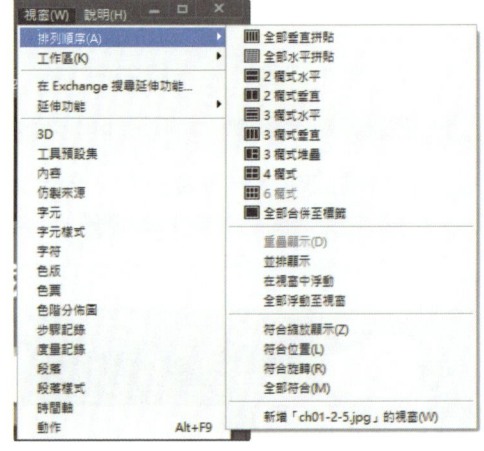

- **排列方式**:當你同時開啟多個文件視窗,而欲將各個視窗排列整齊時,可執行 **視窗 > 排列順序** 指令選擇排列方式,下圖為選擇 **3 欄式堆疊** 的情形。

- **全部合併至標籤**：將全部的浮動視窗固定於標籤式視窗。
- **重疊顯示**：浮動的文件視窗會以重疊方式顯示，並依檔案開啟的先後順序排列。
- **並排顯示**：文件視窗會以非重疊的並排方式顯示。

重疊顯示

並排顯示

- **在視窗中浮動**：將作用中的文件，從固定的標籤式視窗彈出為浮動視窗。
- **全部浮動至視窗**：將所有固定視窗改為浮動視窗。
- **符合縮放顯示、符合位置、符合旋轉、全部符合**：這四個指令在使用之前必須搭配 **縮放顯示工具** 或 **手形工具**，先調整其中一個文件視窗，然後再執行指令，讓其他所有文件視窗皆套用作用中視窗的檢視狀態。

作用中視窗旋轉 15 度

執行「符合旋轉」指令
會套用相同旋轉角度

1-3-3 螢幕模式切換

在 **工具** 中的 **變更螢幕模式** 鈕，點選後會開啟螢幕切換指令，由上到下依序是 **標準螢幕模式**、**具選單列的全螢幕模式**、**全螢幕模式**。

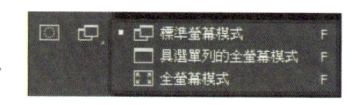

- **標準螢幕模式**：顯示視窗的所有元件和邊框，即啟動 Photoshop 時預設的檢視模式。

- **具選單列的全螢幕模式**：不會顯示文件 **狀態列** 與 **文件索引標籤**，但會顯示 **工具**、**選單**、**選項列** 及展開的面板，藉以提供較大的影像編輯空間。

- **全螢幕模式**：只顯示影像文件，而且以黑底色顯示背景。按 F 或 Esc 鍵可回到 **標準螢幕模式**。

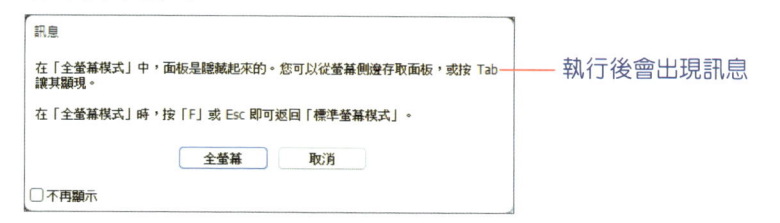

執行後會出現訊息

> **說明**
> - 按 Tab 鍵，可以快速隱藏或顯示 **工具**、**選項** 和 **面板群組**。
> - 按 Shift + Tab 鍵，可以快速隱藏或顯示 **面板群組**。
> - 按 F 鍵，可以快速循環切換螢幕模式。

1-4 自訂工作環境

看完前面幾節的說明後，我們知道 Photoshop 提供了多種面板與螢幕檢視的模式，為了讓不同工作領域的使用者，能夠更方便的操控相關指令與功能，您可以視工作需要自訂工作環境。

1-4-1 偏好設定

前面的小節中，我們進入了 **編輯 > 偏好設定 > 工具** 指令中，設定與 **縮放顯示工具** 有關的選項；在 **效能** 標籤中可以啟動圖形處理器的功能；在 **介面** 標籤中可以指定螢幕和文字的選項外，也可變更預設的系統色彩，恢復到您熟悉的操作環境色系。每次您結束應用程式時，就會將偏好設定儲存起來。

1-25

按 Ctrl+K 快速鍵可以進入 **偏好設定**，讓我們針對不同的操作需求來進行設定，以便營造出適合自己使用習慣及更有效率的使用環境，包括：繪圖游標的顯示、單位和尺標的指定、自動儲存檔案…等，相關的功能設定在後面章節中會有更多的介紹。

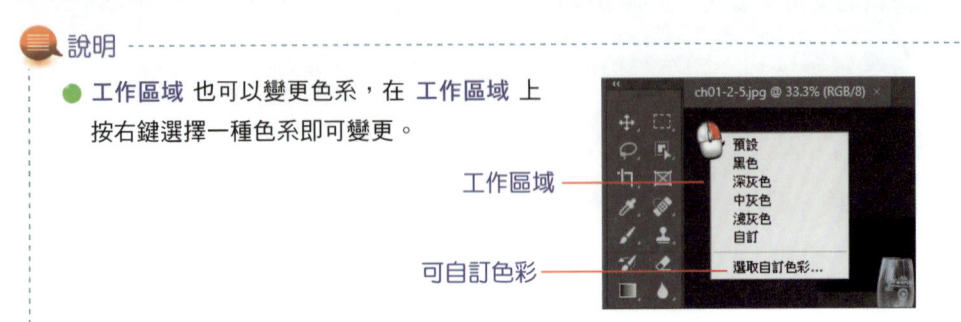

> 💬 說明
>
> ● **工作區域** 也可以變更色系，在 **工作區域** 上按右鍵選擇一種色系即可變更。
>
>   工作區域
>   可自訂色彩
>
> ● **偏好設定 > 技術預視** 中，提供仍處於「技術預視」階段的測試功能可供試用，由於這些功能尚未全然完備，使用時請慎重斟酌。

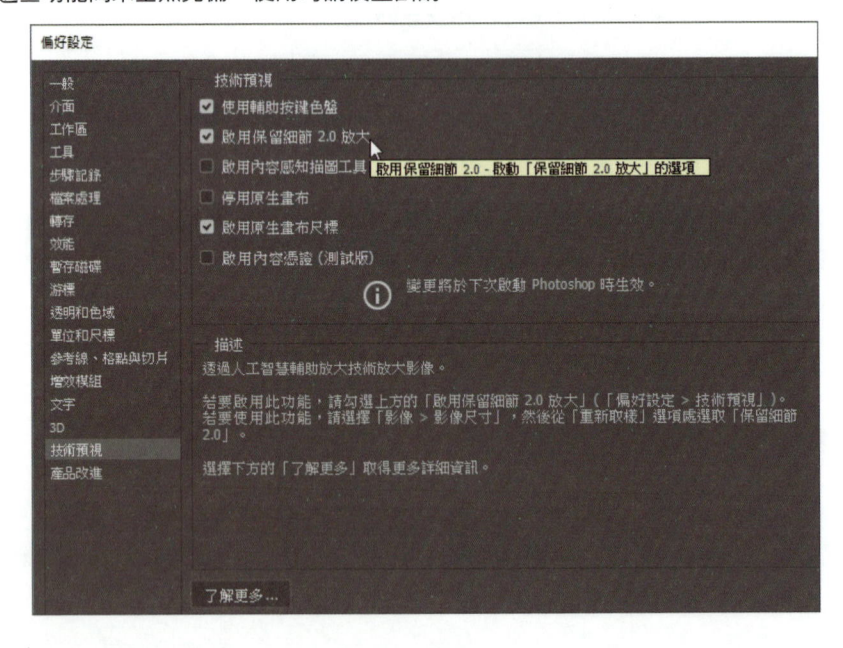

1-4-2 自訂工具列

切換不同的工作區時（參考 1-8 頁下方的圖），會呈現不同的工具箱內容，使用者可以依照自己的使用情形，將工具整理成一個群組：

繪畫工作區
的預設工具

攝影工作區
的預設工具

圖形和網頁工作區
的預設工具

STEP 1 執行 **編輯 > 工具列** 指令，或長按工具箱下方的 ... 鈕選擇 **編輯工具列**。

STEP 2 開啟 **自訂工具列** 對話方塊，**工具列** 清單中依序列出各工具群組選項，可以執行以下的一或多項操作來變更工具列：

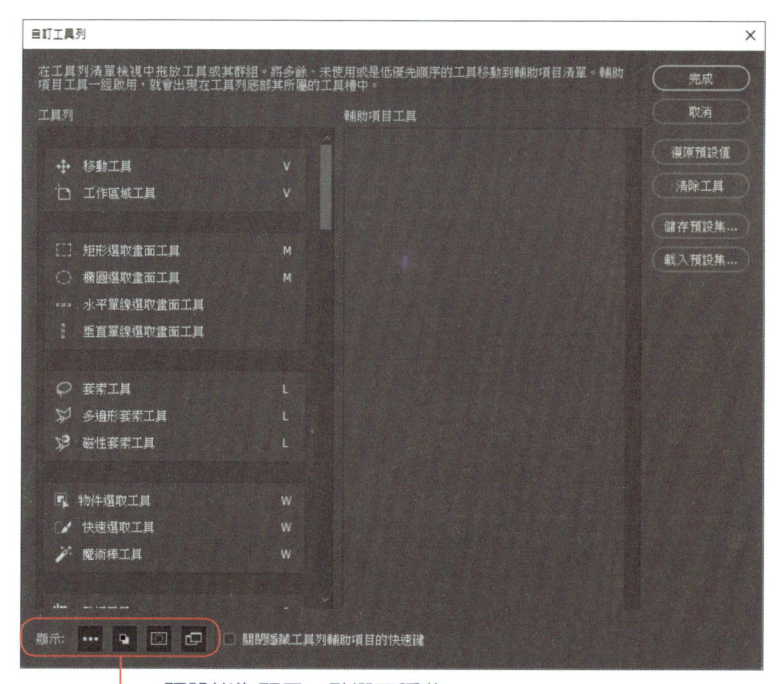

預設皆為顯示，點選可隱藏

1 認識 Photoshop 的工作環境

1-27

- 拖曳工具或群組（呈藍色框），重新調整顯示位置。
- 將多餘、未使用或是低優先順序的工具，移動到 **輔助項目工具** 中。
- 按下【清除工具】鈕，可將所有工具都移到 **輔助項目工具** 清單中。

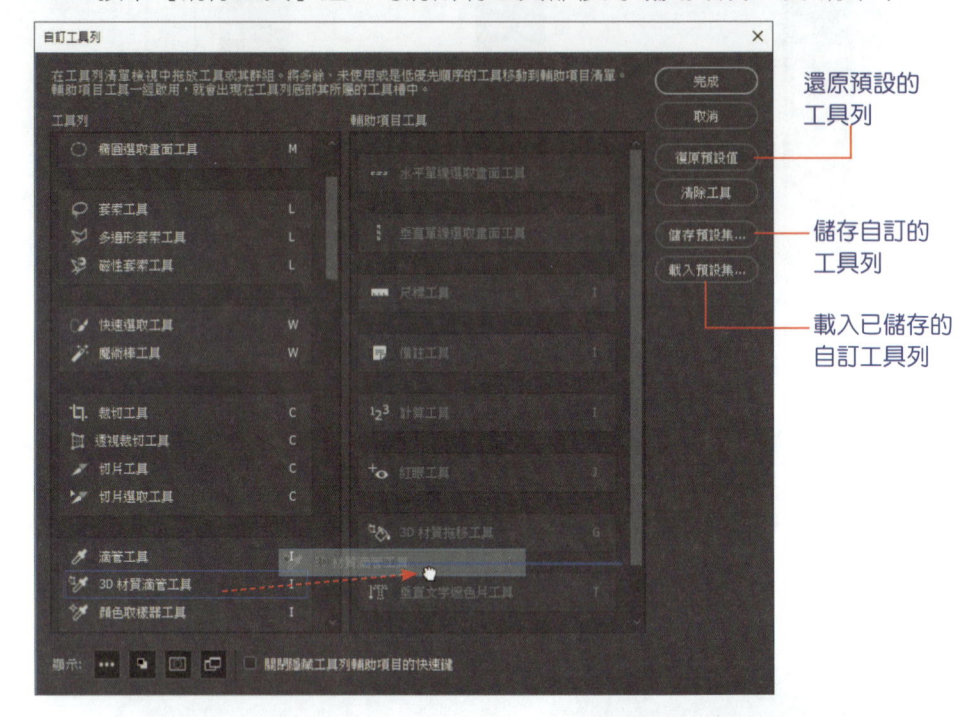

還原預設的工具列

儲存自訂的工具列

載入已儲存的自訂工具列

STEP 3 按【完成】鈕，日後要存取這些被移動的工具時，請長按工具列底部的 ⋯ 鈕。

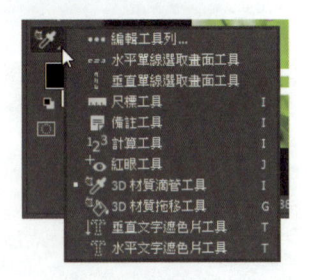

1-4-3 自訂鍵盤快速鍵

Photoshop 中對於選單、指令、工具、面板…等都有對應的英文字母，可透過按鍵逐步執行來找到最終的指令，例如：按 L 鍵可切換到 **套索工具**，按 F7 鍵可展開 **圖層** 面板。對於常用的指令也會有預設的快速鍵，例如：執行 Shift+Ctrl+I 組合鍵可反轉選取範圍、按 Ctrl+S 是儲存檔案…等。對於經常執行的指令、面板選單或工具，如果沒有預設的快速鍵，為了使用效率，您可以自訂快速鍵。以下將新增 **圖層 > 智慧型物件 > 轉換為智慧型物件** 指令的快速鍵：

1-28

STEP1 執行 **編輯 > 鍵盤快速鍵** 指令，開啟 **鍵盤快速鍵和選單** 對話方塊，並位在 **鍵盤快速鍵** 標籤，**快速鍵類別** 有 4 種，先選取要設定的項目，本例中為預設的 **應用程式選單**。

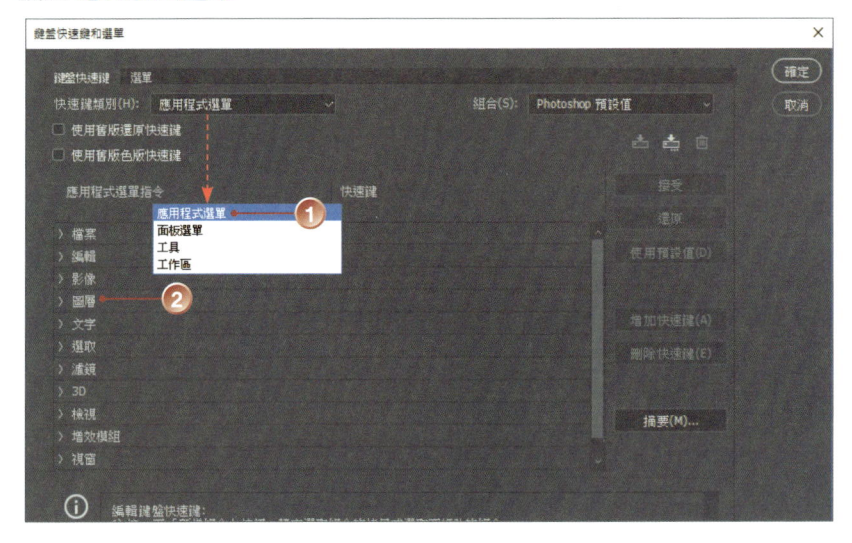

STEP2 展開 **應用程式選單指令** 中的 **圖層 > 智慧型物件** 項目，點選 **轉換為智慧型物件**，在右側 **快速鍵** 欄位中直接按下要設定的組合鍵，選單指令的快速鍵中必須包含 Ctrl 和（或）功能鍵，例如：Shift+Ctrl+1 組合鍵，按【接受】鈕。

按【還原】鈕可放棄新增，此時按鈕會變成【重做】鈕

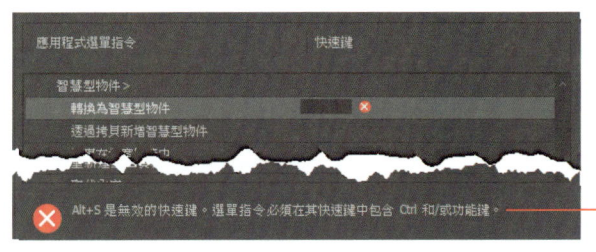

輸入無效的快速鍵時會出現錯誤訊息

輸入已在使用的快速鍵時也會出現警告

STEP3 要儲存對鍵盤快速鍵目前組合進行的所有變更,按一下 **儲存組合** 鈕,若要根據快速鍵的目前組合建立新組合,請按一下 **另存為組合** 鈕。

STEP4 不管執行哪種儲存都會出現 **另存新檔** 對話方塊,請命名後存檔。

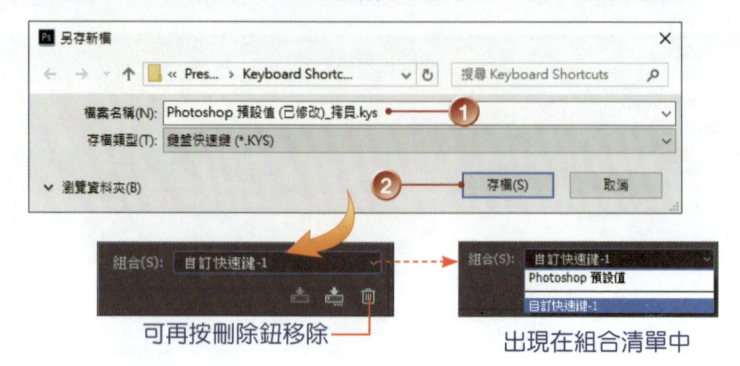

可再按刪除鈕移除　　　　出現在組合清單中

STEP5 按【確定】鈕離開對話方塊。

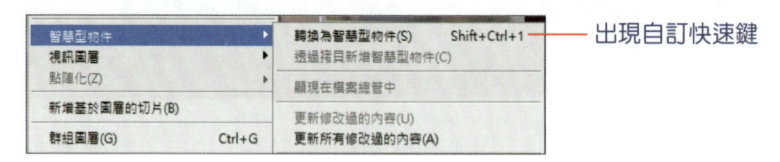

出現自訂快速鍵

💬 說明

- 若更改了現有預設的組合鍵,按【使用預設值】鈕可還原新的快速鍵至預設值;已有快速鍵的項目若要新增不同的組合鍵,可按【增加快速鍵】鈕新增。不需要的快速鍵可選取後按【刪除快速鍵】鈕移除。

- 若要檢視目前快速鍵的清單,可將清單轉存至 HTML 檔案,再以網頁瀏覽器來顯示和列印。請先選擇 **快速鍵類別**,再按【摘要】鈕。

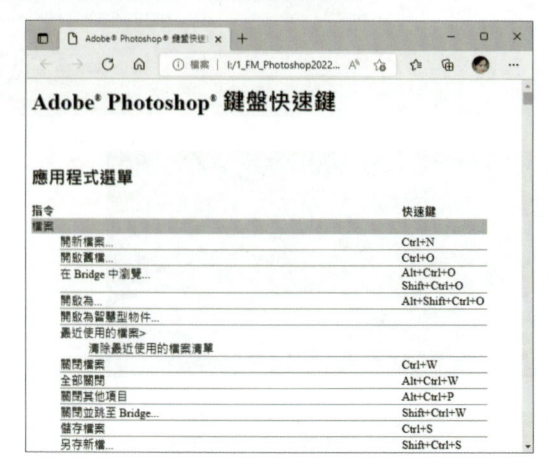

1-30

1-4-4 自訂選單

雖然可以直接採用 Photoshop 中的 **預設工作區**，但有些功能指令並不常用，這時您可以依自己的需求來自訂要顯示選單中的哪些指令。舉例來說：若您主要的工作範圍並未包含數位視訊這類型的作業，就可以將 **檢視 > 像素外觀比例** 選單中與數位視訊有關的指令隱藏。透過 **鍵盤快速鍵和選單** 對話方塊，可以設定要在應用程式選單中顯示或隱藏的指令，也可將經常使用的指令設定以色彩網底顯示。

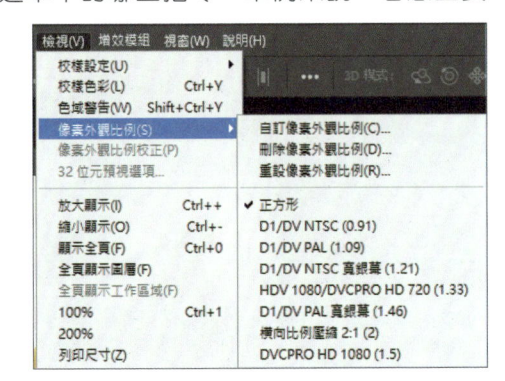

STEP**1** 點選 **編輯 > 選單** 指令，開啟 **鍵盤快速鍵和選單** 對話方塊位在 **選單** 標籤。

STEP**2** 在 **選單類型** 項目中，預設項目為 **應用程式選單**，從 **應用程式選單指令** 欄位中，點選 **檢視** 類別將其展開。

STEP**3** 移動捲動軸找到 **像素外觀比例**，於下方找到要隱藏的指令，再點選 **可見度** 欄位取消「眼睛」圖示。

STEP**4** 若要變更指令顯示的色彩，請在點選指令後，於 **顏色** 欄位清單中設定顏色；完成所有設定之後，按【確定】鈕。

1-4-5 自訂工作區

Photoshop 會在程式啟動或無文件開啟時顯示 **首頁** 的畫面,可於此開啟最近使用的檔案、Lightroom 相片、雲端文件、建立新檔案或開啟舊檔案。

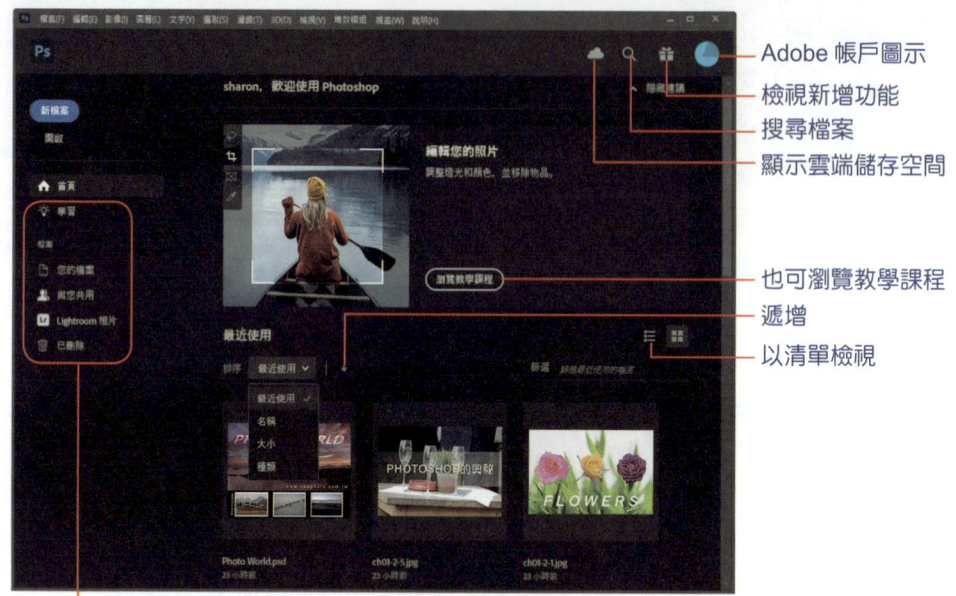

- Adobe 帳戶圖示
- 檢視新增功能
- 搜尋檔案
- 顯示雲端儲存空間
- 也可瀏覽教學課程
- 遞增
- 以清單檢視
- 若尚未登入 Adobe 帳戶,不會有這些選項

若要停用 **自動開啟首頁** 畫面,請於 **編輯 > 偏好設定 > 一般** 標籤中,取消勾選 □ **自動顯示首頁畫面** 核取方塊。

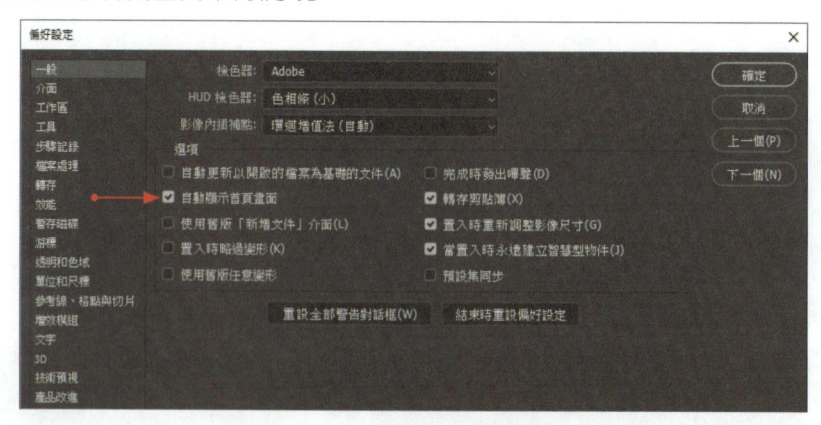

進入 Photoshop 工作區之後,會有預設的版面配置(**基本功能**),您可以根據操作習慣,將常用的面板顯示出來、不常用的則隱藏,或是重新群組面板,如下圖所示,然後可將此工作區配置命名儲存,方便日後切換使用:

STEP**1** 工作區設定為要儲存的組態後,執行 **視窗 > 工作區 > 新增工作區** 指令(請參考 1-8 頁的圖)。

STEP**2** 鍵入新工作區的 **名稱**,視需要在 **擷取** 區域,選取一個或多個選項,按【儲存檔案】鈕。

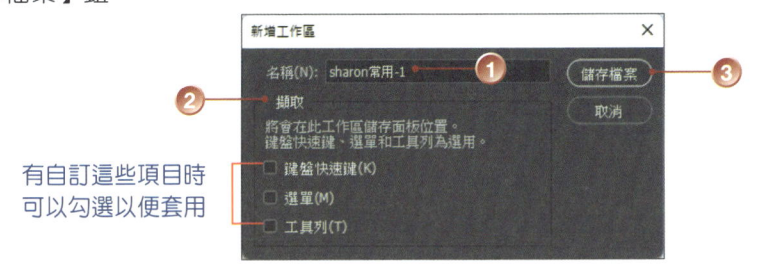

有自訂這些項目時可以勾選以便套用

將面板的目前尺寸和位置儲存成已命名的工作區後,即使您移動或關閉面板,仍然可以復原該工作區。儲存的工作區名稱會出現在應用程式列上的工作區切換器中,要刪除自訂的工作區,請切換到其他工作區之後,再執行 **刪除工作區** 指令(使用中的工作區無法刪除)。

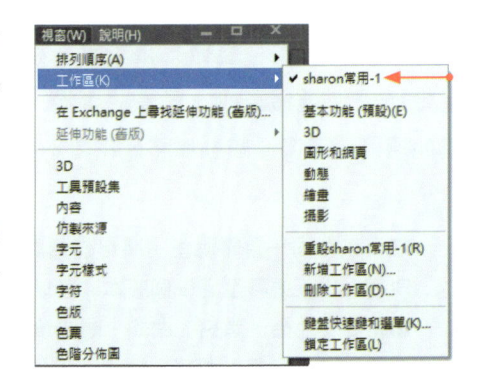

要復原 Photoshop 安裝的所有工作區,請在 **工作區** 偏好設定中按一下【復原預設工作區】鈕(請參考 1-7 頁的上圖)。

1-33

1-4-6 同步預設集

您可以輕鬆將 Photoshop 的預設集（Presets）例如：筆刷、漸層、色票、樣式、形狀和圖樣 ... 等同步至 Creative Cloud，這樣只要以相同的 Adobe ID 登入，就可在任何裝置使用相同的預設集，而無須在裝置或應用程式版本間轉存和讀入。「預設集同步」預設為停用，要啟用時請在 **檔案 > 偏好設定 > 一般** 標籤中勾選 **預設集同步** 核取方塊（參考 1-32 頁下方的圖）。

啟用時會出現此確認訊息

💬 **說明**

在 Creative Cloud 桌面應用程式中，按一下右上角的雲朵圖示（參考 1-40 頁上方的圖）會顯示目前檔案同步狀態，顯示為「最新」時，您的預設集即完成同步（有關 Creative Cloud 桌面應用程式的詳細介紹請參考下一節）。

當您取消勾選 **預設集同步** 時，系統也會顯示如下的對話方塊，選擇【否】時，目前同步的任何預設集都將從 Creative Cloud 中刪除，並在啟用預設集同步的其他系統上刪除任何預設集。

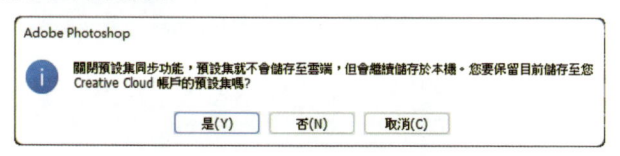

您也可以手動將舊版 Photoshop 的預設集遷移到較新版本，**編輯 > 預設集 > 遷移預設集** 指令可讓您遷移筆刷、色票、漸層、圖樣以及其他項目，不過這個動作將會花費不少時間。

💬 **說明**

您可以在同一台電腦上，將自訂預設集集合和部分 Photoshop 預設集，從某版本的 Photoshop 遷移至另一個版本。可以遷移的預設集包括：動作、筆刷、影像調整的多項指令（色階、黑白、曲線、曝光度 ... 等）、色票、輪廓、自訂形狀、漸層、鍵盤快速鍵、選單自訂、圖樣、樣式、工具 ... 等。預設集會從 Photoshop 之前所安裝的版本（可回溯至 Photoshop CS3）遷移，若要從多個 Photoshop 版本遷移，請依序一次從一個版本遷移預設集。

預設集管理員 指令可讓您儲存、載入、重命名或刪除 **輪廓** 和 **工具** 的預設集，每種預設集組合都有各自的副檔名和預設檔案夾。Photoshop 儲存預設集的預設路徑為：C:\Users\< 使用者名稱 >\AppData\Roaming\Adobe\Adobe Photoshop < 版本 >\Presets\。

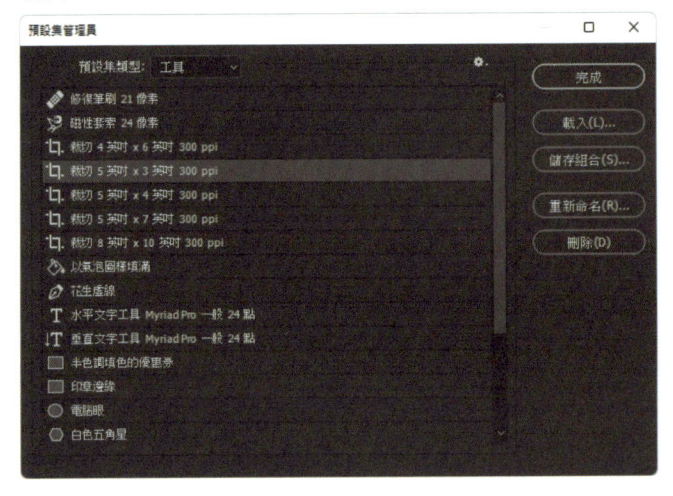

如果要手動轉存或匯入特定的預設集，可以執行 **編輯 > 預設集 > 匯出 / 匯入預設集** 指令，成功匯入後請重新啟動 Photoshop，就可以使用匯入的預設集。

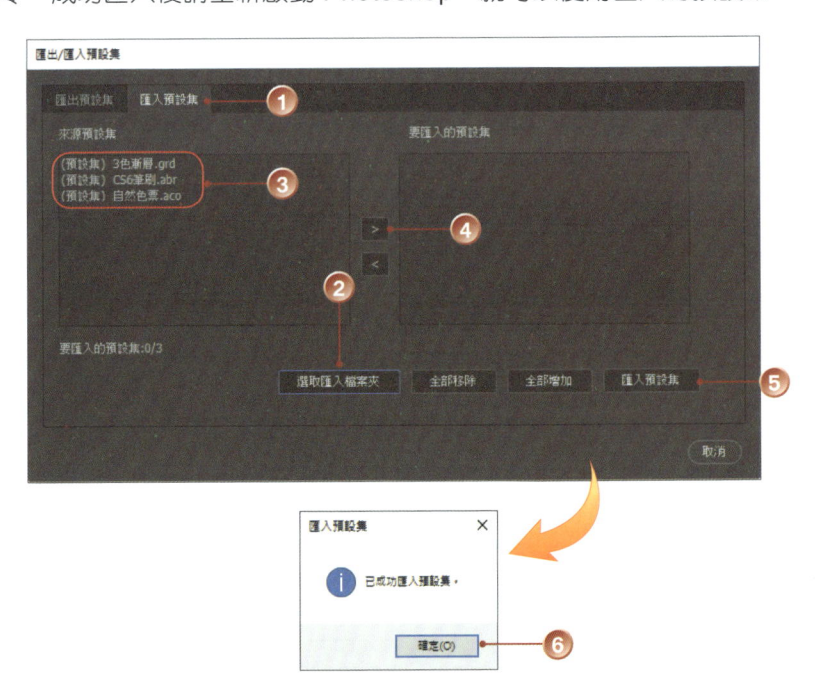

1-5 Creative Cloud 的雲端服務

隨著雲端技術的發展愈來愈成熟，我們不只可以將檔案儲存在雲端空間，現在連應用程式的使用也透過雲端進行下載與安裝，包括 Office 365 和 Adobe CC 等知名軟體，都採取訂閱方式，讓用戶更有彈性的購買所需的應用程式之外，軟體的下載、安裝與更新（包含舊版本的更新）也經由網路來進行，不再提供實體媒介（如：光碟片）。

1-5-1 Creative Cloud 介紹

Creative Cloud 是一套包含平面設計、影片編輯、網頁開發、攝影應用的雲端套裝軟體，當您成為 Creative Cloud 會員後（要先訂閱），只要登入 Creative Cloud 帳戶，就可使用它所提供的服務，包括：

◉ **使用 Creative Cloud Desktop**：Creative Cloud 桌面應用程式可讓您搜尋和管理您的應用程式、檔案、創作靈感和豐富的線上資源。

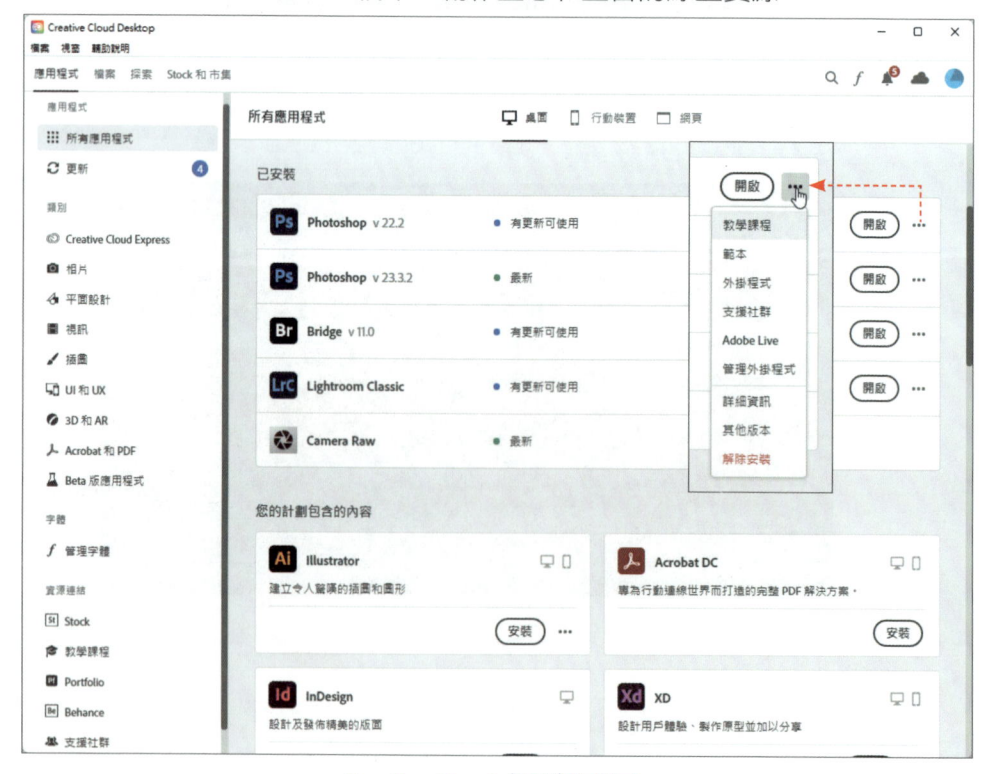

Creative Cloud 桌面應用程式

> **說明**
>
> 請進入網頁「creativecloud.adobe.com/apps」，登入 Adobe 帳戶後，點選要安裝的應用程式並下載，Creative Cloud 桌面應用程式會和您的第一個應用程式一起自動安裝，日後可從工作列上將其開啟。

- **應用程式**：下載、安裝、設定和更新所訂閱的應用程式，檢視所有詳細資料，例如系統需求，也可視需要解除安裝。

- **同步設定**：讓您將設定同步到 Creative Cloud，然後隨心所欲地在任何 Mac、PC 電腦或行動裝置上工作。這項同步技術可以同步您的資產、字體、相片、設定、Adobe Stock 資產、預設集…等項目。

- **同步字體**：管理來自 Adobe Fonts 的字體，並將字體同步到您的所有裝置。

- **管理檔案**：使用雲端文件可以輕鬆的在您所有的裝置上存取檔案，收集、管理和共用您最常使用的顏色、圖形、字元樣式和 Creative Cloud 資料庫的更多功能。

- **檔案版本修訂**：將文件儲存在雲端，自動儲存功能讓您的檔案保持在最新狀態，並輕鬆地查看文件的任一個版本，Creative Cloud 會保留您對檔案所做的每個變更的副本，並透過 Creative Cloud 桌面應用程式進行同步。

- **共用文件**：可以和其他人合作處理共用的文件，當有人邀請您編輯文件時，該文件會顯示在 **檔案 > 與您共用** 頁面中。

- **管理資料庫**：使用資料庫來處理可重複使用的元素，您可以瀏覽個人和團隊與您分享的資料庫，以及 **Stock 和市集** 中更多免費的資料庫。

- **學習 Creative Cloud**：從 **探索** 標籤中學習各種不斷新增主題的教學課程，協助您快速啟動執行。

- **資源連結**：從 Adobe Stock 發掘專業品質的照片和設計範本，從精美的作品集網站取得免費素材，參與全球頂尖的創意社群，在 Behance 發佈您的作品集或追蹤其他創意作品。

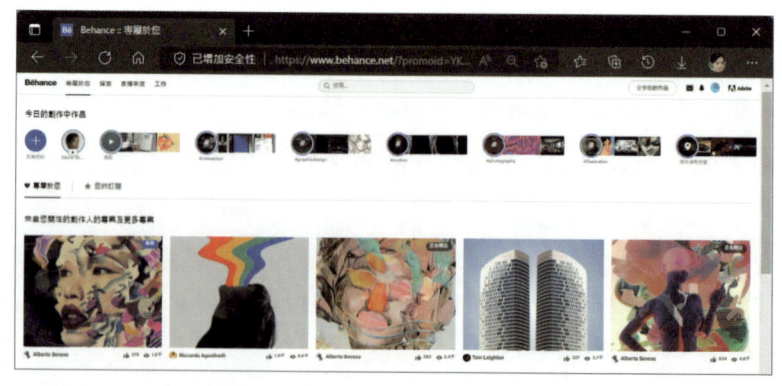

> **說明**
>
> Behance 是一個可供創意專業人員展示作品及觀摩他人創作的線上平台。讓您可以尋找靈感、展示作品、取得回饋，並替作品集增加全球曝光的機會，可透過專屬的 URL 發表自訂的專業作品集。Behance 與 Photoshop CC 的整合可以讓您將作品上載之外，還能欣賞與追蹤世界各地頂尖高手的創意作品，增廣見聞。

1-5-2 訂閱方案

不管您是個人使用或企業專案用戶，都可從 Adobe 網站獲取訂閱資訊，進一步了解不同計劃的內容，再查看其定價選項。個人用戶可以選擇完整版或單一應用程式方案，繳費方式也有分年繳或月付，對於有使用時間限制的用戶，就可採取較有利的付款方式來訂閱。由於網頁會經常更新，因此請上網查詢最新資訊。

若您還不是付費的 Creative Cloud 會員，可以先註冊免費帳戶，然後試用任何新的 CC 桌面應用程式和精選服務，目前 Adobe 提供 7 天的試用期和 2GB 的雲端空間。

> **說明**
> 既然 Adobe Creative Cloud 是一種線上服務，代表它會經常更新，不管是使用介面或功能，因此讀者在本書中所看到的截圖畫面可能已非最新版。請您隨時注意 Creative Cloud 上的更新訊息，以獲得最新的資訊。

2GB 的免費空間

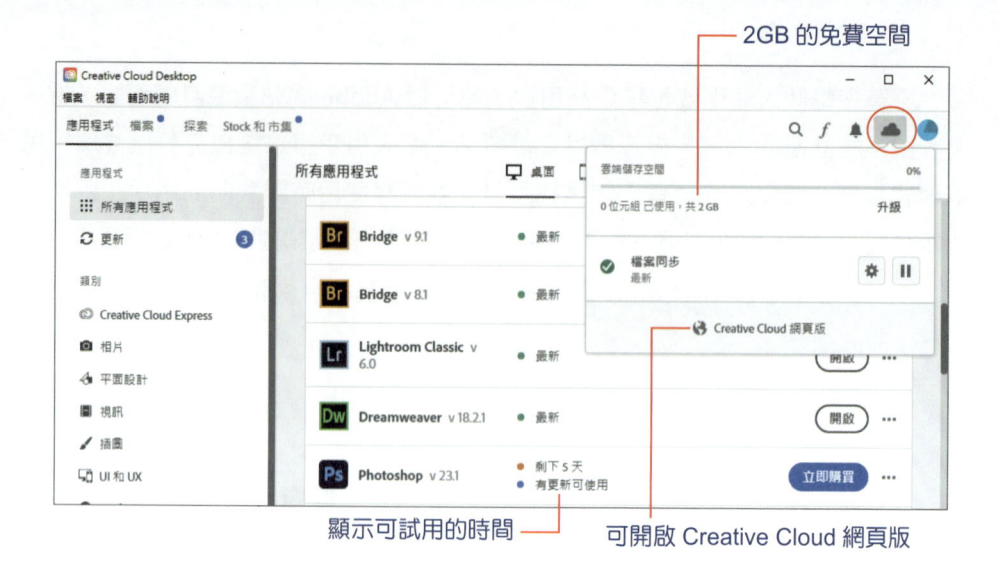

顯示可試用的時間　　可開啟 Creative Cloud 網頁版

1-5-3 偏好設定

以 Adobe ID 登入後，預設會開始同步作業，視需要可以進行各種偏好設定。

STEP1 在 Creative Cloud 視窗點選右上角的帳戶圖示，選擇 **偏好設定**。

瀏覽更多字體　　顯示通知

STEP2 在 **一般** 標籤中可檢視已使用的雲端儲存空間，設定登入時的選項。

STEP3 可切換到所需的標籤中進行設定。

1-40

自動更新

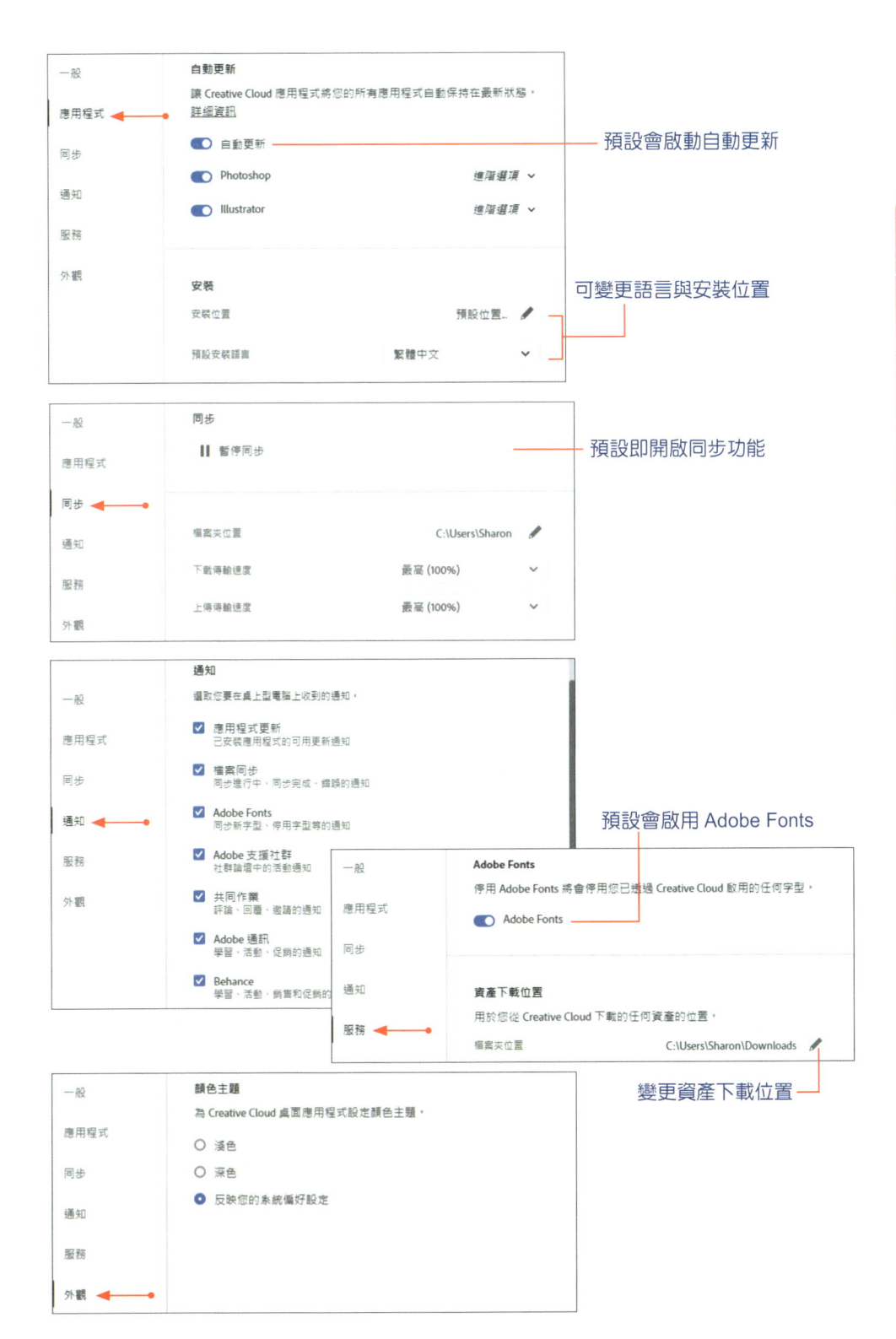

一般

應用程式 ←

讓 Creative Cloud 應用程式將您的所有應用程式自動保持在最新狀態。
詳細資訊

同步

通知

服務

外觀

- 自動更新 ——————————————————— 預設會啟動自動更新
- Photoshop　　　　　　　　　　　　進階選項 ∨
- Illustrator　　　　　　　　　　　　進階選項 ∨

安裝

安裝位置　　　　　　　　　　　預設位置… ✎ ——— 可變更語言與安裝位置

預設安裝語言　　　　　　　繁體中文　　∨

同步

一般

應用程式

同步 ←

通知

服務

外觀

‖ 暫停同步 ——————————————————— 預設即開啟同步功能

檔案夾位置　　　　　　　　　C:\Users\Sharon ✎

下載傳輸速度　　　　　　　最高 (100%)　∨

上傳傳輸速度　　　　　　　最高 (100%)　∨

通知

一般

應用程式

同步

通知 ←

服務

外觀

選取您要在桌上型電腦上收到的通知。

☑ 應用程式更新
　已安裝應用程式的可用更新通知

☑ 檔案同步
　同步進行中、同步完成、錯誤的通知

☑ Adobe Fonts ——————————————— 預設會啟用 Adobe Fonts
　同步新字型、停用字型等的通知

☑ Adobe 支援社群
　社群增中的活動通知

☑ 共同作業
　評論、回覆、邀請的通知

☑ Adobe 通訊
　學習、活動、促銷的通知

☑ Behance
　學習、活動、銷售和促銷的

Adobe Fonts

一般

應用程式

同步

通知

服務 ←

停用 Adobe Fonts 將會停用您已透過 Creative Cloud 啟用的任何字型。

- Adobe Fonts

資產下載位置

用於您從 Creative Cloud 下載的任何資產的位置。

檔案夾位置　　　　　　　C:\Users\Sharon\Downloads ✎ ——— 變更資產下載位置

顏色主題

一般

應用程式

同步

通知

服務

外觀 ←

為 Creative Cloud 桌面應用程式設定顏色主題。

○ 淺色
○ 深色
● 反映您的系統偏好設定

1-41

登出 Creative Cloud

如果是使用公用電腦，為了避免被其他人看到您已登入的相關資訊，當使用完該電腦時，最好先登出 Creative Cloud，如此其他人才能再以自己的 Adobe ID 登入。請點選帳戶圖示展開清單選擇 **登出**，出現警告訊息，按【繼續】鈕回到登入畫面。

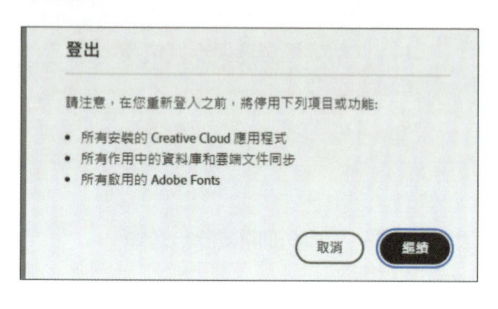

> 💬 **說明**
> - 如果您要在不同的電腦間使用 CC，由於安裝應用程式有限制電腦數目（2 部），此時可先登出電腦後，再於另一部電腦登入使用。
> - Creative Cloud 的線上服務也包含舊版本的更新，如果您的電腦中仍保有舊版本，將會一併偵測是否有更新版本。

1-5-4 線上管理檔案

加入 Creative Cloud 會籍後，會有可用的雲端儲存空間（即使是免費試用也有 2GB），這時就可以將作品上傳。

STEP1 切換到 **檔案 > 您的檔案** 標籤，在目的資料夾上快按二下。

> 💬 **說明**
> 如何從 Photoshop 中儲存與開啟雲端文件，請參考第 2 章的介紹。

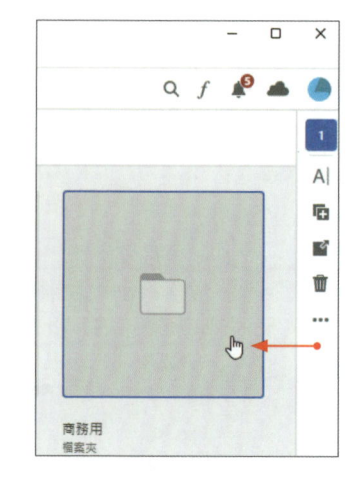

STEP2 開啟 **檔案總管**，在來源資料夾中將要上傳的檔案（可複選）拖曳或複製到目的資料夾中。

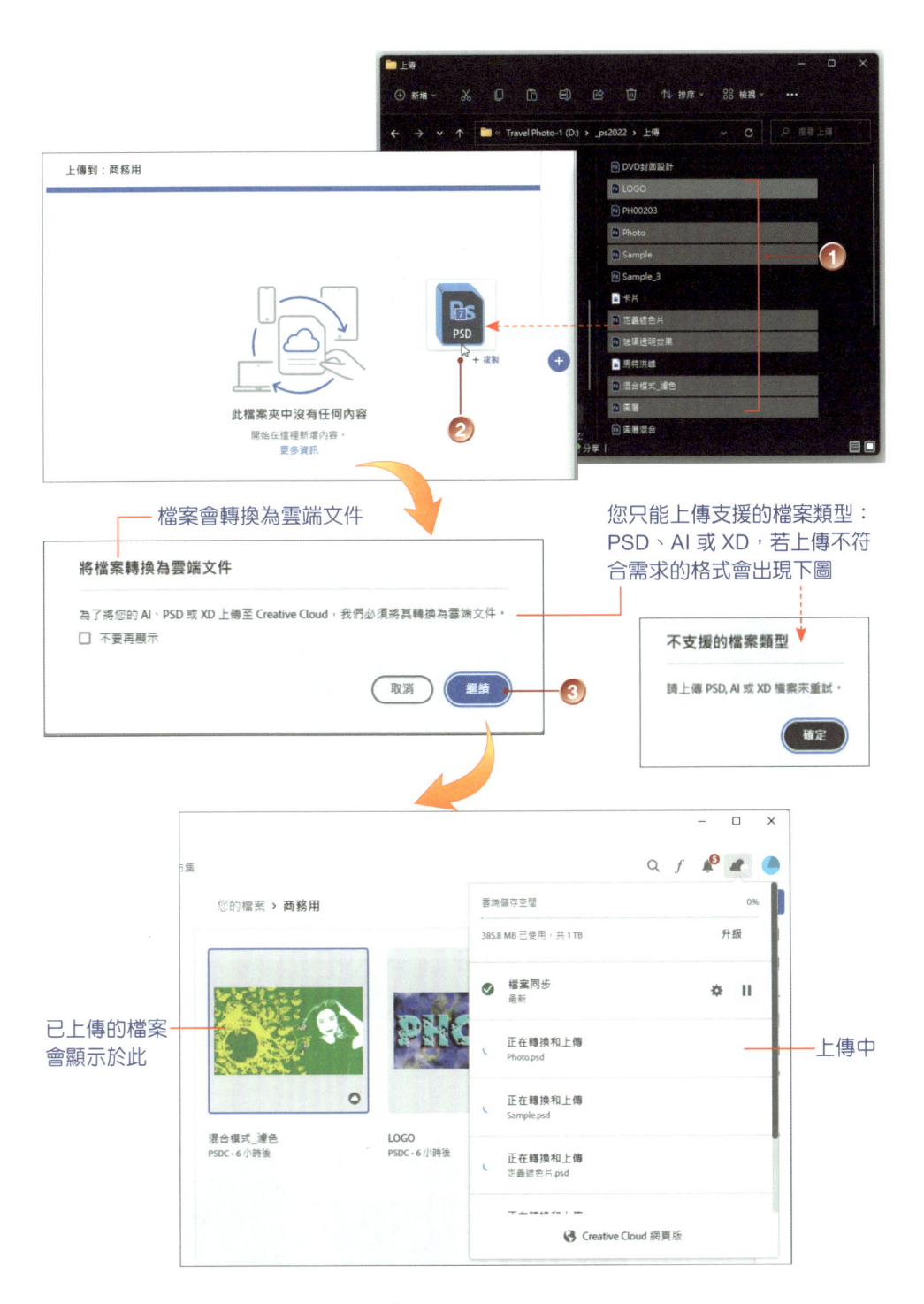

認識Photoshop的工作環境

檔案會轉換為雲端文件

您只能上傳支援的檔案類型：PSD、AI 或 XD，若上傳不符合需求的格式會出現下圖

已上傳的檔案會顯示於此

上傳中

STEP **3** 上傳完畢，可再依需要執行選項。

接下頁 ➡

1-43

顯示已使用的儲存空間

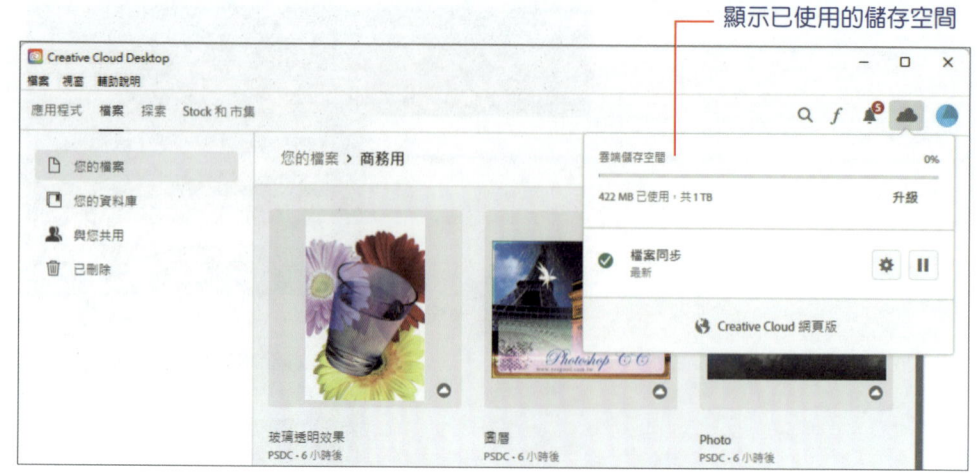

取消選取（1代表選取一個項目）

開啟方式
預視
共用
重新命名
複製
移動到

僅可線上使用的圖示

執行 **在網頁上檢視** 指令會開啟網頁版的 Creative Cloud，Synced files 標籤內會顯示在舊版本中曾經上傳過的檔案。筆者截稿為止，此頁面尚未完全中文化。

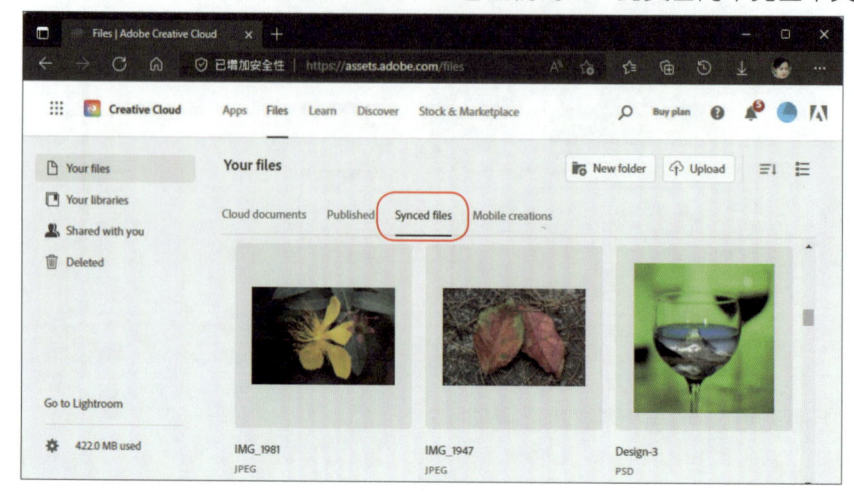

1-44

上傳後的檔案會佔用儲存空間,如果沒有留存的必要,可選取檔案後執 **刪除** 動作,檔案會暫時移到 **已刪除** 類別中,確定不需要時可將其永遠從雲端中移除。

可前往 Creative Cloud 網頁版檢視所有刪除的項目

還原

檢視我的資產

點選左側 **您的資料庫** 類別,進一步檢視個人的 **資產**,點選可瀏覽資料夾中的內容,並針對項目進行編輯、複製或刪除…等動作。有關資料庫與資產的詳細說明請參閱第 12 章。

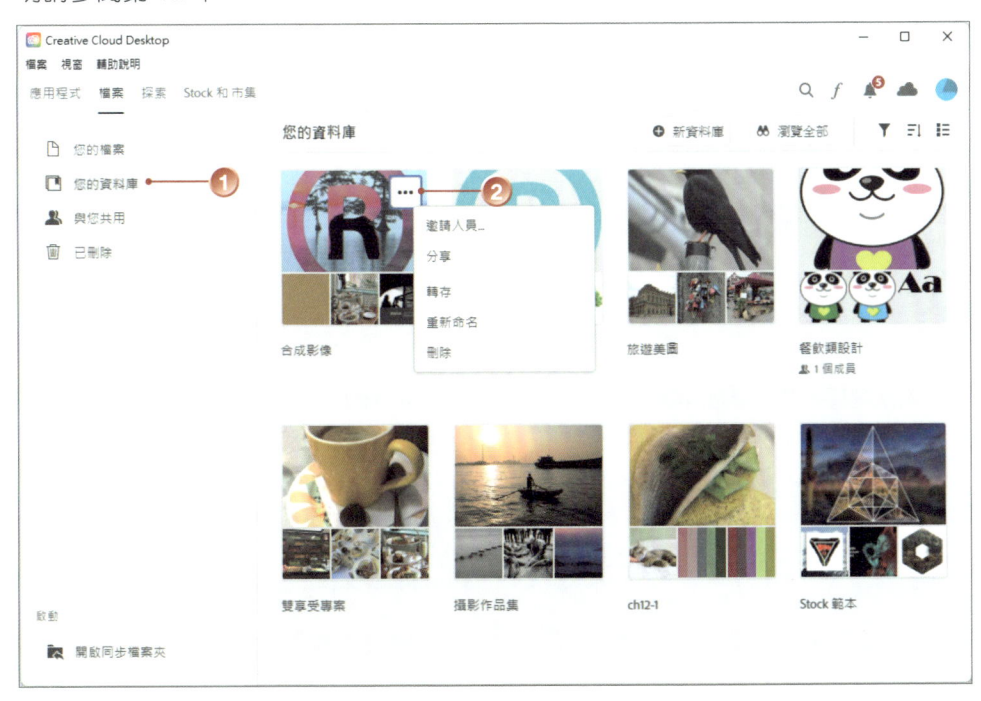

1-45

① 新增項目

② 調整顯示比例

檢視詳細資訊

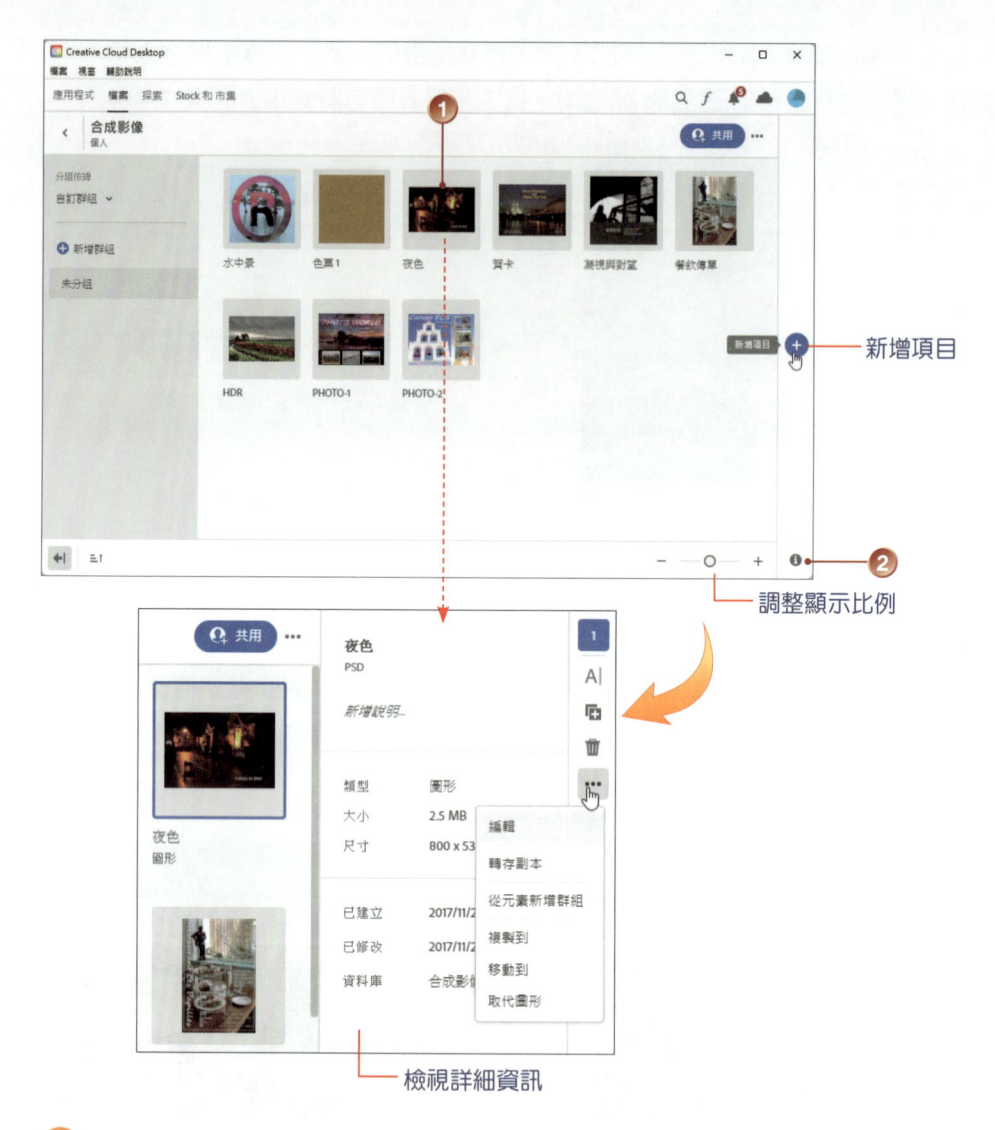

💬 說明

再次提醒讀者，網站內容會經常更新，因此，請依照實際出現的畫面內容操作。目前 Adobe 也還有部分功能仍在試驗階段，隨時準備在下一次的版本推出時更新。請密切注意 Creative Cloud 上顯示的訊息，以便讓軟體處於最新的版本狀態。

1-46

CHAPTER 02 影像檔案的管理

在 Photoshop 中處理影像，除了可以將現有的照片檔案開啟後，執行影像的各種調整作業外，也可以在新的空白檔案中進行影像的拼貼與合成，並將處理後的檔案儲存為 PSD、JPEG、PDF…等格式，方便再次編輯與分享。透過 Adobe Bridge 程式，可以快速瀏覽並找到所需的檔案，還可將檔案分類、命名、複製、搬移…等，是有效管理影像檔案的最佳工具。

2-1 檔案的建立與開啟

從 Photoshop CC 2018 開始，新增文件時可以從 Adobe Stock 選擇多種範本或預設集來快速建立文件。啟動程式時，**首頁** 中會顯示最近開啟的檔案縮圖，方便瀏覽並開啟。有關檔案的新增、開啟、置入及輸出…等操作，都透過 **檔案** 選單來進行，您還可以直接從 **首頁** 存取所有已同步的雲端文件和 Lightroom 相片。

2-1-1 開新檔案―空白文件或範本

要建立一張新的影像檔案,例如:以繪圖工具繪製,或產生拼貼影像,可以從各種尺寸的空白版面、自訂大小或套用範本開始。

STEP**1** 以下幾種操作都會開啟 **新增文件** 對話方塊:

- 在 **首頁** 按【新檔案】鈕。
- 執行 **檔案 > 開新檔案** 指令。
- 在開啟的文件索引標籤上按右鍵選擇 **新增文件** 指令。

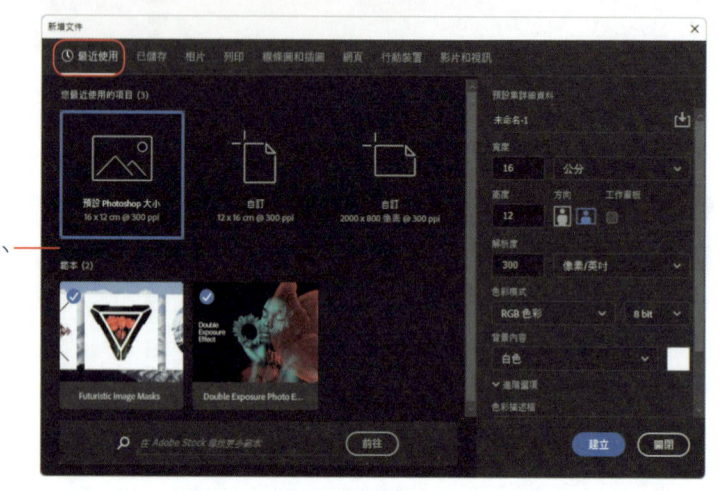

最近存取的預設集、範本及自訂項目

STEP**2** 點選不同的類別(**相片**、**列印**、**線條圖和插圖**、**網頁**、**行動裝置** 及 **影片和視訊**),從 Adobe Stock 選取範本,或是從各種類別的 **空白文件預設集** 來建立新文件。

存取自訂的預設集

在 Adobe Stock 搜尋更多範本

2-2

STEP3 本例中選擇 **預設 Photoshop 大小** 的 **空白文件預設集**，視需要變更右側 **預設集詳細資料** 窗格中的設定。

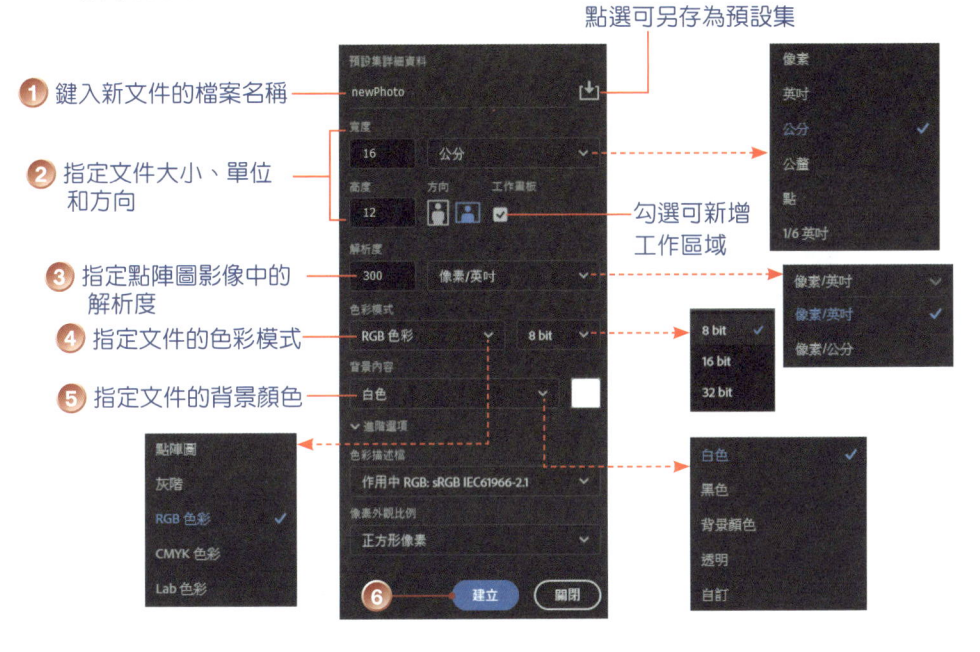

① 鍵入新文件的檔案名稱 — newPhoto

點選可另存為預設集

② 指定文件大小、單位和方向

③ 指定點陣圖影像中的解析度

④ 指定文件的色彩模式

⑤ 指定文件的背景顏色

勾選可新增工作區域

STEP4 您可以設定新影像的 **色彩模式** 及 **位元深度**（會決定可使用的最大顏色數目）；而 **背景內容** 欄位則是用來設定文件視窗底稿的初始色彩，有 **白色**、**黑色**、**背景色** 和 **透明** 外，還可選擇 **自訂** 再指定色彩。選擇 **透明** 的背景內容，會使文件以透明的圖層做為內容，不含任何顏色數值。

STEP5 展開 **進階選項**，除非此新影像是要在視訊中使用，否則 **像素外觀比例** 的設定請採用預設值 **正方形像素**。

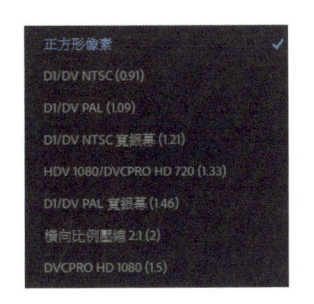

🗨 說明

電腦螢幕上所顯示的影像是由「像素」所構成，基本上是「正方形」；視訊螢幕上所顯示的影像是由「類比訊號」所構成，而視訊編碼裝置一般是使用非方形的像素，所以若新建立的影像需用在視訊上，必須於清單中選擇適當的項目以供視訊編碼之用，如此方形像素才不會縮放成非方形像素，造成影像扭曲變形。

STEP **6** 完成所有設定之後,按【建立】鈕,即可依指定建立已命的新文件。

🗨 說明

- 如果先將選取的區域 拷貝 到「剪貼簿」,新增文件時,最近使用 標籤中會有 剪貼簿 選項,新影像的尺寸和解析度會自動依據這個影像資料來決定。

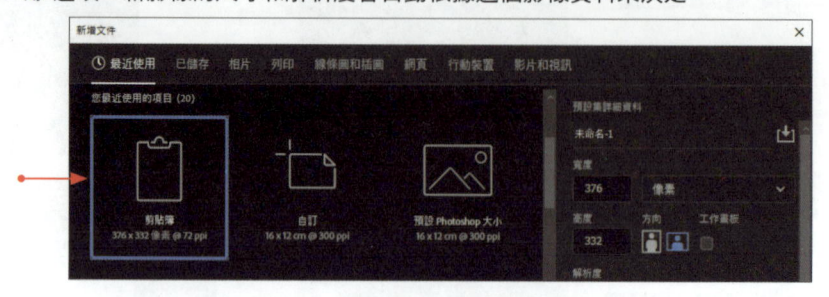

- 從 Adobe Stock 選取範本時,右側窗格會顯示範本的詳細資料,按【檢視預覽】鈕可預覽範本內容;按【下載】鈕下載,下載中可繼續其他作業。下載完畢再按【開啟】鈕開啟。

下載中

2-4

儲存自訂的預設集

如果預設集中的項目經過修改，且日後還會存取相同的設定，就可儲存為自訂的預設集，日後再從 **新增文件** 的 **已儲存** 標籤中存取。

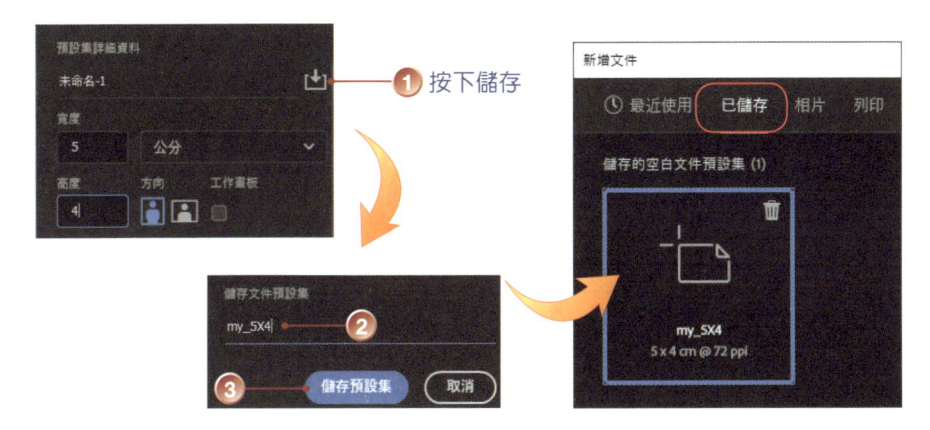

2-1-2 開啟舊檔—已存在的影像檔案

啟動 Photoshop 時，**首頁** 中預設會顯示最近曾存取過的檔案縮圖，方便您快速開啟。

「您的檔案」是指存放在 Creative Cloud 雲端上的檔案

本機檔案 代表已下載、可離線存取的檔案

僅供線上存取的檔案

點選【開啟】鈕或是進入 Photoshop 後，在 **檔案** 選單中選擇：**開啟舊檔**、**在 Bridge 中瀏覽**、和 **最近使用的檔案**…等指令，皆可開啟已存在的影像檔案。執行 **開啟舊檔** 指令會出現 **開啟** 對話方塊，指定影像所存放的路徑後，可選擇 **檔案類型** 再點選要開啟的檔案。

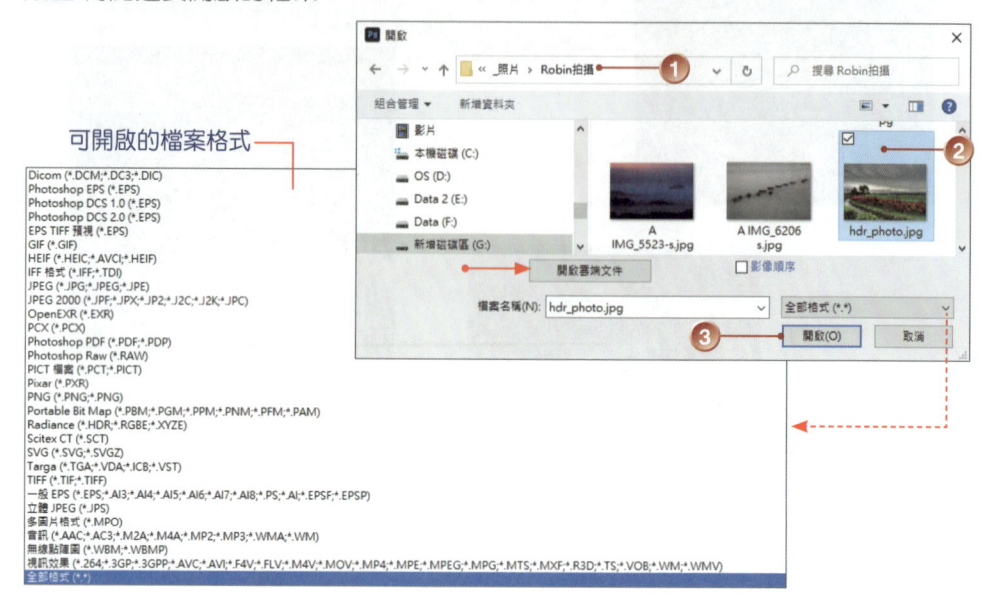

可開啟的檔案格式

Dicom (*.DCM;*.DC3;*.DIC)
Photoshop EPS (*.EPS)
Photoshop DCS 1.0 (*.EPS)
Photoshop DCS 2.0 (*.EPS)
EPS TIFF 預視 (*.EPS)
GIF (*.GIF)
HEIF 格式 (*.HEIC;*.AVCI;*.HEIF)
IFF 格式 (*.IFF;*.TDI)
JPEG (*.JPG;*.JPEG;*.JPE)
JPEG 2000 (*.JPF;*.JPX;*.JP2;*.J2C;*.J2K;*.JPC)
OpenEXR (*.EXR)
PCX (*.PCX)
Photoshop PDF (*.PDF;*.PDP)
Photoshop Raw (*.RAW)
PICT 檔案 (*.PCT;*.PICT)
Pixar (*.PXR)
PNG (*.PNG;*.PNG)
Portable Bit Map (*.PBM;*.PGM;*.PPM;*.PNM;*.PFM;*.PAM)
Radiance (*.HDR;*.RGBE;*.XYZE)
Scitex CT (*.SCT)
SVG (*.SVG;*.SVGZ)
Targa (*.TGA;*.VDA;*.ICB;*.VST)
TIFF (*.TIF;*.TIFF)
一般 IFS (*.EPS;*.AI3;*.AI4;*.AI5;*.AI6;*.AI7;*.AI8;*.PS;*.AI;*.EPSF;*.EPSP)
立體 JPEG (*.JPS)
多圖片格式 (*.MPO)
音訊 (*.AAC;*.AC3;*.M2A;*.M4A;*.MP2;*.MP3;*.WMA;*.WM)
無線點陣圖 (*.WBM;*.WBMP)
視訊效果 (*.264;*.3GP;*.3GPP;*.AVC;*.AVI;*.F4V;*.FLV;*.M4V;*.MOV;*.MP4;*.MPE;*.MPEG;*.MPG;*.MTS;*.MXF;*.R3D;*.TS;*.VOB;*.WM;*.WMV)
全部格式

如果您已具備 Adobe 會籍，並將文件儲存在雲端空間，除了從 **首頁** 開啟雲端文件外，也可以在 **開啟** 對話方塊中點選【開啟雲端文件】鈕，將儲存在雲端空間的文件開啟。

切換回「開啟」對話方塊　　　點選即可開啟

2-6

點選 **檔案 > 最近使用的檔案** 指令，清單中會列出最近曾開啟的檔案名稱及路徑，點選之後即會直接開啟所選擇的檔案，是開啟常用檔案的捷徑。要指定 **最近使用的檔案** 選單中所列的檔案數目，請執行 **編輯 > 偏好設定 > 檔案處理** 指令來指定（參閱 2-2-3 小節）。

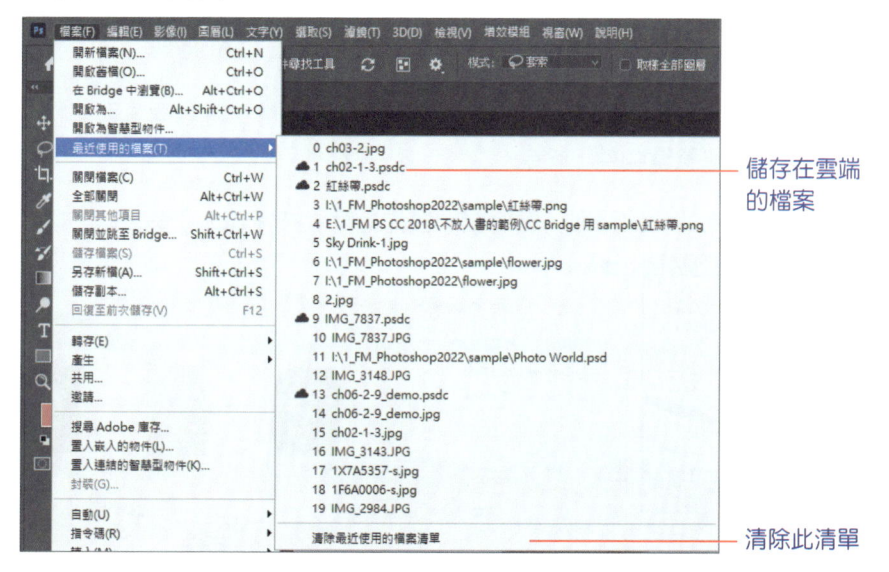

開啟影像後，會自動展開 **內容** 面板，顯示重要的文件資訊、檢視工具以及常用的動作捷徑，方便您快速執行。**內容** 面板中的內容也會隨執行的指令而變動。

2-1-3 置入檔案

執行 **檔案 > 置入嵌入的物件**（或 **置入連結的智慧型物件**）指令可以將 PDF、EPS 或 AI（Adobe Illustrator）檔案貼入後放置到「已開啟」的影像檔案中，類似 **貼上** 的功能，經常應用在將 Adobe Illustrator 所建立的向量式圖檔，轉換成點陣式圖檔並貼入已開啟的影像中。接下來就示範如何置入 AI 格式。

STEP1 先開啟要貼上圖形的「背景」影像，再執行 **檔案 > 置入嵌入的物件**（或 **置入連結的智慧型物件**）指令。

STEP2 選取影像所存放的路徑，點選要開啟的檔案，按【置入】鈕。

STEP3 出現 **開啟為智慧型物件** 對話方塊，從右側 **選項** 的 **裁切成** 下拉式選單中選擇圖像的裁切範圍，按【確定】鈕。

調整預視視窗中的縮圖檢視

- **邊界方塊**：會裁切成可以包含頁面中所有文字和圖像的最小矩形區域，可消除額外的空白區域。
- **介質方塊**：裁切成頁面的原始尺寸。

2-8

- **裁切方塊**：裁切成 PDF 檔案的剪裁區域（裁切邊界）。
- **出血方塊**：裁切成 PDF 檔案中的指定區域。
- **剪裁方塊**：裁切成符合頁面預設尺寸的指定區域。
- **作品方塊**：裁切成 PDF 檔案中的指定區域。

STEP 4　所選擇的 EPS 或 AI 格式的檔案會貼入到影像中，同時會具有矩形框線與對角線，並顯示置入影像對應的 選項。

勾選可消除置入影像的鋸齒邊緣

STEP 5　於 選項 列設定水平、垂直縮放值及角度，或以滑鼠拖曳四個角落的控制點調整大小；將滑鼠游標移到置入影像中並拖曳，可以調整影像位置。

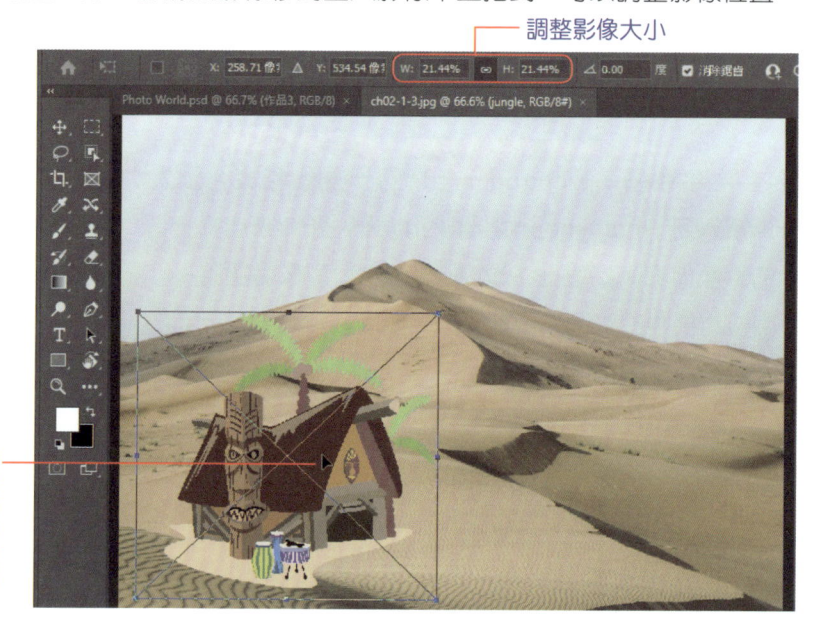

調整影像大小

調整影像位置

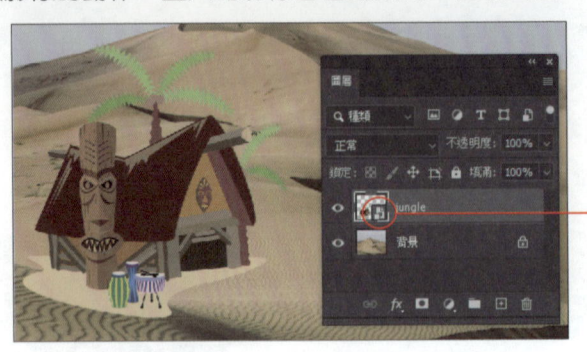

STEP 6 調整完畢後,按一下 **選項** 上的 **確認變形** ☑ 鈕,或按 **Enter** 鍵,即可完成置入影像的動作,置入的影像會自動成為一個新圖層。

新增加的「智慧型物件」圖層

🗨 說明

- 您也可以直接從 Adobe Illustrator **拷貝** 圖案後,**貼上** 到 Photoshop 文件中。從 23.3 版本開始改善了支援 Illustrator 文字圖層的複製並貼上功能,讓您使用 Illustrator 作品時能享受無縫切換。從 Illustrator **複製** 文字物件貼入到 Photoshop 後,可編輯文字圖層的多個屬性,例如:文字顏色、大小、字型、對齊方式等。

- **置入** 指令可以將相片、圖案或任何 Photoshop 支援的檔案,以「內嵌」或「連結」為「智慧型物件」的方式加入文件中。「智慧型物件」可以進行縮放、傾斜、旋轉或彎曲,而不會降低影像的品質,請參考 7-5 節的介紹。

2-1-4 讀入檔案

除了在 **首頁** 中匯入 Lightroom 相片外,透過 **檔案 > 讀入** 指令,可以將外部的影像來源置入到 Photoshop 中,您可以輕鬆擷取來自掃描器、數位相機…等數位裝置中的影像檔案,然後在 Photoshop 中對影像做更進一步的修飾和處理。本例以讀入數位相機中的影像來說明:

STEP 1 將數位相機(或插入記憶卡的讀卡機)連接到電腦,開啟相機電源後,於 Photoshop 執行 **檔案 > 讀入 > WIA 支援** 指令。

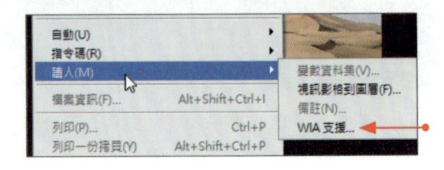

2-10

STEP**2** 開啟 WIA 支援 對話方塊，按【瀏覽】鈕選取 **目的地檔案夾**，**選項** 部分可採預設值，按【開始】鈕。

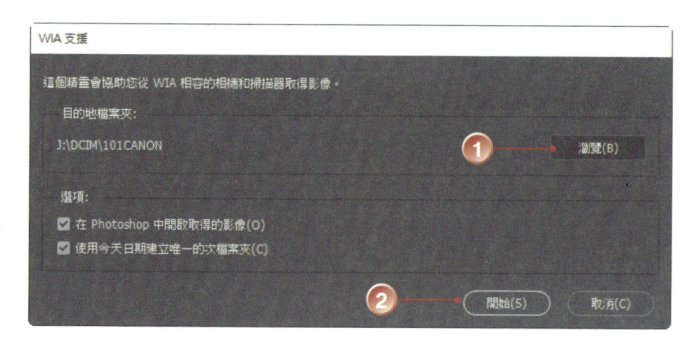

STEP**3** 開啟 **選取裝置** 對話方塊，確認數位相機型號後，按【確定】鈕。

STEP**4** 開始擷取影像，接著會開啟 **從 xxx 取得相片** 對話方塊，點選欲開啟的相片影像（按 Ctrl 鍵跳著選），按【取得相片】鈕。

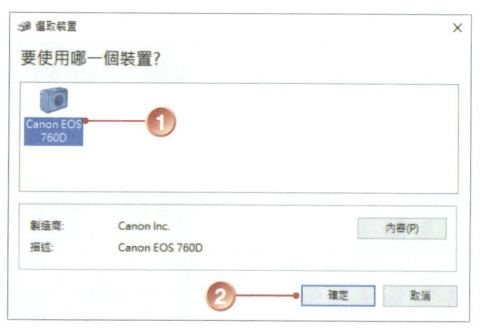

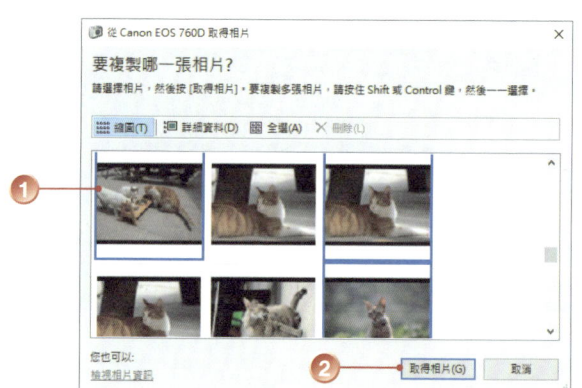

STEP**5** 讀入的相片影像，會立即顯示在 Photoshop 的文件視窗中。

讀入多張影像

2-1-5 關閉檔案

完成影像檢視或編輯並儲存後,點選索引標籤上的「x」圖示或執行 **檔案 > 關閉檔案** 指令,即可關閉影像。如果開啟的檔案很多,執行 **檔案 > 全部關閉** 指令,可以關閉所有開啟的影像,讓您少按幾下滑鼠。執行 **檔案 > 關閉其他項目** 指令可關閉除了目前文件之外的所有文件。如果影像經過編輯尚未儲存,也會出現警告訊息提醒您儲存。

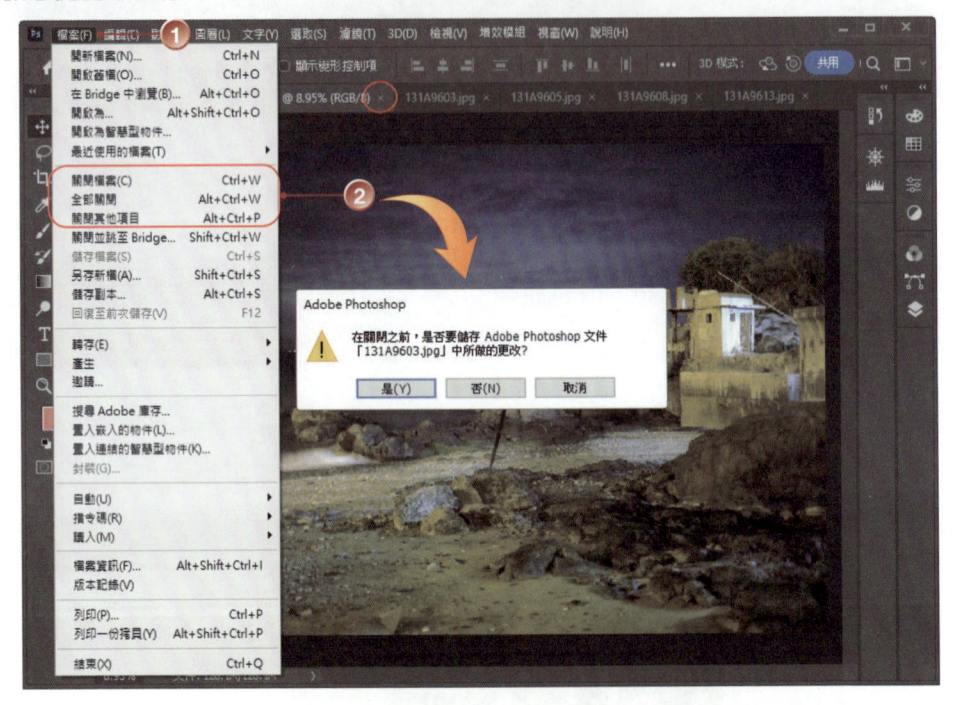

2-2 檔案的儲存

在 Photoshop 中,無論是建立的新影像、開啟原來已經存在的影像,或是從其他數位裝置所讀入的影像,可以在進行影像編修後將它們儲存起來。

2-2-1 儲存檔案與另存新檔

完成影像的編修工作之後,執行 **檔案 > 儲存檔案** 指令,會直接以原來的 **檔案名稱** 和 **檔案格式** 取代原有的檔案來儲存。如果是新建立的影像檔案,執行此指令時會自動轉換為 **另存新檔** 指令,以便命名與變更檔案格式。從 Photoshop 2020 開始,可以選擇要將檔案儲存在本機或雲端。將檔案儲存在雲端的好處是,無論您身在何處,都可在跨裝置的相容應用程式中開啟和編輯,並查看雲端文件的任一個版本。開啟檔案後可以離線方式作業,只要重新連線,這個離線版本會自動同步,因此您的檔案永遠保持在最新狀態。不過,您必須先訂閱 Adobe Creative Cloud 並以 Adobe ID 帳號登入後,才能使用雲端空間進行儲存。

STEP**1** 執行 **檔案 > 另存新檔** 指令,預設會出現以下的視窗,按下【儲存至 Creative Cloud】鈕。

STEP 2 視需要重新命名，選擇存放的資料夾，按【儲存】鈕。

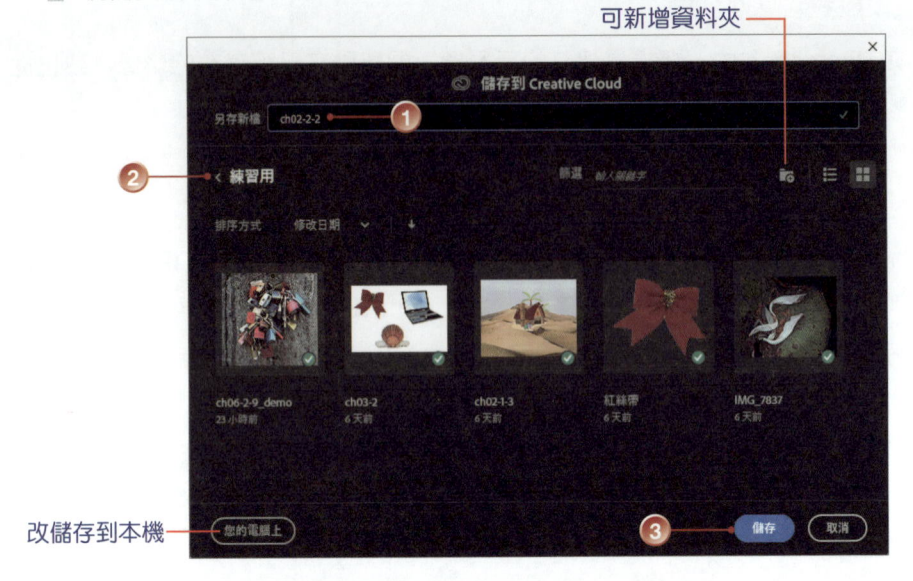

STEP 3 檔案名稱前方出現雲端圖示，代表檔案儲存在雲端空間，儲存在雲端的文件格式為「PSDC」，「C」代表 Cloud。

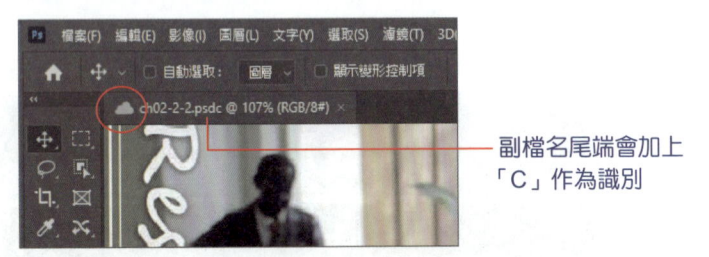

只有將文件儲存在本機時才能另存為其他格式，此時請在步驟 1 選擇【儲存在您的電腦】鈕，會開啟 **另存新檔** 對話方塊，可以指定檔案的存放路徑、檔名及選擇檔案格式。若原先開啟的檔案包含 Photoshop 的圖層、路徑等資訊時，也可將其依原格式儲存或轉換為其他格式儲存。

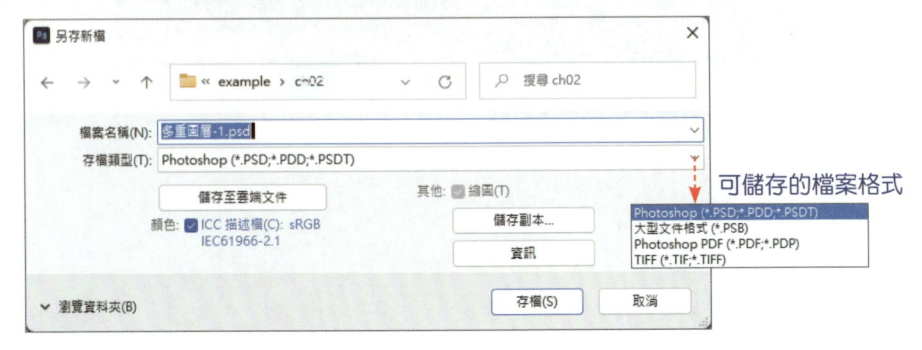

2-14

如果是要儲存為其他常用的影像格式，例如：eps、jpeg、png…等，請執行 **檔案 > 儲存副本**（或 **轉存**，請參閱 2-2-2 小節）指令。

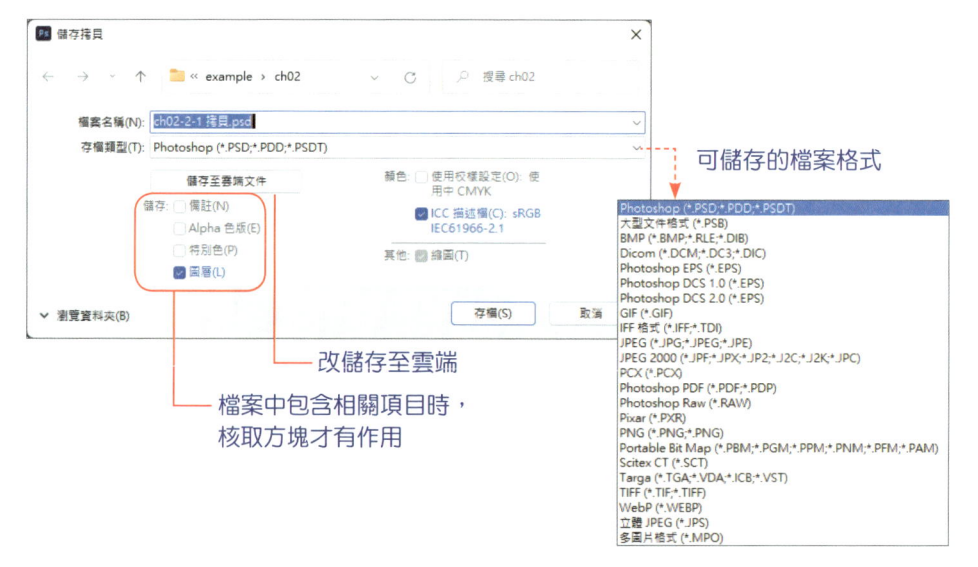

可儲存的檔案格式

改儲存至雲端

檔案中包含相關項目時，核取方塊才有作用

> **說明**
> - 若要保留所有 Photoshop 功能，包括：圖層、效果、遮色片…等，請以 Photoshop 格式（PSD）儲存影像。
> - PSD 最大可支援 2 GB 的檔案，大於 2 GB 的檔案，請儲存為 大型文件格式（PSB）、Photoshop Raw（RAW，僅限平面化影像）、TIFF（最大 4 GB）或 DICOM 格式。
> - 選擇 Photoshop PDF 格式，可以儲存 RGB、索引色、CMYK、灰階、點陣圖模式、Lab 色彩以及雙色調的影像。由於 Photoshop PDF 文件也可以保留 Photoshop 資料，例如：圖層、Alpha 色版、備註和特別色，因此可以使用 Photoshop CS2（或以上）的版本來開啟文件和編輯影像。

在編輯過程中，如果想回復到上一次儲存時的狀態，可以執行 **檔案 > 回復至前次儲存** 指令，即可放棄之前所做的任何變更，還原到上次儲存時的內容。

2

影像檔案的管理

2-15

檢視版本記錄

儲存在雲端的文件，會記錄文件的版本，執行 **檔案 > 版本記錄** 指令開啟 **版本記錄** 面板，可以瀏覽和檢視已儲存雲端文件版本的縮圖。按下 ▥ 圖示選擇 **為此版本命名**（或按下 **標記版本** 圖示）將選取的版本命名，並將其新增至 **已標記的版本** 清單中。若要將舊版本轉換為新文件，請執行 **在新標籤開啟** 指令，也可以將文件回復至先前儲存過的任一版本。

回復至先前版本
將舊版本轉換為新文件

也可按此圖示為版本命名

從「已標記的版本」清單移除，並還原版本命名

設為可離線使用

當您因故無法存取網際網路連線時,可以將雲端文件設定為可離線使用。請於 **首頁** 畫面中點選 **您的檔案** 項目,在要設定的檔案縮圖下方點選 圖示,並選取 **設為永遠可離線使用** 指令。

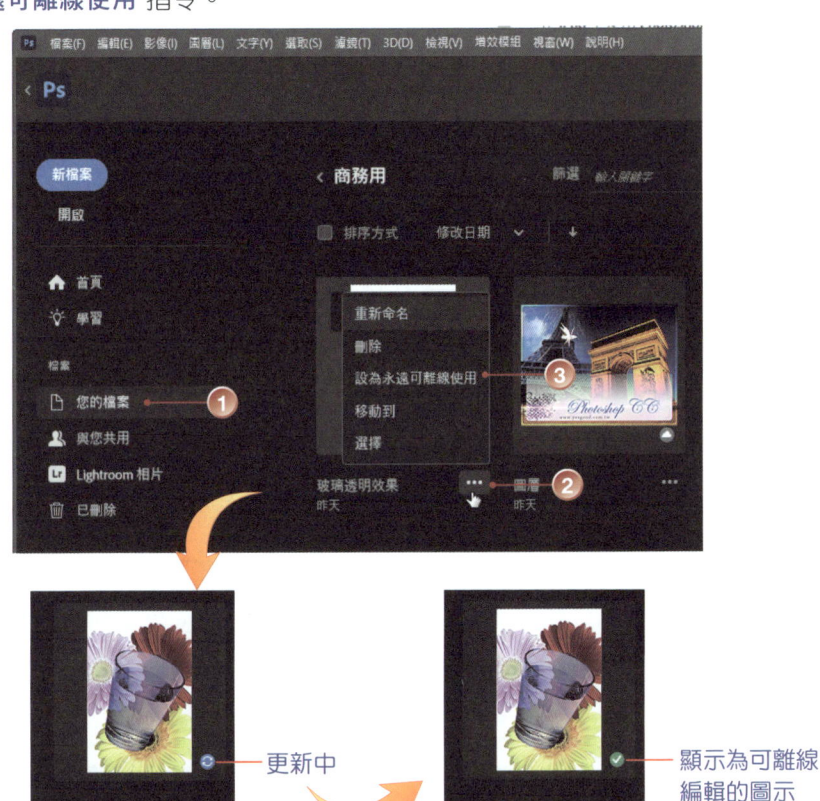

接下來,當您未連線網際網路時,也可離線編輯該文件,一旦恢復連線,更新的雲端文件會自動同步至您的所有裝置。

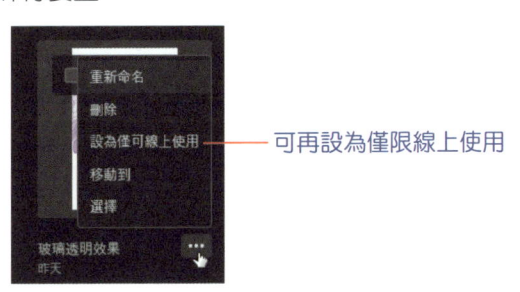

2-17

2-2-2 轉存檔案

執行 **檔案 > 轉存** 的 **快速轉存為 PNG** 和 **轉存為** 指令，可以將 Photoshop 文件、工作區域、圖層和圖層群組轉存為常見的 **PNG**、**JPG** 和 **GIF** 檔案格式。雖然 **另存新檔** 指令也可以儲存這些格式，不過 **轉存** 指令有更大的彈性可以進行各種選項的設定。

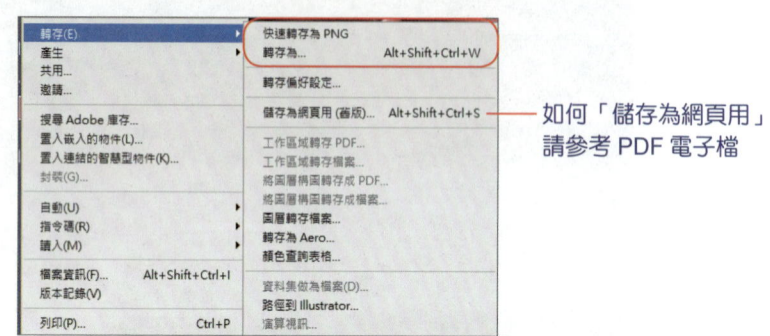

如何「儲存為網頁用」請參考 PDF 電子檔

選擇 **轉存偏好設定** 指令，開啟 **偏好設定** 對話方塊並位在 **轉存** 類別，可指定要快速轉存的格式、位置、色域…等選項，預設為具有透明度的 **PNG** 格式。

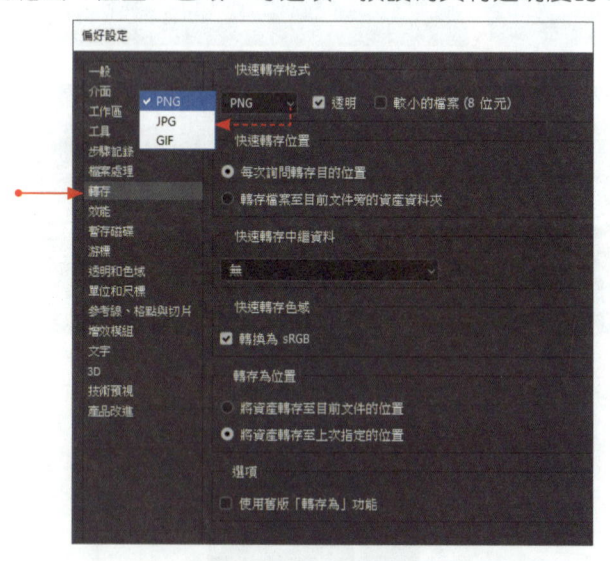

執行 **轉存為** 指令，可以在開啟的視窗中指定更多的選項，例如：影像尺寸、版面尺寸…等，可透過預視窗格檢視效果。如果要將檔案同時轉存為不同的尺寸，可先在左側選擇一種相對的 **大小**，再輸入 **後置字元** 以識區別，然後按下「＋」新增其他的比例和尾碼。

2-18

預設的後置字元　　右欄為原始檔案

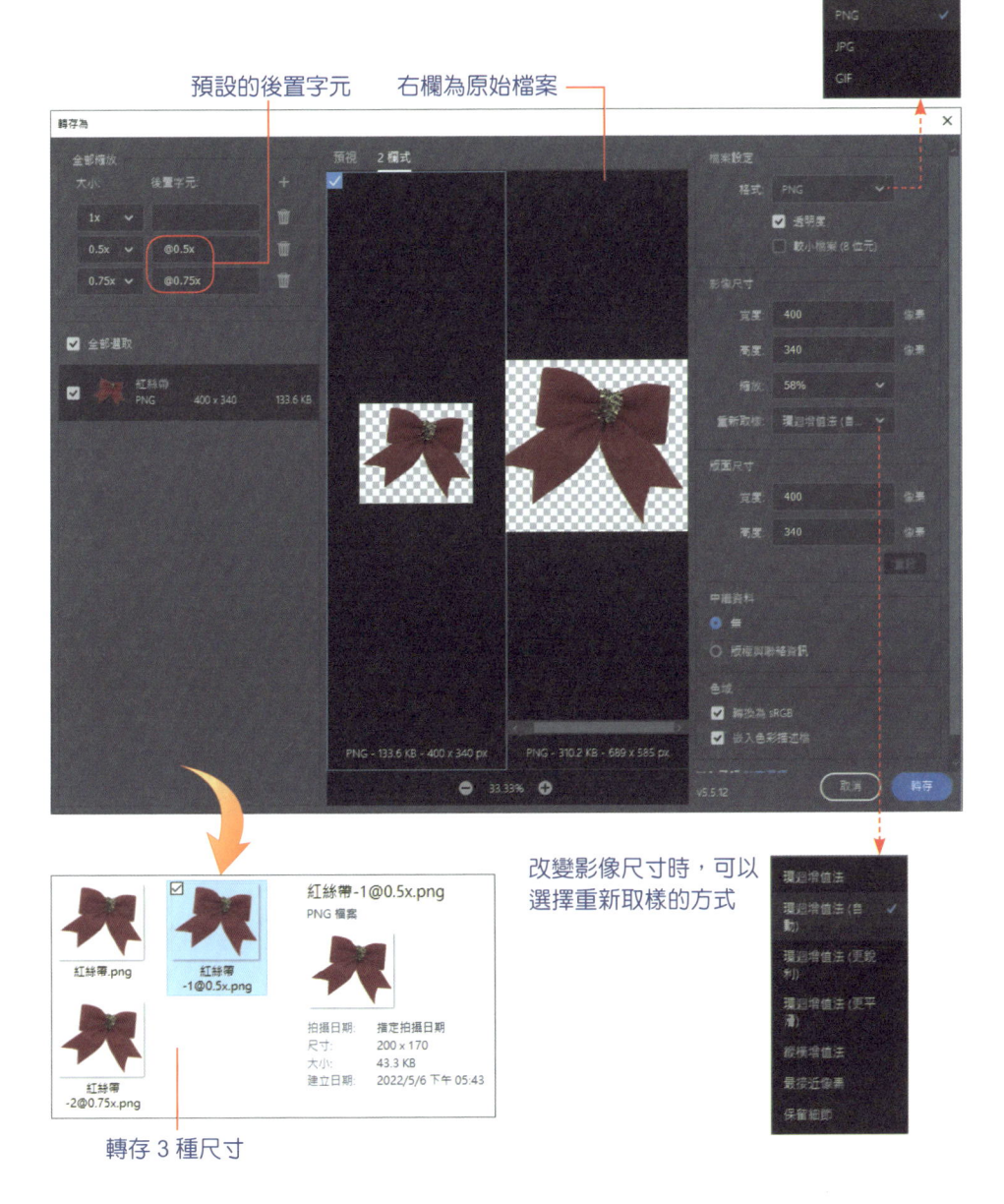

改變影像尺寸時,可以選擇重新取樣的方式

轉存 3 種尺寸

2 影像檔案的管理

2-19

2-2-3 檔案的偏好設定

執行 **編輯 > 偏好設定 > 檔案處理** 指令開啟 **偏好設定** 對話方塊,在 **檔案儲存選項** 區域中有一些與檔案儲存有關的設定。

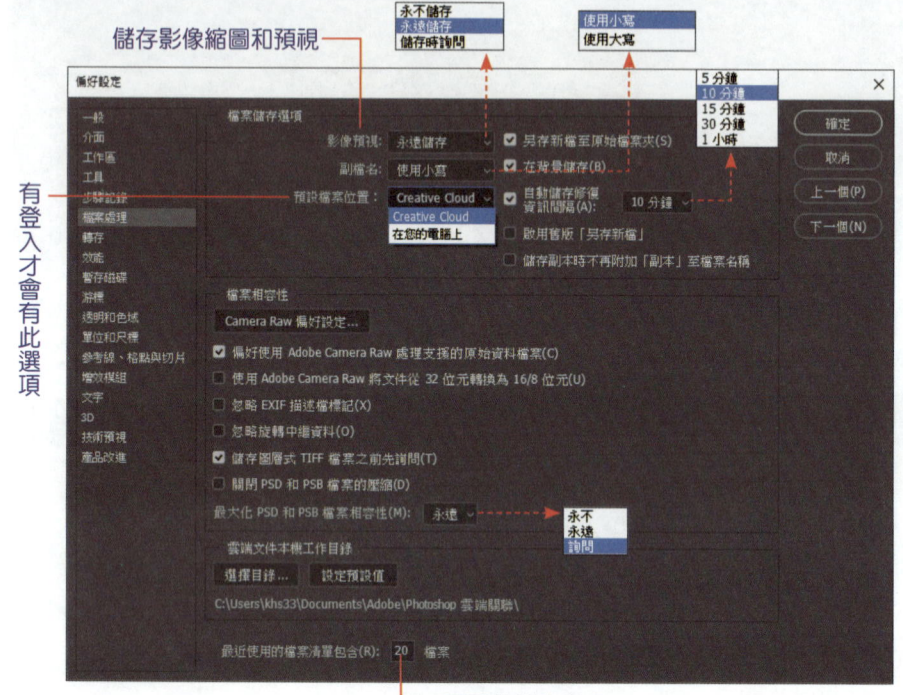

- **預設檔案位置**:2022 版本中的預設檔案儲存位置是 Creative Cloud,也就是雲端空間,改為 **在您的電腦上**,則下次存檔時會直接出現如下圖的 **另存新檔** 對話方塊(可再選擇儲存在雲端)。

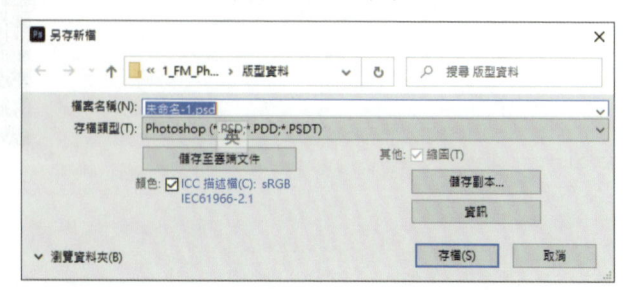

- **另存新檔至原始檔案夾**:勾選此項則執行 **另存新檔** 指令時,預設會儲存至與影像來源相同的資料夾中。若取消選取,則改為預設至您上次儲存過影像的資料夾。如果您要將來自不同位置的影像,固定儲存在指定的路徑時,可以取消勾選此項目。

2-20

- **在背景儲存**：預設也是勾選的，可以改善效能以協助提高生產力。讓您即使在儲存大型的檔案時，也能同時繼續工作。

- **自動儲存修復資訊間隔**：預設為勾選，且指定的間隔時間為「10」分鐘。系統會每 10 分鐘自動儲存檔案，而不會中斷目前的工作進度。這樣當發生意外而當機時，就可以自動復原到至少 10 分鐘前所做的編輯。

- **啟用舊版「另存新檔」**：如果您實在不習慣新版本 另存新檔 的操作程序，勾選此項可以回復到舊版本的執行方式。回復後，執行 另存新檔 時會出現下圖的對話方塊，您可以和左頁的圖做比較。

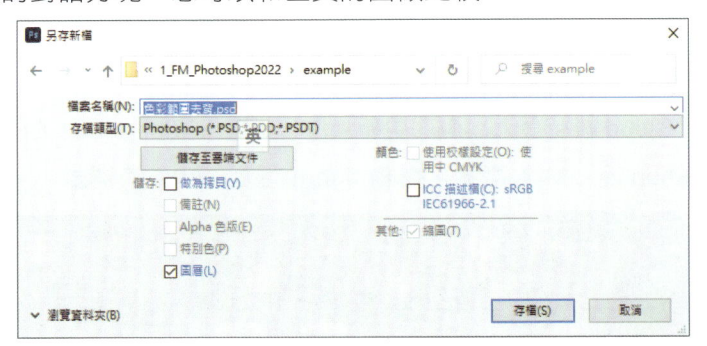

- **儲存副本時不再附加「副本」至檔案名稱**：執行 檔案 > 儲存副本 指令時會自動在檔名最後加上「拷貝」，以防止覆寫原始檔案，勾選可取消此設定。

- **雲端文件本機工作目錄**：設定與雲端文件相關聯之本機檔案應儲存的目錄，按下【選擇目錄】鈕可重新指定；按下【設定預設值】鈕還原到預設位置。

> 說明
> 當您將平面式的影像轉存為具有圖層的影像格式時，預設會出現「最大化相容性」訊息，若不想出現此訊息框，可勾選 ☑ 不再顯示 核取方塊，或是取消勾選 偏好設定 對話方塊中 檔案相容性 區域的 ☐ 儲存圖層式 TIFF 檔案之前先詢問 核取方塊。

2-3 使用 Bridge 組織與管理影像

Adobe Bridge 軟體是一個功能強大的媒體管理工具,讓您可以視覺化的方式組織和管理所有的媒體創意素材。從 Adobe Bridge 可以預視、搜尋、排序、篩選、管理和處理影像,重新命名、移動和刪除檔案、旋轉影像並執行批次指令,也可以檢視從數位相機或數位攝影機所讀入的檔案和資料。此外,還可開啟或讀入 Camera Raw 檔案進行編輯,再將這些檔案儲存為與 Photoshop 相容的格式。

2-3-1 認識 Adobe Bridge 的工作環境

從 Creative Cloud 版本開始,Adobe Bridge 成為一個獨立的應用程式,可以從 Creative Cloud 視窗登入下載與更新,您可以直接啟動 Adobe Bridge,或是在啟動 Photoshop 後,執行 **檔案 > 在 Bridge 中瀏覽** 指令將其開啟。

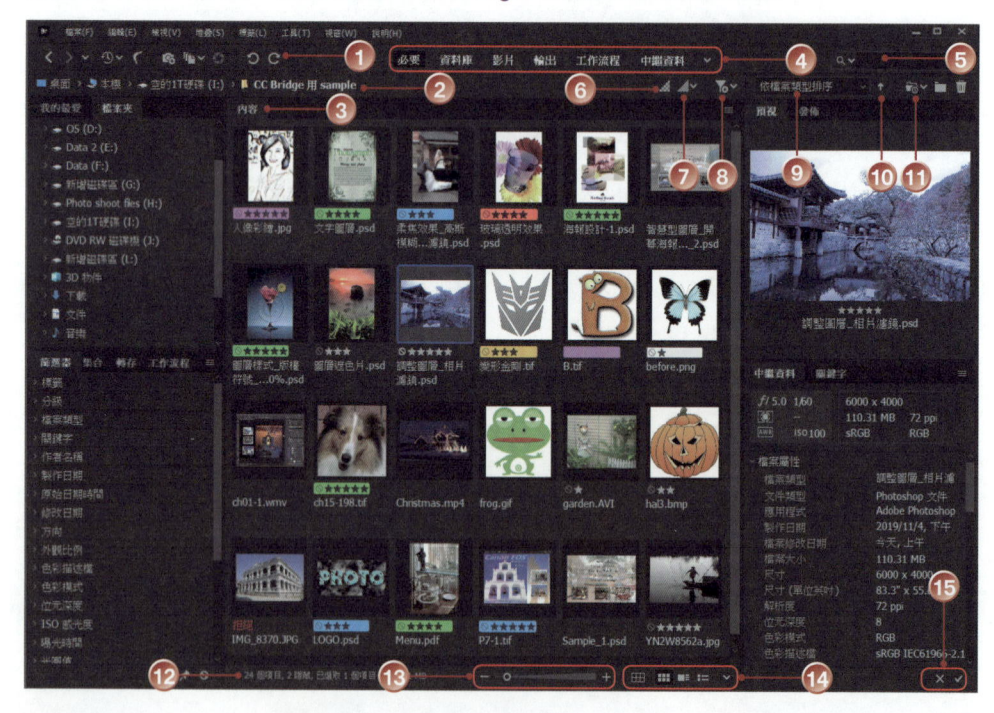

① 應用程式列
② 路徑列
③ 內容區
④ 切換工作區
⑤ 搜尋方塊
⑥ 藉由偏好內嵌式影像進行快速瀏覽
⑦ 縮圖品質與產生預視的選項
⑧ 依照分級來篩選項目
⑨ 排序方式
⑩ 遞增排列或遞減排列
⑪ 開啟最近開啟的檔案
⑫ 狀態列
⑬ 調整縮圖大小
⑭ 檢視模式切換
⑮ 取消 / 套用

2-22

應用程式列

應用程式列 上提供基本工作的按鈕，例如：導覽檔案夾階層、切換工作區以及搜尋檔案等。其中的 **顯示最近使用的檔案或到最近使用的檔案夾** 清單中會列出最近使用的檔案夾或檔案。

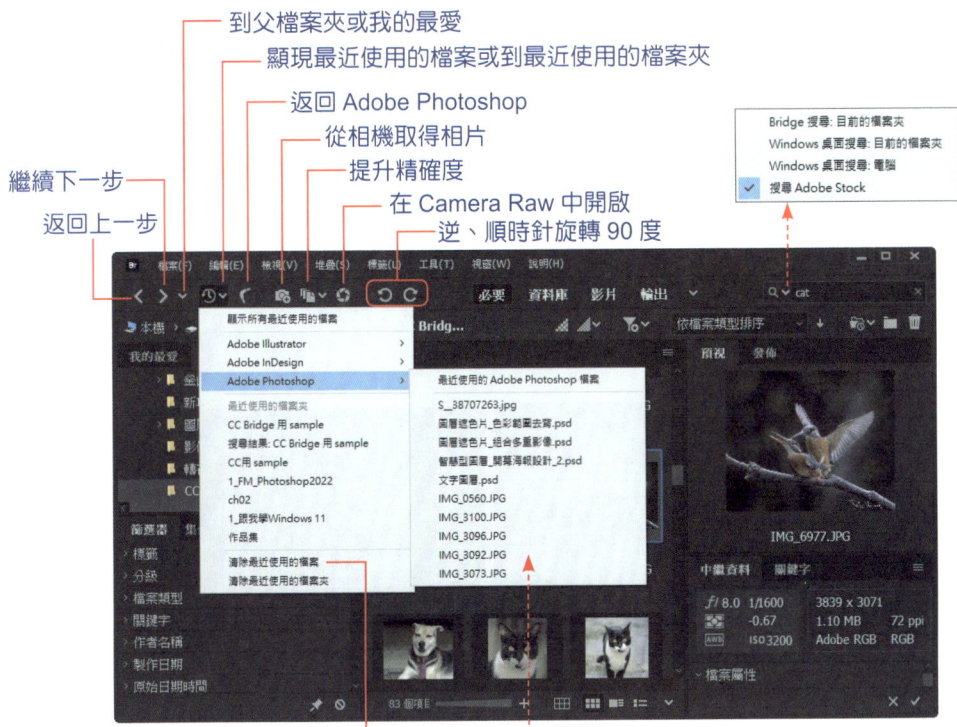

標示說明：
- 到父檔案夾或我的最愛
- 顯現最近使用的檔案或到最近使用的檔案夾
- 返回 Adobe Photoshop
- 從相機取得相片
- 提升精確度
- 在 Camera Raw 中開啟
- 逆、順時針旋轉 90 度
- 繼續下一步
- 返回上一步
- 點選可清除清單中的項目

面板區

Bridge 工作區是由包含各種面板的 3 個欄位（又稱為「窗格」）所組成，可藉由移動面板或調整面板大小（拖曳面板之間的水平分隔列或垂直分隔列）來調整工作區。切換到不同的工作區時，會顯示不同的面板組合。當您重新調整工作區的版面後，可再以 **重設工作區** 指令還原為該工作區的預設狀態。靈活的使用面板，可幫助您快速找到並管理所需的影像內容。

2-23

- 「**內容**」面板：會顯示所選資料夾中的檔案內容，點選視窗右下角對應的 **檢視模式** 按鈕可切換檢視模式。點選 **鎖定縮圖格點** 鈕會出現格線，此時若調整 **內容** 面板的大小，可顯示的縮圖數目會固定而不隨之改變。

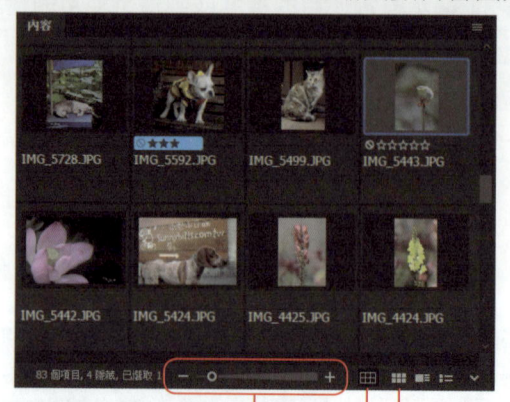

調整縮圖的顯示比例　　　檢視內容縮圖
　　　　　　　　　　　　鎖定縮圖格點

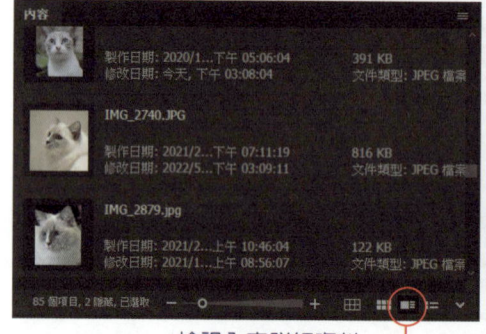

檢視內容詳細資料　　　　檢視內容清單

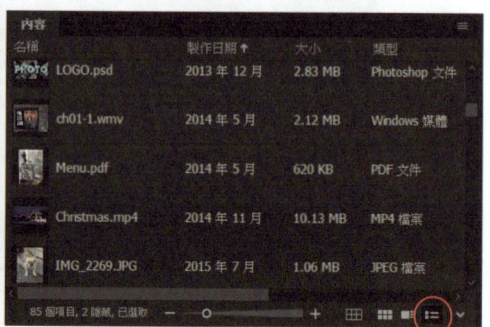

> 💬 說明
> 按 Tab 鍵可切換顯示或隱藏 內容 面板之外的所有面板。

- 「**我的最愛**」與「**檔案夾**」面板：將常用的資料夾拖曳到 **我的最愛** 面板，可方便快速存取。**檔案夾** 會以樹狀目錄方式顯示檔案夾階層。

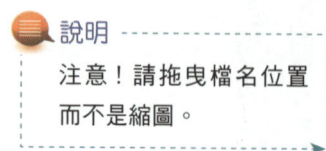

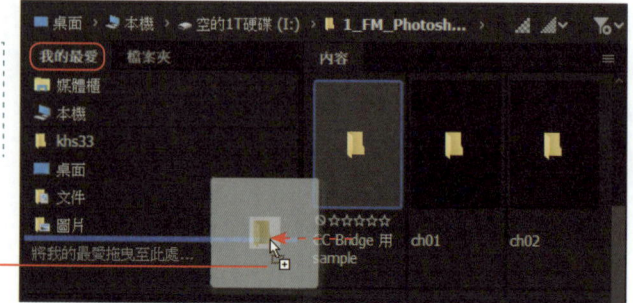

> 💬 說明
> 注意！請拖曳檔名位置而不是縮圖。

將資料夾拖曳到此

- **「預視」面板**：預覽所選取的檔案，影像的顯示大小多半會大於 **內容** 區中所顯示的縮圖影像。可以調整面板的大小，以縮小或放大預視，或在影像上直接點選可開啟「迷你視窗」並放大點選處，再按一次即關閉。

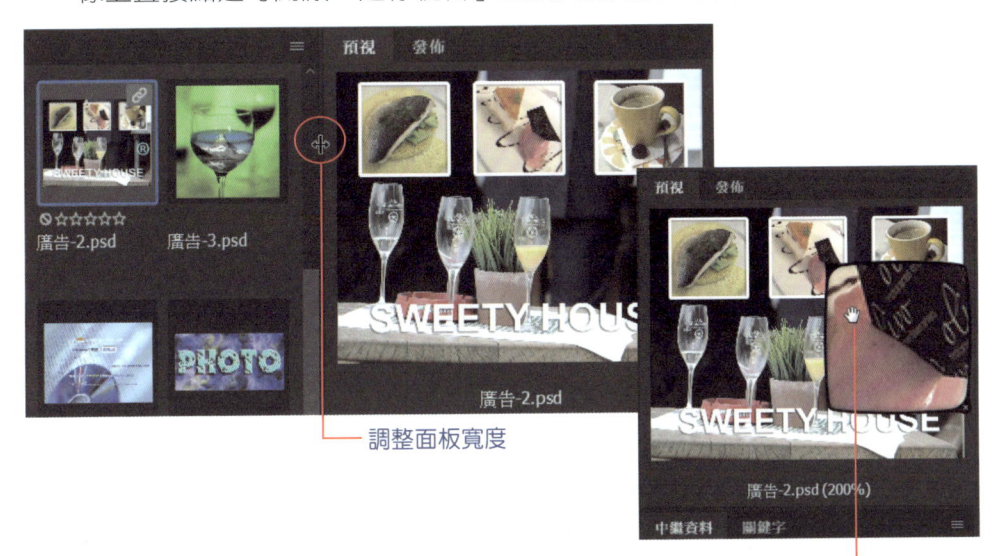

調整面板寬度

迷你視窗可放大點選處

- **「發佈」面板**：這是 2017 年 10 月更新的功能，可以輕鬆上傳 JPEG 和 RAW 影像至 Adobe Stock，或將資產發佈到 Portfolio。若要開始使用，請先在 Adobe Stock Contributor 入口網站中（https://contributor.stock.adobe.com/tw/）將您的個人資料設定為投稿者，並使用自己的 Adobe ID 登入，然後在面板中按一下 Adobe Stock Contributor 中的【設定】鈕，導覽至入口網站。完成設定後，就可將選取的影相從 **內容** 面板拖曳至 **發佈** 面板，接著將前往 Adobe Stock Conbtributor 入口網站標記上傳的影像，再提交至 Adobe Stock 進行調整

接下頁 ➡

說明

- 建立好投稿人帳戶後，即可使用 Adobe ID 進行投稿，提交您的作品供審核，並開始販售相片、影片、向量圖、插圖…等內容。要上傳至 Adobe Stock 的檔案需符合以下需求：

    ▶ 相片必須以 JPEG 格式上傳，RAW 影像將會被轉換為 JPEG。

    ▶ 最低相片解析度為 400 萬像素，最高為 6500 萬像素。

    ▶ 檔案不得大於 30 MB。

- 影像上傳至 Adobe Stock 會有一些法律問題，包括同意書和保護…等，上傳前最好先閱讀 Adobe Stock 投稿人計劃的法律指南，以免產生法律糾紛。

◉ 「篩選器」面板：可以根據預設的選項，篩選 內容 面板中的檔案，要清除篩選結果，可按下 清除篩選器 鈕。

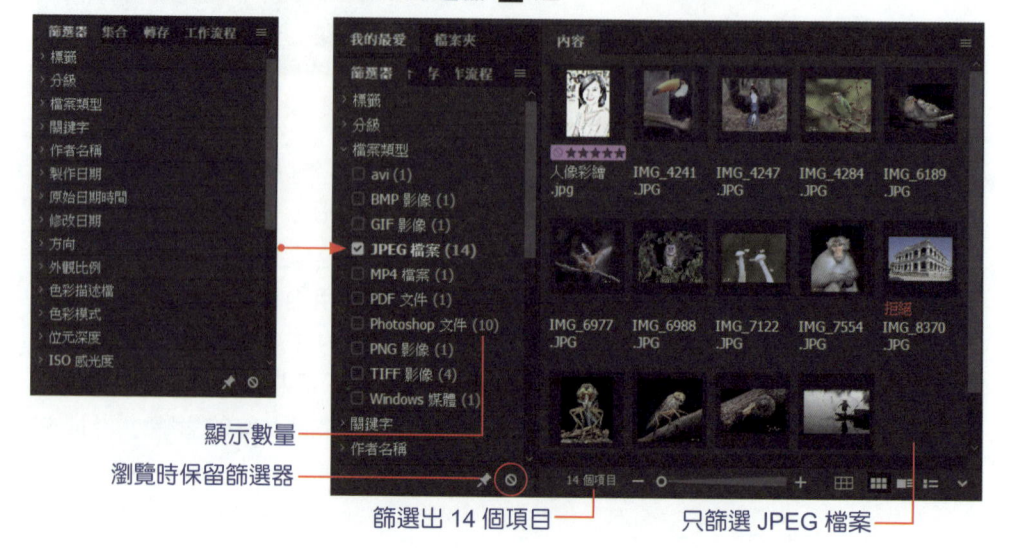

顯示數量

瀏覽時保留篩選器

篩選出 14 個項目

只篩選 JPEG 檔案

2-26

◯ 「**集合**」**面板**：可新增 **集合** 後，將選取的照片集中起來以方便檢視。將檔案拖曳新增到集合並不會移動檔案，**集合** 中的檔案可以分散於各檔案夾或磁碟機；也可以先選取檔案後再新增 **集合**，如此會自動將檔案新增到集合中。新增 **智慧型集合** 可以透過搜尋的方式來產生 **集合** 中的檔案。

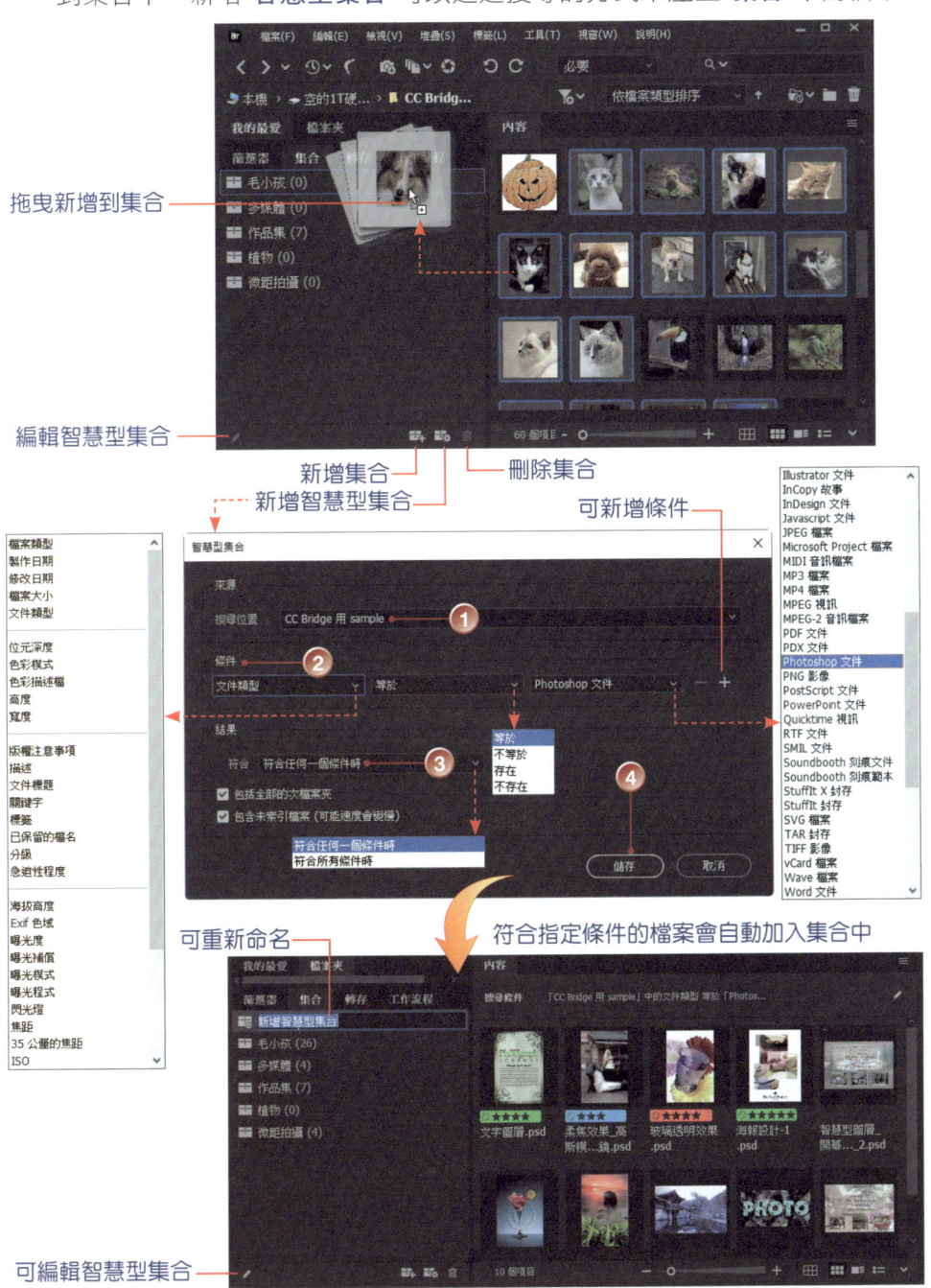

◆ 「**轉存**」**面板**：透過 **轉存** 面板可以將影片、PDF 或影像等資產轉存為影像檔案格式，當切換到 **必要** 和 **輸出** 工作區時會自動顯示此面板，選取 **自訂轉存** 或 **建立新預設集** 即可開始轉存作業。您可以將常用的轉存設定建立自訂預設集，儲存後方便日後存取。

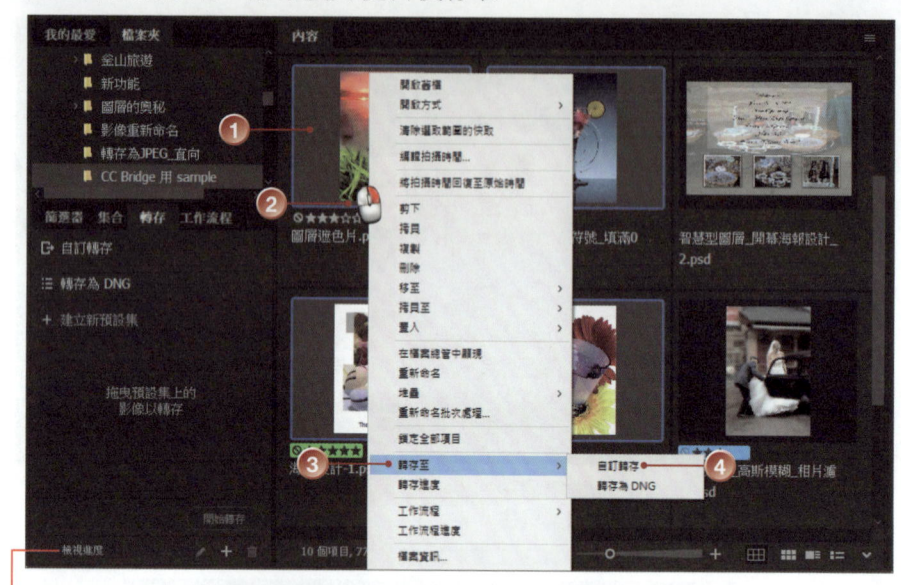

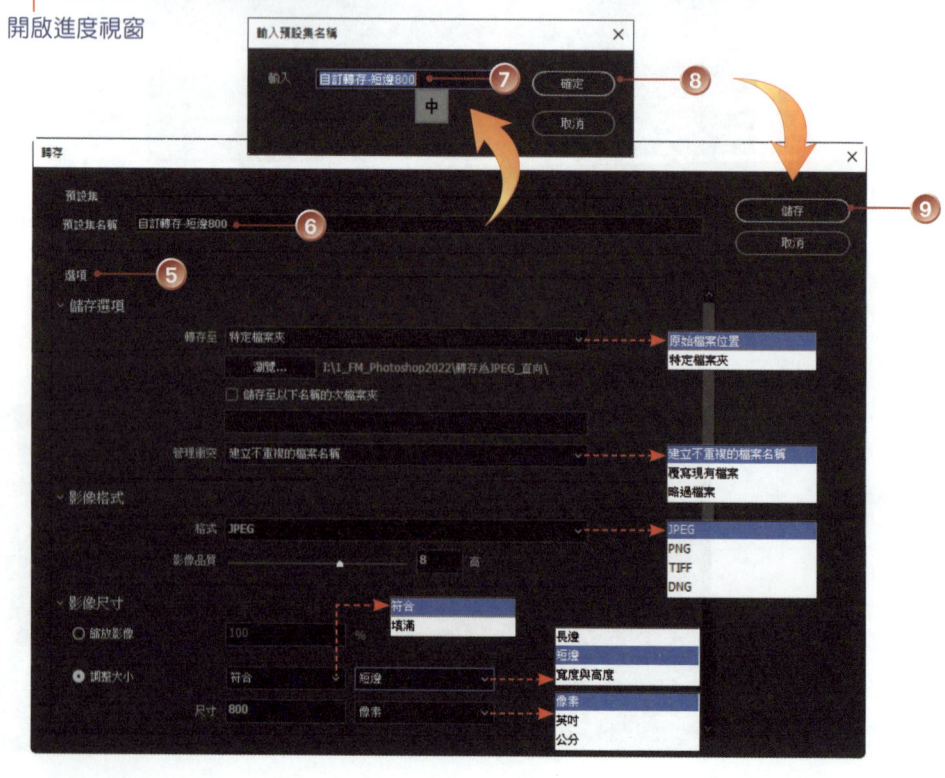

2-28

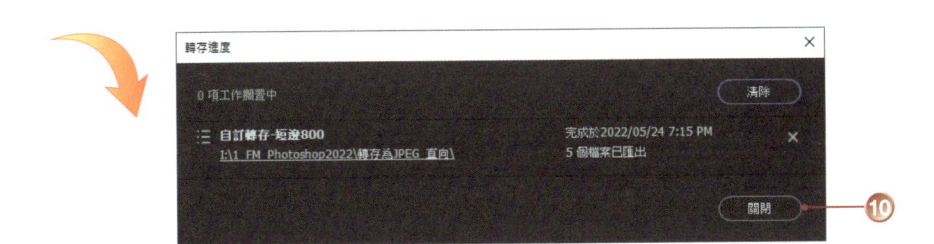

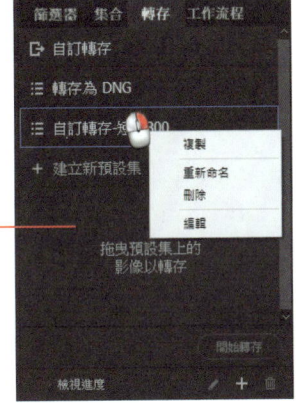

轉存結果

按右鍵可編輯預設集

說明

- **轉存為 DNG** 是內建的預設集，用於轉存為 DNG 格式檔案，預設會在原檔案目錄下產生「DNG」資料夾，存放轉存的檔案。有關 DNG（Digital Negative，數位負片）的詳細說明請參閱 11-10 節。

- 此版本的 Bridge 支援全新 Adobe Camera Raw 輔助延伸功能，在 Adobe Camera Raw 14 中執行的所有編輯動作都會顯示於 Bridge。有關 Camera Raw 的詳細介紹也請參閱 11-10 節。

- 在 Bridge 中可以利用「工作流程」輕鬆的結合各種工作，以串接成可重複使用的專屬工作流程，例如：為批量的影像檔案重新命名、變更格式和重新調整尺寸。**輸出** 工作區還可以讓您為多個影像檔案，建立 PDF 縮圖目錄，礙於篇幅有限，詳細的介紹與操作請下載線上 PDF。

● **「工作流程」面板：工作流程** 是 2021 年 10 月（12 版）所推出的新功能，您可以輕鬆的結合各種工作：重新命名批次處理、變更格式、調整大小、套用中繼資料，以串接成可重複使用的專屬工作流程。詳細的操作請參閱 PDF 電子檔。

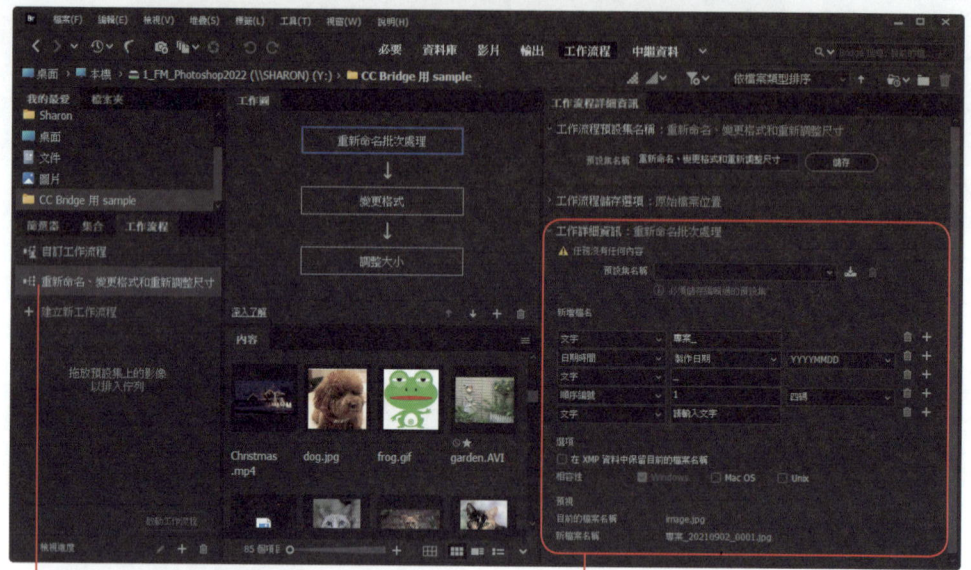

　　　Bridge 提供的範例工作流程預設集　　　　　會顯示每項工作的詳細內容

● **「中繼資料」面板**：顯示選取檔案的中繼資料資訊，包含檔案相關屬性與相機資訊等。若同時選取多個檔案，則僅會列出數值相同的資料。

可切換到「中繼資料」工作區

2-30

- **「關鍵字」面板**：適時地為影像加入關鍵字，可以方便管理與搜尋影像。可視檔案特性新增關鍵字，例如：先點選「人物」，若點選 **新增子關鍵字** 鈕，可於其下增加「喵星人」子關鍵字；若點選 **新增關鍵字** 鈕則會新增與「人物」相同層級的項目，例如「時間」，可再往下增加子關鍵字（2021 年、2022 年），新增項目後再勾選。可先「篩選」時間，再勾選「年份」，即可為選取的影像加上關鍵字。

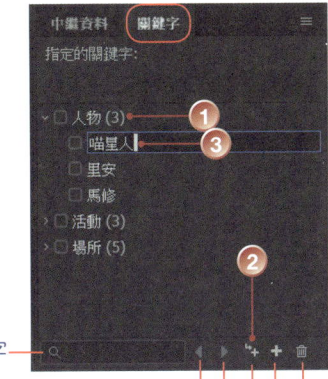

尋找關鍵字
尋找上一個關鍵字
尋找下一個關鍵字
新增子關鍵字
新增關鍵字
刪除

為「製作日期」是 2022 年的影像加上「2022」的關鍵字

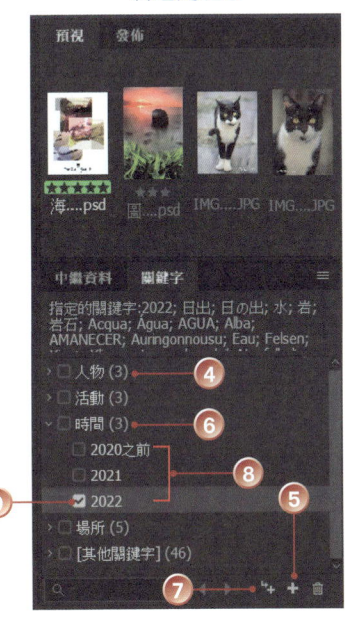

日後可再依關鍵字來篩選影像

2-31

2-3-2 開啟 / 旋轉 / 刪除影像

Adobe Bridge 中與檔案有關的操作和 **檔案總管** 很類似，可以開啟、檢視、搜尋、排序、管理及處理影像檔案；也可以建立新檔案夾、替檔案重新命名、移動或刪除檔案、編輯中繼資料或旋轉影像。搭配鍵盤上的 Ctrl 鍵再點選，可以跳著點選多個檔案，搭配鍵盤上的 Shift 鍵再點選，可以點選連續的多個檔案；選取後可以同時執行數個影像檔案的開啟、旋轉、拷貝、刪除…等作業。

要將選取的影像開啟並於 Photoshop 進行編修工作，只要快按二下該影像、執行 **檔案 > 開啟舊檔** 指令或是按下 Enter 鍵。若您是單獨使用 Adobe Bridge，點選要開啟的影像後按一下滑鼠右鍵，可以選擇要使用哪種應用程式來開啟。

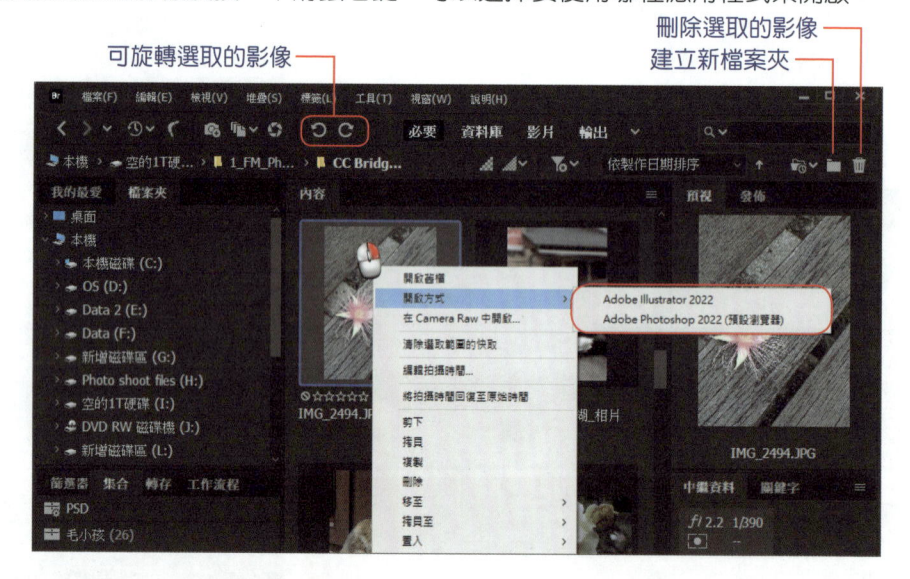

可旋轉選取的影像　　　　　　　　　　　　　　刪除選取的影像
　　　　　　　　　　　　　　　　　　　　　　建立新檔案夾

Bridge 中的 **複製** 指令和 **拷貝** 指令的差別，在於執行 **複製** 時會立即在相同位置複製檔案，並自動命名為「拷貝」。執行 **刪除** 動作時，會出現視窗詢問是真的要刪除還是將其分類到「拒絕」標籤（參考右頁的圖和說明）；若是確定要刪除的檔案，不想再出現這個詢問視窗，執行時請按 Ctrl+Del 鍵。

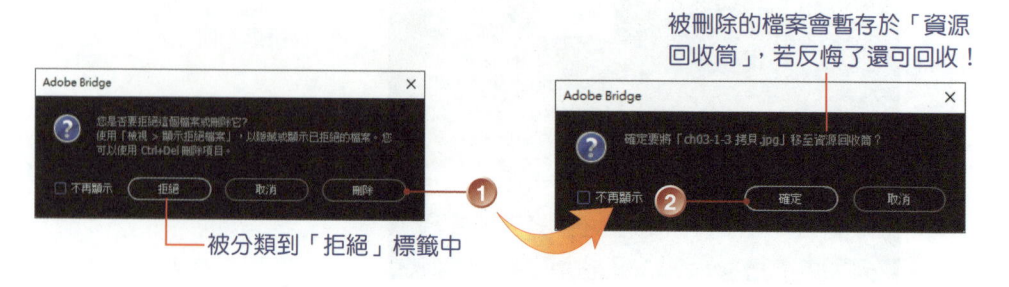

被刪除的檔案會暫存於「資源回收筒」，若反悔了還可回收！

被分類到「拒絕」標籤中

2-3-3 分級 / 排序 / 搜尋 / 堆疊

Adobe Bridge 中具備替影像 **分級**（0 到 5 星），或加上易於辨識的色彩 **標籤** 功能，當您將影像 **分級** 或加上 **標籤** 之後，可以再透過 **排序** 功能來調整影像的排列順序；影像可同時 **分級** 和加上 **標籤**。

STEP**1** 點選要分級或加上標籤的影像或檔案夾（可複選），執行 **標籤** 功能表中所要設定的 **分級** 或 **標籤** 指令。

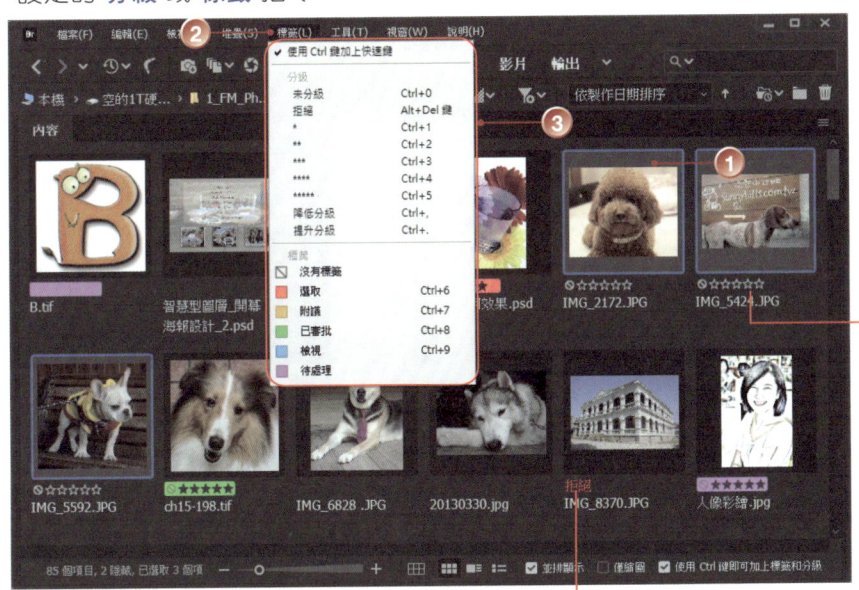

可在選取的檔案上分級

刪除檔案時選擇【拒絕】鈕會被分級為「拒絕」

STEP**2** 完成設定後的結果請參考下圖。

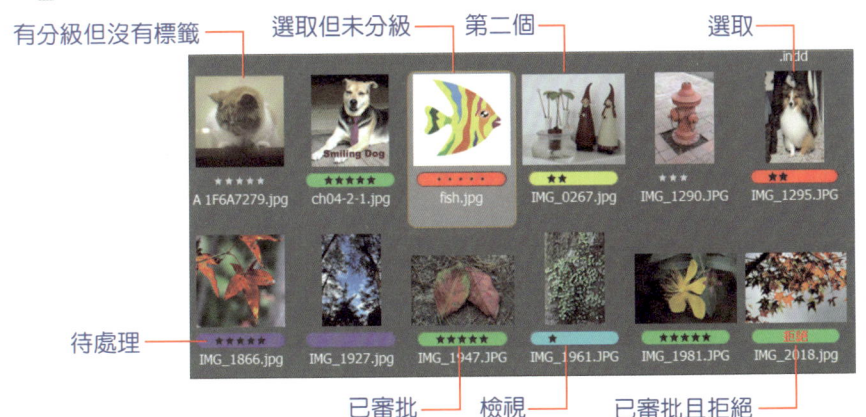

有分級但沒有標籤　　選取但未分級　　第二個　　　　　　選取

待處理

已審批　　檢視　　已審批且拒絕

STEP3 分級或加上辨識標籤之後，可以執行 **檢視 > 排序** 指令清單中的指令來顯示或排序檔案。

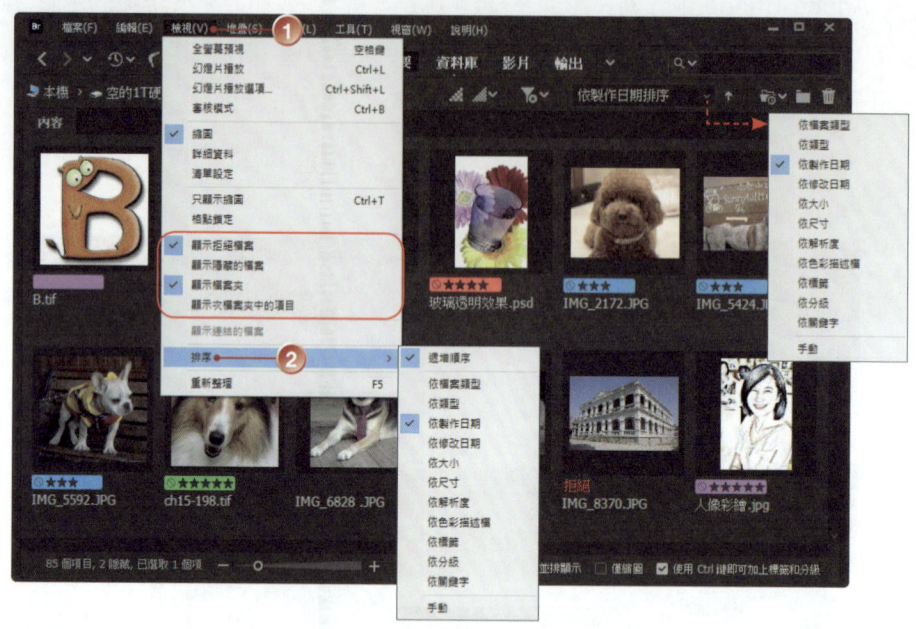

STEP4 透過 **篩選器** 面板中的條件，也可以控制出現在 **內容** 面板中的檔案，例如：可以依據 **分級** 或 **標籤** 的條件來進行篩選。

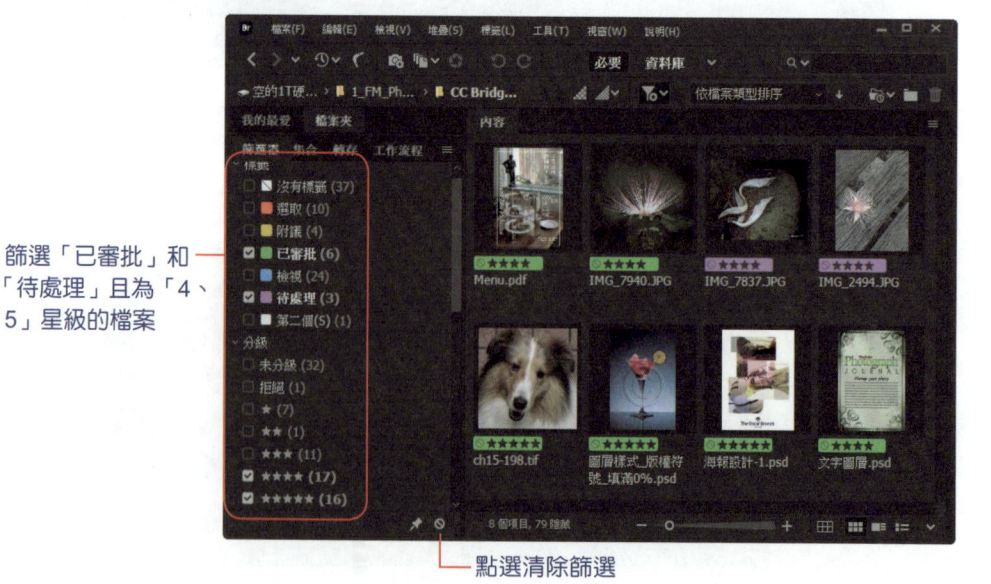

篩選「已審批」和「待處理」且為「4、5」星級的檔案

點選清除篩選

2-34

搜尋 窗格中除了可以尋找目前檔案夾或電腦中的檔案外，還可搜尋 Adobe Stock。請在指定搜尋來源並鍵入關鍵字後，按 Enter 鍵進行搜尋。

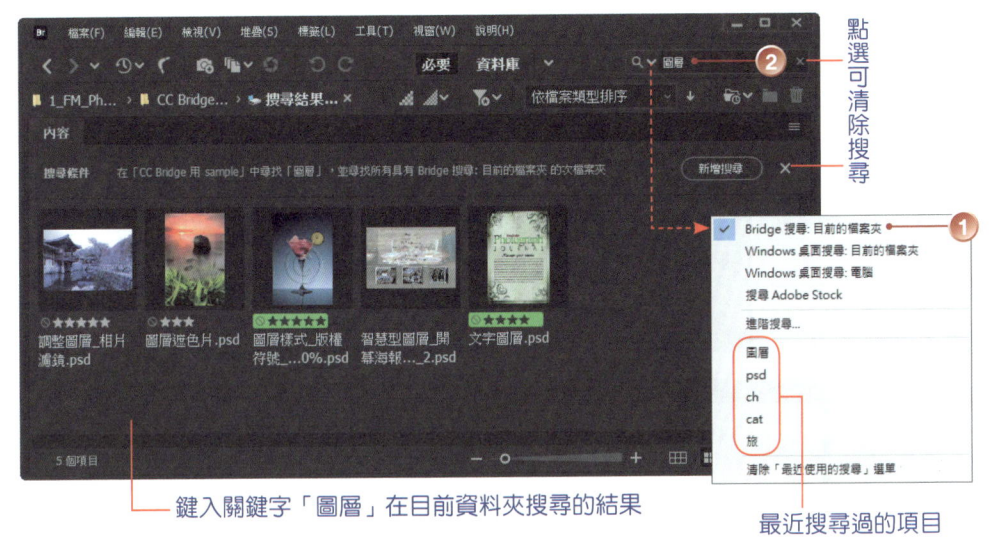

- 點選可清除搜尋
- 鍵入關鍵字「圖層」在目前資料夾搜尋的結果
- 最近搜尋過的項目

> **說明**
> 搜尋範圍是 Adobe Stock 時，會啟動瀏覽器並開啟 Adobe Stock，可將影像儲存或下載；有關 Adobe Stock 的詳細介紹，請參閱本書第 12 章。

「堆疊」功能可讓您將多個檔案群組在一起後，只顯示單一縮圖，通常用來組織含有許多影像序列的影像檔案。

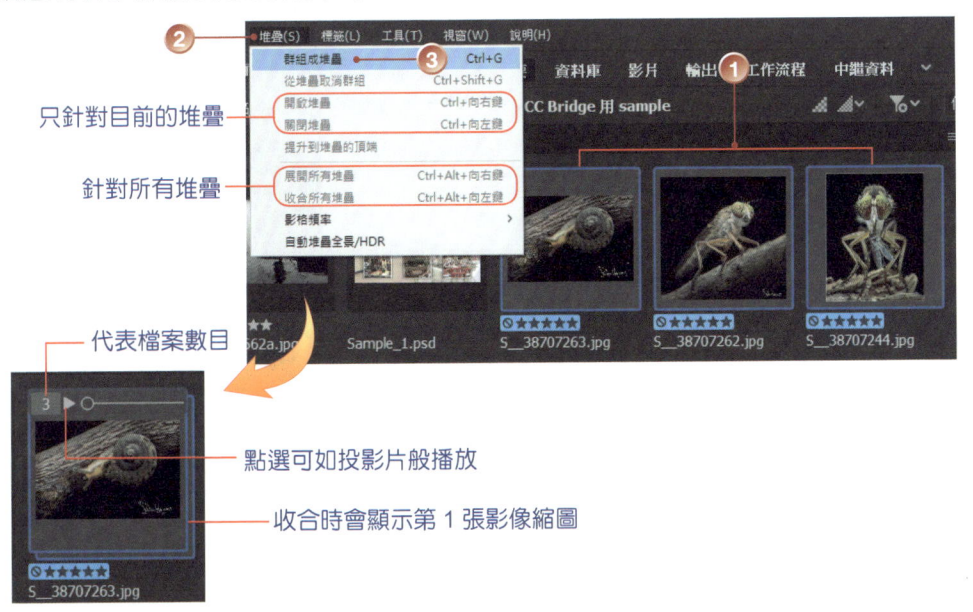

- 只針對目前的堆疊
- 針對所有堆疊
- 代表檔案數目
- 點選可如投影片般播放
- 收合時會顯示第 1 張影像縮圖

2-35

堆疊時會根據檔案所在檔案夾的排序順序而定，堆疊後的檔案可以展開或收合。將要增加的檔案（或堆疊）拖曳到堆疊中，即可加入該堆疊；展開堆疊後，將檔案從堆疊中拖曳移出即可移除檔案，若要移除堆疊中的所有檔案，請選取收合的堆疊，然後執行 **堆疊 > 從堆疊取消群組** 指令。

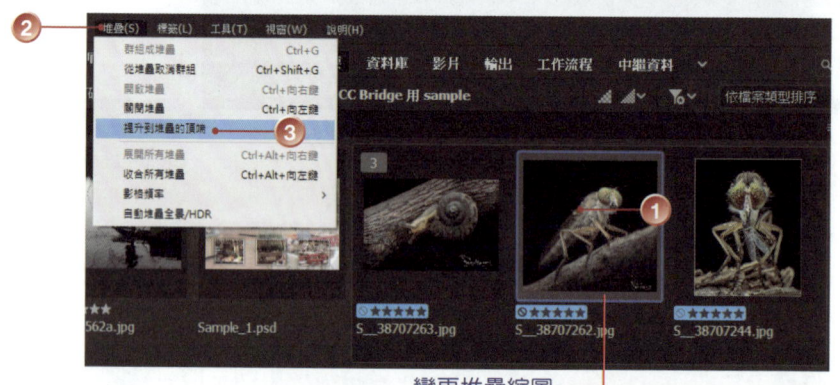

展開堆疊

變更堆疊縮圖

當堆疊內的影像超過 10 個（含），就可指定「影格速率」來預視影像

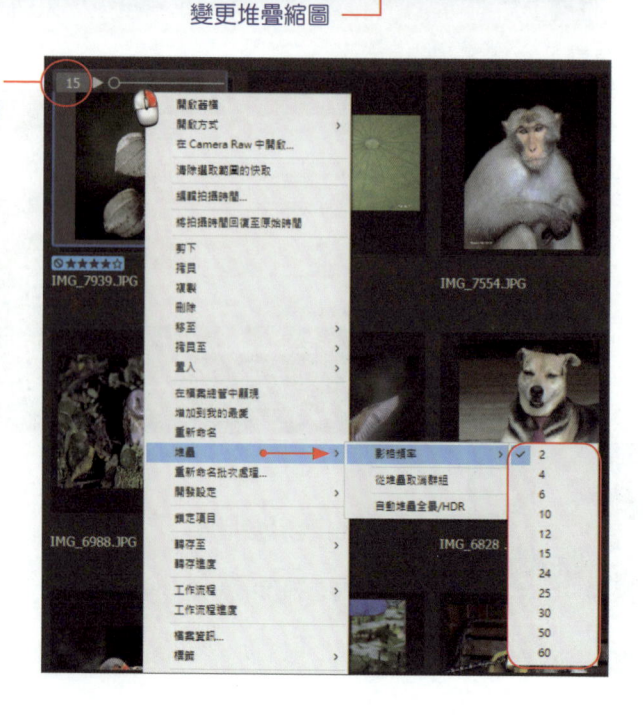

2-36

CHAPTER 03 影像範圍的選取與儲存

選取範圍是將影像中的一或多個部分隔離出來，再針對影像的選取區域進行編輯或套用效果和濾鏡，並保持未選取區域的影像不變，建立（定義）「選取範圍」後將其儲存起來，以便隨時載入來進行各項編輯作業。影像範圍的選取是編輯影像時最重要的基本操作，Photoshop 中提供了許多好用的指令，可以輕鬆完成複雜範圍的選取。聰明又靈活的使用這些工具，才能造就完美的影像編輯結果。

3-1 選取範圍的基本操作

Photoshop 的 **工具** 面板中提供了 10 種像素選取工具，它們分別位於 **矩形選取畫面工具**、**套索工具**、**物件選取工具** 三個工具群組中，依照不同狀態的影像元素採用適當的選取工具，可以加快選取的速度。本節先介紹最基本的幾何範圍選取工具。

3-1-1 矩形選取工具

矩形選取畫面工具 可以用來建立「長方形」或「正方形」的選取範圍。

STEP 1 開啟範例影像檔，以滑鼠點選 **工具** 面板中的 **矩形選取畫面工具**。

STEP 2 將滑鼠游標移到影像區域內，按下滑鼠左鍵拖曳出矩形範圍後鬆開滑鼠，虛線框之內就是被選取的範圍。

STEP 3 選取範圍建立好之後，將滑鼠游標移到選取範圍內，游標會呈現選取圖示，此時按住滑鼠左鍵拖曳，可移動選取範圍。

已建立的矩形選取範圍

移動選取範圍時會出現位移量提示

智慧型參考線

STEP 4 在文件視窗內任意處點選一下，或按 Ctrl+D 鍵，即可取消選取範圍。

STEP 5 不小心將選取範圍取消時，立即執行 **選取 > 重新選取** 指令，可恢復前一次所建立的選取範圍。建立選取範圍後，執行 **選取 > 反轉** 指令，則會改選未選取的區域。

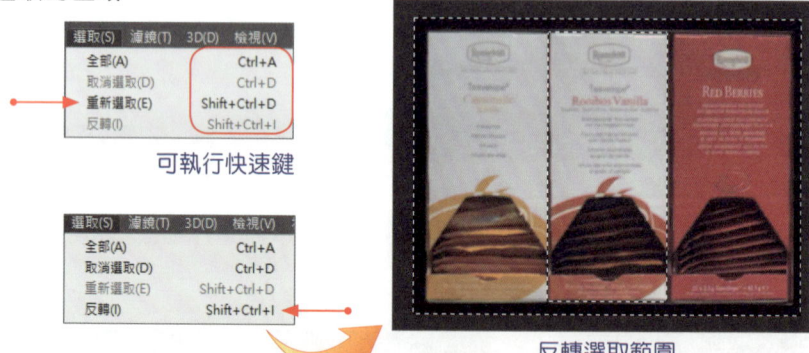

可執行快速鍵

反轉選取範圍

> 💬 說明
> - 使用 **矩形選取畫面工具** 時，先按住 Shift 鍵再拖曳，可維持「正方形」比例的選取範圍。
> - 同時按住 Shift + Alt 鍵再拖曳選取，會以滑鼠起始點為中心，並維持等比例（正方形）的選取範圍；若只按住 Alt 鍵執行則維持不等比例。
> - 使用鍵盤上的方向鍵移動選取範圍時，每按一下只會移動 1 個像素；按住 Shift 鍵再使用方向鍵，每按一下會移動 10 個像素。按住 Shift 鍵拖曳，可往水平或垂直方向位移選取範圍。

● 執行 檢視 > 輔助項目 指令（Ctrl+H），可以顯示或隱藏呈虛線的選取範圍邊框。善用 檢視 功能表下的各種指令，例如：尺標、新增參考線 或 格點…等，可以幫助您更有效率的進行選取範圍的操作。

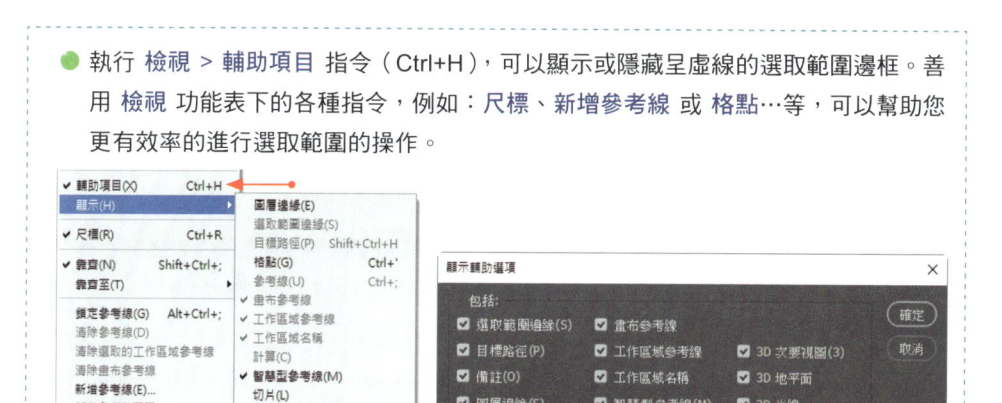

3-1-2 橢圓選取工具

橢圓選取畫面工具 用來建立「橢圓形」或「圓形」的選取區域，操作方式與 矩形選取畫面工具 一樣，當搭配 Shift 鍵來選取時，可以建立「圓形」的選取範圍。

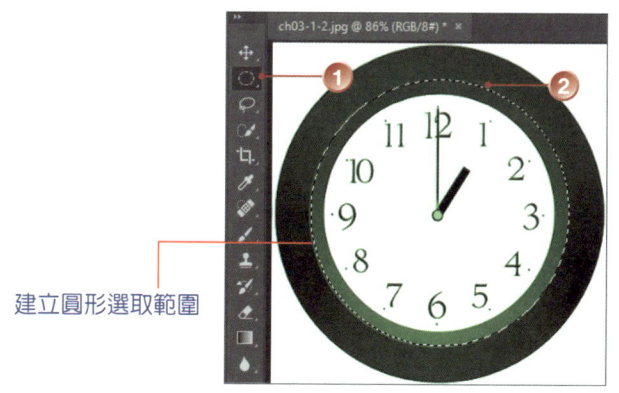

建立圓形選取範圍

使用 矩形 或 橢圓 選取工具來建立選取範圍時，可以選擇 選項 列上的 樣式 屬性來配合建立選取範圍。

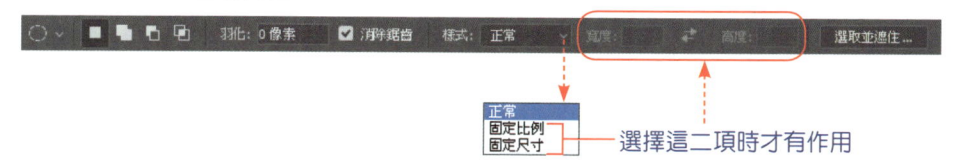

選擇這二項時才有作用

3-3

- **固定比例**：設定固定 **寬度** 與 **高度** 比例的選取範圍。
- **固定尺寸**：依您所輸入的 **像素值（px）** 來建立選取範圍，此時只要以點選方式即可建立固定尺寸的選取區域。

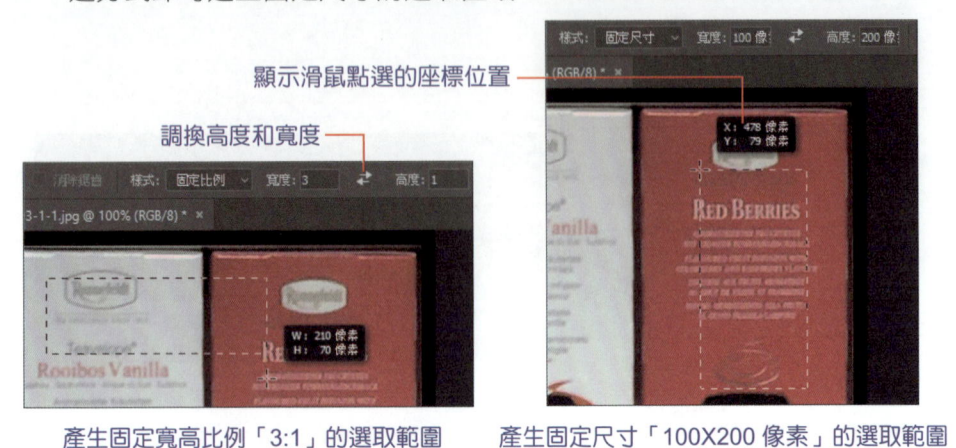

產生固定寬高比例「3:1」的選取範圍　　產生固定尺寸「100X200 像素」的選取範圍

3-1-3 水平與垂直單線選取工具

水平單線選取畫面工具 與 **垂直單線選取畫面工具** 是用來建立（選取）1 個像素寬的水平線或垂直線。

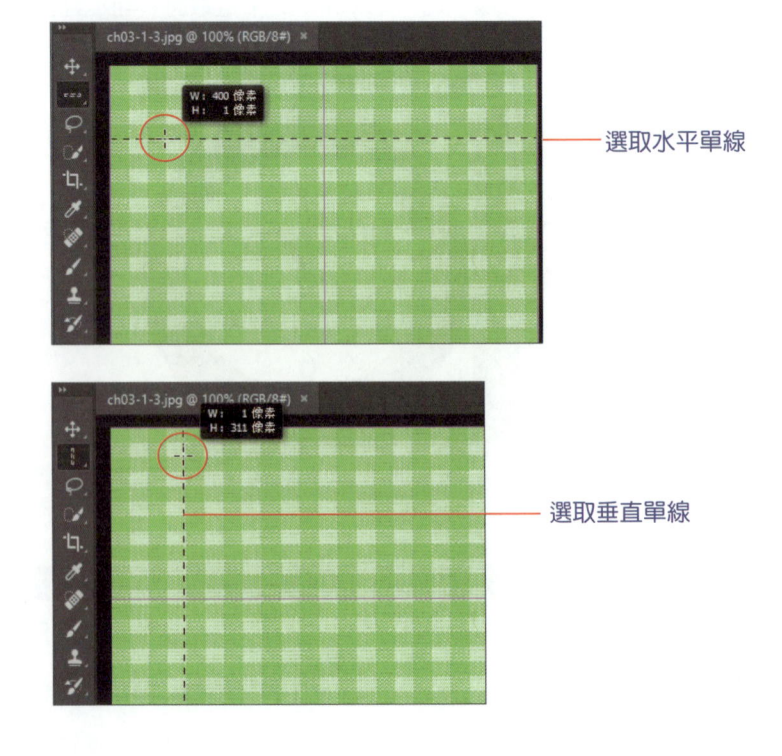

選取水平單線

選取垂直單線

3-2 不規則範圍的選取

前一節所介紹的是建立幾何圖形的選取範圍，如果要選取的範圍是不規則形狀，那麼透過 **套索工具**、**多邊形套索工具** 與 **磁性套索工具** 即可輕鬆以手繪和點選的方式來建立選取範圍。

3-2-1 套索工具

不規則形狀可以使用 **套索工具** 進行選取，一般常應用在選取人像、動物或不規則的外形，且不需要太精確的選取範圍邊界時。使用滑鼠拖曳的方式，可以「畫」出不規則的選取範圍。

STEP**1** 開啟範例影像檔，以滑鼠點選 **工具** 中的 **套索工具**。

STEP**2** 按住滑鼠左鍵拖曳，並沿著游標移動的路徑「畫」出選取範圍，「畫」出範圍後回到起點的附近放開滑鼠。

💬 說明

「選取範圍」必須是封閉的，因此當您選取到一半時若放開滑鼠按鍵，Photoshop 會自動以直線連接起點與終點，形成封閉的選取範圍。

3-2-2 多邊形套索工具

使用滑鼠左鍵以點選的方式產生選取線段，來建立多邊形的選取範圍。

STEP**1** 開啟範例影像檔，以滑鼠點選 **工具** 中的 **多邊形套索工具**。

3-5

STEP **2** 將游標移到要選取的影像上按一下滑鼠左鍵,設定起點,接著移動滑鼠設定第二點,兩點之間即完成第一個「邊」,以此方式依序產生其他線段。

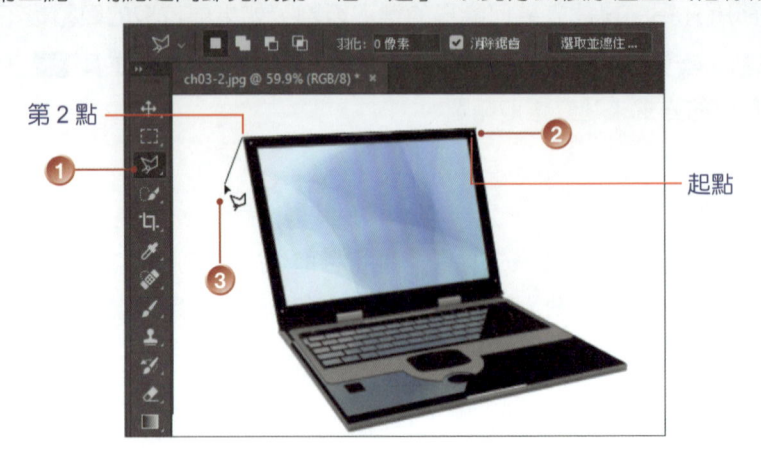

🗨 說明

- 執行選取動作時可以將影像放大,以便觀察影像邊界。別忘了!使用選取工具時按下 Ctrl +「-」、「+」鍵可快速縮放影像。
- 繪製過程中,如果按一下「倒退鍵」或 Del 鍵,可以取消前一個建立的線段;若想要重新開始則按 Esc 鍵。
- 使用時搭配 Shift 鍵,可依 45 度之倍數來建立下一個節點。
- 操作過程中,按住 Alt 鍵可暫時切換為 套索工具 ,以手繪方式選取範圍。

STEP **3** 結束時回到原起點,游標呈現 圖示,按一下滑鼠完成選取範圍。

🗨 說明

如果游標沒有回到起點,只要快按左鍵二下,也可以建立封閉區間的選取範圍,但是必須要有三個以上的節點。

3-2-3 磁性套索工具

磁性套索工具 可以建立更為精準的不規則選取範圍，在繪製選取區域時，系統會自動尋找影像的邊緣，將選取邊界貼近影像中有明顯對比的紋路，如此一來，您就不用費力的描繪選取區了。這個工具對於快速選取包含複雜邊緣與背景呈強烈對比的物件時特別有用。

STEP1　開啟範例影像檔，以滑鼠點選 **工具** 中的 **磁性套索工具** 。

STEP2　在 **選項** 上設定相關屬性：

- **寬度**：依所輸入的像素值（1~256 px），偵測要描繪邊緣的寬度，此時只會偵測在指定距離內的邊緣。
- **對比**：可以輸入 1%~100% 的數值，用來設定套索對影像邊緣的敏感度。較高的數值，會偵測與周圍呈明顯對比的邊緣；較低的值則會偵測較低對比的邊緣。

> **說明**
> 對有明確邊緣的影像，可以嘗試比較高的 **寬度** 和比較高的邊緣 **對比**，然後大略地描繪邊界即可。邊緣比較柔和、不明顯的影像，則以較低的 **寬度** 值和邊緣 **對比**，以便更精確地描繪邊界。

- **頻率**：用來設定自動增加節點的頻率，可以輸入 0~100 的數值，數值越大，增加節點的頻率越快，節點也就越多。
- **數位板的筆尖壓力**：如果使用「數位板」並啟用此項目，增加筆尖壓力會減少邊緣寬度，也就是筆的壓力越大，邊緣寬度就越小。

STEP3　針對選取的影像，以滑鼠左鍵設定起點，沿著所要描繪的邊界移動滑鼠游標，即會自動產生「路徑」與「節點」。

> **說明**
> 描繪選取範圍之前，若按下 CapsLock 鍵，滑鼠游標會變成 ⊕ 狀態，這樣可以將偵測範圍看得更清楚；再按一次則恢復為原來的游標圖案。
>
> 先按 CapsLock 鍵再開始描繪

STEP **4** 如果描繪的邊界沒有貼近影像邊緣，請按一下滑鼠左鍵，手動新增固定節點，然後繼續描繪。操作過程中，按住 Alt 鍵可暫時切換為 **套索工具** 或 **多邊形套索工具** ，以手繪或點選方式選取範圍。

STEP **5** 要完成選取區的繪製，只要回到原起點，游標旁邊會出現一個小圓圈 ，按一下滑鼠左鍵即可。

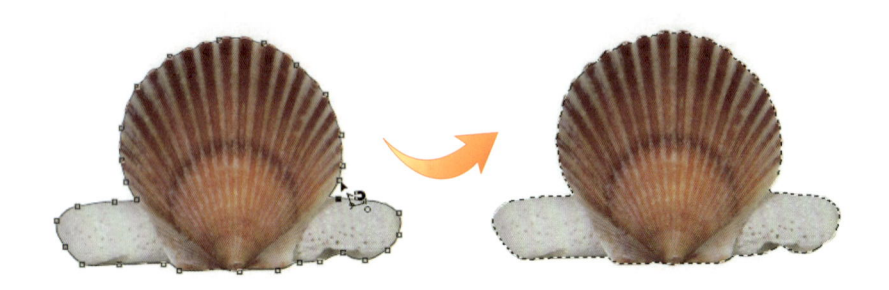

3-3 使用色彩選取範圍

除了以定義幾何形狀或繪製不規則區域的方式來建立選取範圍之外，透過「色彩」也可以決定影像的選取範圍。

3-3-1 物件選取工具

當影像中有多個物件，而您只想選取其中一個項目或一部分內容時，**物件選取工具** 可以簡化選取的程序，它會在物件周圍繪製矩形或套索區域，並自動選取所定義區域內的物件。這項工具從 2019 年 11 月版（版本 21.0）新增以來，不斷的進行改良，可以在選取範圍邊緣保留更多細節，讓您花較少的時間得到更精確、完美的選取範圍。

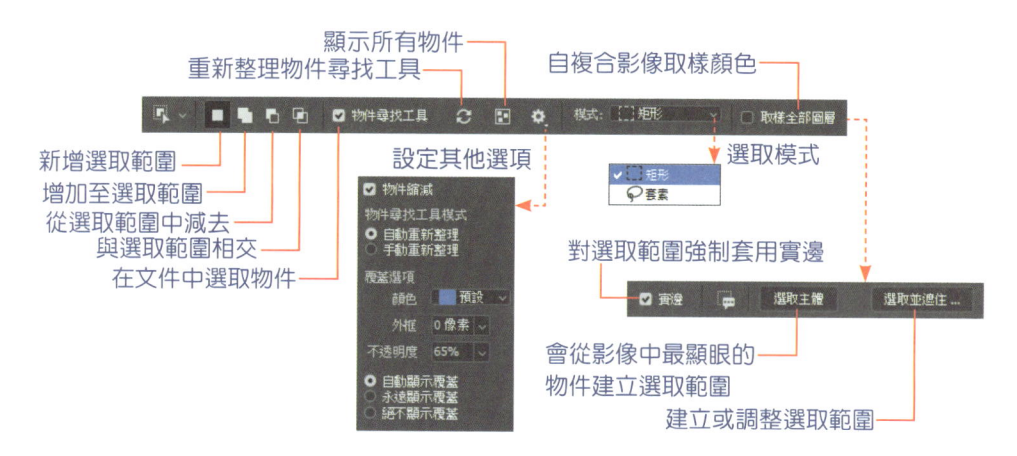

顯示所有物件
重新整理物件尋找工具
自複合影像取樣顏色

新增選取範圍
增加至選取範圍
從選取範圍中減去
與選取範圍相交
在文件中選取物件

設定其他選項

選取模式

對選取範圍強制套用實邊

會從影像中最顯眼的
物件建立選取範圍

建立或調整選取範圍

3 影像範圍的選取與儲存

STEP 1 開啟範例影像，點選 **物件選取工具** 圖示，從 **選項** 列選擇 **選取模式**，本例中選擇 **套索**。

STEP 2 將滑鼠移至目標物件「南瓜」上停留一下，再點選時系統就會自動為您選取範圍。

滑鼠游標

呈現預設的覆蓋色彩，代表選取範圍

3-9

> **說明**
> 展開 設定其他選項 ⚙ 清單，可以指定 覆蓋選項 的色彩和 不透明度 等，以及是否自動顯示覆蓋。

STEP**3** 若要繼續選取多個範圍，請按住 Shift 鍵再接著選取。

— 增加選取番茄範圍

— 游標中間呈「+」號

事實上每當選擇 **物件選取工具** 時，預設的狀態下，系統會自動尋找影像中的目標物件，**選項** 列上的 **重新整理物件尋找工具** 鈕會開始轉動，表示尋找中，此時若點選右側的 **顯示所有物件** 鈕，影像中會以覆蓋顯示選取的範圍，如果範圍正確，按下【選取主體】鈕即可。您也可以按下 **重新整理物件尋找工具** 鈕手動重新尋找範圍。

3-3-2 快速選取工具

快速選取工具 是許多人最常使用的選取方式，只要按住滑鼠左鍵拖曳，同時向外擴展並沿著影像的邊界，就可以快速的選取範圍。

- 新增選取範圍
- 增加至選取範圍
- 筆刷選項
- 從選取範圍中減去
- 自動增強選取範圍邊緣

STEP 1 開啟範例影像檔，點選 **快速選取工具** ，於 **選項** 列指定筆刷尺寸，在要選取的顏色範圍內按下滑鼠並拖曳（選取範圍會擴大），直到整個色彩範圍被選取。

STEP 2 此時 **選項** 中的 **新增選取範圍** 會自動跳到 **增加至選取範圍** 選項，滑鼠可繼續點選其他的色彩區域。

增加至選取範圍

STEP 3 接著改變選取方式，選擇 **從範圍中減去** ，點選並拖曳已選取的區域。

減去選取範圍

💬 **說明**

執行選取範圍的操作時，按住 Shift 鍵會增加選取範圍，按住 Alt 鍵則會減去選取範圍。

第 3 章　影像範圍的選取與儲存

3-3-3 魔術棒工具

魔術棒工具 是透過顏色來進行範圍的選取，可以將畫面上顏色相同或相近的區域選取起來。

STEP**1** 開啟範例影像檔，以滑鼠點選 **工具** 中的 **魔術棒工具** ，直接在畫面中點選要選取的色彩區域。

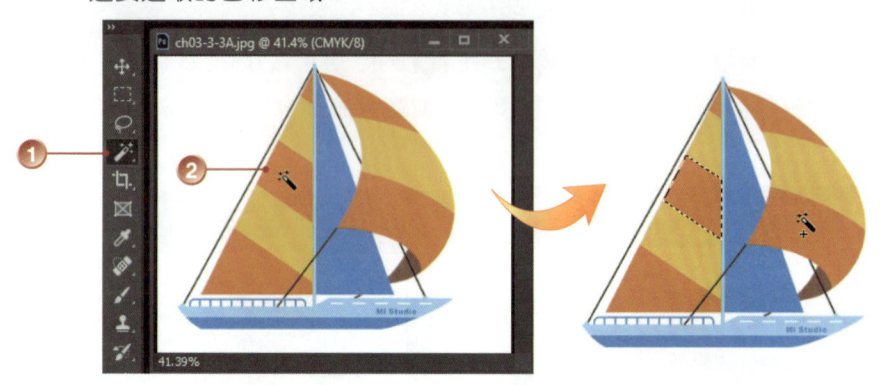

STEP**2** 也可以先調整 **選項** 上的屬性，設定相關的參數之後再點選：

- **樣本尺寸**：取樣的像素數目。
- **容許度**：調整選取顏色時相近色彩的容忍度，可輸入的數值介於 0 到 255 之間。數值越小，選取範圍涵蓋的顏色就越相近，所選取的範圍也越小。
- **連續的**：預設值是啟動的，因此只會搜尋影像中的相鄰像素。參考以下兩張圖即可比較啟動與取消啟動的差異。取消時，只要顏色相符，即使不相連的區域也會被選取。

只取樣連續的像素　　　　　　未啟動的結果

3-12

⊙ **取樣全部圖層**：在 Photoshop 中進行影像編修或繪圖時，通常會在不同圖層中進行相關處理，若啟動此項目，則會選取所有圖層中影像的相近色。

魔術棒工具 對於有純色背景的範圍選取特別好用，例如：下圖中的背景為白色，要快速選取畫面中的「蝴蝶結」，只要先點選背景後，再執行 **選取 > 反轉** 指令即可。

3-3-4 以顏色選取範圍

透過 **選取 > 顏色範圍** 指令，可以在目前影像的「選取範圍」內選取指定的色彩範圍，或是在整張影像中選取指定的色彩。

STEP**1** 開啟範例影像檔，執行 **選取 > 顏色範圍** 指令。

STEP**2** 出現 **顏色範圍** 對話方塊，使用 **滴管工具** 在影像上選取指定色彩。

STEP **3** 在 **選取範圍預視** 下拉式清單中設定選項,影像編輯區中便會顯示預視效果,讓您更容易預覽選取範圍。再視需要拖曳 **朦朧** 滑桿或直接輸入設定值,進行「容許度」的設定,**預覽區** 中會顯示變化的情形。

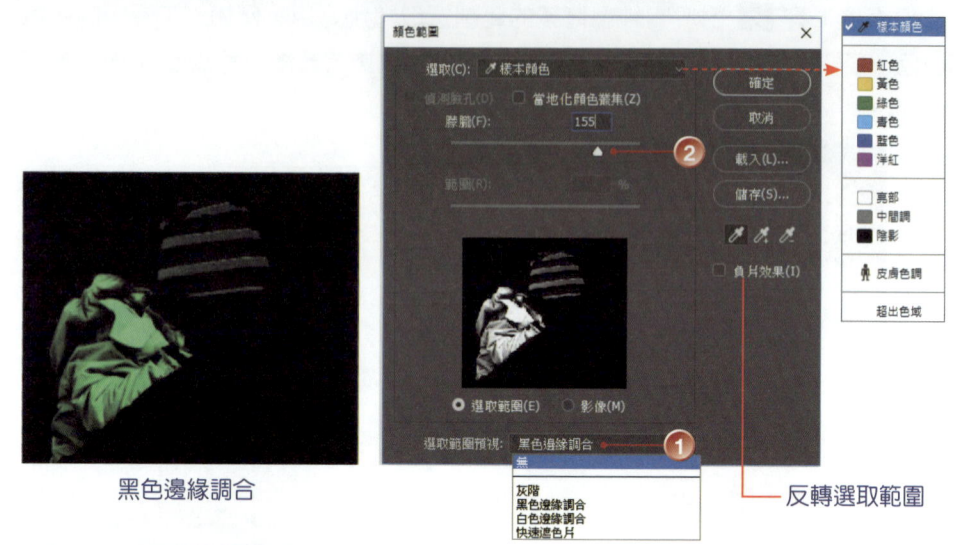

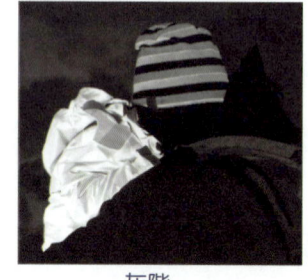

黑色邊緣調合

灰階　　　　　　白色邊緣調合　　　　　　快速遮色片

- **無**:顯示原始影像。
- **灰階**:將完全選取的像素顯示為白色,部分選取的像素顯示為灰色,未選取的像素顯示為黑色。
- **黑色邊緣調合**:將選取的像素顯示為原始影像,未選取的像素顯示為黑色,適用於明亮的影像。
- **白色邊緣調合**:將選取的像素顯示為原始影像,未選取的像素顯示為白色,適用於深色影像。
- **快速遮色片**:將未選取的區域顯示為紅色覆蓋。

STEP **4** 視狀況可以調整色彩選取範圍:

- 若要增加色彩,請先點選 **增加至樣本** 鈕,再到影像上或 **預覽區** 點選色彩。

3-14

- 若要移除顏色,請先點選 **從樣本中減去** 鈕,再到 **預覽區** 或影像上點選色彩。

STEP **5** 如果不想自訂色彩範圍,也可以在 **選取** 下拉式清單中挑選預設色彩。

STEP **6** 勾選 ☑ **當地化顏色叢集** 核取方塊後,可調整 **範圍** 參數,以控制距離取樣點多遠的顏色要包含在選取範圍內。

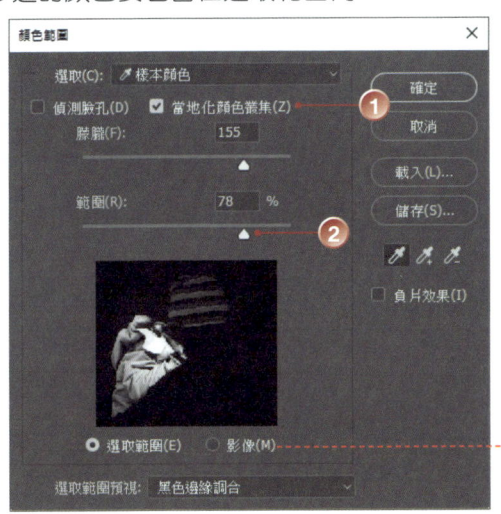

可檢視影像

說明

- 影像中若有人物,**選取** 清單中的 **皮膚色調** 選項,可以讓系統自動且快速的感應膚色而進行範圍選取,您可以再視狀況調整選取範圍(參考 3-4 節)。

啟動偵測臉孔功能,以便選取更精確的皮膚色調

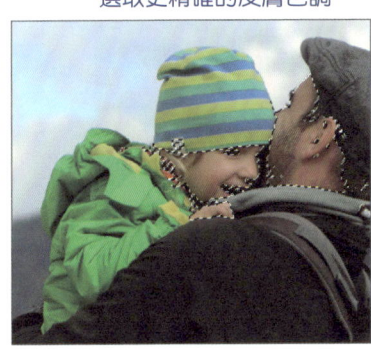

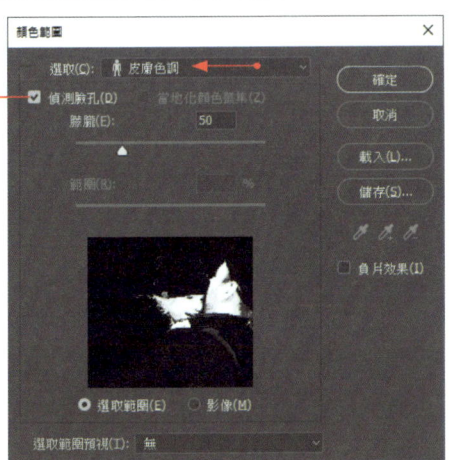

- 如果要重新設定取樣的色彩,請先按住 Alt 鍵,則【取消】鈕會變成【重設】鈕,按下【重設】鈕即可重新定義色彩範圍。

3-15

STEP 7 完成設定後,按【確定】鈕。

STEP 8 回到影像編輯區,視需要可再增減選取範圍,然後對選取範圍進行影像編修作業。

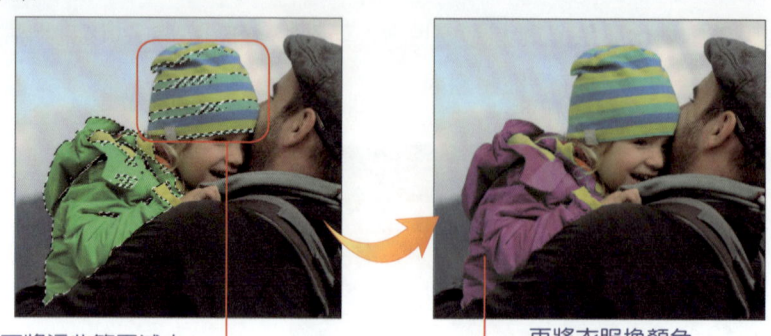

可將這些範圍減去　　　　　　　再將衣服換顏色

> 說明
> 藉由「色版」也可以進行影像範圍的選取,是 Photoshop 中比較高階的手法,通常應用在結構複雜的影像上,堪稱最強大的影像去背工具。有關「色版」的說明與操作請參閱第 5 章的介紹。

3-3-5 以焦點區域選取

焦點區域 指令會自動選取焦點影像中的像素,您可再視需要加大或減小預設的選取範圍,然後決定此範圍要成為選取範圍、遮色片、新圖層或新文件等。

STEP 1 開啟影像範例,執行 **選取 > 焦點區域** 指令。

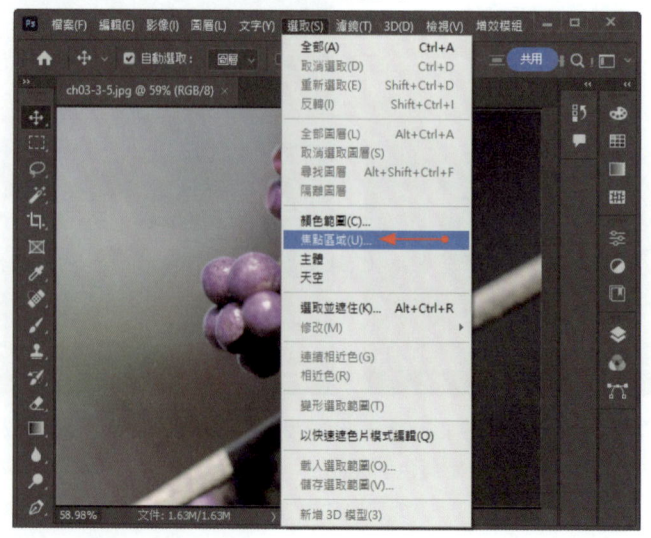

3-16

STEP 2 開啟 **焦點區域** 對話方塊，系統會自動偵測影像而出現預設的 **焦點範圍**。

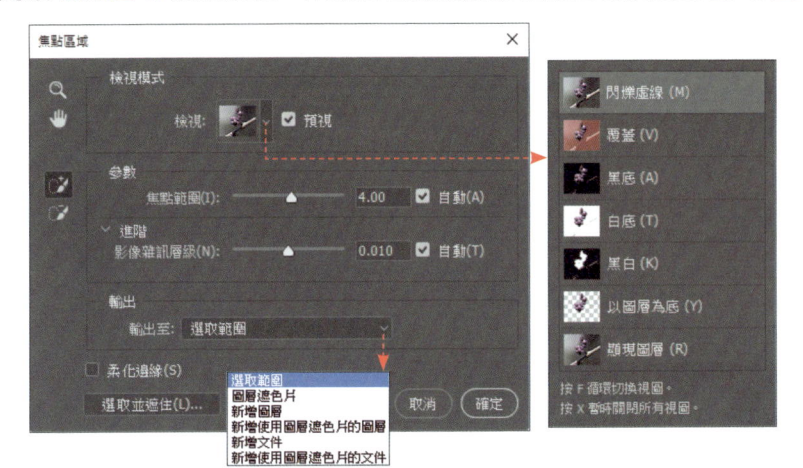

STEP 3 視需要調整 **參數** 區域中的 **焦點範圍** 滑桿，以便得到更佳的結果；滑桿移到 0，會選取整個影像，移到最右邊，則只會選取影像中焦點最清楚的部分，此時 □**自動** 核取方塊會自動取消勾選。以 **焦點區域新增工具** 和 **焦點區域消去工具** 鈕在影像上塗抹，以增加或減少焦點範圍。

新增選取區域　　　　　消除不要的範圍

3 影像範圍的選取與儲存

3-17

STEP 4 展開 檢視 下拉式清單,可以選擇不同的檢視模式,方便您檢視正確的焦點範圍。

覆蓋	黑底	白底
黑白	以圖層為底	顯現圖層

💬 說明

- 如果選取範圍區域有雜訊,可調整 進階 的 影像雜訊層級 滑桿控制項。
- 若有必要,請選取 ☑ 柔化邊緣 核取方塊,以羽化選取範圍的邊緣。
- 如何使用「調整邊緣」的功能,請參考 3-4-3 小節的介紹。

STEP 5 最後決定要 輸出 的方式,本例中選擇預設的 選取範圍 選項,按【確定】鈕。

STEP 6 接下來可再針對選取範圍做進一步的影像編輯,例如:反轉選取範圍後,降低飽和度。

3-3-6 選取主體與天空

編輯影像時，執行 **選取 > 主體** 指令，或是選擇 **物件選取工具**、**快速選取** 或 **魔術棒工具** 時，**選項** 列上就會出現【選取主體】鈕。**選取主體** 是 2018 年 1 月新增的功能，執行時能選取影像中最突出的主體。其採用進階機器學習技術並接受訓練，可以識別影像中的各種物件，包含人物、寵物、動物、車輛、玩具等。從 2020 年 6 月版（21.2 版本）開始，**選取主體** 功能具備內容感知能力，改善了人像選取範圍，會在偵測到影像中有人物時，套用新的自訂演算法。因此在人像照片上建立選取範圍時，可建立精細的頭髮選取範圍，執行後也可再以其他選取工具微調選取範圍。若要暫時關閉內容感知功能，執行時請按住 Shift 鍵。

執行「選取 > 主體」指令可得到不錯的人物選取範圍

> **說明**
> **選取主體** 與 **物件選取工具** 的差異，在於 **選取主體** 是要選取影像中的所有主要主體，若只需選取其中一個物件，或包含多個物件的影像中的部分物件時，**物件選取工具** 比較適合。

選取 > 天空 指令於 2020 年 10 月（版本 22.0）推出，並在 2021 年 8 月（版本 22.5）中更新，這是另一項讓人驚艷的功能。以前要更換天空需要許多步驟和仔細的微調，才能呈現自然的質感，現在透過 Adobe Sensei（機器學習與人工智慧）提供遮色片和混合功能，減少了相片編輯工作流程的步驟，讓我們以省時、輕鬆的操作就能獲得不錯的影像質感。

執行「選取 > 天空」
指令的結果

> 💬 **說明**
>
> **編輯 > 天空取代** 指令可以更換影像中的天空範圍，減少相片編輯工作流程的步驟，詳細的操作請參閱第 4 章。

3-4 選取範圍的調整與控制

編修影像的過程中，選取範圍可能不只涵蓋一個區域中的影像，若要同時選取多個範圍進行編修，或再次修改選取範圍，就必須對選取範圍進行調整動作。通常透過選取工具的 **選項** 列或 **選取** 功能表中的指令來執行。

3-4-1 手動調整選取範圍

無論是使用何種選取工具，對於比較複雜影像範圍的選取，可能無法一次完全精確的選取，這時可以配合各選取工具 **選項** 上的增加、減少與相交等按鈕來修改選取範圍。

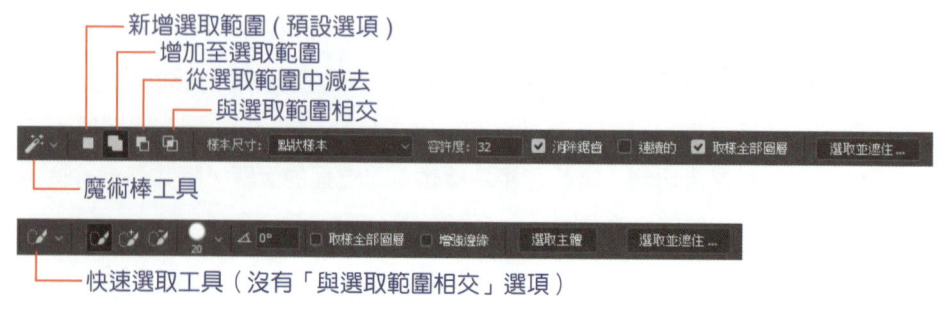

新增選取範圍 (預設選項)
增加至選取範圍
從選取範圍中減去
與選取範圍相交

魔術棒工具

快速選取工具 (沒有「與選取範圍相交」選項)

3-20

增加至選取範圍

建立選取範圍時預設為 **新增選取範圍** ▣，選擇 **增加至選取範圍** ▣ 可以建立多個選取區；若選取區之間有重疊，則重疊的選取區會合併在一起（聯集）。

第一個選取區　　選取第二個區域時游標會出現「+」號　　選取區會合併

從選取範圍中減去

若是點選 **從選取範圍中減去** ▣，至少必須先建立一個選取區，新增的選取區之間若有重疊，重疊的部分會從原選取區中扣除。按住 Alt 鍵再執行選取工具即可減去選取範圍。

重疊的區域已從原選取區中扣除

原來的選取區　　建立要減去的區域時，滑鼠游標會帶著「-」號

與選取範圍相交

使用 **與選取範圍相交** ▣ 時，同樣必須先建立一個選取區，而新選取區和原選取區重疊時，只會建立與原選取區相交（重疊）的選取範圍。

原選取區

只選取重疊的選取區域

繪製相交的選取區時，滑鼠游標會帶著「x」號

3　影像範圍的選取與儲存

3-21

3-4-2 以顏色修改選取範圍

除了以改變選取範圍模式的方法來調整選取範圍之外，透過 **選取** 功能表的 **連續相近色** 或 **相近色** 指令來修改選取範圍，可以更加精準的選取。

連續相近色

執行 **連續相近色** 指令時，會以 **魔術棒工具** 所選取的色彩為依據，選取在 **容許度** 範圍內的相鄰像素。

STEP 1 點選 **魔術棒工具** ，指定 **容許度** 為 40，在影像中選取一種色彩。

STEP 2 接著執行 **選取 > 連續相近色** 指令，此時會依所選取的色彩擴張選取到鄰近的像素。視需要可以反覆執行數次 **連續相近色** 指令。

執行 2 次「連續相近色」指令所建立的選取範圍

相近色

執行 **相近色** 指令時，會以 **魔術棒工具** 所選取的色彩為依據，選取整張影像上 **容許度** 範圍內的所有像素；重複此指令可以增量方式增加選取範圍。

STEP 1 點選 **魔術棒工具** ，**容許度** 設為 50，在影像中選取某一個色彩。

STEP 2 執行 **選取 > 相近色** 指令，這時會依所選取的色彩擴張到整張影像上的所有相近色彩。

3-4-3 選取邊緣的特別處理

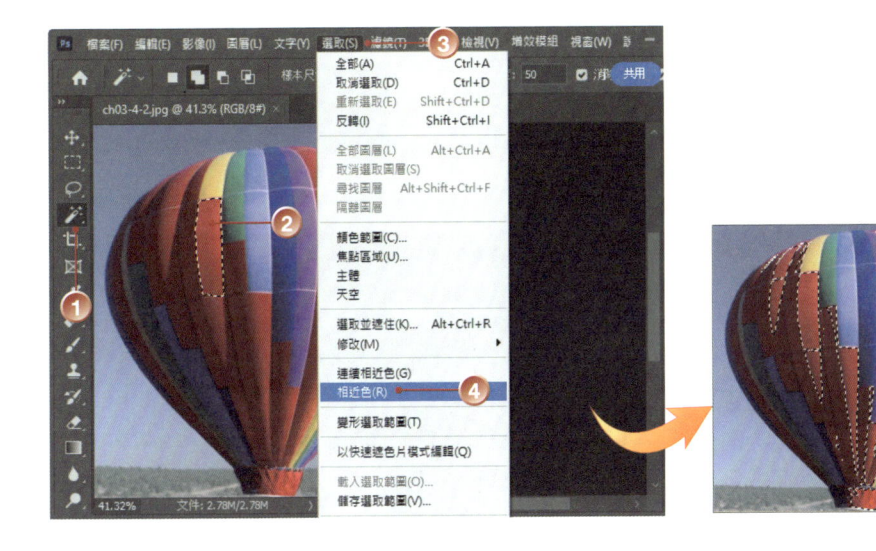

學會了各種選取範圍工具的操作及選取範圍調整的方法後，這一小節將進一步探討選取範圍工具的細部功能。

消除鋸齒

數位影像是由「像素」組合而成，像素是一點一點的正方形色塊，因此當影像中有斜線或圓弧的部分就容易產生「鋸齒狀」邊緣，當解析度越低時會越明顯。當切換到選取工具時，此選項預設是啟動的，如此就能減少選取物件邊緣的鋸齒狀。請注意！必須在執行選取動作之前先設定，否則沒有作用。

羽化

設定消除鋸齒之後，最好再加上「柔邊」效果，在 Photoshop 中可以使用 羽化 功能來設定。羽化 是指在選取範圍的邊緣部分，做出漸層暈開的柔和效果。主要的目的是在進行影像編輯時，羽狀的柔邊在拼貼影像時可以漸進的和背景色混合，這樣可以避免生硬而不自然的接縫，選取的部分在編輯或拼貼影像時會產生半透明的效果。

使用幾何選取畫面或套索類選取工具時，可以直接在 選項 中指定 羽化 的數值（0~250px），或是在選取範圍後執行 選取 > 修改 > 羽化 指令，於對話方塊中設定。

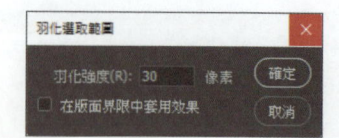

STEP1 點選 橢圓選取畫面工具，在 選項 中指定 羽化 值為「30 像素」。

STEP2 選取圓形的影像範圍後，按 Ctrl+C 鍵 拷貝 選取範圍。

STEP3 開啟「背景」範例檔案，接著執行 Ctrl+V 鍵，將選取範圍貼上，即可看到選取範圍羽化的效果。

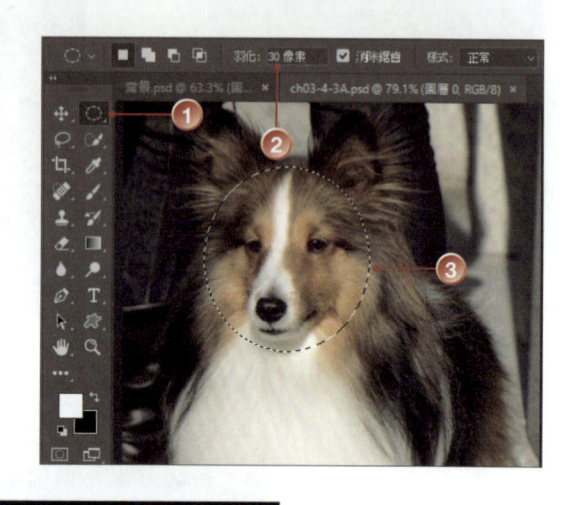

未設定羽化 　　　　　　　　　　　　　　　　羽化的漸層柔邊效果

選取並遮住

針對細節較多或不易選取的影像邊緣（例如：毛髮），Photoshop 提供了自動偵測邊緣細節的功能，幫助您做更精確的選取。從 2016 版本開始將此功能更名為「選取並遮住」，每年的改版中都會增強這項功能，讓這類型的選取作業能更容易、操作更有效率。

STEP1 開啟範例檔案，先以 物件選取工具、快速選取工具、套索工具 或 選取 > 主體 指令選取目標影像的輪廓（不需要很精準），再點選 選項 上的【選取並遮住】鈕；您也可以不做任何選取動作，直接執行 選取 > 選取並遮住 指令。

STEP2 進入編輯視窗，從 **檢視** 下拉式清單中選擇不同的視圖檢視，方便調整可見度，按 F 鍵可循環檢視。在 **洋蔥皮** 等模式下，可以拖曳下方的 **透明** 滑桿，調整未選取區影像的明顯程度，值愈大就愈不清楚，值愈小可以看清內容。

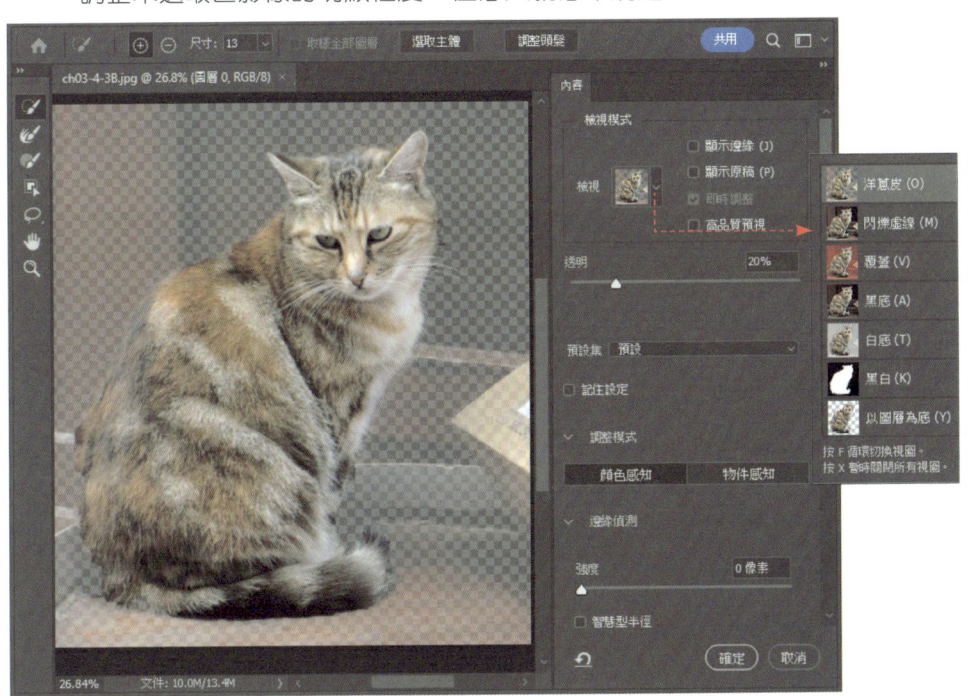

3-25

影像範圍的選取與儲存

STEP3 切換到 **黑底** 的 **檢視**，將 **不透明度** 設定在 **70%** 左右，放大顯示比例，可以看到貓的毛髮沒有選取到的部分。

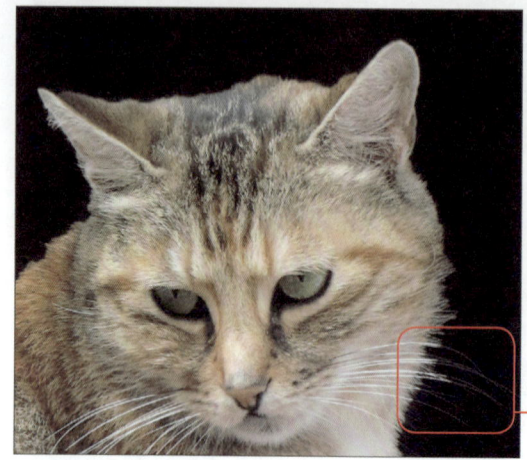

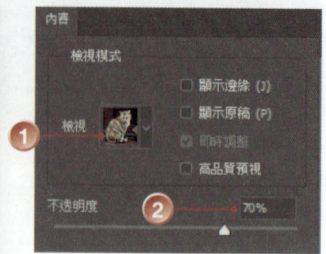

鬍鬚沒被選到

STEP4 預設會選取 **調整模式** 的 **顏色感知** 模式，適合用在簡單或對比鮮明背景的影像；若選 **物件感知** 模式，則適合處理有複雜背景的頭髮或毛皮的影像。改變模式時會出現警告訊息，按【確定】鈕。

STEP5 在 **邊緣偵測** 中調整 **強度** 值，設定 Photoshop 偵測邊緣的範圍。勾選 ☑ **智慧型半徑** 核取方塊，Photoshop 會自動偵測並調整邊緣。

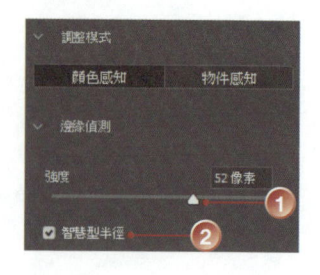

毛髮部分顯示出來了

STEP 6 點選 **調整邊緣筆刷工具** ，視需要調整筆刷大小，再沿著選取範圍的邊緣，畫出偵測範圍來修飾邊緣毛髮的部分，Photoshop 自動偵測而獲得較多的選取細節。

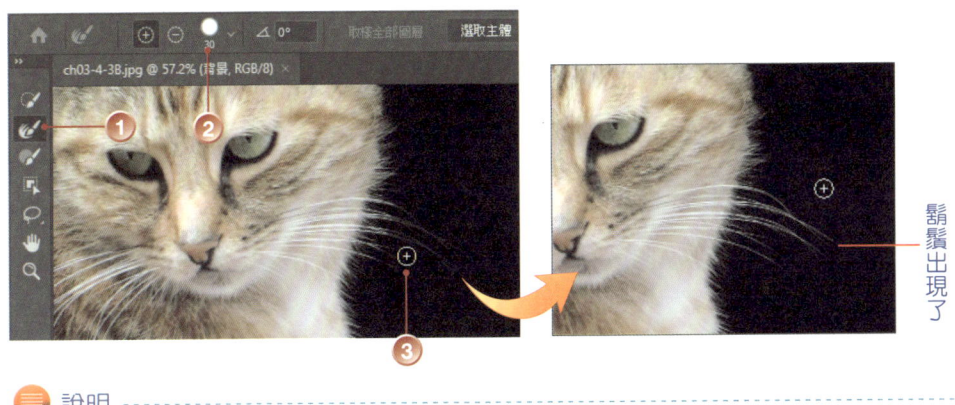

鬍鬚出現了

💬 說明

按住 Shift+[（左中括號）可以縮小筆刷尺寸，Shift+]（右中括號）則放大筆刷。

STEP 7 切換到 **覆蓋** 檢視，點選 **快速選取工具** 進行增加或減少選取範圍的操作。過程中若有失誤，可按 Ctrl+Z 鍵還原。

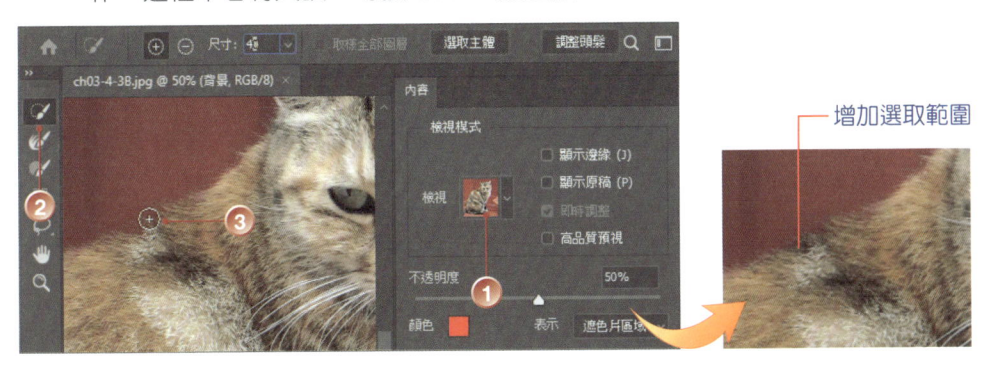

增加選取範圍

STEP 8 視需要展開 **整體調整**，設定區域中的各項參數，讓選取範圍更平順些。這些參數要如何設定沒有一定的準則，需視選取的範圍以及影像邊緣像素做彈性的調整。

3-27

💬 **說明**

調整過程中,請搭配不同的視圖 檢視,選擇不同的工具交換使用,才能得到最佳的選取效果。

閃爍虛線	 白底	 黑白
 以圖層為底	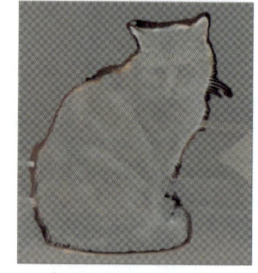 勾選「顯示邊緣」核取方塊	 勾選「顯示原點」核取方塊

STEP **9** 最後決定輸出的方式,若勾選 ☑ **淨化顏色** 核取方塊,會以選取邊緣的周圍像素色彩取代邊緣顏色,讓邊緣更能融合於背景。調整滿意後,請於 **輸出至** 下拉式清單中選擇一種套用選取的輸出方式,按【確定】鈕。

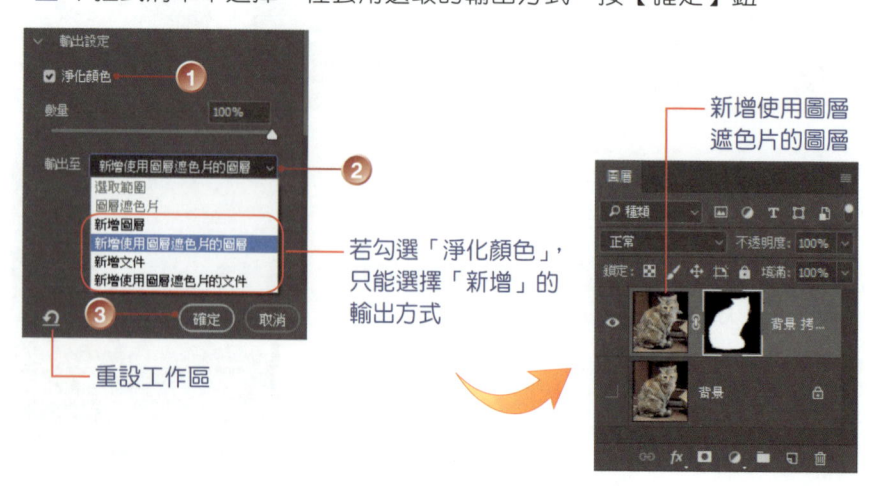

若勾選「淨化顏色」,只能選擇「新增」的輸出方式

重設工作區

新增使用圖層遮色片的圖層

3-28

影像去背後加上不同背景的效果

> **說明**
> 產生圖層遮色片後，還可在遮色片中以 **筆刷工具** 塗抹要顯示或隱藏的範圍，進行更細緻的微調。有關圖層遮色片的介紹請參閱第 7 章。

3-4-4 以修改指令調整選取範圍

選取範圍建立之後，還可以透過 **選取 > 修改** 指令來調整或控制選取範圍。

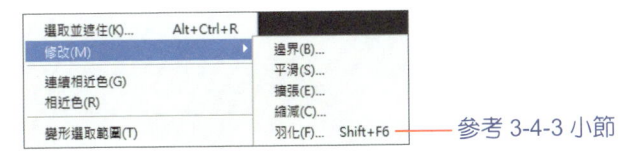

參考 3-4-3 小節

邊界

執行 **選取 > 修改 > 邊界** 指令，會以新的選取範圍框住現有的選取範圍，依現有的選取邊緣向內、外擴張指定像素的寬度，以建立選取範圍。執行後會開啟 **邊界選取範圍** 對話方塊，輸入 **1~200** 之間的像素值即可。

寬度為 10 像素

原選取範圍

平滑

使用 **魔術棒工具** 等以色彩為基準的選取方法時，少數顏色不同的像素會使選取後的範圍變得不連續，這時使用 **平滑** 指令可以將範圍變得連續且平滑。**平滑** 指令會依所設定的 **取樣強度** 依序檢查每一個像素的周圍，若檢查範圍內大部分的像素已被選取，則該 **取樣強度** 範圍會全部成為選取範圍；反之，如果大部分像素都未被選取，則該 **取樣強度** 範圍內的像素都會成為非選取範圍。

接下頁 ➡

取樣強度 30

擴張或縮減

點選 **選取 > 修改 > 擴張** 或 **縮減** 指令，可以將現有的選取範圍依指定的像素值均等擴大或縮小。執行後會開啟 **擴張（縮減）選取範圍** 對話方塊，輸入 1~100 之間的像素值即可。

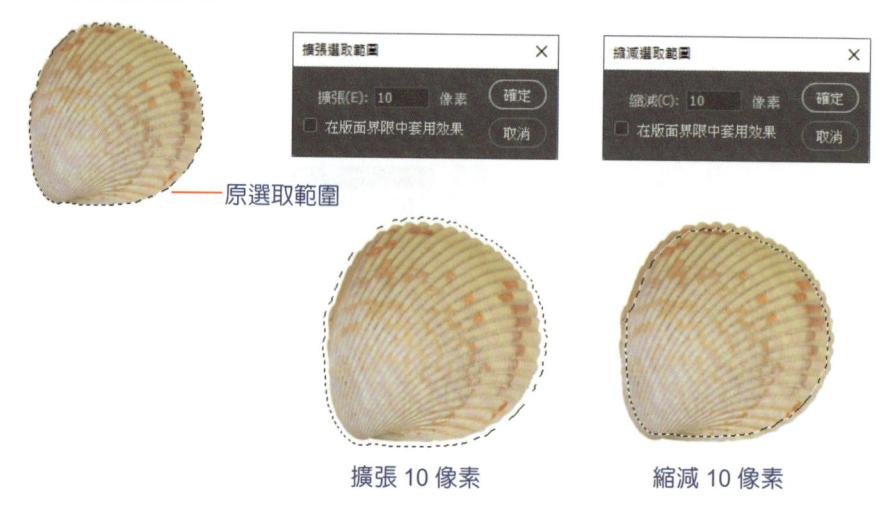

原選取範圍

擴張 10 像素　　　縮減 10 像素

變形選取範圍

選取範圍建立後，可以透過 **選取 > 變形選取範圍** 指令來調整選取區域的外形，以符合選取範圍。例如：使用 **橢圓選取畫面工具** 時，有時候很難剛好將圓形選取區域對齊在影像上的正確位置，此時就可以利用「變形」方式調整。

原選取範圍　　　變形選取範圍

3-5 儲存與載入選取範圍

費了一番功夫，建立了拼貼影像所要使用的選取範圍之後，可以將這個選取範圍儲存起來，供日後編輯時載入，再套用「特效」、「濾鏡」或「遮罩」等效果。

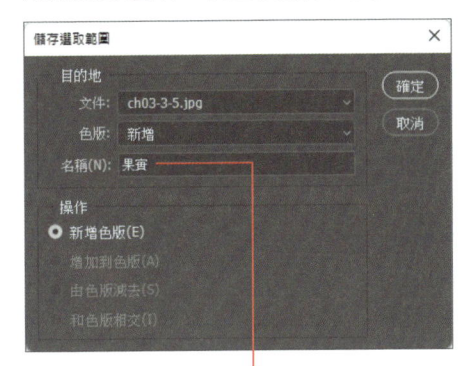

將選取範圍命名儲存

會新增色版

以下我們舉一個實用的範例，介紹如何活用前面小節所介紹的 **顏色範圍** 選取指令，達到變化影像內容的目的。

STEP 1 開啟範例，這張影像的色彩包含許多漸層部分，要精確的進行範圍的選取，請執行 **選取 > 顏色範圍** 指令。

STEP 2 以 **樣本顏色** 選取影像中粉紅色的部分，按【確定】鈕。

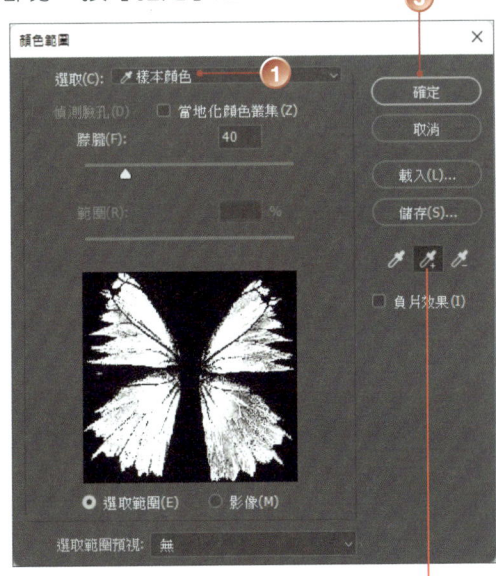

視需要以「增加範圍」鈕調整選取範圍

STEP 3 接著執行 選取 > 儲存選取範圍 指令，出現 儲存選取範圍 對話方塊，色版 的預設值為 新增，表示會新增一個 Alpha 色版存放選取範圍，輸入此選取範圍的名稱「粉紅色」，按【確定】鈕。

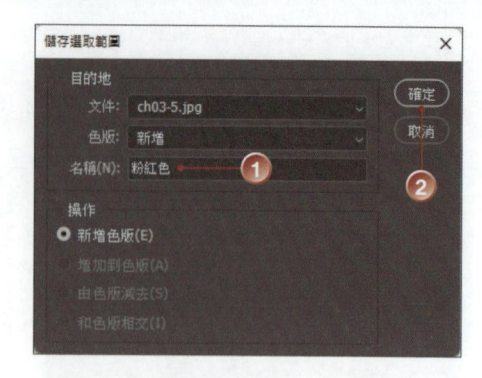

STEP 4 展開 色版 面板，其中會新增一個「粉紅色」的 Alpha 色版。點選此色版，即可在文件視窗中檢視所儲存的選取範圍。

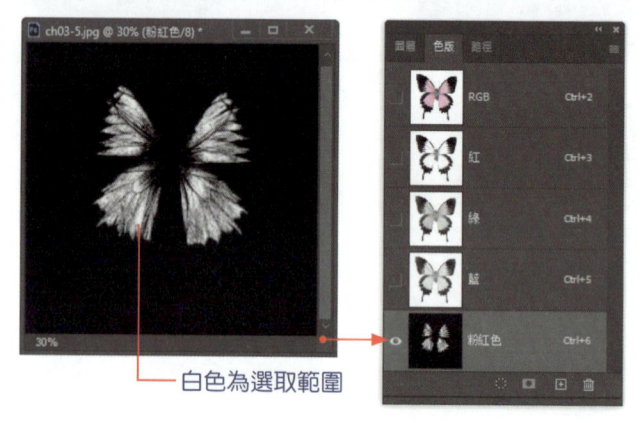

白色為選取範圍

💬 說明

若要檢視原影像，請點選 色版 面板中的 RGB 色版。有關色版的說明請參考 5-4 節。

STEP 5 按 Ctrl+D 鍵取消選取範圍，再次執行 選取 > 顏色範圍 指令，這次 選取 請選擇 中間調，並調整 範圍 參數，按【確定】鈕。

STEP 6 將此選取範圍儲存為「中間調」。

STEP 7 重複步驟 5-6，選取 請選擇 陰影，再將該選取範圍儲存為「陰影」。

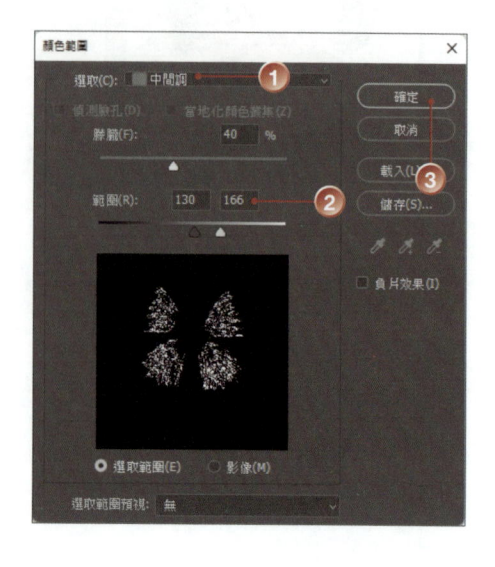

3-32

已儲存的選取範圍，若要將其呼叫進來，只要再執行 **選取 > 載入選取範圍** 指令即可。本範例的影像共儲存了三個選取範圍，分別為：「粉紅色」、「中間調」與「陰影」，載入後可以做不同的應用。

STEP**1** 執行 **選取 > 載入選取範圍** 指令，出現 **載入選取範圍** 對話方塊，在 **色版** 清單中選取要載入的選取範圍名稱「中間調」，**操作** 選項預設值只會顯示 ⊙ **新增選取範圍** 項目，按【確定】鈕。

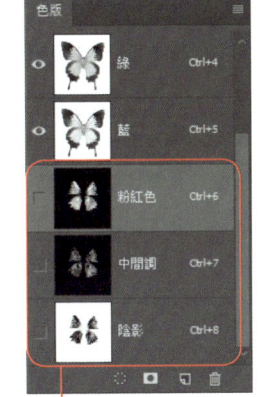

會新增 3 個色版

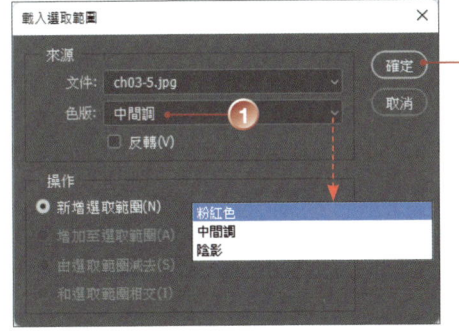

載入「中間調」選取範圍

STEP**2** 當文件中已有選取範圍時，執行 **載入選取範圍** 指令時，可視需要選擇 **操作** 區域中的選項（其功能與 3-4-1 節所說明的內容相同），按【確定】鈕。

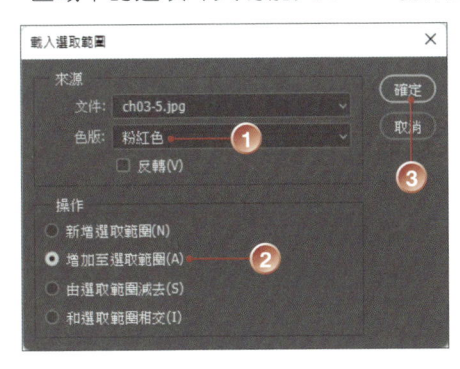

新增「粉紅色」選取範圍

STEP**3** 設定好選取範圍後，接下來可進行影像調整、套用濾鏡⋯等完成影像特效的處理。

套用紋理濾鏡、調整色階和色版混合器的效果

說明

- 這些選取工具該何時使用,必須視要處理影像的本身條件而定,沒有絕對的規則或程序。影像拍攝時的背景是單純或複雜,對選取範圍的效果呈現也會有很大的關係。選擇適當的工具進行選取,可以讓影像處理更有效率,即使範圍選取的不夠精準,在執行影像拼貼作業時,仍可透過各種技巧進行修飾。

- 除了像素之外,也可以使用向量資料來建立選取範圍。使用 筆型工具 或 形狀工具 能產生精確的外框,稱為「路徑」,路徑可以再轉換為選取範圍。此部分的介紹請參考第 9 章。

CHAPTER 04 ▶ 影像的基本編輯

影像的基本編輯包含影像拷貝、拼貼、裁切、旋轉、變形以及影像尺寸的改變，這些都是編輯影像時必須具備的基本操作。而「內容感知縮放」和「操控彎曲」指令更讓影像變形的功能如虎添翼，「天空取代」指令可以快速的將無趣的天空範圍，變換為美麗炫目的日出或日落餘暉景色。「凡走過，必留下痕跡」，透過「步驟記錄」可以隨時回到先前的操作狀態，增加編輯效率！

4-1 基本編輯與拼貼

在進行影像編修的過程中，可能會運用其他影像檔案的某些部分，當執行 **剪下** 或 **拷貝** 動作時，所選取的影像即會透過系統的「剪貼簿」來存放，提供給 **貼上** 指令使用。您可以將「剪貼簿」視為暫存區，但每一次只能存放一筆資料。

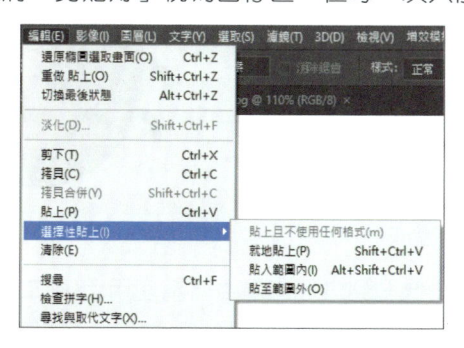

4-1-1 使用滑鼠搬移 / 拷貝選取範圍影像

建立選取範圍後，可以使用 **移動工具** 配合滑鼠來移動或拷貝影像，在 **選項** 列上勾選 ☑**顯示變形控制項**（或 **在選取的圖層上顯示變形控制項** 鈕），方便您立即進行選取物件的變形控制。

STEP 1 開啟範例影像，位在「瓢蟲」圖層。本例中已先建立好「bug」的選取範圍，請透過 **選取 > 載入選取範圍** 指令將其載入後，點選 **工具** 的 **移動工具**，再將滑鼠游標移到選取範圍內。

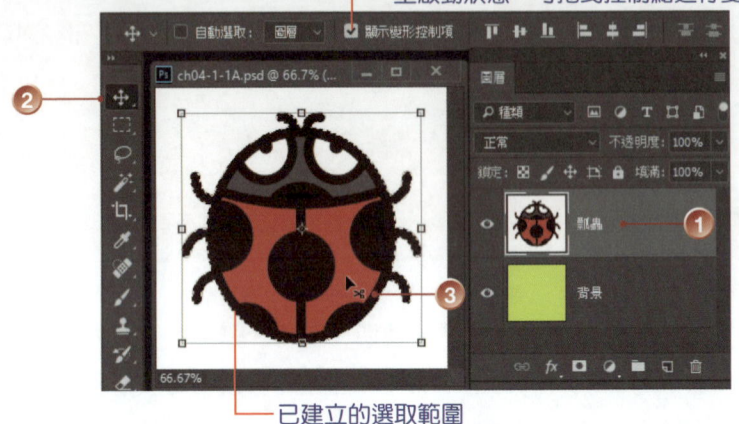

呈啟動狀態，可拖曳控制點進行變形控制

已建立的選取範圍

STEP 2 按下滑鼠左鍵拖曳即可移動選取範圍內的影像，而原來的選取範圍則會填入「背景」圖層的顏色，本例中為「黃色」。

STEP 3 如果要拷貝所選取的影像，請先按住 Alt 鍵，這時游標會變成 ▶ 拷貝狀態，再以滑鼠拖曳即可拷貝影像。

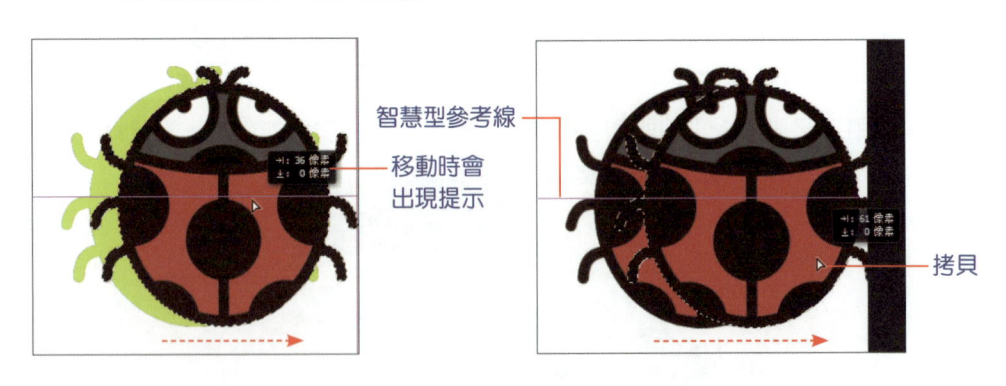

智慧型參考線
移動時會出現提示

拷貝

STEP 4 如果要將拷貝的影像貼到其他影像中，請使用 **移動工具** 將影像直接拖曳到另一個影像視窗中即可。

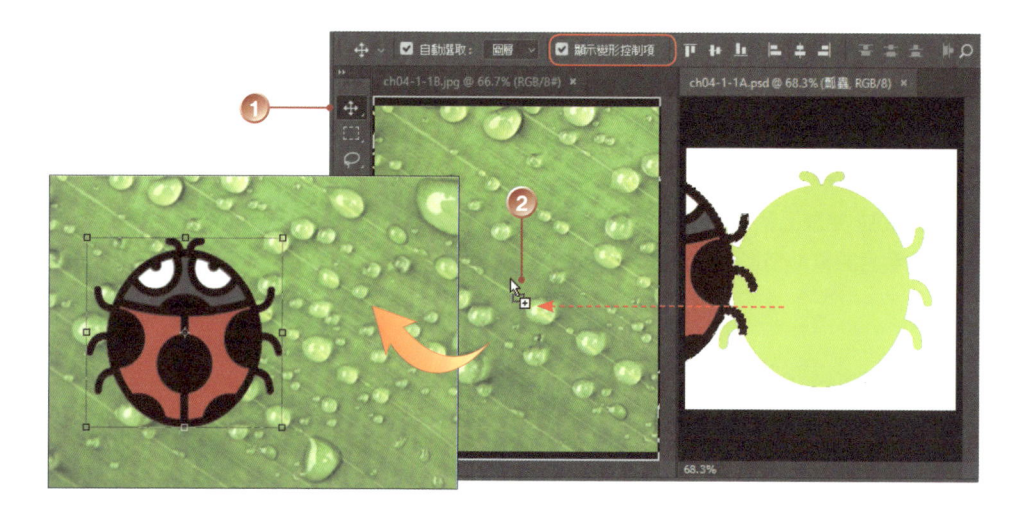

STEP5 將影像拷貝至其他影像後，若因解析度或影像尺寸的不同，而讓物件看起來太大或太小，此時，若有啟動 **選項** 列上的 ☑**顯示變形控制項** 選項，就可進行調整；或是執行 **編輯 > 任意變形** 指令（**Ctrl+T** 快速鍵）。按住 Shift 鍵再以滑鼠拖曳角落的控制點，可等比例縮放所選取的影像。

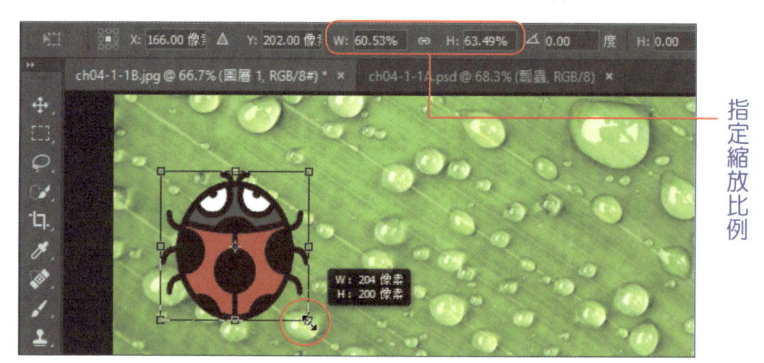

STEP6 將貼入的影像調整至適當大小及位置後，按下 Enter 鍵，即完成基本的影像合成作業。

移動工具 在作用中時，會出現對應的 **選項**，選取多個 **圖層** 時，可以視需要執行 **圖層** 影像的 **對齊** 與 **均分** 工作，這個部分的應用請參考 7-1-5 節。

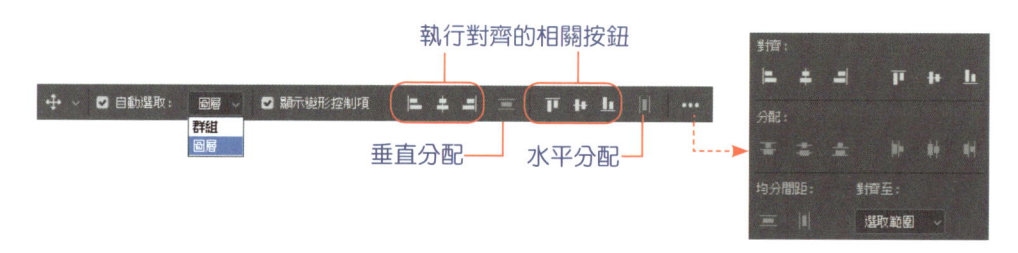

4-3

> 說明
> - 編修影像時，無論目前所使用的是哪一項工具，只要將滑鼠游標放在選取範圍內，按住 Ctrl 鍵即可快速切換到 移動工具 ⊕；若按住 Ctrl + Alt 鍵拖曳，則可以複製選取範圍中的影像。
> - 啟動 智慧型參考線（執行 檢視 > 顯示 > 智慧型參考線），在搬移時會出現桃紅色的參考線幫助您進行對齊作業。

4-1-2 使用指令搬移 / 複製選取範圍影像

影像的編輯除了使用上一小節的方式之外，也可以透過 拷貝、剪下 或 貼上 等指令來完成，這些指令都集中在 編輯 應用程式選單中。

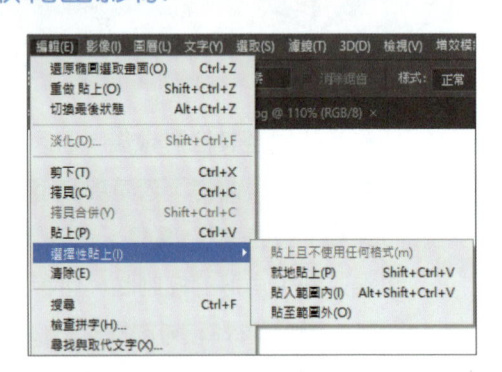

- ▶ **剪下**：選取範圍內的影像會被剪下存放在「剪貼簿」中；若在「背景」圖層中執行，則影像被剪去的部分會填入 背景色。
- ▶ **拷貝**：選取範圍內的影像拷貝後會存放在「剪貼簿」中，原影像不會受到影響，拷貝 時只會複製作用中圖層的影像。
- ▶ **拷貝合併**：影像分別在不同圖層時，在選取範圍內，所有可見圖層的影像皆被複製，且合併成單一影像。
- ▶ **貼上**：「剪貼簿」中的影像會被貼在指定的影像編輯視窗中。進行 貼上 動作之後，圖層 面板中會新增一個圖層並自訂名稱（圖層 1、圖層 2…），其內容就是「剪貼簿」中的影像。
- ▶ **選擇性貼上**：
  - ◉ **貼上且不使用任何格式**：若複製來源本身帶有格式，例如：文字使用樣式，在貼上時可以不套用。
  - ◉ **就地貼上**：依據 拷貝 時影像所在的位置，貼到目標文件的相對位置，若目標文件與來源文件的影像尺寸相同，即可貼到同一個位置上。
  - ◉ **貼入範圍內**：當檔案中有一選取範圍，貼上時只有此選取範圍內會顯示影像，該圖層會依據此選取範圍建立一個「圖層遮色片」。

- **貼至範圍外**：與 **貼入範圍內** 指令相反，只有選取範圍外的區域會顯示影像。
- **清除**：選取範圍內的影像會被清除並填入 **背景色**。**清除** 與 **剪下** 的功能類似，但清除的影像不存放在「剪貼簿」中。

4-1-3 裁切影像

「裁切」工具採用「非破壞性」的裁切工具，可以快速且精確地裁切影像，讓您在畫布上快速地控制影像，並即時檢視調整的結果。由於採用了「內容感知技術」，因此使用 **裁切工具** 拉直、旋轉影像，或遮蓋超出影像原始大小的版面時可自動填滿間隙。

裁切工具

使用 **裁切工具** 可以輕鬆又精確的裁去影像多餘的區域，您可以移動或旋轉影像畫布，並決定要刪除或保留經過裁切後的影像內容。

STEP1 開啟影像範例，點選 **工具** 的 **裁切工具**，影像上出現八個裁切控制點。

STEP2 以滑鼠拖曳四個角落的控制點或邊線調整裁切範圍，畫面上所出現的框線區域就是裁切範圍。預設會呈「三等分」檢視，從 **選項** 列的 **設定裁切工具的覆蓋選項** 下拉式清單可以選擇不同的檢視方式，裁切框內的參考線有助於裁切時的構圖；被裁切掉的影像區則呈現透明的保護狀態。

黃金螺旋形檢視　　　　　　　　對角線檢視

STEP 3 移動畫布可調整裁切範圍的位置；將滑鼠移到角落控制點附近，游標會變成旋轉圖示 ↷，拖曳即可旋轉畫布調整裁切區域。

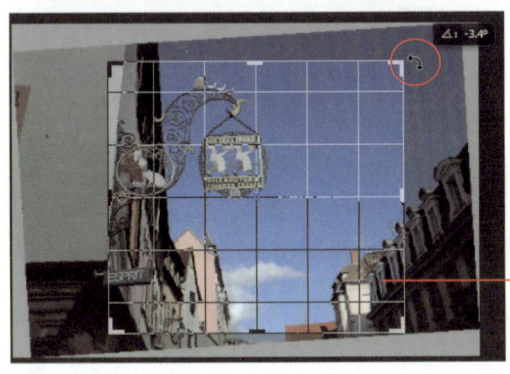

格點檢視

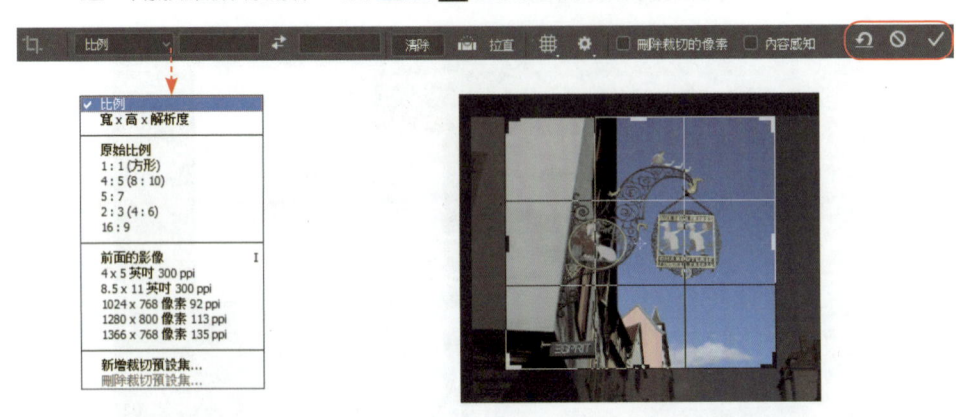

STEP 4 確認裁切前，可按 H 鍵切換顯示裁切後的結果。確認後，按下 Enter 鍵即會執行裁切動作，或按下 **選項** 的 **確認** ✓ 鈕；如果按 Esc 鍵或按 **取消** ⊘ 鈕，則放棄裁切動作；按 **重設** ↻ 鈕則回復為原始影像。

STEP 5 若裁切前未勾選 ☐**刪除裁切的像素** 核取方塊，想重新調整裁切範圍，只要再次點選裁切內容，被裁切的影像會再次出現，您就可以重新調整裁切範圍。相反的，勾選此核取方塊，則裁切後會刪除已裁切的影像像素。

4-6

裁切時，**選項** 上還提供了不同的參數讓您選擇：

- **裁切比例**：選項為「比例」時，可以隨意拖曳控制點進行裁切，清單中有常見的裁切比例供選擇。想要裁切成指定大小的尺寸時，請選擇 **寬 X 高 X 解析度** 選項，然後在 **選項** 列的欄位指定精確的寬度、高度及解析度。

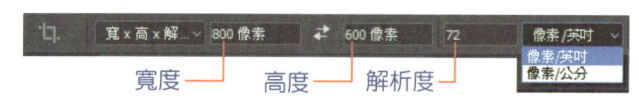

  寬度 ─ 高度 ─ 解析度

- **自訂比例**：要自訂外觀比例，可於 **設定裁切影像的寬度** 及 **設定裁切影像的高度** 的欄位中輸入數值。

- **調換高度和寬度**：點選可互換寬度及高度的裁切比例，例如：本來為「4X6」，點選後改為「6X4」。

- **【清除】**：可清除左側各欄位的設定值。

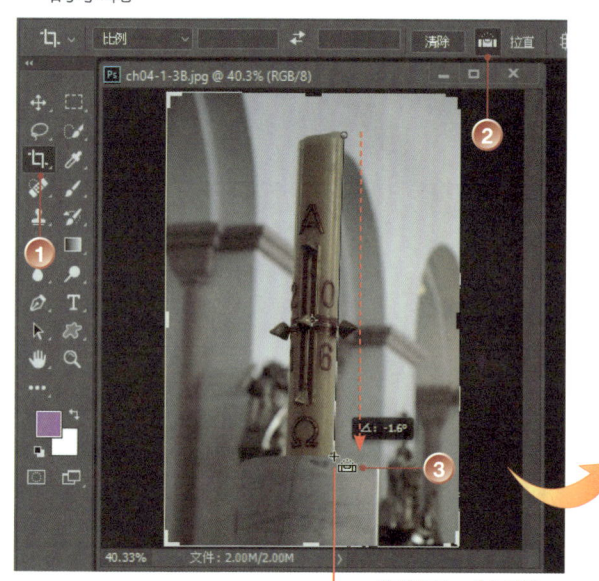

- **拉直**：點選後，可以沿著影像繪製一條直線來拉直影像。例如下圖中的示範。

先拖曳一條直線　　　拉直並自動裁切影像

- **設定其他裁切選項**：點選展開清單，勾選 ☑**使用傳統模式** 核取方塊，可回到舊版的裁切方式，當移動裁切範圍時，影像畫布不移動。預設會勾選 ☑**啟動裁切保護** 的功能，也就是讓非裁切區呈現 **顏色** 方塊中指定的顏色，預設為「黑色」，**不透明** 欄位可以改變保護色的透明度，值愈少透明度愈高，100% 代表不透明。

接下頁 ➡

顏色方塊　可按快速鍵切換

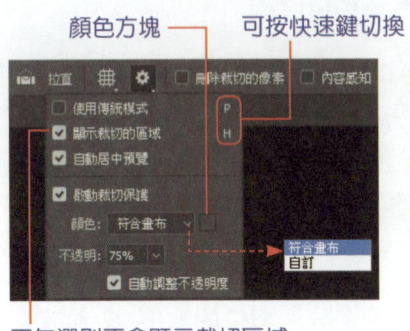

不勾選則不會顯示裁切區域

改為黃色、不透明度 60% 的保護色

◆ **內容感知**：勾選此項，當拉直或旋轉影像，造成超出影像原始的版面時，會自動填滿間隙。例如下圖在旋轉影像時，造成四周角落有許多空隙，按下 Enter 鍵後，Photoshop 會將影像中的白色區域（間隙）自動填色。

💬 說明

● 如果拖曳裁切控制點使其大於影像大小，則會增加版面尺寸，並填入「透明色」。

● 除了使用 **裁切工具** 直接裁切影像外，也可以先透過 **矩形選取畫面工具** 執行完選取範圍後，再執行 **影像 > 裁切** 指令。

● **影像 > 修剪** 指令可以修剪周圍的透明像素或背景的指定色彩像素，以移除不需要的影像資料。

4-8

● **滴管工具** 群組中的 **尺標工具** 也有修正水平線的效果，可以快速拉直任何彎曲的影像。執行後影像版面會因稍微轉動而產生多餘的空間，此時可透過 **編輯 > 填滿** 指令的 **內容感知** 功能完美填滿空白區域。詳細的操作請參考第 5 章的介紹。

④ 以「魔術棒工具」選取四個角落多出來的範圍，再執行「編輯 > 填滿」指令

透視裁切工具

透視裁切工具 可以運用在透視變形的影像，裁切後可達到矯正的效果。只要在畫面上點選四個角落產生控制點，按下 Enter 鍵即可將影像矯正並裁切。

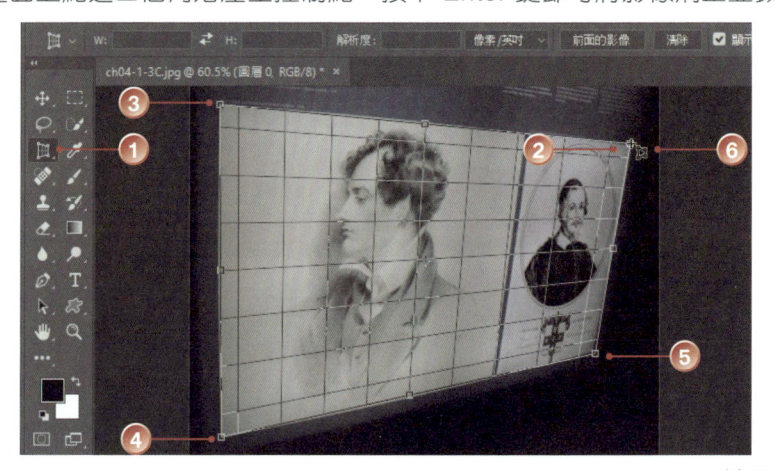

接下頁 ➡

4-9

可旋轉

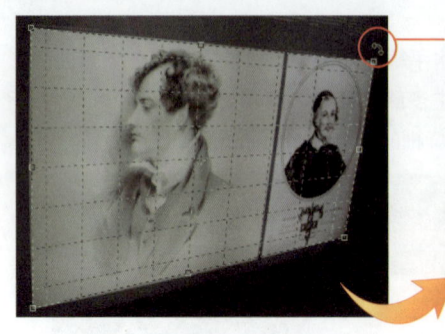

裁切結果

4-1-4 切片與切片選取工具

切片工具 可以將影像分割為數個較小的影像，通常運用在網頁上，透過分割影像，可以指定不同的 URL 連結來建立網頁導覽，再將切片後的影像個別輸出為不同的檔案格式（執行 **檔案 > 轉存 > 儲存為網頁用** 指令）。而 **切片選取工具** 則用來選取經切片後的影像，可以移動或調整尺寸。

STEP1 開啟影像範例，點選 **切片工具** ，若影像已經過切片，此時會自動顯示在視窗中，本例中尚未執行切片動作，預設會以原影像尺寸做為第 1 個切片。

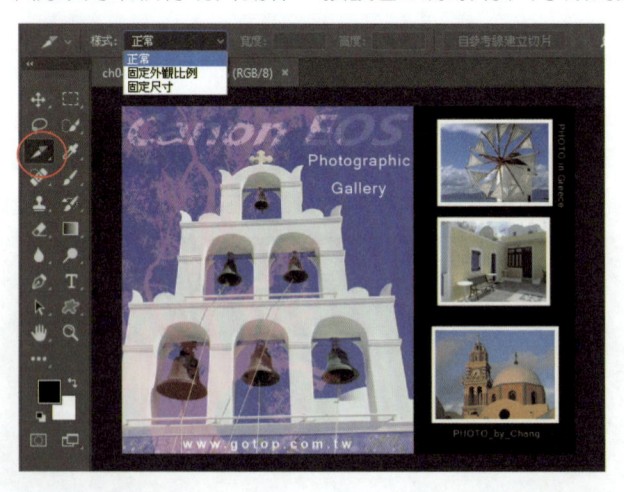

STEP2 在 **選項** 列中選擇樣式設定：

- **正常**：由拖曳時決定切片的長寬比例。
- **固定外觀比例**：輸入整數或小數數值來設定 **高度** 與 **寬度** 比例，例如若要建立寬度為高度兩倍的切片，在 **寬度** 輸入「2」，**高度** 輸入「1」。

4-10

- 固定尺寸：輸入整數的像素值來指定切片的高度和寬度。

STEP**3** 確認已勾選 **檢視 > 靠齊** 指令，以便將新的切片對齊參考線或影像中的另一個切片。

STEP**4** 接著在要建立切片的區域上拖曳，按住 Shift 鍵可以強制建立正方形切片；按住 Alt 鍵可以從中心開始繪製。

第 1 個切片

STEP**5** 執行完切換到 **切片選取工具** ，點選切片再拖曳控制點調整大小或位置。

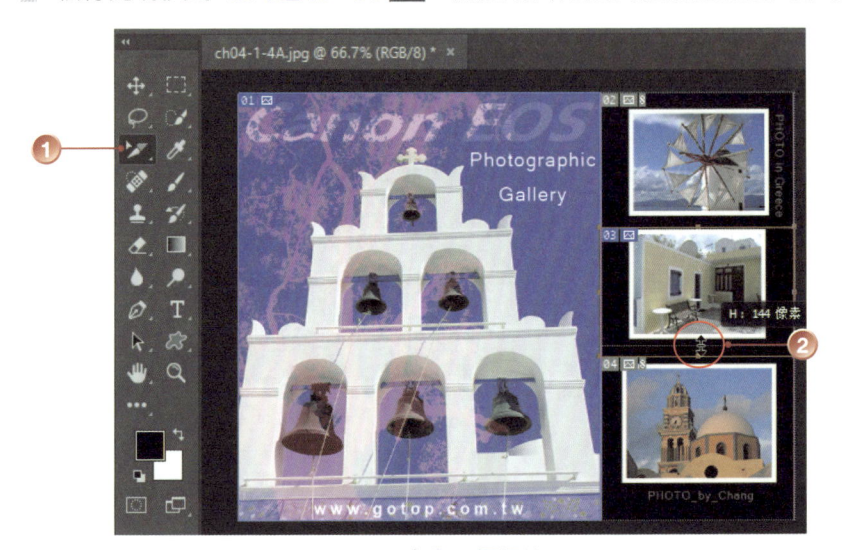

產生 4 個切片

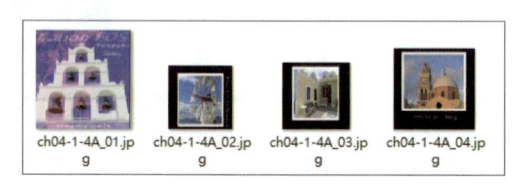

STEP6 切片會自動以流水號「01」、「02」…命名,以 **切片選取工具** 在切片上快按二下,開啟 **切片選項** 對話方塊,可以重新命名切片。若切片要用於網頁上,還可指定 URL(連結資訊)及 **目標**(開啟方式)或加上 **訊息文字**。設定完畢按【確定】鈕。

STEP7 接下來執行 **檔案 > 轉存 > 儲存為網頁用** 指令,即可將各切片儲存為所需格式。

輸出結果

從參考線建立切片

產生切片的方式也可由影像中的「參考線」來建立,當您從參考線建立切片時,會將現有的切片全部刪除。

STEP1 執行 **檢視 > 尺標** 指令,從水平或垂直尺規拖曳參考線到影像中。

STEP2 選取 **切片工具** ,並按一下 **選項** 列中的【自參考線建立切片】鈕。

移除切片

影像經過切片後,只要切換到 **切片工具** 就會顯示切片結果,若想移除不要的切片,請以 **切片選取工具** 選取切片後(會呈咖啡色的外框線),按 **Del** 鍵移除。全部都刪除時,最後會只留下 1 個切片,也就是原始影像。

也可按右鍵執行

移除切片

4-13

4-1-5 複製影像

為了保留原始影像,在進行影像編輯前,可以先複製影像,方便在視窗中立刻比較執行前後的差異。使用 **複製** 指令進行影像複製時,Photoshop 會自動命名,名稱預設會加上「拷貝」,您也可以自行設定檔名。複製時,整張影像包含色版、圖層、遮色片…等資料會一起複製,而複製後的影像只是暫時存放在工作區,並未存入硬碟中,若要保留編修後的結果,請記得執行存檔動作。

STEP**1** 開啟範例影像,其中包含多個圖層,執行 **影像 > 複製** 指令。

STEP**2** 出現 **複製影像** 對話方塊,若勾選 ☑ **只複製合併圖層** 核取方塊,只會複製合併圖層後的影像,預設值是未勾選;視需要更改名稱,按【確定】鈕。

複製的影像

圖層全部合併為單一圖層

4-14

4-2 影像旋轉與變形

執行 **旋轉** 與 **變形** 指令時，可以區分為「對整個版面」或是「對局部影像」來進行。對整個版面執行旋轉時，不受選取範圍的限制；要對局部影像旋轉與變形，在執行前必須先定義選取範圍，才能使用相關指令。

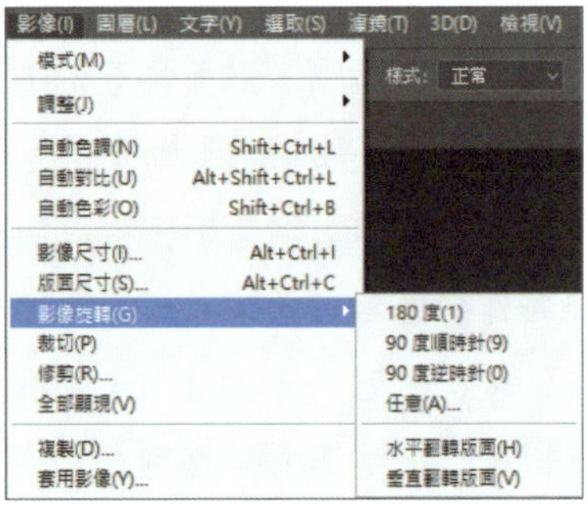

4-2-1 旋轉版面

要對整個版面進行旋轉，請執行 **影像 > 影像旋轉** 指令清單中對應的指令。「影像旋轉」屬於破壞性的編輯作業，會實際修改檔案資訊。如果只是要進行非破壞性的旋轉影像以供檢視，請使用 **旋轉檢視** 工具。

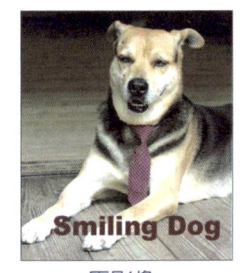

原影像 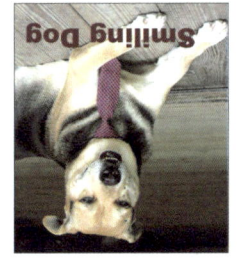　　　　180 度 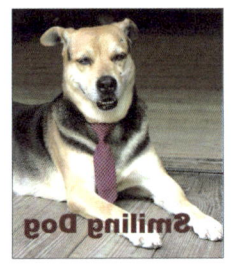　　　　水平翻轉版面

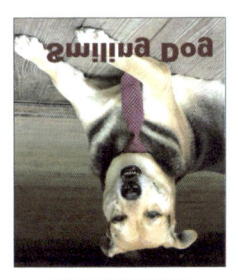

垂直翻轉版面 　　　90 度順時針 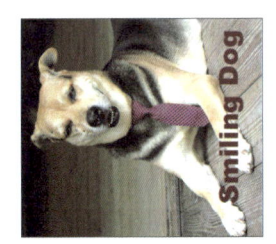　　　90 度逆時針

執行 **任意** 指令可以在 **旋轉版面** 對話方塊中，設定任意旋轉的方向和角度，旋轉後的版面尺寸會加大以容納溢出的影像，並以 **背景色** 填滿加大的區域。

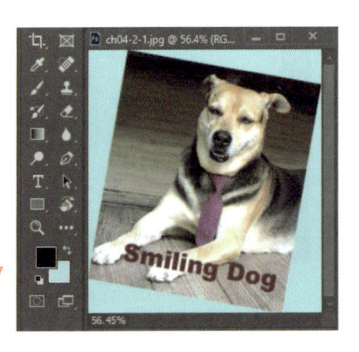

4-15

4-2-2 變形局部影像

編輯 > 變形 指令可以針對選取範圍、整個圖層或多個圖層，進行各種變形動作。執行這些指令時，選取範圍會形成矩形框線並產生八個控制點，以滑鼠拖曳控制點，可依指令功能製作影像變形效果。您可以在累積多個變形動作後，例如：先 **縮放** 再 **扭曲**，滿意變形的結果後，按下 Enter 鍵或在 **選項** 中按 **確認** ☑ 鈕，按 Esc 鍵或按 **取消** ⊘ 鈕則取消變形。提醒您：選取範圍經過變形處理後，會改變該圖層所在的影像像素，並影響影像品質。若要進行「非破壞性」的變形，請使用「智慧型物件」。(參閱第 7 章)

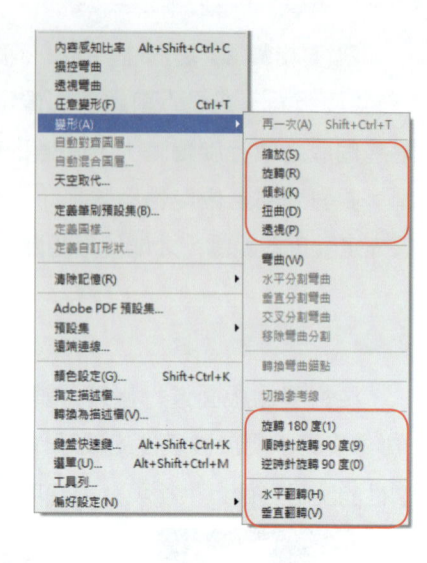

先定義選取範圍

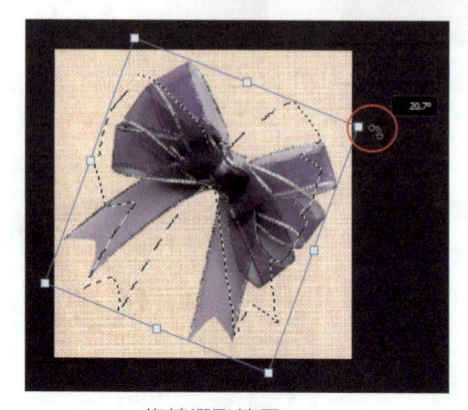

勾選時選取的影像上會出現控制點，拖曳控制點即可旋轉及縮放

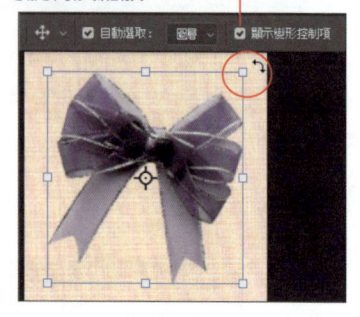

旋轉選取範圍

4-16

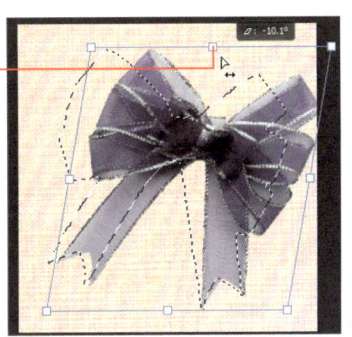

拖曳上下左右四
個控制點做水平
或垂直傾斜

按住 Shift 鍵再拖
曳可以等比例調整

縮放

傾斜

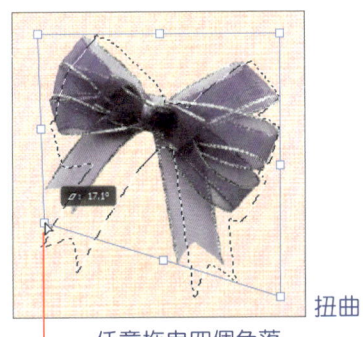

扭曲

任意拖曳四個角落
的控制點自由調整

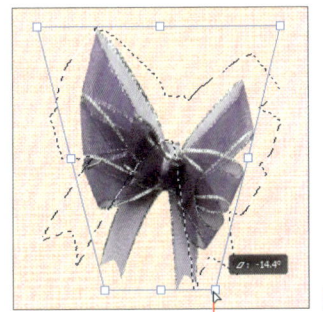

透視

拖曳四個角落的控制點時，
框線會成為對稱的梯形，可
以製作透視變形的效果

　　執行 **編輯 > 任意變形** 指令（**Ctrl+T** 快速鍵），可以同時執行 **旋轉** 與 **縮放** 變形，另外配合 **Ctrl** 鍵可執行 **扭曲** 變形。

　　以上的所有操作，我們都是以滑鼠拖曳控制點的方式進行，事實上您也可以在 **選項** 中輸入變形數據，來達成指定的變形效果，設定時也可參考 **資訊** 面板中所顯示的相關資料。

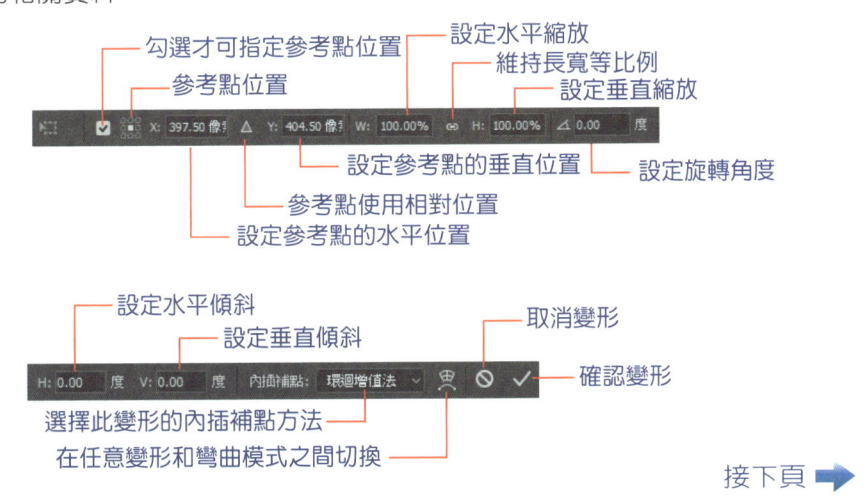

勾選才可指定參考點位置
設定水平縮放
維持長寬等比例
參考點位置
設定垂直縮放
設定參考點的垂直位置
設定旋轉角度
參考點使用相對位置
設定參考點的水平位置

設定水平傾斜
設定垂直傾斜
取消變形
確認變形
選擇此變形的內插補點方法
在任意變形和彎曲模式之間切換

接下頁 ➡

4
影像的基本編輯

4-17

資訊面板說明：

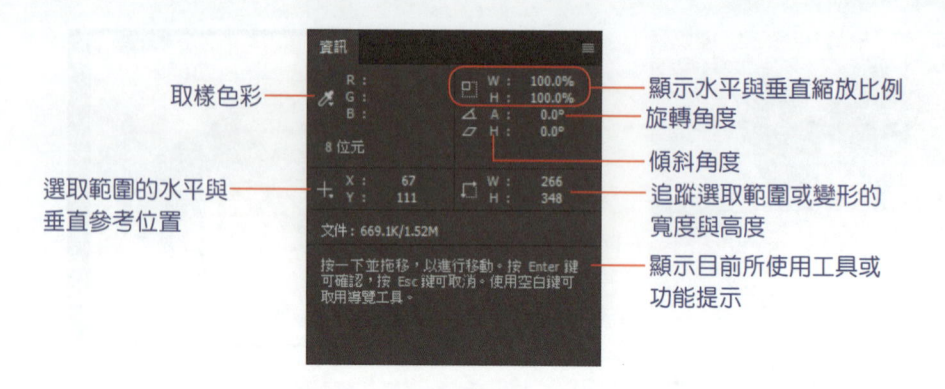

- 取樣色彩
- 選取範圍的水平與垂直參考位置
- 顯示水平與垂直縮放比例
- 旋轉角度
- 傾斜角度
- 追蹤選取範圍或變形的寬度與高度
- 顯示目前所使用工具或功能提示

所有 **變形** 動作都是繞著一個固定點執行，這個點稱為「參考點」。預設狀態下，這個點位於要變形項目的中心且是隱藏的。點選 **選項** 列中 **參考點位置** 左側的核取方塊將其顯示，接著就可以變更參考點或將中心點移至不同的位置。

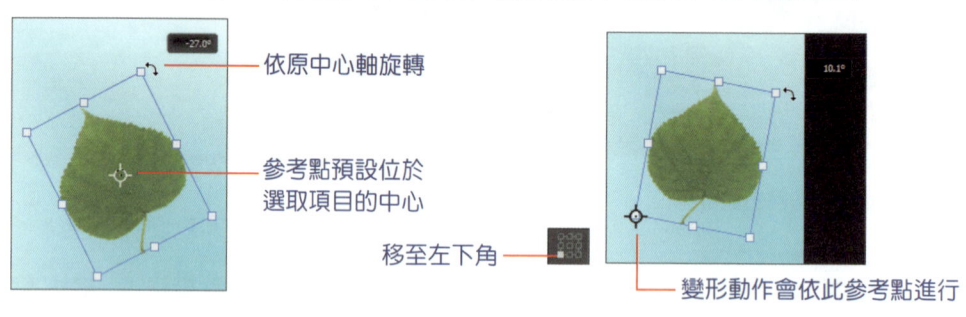

- 依原中心軸旋轉
- 參考點預設位於選取項目的中心
- 移至左下角
- 變形動作會依此參考點進行

> **說明**
> 當 **維持長寬等比例** 呈啟動狀態時，拖曳角落控制點即可等比例縮放，此時若按住 Shift 鍵執行則會關閉等比例狀態。

4-2-3 彎曲變形影像

使用 **彎曲** 指令可以拖曳影像的任意控制點，隨興地改變形狀，搭配選用 **選項** 中的 **彎曲樣式**，可以直接套用特定的彎曲形狀。如果您目前所使用的是其他 **變形** 指令，只要按一下 **選項** 上的 **在任意變形和彎曲模式之間切換** 鈕，即可切換為 **彎曲模式**。

STEP1 開啟影像範例，選取要變形的影像範圍（「杯子」圖層），執行 **編輯 > 變形 > 彎曲** 指令，所選取的影像範圍會出現一個預設的 3×3 的網格，如下圖所示。

4-18

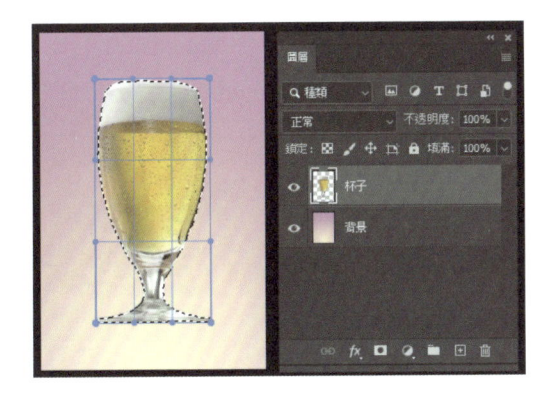

STEP2 點選 選項 列中的設定 ⚙ 鈕展開清單,可以指定參考線的 顏色、不透明度 和 密度(參考線的線條數量)。

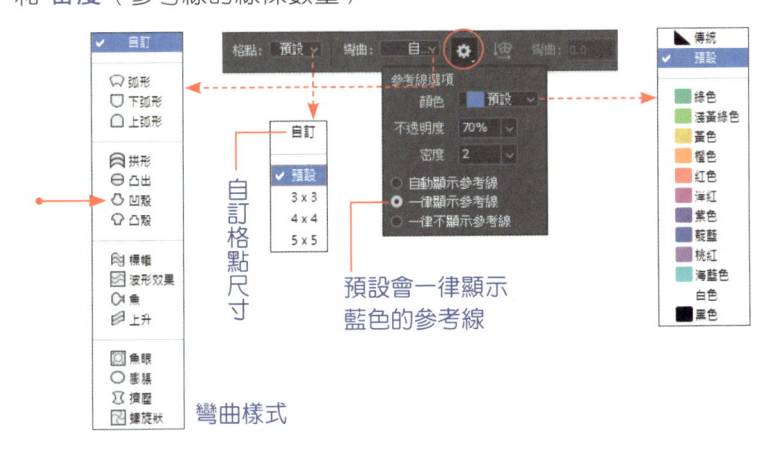

STEP3 從 彎曲 選單中選擇預設的彎曲樣式,例如:凹殼。

STEP4 若要增加更多彎曲網紋,可從 格點 清單選擇預設的格點尺寸,例如:4X4。

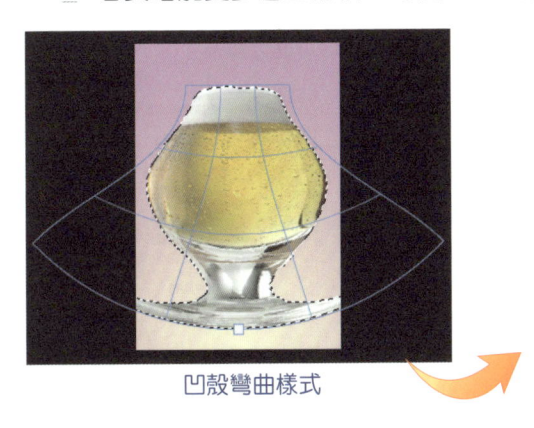

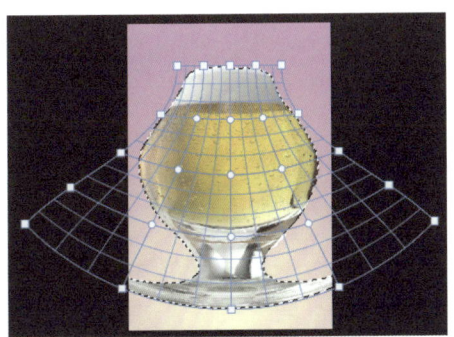

凹殼彎曲樣式

增加 4X4 格點

STEP 5　接下來以滑鼠拖曳網格內的任意處或控制點，調整影像形狀與扭曲程度。

拖曳調整曲度

STEP 6　要還原前一次的變形調整，請執行 **編輯 > 還原** 指令（**Ctrl+Z** 快速鍵）。

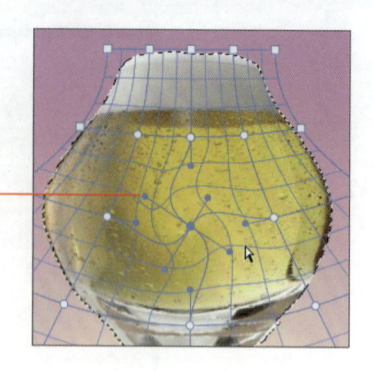

STEP 7　要新增更多控制格線至彎曲的網紋，可點選 **選項** 列中的各種 **分割** 鈕，例如：**交叉分割** ⊞，再將滑鼠移至要放置額外控制格線的位置按一下，即可新增額外的控制點到彎曲網紋。

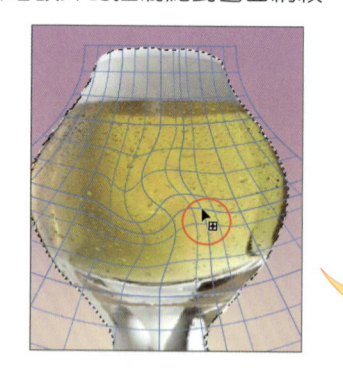

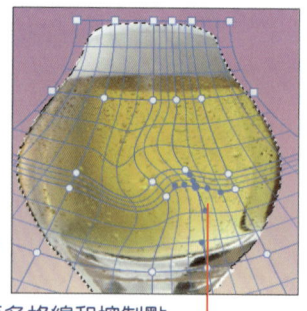

產生更多格線和控制點

🔸 說明

● 按住 Shift 鍵可選取或取消多個錨點，要刪除選取的格線，請執行 **編輯 > 變形 > 移除彎曲分割** 指令。

● 移動錨點時有二種狀態：移動方形的錨點時，不會影響與其相關的其他控點；移動圓形的錨點時，所有與其相關的控點會一起移動。在錨點上按右鍵選擇 **轉換彎曲錨點** 指令可切換這兩種狀態，或是按住 Alt 鍵再點選錨點也可進行轉換。

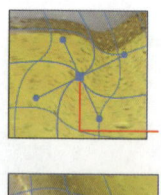

拖曳時其他控點不會移動
方形錨點

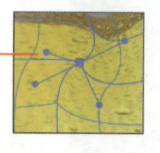

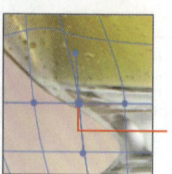

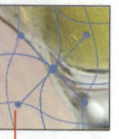

圓形錨點
拖曳時其他控點會一起移動

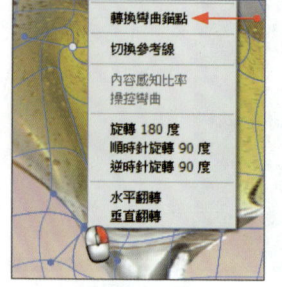

切換錨點狀態

4-20

STEP**8** 繼續拖曳控制點調整，滿意變形的結果後，按下 Enter 鍵確認變形。

當您直接選擇所要套用的 **彎曲樣式** 時，**選項** 中的屬性設定會變成作用中。

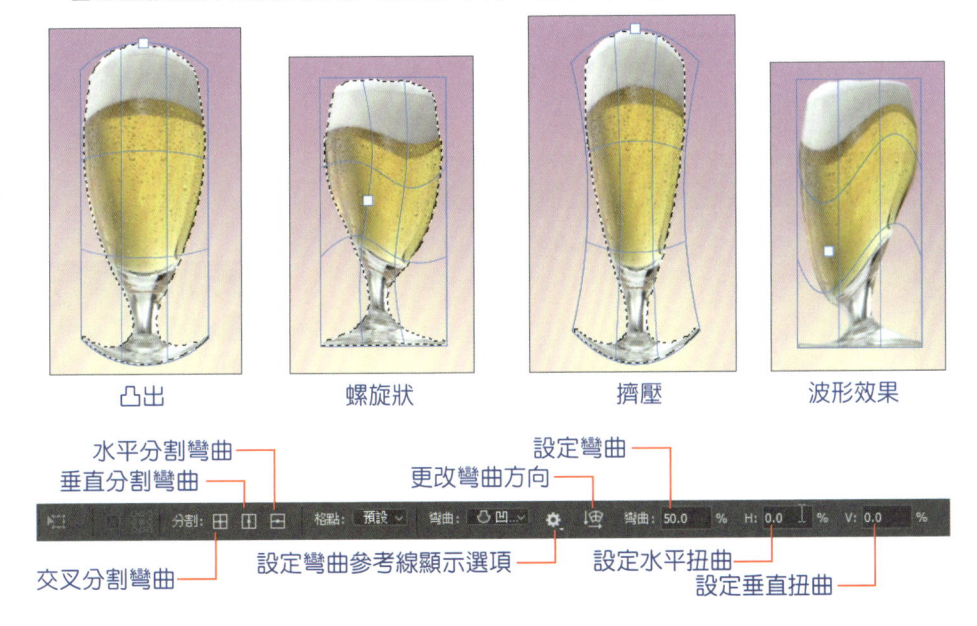

| 凸出 | 螺旋狀 | 擠壓 | 波形效果 |

水平分割彎曲
垂直分割彎曲
交叉分割彎曲
設定彎曲參考線顯示選項
設定彎曲
更改彎曲方向
設定水平扭曲
設定垂直扭曲

- 有些彎曲樣式有方向性，要改變彎曲的方向，按 **更改彎曲方向** 鈕。
- 要使用輸入設定值的方式來指定彎曲程度，請在 **設定彎曲**、**設定水平扭曲** 和 **設定垂直扭曲** 欄位中輸入數值。
- 若 **選項** 上的 **彎曲樣式** 為「自訂」(參考 4-19 頁步驟 2 的圖)，則無法輸入彎曲相關屬性的設定值。
- 如果在 **彎曲** 變形模式中，沒有顯示網格，請按 Ctrl+H 鍵切換或執行 **檢視 > 輔助項目** 指令。

4-2-4 內容感知縮放

「內容感知」技術可以透過優異的控制力和精確度，輕鬆填滿、修補、延伸或重新合成影像而不費吹灰之力。其中的 **內容感知比率** 指令，可隨著調整影像大小時自動重新合成影像，在影像適應新尺寸和位置的同時，還能夠聰明的保留重要的部分不受影響，例如：人物、動物、建築…等，藉此可改善影像構圖或改變影像尺寸以符合版面需求，而不需花費時間裁切與潤飾。配合 **色版** 還可以保護不希望變形的區域。

4-21

STEP1 開啟影像範例,這是一張橫向的版面,我們希望在不改變台東海濱公園「向陽樹」位置和大小比例的情形下,將版面縮窄為「1:1」的比例。首先以任意選取工具建立出「向陽樹」的保護範圍,並將選取範圍儲存為「向陽樹」的 Alpha 色版,儲存後取消選取區域 (本例中只有一個圖層「海濱公園」,不可以是預設的「背景」圖層)。

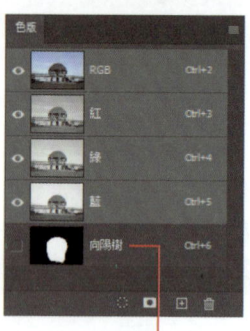

「1:1」的參考線

選取範圍儲存為「向陽樹」色版

STEP2 執行 **編輯 > 內容感知比率** 指令,影像上出現控制點。

STEP3 **選項** 中出現對應的屬性選項。

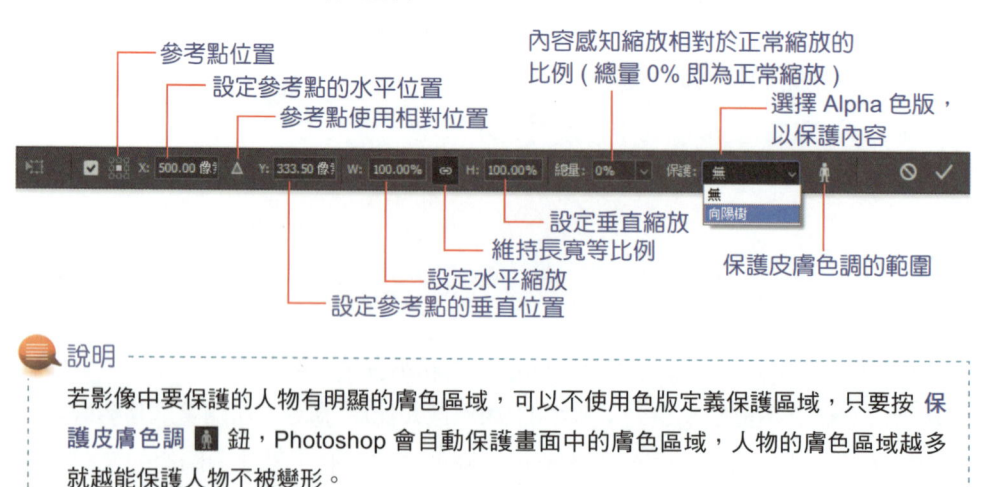

- 參考點位置
- 設定參考點的水平位置
- 參考點使用相對位置
- 設定參考點的垂直位置
- 設定水平縮放
- 維持長寬等比例
- 設定垂直縮放
- 內容感知縮放相對於正常縮放的比例 (總量 0% 即為正常縮放)
- 選擇 Alpha 色版,以保護內容
- 保護皮膚色調的範圍

💬 說明

若影像中要保護的人物有明顯的膚色區域,可以不使用色版定義保護區域,只要按 **保護皮膚色調** 🧍 鈕,Photoshop 會自動保護畫面中的膚色區域,人物的膚色區域越多就越能保護人物不被變形。

STEP4 先取消 **維持長寬等比例**,於 **保護** 下拉式清單中選擇「向陽樹」,再拖曳控制點向左對齊參考線以縮小影像,完成後按 Enter 鍵。

4-22

「向陽樹」不
受拖曳的影響

STEP 5 再以 **裁切工具** 裁掉不需要的區域即可。

裁切後的結果

4-2-5 操控彎曲

操控彎曲 的功能與 **彎曲** 變形類似，提供視覺網紋，可更精確地重新定位任何影像元素。藉著拖曳影像上的控制點來牽動彼此間的關係，因此能隨心所欲的扭曲局部影像使其變形，而其他區域則保持不變形，例如：改變手或腿的位置…等。

STEP 1 開啟要調整的影像，點選「小丑」圖層，接著執行 **編輯 > 操控彎曲** 指令。

4-23

STEP**2** 「小丑」圖層中的影像會佈滿「網紋」，以滑鼠點選「網紋」內的影像來新增「圖釘」進行變形，通常設定於關節或端點的地方，按住 Alt 鍵再點選圖釘或按 Del 鍵移除該圖釘，按住 Shift 鍵可選取多個圖釘。

圖釘

STEP**3** 設定完成各圖釘位置後，即可拖曳任何一個圖釘以產生彎曲網紋。按住 Alt 鍵時，選取的圖釘周圍會出現旋轉的控制圖示，以滑鼠拖曳則圖釘周圍的網紋會圍著圖釘旋轉，旋轉角度也會顯示在 選項 列中。

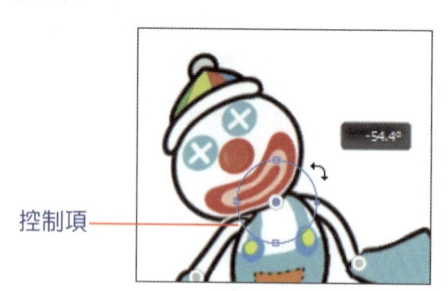

控制項

可暫時不顯示網紋

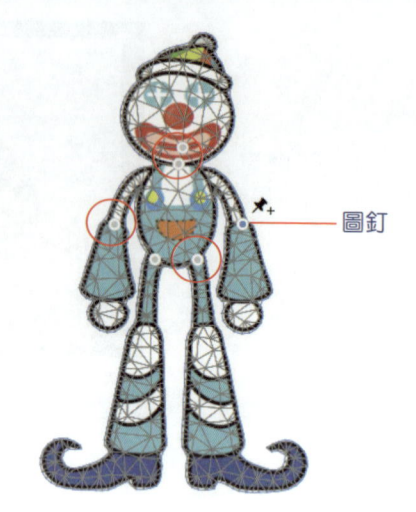

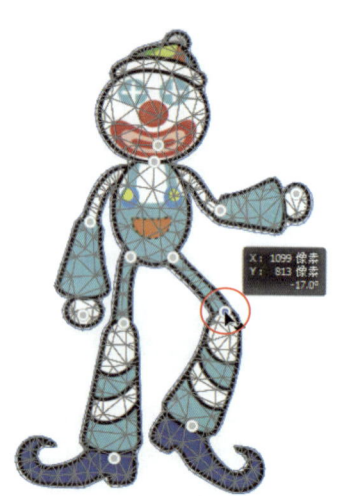

STEP**4** 調整完畢按 Enter 鍵或 選項 上的 確認 ✓ 鈕。

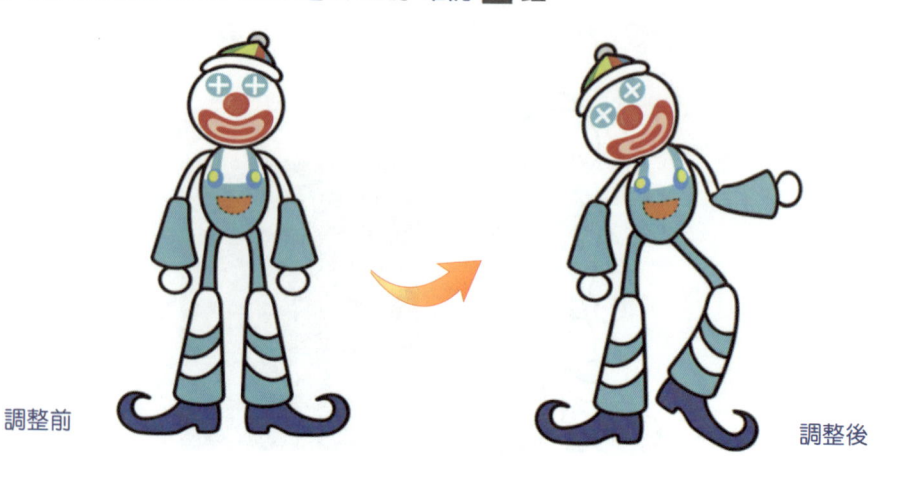

調整前

調整後

4-24

執行 **操控彎曲** 指令時，**選項** 中會出現對應的控制項目：

旋轉角度
移除所有圖釘

- **模式**：指定網紋的彈性，選擇 **扭曲** 可讓轉折處與輪廓產生圓滑的效果，**堅硬** 則與 **扭曲** 相反，變形效果顯得比較僵硬。

- **密度**：設定網紋交點的間距。**更多點** 會讓網紋更密集而增加精確度，但運算變形需要比較長的時間；**較少點** 則與 **更多點** 相反。

- **擴展**：擴張或縮減網紋的外邊緣。

- **顯示網紋**：設定是否顯示 **網紋**，可按快速鍵 Ctrl+H 切換顯示或隱藏。

- **圖釘深度**：當網紋有重疊，產生互相遮蔽的狀況時，可以此控制顯示的網紋層。

- **旋轉**：當 **旋轉** 設定為 **自動** 時，移動「圖釘」的同時會自動依據 **模式** 與 **密度** 設定而旋轉變形。若自行旋轉則此項目會跳至 **固定**。

4-2-6 透視彎曲

透視彎曲 可讓您輕鬆調整影像的透視，尤其對具有直線及平面的影像特別有用，例如：建築物大樓的影像。使用此功能，也可將具有不同透視的物件複合至單一影像中。使用前先執行 **編輯 > 偏好設定 > 效能** 指令，確認已啟動 ☑**使用圖形處理器** 以及 ☑**使用圖形處理器加速運算**。

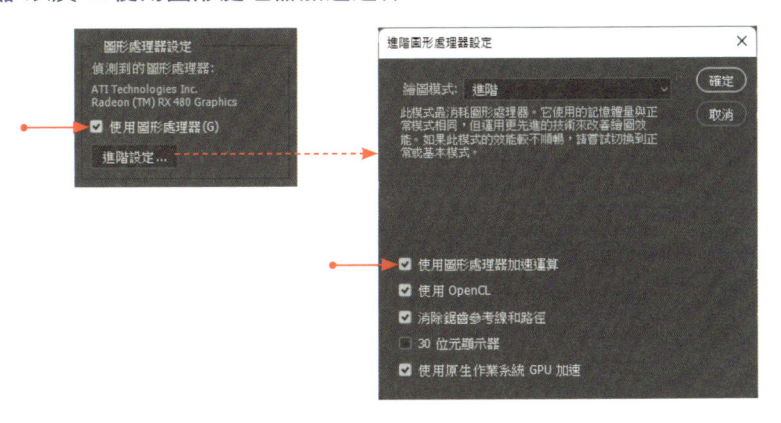

4-25

STEP1 開啟範例影像,這棟建築物是由下往上拍攝,因此呈現透視狀態;調整前必須先在影像中定義平面。我們事先已拷貝此圖層,並位在拷貝的圖層作業。

關閉鈕

STEP2 執行 **編輯 > 透視彎曲** 指令,螢幕上會出現如何操作的提示,閱讀後將其關閉。

STEP3 沿著建築物的左右平面拉出四邊形,並讓四邊形的邊線與建築物的直線保持平行,再拖曳四邊形的任一角對齊在建築物上。

二個四邊形靠近時會出現陰影線段，接著會自動吸附合而為一

說明
移動方向鍵可以微調選定的四邊形任一角。

STEP **4** 點選 **選項** 列上的【**彎曲**】鈕，從 **版面模式** 切換到 **彎曲模式**，再次出現提示並顯示調整結果，按 **關閉** 鈕。本例要從 **選項** 列上點選 **自動拉直接近垂直的線段** 鈕。

接下頁 ➡

自動拉平接近水平的線段　　自動彎曲為水平和垂直

此時按 H 鍵可隱藏格線

💬 說明

按住 Shift 鍵並按一下四邊形的個別邊緣也可將其拉直，並在未來的透視操作中保持拉直狀態。這種拉直邊緣在「彎曲」模式中會以黃色顯示。您可以操作四邊形的四個角（圖釘），以便在調整透視時進行更細微的控制或是改變視角。

STEP 5 調整完畢按 **確認** ✓ 鈕或 Enter 鍵。

💬 說明

執行前先複製相同的影像圖層，因為執行完 **透視彎曲** 指令後影像會不完整，藉由下方圖層的影像可彌補空缺的部分，或是利用 **內容感知填滿** 功能進行填補。

影像缺角

4-28

4-2-7 天空取代

天空取代 指令於 2020 年 10 月（22.0 版）推出，利用 Adobe Sensei 提供遮色片和混合功能，透過快速更換天空來營造您想要的氛圍，省去選取和微調的繁複步驟，並為影像增添戲劇張力。

STEP**1** 開啟包含天空的影像範例，執行 **編輯 > 天空取代** 指令。

這個日落時拍的影像天空沒什麼特色

STEP**2** 開啟 **天空取代** 對話方塊，從 **天空** 選單中選擇預設的天空選項，或新增自己的天空影像。

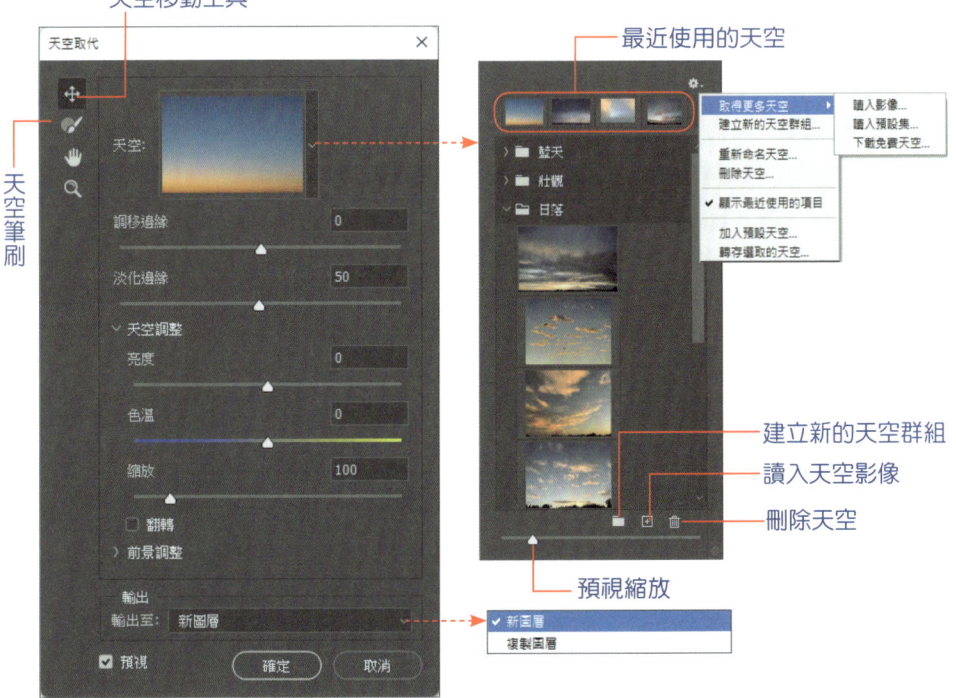

天空移動工具
天空筆刷
最近使用的天空
建立新的天空群組
讀入天空影像
刪除天空
預視縮放

4-29

STEP3 原始影像上的天空區域會自動選取並被選取的天空影像取代，想要取得無縫的外觀，可調整以下滑桿，修改天空並且混合前景和背景的顏色。也可使用 **天空筆刷** 🖌 工具，在天空與影像邊緣塗抹、修飾以延伸或縮減（按住 Alt 按鍵）天空區域。

◉ **調移邊緣**：判斷天空與原始影像之間邊界開始的位置。

◉ **淡化邊緣**：設定從天空到影像相交邊緣的淡化或羽化量。

◉ **亮度**：調整天空的亮度。

◉ **溫度**：調整天空的溫度，使其看起來更溫暖或更寒冷。

◉ **縮放**：調整天空影像的尺寸。

◉ **翻轉**：水平翻轉天空影像。

◉ **光源模式**：決定調整光源時要使用的混合模式（參考 7-2 節的介紹）。

◉ **前景光源**：用來設定前景的對比，設為「0」將不會有任何調整。

◉ **邊緣光線**：控制套用至物件邊緣的光線調整。細微物件周圍的前景與背景對比有較佳的融合，而以較暗色的天空取代明亮天空時，也減少了不自然的光暈假影。數值大，則對比度較高，會減少邊緣周圍的光量。設為「0」將不會有任何調整。

◉ **顏色調整**：不透明度滑桿，可決定前景與天空色彩的調和程度，設為「0」將不會有任何調整。

STEP4 調整完畢後，選擇 **輸出** 方式，可將影像的變更置於 **新圖層**（自動命名為「更換天空」群組），或 **複製圖層**（單一平面化的圖層）。

STEP5 按【確定】鈕完成取代。

4-30

STEP **6** 展開 **圖層** 面板，Photoshop 會新增堆疊的群組，用來放置調整的效果和遮色片，您還可再修改圖層內容以便調整天空的影像效果，有關圖層操作的詳細內容請參閱第 7 章的介紹。

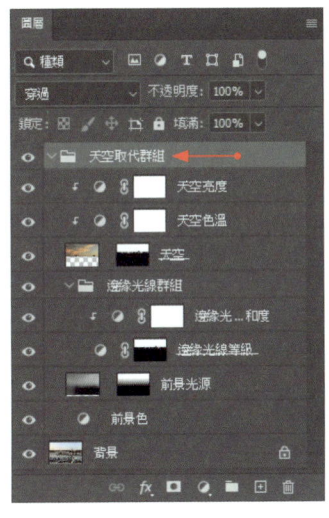

💬 說明

如果有自行拍攝的多個天空影像，可以透過 **讀入影像** 指令將其載入，並建立為新的預設集，還可將經常使用的各種天空建立群組；然後可以重新命名或刪除天空影像。執行面板選單的 **取得更多天空 > 下載免費天空** 指令 (參考步驟 2 的圖)，會開啟 Adobe Discover 網站，可在該網站上檢視及免費下載更多天空影像 (.sky 檔案) 或天空預設集。

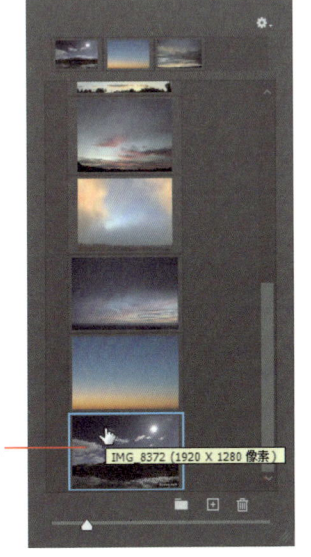

讀入的天空影像

4-31

4-3 重要的編輯指令

除了前面幾節所介紹的影像編輯指令外，本節要說明進行編修作業時常用的編輯指令，例如：還原與重做、還原影像、步驟記錄…等，熟悉這些指令的使用方式後，就可以解決編修過程中所產生的「凸錘」狀況，減少重複操作的時間！

4-3-1 中斷 / 還原與重做

- 在編修指令進行當中，如果想中斷並放棄這個動作，可以立即按下 Esc 鍵中斷尚未完成的指令。
- 對編輯的結果不滿意，或有失誤的情形，執行 **編輯 > 還原**（Ctrl+Z 鍵）指令可立即還原至上一個操作。
- 執行過 **還原** 動作後，**編輯** 功能表中的 **重做** 指令（Shift+Ctrl+Z 鍵）會呈現可用狀態，點選可重新執行剛才被還原的動作。
- 從 Photoshop CC（20.0 版）開始，可以 **還原** 與 **重做** 多個步驟。
- **切換最後狀態** 指令（Alt+Ctrl+Z 鍵）可以回到上一個步驟的狀態。

4-3-2 步驟記錄

使用 **步驟記錄** 面板，可以將影像回復到前數次的編修狀態。點選 **視窗 > 步驟記錄** 指令，或從固定區域展開 **步驟記錄** 面板，其預設值是保留「20」次的編修記錄，若超過 20 次則會採用「先進先出」的方式來保留編修記錄。

首先請執行 **編輯 > 偏好設定 > 步驟記錄** 指令開啟 **偏好設定** 對話方塊，勾選 ☑**步驟記錄** 核取方塊將其啟動，接著設定 **將記錄項目儲存到** 的項目為 ⊙**文字檔案**，並指定儲存位置（預設的檔名為「Photoshop 編輯記錄」，格式為「txt」），可儲存編輯的記錄。

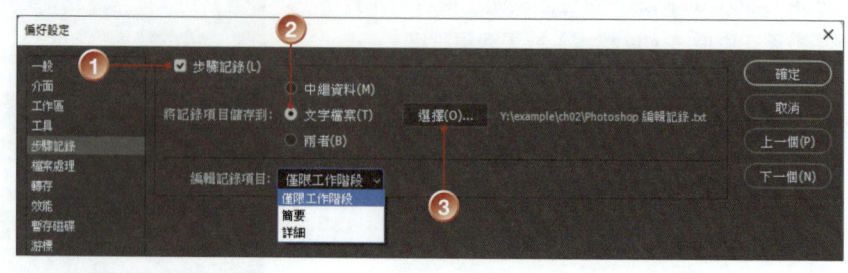

4-32

STEP**1** 開啟影像檔案,開始編輯影像。

文件初始狀態的快照
快照縮圖
步驟記錄狀態
目前的步驟記錄狀態
刪除目前狀態
從目前狀態中建立新增文件
建立新增快照

STEP**2** 以滑鼠點選要回復的步驟記錄名稱,影像回復到所在的步驟記錄狀態。點選面板選單的 **退後** 或 **向前** 指令,也可切換到前一個或下一個動作狀態。

目前所在的位置

STEP**3** 接下來可繼續執行其他的編輯動作,而原先該步驟記錄之後的所有記錄狀態都會被移除。

STEP**4** 要儲存目前執行結果的快照,請按下 **建立新增快照** 鈕,新增該狀態的快照後,就不用擔心無法再回復到該工作階段。

接下頁 ➡

4
影像的基本編輯

4-33

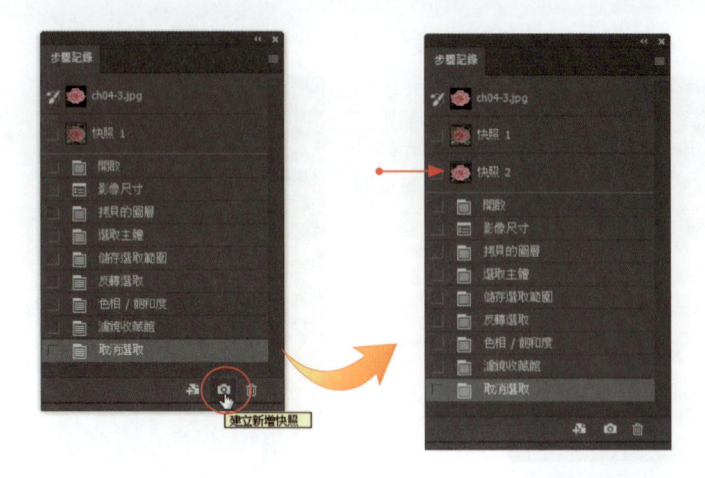

STEP 5 點選要刪除的步驟記錄，將其拖曳至面板右下方的「垃圾桶」，如此會刪除該步驟及之後的所有步驟。

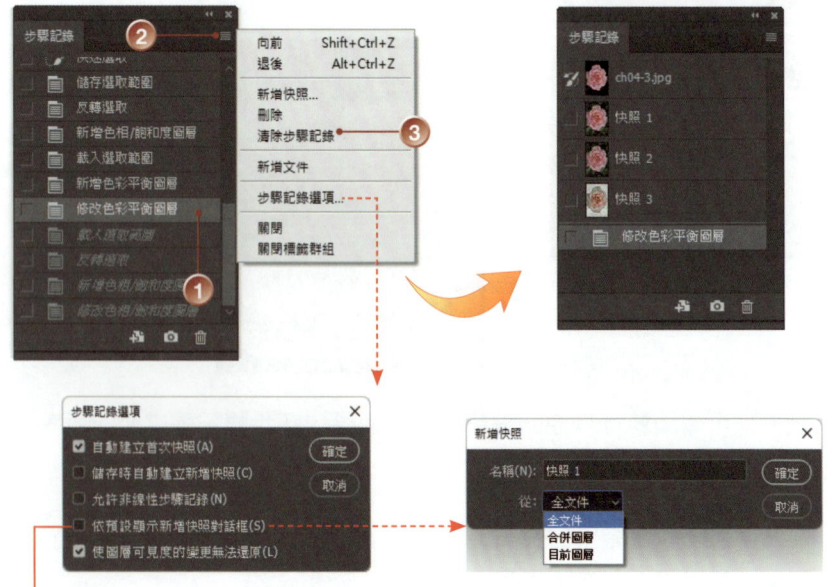

STEP 6 要刪除目前所在步驟記錄之外的所有步驟記錄，可點選面板的 **選項** 鈕，從清單中選擇 **清除步驟記錄** 指令，此動作不會影響目前所在的影像狀態，但無法再回復到先前某個步驟的工作階段。

勾選此項後，新增快照時會出現對話方塊，可指定快照名稱

4-34

> 說明
> - 點選面板上的 **從目前狀態中建立新增文件** 鈕,可從目前的影像狀態建立新文件。
> - 文件一旦關閉,再開啟時,上次工作階段的所有狀態和快照都會全部清除。
> - 預設會勾選 **自動建立首次快照**,因此開啟文件時會自動建立影像初始狀態的快照。通常當選取某步驟並更改影像時,在此步驟後的所有步驟都會被刪除,若勾選 **允許非線性步驟記錄**,可以對選取的步驟進行變更,但不刪除後面的步驟。這種非線性方式的記錄狀態,可以讓您對某步驟進行變更,而這項變更會加入到清單最後。

4-3-3 清除暫存記憶體

Photoshop 使用暫存記憶體來儲存編輯過程中的相關資料,若這些資料佔據大量記憶體時,會嚴重影響系統效率。在編修過程中可視需要執行 **編輯 > 清除記憶** 中的相關指令,將無用的暫存資料清除,以便提供夠用的記憶體容量。請注意!執行這些清除動作是無法還原的,因此請謹慎執行。

- **剪貼簿**:清除「剪貼簿」上所暫存的資料。
- **步驟記錄**:清除 **步驟記錄** 面板中的所有資訊。
- **全部**:清除上述二個項目的所有內容。

4-4 調整影像大小與轉換模式

不管是使用掃描或以開啟檔案的方式讀入影像，開啟之後您可能會視需求調整影像尺寸，只要透過 **影像尺寸** 對話方塊，即可調整 **像素尺寸**、**文件尺寸** 和 **解析度**。Photoshop 會自動選取最佳的重新取樣方式，以便產生最佳效果。

4-4-1 調整影像尺寸

如果所編修的影像檔案，未來要運用於網頁相簿或拍賣網站，勢必要調整或指定影像尺寸與解析度，來降低檔案大小以利傳輸，透過這一小節的說明，讓您更能掌握影像的尺寸與檔案的大小。

右圖的 **影像尺寸** 是「17.2M」，**文件尺寸** 是「3000 × 2000 像素」，**解析度** 是「72 像素 / 英吋」，請參考下列步驟調整影像尺寸。

STEP 1 開啟範例影像後，執行 **影像 > 影像尺寸** 指令。

STEP 2 出現 **影像尺寸** 對話方塊，其中所顯示的即是影像目前的尺寸與解析度。要檢視影像預覽的不同區域，請在 **預覽** 區直接拖曳或調整顯示比例。

STEP 3 **影像尺寸** 會顯示影像的大小，展開 **尺寸** 右側的向下箭頭，可以選擇不同的度量單位。

STEP**4** 可以直接在 **寬度** 及 **高度** 欄位輸入數值以變更文件尺寸，預設這二個欄位會呈等比例的連動狀態，點選 **強制比例** 圖示可取消。

STEP**5** 當變更文件尺寸而「解析度」不變時，減少像素可縮小檔案的大小，如下圖所示。

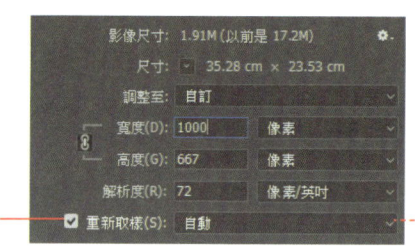

預設會勾選

調整時可選擇插補的方式

STEP**6** 如果只想調整影像尺寸（列印尺寸）或解析度，請先取消勾選 □**重新取樣** 核取方塊。當列印尺寸變更之後，像素不會有任何的調整，但是 **解析度** 會改變。

三者呈連動狀態

- **鎖定寬高比例**：在調整影像時 **寬度** 與 **高度** 會依等比例調整，如此才不會造成影像變形。

- 勾選 ☑**重新取樣** 核取方塊，則改變尺寸時，**影像尺寸** 才會隨之變更。Photoshop 會對影像進行插補，可依需求選擇不同的插補方式。若選擇 **保留細節（放大）**選項，可以調整 **減少雜訊** 參數。如未勾選，則選項中的 **寬度**、**高度**、**解析度** 欄位左側會出現 符號，表示這三者的關係是連動的。此時在固定的 **影像尺寸** 下，改變這三個參數的任意值時，其他二個參數也會隨之改變。

4-37

➲ 改變 **影像尺寸** 時，透過影像重新取樣之後，不僅會影響螢幕顯示的影像尺寸，也會影響影像品質和列印尺寸。

STEP**7** 您也可以從 **調整至** 下拉式清單選擇一種預設集，來重新調整影像尺寸。

> 💬 說明
> - 若影像中有已套用樣式的圖層，請先確定開啟強制等比例，再點選右上方的 **選項設定** ⚙ 鈕，選擇 **縮放樣式**（參考 4-36 頁步驟 2 的圖），以便讓效果適合於縮放後的影像。
> - 要復原影像的初始值，請從 **調整至** 清單中選擇 **原始大小**。

STEP**8** 完成設定之後，按【確定】鈕。

上述的操作是將影像縮小，Photoshop CC 的「智慧型增加取樣」功能，還可以將低解析度的影像放大後，仍擁有優質的印刷效果。若是將尺寸較大的影像擴大成海報或廣告看板的大小，增加取樣功能可以保留細節和清晰度，而不會產生雜訊。

STEP**1** 開啟另一個影像檔案，進入 **影像尺寸** 對話方塊，下圖為原始的影像尺寸。

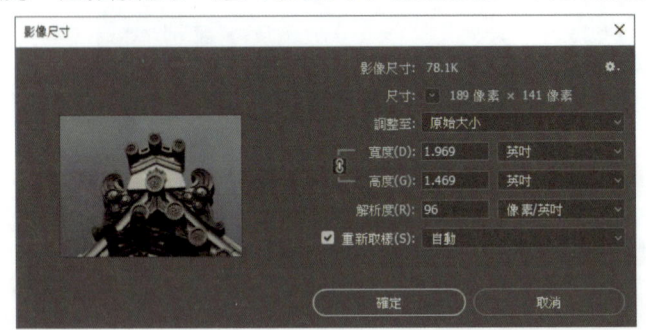

STEP**2** 放大影像尺寸，在 **重新取樣** 的選項中選擇不同的項目，再視需要調整 **減少雜訊** 滑桿，然後比較一下調整前後的解析度。

4-38

放大後的清晰度，比原始影像放大相同尺寸後還佳

4-4-2 調整版面尺寸

影像尺寸 指令可以用來控制影像的尺寸，但僅止於原有影像範圍的全面放大或縮小；若要在原影像範圍之外增加「工作區域」，除了以 **裁切工具** 加大版面尺寸外，也可透過 **版面尺寸** 指令來擴大繪圖空間。

STEP**1** 開啟範例影像之後，執行 **影像 > 版面尺寸** 指令。

可先指定好背景色

STEP**2** 出現 **版面尺寸** 對話方塊，輸入要擴大的最終 **寬度** 與 **高度** 值；若勾選 ☑ **相對**，則表示要額外增加多少的 **寬度** 和 **高度** 值。視需要可以在 **錨點** 中點選影像在新畫面中的相對位置。

接下頁 ➡

4-39

STEP**3** 接著可指定 **版面延伸色彩**，預設為「背景色」，或是從色塊中選取色彩。完成版面設定之後，按【確定】鈕。

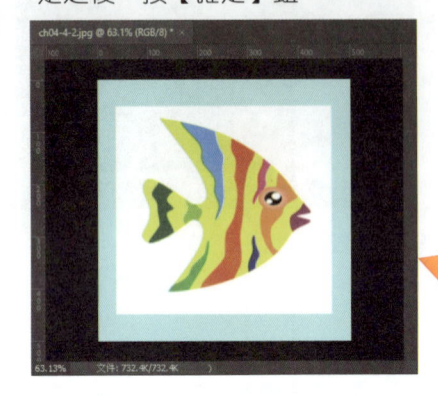

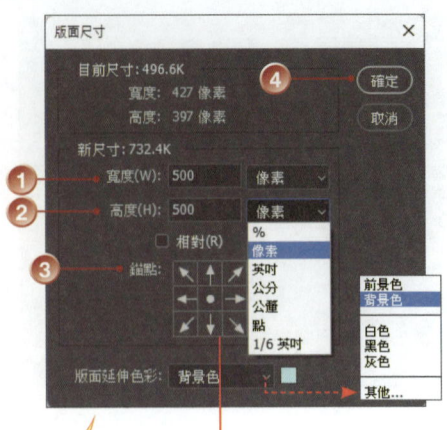

由中心點向外擴大

🗨️ **說明**

- 當 版面尺寸 小於原影像尺寸時，會出現警告訊息，提醒您如此做的話會裁切影像。
- 下圖是設定不同的錨點和延伸色彩，並擴大版面的結果。

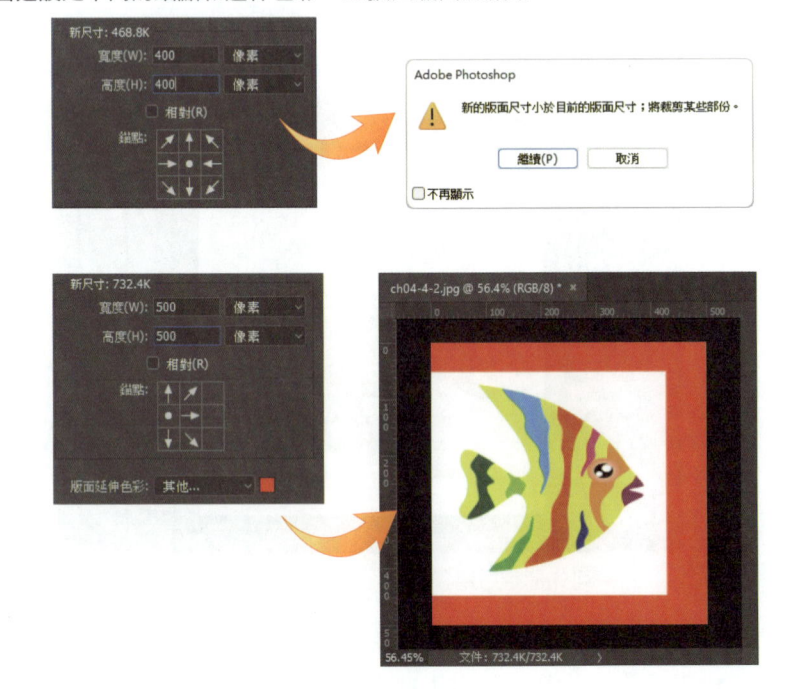

4-40

4-4-3 轉換影像模式

將影像從「印前處理」進行到「輸出列印」的過程中，經常少不了影像模式的轉換動作。由於各種色彩模式的特性有異，且色域不盡相同，在進行模式轉換時，有可能會造成某些程度的色彩損失，因此應該避免不必要的模式轉換。如果必須轉換，在轉換前最好儲存原始影像的備份。

索引色模式的轉換

索引色 模式是 8 位元的影像模式，轉換時會分析影像中所有的像素，再將出現次數最多的像素製作成 256 色的 **色彩表**，然後依色表內的色彩來進行模式轉換。影像轉換為 **索引色** 模式時會自動進行「平面化」，因為此模式不支援圖層。

STEP1 開啟要轉換的影像之後，執行 **影像 > 模式 > 索引色** 指令。

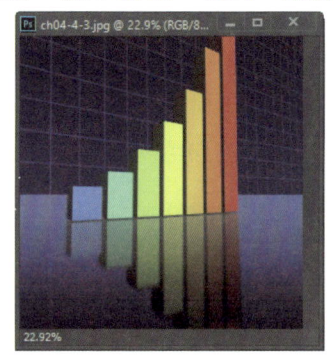

STEP2 出現 **索引色** 對話方塊，在 **色盤** 清單中選擇要使用的色盤，視需要設定 **混色** 方式，設定完按【確定】鈕。

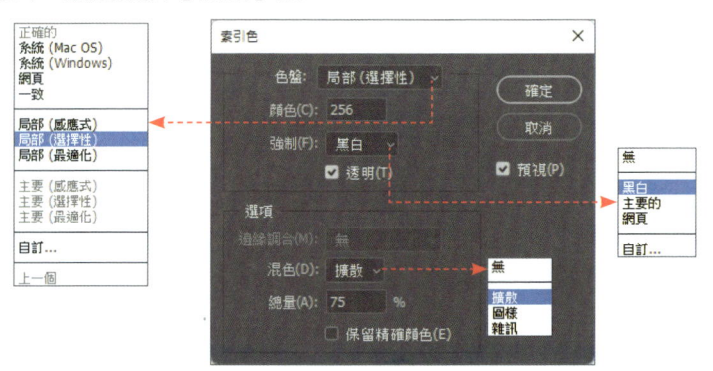

4-41

當影像轉換為 **索引色** 模式之後,可以自訂 **色彩表**,儲存後可以再重複使用,只要執行 **影像 > 模式 > 色彩表** 指令即可進行設定。

轉換成索引色模式

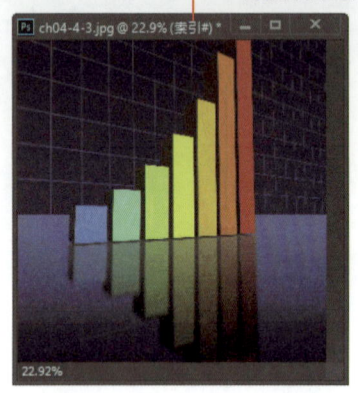

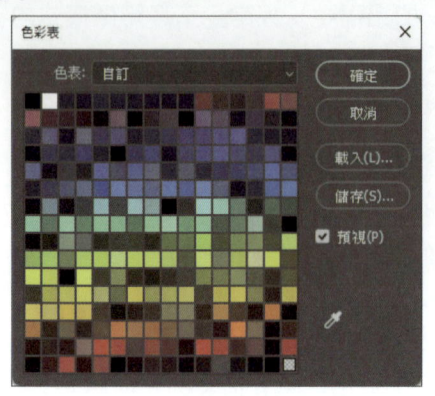

RGB 與 CMYK 模式的轉換

RGB 與 CMYK 之間的色彩模式轉換,是使用最頻繁也是最重要的轉換。螢幕是以 RGB 模式顯示,而印刷分色則是 CMYK 模式,因此必須對 RGB 與 CMYK 轉換的條件做正確的設定,才能使印刷輸出的結果與螢幕顯示的顏色一致。這二種色彩模式的轉換,只要執行 **影像 > 模式 > RGB 色彩** 或 **影像 > 模式 > CMYK 色彩** 指令即可。

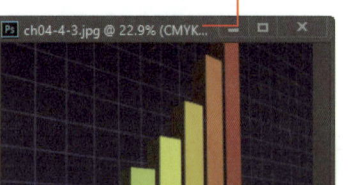

轉換成 CMYK 模式

說明

- 「影像元素的基本認識 .pdf」中介紹了各種常用的色彩模式,以及選擇色彩模式的原則,請線上下載並參閱。
- 本書為印刷品,因此無法看出 RGB 轉換為 CMYK 模式後的差異,讀者請在電腦上操作後比較。
- 要將影像轉換為 **點陣圖** 模式之前,必須先轉換為 **灰階** 模式。
- 有大量的影像檔案需要轉換時,例如:出版品中的圖檔必須由 RGB 模式轉換為 CMYK 模式才可四色印刷輸出,此時可先新增 **動作**,再批次處理,請參考第 12 章的說明。

CHAPTER 05 ▸ 顏色的設定與應用

Photoshop 提供了非常完整的色彩系統，可以配合各種「色彩模式」精確的定義色彩，同時也提供「色票」選色的功能。最特別的是，能夠配合印刷設計的需要，完美的將其他色彩模式轉換並做 CMYK 輸出。

5-1 選取色彩

在 Photoshop 中指定色彩時，會開啟「檢色器」供選擇顏色，Photoshop 提供了兩種檢色器，視需要可以選擇 Windows 系統所提供的檢色器或 Adobe 本身的檢色器（預設值）。執行 **編輯 > 偏好設定 > 一般** 指令，在 **檢色器** 清單中選用所要的檢色器。

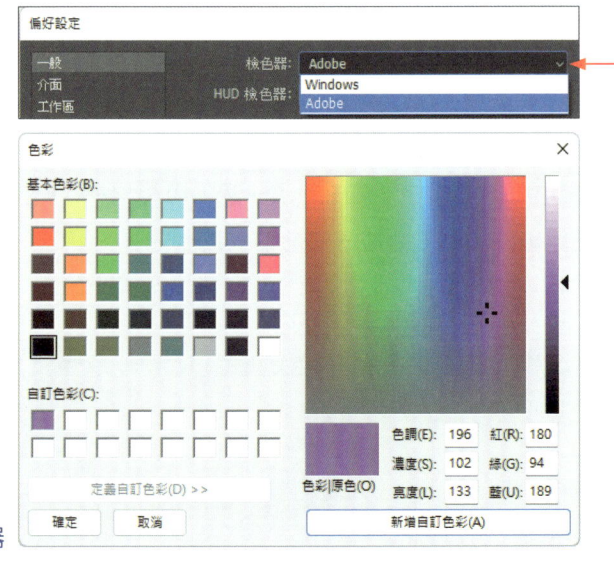

Windows 檢色器

5-1-1 前景色與背景色

前面章節的操作過程中，會有將「背景色」變更的需求。**工具** 下方會顯示目前設定的 **前景色** 和 **背景色**，視操作需要可以進行切換和選色。

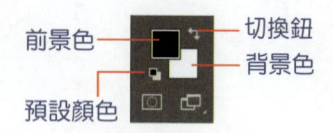

- **前景色**：顯示目前繪圖工具的顏色。以滑鼠點取 **前景色** 時，會開啟 **檢色器** 供您選色。

- **背景色**：顯示畫面的底色，改變 **背景色** 時不會立即改變影像的背景色彩，只有在使用部分與背景色有關的工具時，例如：**漸層工具**、**裁切工具** 或 **橡皮擦工具**，會依當時所設定的 **背景色** 來執行。同樣的，點取 **背景色** 時，也會開啟 **檢色器** 供您選色。

- **預設顏色**：點選之後會將 **前景色** 與 **背景色** 還原為預設值，Photoshop 預設的 **前景色** 是「黑色」，**背景色** 為「白色」。

- **切換鈕**：點選之後，可以將 **前景色** 和 **背景色** 互換，快速鍵為 X。

5-1-2 使用 Adobe 檢色器

開啟 **檢色器** 之後，可以直接取樣選色、輸入數值選色或選擇不同的色表後再選色。

直接取樣選色

您可以直接以滑鼠點選「顏色區域」上的色彩來設定顏色，顏色區域基本上是配合 HSB 或 RGB 模式一起使用。由於一個顏色的定義需要三個參數，但色彩的平面上只能提供二個座標（即 X、Y 軸），因此平面的顏色區域只能決定二個參數，所以在顏色區域的右邊又加上了一個「色相滑桿」，當您在選取 HSB 或 RGB 左方的選項鈕後，滑桿就變成了該參數的控制器。

> 💬 **說明**
>
> HSB 是以光的色彩特性所建構的色彩模式，H = Hue（色相）、S = Saturation（飽和度）、B = Brightness（明亮度）。

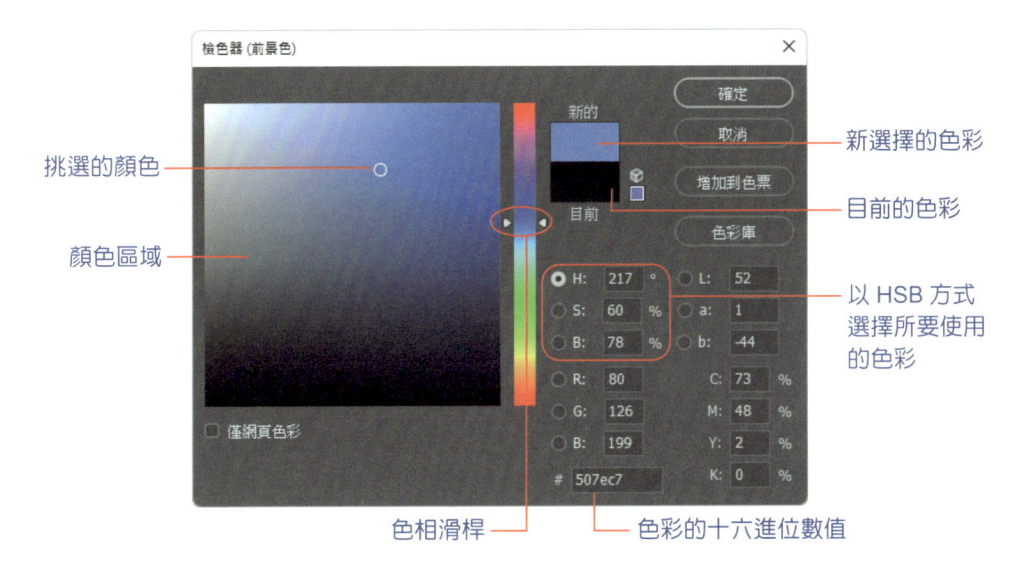

（圖：檢色器 (前景色) 對話框說明）

- 挑選的顏色
- 顏色區域
- 新選擇的色彩
- 目前的色彩
- 以 HSB 方式選擇所要使用的色彩
- 色相滑桿
- 色彩的十六進位數值

例如：點選 ⊙ R 之後，即可使用滑桿控制紅色的濃度，而顏色區域會以 G（綠色）和 B（藍色）為座標來決定顏色。

STEP**1** 以滑鼠點選 HSB 或 RGB 的選項鈕，本例是點選 ⊙ R。

STEP**2** 色相滑桿即會成為該顏色參數的控制器，以滑鼠拖曳滑桿，決定該參數的色彩數值。

STEP**3** 接著在顏色區域上點選色彩，被選取的顏色會決定另外二個參數值（即 G 和 B）。

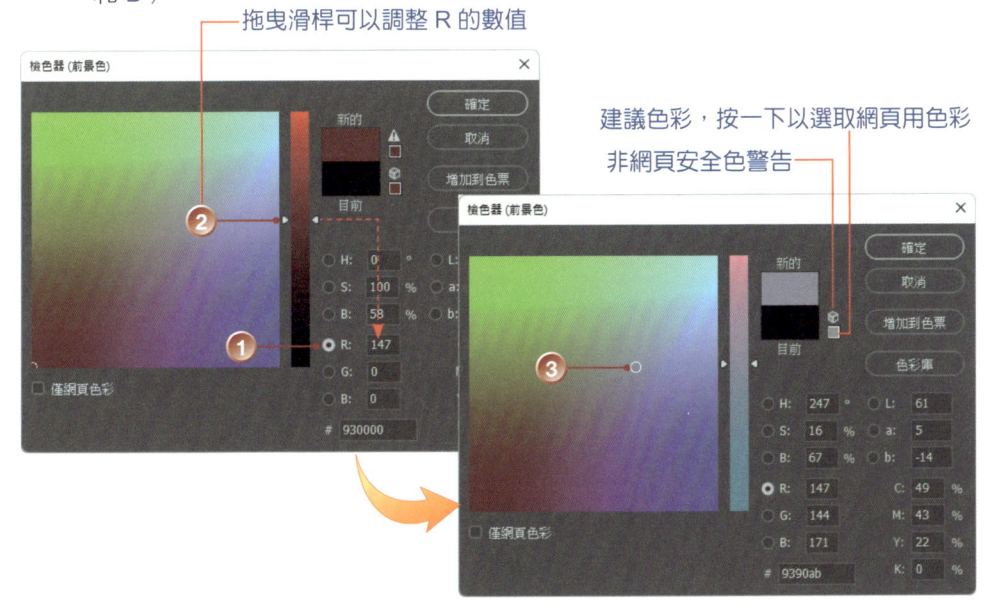

- 拖曳滑桿可以調整 R 的數值
- 建議色彩，按一下以選取網頁用色彩
- 非網頁安全色警告

5 顏色的設定與應用

5-3

> **說明**
>
> 有些 RGB 或 HSB 所定義的色彩,是 CMYK 模式無法顯示的顏色,也就是四色印刷無法製作出來的顏色,稱之為「列印超出色域」,選用此類顏色時會在色塊右側顯示警告訊息,並在下方顯示建議您採用的近似色彩,點選之後即可切換成所建議的色彩。「影像元素的基本認識 .pdf」中有關於「色域」和「溢色」的說明,請線上下載並參閱。
>
> 超出列印色域的溢色警告
>
> 建議色彩,按一下以選取色域中的色彩

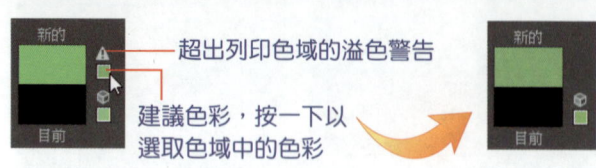

STEP**4** 在選色的過程中,顏色的參數值(RGB 或 CMYK 欄位的值),會隨著點取的色彩而改變,可以做為選色的參考。

STEP**5** 經常會用到的色彩可以儲存到 **色票** 中,此時請按【增加到色票】鈕,出現 **色票名稱** 對話方塊,輸入顏色名稱後,按【確定】鈕。

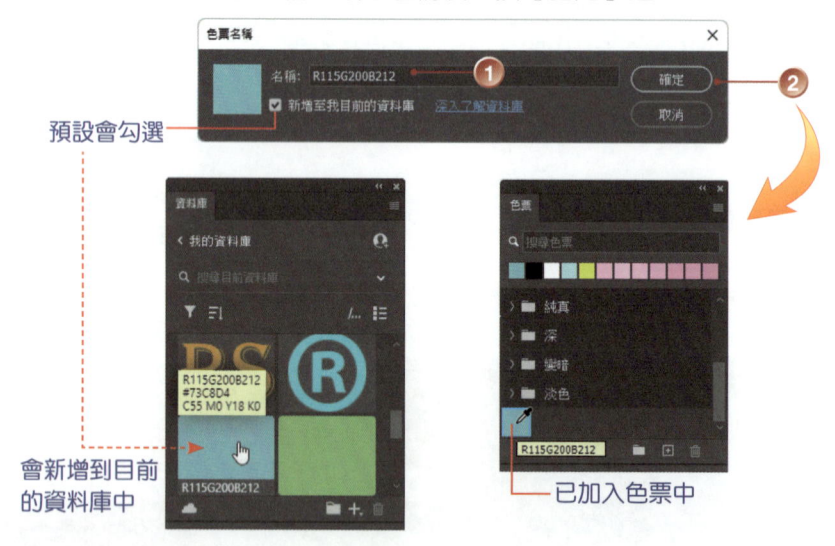

預設會勾選

會新增到目前的資料庫中

已加入色票中

輸入數值選色

直接在 **檢色器** 的參數欄位中輸入數值也可以定義顏色。在任一個模式(例如:CMYK)中定義顏色時,其他的模式(例如:RGB、Lab、HSB)會顯示相對應的數值,同時顏色區域也會指出您所定義的顏色位置。

▶ **HSB 模式**:H(**色相**)範圍為 0~360 度,S(**飽和度**)和 B(**明亮度**)均為 0%~100%。

- RGB 模式：每一參數值範圍均為 0~255，0 為黑色、255 為白色。
- Lab 模式：L（明度）可由 0~100、a（由綠到鮮紅）和 b（由藍到黃）範圍為 -128~127。
- CMYK 模式：CMYK 各原色範圍均為 0%~100％。

選擇色表

Photoshop 中 色彩庫 的 色表 清單中包括許多在印刷業界常見的色票，對於印前作業的色彩選取上有很大的幫助。按一下 檢色器 對話方塊中的【色彩庫】鈕，開啟 色彩庫 對話方塊，在 色表 下拉式清單中選取適當的色票廠牌和型號。

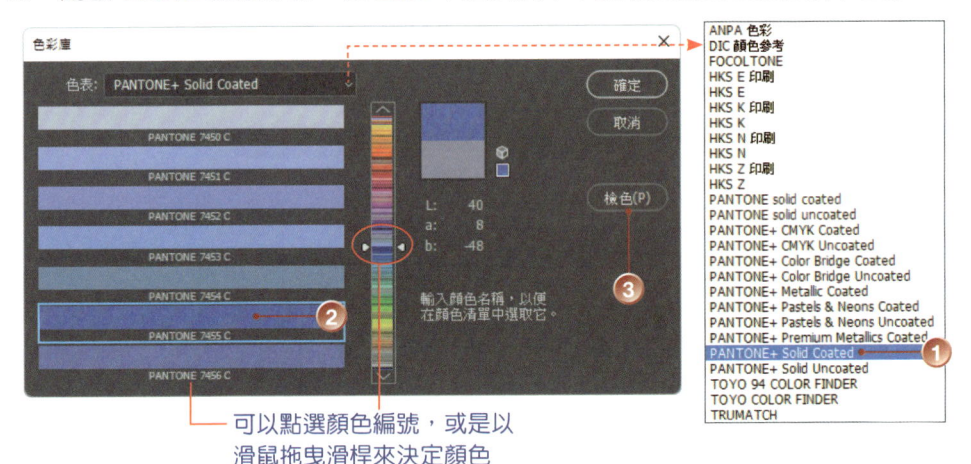

可以點選顏色編號，或是以滑鼠拖曳滑桿來決定顏色

點取適當的顏色後按【檢色】鈕，回到 檢色器 對話方塊，檢視是否溢色（超出列印色域），了解各項色彩參數值後，再按【確定】鈕即可完成色彩選取。

5-1-3 使用滴管工具

使用 滴管工具 可以在文件編輯視窗中進行取樣來選色，取樣的來源可以是視窗中可見的任何影像。

STEP**1** 點選 工具 中的 滴管工具 。

STEP**2** 以滑鼠游標在已開啟的影像上點選，會出現「取樣環」，按住滑鼠移動「取樣環」選色，即可取得該影像像素的色彩，並顯示在 工具 的 前景色。若先按住 Alt 鍵再點選，可設定 背景色。

接下頁

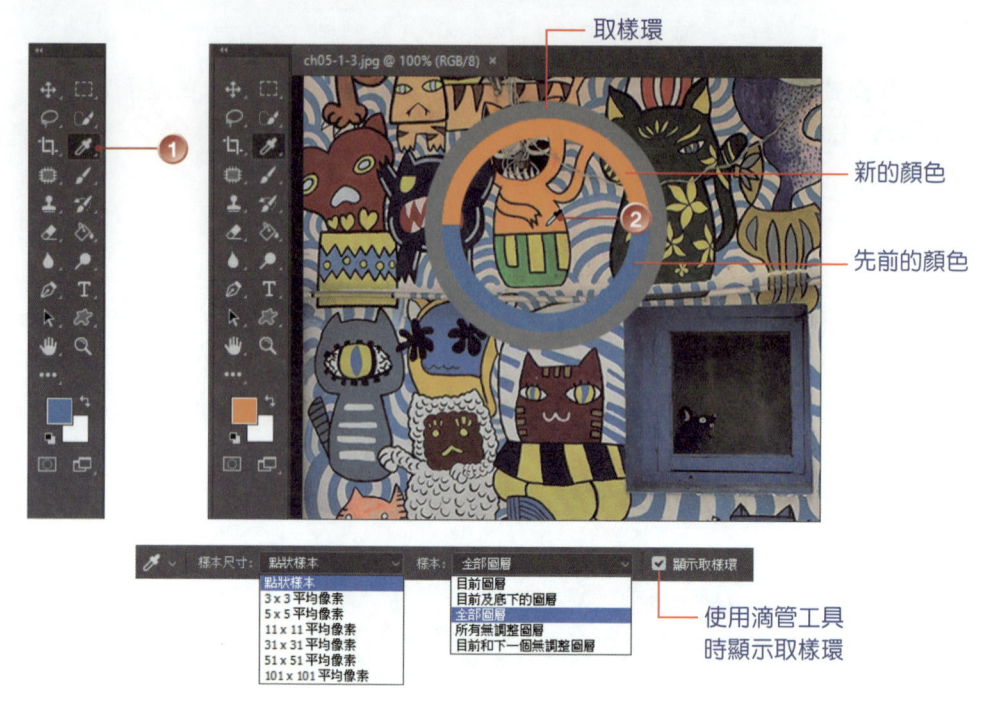

STEP3 對於顏色複雜（例如：雜紋）的影像，可透過 **選項** 列的 **樣本尺寸** 清單中選擇取樣範圍。

💬 說明

當開啟 OpenGL 加速時，除了在選取色彩時顯示「取樣環」外，按住 Alt+Shift 鍵再以滑鼠右鍵點選影像區域，會出現 HUD 檢色器，透過這個 HUD 檢色器 能快速的選取色彩，而不需開啟 **檢色器** 對話方塊。在 **一般** 的偏好設定中，可以從 HUD 檢色器選單選擇「色相輪」來顯示圓形檢色器。

HUD 色相條檢色器

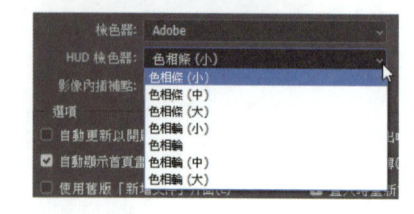

HUD 色相輪檢色器

顏色取樣器與資訊面板

在 **滴管工具** 群組中可以改選 **顏色取樣器工具**，透過此工具並配合 **資訊** 面板所顯示的資訊，可以得到該顏色 RGB 與 CMYK 的參數值。

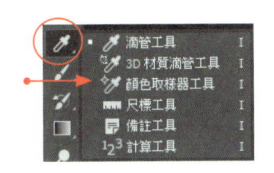

取樣器最多可設置 10 個，設置後影像上會有編號，若要刪除取樣，只要將取樣器圖示往外拖曳到工作區，或者按住 Alt 鍵再把游標移到要刪除的取樣器圖示上，這時滑鼠游標會呈現 ✂ 圖案，點選即可刪除。

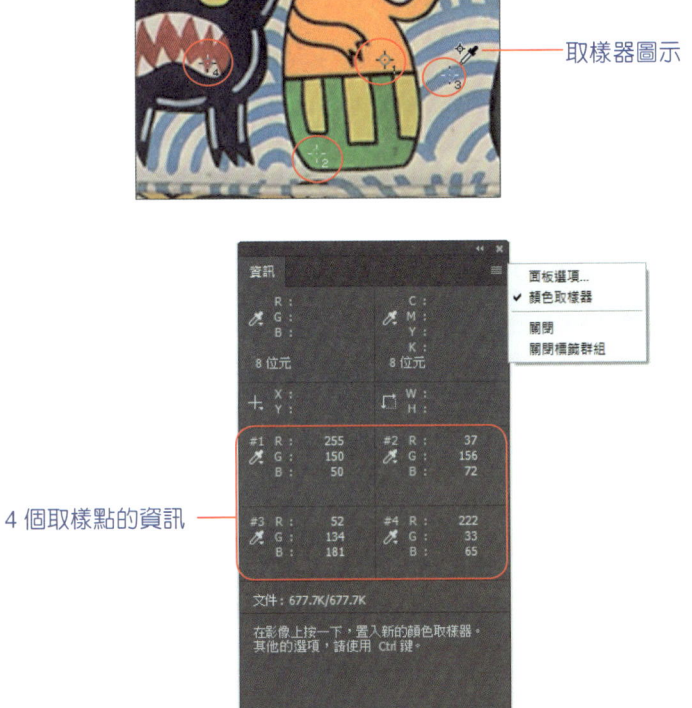

取樣器圖示

4 個取樣點的資訊

在 **資訊** 面板的指令清單 中，取消選取 **顏色取樣器** 指令，可以暫時關閉顯示取樣器圖示；也可以按 **Ctrl+H** 快速鍵切換顯示。儲存檔案時會將顏色取樣器的資訊儲存起來，下次開啟檔案時就可再次檢視。

5-7

5-2 顏色與色票面板

色彩的設定除了可以使用上一節所提到的各種方法之外，也可以透過 **顏色** 與 **色票** 面板來選取所要使用的顏色。

5-2-1 顏色面板

顏色 面板中定義顏色的方法是將各原色分別用滑桿來調整，執行 **視窗 > 顏色** 指令或按 **F6** 鍵，即可開啟 **顏色** 面板，從 CC 的版本開始，增加了 **色相立方體**（預設值）和 **亮度立方體** 的檢色器方塊，並且可以調整面板中光譜的高度。

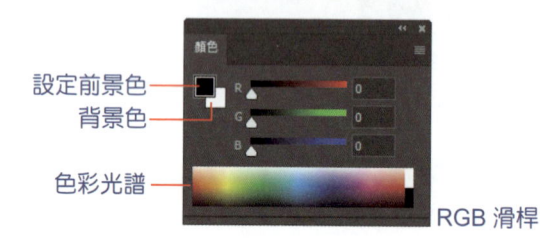

設定前景色
背景色
色彩光譜
RGB 滑桿
亮度立方體

STEP 1 先點選 **前景色** 或 **背景色** 的顯示方塊，決定要設定的顏色是前景色或背景色，選定後的顯示框會出現灰色外框。

STEP 2 點選面板右上方的 **選項** 鈕，在指令清單中選擇色彩模式，面板上會變為該模式的參數。如果影像會印刷輸出，可在此選擇 **CMYK 滑桿**，此時會變為四個滑桿，分別調整 C、M、Y、K 四色。

STEP 3 接下來可選擇要顯示的光譜類型，例如：**RGB 色彩光譜**。

STEP 4 **色彩光譜** 會顯示出所有可以選用的色彩，將滑鼠游標移至 **色彩光譜** 中會變成「滴管」，可以直接在上面點選進行取樣。

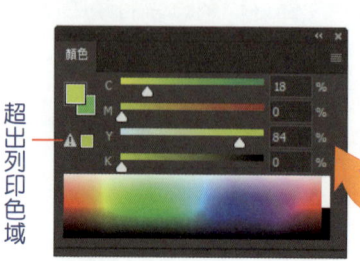

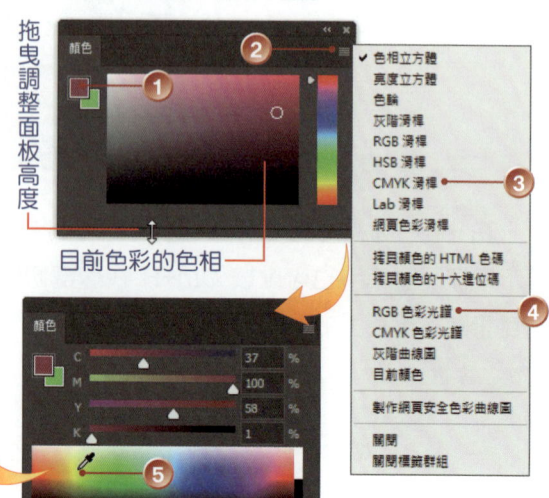

拖曳調整面板高度
目前色彩的色相
超出列印色域

色相立方體
亮度立方體
色輪
灰階滑桿
RGB 滑桿
HSB 滑桿
CMYK 滑桿
Lab 滑桿
網頁色滑桿

拷貝顏色的 HTML 色碼
拷貝顏色的十六進位碼

RGB 色彩光譜
CMYK 色彩光譜
灰階曲線圖
目前顏色

製作網頁安全色彩曲線圖

關閉
關閉標籤群組

5-8

STEP5 選擇 RGB 滑桿 或 CMYK 滑桿 時，調整參數滑桿可以進行精確的色彩設定，色彩的參數值會出現在右方的欄位中，也可以直接輸入數字來設定色彩。

STEP6 點選 工具 中的 切換 鈕，可以交換 前景色 和 背景色 的色彩。

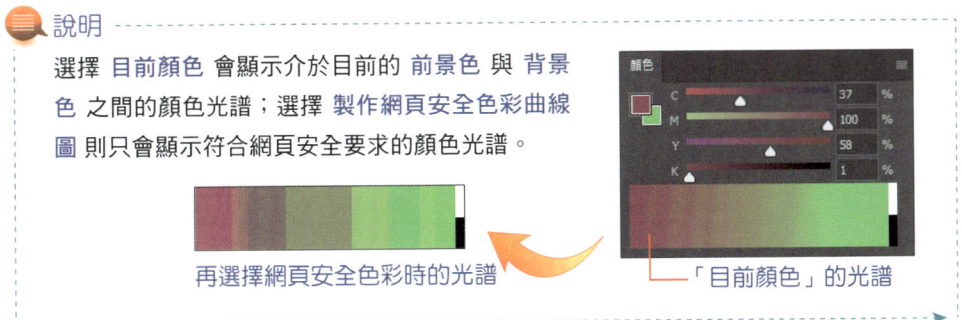

> **說明**
>
> 選擇 目前顏色 會顯示介於目前的 前景色 與 背景色 之間的顏色光譜；選擇 製作網頁安全色彩曲線圖 則只會顯示符合網頁安全要求的顏色光譜。
>
> 再選擇網頁安全色彩時的光譜　　「目前顏色」的光譜

5-2-2 色票面板

色票 面板中會儲存您常用的顏色，並顯示一組預設的色票，預設狀態下，點選色票時所設定的色彩是 前景色，按住 Alt 鍵再點選則是設定 背景色。

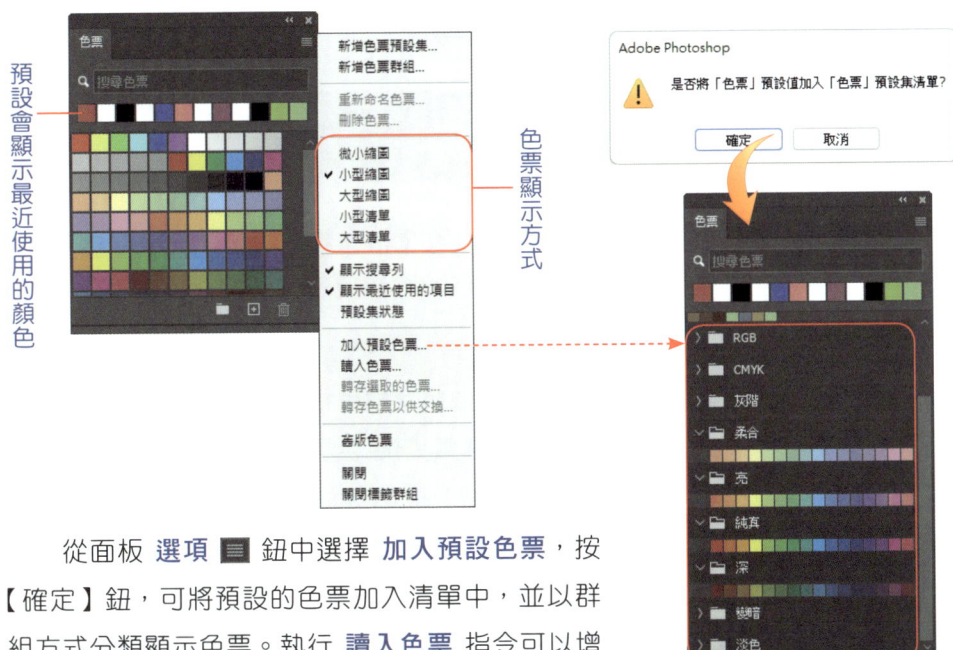

預設會顯示最近使用的顏色

色票顯示方式

從面板 選項 鈕中選擇 加入預設色票，按【確定】鈕，可將預設的色票加入清單中，並以群組方式分類顯示色票。執行 讀入色票 指令可以增加其他來源的色票庫至目前的色票集；選擇 舊版色票 會將舊版色票加入清單中。

加入預設的色票

5-2-3 管理色票

您可以在面板中新增、刪除色票或組織新群組,將自訂的色票集儲存為色票庫,方便針對不同的專案顯示不同的色票,也可以使用可供其他應用程式共用的格式來儲存色票。

STEP 1 點選面板 **選項** 鈕的 **新增色票群組**,或點選面板下方的 **建立新群組** 鈕,建立新群組名稱。

STEP 2 使用前面介紹的各種方式,新增所需的色彩,再點選 **建立新色票** 鈕,視需要重新命名,按【確定】鈕。

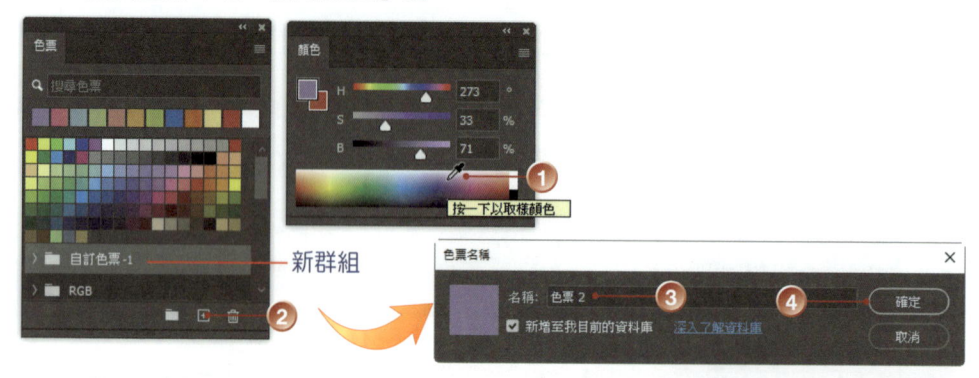

STEP 3 重複步驟 2,或從面板中選取色票(按 **Ctrl** 鍵複選)後拖曳到群組,將色票一一加入自訂的群組中。

STEP 3 當 **色票** 面板清單中有不會使用到的色票或群組時,可在色票或群組上按右鍵,選擇 **刪除色票**(**刪除群組**)指令(或點選 **刪除** 鈕)將其移除。

5-10

轉存色票

執行 **轉存選取的色票** 指令,可將選取的色票儲存為「*.ACO」的格式;執行 **轉存色票以供交換** 指令,可將群組色票儲存為「*.ASE」的格式,在應用程式之間 (Photoshop、Illustrator 和 InDesign) 共用色票。這兩種格式都可用 **讀入色票** 指令載入,「*.ACO」格式只能在 Photoshop 載入使用。

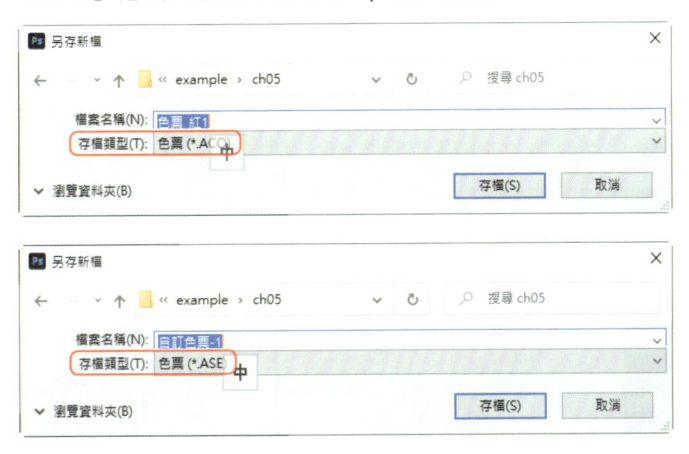

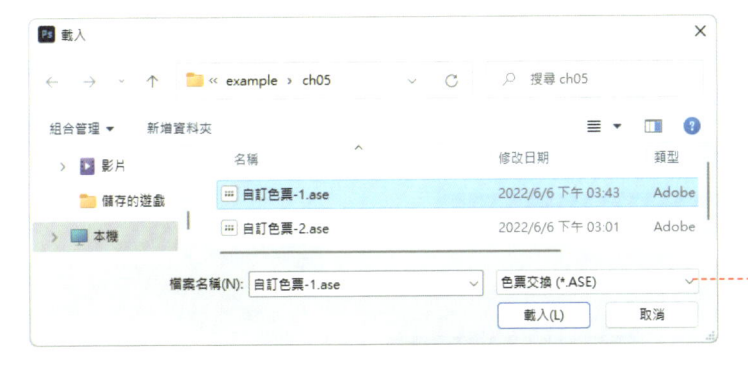

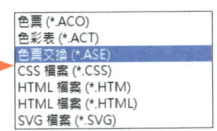

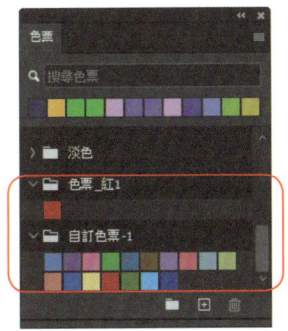

在另一部電腦中讀入色票

5-3 填色與描邊的處理

使用 **填滿** 指令、**油漆桶工具**、或 **漸層工具**，都可以將影像選取區域填滿為指定的色彩或圖樣。

5-3-1 使用油漆桶工具

使用 **油漆桶工具** 時，會先對選取部分的顏色進行取樣，然後將顏色近似的區域填入 **前景色**，因此可以不先做範圍選取的動作，也可以透過 **選項** 列做進一步的設定。注意！若為 **點陣圖** 模式的影像，無法使用 **油漆桶工具** 來填色。

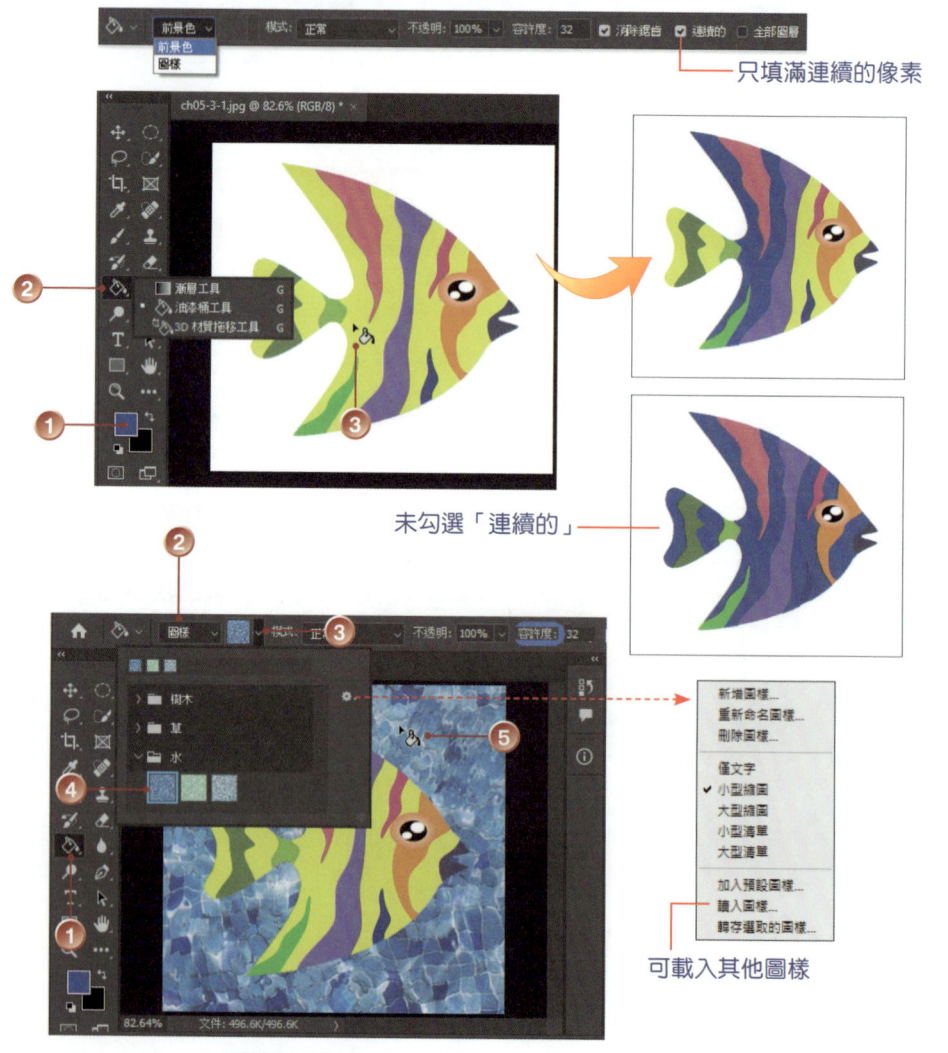

只填滿連續的像素

未勾選「連續的」

可載入其他圖樣

可填滿「圖樣」

5-12

5-3-2 使用填滿指令

填滿 指令的功能類似 **油漆桶工具**，但執行前要先定義選取範圍，您可以指定各種用來填滿內容的來源，為影像增加更多豐富又有趣的元素。

STEP**1** 開啟影像範例，先以 **魔術棒工具** 點選背景，建立選取範圍後執行 **編輯 > 填滿** 指令。

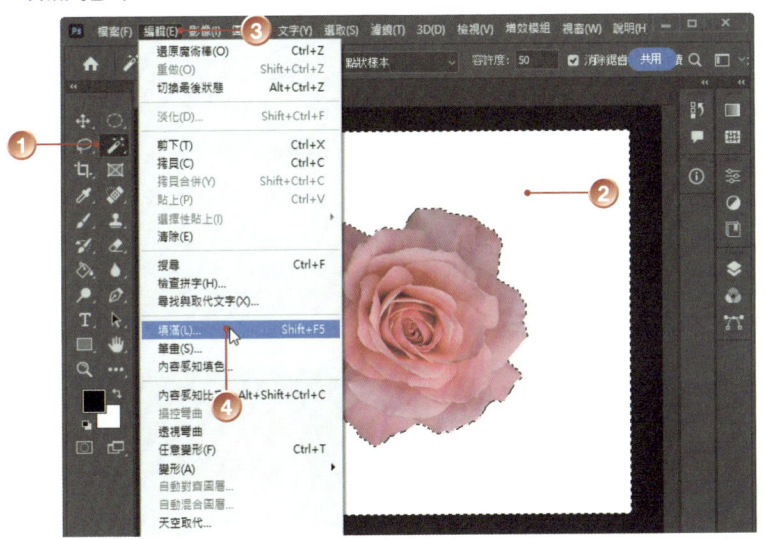

STEP**2** 出現 **填滿** 對話方塊，在 **內容** 下拉式清單中選擇要填入的項目，例如：**圖樣**，從 **自訂圖樣** 清單中選擇一種圖樣，視需要勾選 ☑**指令碼** 核取方塊，再選擇一種產生圖樣的方法。(此對話方塊會因所選的 **內容** 不同而異)

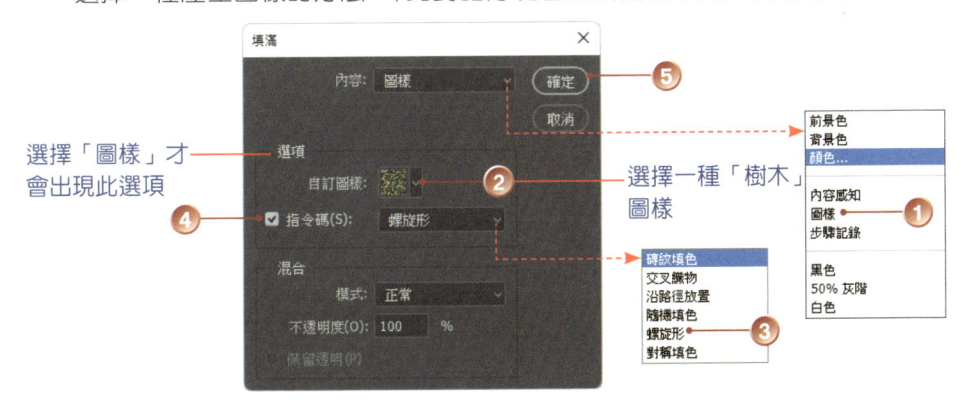

選擇「圖樣」才會出現此選項

選擇一種「樹木」圖樣

STEP**3** 在 **混合** 區域中，可以設定 **不透明度** 和填色 **模式**（參閱 7-2 節的介紹），當選取範圍中有包含透明內容時，☑ **保留透明** 核取方塊才有作用，此時若勾選，填色時會保留透明的部分不會填入色彩。

5-13

STEP4 設定完成按【確定】鈕。

STEP5 出現 **螺旋形** 對話方塊，視需要調整各項參數，按【確定】鈕。

填入圖樣　　　　　　　　　　　　　　　填入指定色彩

5-3-3 內容感知填色

「內容感知填色」的功能可以移除影像細節或物件，利用從影像其他部分取樣的內容，無縫填滿影像的選定範圍，這項技術會對比光源、色調和雜訊，透過演算法將顏色混合後套用到影像中，因此完全看不出交接的痕跡。Adobe 多年來不斷的增強這項功能，在最新的版本中，提供了互動式的編輯體驗，可以調整取樣區域及各項設定，達到即時的影像控制目的。

STEP1 開啟影像範例，以任意選取工具選取想移除的範圍，執行 **編輯 > 內容感知填色** 指令。

STEP **2** **預視** 視窗中會顯示結果預視，可以左側的工具搭配 **選項** 列調整選取範圍：

取樣筆刷工具

取樣區域會以　　調整顯示比例
預設色彩呈現

- **取樣筆刷工具** ：設定筆刷大小後，在文件視窗中繪製，可以新增或移除用來填色的取樣影像區域。

重設為預設值

5-15

- **套索工具** 🔘 或 **多邊形套索工具** 🔘：用來變更填色範圍（原始選取區域）。當變更了選取範圍時，取樣區域將會重設，一旦結束填色作業返回文件時，選取範圍也會同時更新。

STEP**3** 透過 **內容感知填色** 視窗可以調整填色設定：

- **取樣區域覆蓋**：可改變取樣區域（或排除區域）的預設色彩和不透明度。

  改為顯示排除區域

- **取樣區域選項**：Photoshop 會在此區域尋找來源像素以便填滿內容。預設的選項是「自動」，若改選【自訂】鈕，會出現提示訊息，要求使用 **取樣筆刷工具** 🖌 手動定義取樣區域。

- **填色設定**：
    - **顏色適應**：當填色內容含有漸層顏色或紋理時，將對比和亮度最適化。
    - **旋轉適應**：允許內容旋轉，適合用在填色內容含有旋轉或曲線圖樣時。
    - **縮放**：允許重新調整內容大小，適合在填色內容含有不同大小或透視圖樣時。
    - **鏡像**：允許水平翻轉內容，適合用在水平對稱的影像。

- **輸出設定**：將結果套用至目前圖層、新圖層或複製圖層。

STEP**4** 對填色結果滿意請按【確定】鈕，按【套用】鈕會套用設定但不關閉視窗，可繼續選取影像的其他部分進行填色。

繼續選取影像的其他部分進行填色

原影像　　　　　　　　　　　　執行完畢的最終結果

5-3-4 使用漸層工具

使用 **漸層工具** 可以在多種顏色之間建立漸近混合，製作出精美的漸層效果。您可以從預設的漸層填色中選取，或建立自己的漸層填色。

STEP**1** 開啟要填入漸層色彩的影像，使用各種選取工具定義要填色的選取範圍，再點選 **漸層工具** 。

STEP**2** 在 **選項** 上點選 **漸層樣本** 展開清單選擇要填入的漸層色彩，並挑選漸層方式；設定色彩混合 **模式** 與 **不透明** 等參數。

接下頁

5　顏色的設定與應用

線性漸層　　放射性漸層　　反射性漸層
　　　　　角度漸層　　　菱形漸層

目前漸層樣本

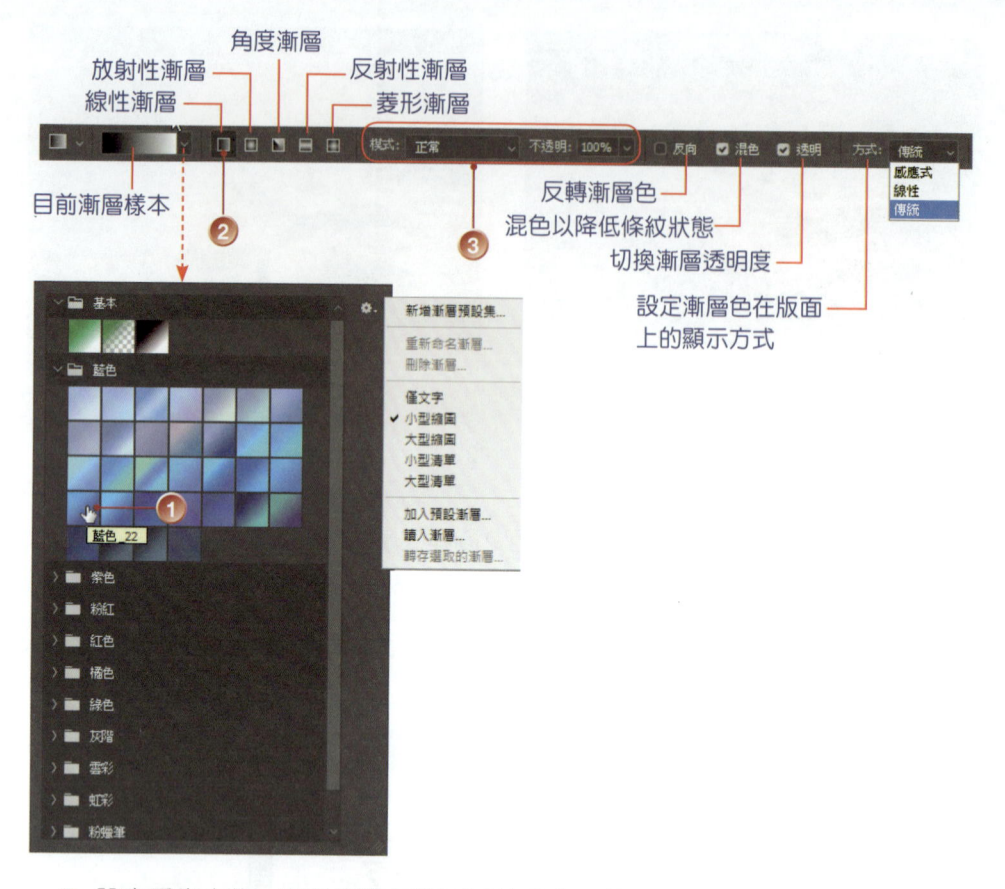

反轉漸層色
混色以降低條紋狀態
切換漸層透明度
設定漸層色在版面上的顯示方式

STEP 3 設定妥當之後，將滑鼠游標移到要填色的影像上方，以滑鼠按一下要開始填色的起始點，再將其拖曳到要結束填色的位置點，放開滑鼠即可填入指定的漸層色。

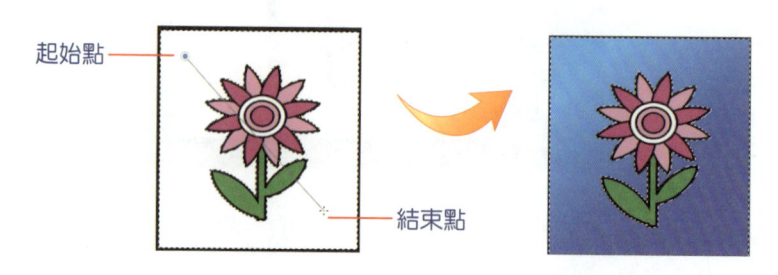

起始點　　　　　　　　　　　　　結束點

新增群組

您可以將經常使用的漸層組織在一起，方便日後使用。操作方式與 **色票** 相同，先展開 **漸層** 面板，點選 **建立新群組** 鈕命名新群組，再以拖曳或複選的方式將漸層加入新群組中。

5-18

最近使用的漸層

④ 移到自訂的群組中

建立新漸層群組

① ② ③

5 顏色的設定與應用

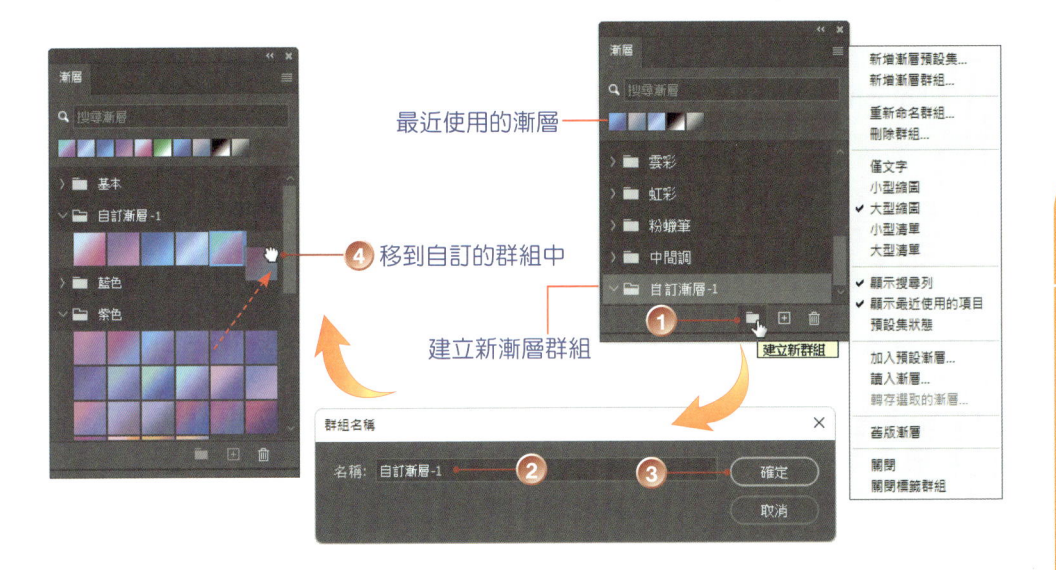

💬 說明

在 選項 列的目前漸層樣本上點選，會開啟 漸層編輯器 視窗，可編輯漸層色彩；或是點選 建立新漸層 🔳 鈕，可建立自訂的漸層色彩，詳細的操作請參閱線上 PDF。

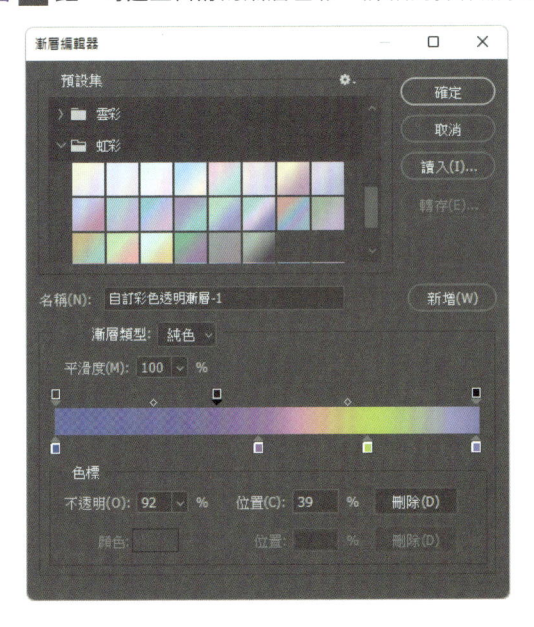

5-19

5-3-5 描邊處理

Photoshop 提供了二種「描邊」的工具，分別是 **筆畫** 與 **邊界** 指令。要描繪的線條可以設定邊線的寬度，也可以指定不同的顏色。

筆畫的運用

使用 **筆畫** 指令，可沿著選取範圍邊緣描線，而描邊前必須先定義選取範圍。

STEP1 先在影像上建立選取範圍，再執行 **編輯 > 筆畫** 指令。

STEP2 開啟 **筆畫** 對話方塊，設定筆畫 **寬度**（1~250 像素）和 **顏色**；接著設定所描繪的邊線是沿著範圍線的 ⊙**內部**、⊙**居中** 或 ⊙**外圍**，完成設定後按【確定】鈕。

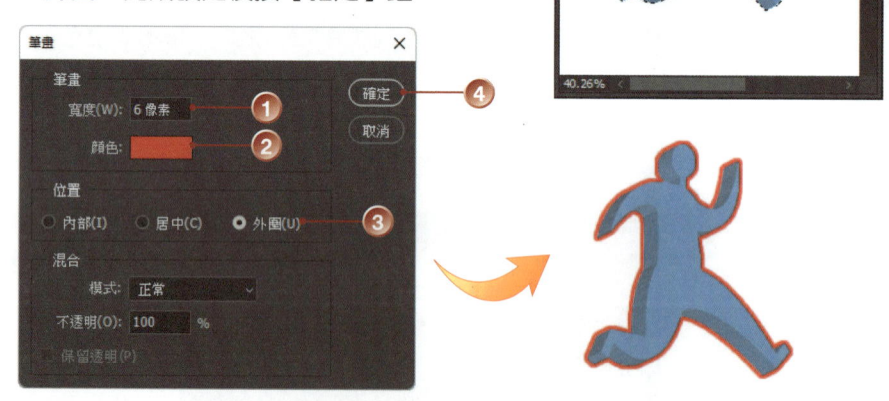

邊界的圖樣

第 3 章介紹過如何使用 **選取 > 修改 > 邊界** 指令，來增加指定像素的選取範圍，使其成為帶狀的邊緣，邊緣會以原選取範圍為基準，內外延伸指定的像素值寬度。建立邊界的選取範圍之後，可以視需要填滿顏色、圖樣或執行其他的編修指令。

STEP1 先在影像上建立選取範圍後，執行 **選取 > 修改 > 邊界** 指令。

STEP2 在 **邊界選取範圍** 對話方塊中輸入 1~200 間的像素值，按【確定】鈕。

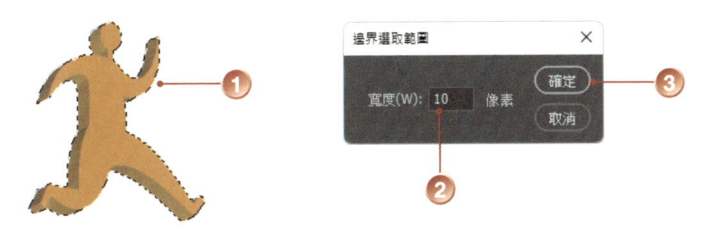

STEP3 執行 編輯 > 填滿 指令，出現 填滿 對話方塊，在 內容 下拉式清單中選擇 圖樣，再選擇一個喜歡的圖樣，按【確定】鈕。

影像的邊界已填滿指定的圖樣

5-4 色版與遮色片

色版（Channel）是用來儲存影像的色彩資訊，而影像的色彩模式會決定色版的數目和種類。在較早期的版本裡，因為選取範圍的方式不像現今版本這麼多元化，熟悉色版操作的 Photoshop 高階使用者，會透過 色版 來執行影像的去背作業，就是利用色版中的色彩特性來進行。

遮色片（Mask）顧名思義就是有「遮蔽」的效用，而遮蔽的依據是由一個「灰階」影像來決定，藉此控制部分影像的顯示與隱藏。遮色片 最典型的用法是選取部分影像後，再將其剪貼到其他影像中，再透過 圖層 之間的「混合模式」關係，製作出拼貼的影像合成效果。

5-4-1 認識色版

Photoshop 中提供了 3 種類型的色版：顏色、Alpha 和 特別色 色版，其中的 Alpha 色版專門用在儲存和編輯選取區。特別色 色版則用來儲存印刷中所使用的特別色，例如：金屬色或螢光色等需要以特別油墨混合的顏色，由於顏色特別，因此用於補充印刷時油墨無法呈現的色彩。特別色 色版通常使用油墨的名稱來命名。

5-21

顏色 色版的主要功能是儲存顏色資料，由於每一個像素的色彩是由數個參數組合定義而成（例如：RGB、CMYK、Lab 等），這些參數在 Photoshop 中各自獨立為一個色版儲存，因此 色版 的定義會隨著影像色彩模式而改變。例如：一張 CMYK 模式的影像，會自動建立 5 個色版：由一個「CMYK 合成色版」加上 青、洋紅、黃 和 黑 四個色版所組成，這四個色版就相當於四色印刷的四塊色版。每個色版都記錄不同的色彩資訊，而 CMYK 色版則代表其他 4 個色版重疊在一起的總和。同樣的，在 RGB 模式時則可對應映像管的 RGB 三原色。

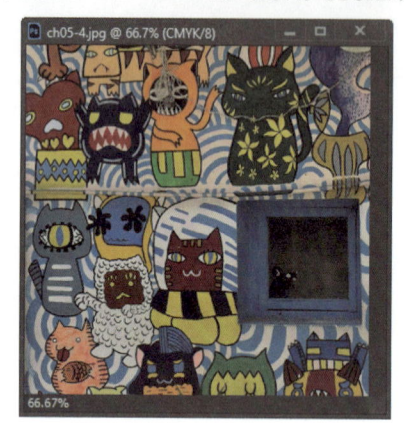

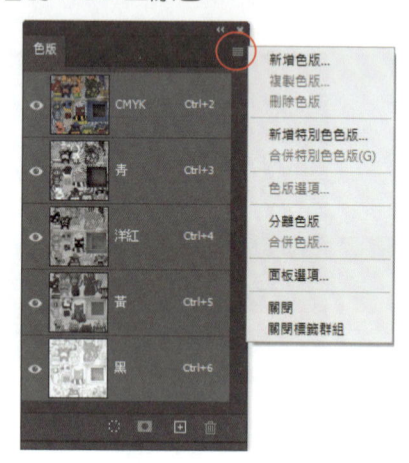

顏色 色版中的灰色代表每一種顏色的含量，愈明亮的部分代表包含大量的該顏色，愈暗的區域則表示對應的顏色較少，因此只要調整各顏色色版的明度，就可以改變影像的色彩，這也是一種高階的調色技巧。以下圖在 RGB 模式下會有 3 種色版為例，影像中的主體「門」呈藍色，幾乎沒有紅色的元素，從 色版 中可以清楚看到 紅 色版「門」的部分很暗，藍 色版則很亮。

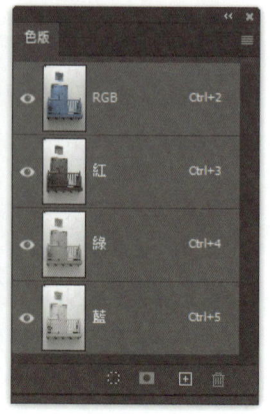

原色版

5-22

點選 **紅色** 色版,將亮度調暗時會減少紅色,而增加其補色「青色」,影像結果會偏青色。

將紅色色版以「亮度與對比」指令調暗

💬 說明

以色版調整影像色彩時的技巧,在於每增強一種色彩,就會減少其補色,來達到色彩平衡的目的。透過下圖「色輪圖表」中的色彩互補(對角色彩),可以作為調整顏色時的參考,例如:將 **藍色** (B) 色版調亮,會減少其補色黃色 (Y) 的成分。

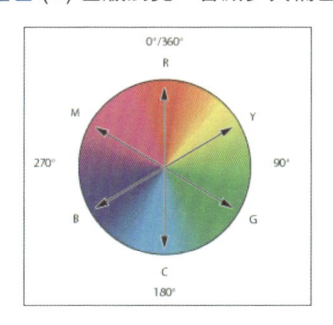

在進行 色版 的相關操作之前，我們先來認識一下面板上的元件。

◉ **色版名稱**：每一個色版均有一個名稱，儲存色彩的色版是依照影像的色彩模式而定，這些名稱是固定不能改變的。若為 Alpha 色版，名稱則可以自由設定或更改。在建立新色版時，如果沒有設定名稱，Photoshop 會自動依序定為 Alpha1、Alpha2……。

◉ **預視圖**：色版名稱左側有一個縮圖，所顯示的是該色版的影像內容以方便辨識，在編輯影像時會同步改變。執行 **編輯 > 偏好設定 > 介面** 指令，勾選 ☑ **用彩色顯示色版** 核取方塊，可將預視圖以彩色顯示。預視圖的大小可以從面板的 **選項** 清單中執行 **面板選項** 指令來改變。

◉ **顯示切換**：出現「眼睛」圖示，表示此色版正顯示在螢幕中，反之則為隱藏狀態。以滑鼠按一下 圖示，即可進行顯示與隱藏的切換。每一個色版都可以獨立切換，使用者可以視需要以最適合的方式顯示，方便進行編輯作業。**色版** 是與 **圖層** 配合顯示的，也就是說，只有顯示中的 **圖層**，其 **色版** 資料才會顯示。

◉ **作用中色版**：面板上反灰顯示的色版是作用中色版，所有的編輯作業都只對作用中色版有效。以滑鼠點取色版名稱即可成為作用中色版。

◉ **載入色版為選取範圍**：點選色版再按下此鈕，可依據該色版的灰階轉換為選取範圍，這也是高階使用者選取影像範圍時所使用的手法。

◉ **儲存選取範圍為色版**：點取後可以將選取範圍轉變為 Alpha 色版，功能與 **選取 > 儲存選取範圍** 指令相同。

◉ **建立新色版**：點取後可以建立新色版。

◉ **刪除目前色版**：點選色版並拖曳到「垃圾筒」中，可快速刪除色版。

5-24

複製色版

建議您編輯色版之前,最好先將色版複製一份,以便還有復原的機會,或用來切換比較編輯前後的差異。(下圖的示範,「預視圖」不以彩色顯示)

STEP**1** 開啟要編輯色版的影像,點取要複製的色版,按一下 **色版** 右上方的指令清單 ≡ 鈕,執行 **複製色版** 指令。

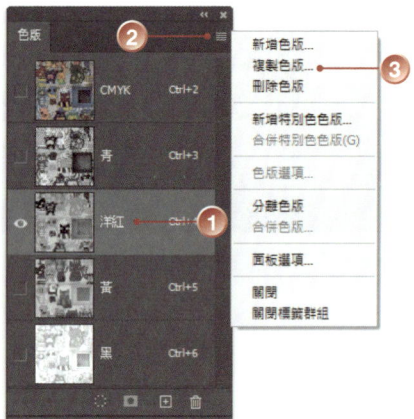

STEP**2** 出現 **複製色版** 對話方塊,輸入名稱,選擇 **目的地**,設定完後按【確定】鈕。

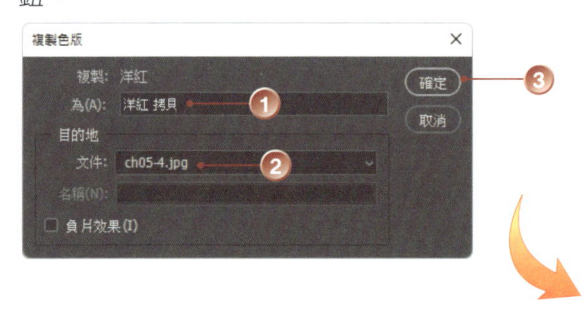

- ⊙ **目的地**:設定複製後的色版要儲存在哪裡。
  文件 可以選擇是原始檔案、開啟中的檔案或是新檔案;若是要複製到新檔案中,可在 **名稱** 欄位為新檔案命名,這個新的檔案將只有一個色版。
- ⊙ **負片效果**:勾選之後色版的顏色會反轉,即黑變為白、而白變為黑。

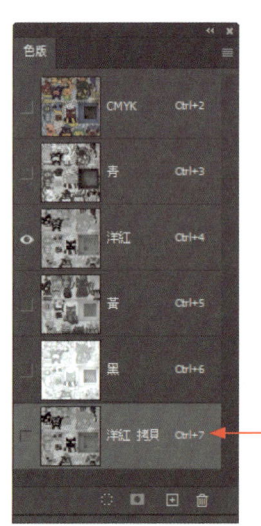

刪除色版

一次只能刪除一個作用中色版，您可以點選面板指令清單 ≡ 中的 **刪除色版** 指令，或是直接將要刪除的色版拖曳到「垃圾筒」中。

刪除了「青色」色版的影像結果 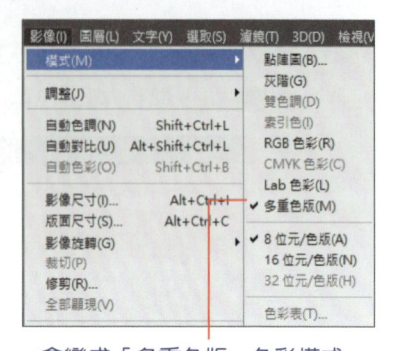　　會變成「多重色版」色彩模式

> **說明**
> 刪除色彩色版會改變影像的色彩模式，也會影響影像最後的結果，因此執行前要特別謹慎！

5-4-2 遮色片的定義

遮色片（Mask）就像是一個「遮罩」，可以將不想顯示出來的影像範圍遮蔽住，因此與影像範圍的選取息息相關。當我們儲存選取範圍時會產生 Alpha 色版，此時也會產生 **遮色片**。其主要是藉由 **灰階** 影像來定義「選取範圍」，而每一個灰階值則關係到「選取範圍」的「不透明程度」。您在 **遮色片** 上使用「白色」(灰階值為 0) 進行繪製的部分會成為「選取範圍」，影像會顯示出來；以「黑色」(灰階值為 255) 繪製的部分則為「未選取區」，影像會被隱藏；而用「灰色」(灰階值為 1~254) 所繪製的部分為「半透明選取區」，影像會呈現半透明。

原影像 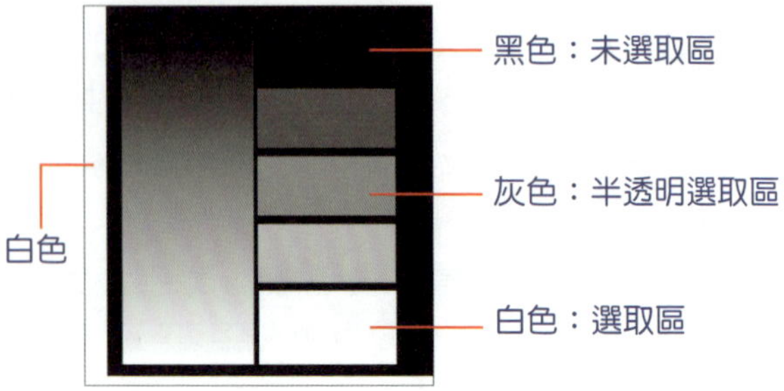　　遮色片

黑色：未選取區
灰色：半透明選取區
白色：選取區
白色

使用遮色片後影像呈現的結果

Photoshop 共有四種類型的遮色片，簡述如下：

- **快速遮色片**：可在 **遮色片** 與 **選取範圍** 之間快速轉換。將選取範圍轉換成 **遮色片** 時，會在文件中以色彩表示遮色片，預設為「紅色、50% 不透明」，您可以直接在文件中預覽並編輯。

- **Alpha 色版**：可以儲存和載入選取範圍，並顯示在 **色版** 面板中。當您選取某個色版之後，影像色彩只會以灰階值顯示，Alpha 色版就相當於一個 **灰階** 模式的影像。

- **圖層遮色片**：點陣影像會以 **像素** 作為遮色片的依據，可使用繪圖或選取工具來建立與編輯（請參考 7-3 節的說明）。

- **向量圖遮色片**：與解析度無關，可以使用 **筆型** 或 **形狀工具** 來建立（請參考 7-3 節的說明）。

> 💬 說明
> 遮色片 可以說是 Photoshop 影像處理的重要關鍵，它與 圖層 之間的關係密不可分，在第 7 章會有更詳盡的說明與應用。

5-4-3 快速遮色片

使用 **快速遮色片** 模式之前，可以先建立一個選取範圍，接著可再減去或新增選取範圍，以便製作出所要的 **遮色片**。Photoshop 會用顏色區分出受保護（預設會呈半透明紅色）和不受保護的範圍（呈透明）。轉換為 **快速遮色片** 時不需要經過儲存的動作，它是一種「暫時性的遮色片」，當切換回 **標準模式** 時便會從 **色版** 面板中消失。

STEP**1** 開啟範例影像，先以 **快速選取工具** 建立選取範圍後，再按下 **工具** 中的 **以快速遮色片模式編輯** 鈕。

接下頁 ➡

5-27

影像可見區為選取範圍 (不受保護)

呈半透明紅色代表未選取的範圍 (受保護)

STEP 2 接著使用繪圖工具（例如：**筆刷工具** ）來編修 **遮色片**，此時 **顏色** 面板只會顯示灰階色彩。使用「白色」繪圖，可選取更多影像；使用「灰色」繪圖可以建立半透明的選取區域；若要減少選取範圍，請使用「黑色」繪圖。

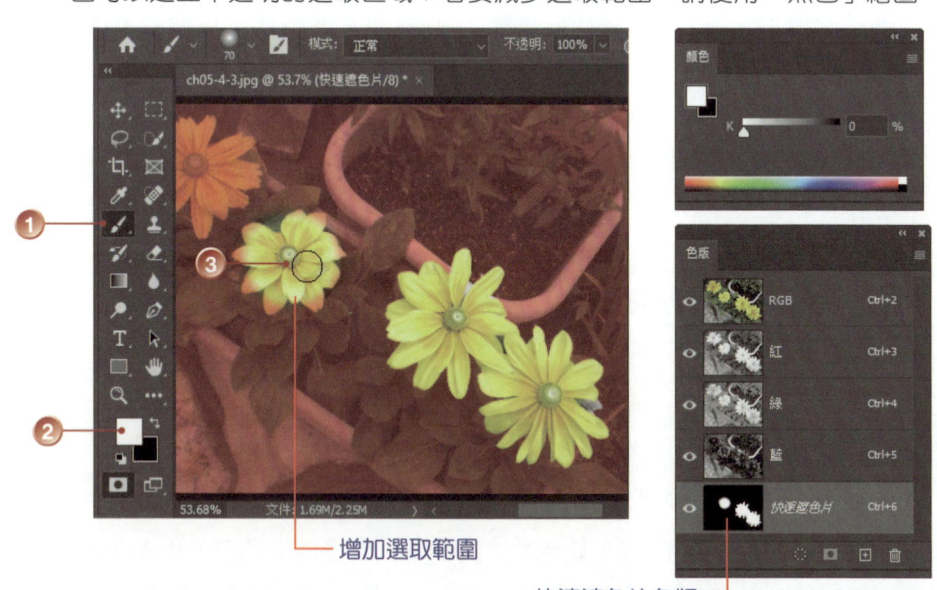

增加選取範圍

快速遮色片色版

STEP 3 按一下 **工具** 中的 **以標準模式編輯** 鈕，可關閉 **快速遮色片** 模式回到原來的影像編輯狀態。這時 **快速遮色片** 中不受保護的區域就會成為選取範圍，**快速遮色片** 色版也會從 **色版** 面板中消失。

STEP **4** 接下來,您就可以利用此選取範圍進行各項編修作業。

5-4-4 Alpha 色版

我們在 3-5 節中,學會了如何將建立的選取範圍儲存起來。當您執行 **選取 > 儲存選取範圍** 指令,將選取範圍儲存之後,**色版** 中同時會新增一個 Alpha 色版,這個 Alpha 色版也是一種 **遮色片**。Alpha 色版會將選取範圍儲存為 8 位元的灰階影像,並加入影像中的 **顏色** 色版。使用 Alpha 色版可建立及儲存遮色片,而遮色片能讓您操控、隔離和保護影像的特定部分。

在建立選取範圍之後,直接按一下 **色版** 面板下方的 **儲存選取範圍為色版** 鈕,也會產生新的 Alpha 色版。

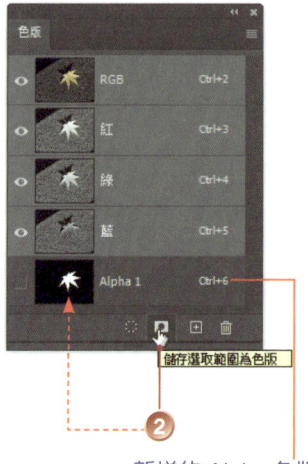

新增的 Alpha 色版

5-29

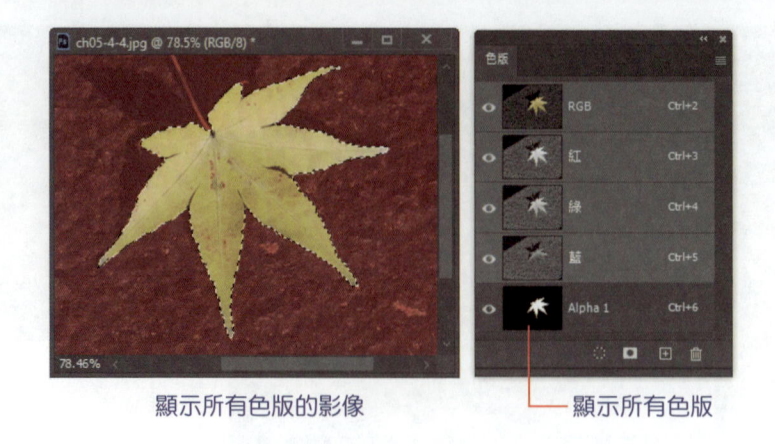

顯示所有色版的影像　　　　顯示所有色版

Alpha 色版具有下列特性：

▶ 每一個 Alpha 色版都可以重新命名、設定顏色和不透明度（不透明度會影響色版的預視，但不會影響影像），在「預視縮圖」上快按兩下開啟 **色版選項** 對話方塊可進行設定。

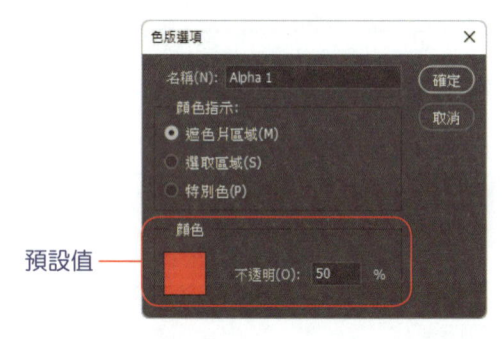

預設值

▶ 所有新的色版都具有和原始影像相同的像素尺寸和像素數目。

▶ 可以使用繪圖工具、**濾鏡** 特效…等功能，來編輯 Alpha 色版。

▶ 可以將 Alpha 色版轉換為「特別色」色版。

CHAPTER 06 影像調整與修復

影像調整與校正主要可以分為 **亮度**、**對比**、**階調** 與 **色彩** 的控制,這些功能都集中在 **影像 > 調整** 應用程式選單中。對一般使用者而言,只要能掌握幾個重要指令,例如:**亮度 / 對比**、**色階**、**色彩 / 平衡**、**色相 / 飽和度**、**陰影 / 亮部**⋯等,就足以應付日常的工作需要。利用這些工具也可以製作一些特效。若要修復影像中的瑕疵,例如:灰塵、皮膚上的斑點、細紋、紅眼或移除影響畫面的內容,則可以透過 **潤飾** 與 **修復** 工具來解決。

> 🔍 說明
> 由於印刷效果的限制,本書範例的調整設定參數,是以能顯示出調整前後的差異性為主,未必是讓影像最漂亮的設定參數,還請讀者理解。

6-1 色階與對比的處理

色階 是指影像最暗到最亮之間的明暗階層,在「彩色」模式中則代表各原色的「明度」,Photoshop 中影像的色階範圍從最暗到最亮是 0~255,總共可以涵蓋 256 個色階。

6-1-1 影像色階的檢視與調整方式

色階分佈圖(Histogram)是非常非常重要的工具,學習攝影與影像處理一定要先理解色階分佈圖。色階分佈圖也稱為「直方圖」色階圖,是將影像中所有像素的色彩亮度統計之後,將有像素的色階分布以直方圖顯示出來,藉著這個色階分佈情形,就可以檢視影像是否包含適當的暗部、中間調、亮部和彩色。

Photoshop 提供了一個「色階分佈圖」的視窗功能可隨時顯示。另外在 **階調、曲線** ... 等調整的對話方塊中，也會同時顯示色階分佈圖，以便據以進行調整。許多數位相機也提供色階分佈圖的功能，在拍攝時可以作為參考，以取得最佳的曝光設定，一般人拍照是看測光表來決定曝光，高手則是看色階分佈圖。

色階分佈圖

請執行 **視窗 > 色階分佈圖** 指令即可開啟 **色階分佈圖** 面板，在 **色版** 下拉式清單中，可以設定要檢查的色版參數。分佈圖的橫軸代表像素的色階（0~255）**暗部、中間調** 和 **亮部**，縱軸即代表每個階調的像素數目。

- **平均**：影像的平均色階。
- **標準差**：強度值差異的範圍，數值越小，所有像素的色階分佈越靠近平均值。
- **中間值**：像素亮度的中間值。
- **像素**：影像中的總像素量。

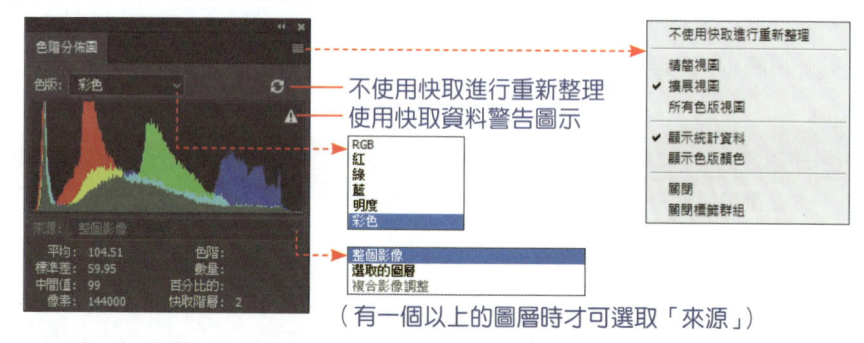

將滑鼠指標移到分佈圖的圖形區域中點選，面板右下方會顯示游標所在位置的數據資料。

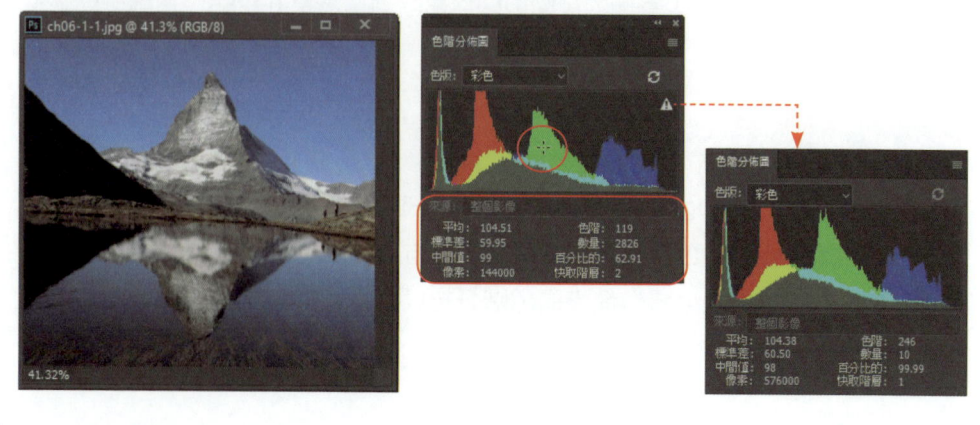

- **色階**：指標所在區域的強度層級。
- **數量**：指標所在區域的色階所對應的像素數目。
- **百分比的**：低於指標所在色階的像素百分比。
- **快取階層**：顯示目前用來建立 **色階分佈圖** 的影像快取記憶體。**色階分佈圖** 是從影像中具代表性的像素取樣而來，**快取階層** 高於 1 時，**色階分佈圖** 會顯示得比較快（會使用較多的記憶體）。當 Photoshop 需要快速取得影像的概觀時，就會使用較高的階層，因此圖上會出現警告圖示，按一下 **不使用快取進行重新整理** ⚠ 鈕，可使用實際的影像圖層來重繪色階分佈圖，此時 **快取階層** 為 1。

藉由 **色階分佈圖** 可以用來分析影像的階調組成，以便做最適當的調整。色階分佈沒有絕對的對錯，端視您想要達到的視覺效果。平均分佈色階可以獲得完整的色調範圍與豐富的細節。**低調 (Low Key)**、**高調 (High Key)** 影像也各有其特有的色階分佈，學習辨識色調範圍將有助於決定適當的色調調整，做出您想要的視覺效果。

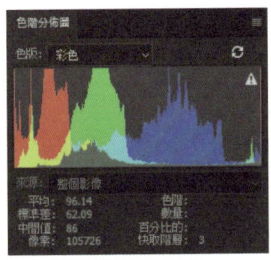

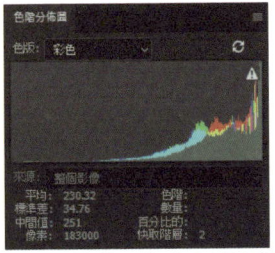

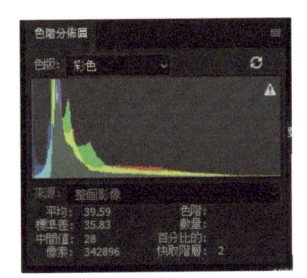

色階平均分佈　　　Hi Key 影像 (集中在高色階)　　　Low Key 影像 (集中在低色階)

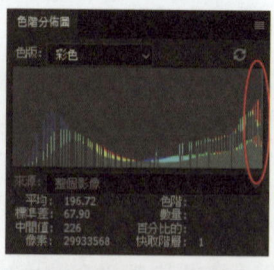

曝光過度（高光溢出，
亮部會全白失去細節）

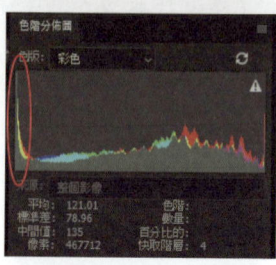

曝光不足（暗部溢出，
暗部會全黑失去細節）

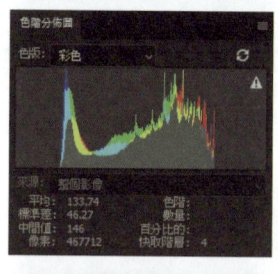

曝光適當（集中在中間
調，對比很低）

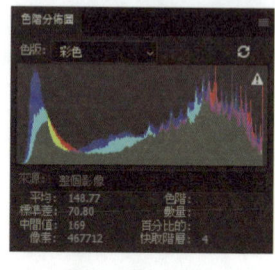

調整階調（提高對比）

影像的調整方式

　　色階與亮度控制的功能都集中在 **影像 > 調整** 選單中，並依功能性分類放置在不同的群組中。基本上每一群組中的指令大都有共通性，指令繁多可能令初學者有點不知所措，實際上許多指令都可以達到相同的調整目的，所以使用者可依照使用習慣及指令的特性擇一進行，以達到影像調整與校正的目的。使用這些指令的通則如下：

⇨　若未先選取範圍，將針對目前圖層的整個影像進行調整。

- 調整時可以在對應的對話方塊中，勾選 ☑預視 核取方塊，以便在設定的同時，於影像編輯視窗中預覽調整後的效果。

- 調整過程中，可以將滑鼠游標指向影像區域，資訊 面板會顯示游標所指像素的相關數據資料。

- 設定時若不滿意，請先按住 Alt 鍵，對話方塊中的【取消】鈕會變成【重設】鈕，按下後即可還原為原始設定。

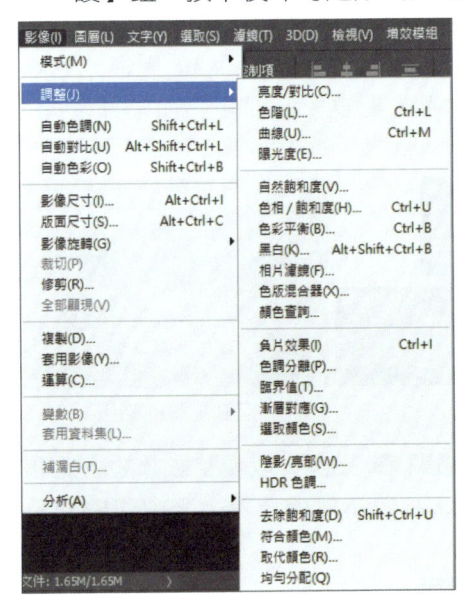

💬 說明

這些指令的調整是「破壞性」的操作，執行後無法重新調整設定值，若想以「非破壞性」的方式調整影像，請透過 圖層 面板以「調整圖層」的方式進行，這樣才可以保留影像的原始內容，並更新編輯所做的設定。此部分請參閱 7-4 節的說明。

自動調整功能

影像 功能表中有三個自動調整的指令：**自動色調**、**自動對比**、**自動色彩**，堪稱懶人快速鍵，可以快速的自動調整影像的 色階、對比 與 色彩，許多影像都可以快速獲得改善。但是自動調整終究有其局限，並非所有影像都適合一鍵解決，實際操作時可以先試著用自動調整，如果效果不臻理想，可以再還原然後用進階的調整功能來作精細的調整。

- **自動色調**：此指令可以自動將影像的最高色階訂為 白色（色階 255），最低色階訂為 黑色（色階 0），並忽略二端（白、黑）前 0.1% 像素，再依比例重新分配色階分佈。適用於只需增加對比便能平均分配像素值的影像。

接下頁 ➡

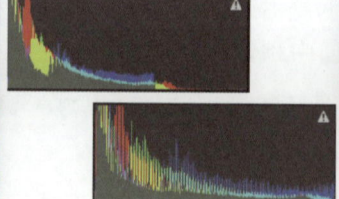

原影像 　　　　　　　　　　　　　　　自動調整的結果

🔵 **自動對比**：可以自動調整整體影像的對比和色彩。執行這個指令後，系統會將影像中最亮和最暗的像素對應到 **白色**（色階 255）和 **黑色**（色階 0），再忽略二端（白、黑）前 0.5% 像素，調整後亮部變亮而暗部變暗，讓對比更明顯。

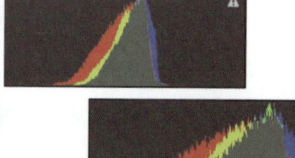

原影像 　　　　　　　　　　　　　　　自動調整的結果

🔵 **自動色彩**：會搜尋影像中的 **暗部**、**中間調** 和 **亮部**，以調整影像的對比和色彩。**自動色彩** 是使用 **灰色**（RGB 128）做為目標色彩，來中和中間色調，再裁掉 0.5% 的暗部和亮部。

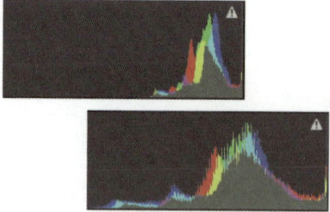

原影像 　　　　　　　　　　　　　　　自動調整的結果

6-1-2 調整亮度與對比

使用 影像 > 調整 > 亮度 / 對比 指令，可以快速調整影像的 **亮度** 和 **對比** 二個參數。**亮度** 值在 -150 ~ +150；**對比** 則在 -50 ~ +100 間調整。向右拖曳 **亮度** 滑桿，會將整張影像的色階提高而使其變亮。

原影像

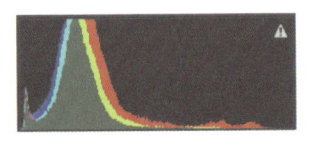

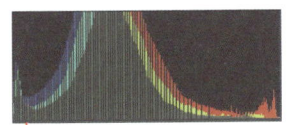

色階往右移動
8 位元影像調整時色階會產生間隙

亮度 +90

對比 則可控制反差,值越大,亮的部分越亮(白)、暗的部分越暗(黑),因此對比越明顯。

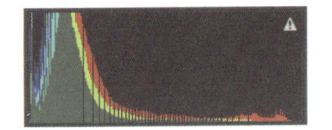

色階各往左右移動

對比 +80

按下【自動】鈕則由系統自動調整 **亮度** 和 **對比** 參數。

自動的結果

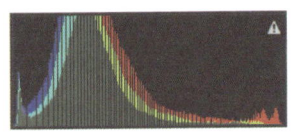

6

影像調整與修復

6-7

6-1-3 調整色階

想要針對影像的亮部、陰影和中間調來個別調整參數，以便得到較佳的色調範圍和色彩平衡，那麼可以使用 **色階** 指令來修正影像的色階分佈。

STEP1 開啟要修正的影像後，執行 **影像 > 調整 > 色階** 指令。

原影像

STEP2 出現 **色階** 對話方塊，可選擇一種 **預設集** 先套用看看，若不滿意可以再調整 **輸入色階** 或 **輸出色階** 來控制影像亮部和暗部的表現，調整時可以拖曳滑桿上的三角形控制器或直接輸入數字。

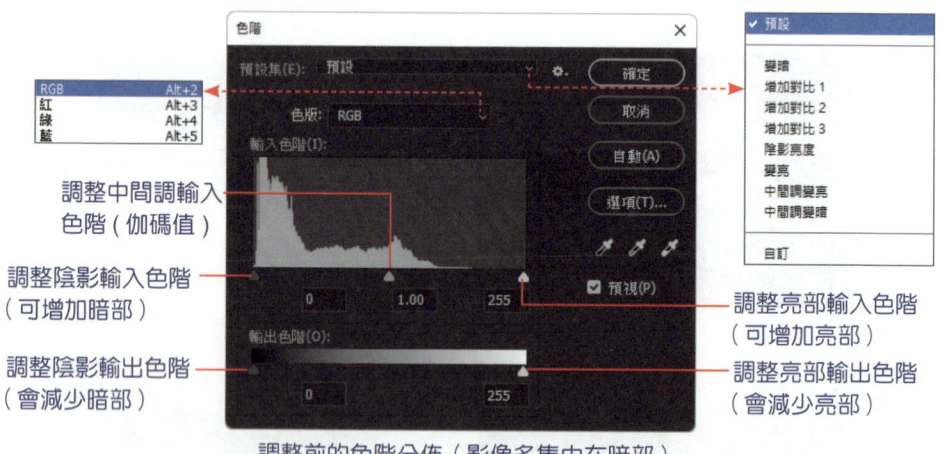

RGB	Alt+2
紅	Alt+3
綠	Alt+4
藍	Alt+5

調整中間調輸入色階（伽碼值）

調整陰影輸入色階（可增加暗部）

調整陰影輸出色階（會減少暗部）

調整亮部輸入色階（可增加亮部）

調整亮部輸出色階（會減少亮部）

調整前的色階分佈（影像多集中在暗部）

> 💬 **說明**
> - 針對部分 **色版** 進行調整時，可以控制影像的色彩偏移。
> - **輸入色階** 可以控制影像明暗的層次，讓影像中最暗的顏色更暗，最亮的變更亮，以改變影像對比度。

6-8

- **輸出色階** 可以減少影像的對比度，使最暗的像素變亮，最亮的像素變暗。用來調整將影像列印輸出時的設定，如果了解要印刷的印刷機特性，就可以調整以保存陰影和亮部的細節。

- 按下【自動】鈕，會自動將每一個色版的最低色階調到 0，最高色階調到 255；其結果等同執行 影像 > 自動色調 指令。

STEP 3 　調整 **輸入色階** 的暗部控制桿可以增加暗部，調整亮部控制桿可以增加亮部，調整中間的「伽碼值」，預設值為「1」，可以控制中間色調來調整整體畫面的亮度。

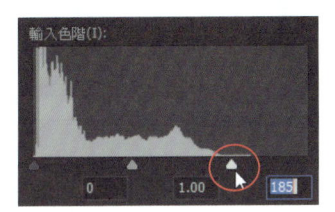

STEP 4 　調整 **輸出色階** 的暗部控制桿可以減少暗部，調整亮部控制桿可以減少亮部。

STEP 5 　調整時，若要辨識影像中將受到影響的區域（會變成全黑或全白的區域），在拖移暗部和亮部控制桿時請按住 Alt 鍵。

接下頁 ➡

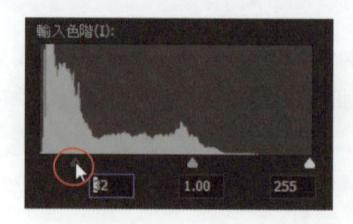

呈黑色的部分代表將會變成黑色

呈現彩色的部分,是 RGB 色版混合後呈現的色偏顏色

STEP**6** 對話方塊中的 **設定最暗點**、**設定灰點**、**設定最亮點** 三個滴管工具,可以在影像編輯視窗中以取樣方式設定最暗、最亮和灰點,設定時影像會自動調整為對應的色階,藉此變化即可找出最適合的效果。

設定灰點

設定最暗點

設定最亮點

STEP**7** 在調整完色階設定之後,可以將調整的對應模式儲存起來,當需要重複使用時可以縮短作業時間。例如:校正掃描器輸入的階調誤差,便可先進行測試,然後用相同的設定來校正。按下對話方塊中 **預設集** 的 **預設集選項** 鈕,選擇 **儲存預設集** 或 **載入預設集** 來操作。

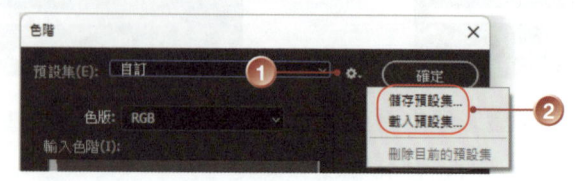

6-10

預設的儲存路徑為：C:\ 使用者 \ 帳戶 \AppData\Roaming\Adobe\Adobe Photoshop CC 2022\Presets\Levels

STEP **8** 調整完後按【確定】鈕，Photoshop 即會依新的設定值重新將色階做對應分配，最低值定為 0，最高值定為 255。

調整後的色階分佈

完成設定後的影像

如果按下 **色階** 對話方塊中的【選項】鈕，會出現 **自動色彩校正選項** 對話方塊，其中相關參數的設定，就是在執行 **自動對比**、**自動色調**、**自動色彩** 和 **自動亮度 / 對比** 指令的「運算規則」，您可以試著練習操作。

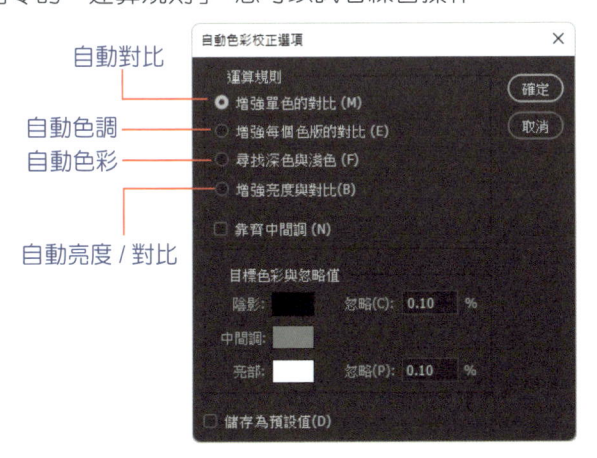

自動對比
自動色調
自動色彩
自動亮度 / 對比

💬 說明

要針對局部範圍進行調整，別忘了先選取範圍後再執行。

6-1-4 調整曲線

曲線 和 **色階** 功能的原理很類似，但是 **曲線** 有更彈性的調整空間。**曲線** 對話方塊是以 **輸入** 為橫軸、以 **輸出** 為縱軸，再畫出 **輸入** 與 **輸出** 的對應曲線。由於 **曲線** 指令可以做更多、更精密的設定，因此它的功能實際上已經涵蓋了許多其他 **影像 > 調整** 指令的功能，例如：**對比、彩色負片、正片負沖、變亮、變暗、顯示色偏區域**…等，都可以藉由 **曲線** 指令來完成。對高階使用者而言，**曲線** 是最能自由發揮的指令，但對初學者而言可能較不易操作；不過，使用其他指令，同樣可以獲得相同的效果（請參考本章各小節）。

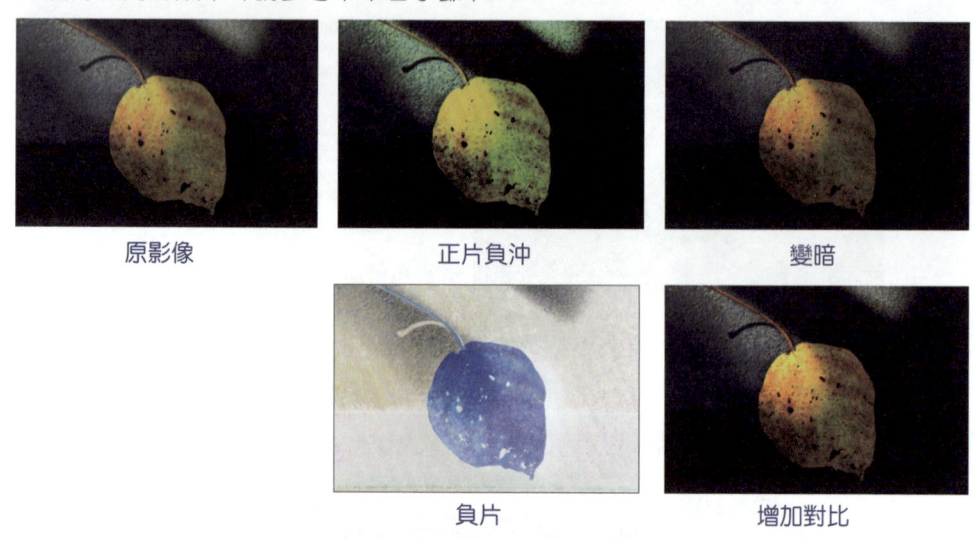

原影像　　　　　正片負沖　　　　　變暗

負片　　　　　增加對比

^{STEP}**1**　開啟影像範例，執行 **影像 > 調整 > 曲線** 指令，出現 **曲線** 對話方塊。

^{STEP}**2**　曲線的橫軸是 **輸入** -- 原影像的色階，縱軸是 **輸出** -- 調整後的色階；其定義與 **色階** 對話方塊中的 **輸入 / 輸出色階** 完全相同。開啟曲線功能時，尚未進行調整，因此 **輸入** 等於 **輸出**，階調曲線會呈一條 45 度直線。

> **說明**
> 如果按【自動】鈕，會自動將每一個色版的最低色階調到 0，最高色階調到 255，其結果等同執行 **影像 > 調整 > 自動色調** 指令。

曲線對話框主要標示說明：

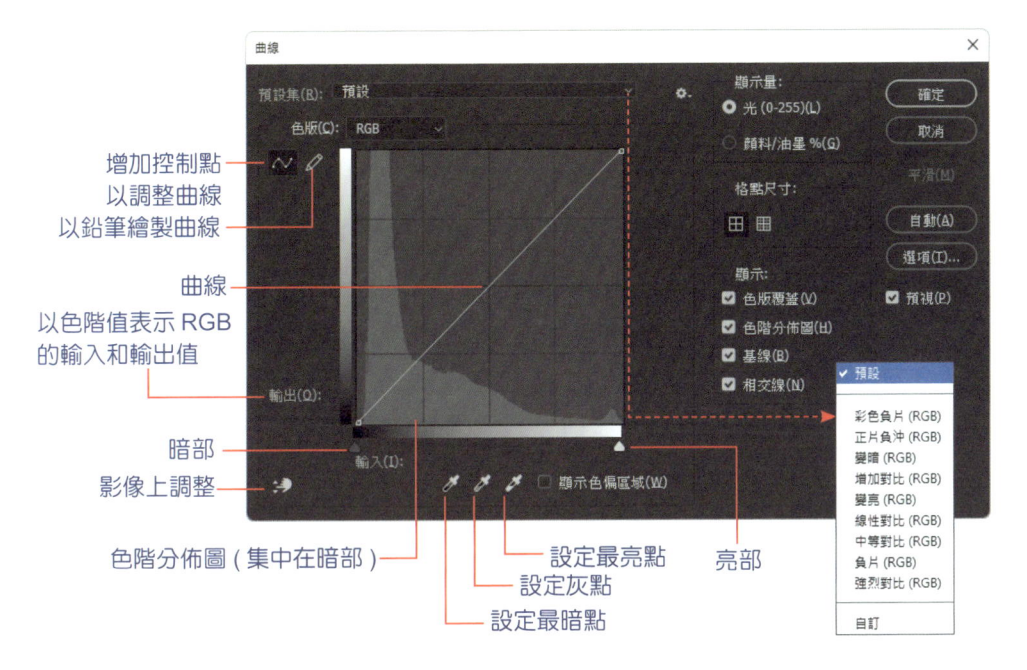

- 增加控制點以調整曲線
- 以鉛筆繪製曲線
- 曲線 以色階值表示 RGB 的輸入和輸出值
- 輸出(O)
- 暗部
- 影像上調整
- 色階分佈圖 (集中在暗部)
- 設定最暗點
- 設定灰點
- 設定最亮點
- 亮部

預設集下拉選項：彩色負片 (RGB)、正片負沖 (RGB)、變暗 (RGB)、增加對比 (RGB)、變亮 (RGB)、線性對比 (RGB)、中等對比 (RGB)、負片 (RGB)、強烈對比 (RGB)、自訂

STEP **3** 如果是 RGB 影像，其預設值是以 0~255 的色階顯示，左下角是 **黑色**（0），右上角則是 **白色**（255）。

STEP **4** 想了解 CMYK 顯示的顏料量，請在 **顯示量** 選項點選 ⊙**顏料 / 油墨 %**，其預設值是以 0~100 的百分比顯示印刷油墨的濃度。

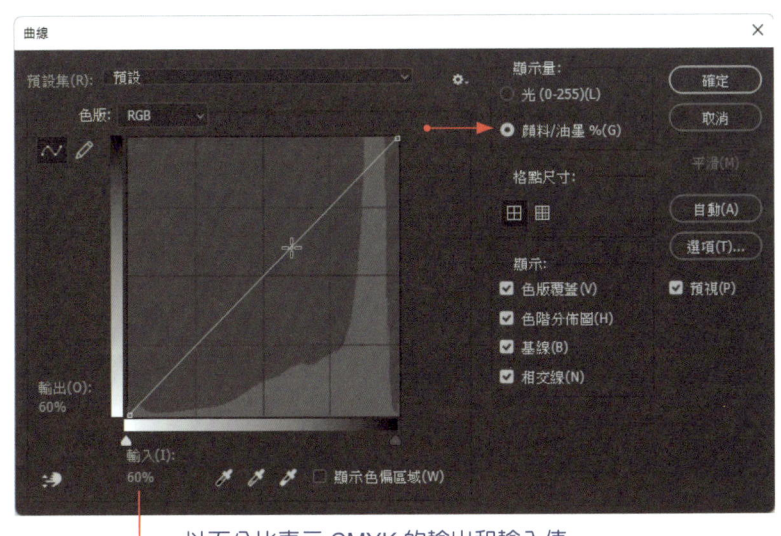

以百分比表示 CMYK 的輸出和輸入值

6-13

> **說明**
> 調整曲線時,若先按住 Alt 鍵不放再按一下格線,可以調整格線密度方便繪製曲線;再操作一次則可還原。或點選 **格點尺寸** 中的 **以 10% 的增加量顯示細部格點** 鈕。

STEP 5 調整曲線時可以使用對話方塊中的 **曲線工具** 或 **鉛筆工具**:

- 預設為使用 **曲線工具** ,以滑鼠點取座標區域可設定曲線通過的節點,同時可以拖曳節點來調整曲線的形狀。將節點拖曳到座標區域外,可以取消節點,最多可以有 14 個控制點。

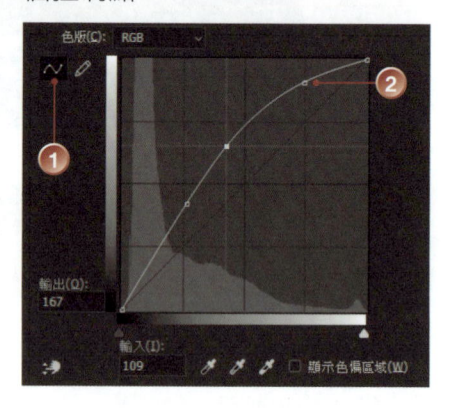

- 使用 **鉛筆工具** 可以直接在座標區域內繪出理想的曲線形狀,此時【平滑】鈕會有作用,點選之後可以使繪製的曲線較為平順。

產生特殊的影像效果

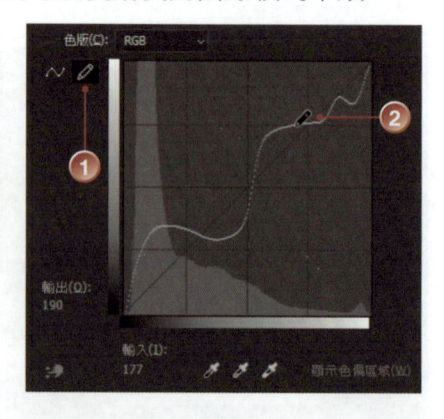

STEP 6 點選對話方塊左下角的 **影像上調整** 鈕,再將滴管游標移動至影像中要調整的色彩上,按住滑鼠不放上下拖移,即可調整曲線。

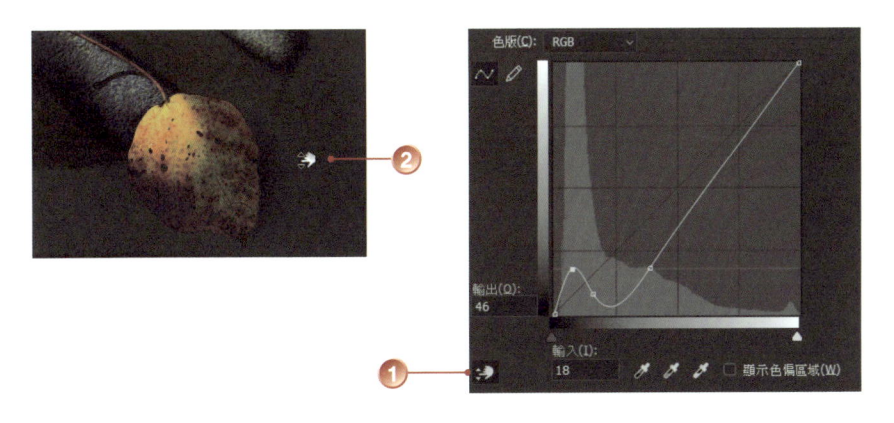

STEP 7 設定最暗點、設定灰點、設定最亮點 三個滴管工具的操作方式與 色階 對話方塊相同，請參閱 6-1-3 節。

STEP 8 在調整完曲線設定後，可以將調整的對應模式儲存起來，當需要使用時可載入套用。請按對話方塊中 預設集 的 選項 鈕，點選 儲存預設集。(曲線的設定值儲存後的副檔名是「*.ACV」，此項操作必須在按【確定】鈕前執行才有效。)

STEP 9 調整完後按【確定】鈕，Photoshop 即會依新的設定值重新將色階做對應分配。

6-1-5 陰影與亮部

使用 影像 > 調整 > 陰影 / 亮部 指令，可以校正對比過高的影像，影像亮部太亮或暗部過暗時，可以針對亮部、暗部分別調整。常用的操作是壓暗亮部或是提亮暗部，讓亮、暗部的細節都可以表現出來，同時使整個畫面獲得適當的平衡。執行指令後，系統會自動進行校正，您可以再透過 陰影 和 亮部 的 總量 進行調整。適量的調整，可挽回過亮或過暗部分的細節影像，但若將數值調整過度就會產生交叉效應，即亮部比陰影暗的不自然結果。這個指令經常用來修正有「背光」問題的影像。

接下頁 ➡

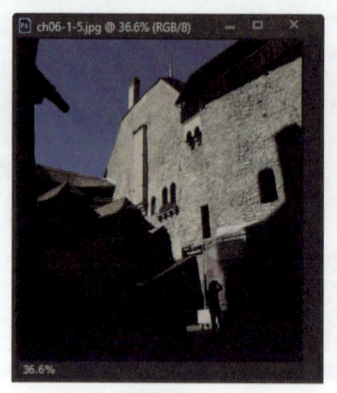

原影像

調整後暗部的細節變多了

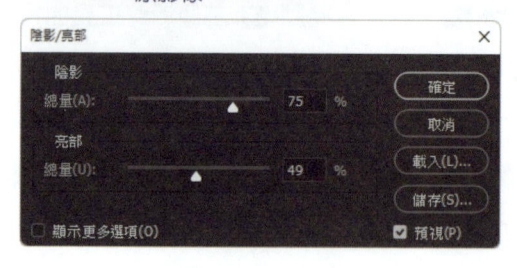

若勾選 ☑ **顯示更多選項** 核取方塊，還可以設定 **色調**、**強度** 與 **中間調**。

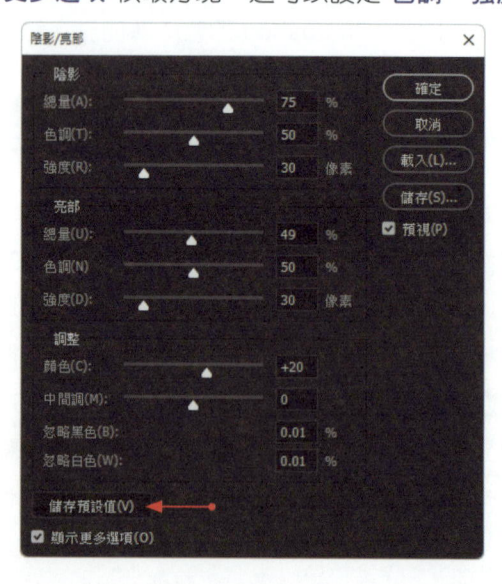

- **色調**：值越小則限定的色階值範圍越少，預設值是 50%。若想要將較暗的影像變亮時，卻發現中間色調或亮部區域的值變太多了，可以試著減少 **陰影** 的 **色調**，可以一直減到 0，這樣在調整時只有最暗的區域才會變亮；反之，若要使中間色調和 **陰影** 區域變亮，則要增加 **陰影** 的 **色調**，可以一直加到 100% 然後再試著調整。

- **強度**：控制像素鄰近區的像素值，用來判斷像素是位於陰影或亮部區域，若 **強度** 過大，則所做的調整會使整張影像變亮或變暗，不是只有調整選取範圍內的影像而已；您可以多試幾次不同的設定，與背景比較以取得最佳平衡。

- **色彩校正**：可以對已變更的影像區域進行色彩的微調。

- **中間調**：此項設定是用來調整中間色調的對比。

- 「**忽略黑色**」與「**忽略白色**」：在影像中設定要忽略多少的陰影與亮部，使其產生新的陰影與亮部色彩。設定時要注意，不要將忽略值設的太大，以免造成影像變成純黑或純白而減少陰影或亮部的細節。

- 若按下【儲存預設值】鈕，會將目前的設定值儲存為預設值；如果要回復為系統的預設值，請先按住 Shift 鍵，此按鈕會變成【重設預設值】鈕，按一下即可還原。

6-2　影像色彩的控制

上一節中所說明的是有關影像的明暗、色階與對比調整，這一節要說明的是 **影像 > 調整** 應用程式選單中有關色彩控制的指令，例如：**色彩平衡**、**色相 / 飽和度**、**取代顏色**…等。

6-2-1　色彩平衡控制

色彩平衡 是很直觀易學的功能指令，會個別針對亮部、暗部及中間色調進行色彩平衡控制。可調整 RGB（紅、綠、藍）參數，會對應產生 CMY（青、洋紅、黃）的控制效果。進階使用者可以用 **曲線**、**色階** 指令，針對各別色版調整，同樣可以進行色彩平衡的控制。

STEP**1** 開啟要修正的影像後，執行 **影像 > 調整 > 色彩平衡** 指令。

原影像

STEP2 出現 **色彩平衡** 對話方塊，先點選要進行變更的色調範圍，例如 ⊙**中間調**，然後再拖曳各滑桿增加您想要增加的顏色，或是直接在 **顏色色階** 中輸入數值；值的範圍是 -100~+100。

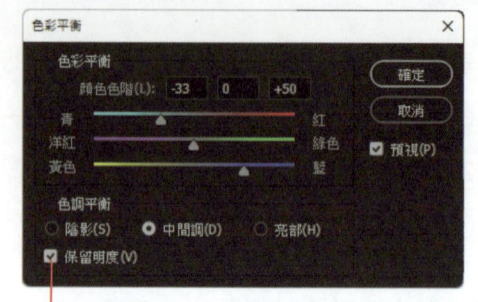

勾選可避免變更色彩的同時也改變了影像的明度，以保持影像中的色調平衡

STEP3 視需要再調整 ⊙**陰影** 與 ⊙**亮部** 的色彩平衡，完成後按【確定】鈕。

調整中間調與亮部後的結果

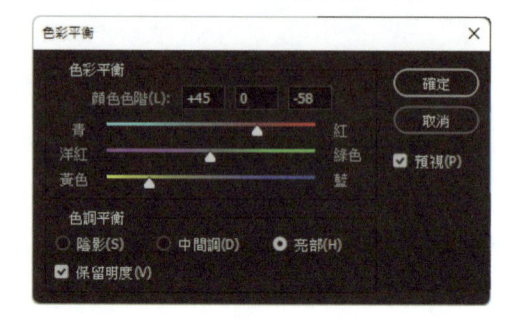

6-2-2 色相 / 飽和度控制

色相 / 飽和度 指令可以控制整張影像、局部影像或單一色彩範圍的色相、飽和度及亮度，特別適用來微調 CMYK 影像中的色彩，讓色彩不會超出輸出裝置的色域。

STEP1 開啟要修正的影像後，執行 **影像 > 調整 > 色相 / 飽和度** 指令。

STEP2 出現 **色相 / 飽和度** 對話方塊，可選擇一種 **預設集**。在 **編輯** 清單中共有六個可調整的原色，選擇「主檔案」，可對整體影像進行控制。

6-18

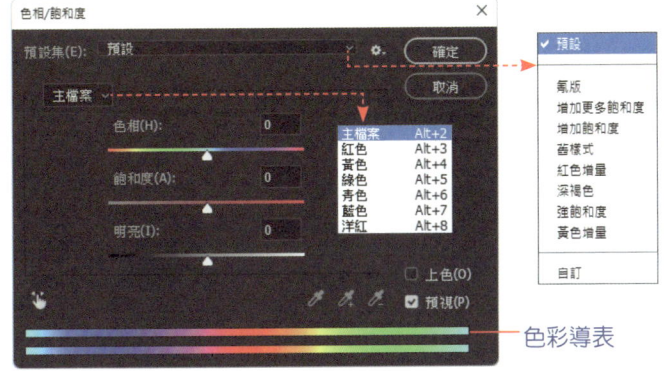

氰版 　　　增加更多飽和度 　　　舊樣式 　　　深褐色 　　　強飽和度

- 調整 **色相** 時，對應的色彩會循著 **色彩導表** 改變，調整範圍是 -180 ~ 180。

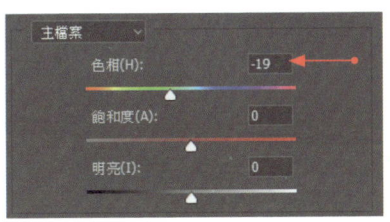

  調整色相

- **飽和度** 與 **明亮** 的調整範圍均是 -100 ~ 100。

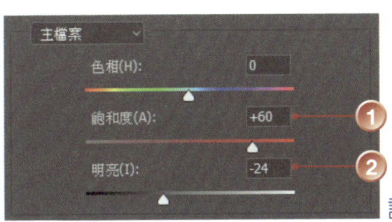

  調整飽和度與明亮

6-19

STEP**3** 按下對話方塊左下角的 **影像上調整** 鈕,將滴管游標移至影像上要調整的色彩,按下滑鼠後即指定該色彩為調整範圍,按住滑鼠並左右拖移即可改變 **飽和度**,若先按 **Ctrl** 鍵再按滑鼠拖曳則可改變 **色相**。

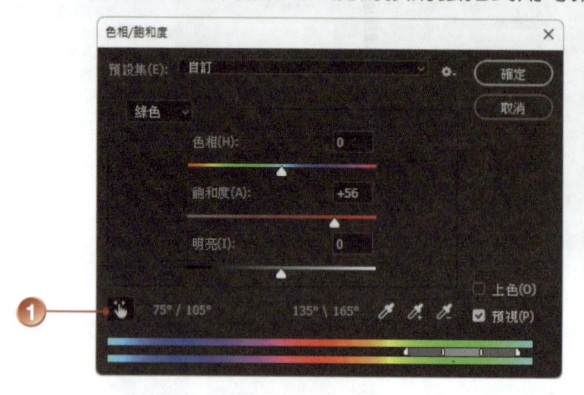

調整飽和度

STEP**4** 如果只想改變影像中紅色的部分,請先在 **編輯** 清單中選擇「紅色」模式,再分別調整 **色相**、**飽和度** 與 **明亮** 值,調整完成後按【確定】鈕。

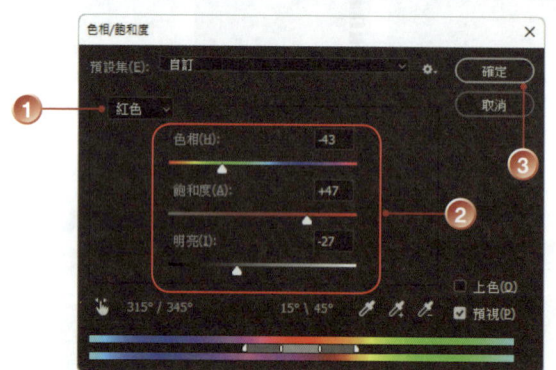

💬 說明

使用 **影像上調整** 鈕或在 **編輯** 清單中選定色彩範圍後,對話方塊下方的 **色彩導表** 中會出現指示標記,標示出 **色彩範圍** 與 **減少量**。出現四個色輪的數值,以「度」為單位,分別與出現在 **色彩導表** 之間的調整滑桿相對應。

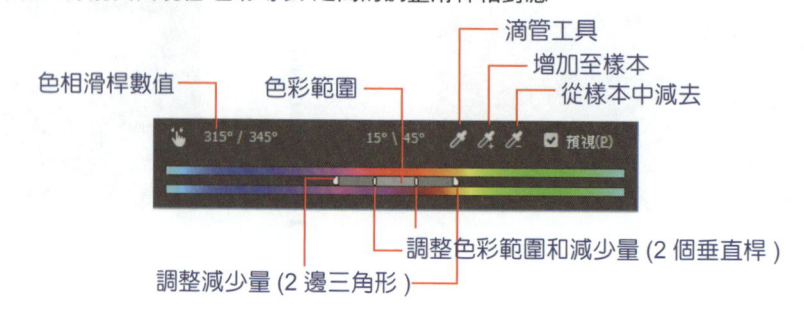

滴管工具
增加至樣本
色相滑桿數值
色彩範圍
從樣本中減去
調整色彩範圍和減少量 (2 個垂直桿)
調整減少量 (2 邊三角形)

6-20

最內側的兩個垂直滑桿定義色彩範圍,外側的兩個三角形滑桿位置,代表在哪些色彩範圍內的像素,會對所做的調整執行「減少量」的動作;所謂的「減少量」就是讓所做的調整羽化,而不只是強硬的套用調整。

- 拖曳 色彩導表 上的任一個三角形滑桿,可以調整色彩的 減少量,但不會影響 色彩範圍。
- 拖曳 減少量(灰色區域),可以調整色彩範圍,但不影響 減少量。
- 拖曳中間淺灰色的區域,可以同時移動 色彩範圍 與 減少量,以選取不同的色彩區域,此時 編輯 中的色彩模式也會隨之改變。
- 透過 滴管工具、增加至樣本、從樣本中減去 三個按鈕,在影像上點選影像色彩可改變或增減色彩範圍。
- 勾選 ☑ 上色 核取方塊,可將整張影像依指定的 色相 上色。

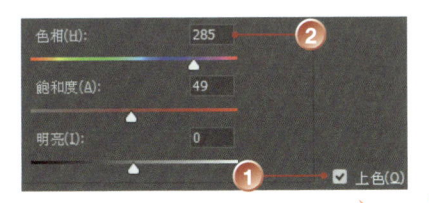

6-2-3 自然飽和度

Photoshop 調整飽和度有兩個指令:**自然飽和度**(Vibrance)與 **飽和度**(Saturation),**飽和度** 指令可以提高飽和度,效果強烈,稍一過度容易產生色偏或不自然的色彩。**自然飽和度**(Vibrance)指令在調整影像的 **飽和度** 時較為自然,可以讓色彩接近最大飽和度時,能適度的減緩增亮,避免「過飽和(Clipping)」,也可避免人像的膚色失真或不自然的風景色彩。請開啟要調整的影像後,執行 **影像 > 調整 > 自然飽和度** 指令。

> 說明
> 自然飽和度 指令會調整未飽和色彩的飽和度,已經飽和的色彩不會產生變化,具有選擇性。色相/飽和度 指令中的 飽和度 參數沒有選擇性,會全部調整。

調整自然飽和度

原影像

將較多不飽和的色彩接近飽和

減少自然飽和度（-50）

調整飽和度

要讓所有色彩有一致的飽和度，則調整「飽和度」滑桿

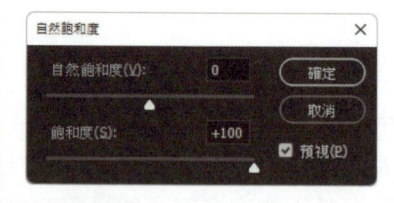

「飽和度」調為「-100」等於「去除飽和度」

6-2-4 去除飽和度

使用 **去除飽和度** 指令,可以將整張影像或局部影像中所有的色彩彩度都變為「0」,看起來就像是灰階影像,但不會改變原來的色彩模式。

STEP1 開啟影像範例,選取要去除飽和度的範圍;本例中可先載入「flower」選取範圍後,再執行 **選取 > 反轉** 指令。

STEP2 執行 **影像 > 調整 > 去除飽和度** 指令,選取範圍內的色彩皆轉為灰階色彩,未被選取的區域依然保持彩色。

6-2-5 符合顏色的處理

使用 **符合顏色** 指令會將目標影像中所指定的顏色,轉換成來源影像中的特定色彩。想要將不同影像中相似物件的色彩調整成一致時,就可以使用這個超級好用的指令!**符合顏色** 指令也可以將同一張影像中的不同圖層設定為顏色相符。

STEP1 開啟要調整的目標影像(A)與來源影像(B),在來源影像中選取要 **符合顏色** 的來源影像區域,接著在目標影像中選取要轉換為來源色彩的區域。

目標影像中載入「flower」選取範圍

來源影像中選取要設定色彩的範圍

6-23

STEP2 點選目標影像的編輯視窗成為作用中,執行 **影像 > 調整 > 符合顏色** 指令。

STEP3 出現 **符合顏色** 對話方塊,在下方的 **來源** 下拉式清單中選擇來源影像,再視需要調整相關屬性,調整完後按【確定】鈕。

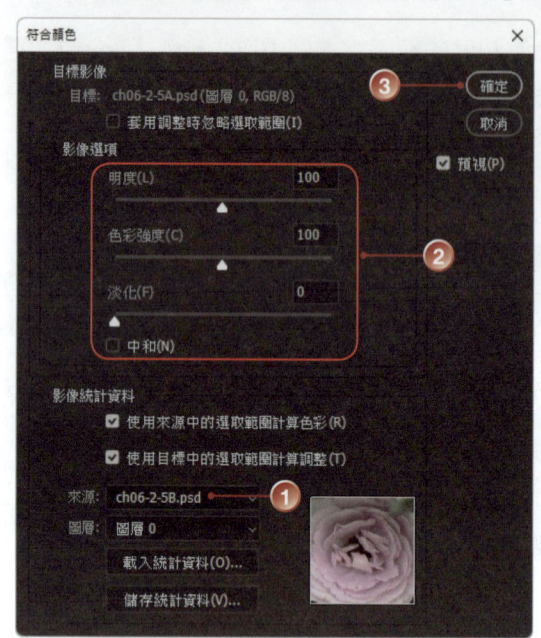

- **套用調整時忽略選取範圍**:若勾選此核取方塊,調整時會忽略選取範圍,將設定值套用到整張影像。
- **中和**:若勾選此核取方塊,會自動調和來源影像及目標影像的色彩。
- **使用來源中的選取範圍計算色彩** 與 **使用目標中的選取範圍計算調整**:可選擇是否要依據選取範圍內的色彩來執行。

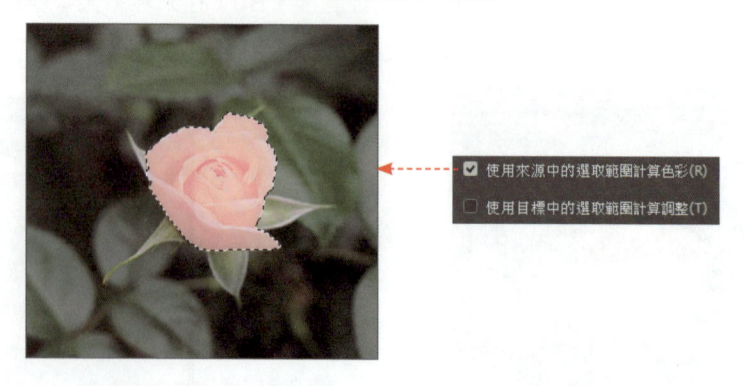

- **圖層**:若影像中含有數個圖層,可以在清單中挑選作用的圖層名稱。

6-24

6-2-6 相片濾鏡

相片濾鏡 指令是用來模擬相機鏡頭前加裝彩色濾鏡的特效，藉以調整色彩平衡和光線色溫。

STEP **1** 開啟影像範例，執行 **影像 > 調整 > 相片濾鏡** 指令。

STEP **2** 出現 **相片濾鏡** 對話方塊，點選 ⊙ **濾鏡** 項目，在清單中選擇要套用的濾鏡；也可以點選 ⊙ **顏色** 項目，再按一下旁邊的色塊，透過 **檢色器** 來設定濾鏡色彩。

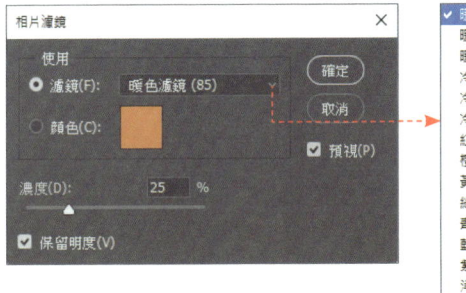

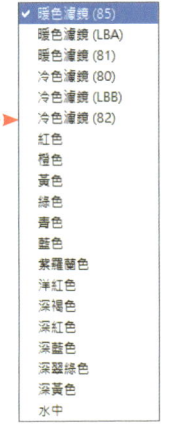

STEP **3** 視需要調整套用濾鏡色彩的 **濃度**，調整完後按【確定】鈕。

暖色濾鏡（85）濃度 80　　冷色濾鏡（80）濃度 60　　指定色彩、濃度 50

6-2-7 黑白

黑白 指令可以將色彩移除變成灰階影像，除了將影像轉成黑白影像之外，還可以進一步控制每個原始色彩的灰階值，讓影像即使轉成黑白，仍能保有細節，因此比起其他轉黑白影像的方式，有更高的控制與創作性。其他的方式例如：轉為 **灰階** 模式、使用 **漸層對應** 與 **去除飽和度** 指令…等，都無法一步達到 **黑白** 指令的操控與便捷性，初學者可以直接跳過。

STEP 1 開啟影像範例，執行 **影像 > 調整 > 黑白** 指令。

STEP 2 選取範圍會以預設值先轉成黑白，在 **黑白** 對話方塊中有六個色彩控制滑桿，您可以視需求調整指定的色彩明暗度（-200~+300），或是按下【自動】鈕，根據影像的顏色數值設定灰階混合，求得最大範圍的灰階值分佈。

自動調整結果

> **說明**
>
> 調整各色彩控制可以改變這個顏色轉換後的灰度（深淺），例如：深紅色和深綠色轉灰階後可能變成非常近似的深灰色而無法分辨，這時，調整 紅色 或 綠色 滑桿，就可以讓二個顏色成為不同深度的灰，就類似傳統黑白膠片攝影時套用有色濾鏡的效果。 
>
> 紅色值為 64
> 綠色值為 183

STEP**3** 勾選 ☑**色調** 核取方塊，可以為黑白影像加上整體色調，相當於製作單色調（Monotone）的影像，設定這個色彩決定了這個單色調影像的基調。視需要點選 **檢色器** 選擇色彩，再於下方調整 **色相** 與 **飽和度**。

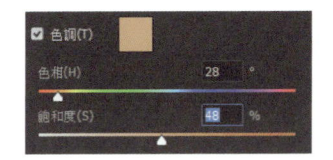

加上色調

STEP**4** 完成後按【確定】鈕。

6-27

6-2-8 選取與取代顏色

要取代影像中的顏色，可以使用 **影像 > 調整** 中的 **選取顏色** 或 **取代顏色** 指令，來調整影像中的局部顏色，可以修正色偏或變更為指定色彩。**選取顏色** 指令是選擇一種顏色，然後對整個影像含有這個色彩的成分予以調整。**取代顏色** 指令是用顏色來作選取，然後對選取的部分調整顏色。

選取顏色

STEP 1 開啟影像範例，執行 **影像 > 調整 > 選取顏色** 指令。

STEP 2 開啟對話方塊，從 **顏色** 下拉式清單中選擇要變更的色彩，再調整 **青色、洋紅、黃色、黑色** 四色的滑桿，調整時，影像中含有「青色」色彩的成分都會進行調整。

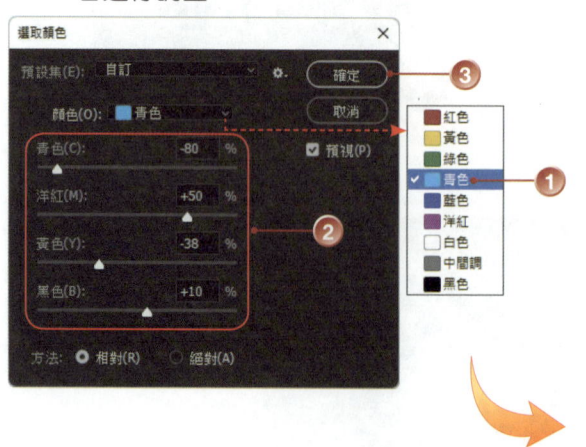

結果

6-28

取代顏色

STEP **1** 開啟影像範例，執行 **影像 > 調整 > 取代顏色** 指令。

STEP **2** 在影像上直接選取要取代的色彩。

此處的調整方式與「選取 > 顏色範圍」指令相同，也就是用色彩進行選取

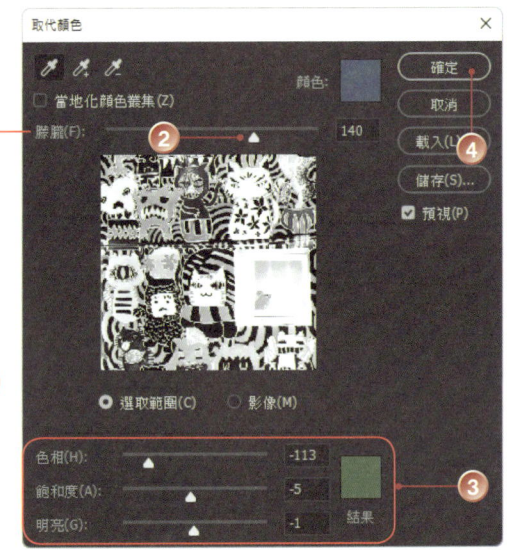

STEP **3** 調整 **色相**、**飽和度** 和 **明亮** 參數，或點選 **檢色器** 選取色彩，調整時只會調整選取的區域。

取代結果

💬 說明

如果想要快速且不需非常精確的更換物件顏色，也可以使用 **顏色取代工具**，請參考 8-2-2 小節的介紹。

6-29

6-2-9 特殊色階效果

Photoshop 提供了幾種經常使用的特殊色階效果指令,只需要一些簡單的設定,就能輕易達到所要的效果。雖然這些指令都可以透過 **影像 > 調整 > 曲線** 指令來完成,不過,對於初學者而言,可以藉由操作這些指令,更加了解如何活用影像的特殊需求。

| 原影像 | 負片效果 | 臨界值 | 色調分離 |

均勻分配

透過 **影像 > 調整 > 均勻分配** 指令,可以將整張影像或局部影像的像素平均分佈到各個色階中,使得影像較偏向中間色調。通常會應用在曝光不足或曝光過度的影像上。下圖是一張在室內拍攝的照片,透過 **色階分佈圖** 可以清楚的看到影像色階集中在暗部,曝光不足。

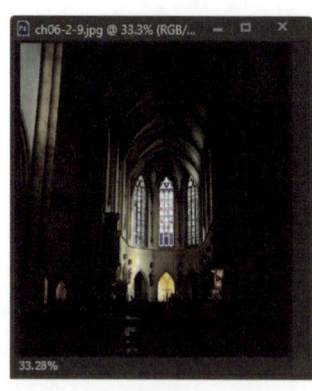

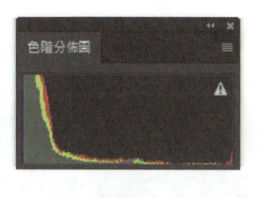

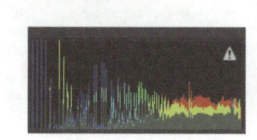

原影像　　　　　　　　　　　　　　均勻分配後影像明度提高

執行 **均勻分配** 可以使最亮的像素接近 **白色**、最暗的像素接近 **黑色**,再將影像上的像素明度值重新分配。

若先定義選取範圍之後再套用 **均勻分配** 指令，執行後會出現 **均勻分配** 對話方塊，您可以在 **選項** 下選擇所要套用的範圍選項後，按【確定】鈕。

以選取範圍為基礎均勻分配整個影像

只做選取區域的均勻分配

> **說明**
> **均勻分配** 與 **自動色調** 指令的差別，在於 **自動色調** 指令不會將像素明度平均分配，只會拉開色階分佈範圍。

6-3 高動態範圍（HDR）影像

　　相機的 **動態範圍**（Dynamic Range）又稱為「寬容度」，就是相機所能記錄最亮和最暗的差異範圍，當景物亮部和暗部差異過大，超過相機所能記錄的範圍時，就會呈現出亮部正常曝光、但暗部全黑看不到細節，或暗部正常曝光、亮部卻全白沒有細節的結果。

　　為解決相機「寬容度」不足的缺憾，在拍攝高反差的景物時，可以使用 **HDR 高動態範圍**（High Dynamic Range）來處理，HDR 就是對上述的高對比影像拍攝多張不同曝光度的照片，然後予以合併，讓影像的亮部及暗部細節都能清楚的顯現。

HDR 可以在合併照片的同時加入特效,例如「藝術風」超現實對比 ... 等效果,HDR 也經常應用在動畫與 3D 作品及一些特效攝影中。執行 **合併至 HDR Pro** 指令,可以將合併的影像輸出為 32 bpc(位元 / 色版)、16 bpc 或 8 bpc 的檔案。利用 Photoshop 來處理 **高動態範圍** 的影像,除了讓影像呈現出具有亮部及暗部的細節外,還可以利用多張影像的重疊,創造出超現實的視覺感,是許多攝影玩家喜歡嚐試的效果之一。

> **說明**
> 許多手機的照相功能也有 HDR 處理能力,即使在拍攝高反差的影像時,也能自動啟動 HDR 拍出不錯的效果。

6-3-1 將影像合併至 HDR

為解決相機寬容度不足的缺憾,在拍攝高反差的景物時,可以拍攝多張不同曝光度的照片,合併後增加動態範圍(寬容度),讓影像的亮部及暗部細節都能清楚的顯現。HDR 影像經常應用在處理影像的特殊效果、動畫與 3D 作品及一些高階攝影中。執行 **合併至 HDR Pro** 指令,可以將合併的影像輸出為 32 bpc(位元 / 色版)、16 bpc 或 8 bpc 的檔案。

> **說明**
> 要拍攝能使用 **合併至** HDR Pro 指令的相片時,請注意以下幾點:
> - 將相機固定在腳架上,拍攝至少 3 張構圖相同、光圈相同、曝光值不同的相片,來涵蓋場景的完整動態範圍,最好有 5 到 7 張。
> - 相片間的曝光度差異應該是相差 1 或 2 EV(曝光值)之間。
> - 不要改變光源,例如:不要一張使用閃光燈、下一張不使用。
> - 場景中盡量不要有任何明顯的移動物,雖然 HDR Pro 指令有 **移除重影** 的功能。

STEP 1 先將要處理的影像準備好後,執行 **檔案 > 自動 > 合併為 HDR Pro** 指令。

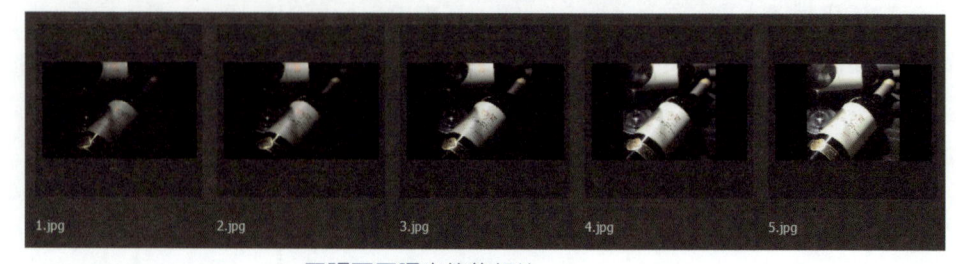

五張不同曝光值的相片

STEP2 開啟 **合併為 HDR Pro** 對話方塊，按一下【瀏覽】鈕選取要合併的影像後，按【確定】鈕。

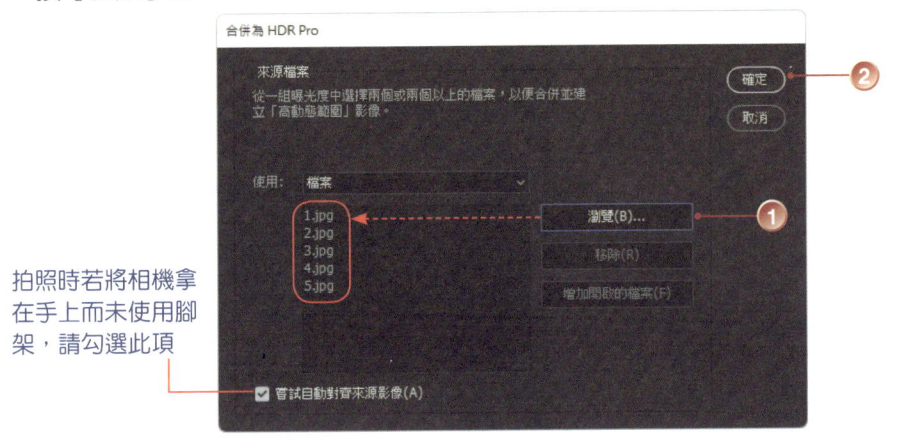

拍照時若將相機拿在手上而未使用腳架，請勾選此項

STEP3 若影像缺少曝光度的中繼資料，會接著出現 **手動設定 EV** 對話方塊，此時請手動指定數值；若未缺少曝光度資料，會直接出現如下圖所示的 **合併為 HDR Pro** 對話方塊，並顯示來源影像的縮圖及合併結果的預視。

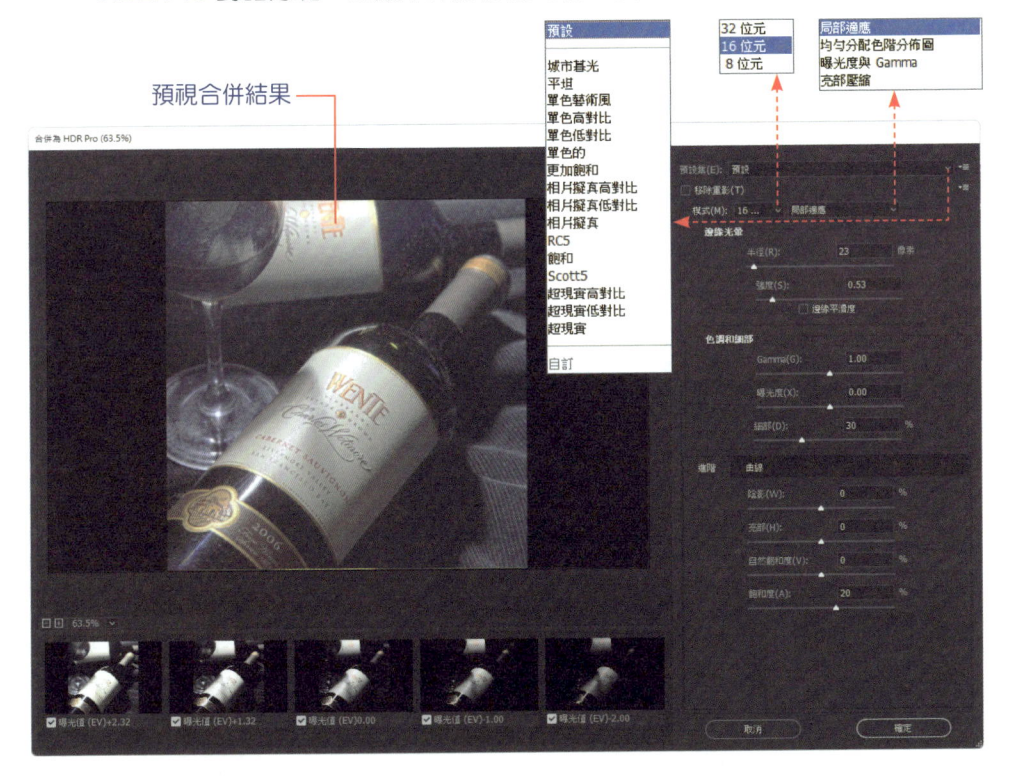

預視合併結果

STEP 4 在對話方塊右上角的 **模式** 下拉式清單中選擇合併影像的 **位元深度**，本例中採預設的「16 位元」。

STEP 5 由於 HDR 影像所包含的明度色階，遠超過 16 或 8 位元影像可以儲存的動態範圍，因此從 32 位元轉換為較低位元深度時，可再調整 **曝光度** 等參數，此時選擇 **曝光度與 Gamma** 選項，可以得到不錯的效果。

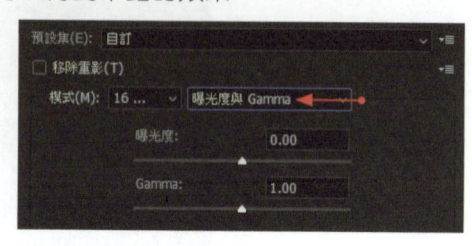

STEP 6 您也可以從現有的 **預設集** 中選擇，下圖為選擇不同預設集的效果。

相片擬真

單色藝術風

更加飽和

超現實低對比

STEP**7** 若影像中有移動的物件（例如：汽車、行人或樹葉），可勾選 ☑**移除重影** 核取方塊，Photoshop 會以最佳色調平衡來顯示縮圖，並在縮圖四周加上綠色外框，用以識別基本影像，而其他影像中出現的移動物件則會被移除。

STEP**8** 調整完成按【確定】鈕，開始合併為 HDR 並建立新文件。

合併結果

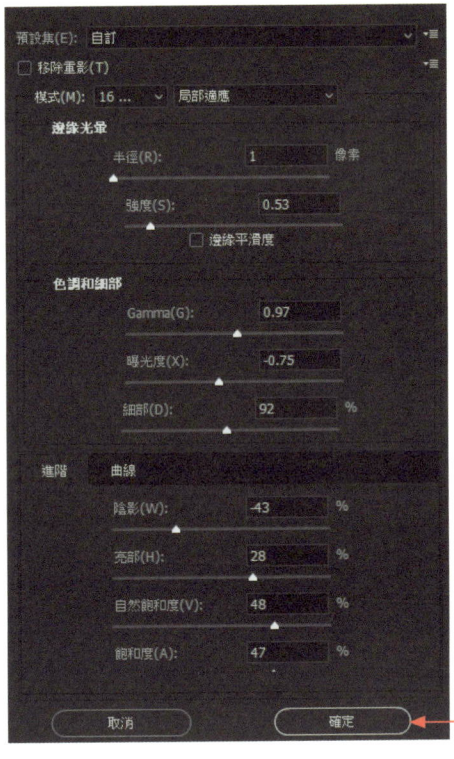

6-3-2 調整 HDR 曝光度和色調

經過合併的 HDR 影像，不管是 32、16 或 8 位元，都可再調整影像的 **曝光度** 和 HDR **色調**。雖然 **曝光度** 和 HDR **色調** 指令主要是為調整 32 位元 HDR 影像所設計，不過也可以套用到 16 和 8 位元的影像，以建立類似 HDR 的效果。

調整 HDR 曝光度

曝光度 運作的方式是在 **線性色域**（Gamma 1.0）中執行計算，而不是在影像目前的色域中執行計算。

STEP **1** 開啟要調整的影像，執行 **影像 > 調整 > 曝光度** 指令。

STEP **2** 拖曳 **曝光度** 滑桿調整影像的亮部，但儘量降低對影像中極暗陰影區域的影響。

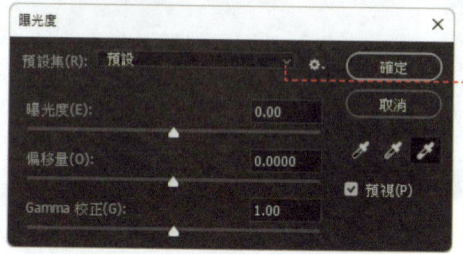

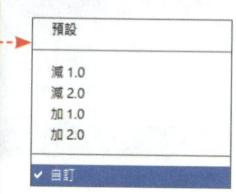

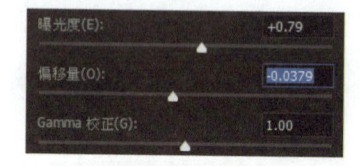

STEP **3** 拖曳 **偏移量** 滑桿以修正畫面錯位，使陰影和中間調變暗，但儘量降低對亮部的影響。

說明

調整 32 位元影像時，可以利用影像視窗底部的 **曝光度** 滑桿來調整。

6-36

STEP**4** 視需要調整 Gamma 校正 值。

STEP**5** 透過 滴管工具 也可以調整影像的明度值，完成設定後按【確定】鈕。

- **設定最暗點滴管** ：會設定 偏移量，將所點選的像素偏移成零。

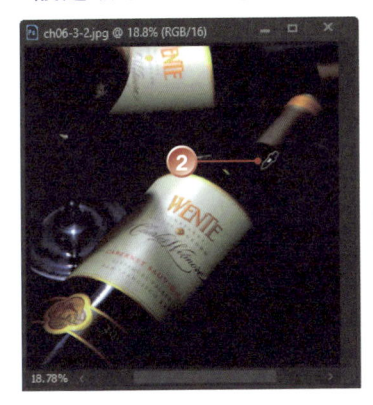

- **中間調滴管** ：會設定 曝光度，將所點選的數值變成中間灰色色階。

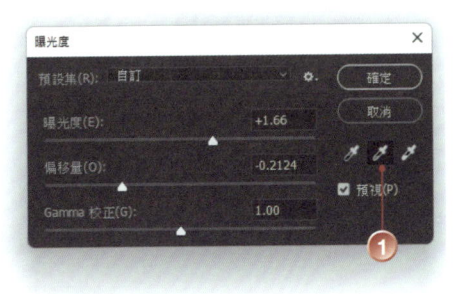

- **設定最亮點滴管** ：會設定 曝光度，將所點選的像素偏移成白色。

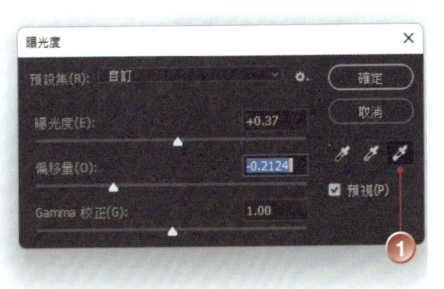

調整 HDR 色調

HDR 色調 指令可讓您套用全範圍 HDR 對比和曝光度設定到個別的影像。影像若包含圖層，執行時需先將圖層平面化。

STEP**1** 於 RGB 或 灰階 色彩模式中開啟 32、16 或 8 位元的影像。

STEP**2** 執行 影像 > 調整 >HDR 色調 指令，開啟 HDR 色調 對話方塊，視所需進行調整。

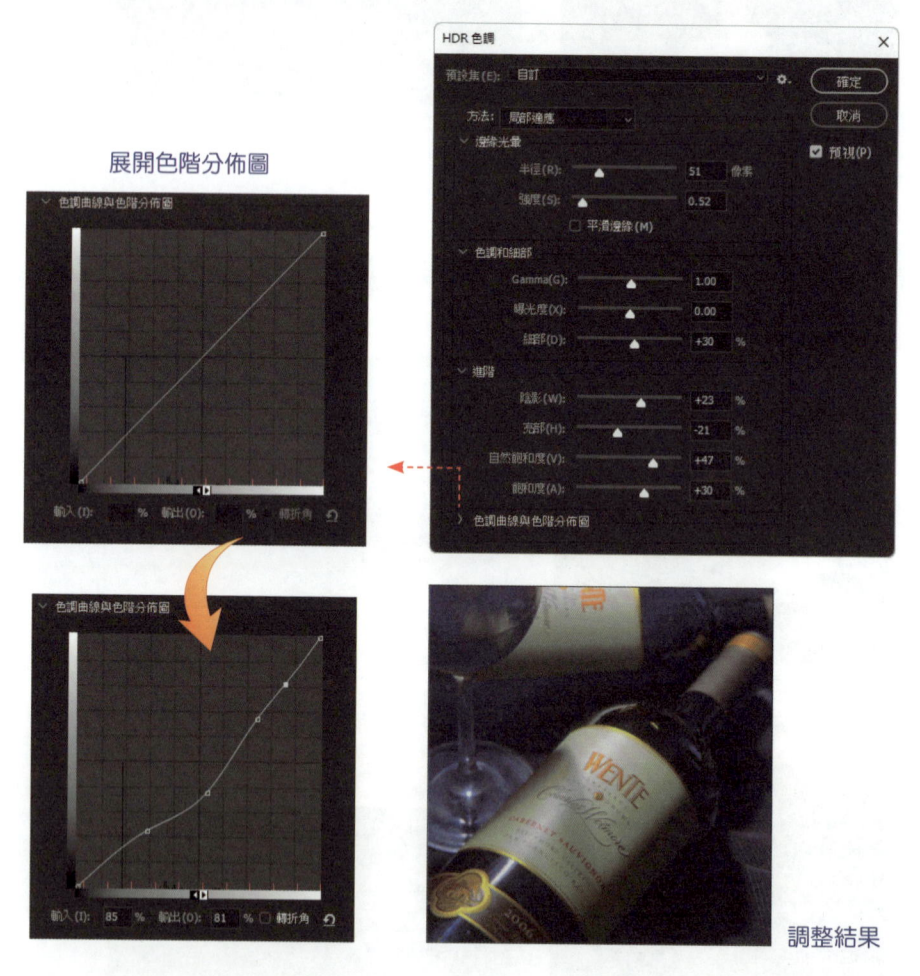

展開色階分佈圖

調整結果

6-4 潤飾工具

前面幾節介紹了和影像色彩或色調有關的調整技巧，通常都是針對整張或大範圍的區域來執行。如果只是一點小瑕疵，例如：灰塵、皮膚上的斑點、細紋、紅眼或影響畫面的內容 ... 等情形，那麼透過簡單的「潤飾」與「修復」工具，可以將影像上的污漬和瑕疵修飾的無影無蹤，是您必學的編修技巧。

潤飾工具 是類似筆刷的工具，可以在畫面上直接塗抹來調整局部影像的色彩、亮度與對比，以及作模糊化或銳利化，一般常應用在調整人像或靜物特寫等類型的影像。使用這些工具的程序大致上相同，包括以下的幾個步驟：

1. 選取工具。
2. 於 **選項** 設定筆刷尺寸、選擇繪圖模式（混合模式）、設定畫筆強度（或曝光度）。
3. 視狀況勾選相關的核取方塊。
4. 以滑鼠拖曳進行塗抹。

6-4-1 指尖工具

指尖工具 會模擬手指在溼顏料上塗抹時所產生的效果，可使用在油畫、水彩或素描上，運用指尖繪圖的功能達到色彩融合的效果。點選 **指尖工具** 後，先在 **選項** 上選擇筆尖、混合模式、強度和筆刷角度，在影像上拖曳滑鼠進行塗抹，影像會以指尖塗抹的範圍進行色彩混合，並依指尖的方向塗上顏色。

6-39

塗抹結果

　　勾選 **選項** 上的 ☑**手指塗畫** 核取方塊時，會變為手指繪圖的模式，此時會以 **前景色** 為色彩，在影像中塗上色彩並且與影像融合。若勾選 ☑**取樣全部圖層** 核取方塊，顏色取樣將不限於作用中圖層，只要在視窗中可以看見的圖層均可以進行塗抹混合。

下筆處的色彩會較明顯

🗨 說明

- 進行拖曳塗抹時，按住 Alt 鍵可快速切換為 **手指塗畫** 的模式。
- 使用圖形繪圖板（例如 Wacom 數位板）時，可透過筆的壓力、角度、旋轉或筆尖輪來控制繪圖工具。

6-4-2 模糊與銳利化工具

模糊工具 🌢 與 **銳利化工具** 🔺 都是對焦工具的一種。**模糊工具** 🌢 可以使影像局部模糊，柔化清晰的邊緣或降低細部的明顯度，類似攝影時使用柔焦鏡的效果。**銳利化工具** 🔺 預設是採用 **變暗** 的模式，會增加邊緣的對比而提高影像的銳利度，若勾選 ☑**保護細節** 核取方塊，會加強細部並減少像素化的不自然感。在影像上繪製愈多次，就會愈模糊或愈銳利。

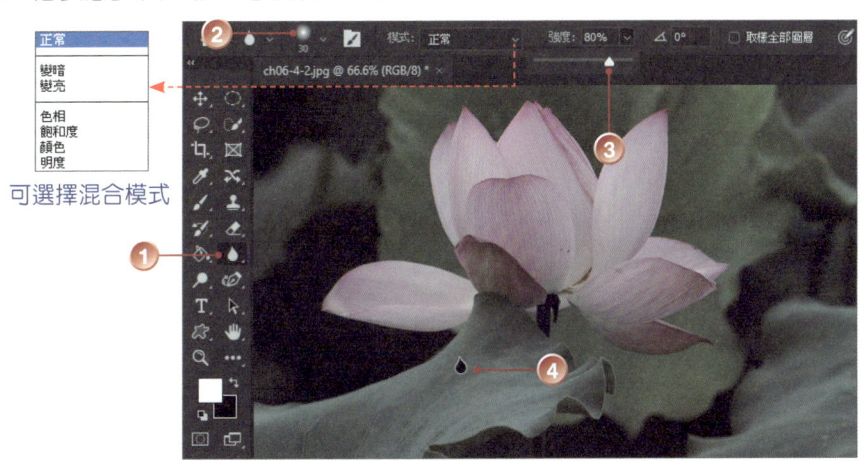

可選擇混合模式

拖曳滑鼠進行塗抹使影像模糊

模糊化影像　　　銳利化影像（比較上圖即可看出差異）

> 💬 說明
> 使用這二項工具時，會作用在所塗抹影像的局部區域，若要套用到整張影像，請使用 **濾鏡** 功能表的 **模糊濾鏡** 或 **銳利化濾鏡** 指令。

6-41

6-4-3 加亮與加深工具

加亮工具 可以增強影像部分區域的曝光程度，而 **加深工具** 則相反，會降低影像部分區域的曝光程度。透過 **選項** 上的 **曝光度** 參數，可以調整修正的強度，勾選 ☑ **保護色調** 核取方塊，能保護原本的色調和色彩，在人像的編修上就能維持原本的膚色，同時調整明暗度。

原影像

加深影像局部區域
加亮影像局部區域

🍀 說明

範圍 中的 **中間調**、**陰影** 與 **亮部** 可以決定要修正的是亮部或陰影的像素。

- **陰影**：只變更影像上暗部的範圍。
- **中間調**：只變更影像的中間調範圍。
- **亮部**：只變更影像上亮部的範圍。

6-42

6-4-4 海綿工具

使用 **海綿工具** 可以局部修正影像色彩的飽和度,共包含二種模式:**去色**(去除飽和度)可以降低影像色彩的飽和度,**加色**(飽和)則可提高影像色彩的飽和度。勾選 ☑ **自然飽和度** 核取方塊,會讓色彩保持原有的色調,不會過度飽和。

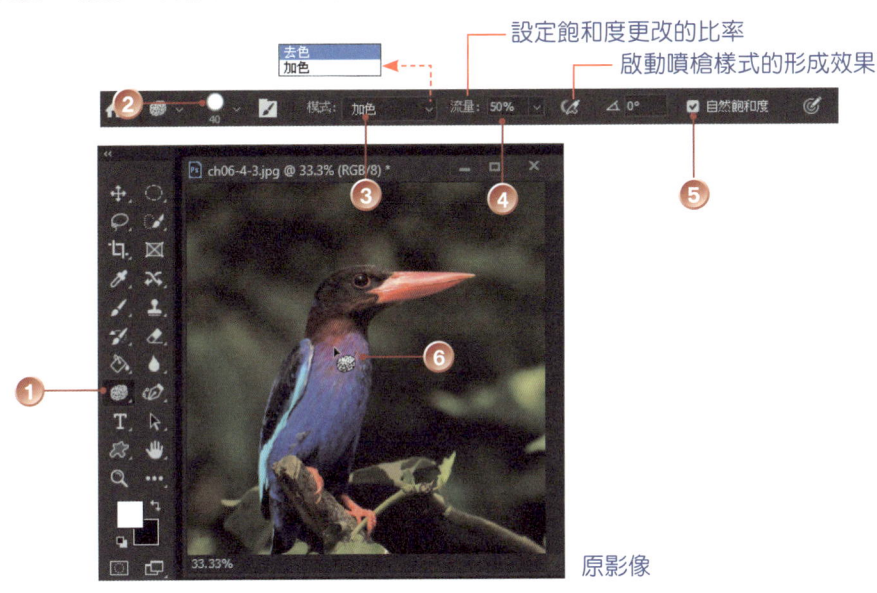

原影像

局部增加飽和度

局部去除飽和度

6-5 仿製工具

仿製工具 顧名思義就是有「模仿」的意思，模仿的來源可以是影像中的指定內容，或是來自某特定的圖樣，藉此複製出相同影像來源的內容。這個工具群組中的二個工具外觀就像個「印章」，代表會忠實的呈現出仿製來源的影像內容。

6-5-1 仿製印章工具

使用 **仿製印章工具** 可以將物件或部分影像內容仿製到其他區域，或其他相同色彩模式的開啟中文件，以便修補相片的瑕疵、移除不要的部分或是複製出相同的內容。

透過 **仿製來源** 面板（**視窗 > 仿製來源**），可以設定五個不同的樣本來源，使用時再視需要選取不同的來源，而不用每次都重新取樣。面板中預設會勾選 ☑ **顯示覆蓋** 核取方塊，因此可立即檢視樣本來源的覆蓋情形。您也可以縮放或旋轉樣本來源，以便符合仿製目的地的大小和方向。預設還會選取 ☑ **已剪裁** 核取方塊，可將覆蓋區域剪裁至筆刷經過的範圍。

STEP1 點選 **仿製印章工具** 鈕，在 **選項** 上設定 **筆刷大小**、**效果模式**、**不透明**、**流量**、**筆刷角度**、**仿製模式**、**樣本** 等屬性，**樣本** 若選擇 **全部圖層** 會從所有可見的圖層中取樣資料，選擇 **目前圖層** 則只會從作用中圖層取樣。

STEP2 先按住 Alt 鍵，然後在影像上以滑鼠左鍵定義出仿製區域的取樣點。

STEP3 接著在 **仿製來源** 面板中按一下第二個 **仿製來源** 鈕以設定另一個取樣點，並視需要設定其他選項，例如：**縮放** 為 50% 及 **旋轉** 180 度。

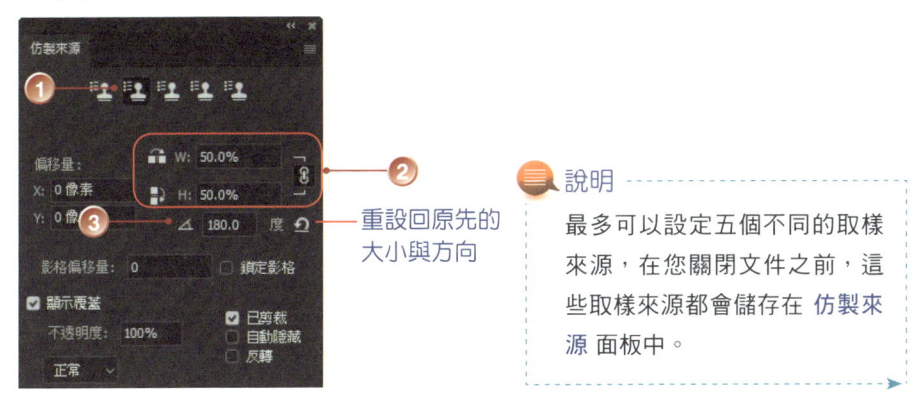

重設回原先的大小與方向

說明
最多可以設定五個不同的取樣來源，在您關閉文件之前，這些取樣來源都會儲存在 **仿製來源** 面板中。

STEP4 若設定了多個取樣來源，要使用前請先在 **仿製來源** 面板中點選仿製來源，然後在影像中拖曳滑鼠以繪製出仿製圖像。

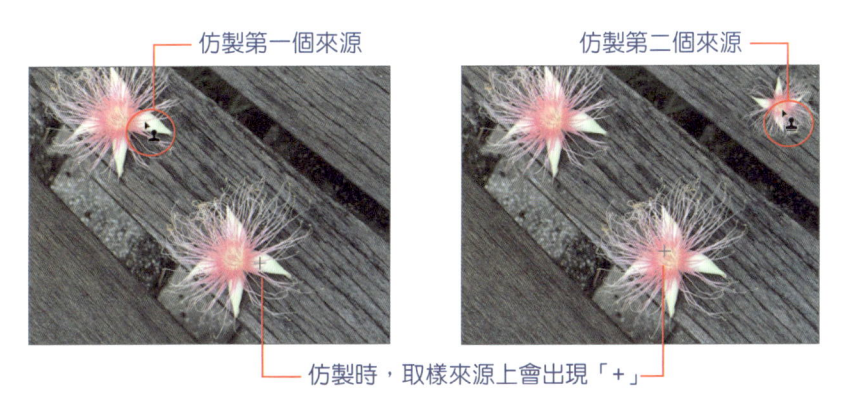

仿製第一個來源　　　　仿製第二個來源

仿製時，取樣來源上會出現「+」

說明
- 如果沒有先定義仿製區域的取樣點，會出現如下圖所示之警告訊息。

- 要仿製時，滑鼠游標會隱約顯示仿製來源的影像供參考。

- 在仿製圖像的過程中，勾選 ☑ **對齊** 核取方塊會持續取樣像素，無論您放開滑鼠按鍵多少次，都會重複使用目前的取樣點；如果取消勾選，則每一次放開滑鼠重新繪圖時，會重複使用最初的取樣像素，從下面的二張圖可以比較其差異。

接下頁 ➡

6
影像調整與修復

6-45

勾選「對齊」核取方塊再仿製　　　　　　取消勾選「對齊」核取方塊再仿製

6-5-2 圖樣印章工具

使用 **圖樣印章工具** 可以將 Photoshop 預設或自行建立的圖樣複製到影像中。

STEP1 開啟要編修的影像，視需要在影像上建立選取範圍。

STEP2 點選 **圖樣印章工具** ，在 **選項** 上設定 **筆刷大小**、**效果模式**、**不透明**、**流量** 等屬性。

STEP3 在 **圖樣** 檢選器中選擇要繪製的圖樣；若勾選 ☑ **印象派** 核取方塊，則可以繪製出 **印象派** 效果。

載入「leaf」選取範圍後「反轉」

STEP4 在影像上以滑鼠拖曳或蓋印方式點選，即可使用指定的圖樣繪圖。

勾選「印象派」核取方塊的效果

未勾選「印象派」核取方塊的效果

6-6 修復工具

修復工具 可以修復影像上的污點、刮痕、皺摺、紅眼或不該入鏡的雜物等瑕疵，透過 **內容感知移動工具**，可以「移動」或「延伸」選取範圍，讓重新構圖影像的過程更輕鬆容易。雖然使用 **仿製印章工具** 也可以達到相同的效果，不過得花上不少的時間來回慢慢的修整，同時還得兼顧周遭的光影變化；有了加強版的「內容感知」功能後，可以輕鬆的告別影像中惱人的路人與雜物囉！

- 污點修復筆刷工具
- 修復筆刷工具
- 修補工具
- 內容感知移動工具
- 紅眼工具

6-6-1 污點修復筆刷工具

使用 **污點修復筆刷工具** 可以快速地修復相片中影像上的污漬或其他瑕疵。執行修復工作時，會採用影像或圖樣中的取樣像素進行繪圖，而所取樣的像素紋理、光源、透明度和陰影會符合正在修復的像素。

在本範例影像中，要修飾小孩臉頰二側的蚊蟲叮咬痕跡，建議選擇比修正區域稍微大一點的筆刷，如此按一下滑鼠左鍵即可覆蓋整個點選區域。

- **內容感知**：預設的選項，按下滑鼠左鍵時，會採用比較鄰近的影像內容，以便完全填滿選取範圍，並維持重要的細節，例如陰影和物件邊緣。

- **建立紋理**：按下滑鼠左鍵時，會採用選取範圍中的所有像素，產生用來修正區域的紋理。

- **近似符合**：按下滑鼠左鍵時，會採用選取範圍邊緣的周圍像素，找出可以修補選取區域的影像區域。

◐ **取樣全部圖層**：勾選此核取方塊後,會從所有可見的圖層中取樣;如果不勾選,只會從作用中圖層取樣。

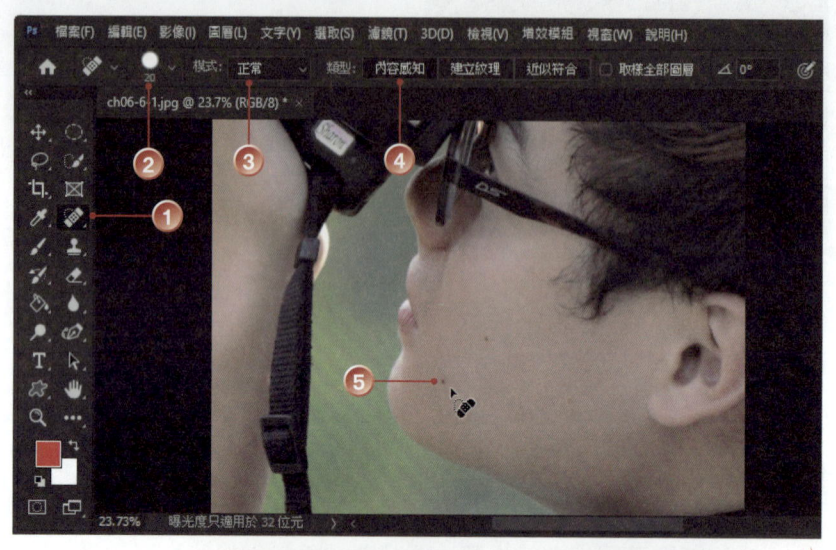

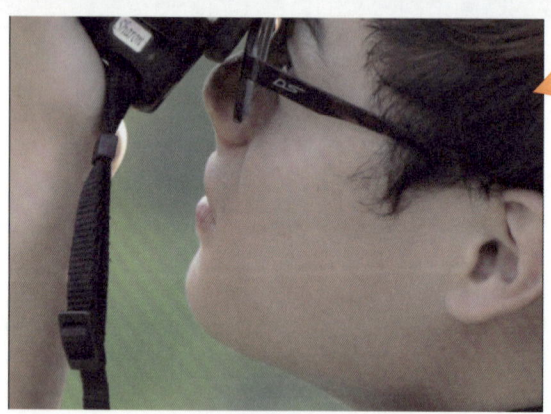

修復結果

6-6-2 修復筆刷工具

修復筆刷工具 可以校正影像上的瑕疵,將影像上的污點與相鄰像素混合,讓它們不會出現在周圍的影像中,以修補影像中多餘的線條與污點。它和 **仿製印章工具** 一樣,使用時必須先從影像或圖樣中取樣然後再進行繪製,因此也可以配合 **仿製來源** 面板的使用,設定五種不同的仿製來源。

6-48

STEP1 開啟要編修的影像，點選 **修復筆刷工具**，在 **選項** 上設定 **筆刷大小**、效果 **模式**。指定要用哪種 **來源** 去修復像素，選擇【取樣】鈕會使用目前影像中的像素；選擇【圖樣】鈕，可從 **圖樣** 揀選器中選取圖樣。視需要勾選 ☑ **對齊** 核取方塊，再從 **樣本** 中指定取樣的圖層。

> **說明**
> 如果要修復區域的邊緣對比很強烈，在使用 修復筆刷工具 之前，可先建立選取範圍，此選取範圍應該大於要修復的區域，不過要精確地吻合對比像素的邊界，此選取範圍將可防止色彩發生從外向內滲入的現象。

STEP2 接著先按住 Alt 鍵，然後在影像上以滑鼠左鍵定義取樣點。若要再設定其他取樣點，請於 **仿製來源** 面板點選另一個 **取樣來源** 鈕，並指定相關選項，例如：**縮放** 或 **旋轉角度**；最多可以設定 5 個不同的取樣來源。

STEP3 若設定了多個取樣來源，請先在 **仿製來源** 面板中點選要使用的樣本來源，然後在影像上要修復的區域拖曳滑鼠繪圖，進行修復影像的程序，每一次鬆開滑鼠按鍵時取樣的像素就會與現有的像素融合。

修復後電纜線消失了

6 影像調整與修復

6-6-3 修補工具

修補工具 可以使用影像中另一個區域或圖樣中的像素，來修復所定義的影像選取範圍。和 **修復筆刷工具** 一樣，**修補工具** 也會使取樣像素的紋理、光源和陰影符合來源像素，使用 **內容感知** 選項可以透過合成鄰近內容，完美無縫的取代不要的影像元素，所產生的自然外觀類似於「內容感知填滿」。

STEP1 開啟要修補的影像，點選 **修補工具** ，在 **選項** 上的 **修補** 中選擇 **內容感知**，視狀況調整以下參數，再以滑鼠在影像上拖曳，建立要修補的影像範圍。

- **結構**：輸入 1-7 之間的值，指定修補反映現有影像圖樣的程度。輸入 7，修補會非常類似於現有的影像圖樣，若值為 1，則修補會大幅異於影像圖樣。

- **顏色**：輸入 0-10 之間的值，指定 Photoshop 套用到修補的演算顏色混合程度。輸入 0 會關閉顏色混合，值為 10 則會套用最高的顏色混合。

STEP2 接著以滑鼠拖曳上述選取範圍到要取樣的其他影像區域中，選取範圍中會立即顯示修補的來源圖像，調整至最佳的位置後，鬆開滑鼠按鍵即會以取樣的像素修補原來選取的區域。

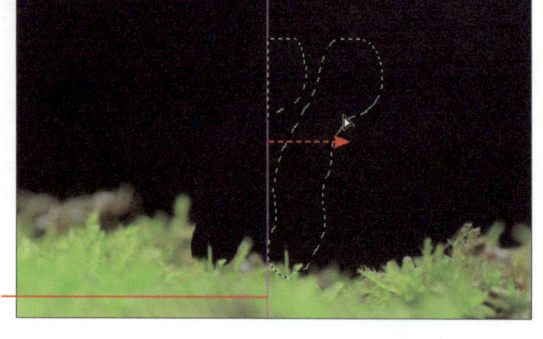

出現參考線

STEP3 視需要可重複步驟 2 的動作，Photoshop 會自動定義填滿圖樣與鄰近像素無縫混合。

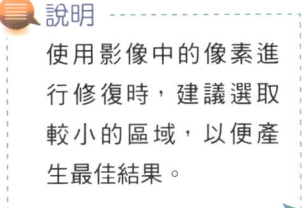

> **說明**
> 使用影像中的像素進行修復時，建議選取較小的區域，以便產生最佳結果。

修補結果

6-6-4 內容感知移動工具

內容感知移動工具 將「內容感應」功能發揮到極致，這個工具可以讓您快速重組影像，而不需透過複雜的圖層作業，或是緩慢、精確的選取動作。其中的「延伸」模式可以栩栩如生的膨脹或收縮頭髮、樹木或建築等物件；「移動」模式可將選取範圍置入完全不同的位置（背景保持相似時最為有效）。不管是將選取的物件移動或延伸（複製）至影像的另一個區域，內容感知移動技術都會自動重新構圖並混合物件，以產生出色的視覺效果。

STEP1 開啟影像範例，選取 **內容感知移動** 工具。

STEP2 在 **選項** 中選擇 **模式**，本例中選擇 **移動**，預設會勾選 ☑**陰影變形**，讓您縮放或旋轉選取範圍，其他的參數與 **修補工具** 相同。

STEP3 接著在影像中，將您要移動的物件圈選起來。

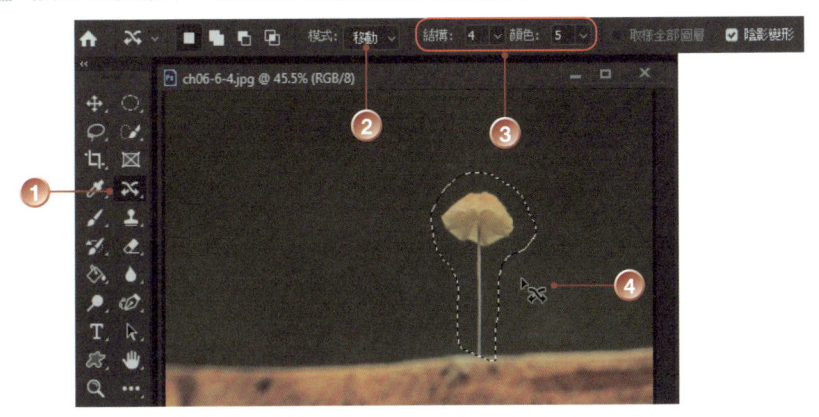

6-51

STEP 4 拖曳至新位置，移動時會出現智慧型參考線，以確保維持在水平或垂直位置，但本例中不需要水平對齊，請稍往下移動至所需位置。

STEP 5 放開滑鼠後會出現控制點，可進行縮放，確定後按 Enter 鍵。

移動後

STEP 6 如果是要將選取的範圍複製到其他位置，可以使用「延伸」模式。拖曳至新位置後，可再調整大小。

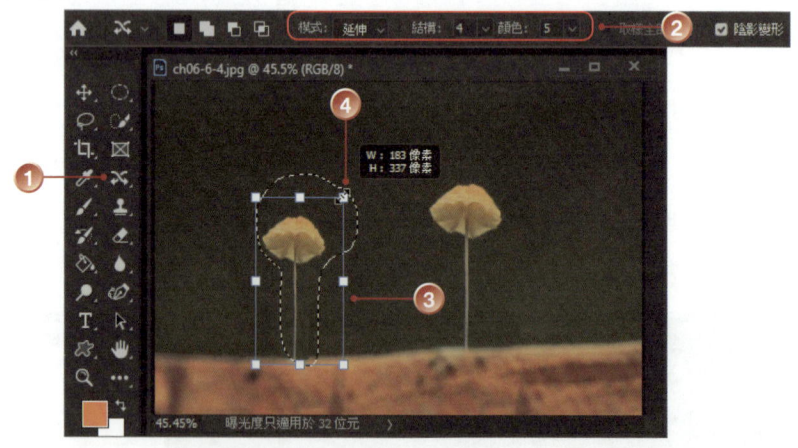

> 說明
> - 如果用在延伸建築物件，為取得最佳效果，請在平行平面拍攝，不要有任何角度。
> - 當影像背景較複雜時，為得到較佳的結果，要 **移動** 或 **延伸** 的選取範圍愈精確效果愈好。

6-52

STEP **7** 視需要重複「延伸」模式的步驟，產生多個相同內容。

延伸後的影像

6-6-5 紅眼工具

使用 **紅眼工具** 可以快速地移除由相機閃光燈所造成人物的「紅眼」現象，或是動物的「黃眼」或「綠眼」現象，現在的相機大都具備去紅眼的功能，因此這個工具已經比較少被使用了。

STEP **1** 開啟要編修的影像，點選 **紅眼工具** ，設定 **選項** 上的相關屬性，其中 **瞳孔大小** 用來增加或縮小 **紅眼工具** 所影響的區域（眼睛中央的深色區域）；**變暗量** 可以設定校正的暗度。

STEP **2** 視需要調整影像的顯示比例，以利影像編修工作的進行。

STEP **3** 直接在紅眼區域上按一下滑鼠左鍵，Photoshop 即會依據相鄰的像素，產生新的像素來遮蓋紅眼區域。

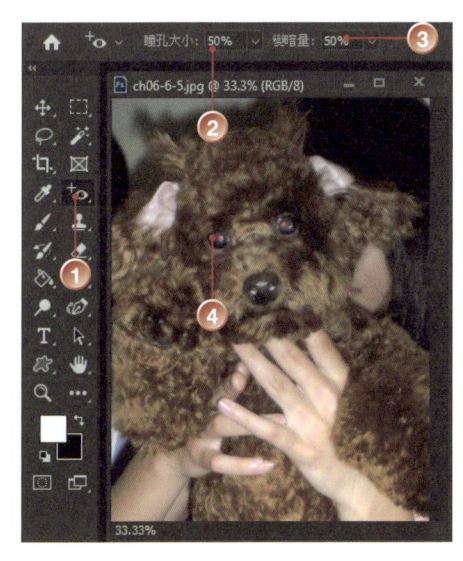

已移除紅眼

6-53

Note

CHAPTER 07 圖層的操作與應用

「圖層」就相當於數張透明的投影片疊合在一起，透過圖層的透明區域可以看到下面圖層的內容。由於每一個圖層的內容都是獨立的，所以可以切換顯示各種組合效果，或是調整各種參數，例如：**不透明** 或 **混合模式**。圖層的靈活運用是影像處理與合成過程中最重要的環節，也是學習 Photoshop 作業的基礎，許多 Photoshop 大師精采作品的秘訣和細節就藏在「圖層」中，更是您從初學進級到精通的重要關鍵！

7-1 圖層的操作與管理

圖層中可以儲存二種不同特性的資料：一種是影像資料，稱為「一般圖層」，另一種是調整色調的控制參數，稱為「調整圖層」。圖層之間的合成關係是像素對像素的合成，其組合順序是由下往上堆疊，因此上方的影像會遮蓋住下方的影像，再依照圖層的「透明度」和「色彩混合模式」來決定下方圖層的色彩是否能穿透，以及最終顯現出來的色彩。每一個圖層就相當於一個獨立的影像檔案，您可以使用各種編修工具在圖層上進行編輯。處理影像的過程中，會因需要而新增許多圖層，有效的管理這些圖層，可以增加影像處理的效率。

7-1-1 認識圖層

圖層的建立、顯示和編輯都必須透過 **圖層** 面板來進行。執行 **視窗 > 圖層** 指令或按 **F7** 鍵即可將其開啟。

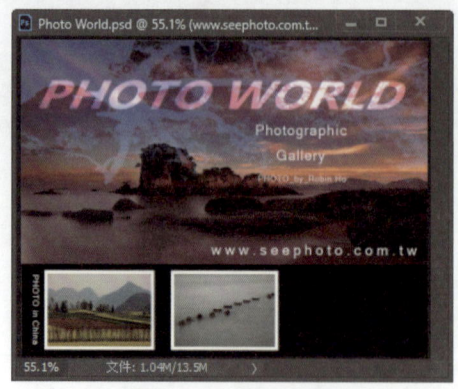

未顯示「作品 3」圖層

1. 搜尋與篩選圖層：可依照 **種類**、**名稱**、**效果**、**模式**、**屬性**、**顏色**、**智慧型物件**、**工作區域** 和是否 **已選取** 來搜尋並顯示圖層，或是開啟右側不同的篩選器：**像素**、**調整**、**文字**、**形狀** 和 **智慧型物件**，來顯示各種類型的圖層。(參考 7-1-6 小節)

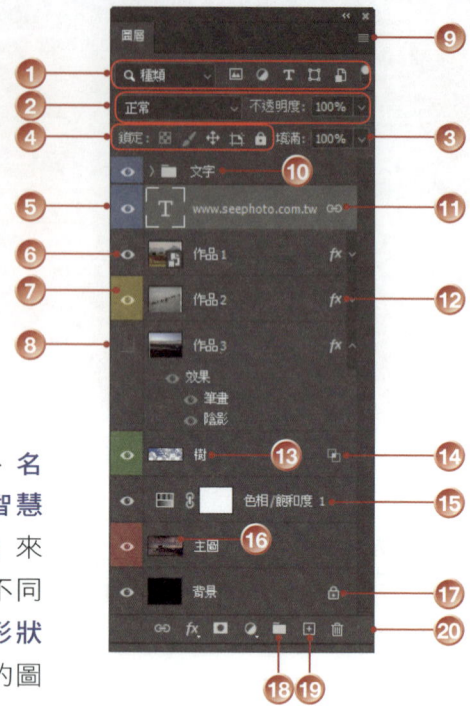

2. 設定圖層的 **混和模式** 及指定圖層的主要 **不透明度**。(參考 7-2 節)

3. 設定圖層的內部不透明度。

4. 依選項鎖定圖層。(參考 7-1-3 小節)

5. 作用中圖層：任一時間只能在一個圖層中做編輯，這個圖層稱為「作用中圖層」，面板上會以「反白」顯示。要切換作用中圖層時，可以滑鼠點取圖層的名稱或縮圖，若要同時選取多個圖層進行增、刪等操作，請按住 Shift 或 Ctrl 鍵再點選。

6. 圖層可見度：若顯示「眼睛」符號，代表此圖層正顯示在螢幕上；沒有眼睛符號的圖層則為隱藏狀態。以滑鼠點選 符號，可以切換 **顯示 / 隱藏** 狀態，每一個圖層都可以獨立切換，以滿足預覽或編輯組合的需求。

7. 圖層色彩標示，可依顏色篩選圖層，在此區域上按右鍵可指定色彩。

8. 隱藏的圖層，此圖層的內容不會在文件中顯示。

9. 面板指令清單 ：內含與圖層操作有關的各項指令和功能選項，部分指令與 **圖層** 應用程式選單是相同的。

10. 圖層群組名稱：將相關的圖層群組起來方便同時處理。

⑪ **圖層連結**：出現 🔗 的連結圖示時，表示有圖層連結在一起，移動其中的任一圖層，所有連結的圖層都會一起移動。

⑫ *fx* 代表此圖層含有 **圖層樣式**，按一下右側的 鈕會展開所使用的效果。

⑬ **圖層名稱**：每一個圖層都可以定義不同的名稱以便區別，如果在建立圖層時未予以命名，Photoshop 會自動依序命名為「圖層 1」、「圖層 2」…。

⑭ 代表圖層具有進階混合選項的圖示。

⑮ **調整圖層**：代表下方圖層有建立調整圖層。(參考 7-4-2 小節)

⑯ **圖層縮圖**：顯示圖層內的影像，可以迅速地辨識每一個圖層。在編輯影像時，圖層縮圖也會隨之改變。點選面板指令清單 中的 **面板選項** 指令，可以調整圖層縮圖顯示的大小。

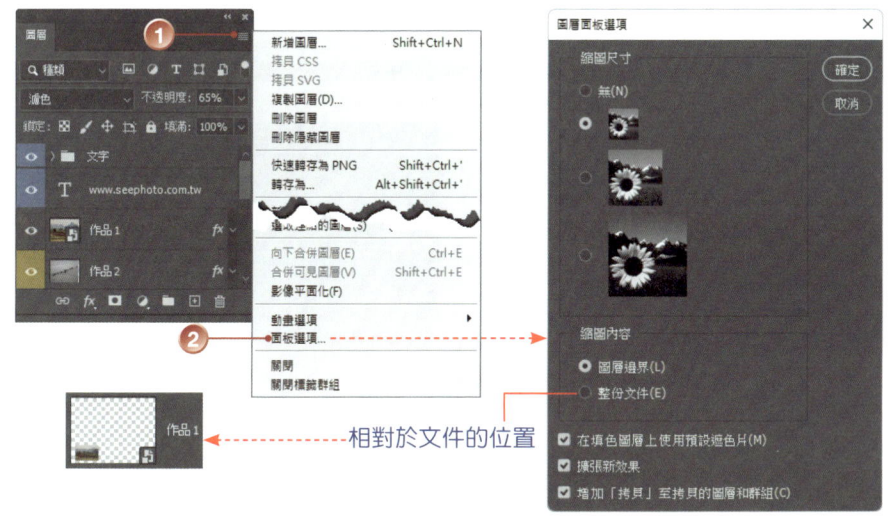

相對於文件的位置

💬 **說明**

在圖層縮圖上按右鍵選擇 **剪裁縮圖至圖層邊界**，則縮圖的內容會以圖層內容的大小顯示，如此可辨識出圖層的內容。若選擇 **剪裁縮圖至文件邊界**，則會以圖層內容相對於文件的版面大小呈現。

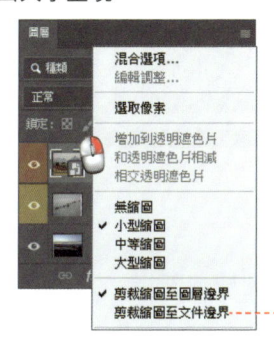

比較圖層縮圖的圖示可看出不同處

7 圖層的操作與應用

⑰ 🔒 代表圖層已鎖定的圖示。

⑱ 建立新群組 ▫：點選之後可以建立新群組。

⑲ 建立新圖層 ▫：點選之後可以建立新圖層。

⑳ 刪除圖層 🗑：將不要的圖層拖曳到此按鈕上，可以刪除圖層。

背景圖層

一張影像只能有一個「背景」圖層，且預設是鎖住的，您不能變更其位置、顏色、堆疊順序、圖層混合模式或不透明度…等，除非將其轉換為「一般」圖層。當您以「白色」、「背景顏色」或其他色彩的 **背景內容** 來建立新影像時，**圖層** 面板中會顯示「背景」圖層；如果以「透明」的 **背景內容** 來建立新影像，則影像中不會有「背景」圖層，而會以「一般」圖層（圖層 1）來顯示。

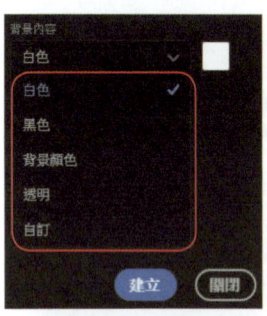

建立新文件時可指定背景內容

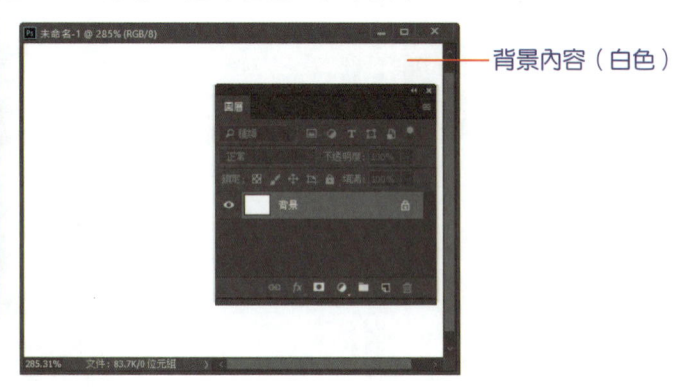

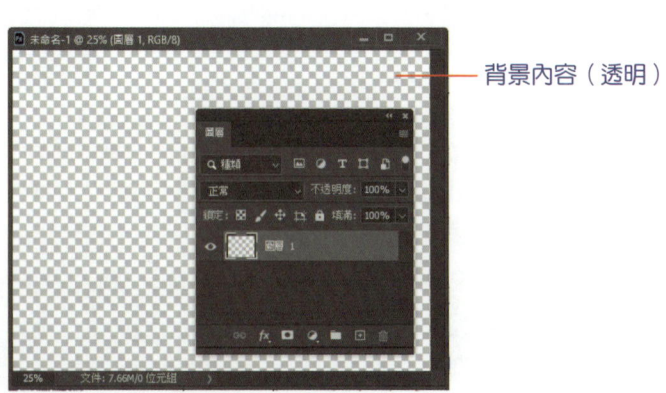

背景內容（白色）

背景內容（透明）

背景圖層和一般圖層之間是可以轉換的：

STEP**1** 開啟範例影像，點選 **背景** 圖層再執行 **圖層 > 新增 > 背景圖層** 指令，或快按二下「背景」圖層。

只要在「背景」圖層的「鎖」上點選一下即可轉為「圖層 0」

STEP**2** 出現 **新增圖層** 對話方塊，**名稱** 會自動命名為「圖層 0」，視需要做變更，還可指定圖層 **顏色**。

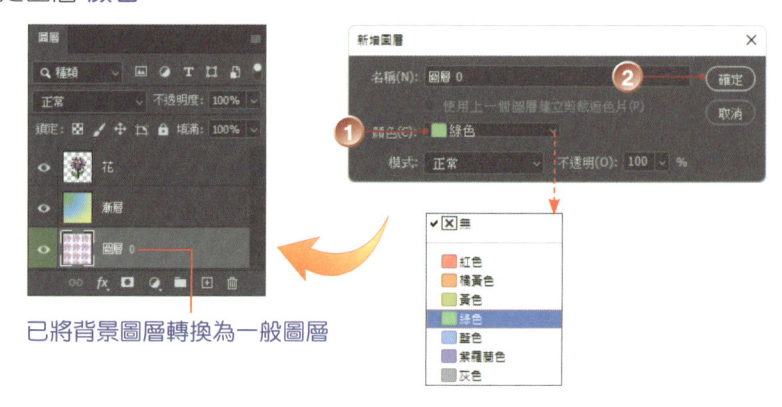

已將背景圖層轉換為一般圖層

STEP**3** 接著選擇要變更為背景圖層的一般圖層（「漸層」圖層），執行 **圖層 > 新增 > 圖層背景** 指令。

將「圖層 0」隱藏或調整「不透明度」才可見到「背景」的內容

「漸層」圖層會變為「背景」圖層並移到最下層

7 圖層的操作與應用

7-5

7-1-2 圖層的增刪與順序調整

在新建立的檔案中都只有一個圖層，會自動命名為「背景」。當您需要在影像檔中建立或新增圖層時，可以執行 **圖層 > 新增 > 圖層** 指令、點選面板指令清單 中的 **新增圖層** 指令，或點選面板下方的 **建立新圖層** 鈕，快速在作用圖層上方新增「圖層 1」，而不用開啟 **新增圖層** 對話方塊（參考 7-5 頁步驟 2 的圖）。

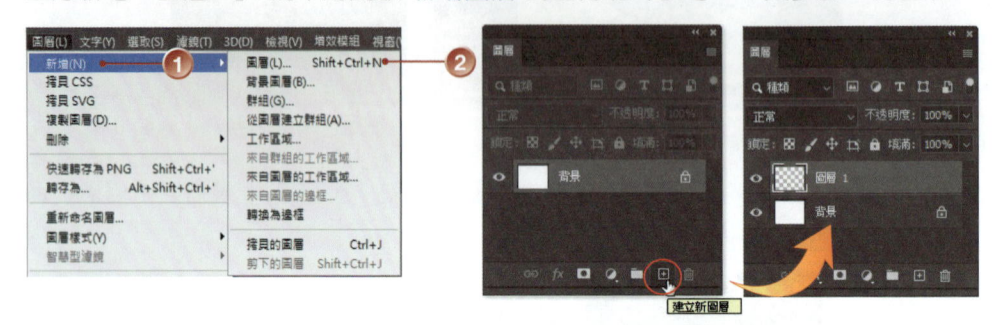

- 🔹 **名稱** 與 **顏色**：輸入圖層名稱，或採預設名稱「圖層 1」、「圖層 2」…，可指定圖層色彩。

- 🔹 **使用上一個圖層建立剪裁遮色片**：勾選之後，新增的圖層會與下方圖層形成「剪裁遮色片」（參閱 7-3-5 小節）。

- 🔹 **模式** 與 **不透明**：設定與下面圖層顯示時的混合方式與不透明度。

新增的圖層會建立在作用中圖層的上方，且均為「透明」背景。若要刪除圖層，請執行 **圖層 > 刪除 > 圖層** 指令，即可刪除作用中圖層；或是直接將要刪除的圖層以滑鼠拖曳到「垃圾筒」🗑 即可。

> 💬 **說明**
> - 在一般圖層名稱上快按兩下即可反白後重新命名，「背景」圖層無法重新命名，在「背景」圖層快按二下會轉為一般圖層。
> - 要在作用中圖層（不能是「背景」圖層）的下方新增圖層，可按住 **Ctrl** 鍵後再按下 **建立新圖層** 鈕。

改變圖層順序

影像的合成是經由圖層之間的交疊而形成，因此圖層的順序會改變影像最終的顯示結果。要改變圖層的順序，只要以滑鼠在 **圖層** 面板上，將圖層拖曳放置於適當位置即可，或是執行 **圖層 > 排列順序** 中的指令調整圖層的排列順序。

> **說明**
> 將圖層移動到收合的圖層群組中時，預設會移動到群組中的最頂端；移動時按住 Shift 鍵，則可以將圖層移至群組中的底部而非頂端。

7-1-3 圖層的群組 / 連結與鎖定

當一個影像檔案內含太多圖層時，為了方便編輯與辨識，可以使用 **群組** 指令，將相關的圖層組合起來，協助您管理圖層，例如：同步套用圖層樣式到該群組中的所有圖層。

新增與刪除圖層群組

STEP1 按下 **圖層** 面板下方的 **建立新群組** 鈕，作用中圖層的上方會新增群組，快按二下 **群組名稱**，直接輸入新的名稱後按 Enter 鍵。

STEP2 把要群組在一起的圖層點選後，拖曳到 **群組** 資料夾中，**群組** 資料夾中的圖層會向內縮排。

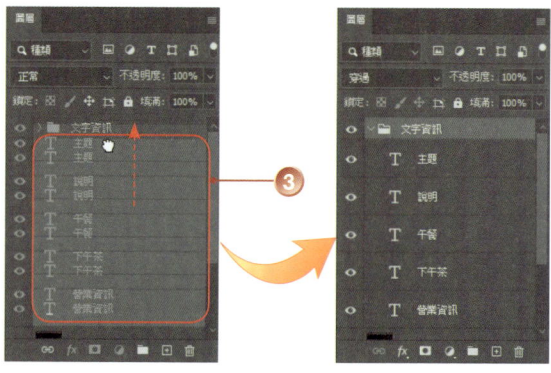

> **說明**
> 把要群組的圖層先選取起來，再執行 **圖層 > 新增 > 從圖層建立群組** 指令，就能將選取的圖層群組起來。

要刪除圖層群組時，點選要刪除的圖層資料夾，按下 **刪除圖層** 鈕，或是執行 **圖層 > 刪除 > 群組** 指令，此時會開啟如下圖的警告訊息：

- 按【群組和內容】鈕：除了刪除群組資料夾之外，其內含的圖層也會全數刪除。
- 按【僅群組】鈕：只會刪除圖層資料夾，其他圖層資訊會全數保留。

圖層的連結

除了將圖層群組之外，視需要也可將二個以上的圖層或圖層群組「連結」起來，當編輯其中一個圖層時，具連結關係的相關圖層，會同時移動位置或套用 **變形** 指令，也可一起複製到其他影像中。

STEP 1 先切換到 **移動工具**，並檢視範例中的影像，「午餐」和「下午茶」文字圖層需要同步移動來調整顯示位置。

STEP 2 以滑鼠搭配 Ctrl 或 Shift 鍵點選要連結的圖層：「午餐」與「下午茶」，按 **圖層** 面板下方的 **連結圖層** 鈕，圖層的右側會顯示 **連結** 圖示。

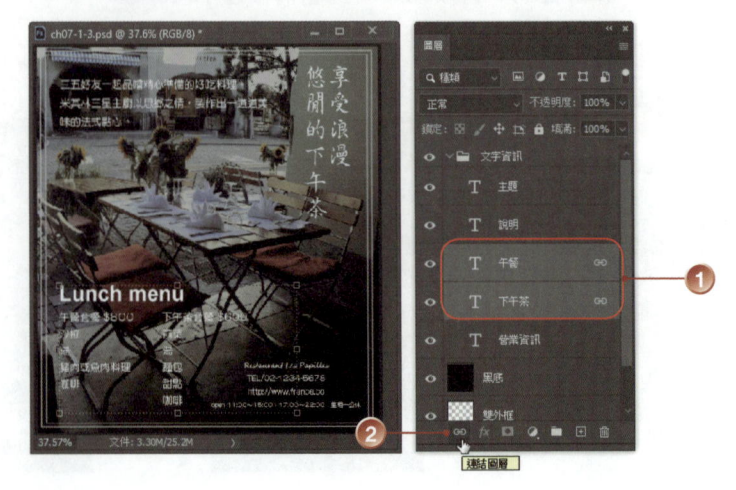

7-8

STEP 3　點選任一連結的圖層後，執行 **圖層 > 選取連結的圖層** 指令會選取所有連結的圖層。

STEP 4　要解除圖層連結，先點選已連結的任一圖層，執行 **圖層 > 解除圖層連結** 指令，或按一下 **連結圖層** 鈕即可。若要暫時停用連結的圖層，請按住 Shift 鍵再按 圖示，會出現紅色的「X」。按住 Shift 鍵再按一下 圖示，可重新啟用連結。

鎖定圖層及解除

在編修影像的過程中，可以將圖層內容完全或部分鎖定，以免破壞已編修妥當的影像內容。

STEP 1　點選要鎖定的圖層或圖層群組，按下 **圖層** 面板上方的 **全部鎖定** 鈕。

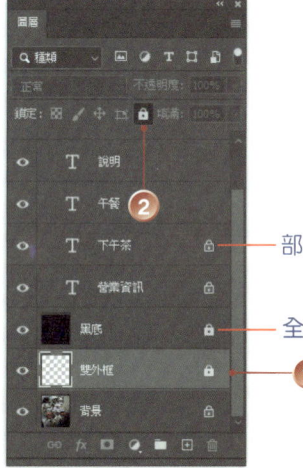

部分鎖定圖示呈空心

全部鎖定圖示呈實心

STEP 2　該 **圖層** 被全部鎖定後，無論執行何種繪圖或編修工具時，會出現警告訊息，提醒您圖層已鎖定。您可視狀況執行部分鎖定。

接下頁 ➡

7-9

- **鎖定透明像素**：限定只能編輯圖層的「不透明」部分。
- **鎖定影像像素**：禁止使用繪圖工具修改圖層的像素，圖層中的影像像素無法做任何變動，包括 剪下 指令。
- **鎖定位置**：禁止移動圖層內的影像。
- **防止自動嵌套進 / 出工作區域或邊框**：避免工作區域（或邊框）中的圖層內容移入或移出工作區域（或邊框），邊框工具 的使用請參考 7-5-2 節，有關工作區域的說明請參考 12-2 節。
- **全部鎖定**：上述四項全部鎖定。

> 說明
> - 要解除圖層的鎖定，請再執行一次該鎖定鈕將其解鎖。提醒您！「背景」圖層無法解除鎖定，除非轉成一般圖層。
> - 文字圖層與形狀圖層的 鎖定透明像素 和 鎖定影像像素 預設是選取狀態，且不能取消選取。

7-1-4 拷貝 / 貼上 / 複製圖層

您可以使用 編輯 功能表的 拷貝（Ctrl+C）、貼上（Ctrl+V）和 就地貼上 指令，在文件中和不同文件之間拷貝和貼上圖層。

STEP1 開啟二個影像範例，「A」中包含套用圖層樣式和遮色片的多個圖層，點選「公園」圖層執行 編輯 > 拷貝 指令。

STEP2 切換到「B」檔案,執行 **編輯 > 貼上** 指令,拷貝的圖層會貼入文件中央並建立複製圖層,包括圖層樣式,視需要重新調整圖層位置。

STEP3 回到「A」檔案,選取「母子」圖層並 **拷貝**,再切回「B」檔案執行 **編輯 > 選擇性貼上 > 就地貼上** 指令,拷貝的圖層會貼入原始文件相對應的位置,包括圖層遮色片。

🗨 說明

- 當您在不同解析度的文件之間貼上圖層時,貼上的圖層會保持原來的像素尺寸,因此有可能會使得貼上的部分與新影像不成比例的情形。請先透過 **影像 > 影像尺寸** 指令,在進行拷貝和貼上之前,將來源和目的地影像調成相同解析度,或使用 **任意變形** 指令調整所貼上內容的大小。

- 執行 **圖層 > 複製圖層** 指令,也可以在相同或不同的文件之間進行複製,執行時會出現對話方塊讓您選擇 **目的地**,並貼入與來源文件相同的位置。

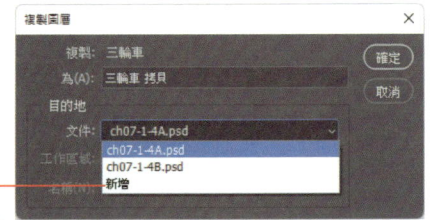

可新增文件

接下頁 ➡

7
圖層的操作與應用

7-11

- 拷貝圖層後，執行 檔案 > 開新檔案 指令並選擇「剪貼簿」選項，可建立已拷貝圖層大小的新文件，執行 貼上 後會將已拷貝的圖層貼入新文件中。
- 複製來源影像後，執行 編輯 > 選擇性貼上 > 貼入範圍內 指令，會自動產生遮色片。

複製來源影像

目的影像已選取範圍

貼入選取範圍內

產生的遮色片

- 若要將影像或部分內容選取後複製到新圖層，請執行 Ctrl+J 快速鍵（拷貝的圖層 指令），這也是影像處理作業中經常用到的操作，初學者應善用此技巧。

選取範圍後執行 Ctrl+J 快速鍵

7-12

7-1-5 圖層的對齊 / 均分與合併

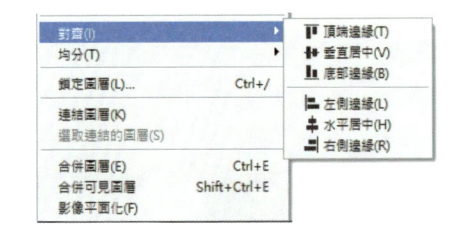

要對齊多個圖層中的影像，可以使用 **對齊** 指令，要調整多個圖層中影像的分佈，則使用 **均分** 指令。先在 **圖層** 面板中搭配 **Ctrl** 或 **Shift** 鍵點選要對齊的圖層，再執行 **圖層 > 對齊** 指令清單中的相關指令、以 **移動工具** 透過 **選項** 上的工具鈕，或是展開 **內容** 面板執行對應的對齊工作。

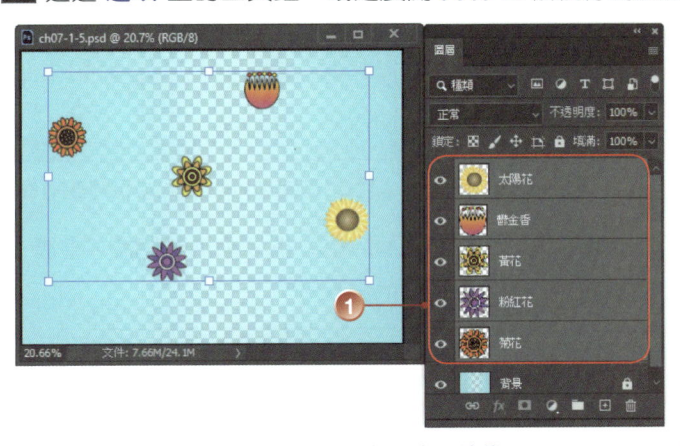

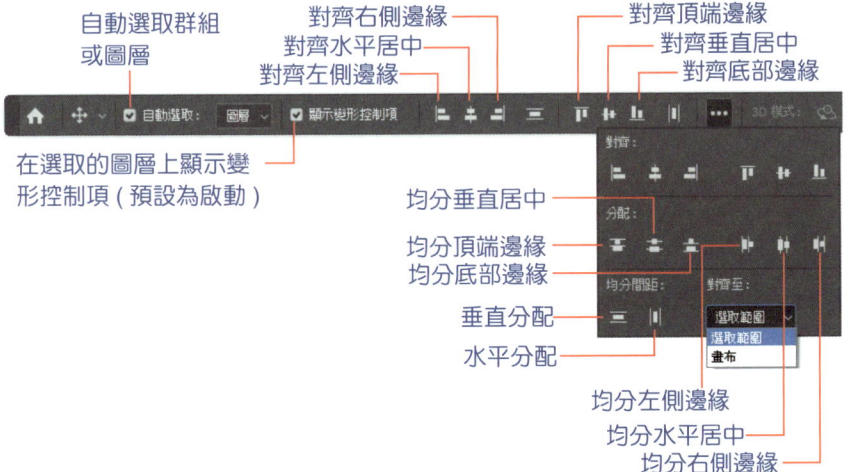

- 自動選取群組或圖層
- 對齊右側邊緣
- 對齊水平居中
- 對齊左側邊緣
- 對齊頂端邊緣
- 對齊垂直居中
- 對齊底部邊緣
- 在選取的圖層上顯示變形控制項 (預設為啟動)
- 均分垂直居中
- 均分頂端邊緣
- 均分底部邊緣
- 垂直分配
- 水平分配
- 均分左側邊緣
- 均分水平居中
- 均分右側邊緣

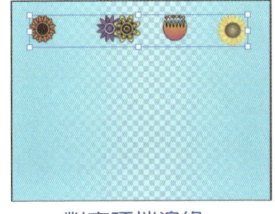

對齊頂端邊緣 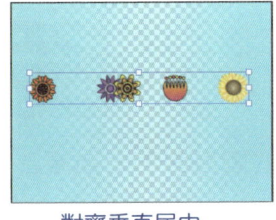　　對齊垂直居中 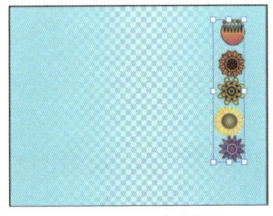　　對齊右側邊緣

7-13

當您按住 Alt 鍵並拖曳進行複製時，會顯示粉紅色的度量參考線（智慧型參考線），呈現原始圖層與複製圖層之間的距離，這個功能可以搭配「移動」和「路徑選取」工具使用。按住 Ctrl 鍵後將游標在另一個圖層上暫停，可檢視度量參考線；使用方向鍵搭配此項功能，可以移動選取的圖層。

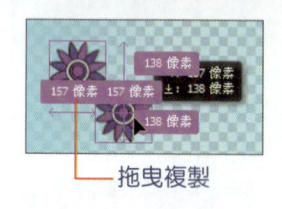

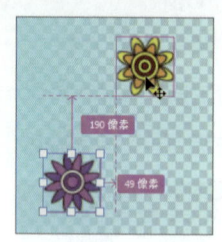

拖曳複製

檢視圖層間的距離

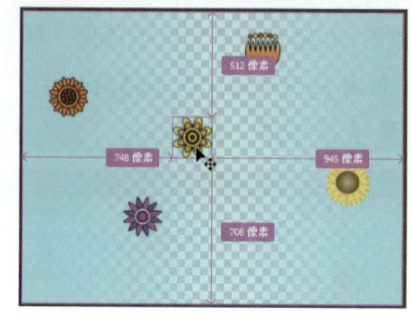

顯示目前圖層中物件與畫布間的距離

若圖層中的影像有部分重疊的情形，可以透過 **均分** 指令來調整圖層中影像的位置。提醒您，至少要有三個圖層才能執行均分的動作。

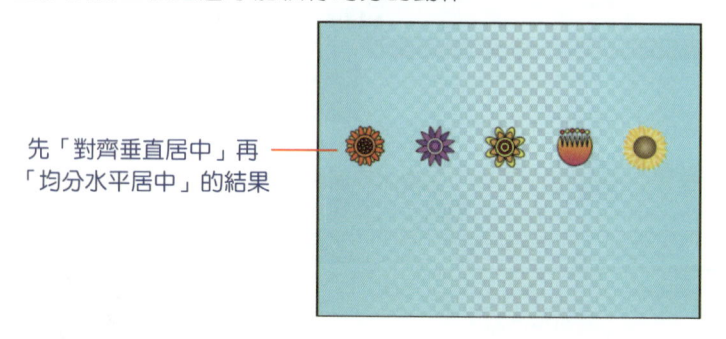

先「對齊垂直居中」再「均分水平居中」的結果

合併圖層

由於圖層太多會增加檔案對記憶體的佔用，對於編輯過後沒有必要再分開的圖層，可以使用 **圖層** 功能表中的合併相關指令予以合併，以縮小檔案尺寸。

此指令可調整圖層順序

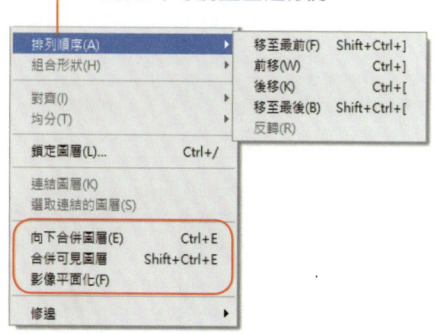

🔹 **向下合併圖層**：將目前的圖層與下一圖層合併，並採用下一層的圖層名稱。有選取多個圖層時，這個指令會變成 **合併圖層** 指令。

7-14

- **合併可見圖層**：將所有「顯示中」的圖層合併為一層，並以作用中圖層為圖層名稱，其他隱藏的圖層則仍維持原狀。

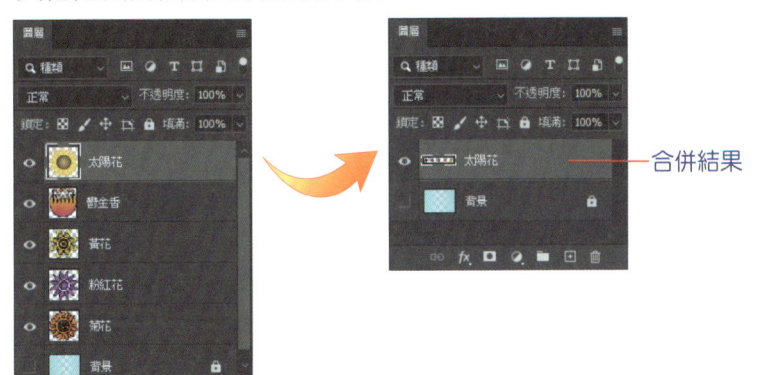

- **影像平面化**：功能與 **合併可見圖層** 相同，但是它的目的是要將所有圖層合併為單一圖層，因此會將目前所隱藏的圖層丟棄，在執行時會出現供您確認的對話方塊。

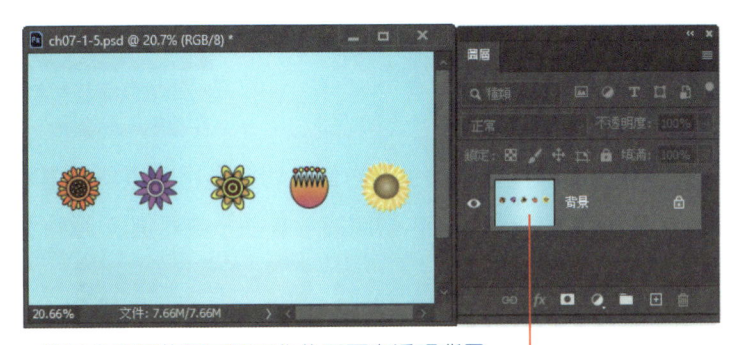

將包含背景的圖層平面化後不再有透明背景

7-1-6 搜尋與篩選圖層

當影像處理愈複雜時，圖層數目相對就會增加，要找到目標圖層可能會花一點時間捲動捲軸。除了分門別類的群組管理外，適時的篩選出所需的圖層可以節省瀏覽尋找的時間。搜尋圖層的功能位在 **圖層** 面板的最上層，可以根據不同需求進行篩選：

接下頁

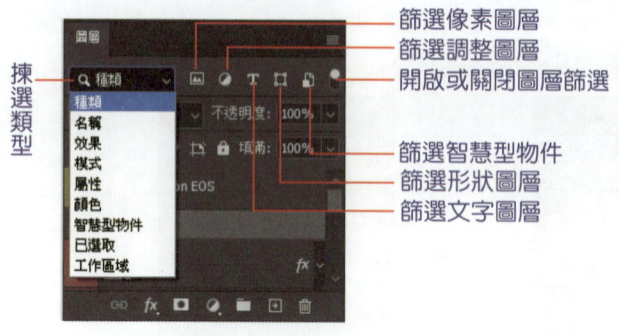

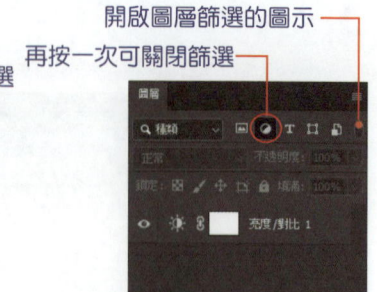

揀選類型 / 篩選像素圖層 / 篩選調整圖層 / 開啟或關閉圖層篩選 / 篩選智慧型物件 / 篩選形狀圖層 / 篩選文字圖層 / 開啟圖層篩選的圖示，再按一次可關閉篩選

只顯示調整圖層

顯示智慧型物件圖層 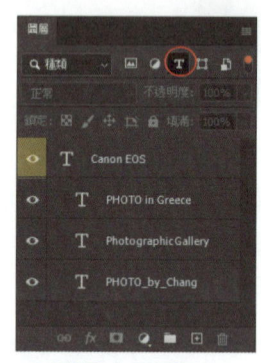　　只顯示文字圖層 　　將調整圖層和智慧型物件圖層同時顯示

選擇不同揀選類型時，例如：**顏色**，右側會切換為相關選項供選取。經篩選後，若要再顯示所有圖層內容，可按下 **關閉篩選** 鈕，或再選擇 **種類** 選項。

只顯示「紅色」的圖層 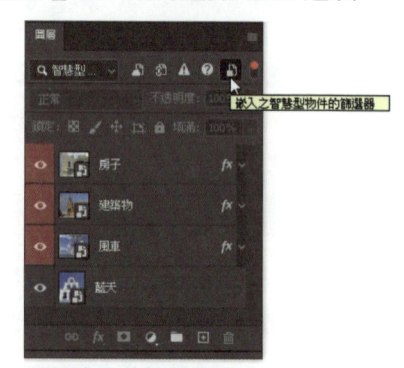　　顯示嵌入的智慧型物件

7-16

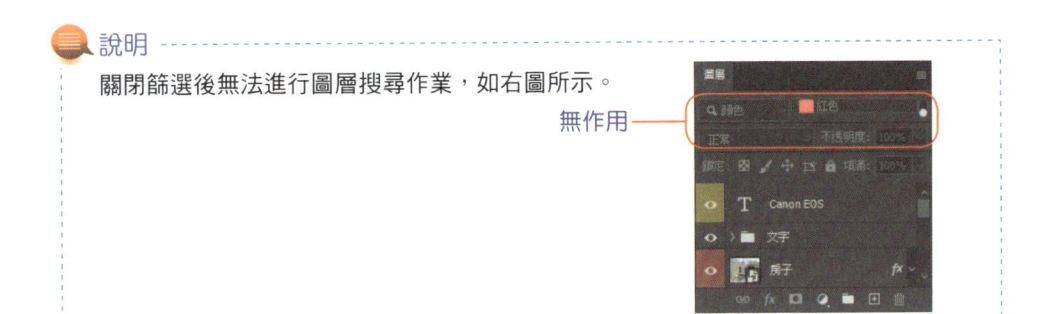

> **說明**
> 關閉篩選後無法進行圖層搜尋作業，如右圖所示。
> 無作用

以下針對搜尋的 **類型** 做進一步的說明：

- **名稱**：於右側欄位鍵入要篩檢的圖層名稱。
- **效果**：選擇一種要篩檢的圖層樣式。

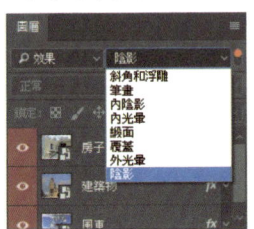

  只須輸入部分關鍵字

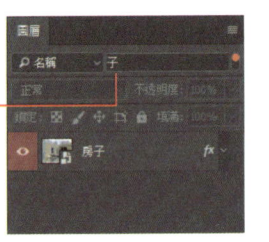

- **模式**：選擇一種要篩檢的圖層混合模式。（圖層混合模式參閱 7-2 節）
- **屬性**：選擇一種要篩檢的屬性。

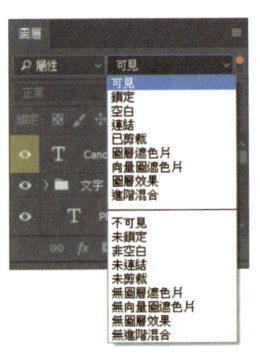

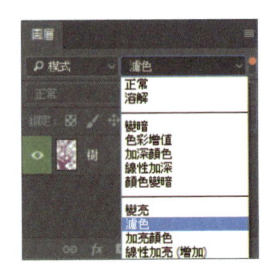

- **顏色**：選擇一種要篩檢的圖層色彩。
- **智慧型物件**：選擇一種要篩檢的智慧型物件。
- **已選取**：顯示已選取的圖層。
- **工作區域**：顯示工作區域的圖層。

7

圖層的操作與應用

7-17

> 💬 **說明**
>
> **工作區域** 是一種特殊類型的圖層群組,包含圖層和圖層群組,可做為文件內的個別畫布,讓您在無限的畫布上配置不同裝置和螢幕的設計,詳細的介紹請參閱 12-2 節。

隔離圖層

當圖層很多時,如果只想在某些圖層上作業,可以將不相干的圖層暫時隱藏,以增加處理效率。請先選取要顯示的圖層,執行 **選取 > 隔離圖層** 指令,**圖層** 面板上只會顯示這些圖層,其他圖層會隱藏。

會啟動篩選,關閉篩選即可顯示所有圖層

> 💬 **說明**
>
> 影像處理與設計的過程中,經常會需要建立多種構圖或版面配置,以供提案挑選。雖然控制圖層的顯示/隱藏也可以幫助設計者重組結果,但是「圖層構圖」功能可以讓您在單一影像檔案中,建立和管理多種不同配置的版面,並將不同的構圖輸出為所需的檔案格式,對從事設計工作的使用者來說,是一項不錯的工具。由於本書篇幅有限,這部分的詳細操作請參閱線上 PDF 的內容。

7-2 認識圖層的混合模式

圖層混合模式的設定，可以將不同圖層間的影像，透過顏色間的「加乘」或「相減」效應，以及 **不透明度** 的調整，製造出不可思議的影像特效，而且不會改變影像的像素。

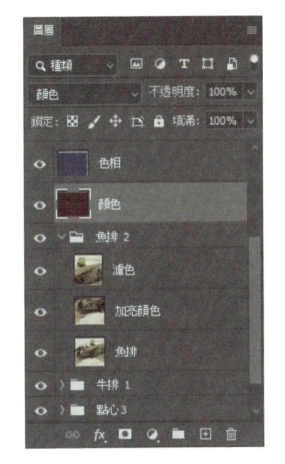

> 說明
> - Photoshop 中提供的圖層混合模式很多，但根據專家的統計，最常使用的模式為：**色彩增值、濾色、柔光** 及 **覆蓋**。
> - 「背景」圖層不能設定 **混合模式**。
> - 您可一次同時調整多個圖層的 **混合模式** 與 **不透明度**。

7-2-1 一般混合

圖層 面板中的 **混合模式** 可以用來設定與下方各圖層中影像的混合方式，您可以即時預覽不同混合模式的效果，拖曳 **不透明度** 滑桿或直接輸入百分比數值，可以調整圖層混合時的 **不透明度**。

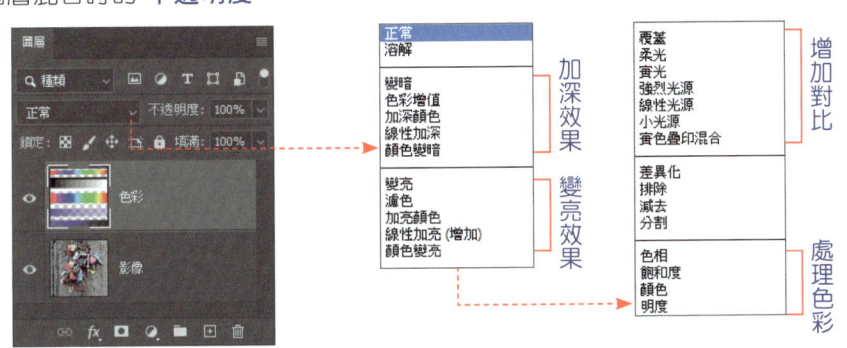

7-19

- **正常**：Photoshop 預設的模式，在此模式下繪製的顏色會遮蓋住原有的色彩；當蓋上的色彩是半透明時才會透出底部的色彩，顏色混合的比例和不透明度的比例相同。

- **溶解**：將繪入的色彩隨機的取代底色，達到溶入的效果。一般而言，在使用 **噴槍** 或 **筆刷工具** 以及半透明和較大筆刷尺寸時，效果較佳。

- **變暗**：會比較二種顏色的亮度，捨棄較亮的顏色，以較暗的顏色取代較亮的顏色。

- **色彩增值**：將二種色彩相乘（A×B÷255），因此出現的結果多較原色彩深。任何色彩和黑色相乘均變為黑色，和白色相乘會將白色去掉變成透明。

- **加深顏色**：將影像中的基本色彩調暗，並以增加對比的方式顯示合併後的色彩，與白色混合不會有任何影響。

- **線性加深**：將影像中的基本色彩調暗，並以減少對比的方式顯示合併後的色彩，與白色混合不會有任何影響。

- **顏色變暗**：改變整體顏色，將色調明度減低。

- **變亮**：會比較二種顏色的亮度，捨棄較暗的顏色，以較亮的顏色取代較暗的顏色。

- **濾色**：類似漂白效果，是將繪圖色和底色的互補色相乘再轉為互補色而成，因此會有漂白的效果。使用黑色濾色時，下方的底色不會改變；使用白色濾色時，底色變成白色。其效果和二張負片重疊後沖洗出來的相片相同。

- **加亮顏色**：將影像中的基本色彩調亮，並以減少對比的方式顯示合併後的色彩，與黑色混合不會有任何影響。

- **線性加亮（增加）**：將影像中的基本色彩調亮，並以增加對比的方式顯示合併後的色彩，與黑色混合不會有任何影響。

- **顏色變亮**：改變整體顏色，將色調明度增加。

- **覆蓋**：將繪圖色和底色混合，同時仍然保持原有底色的明暗。

- **柔光**：類似柔和光線照射在畫面上的效果。如果繪圖色較 50％ 中灰色亮，則會增加底色的亮度；若繪圖色較 50％ 中灰色暗，會加深底色。

- **實光**：類似在影像上照射硬調光的效果。若繪圖色較 50％ 中灰亮，則會以 **濾色** 模式混合，有漂白和增加亮部的效果；反之則以 **色彩增值** 模式混合，可以增加暗部。

- **強烈光源**：使用增加或減少對比的方式，將顏色加深或加亮。如果混合色彩比灰階 50% 的色彩亮，會減少對比使影像變亮；反之，則會增加對比使影像變暗。
- **線性光源**：使用增加或減少亮度的方式，將顏色加深或加亮。如果混合色彩比灰階 50% 的色彩亮，會減少亮度使影像變亮；反之，則會增加亮度使影像變暗。
- **小光源**：一般用來增加影像中的特殊效果。會依混合色彩取代顏色，如果混合色彩比灰階 50% 的色彩亮，則較暗色彩的像素會被取代；反之，則較亮色彩的像素會被取代。
- **實色疊印混合**：類似高反差效果，以色塊方式呈現不同漸層色。
- **差異化**：以二種顏色的差異值做為新的顏色，計算時以亮度較高的顏色減掉亮度較低的顏色。
- **排除**：效果近似 **差異化** 模式但較為柔和。
- **減去**：查看色版中的顏色資訊，並從基本色彩中減去混合色彩。在 8 位元和 16 位元影像中，任何產生的負值都會修剪為零。
- **分割**：查看色版中的顏色資訊，並從基本色彩中分割混合色彩。
- **色相**：混合後色彩的亮度及飽和度與底色相同，但色相則由繪圖色決定。
- **飽和度**：混合後的色度及明度與底色相同，而飽和度與繪圖色相同。
- **顏色**：混合後的亮度與底色相同，由繪圖色決定色相與飽和度。
- **明度**：與 **顏色** 模式相反，混合後的亮度是由繪圖色決定，而色相與飽和度由底色決定。

以下是改變了「色彩」圖層的混合模式後，與下方「影像」圖層產生的效果，這些結果會因混合圖層與影像本身色彩的不同而改變。

接下頁

正常	溶解	變暗	色彩增值
加深顏色	線性加深	顏色變暗	變亮
濾色	加亮顏色	線性加亮	顏色變亮
覆蓋	柔光	實光	強烈光源
線性光源	小光源	實色疊印混合	差異化
排除	減去	分割	色相

飽和度 　　　　　　　顏色 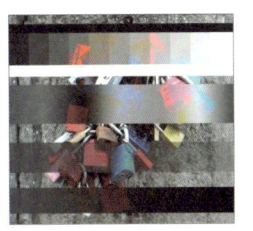　　　　　　　明度

> **說明**
> 加深顏色、加亮顏色、變暗、變亮、差異化 及 排除 等圖層 混合模式 不適用於 Lab 色彩模式的影像。

混合模式的應用

大略了解各種混合模式的定義後，我們以下面的幾個範例，說明如何加以運用，可以快速製作出不錯的影像合成效果。

● 「色彩增值」案例：

STEP**1** 開啟範例檔案，其中包含二個圖層。

白色背景的黑色 LOGO 圖案

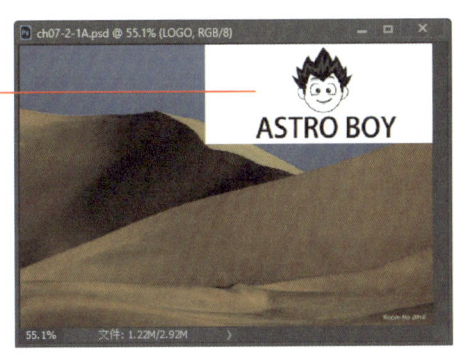

STEP**2** 將 LOGO 圖層的混合模式改為 **色彩增值**，完美的將白色背景去除了！省去執行「去背」的繁複步驟。

7-23

◐ 「濾色」案例：

STEP1 開啟範例檔案，以 **選取 > 主體** 指令選取「貓」的影像後，按 **Ctrl+J** 鍵新增到圖層 1。

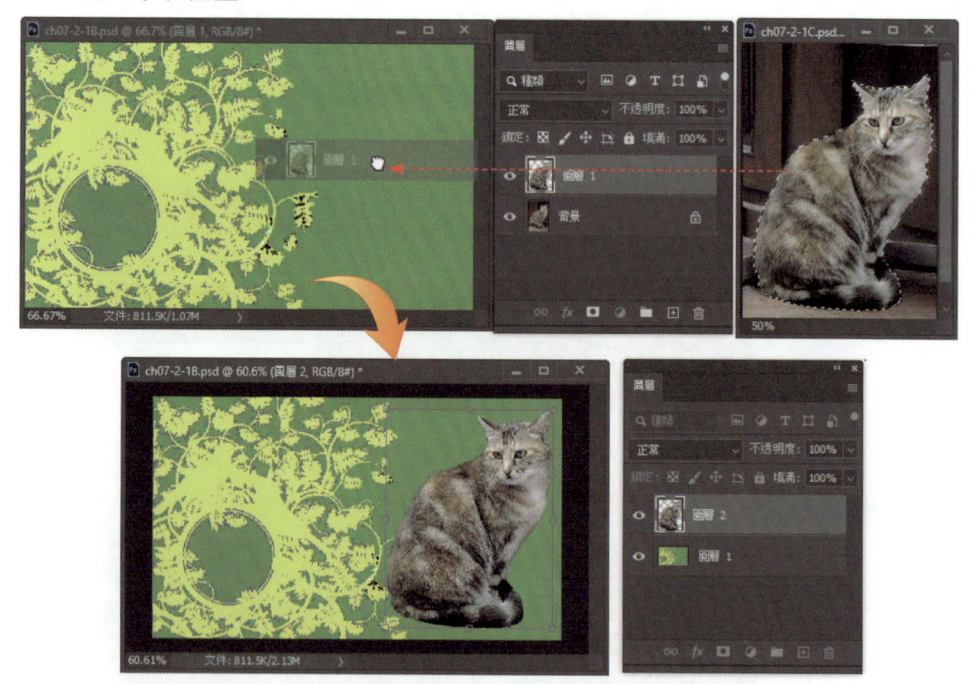

STEP2 再開啟另一個檔案，將步驟 1 所新增「圖層 1」的內容拖曳到影像中，並調整大小和位置。

STEP3 接著執行 **影像 > 調整 > 臨界值** 指令。

STEP4 再將 **混合模式** 改為 **濾色**。

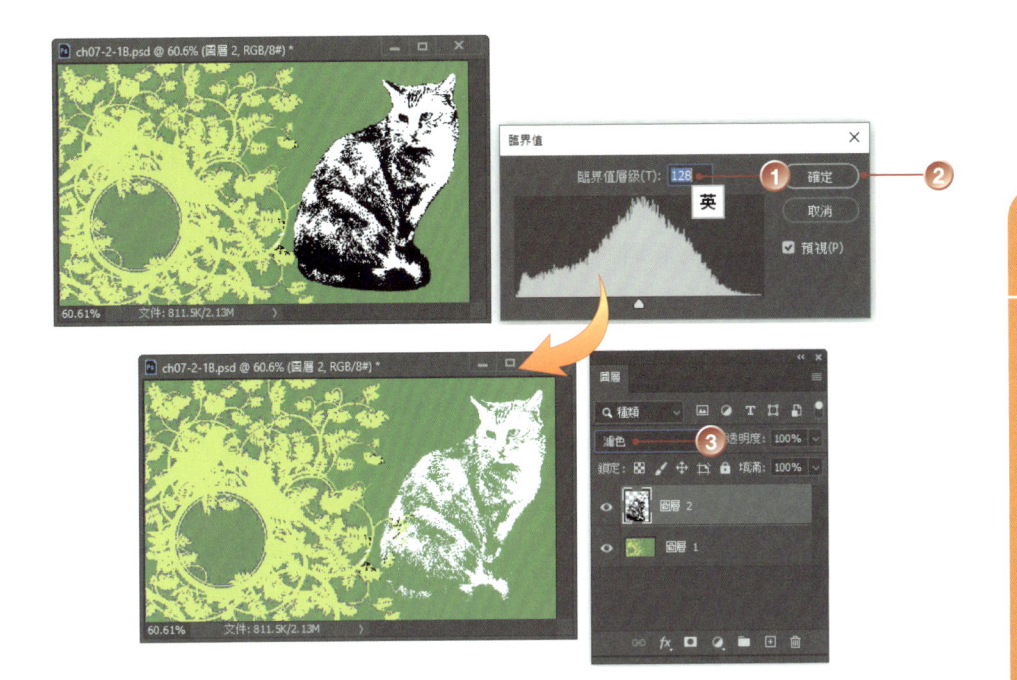

7-2-2 進階混合

快按二下一般圖層的縮圖，會開啟 **圖層樣式** 對話方塊並位在 **混合選項**，可以設定更複雜的混合方式。**一般混合** 與 7-2-1 小節所述的相同，在 **進階混合** 選項中拖曳 **填滿不透明** 滑桿或直接輸入百分比數值，可以調整不透明度，若該圖層未套用任何樣式，則此功能與 **不透明** 相同。(有關圖層樣式的介紹請參閱 7-5-1 小節)

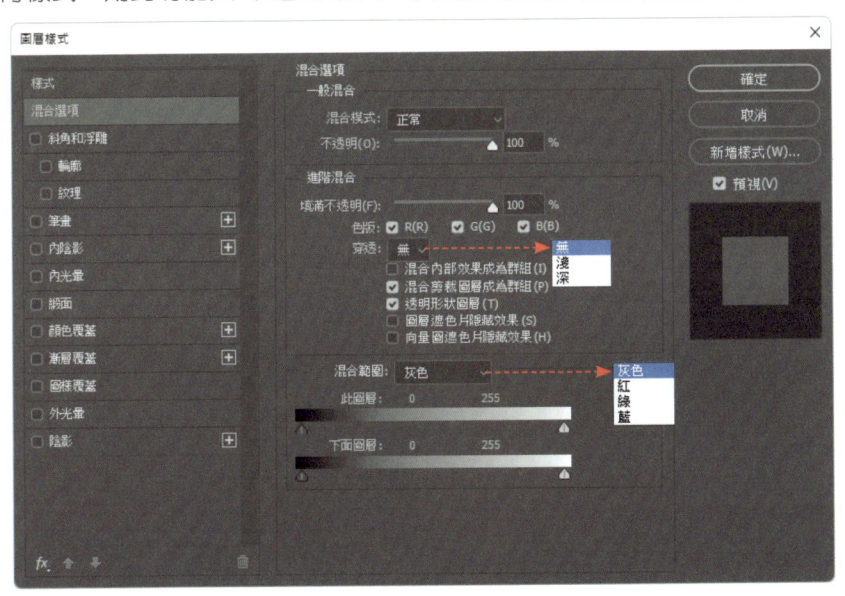

7-25

- **色版**：視需要可以取消勾選不要套用 **混合模式** 的色版。
- **穿透**：指定此圖層是否要穿透其他的圖層來顯示對應的影像內容。
- **混合內部效果成為群組**：將圖層的 **混合模式** 套用到已選用 **內光暈**、**緞面**、**顏色覆蓋** 和 **漸層覆蓋** 等樣式的圖層中。
- **混合剪裁圖層成為群組**：預設會勾選，將 **基本圖層** 的 **混合模式** 套用到「剪裁遮色片」中的全部圖層。(剪裁遮色片的介紹請參閱 7-3-5 小節)
- **透明形狀圖層**：預設會勾選，將圖層所指定的 **穿透** 效果套用於圖層的不透明區域。
- **圖層遮色片隱藏效果**：將圖層的混合效果套用於已定義的「圖層遮色片」區域。
- **向量圖遮色片隱藏效果**：將圖層的混合效果套用於已定義的「向量圖遮色片」區域。

混合範圍

混合範圍 的設定與色彩混合模式息息相關，**混合選項** 中是設定色彩混合的方式，而 **混合範圍** 的設定則決定了哪些階調的像素會進行混合。下方的滑桿用來調整像素色彩的亮度，範圍是 0 ～ 255。以滑鼠拖曳滑桿左右二端的三角形即可調整，「黑色」的三角形是下限，「白色」的三角形為上限。

混合範圍 中會依影像的色彩模式出現對應的各原色選項，例如：RGB 模式會有 **紅**、**綠**、**藍**、**灰色** 選項，CMYK 模式會有 **灰色**、**青**、**洋紅**、**黃**、**黑** 選項，您可以逐一切換來設定各原色的範圍。

- **此圖層**：表示作用中圖層，作用中圖層的像素，只有在滑桿左右三角形區間內階調的像素會和下層圖層混合；換言之，階調在三角形區間外的像素將不會在合成後的影像中出現。例如：設定「紅色」為 30~220，當像素中紅色的成份為 30~220 時，才會與下層影像混合。

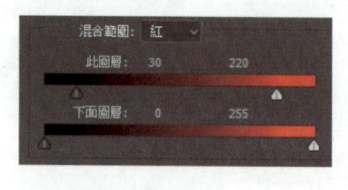

設定「色彩增值」混合模式的結果

7-26

◯ **下面圖層**：為作用中圖層的下一層圖層，在下層的像素也只有在區間之內的才會與上層混合，落在區間外的像素會直接顯示最終影像，而不進行混色。例如：設定「綠色」為 50~200，那麼當像素中綠色的成份是 50~200 時，才會與上層混合，而範圍外的像素則不進行混色，直接顯示在最後的合成影像中。

設定「色彩增值」混合模式的結果

為了避免混色時產生太急遽的色調變化，形成不自然的效果，您可以定義漸進的轉換，設定時按下 Alt 鍵再拖曳三角形，可以將三角形分割為左右二半，在這區域間的像素會部分混合以產生漸層的效果。

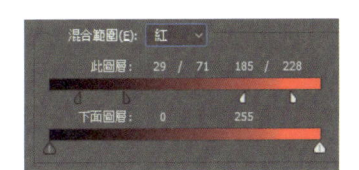

靈活的運用 **混合範圍**，可以製作出令人驚嘆的影像合成效果，例如下圖的範例中包含二個圖層，調整「熱汽球」圖層的 **混合範圍**，讓下方「背景」圖層中的白雲跑到熱汽球的前面，形成更逼真的合成效果。

接下頁 ➡

7-27

7 圖層的操作與應用

7-3 使用遮色片

在 5-4 節中介紹過「遮色片」的觀念後，相信您已經明白「遮色片」在影像的選取中扮演了很重要的角色，它的功能是對所要編輯的區域做範圍的限定，提供給編輯者做進一步的特效處理。遮色片的使用，是數位影像合成作業中最重要的環節，靈活的運用它可以製作出各種令人嘆為觀止的效果。

7-3-1 建立圖層遮色片

「圖層遮色片」的功能是對圖層內的影像像素做剪輯，將圖層上的局部影像剪掉（遮蓋住），使這些區域不會出現在合成的最終作品中，且這種作法不會損壞原來的影像內容。圖層遮色片的使用，可以有彈性地控制影像內容要如何顯示或隱藏，只要將圖層遮色片的內容加以變化，即可製作出不同的合成效果。為了與「向量圖遮色片」做區分，「圖層遮色片」也稱為「像素遮色片」或「點陣圖遮色片」。

基於圖層遮色片具有點陣圖的特性，因此，我們可以使用繪圖工具或選取工具來建立。每一個圖層只能建立一個圖層遮色片，且只對該圖層有作用。圖層遮色片其實是一個灰階影像，白色部分會顯示原圖層影像，灰色部分會以不同程度的透明度顯示影像，黑色部分的影像則會被遮住而隱藏起來，因而顯現出下方圖層的影像。

圖層遮色片　　　　　影像合成後顯示的結果

接著我們以一個很簡單的例子，來說明如何建立圖層遮色片，而這個方式也經常運用在影像合成的案例中。

STEP **1** 開啟影像範例，目前只有「背景」圖層，按 **Ctrl+J** 組合鍵快速產生「圖層 1」，且內容與「背景」圖層相同。

STEP **2** 點選「背景」圖層，執行 **影像 > 調整 > 黑白** 指令，將其轉換成黑白影像。

STEP **3** 點選並顯示「圖層 1」，選取花的範圍，再按下 **圖層** 面板 **增加圖層遮色片** 鈕。

若要以指令方式來建立圖層遮色片,請在選取範圍後執行 **圖層 > 圖層遮色片** 指令,並參考下列說明。

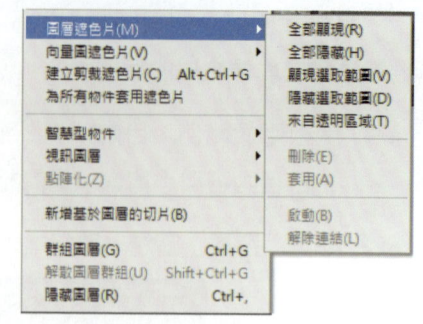

- **全部顯現**:無論是否建立選取範圍,都會將整個圖層的影像顯現出來,相當於建立一個「全白」,也就是沒有遮罩的圖層遮色片。
- **全部隱藏**:無論是否建立選取範圍,都會將整個圖層的影像隱藏起來,相當於建立一個「全黑」,也就是全部遮罩的圖層遮色片。
- **顯現選取範圍**:將選取範圍內的影像建立為未遮罩區域(白色),本例中選此項。
- **隱藏選取範圍**:將選取範圍內的影像建立為遮罩區域(黑色)。
- **來自透明區域**:不需要先建立選取範圍,此指令會將圖層中的透明影像轉為不透明,並依據原影像的透明度建立圖層遮色片。

7-3-2 編輯圖層遮色片

圖層遮色片建立之後,可點選 **移動工具** 或是任意修圖、繪圖工具來編輯。

STEP 1 接續上一小節的步驟,按一下 **圖層** 面板中的「圖層遮色片縮圖」使其成為作用中,展開 **內容** 面板,可調整 **密度**(預設值為 100%)及 **羽化**(預設值為 0 px)參數,或透過影像調整的方式(參考第 6 章)來改變影像合成的結果。

STEP 2 點選 **從遮色片載入選取範圍** 鈕,呈現選取框。

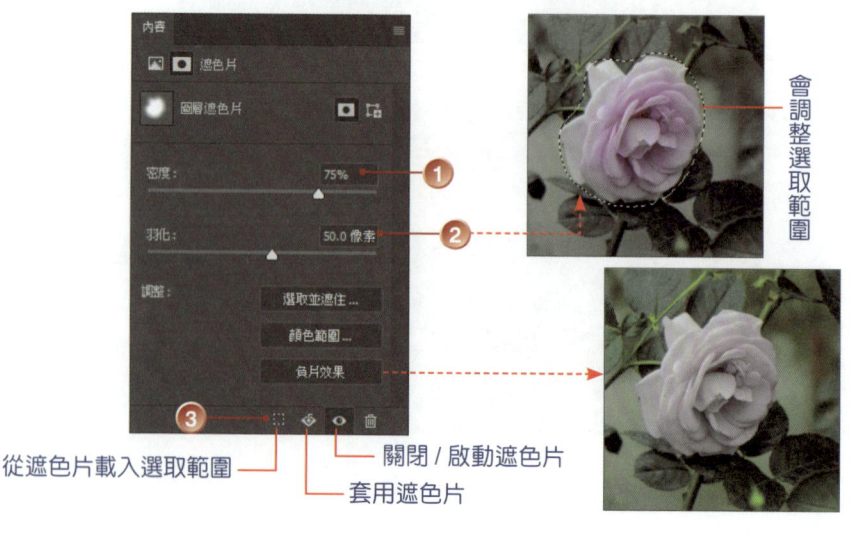

- 從遮色片載入選取範圍
- 關閉 / 啟動遮色片
- 套用遮色片
- 會調整選取範圍

7-30

STEP3 接著點選 工具 中的 漸層工具 ▣，在 選項 中設定相關的填色屬性，再以滑鼠在遮色片影像上拖曳填入指定的漸層色。

將「密度」調回 100%

STEP4 點選 筆刷工具 ✎，以 灰階 色彩在圖層遮色片中塗抹，可編輯影像的透明度。

7

圖層的操作與應用

7-31

說明

- 當圖層遮色片為作用中時，**前景色** 和 **背景色** 只能設定為灰階值。
- 選取含有圖層遮色片的圖層時，**色版** 面板中會出現一個暫時性的色版「圖層 1 遮色片」。
- 圖層縮圖與圖層遮色片之間有一個 **連結** 圖示，按一下可解開彼此之間的連結，此時您就可以個別移動圖層影像或遮色片。

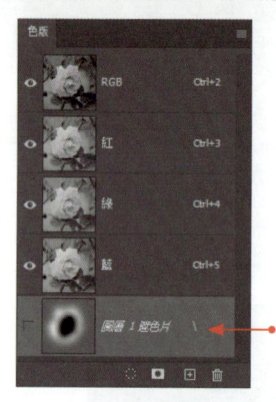

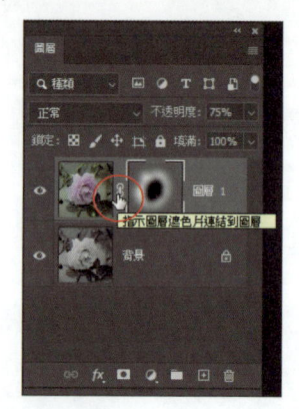

- 按住 Alt 鍵再點選遮色片縮圖，可開啟遮色片編輯視窗，做進一步的編輯。

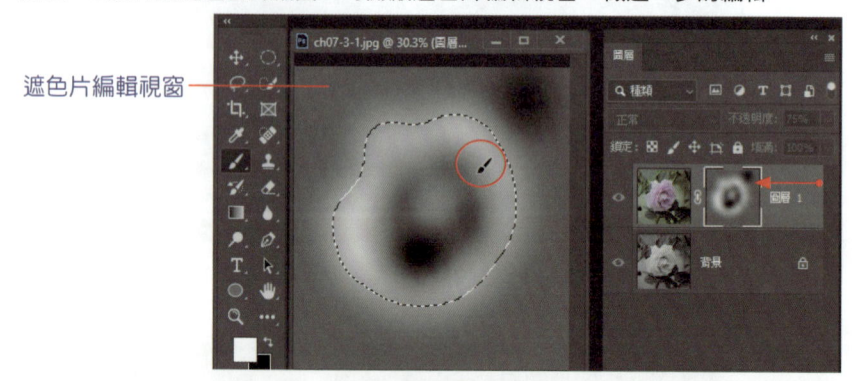

遮色片編輯視窗

STEP 5 編輯完成後，在遮色片 **內容** 面板上按一下 **套用遮色片** 鈕（參考步驟 2 的圖），即可建立一張合成影像。

7-32

7-3-3 關閉 / 啟動與刪除圖層遮色片

為了便於檢視和編輯影像，您可以使用下列四種方式來「啟動」或「關閉」圖層遮色片。關閉的圖層遮色片上會有紅色的「X」顯示。

● 點選遮色片 **內容** 面板上的 **關閉 / 啟動遮色片** 鈕。

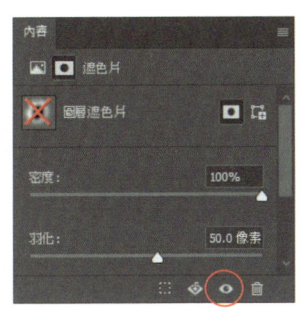

● 先按住 Shift 鍵再點選圖層遮色片縮圖可關閉，再按一次就會開啟。

● 在圖層遮色片縮圖上按一下滑鼠右鍵，點選 **關閉（啟動）圖層遮色片** 指令。

● 點選圖層遮色片縮圖，執行 **圖層 > 圖層遮色片 > 關閉（啟動）** 指令。

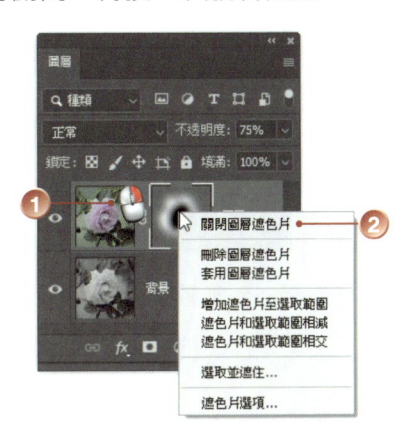

要刪除圖層遮色片，請點選遮色片 **內容** 面板上的 **刪除遮色片** 鈕即可，或執行 **圖層 > 圖層遮色片 > 套用** 或 **刪除** 指令，來刪除圖層遮色片。也可以直接將圖層遮色片縮圖拖曳到 **刪除圖層** 鈕上，這時會出現警告對話方塊，按【套用】鈕會先套用所建立的遮色片效果，然後刪除圖層遮色片；如果按【刪除】鈕則是放棄遮色片效果並刪除圖層遮色片。

7-33

7-3-4 建立向量圖遮色片

「向量圖遮色片」與「圖層遮色片」不同,其與影像的「解析度」無關,使用 **筆形工具** 或 **形狀工具** 可以製作向量圖遮色片,適合用在要建立尖銳的邊緣形狀或要清楚定義影像邊緣時。產生向量圖的詳細介紹請參閱第 9 章。

STEP1 開啟影像範例,在 **圖層** 面板中點選要增加向量圖遮色片的圖層「黃昏石」,使用 **筆型工具** 或 **自訂形狀工具** (拖曳產生形狀)在影像上繪出要做為遮色片的「路徑」。

STEP2 接著執行 **圖層 > 向量圖遮色片 > 目前路徑** 指令,圖層縮圖的右側會出現「向量圖遮色片縮圖」,展開遮色片 **內容** 面板也會自動顯示為向量圖遮色片。

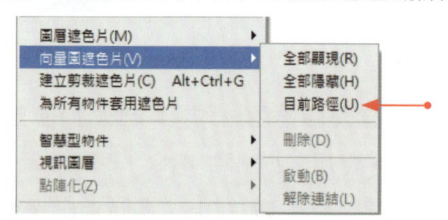

- **全部顯現**:會將整個圖層的影像顯現出來,相當於建立一個「全白」、也就是沒有遮罩的向量圖遮色片。
- **全部隱藏**:會將整個圖層的影像隱藏起來,相當於建立一個「全黑」、也就是全部遮罩的向量圖遮色片。
- **目前路徑**:依據目前所建立的工作路徑作為向量圖遮色片的內容。

STEP3 使用 **移動工具** 可調整向量圖遮色片的位置，影像會與遮色片一起移動。

STEP4 按一下圖層上的 **連結** 圖示，先解除圖層與遮色片的連結，再以滑鼠拖曳向量圖形中的影像，可以只調整此圖層的影像位置，遮色片位置不改變；再按一次 **連結** 圖示可恢復連結關係。

STEP **5** 確定向量圖遮色片還在選取的狀態下，執行 **編輯 > 任意變形** 指令可以調整向量圖遮色片，原影像不會受到任何改變。

STEP **6** 「啟動 / 關閉」或刪除向量圖遮色片的操作與 7-3-3 小節相同。在向量圖遮色片縮圖上按一下滑鼠右鍵，點選 **點陣化向量圖遮色片** 指令，即可將其轉換為圖層遮色片（像素遮色片）。一旦將向量圖遮色片點陣化之後，就無法再將其變回向量圖遮色片。

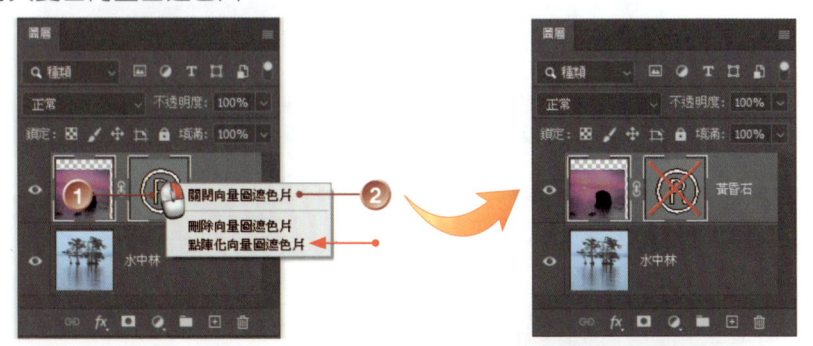

STEP **7** 經過點陣化的向量圖遮色片已經轉成像素遮色片，此時在圖層遮色片上按右鍵執行 **套用圖層遮色片** 指令，即可建立一張合成影像。

7-36

7-3-5 建立剪裁遮色片

遮色片除了可以界定選取範圍,做出合成特效外,還可以利用遮色片特殊的剪裁效果配合圖層的疊合,做出圖案中有影像的合成畫面。

剪裁遮色片的定義

利用下方(基本)圖層中的影像做為「剪裁遮色片」的外形,讓上方圖層(剪裁圖層)中的影像可以透過此外形顯示出來。換言之,上方圖層會受下方圖層的透明像素遮住,不會顯現影像;上層影像的透明度會隨著下方(基本)圖層的透明度而改變。這也是喜歡透過 Photoshop 繪圖的使用者,最常使用的上色技巧:先在基本圖層中將影像外框描繪好,然後將上方圖層建立為剪裁遮色片並進行上色,這樣不管如何塗抹,都不會超出影像外框。請注意!只有連續的圖層可以包含在「剪裁遮色片」中。

塗抹超出形狀外也沒關係

剪裁圖層的圖示

「基本」圖層具有遮色片的作用

建立剪裁遮色片

STEP 1 開啟範例影像,我們希望「日落」圖層中的影像,能透過「SUNSET」圖層的文字外形顯示出來,所以接下來要執行建立剪裁遮色片的作業。

7-37

建立剪裁遮色片的方式有下列二種：

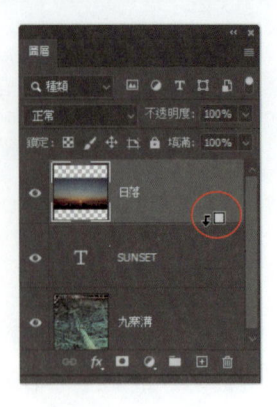

- 在 **圖層** 面板中點選要套用剪裁遮色片的圖層，本例為「日落」圖層，執行 **圖層 > 建立剪裁遮色片** 指令（Alt+Ctrl+G 快速鍵）。
- 先按住 Alt 鍵，再將滑鼠游標放在要建立剪裁遮色片的二個連續圖層之間的分隔線上，滑鼠游標會變成 形狀，按一下滑鼠左鍵。

STEP **2** 建立一組剪裁遮色片之後，其「基本」圖層的名稱會加上底線，上方的剪裁圖層則會帶有 圖示且以縮排顯示。

可再以「移動工具」調整位置

STEP **3** 若要在剪裁遮色片中增加其他圖層，請重複步驟 1，一次往上一層來增加其他圖層。

解除剪裁遮色片的方式也有下列二種：

◉ 先點選含有剪裁圖層的圖層，再執行 **圖層 > 解除剪裁遮色片** 指令（Alt＋Ctrl＋G 快速鍵）。

◉ 先按住 Alt 鍵，將滑鼠游標放在剪裁遮色片圖層間的分隔線上，滑鼠游標變成 形狀時，按一下滑鼠左鍵即可。

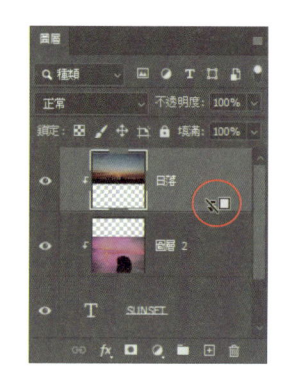

7-4 圖層的格式化

為了不破壞圖層中的原始影像內容，Photoshop 提供了不錯的方式來設定圖層的格式。例如：想要在影像上著色繪圖時，可以考慮先繪製在一層「透明的」圖層上，然後再和影像底稿合成起來，就樣就可以單獨調整 **不透明度** 和 **混合範圍** 直到滿意的效果為止。比較起直接在影像上著色繪圖，**圖層** 提供了更大的操作空間和修改彈性，最重要的是不會破壞原始影像！

7-4-1 設定圖層樣式

Photoshop 提供了許多的 **圖層樣式**，能讓指定圖層中的影像內容產生特殊效果，例如：**陰影**、**外光暈**、**斜角**…等，您可以在同一個圖層中套用多種圖層效果，並進一步設定各個效果的參數。提醒您！「背景」圖層無法指定圖層樣式，除非轉為一般圖層。

STEP**1** 開啟範例，在要套用圖層效果的圖層上快按兩下。

7-39

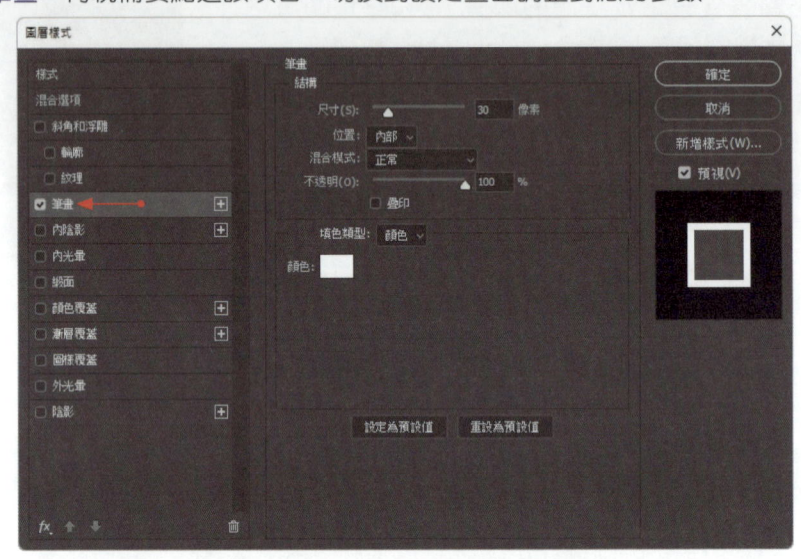

STEP 2 開啟 **圖層樣式** 對話方塊，勾選 **樣式** 清單中要套用的預設圖層樣式，例如：**筆畫**，再視需要點選該項目，切換到設定畫面調整對應的參數。

STEP 3 再勾選 **陰影**，設定所需參數，設定完畢按【確定】鈕。

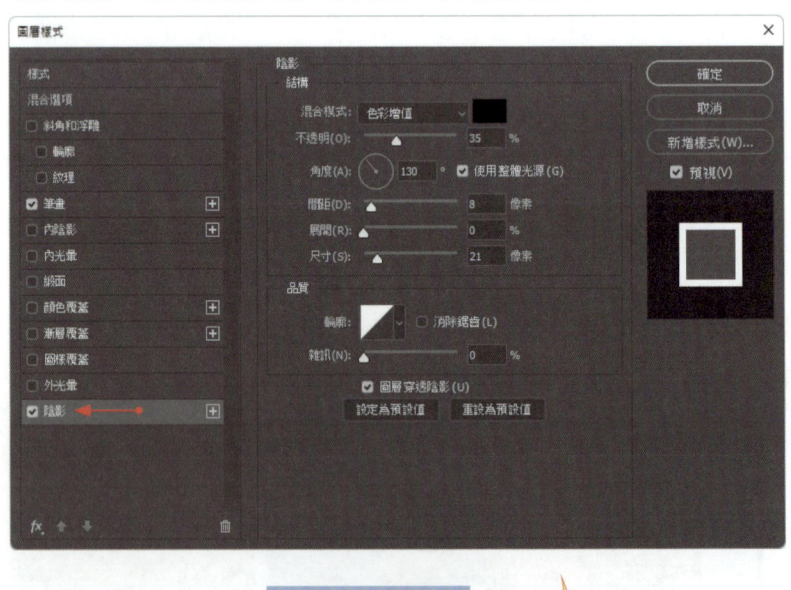

套用結果

說明

- 也可以執行 **圖層 > 圖層樣式** 指令，或點選圖層面板的 **增加圖層樣式** fx. 鈕，從清單中選擇要使用的樣式指令。

- 您可以根據目前的設定建立新的預設集，按下【新增樣式】鈕並命名，日後其他圖層要套用相同設定時，可於 **樣式** 清單中找到並套用。

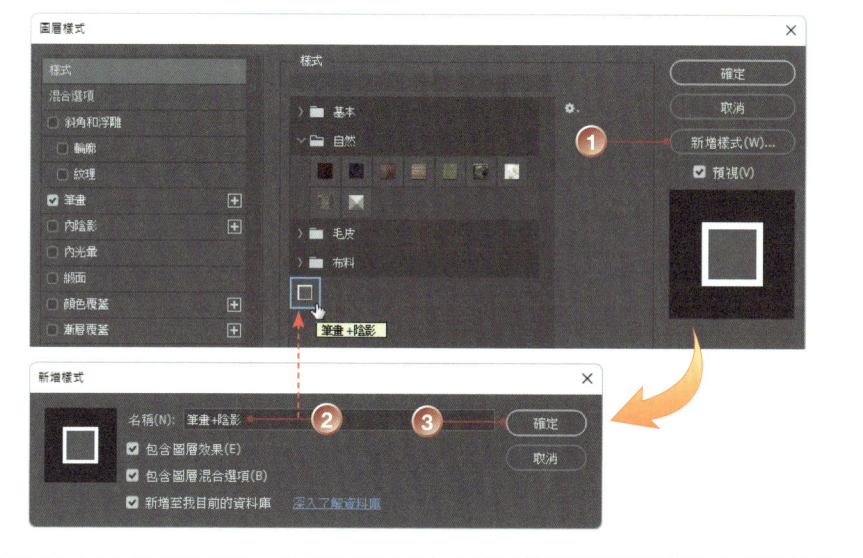

STEP**3** 此時圖層名稱的右側會出現 **圖層效果** fx 圖示，按一下三角形符號展開清單，可以看到此圖層所套用的樣式，再按一下可以收合。要暫時關閉樣式的效果，可按一下效果前方的 **眼睛** 圖示，即可暫時隱藏效果，再按一次則顯示效果。

STEP**4** 重複上述動作設定其他圖層，樣式選項右側有「+」圖示者，代表可增加相同的樣式，以便套用多重效果至單一圖層。

7-41

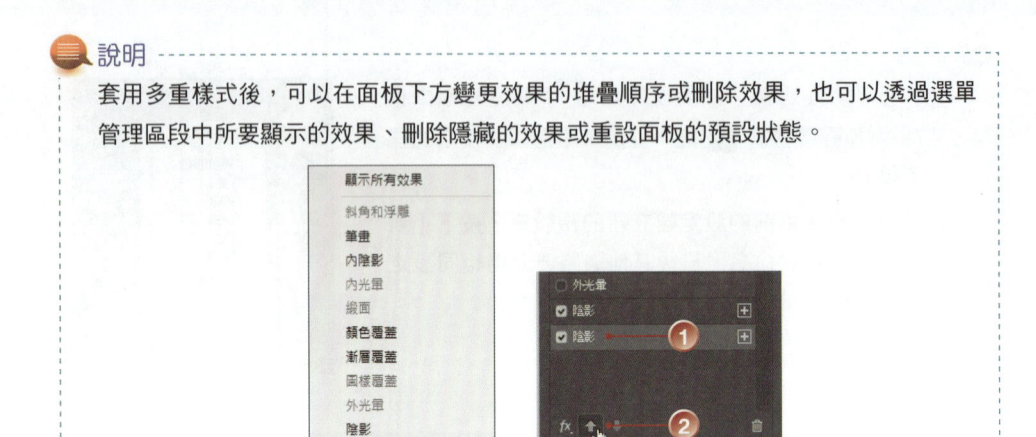

> **說明**
>
> 套用多重樣式後,可以在面板下方變更效果的堆疊順序或刪除效果,也可以透過選單管理區段中所要顯示的效果、刪除隱藏的效果或重設面板的預設狀態。

STEP 5 若有其他圖層也要套用相同的樣式,可直接拖曳效果到該圖層的影像上,或是按住 Alt 鍵再拖曳「效果」到該圖層上,也可以在效果上按右鍵選擇 **拷貝圖層樣式** 指令,再貼上到其他圖層。

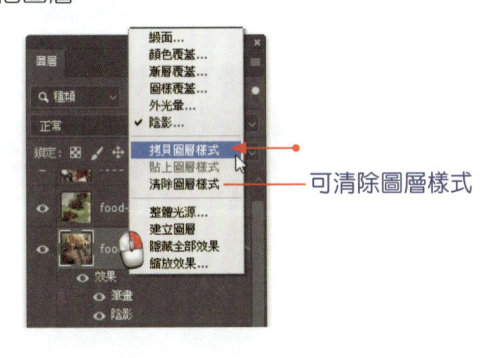

可清除圖層樣式

STEP 6 將滑鼠移至圖層效果 fx 圖示上,拖曳至「垃圾桶」即可將該圖層效果刪除。

套用結果

7-42

7-4-2 建立調整圖層

第 6 章所介紹的各種調整影像色調與色彩的方式，是直接在影像上進行設定，因此除非另行拷貝原始影像，否則無法保存原始來源影像的內容。「建立調整圖層」也可以改變影像的色調與色彩，不過圖層中不包含影像內容，只儲存對影像進行色彩或色階設定的資料，下面圖層的影像會穿過這個圖層顯示出來，並不直接永久地套用至影像上，因此具備了修改的彈性，就算是反覆修改也不會破壞影像品質。「調整圖層」會影響位在下方的所有圖層，可以改變圖層的不透明度和混合模式，同樣的，您也可以開啟或關閉套用的結果。

STEP1 開啟範例檔案，以選取工具選取花朵的部分，再執行 **圖層 > 新增調整圖層** 指令，從展開的次功能表選擇指令，或從 **圖層** 面板下方按下 **建立新填色或調整圖層** 鈕，也可以執行 **視窗 > 調整** 指令開啟 **調整** 面板，在十六種調整項目中選擇其中一項。本例執行 **色相 / 飽和度** 指令。

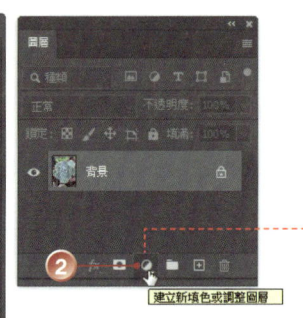

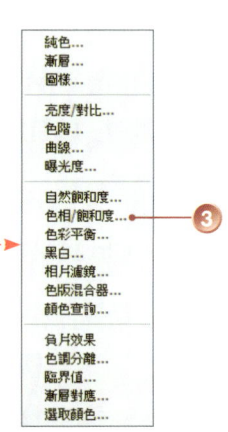

STEP2 自動展開 **內容** 面板，並顯示 **色相 / 飽和度** 調整圖層的參數，視需要調整選項。

1. **這項調整會影響所有下方圖層**：點選會剪裁至圖層。
2. **檢視前一次調整**：按下按鈕可檢視上一個調整的影像狀態。
3. **重設為調整預設值**：將面板的控制參數回復至預設值。

7-43

④ **切換圖層可見度**：切換顯示 / 隱藏狀態，同 **圖層** 面板中的 👁 鈕。
⑤ **刪除此調整圖層**：點選後可刪除調整圖層。

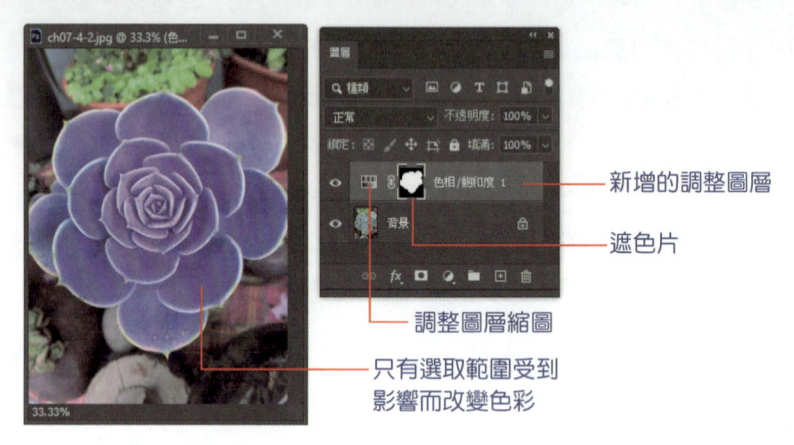

- 新增的調整圖層
- 遮色片
- 調整圖層縮圖
- 只有選取範圍受到影響而改變色彩

當想要再次調整各項參數時，只要在調整圖層縮圖上快按二下，即可再次展開 **內容** 面板進行變更。調整圖層縮圖右側有「遮色片」，因此效果只會作用在呈白色未被遮蔽的範圍上，本例中就是選取的花朵部分。將調整圖層拖曳至「垃圾桶」即可刪除，所有的操作都不會影響到下方圖層的原始影像內容。

上面的範例中，如果還要將花朵以外的範圍變成黑白，可以這樣做：

STEP**1** 按住 **Ctrl** 鍵點選遮色片縮圖，會選取遮色片範圍，執行 **選取 > 反轉** 指令。

STEP**2** 執行 **調整 > 黑白**。

STEP**3** 視需要調整參數。

7-44

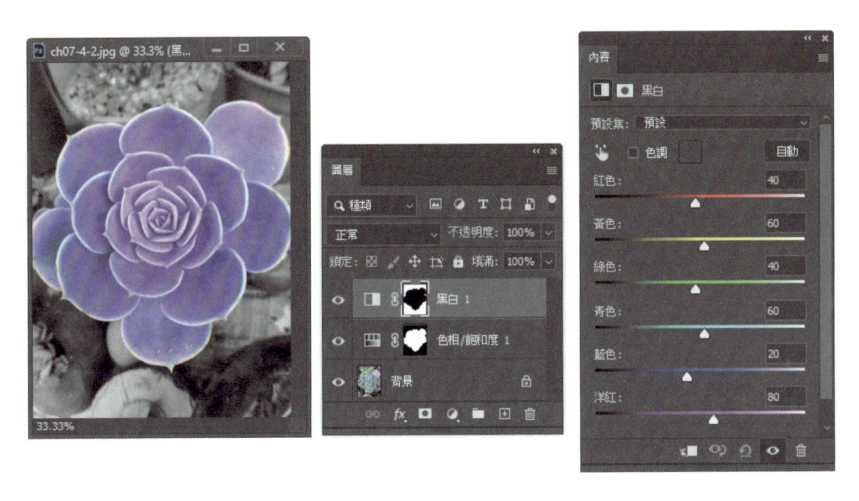

STEP **4** 在調整圖層中改變 **混合模式** 或 **不透明度**，可以再變化成不同的效果。

　　靈活的運用 **遮色片**、**調整圖層** 和 **混合模式**，即使是一張簡單的影像，也可以產生令人驚嘆的作品呢！

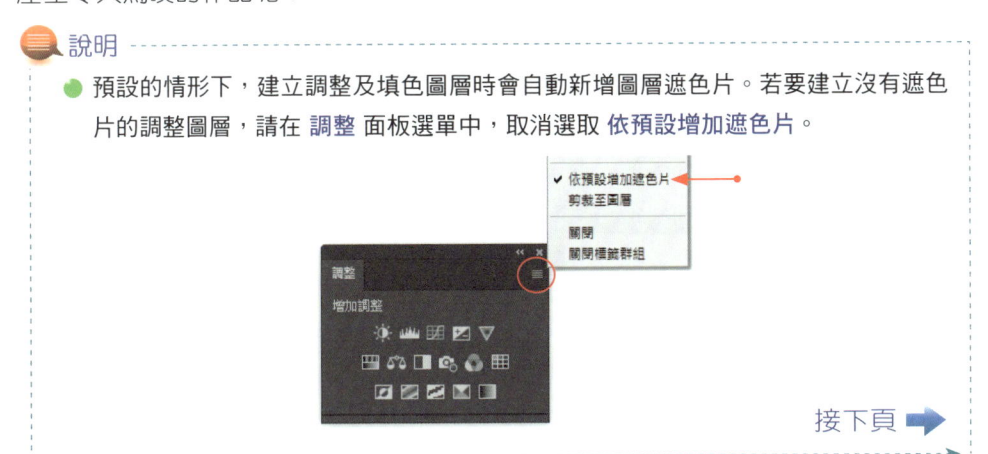

💬 說明

- 預設的情形下，建立調整及填色圖層時會自動新增圖層遮色片。若要建立沒有遮色片的調整圖層，請在 **調整** 面板選單中，取消選取 **依預設增加遮色片**。

接下頁 ➡

7-45

- **內容** 面板中可以切換顯示 **調整圖層** 或 **遮色片** 的屬性。

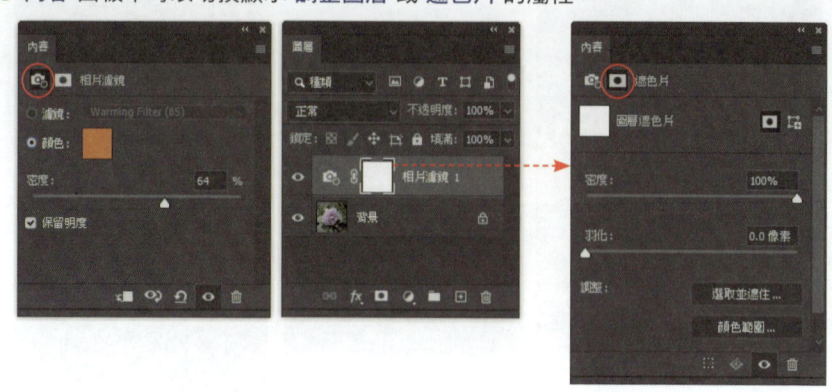

- 如果只想將調整圖層的效果限制在某一個影像圖層（例如：food-4），而不是其下的所有圖層，請將調整圖層與該影像圖層新增為群組，再將 **混合模式** 從 **穿透** 變更為任何其他的混合模式。

混合模式不要是「穿透」即可

調整圖層預設會影響其下的所有圖層

只有一個圖層會受影響

- 遮色片中包含的調整和填色圖層並不會明顯增加檔案大小，因此不需要合併這些調整圖層來節省檔案空間。

7-46

7-4-3 建立填滿圖層

除了以「調整圖層」來執行影像色彩或色調的調整作業之外,您也可以建立 **純色**、**漸層** 或 **圖樣** 的「填滿圖層」來進行影像的填色處理。「填滿圖層」的特色在於可以隨時更改填色的參數,例如:更換顏色、漸層的方向或更改圖樣,不需透過指令,只要快按兩下圖層縮圖就可以進行更改。

STEP 1 開啟範例檔案,視需要建立要填色的選取範圍(可載入「天空」選取範圍)。

STEP 2 執行 **圖層 > 新增填滿圖層** 指令清單中的相關指令;或按一下 **圖層** 面板下方的 **建立新填色或調整圖層** 鈕,並執行清單中的相關指令,本範例點選 **圖樣** 指令。

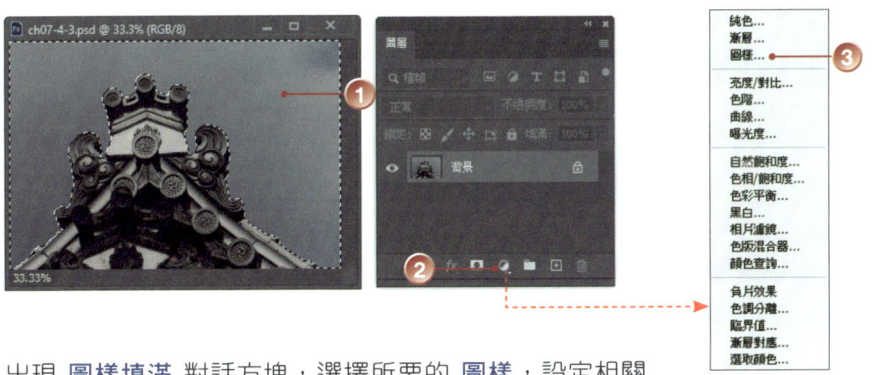

STEP 3 出現 **圖樣填滿** 對話方塊,選擇所要的 **圖樣**,設定相關屬性,按【確定】鈕。

根據此圖樣建立新的預設集

可控制顯示 / 隱藏填色效果

7-47

7-4-4 建立自定圖樣與圖樣預視

透過 **圖樣** 面板,可以填入預設的各種圖樣外,您也可以使用自訂的圖樣,並藉由「圖樣預視」功能的協助,快速建立完美的重複圖樣,即時預覽設計的成果,對於從事紡織品設計或創作圖形背景的使用者來說真是太方便了。而「智慧型物件」最適合「圖樣預視」的功能,因為可以在您旋轉或調整圖樣的元件時產生最佳的結果。

STEP 1 開啟要做為自訂圖樣的影像檔案,並執行 **檢視 > 圖樣預視** 指令。

已是「智慧型物件」

STEP 2 出現警告訊息,按【確定】鈕。

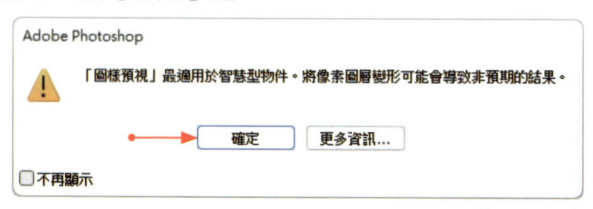

STEP 3 啟用後,畫布邊界外的工作區區域會重複畫布上的內容。可針對圖形調整大小、旋轉和重新定位。

STEP 4 縮小顯示以預視重複的圖樣。

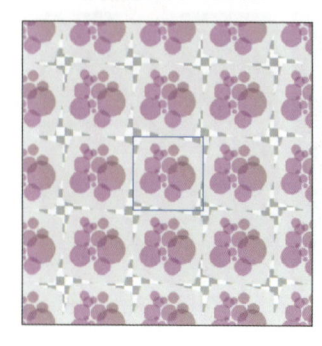

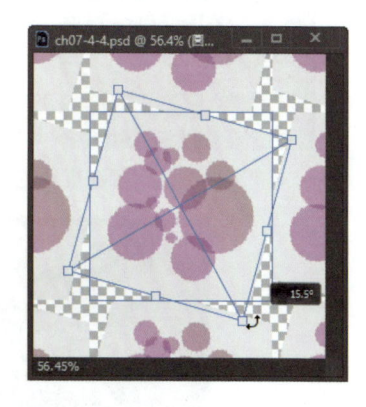

7-48

STEP5 執行 **編輯 > 定義圖樣** 指令,或從 **圖樣** 面板點選 **建立新圖樣** 鈕。

STEP6 輸入圖樣 **名稱**,按【確定】鈕。

STEP7 日後執行填滿圖樣的動作時,可從 **圖樣** 清單中選取自訂的圖樣。

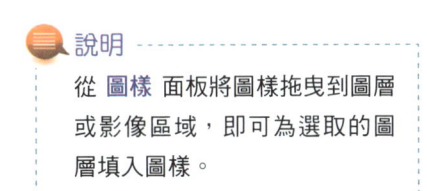

> 💬 說明
> 從 **圖樣** 面板將圖樣拖曳到圖層或影像區域,即可為選取的圖層填入圖樣。

7-5 認識智慧型物件

「智慧型物件」是由一組圖層構成,其影像資料可以來自點陣或向量影像,「智慧型物件」可以保留影像原始內容,包括任何特性或設定,讓您以非破壞性的方式編輯圖層。

7-5-1 建立智慧型物件

當圖層轉為智慧型圖層後,不管如何編輯都不會破壞到原始影像的資訊。不過,有關像素的編輯工具無法套用在智慧型物件上,例如:繪圖工具、**加亮工具** 或 **仿製印章工具** …等,如果執行了會改變像素資料的操作,必須開啟原始資料進行編輯,或將智慧型物件點陣化。

智慧型物件具有以下幾項特點:

🔹 執行不具破壞性的變形(縮放、旋轉、傾斜、扭曲…)時,不會流失原始影像的資料或品質。

- 可以使用向量資料（來自 Illustrator）。
- 以連結的方式聯繫原始資料與圖層，當編輯原始資料之後，含有智慧型物件的圖層也會自動更新。您可以置入「內嵌」的智慧型物件，這將會與來源資料沒有連動關係，不過可以再將其轉換為「連結」的智慧型物件，並保留原來的所有效果設定，包括變形和套用的濾鏡。
- 可以「封裝」文件中連結的智慧型物件，將其來源檔案集中儲存到電腦資料夾，文件副本也會與該來源檔案一併儲存在資料夾中。
- 以「非破壞性」的方式套用 **濾鏡**，並且可以隨時更改套用在智慧型物件上的濾鏡參數設定。(有關濾鏡的操作請參閱第 11 章)
- 可輕鬆取代圖層中的內容，因此適合智慧型物件來設計範本。
- 先以低解析的預留位置影像嘗試各種設計，然後再以最終版本取代。

以下幾種方式可以建立智慧型物件：

- 執行 **檔案 > 開啟為智慧型物件** 指令。
- 執行 **檔案 > 置入嵌入的物件**（或 **置入連結的智慧型物件**）指令。
- 於 Bridge 中選取檔案，再執行 **檔案 > 置入 > 在 Photoshop 中** 指令。

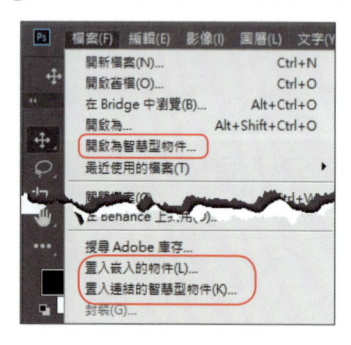

智慧型物件圖示
開啟後圖層名稱預設為檔案名稱

- 選取一或多個圖層，執行 **圖層 > 智慧型物件 > 轉換為智慧型物件** 指令，圖層會組合成一個「智慧型物件」；或在選取的圖層上按右鍵，選擇 **轉換為智慧型物件** 指令。

7-50

- 從 Illustrator 複製圖案後貼入 Photoshop。
- 將 PDF 或 Illustrator 圖層或物件拖曳到 Photoshop。

以「檔案 > 置入嵌入的物件」指令產生

從 Bridge 中置入

只有以「檔案 > 置入連結的智慧型物件」指令所產生的圖層縮圖有「連結」圖示

從 Illustrator 複製後貼入

置入的物件預設會以檔名為圖層名稱

產生智慧型物件後，可以像向量圖一樣縮放影像而不失真、套用 **濾鏡** 特效而不會破壞原始影像、編輯原始來源資料或將連結或嵌入的物件進行轉換，還可透過 **封裝** 程序將來源檔案集中管理。

🗨 說明

- 文件中置入連結的物件後，該文件在 Bridge 中會顯示連結圖示。
- 在智慧型物件圖層上按右鍵，可再轉換為一般的圖層。

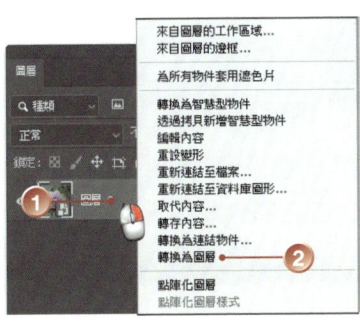

7-51

7-5-2 使用邊框工具

除了上一小節所介紹的產生智慧型物件的方法外，使用 **邊框工具** ⊠ 也可建立智慧型物件。**邊框工具** ⊠ 可以在影像區中產生預留位置，方便將另一個影像填入其中。接著我們以實際的範例，介紹產生邊框的方式，以及如何在邊框中置入影像。

STEP1 開啟範例檔案，展開圖層面板，包含 2 張影像圖層、1 個形狀圖層和 1 個文字圖層。（形狀和文字的建立請參閱第 9、10 章）

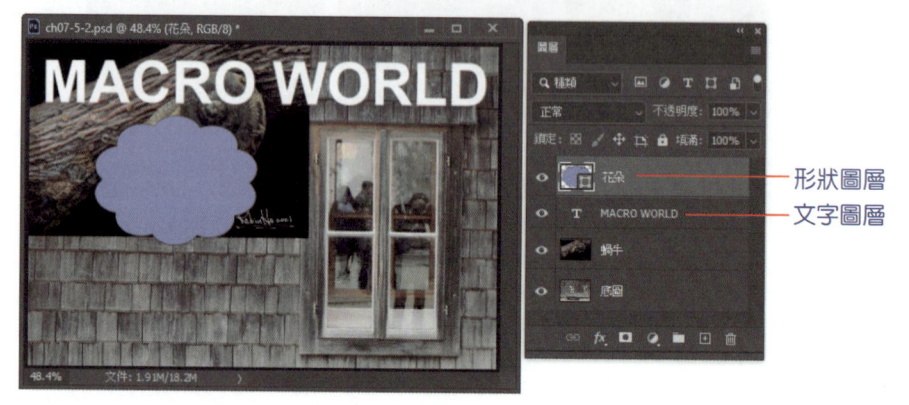

STEP2 點選「底圖」圖層，以 **邊框工具** ⊠ 在花朵形狀下方繪製一橢圓邊框。

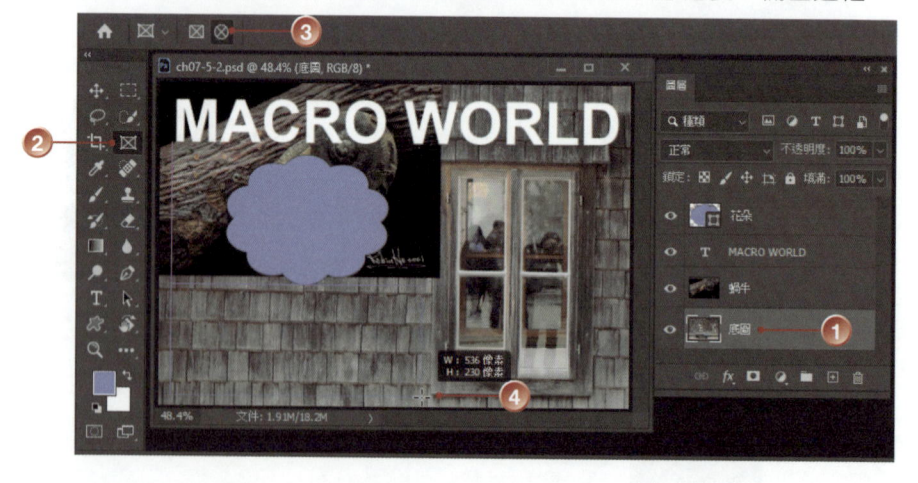

STEP3 圖層面板中會產生「邊框圖層」，其中包含 2 個縮圖：邊框縮圖和內容縮圖。

邊框縮圖
內容縮圖
邊框圖層
（可再更名）

STEP**4** 接著繼續以 **邊框工具** 在窗戶上描繪矩形邊框。

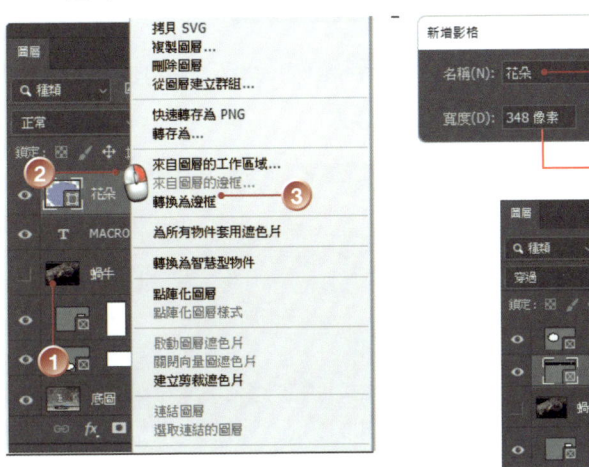

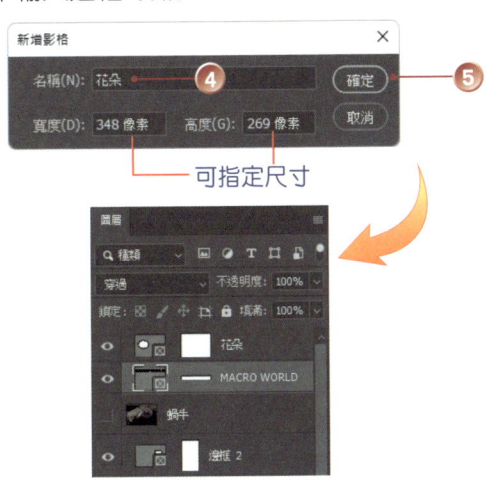

STEP**5** 將「蝸牛」圖層隱藏，再分別於形狀和文字圖層上按右鍵，選擇 **轉換為邊框** 指令，並於 **新增影格** 對方塊中輸入邊框 **名稱**。

可指定尺寸

7-53

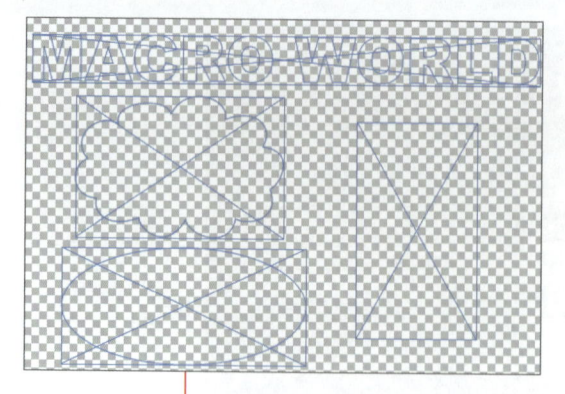

└─ 底圖也隱藏可清楚看到現在共有 4 個邊框

STEP **6** 點選「邊框 2」圖層，會自動選取矩形邊框，執行 **檔案 > 置入嵌入的物件** 指令，將範例資料夾中的「ch7_2.jpg」置入。

STEP **7** 影像置入後，可再移動影像和改變大小（**變形** 指令），以便放置在邊框中的適當位置。

圖層自動轉換為「智慧型物件」

STEP **8** 點選「花朵」圖層，從 **檔案總管** 中找到範例「ch7_1.jpg」，將其拖曳到「花朵」邊框中，再視需要移動及調整影像大小。

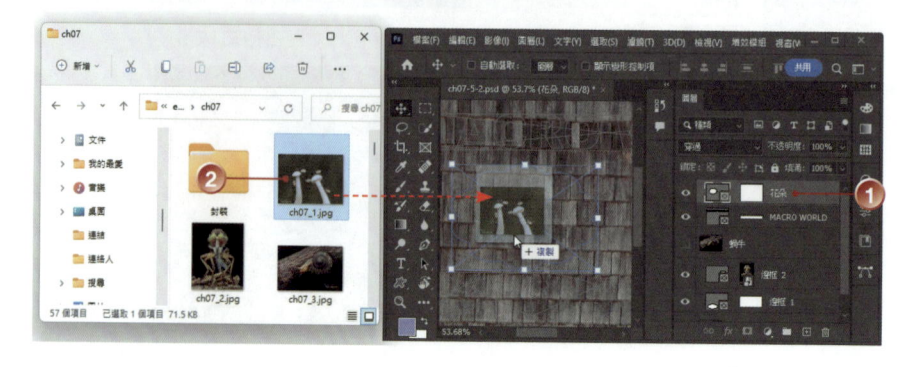

7-54

圖層名稱中會顯示檔案名稱，同時圖層自動轉換為「智慧型物件」

STEP**9** 點選文字圖層，展開 **資料庫** 面板並找到要置入的影像，拖曳到文字邊框中，視需要移動及調整影像大小。

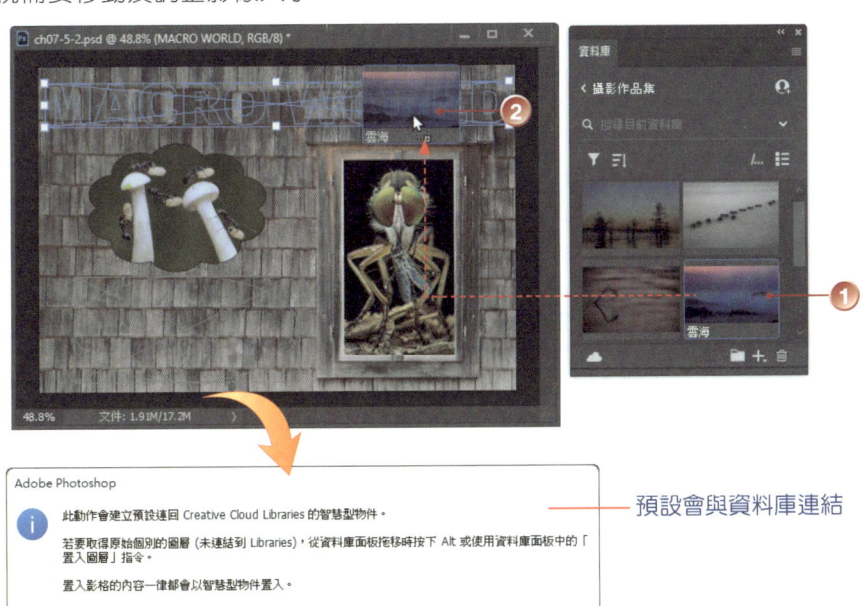

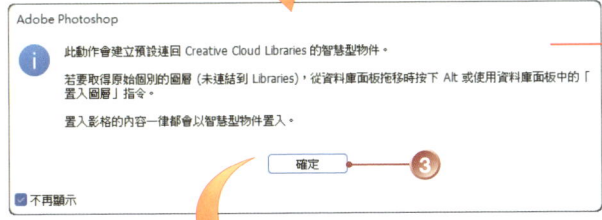

預設會與資料庫連結

呈現來自雲端的圖示

7-55

STEP**10** 將「蝸牛」圖層顯示，將其拖曳到下方的「邊框 1」圖層中，再視需要移動及調整影像大小。

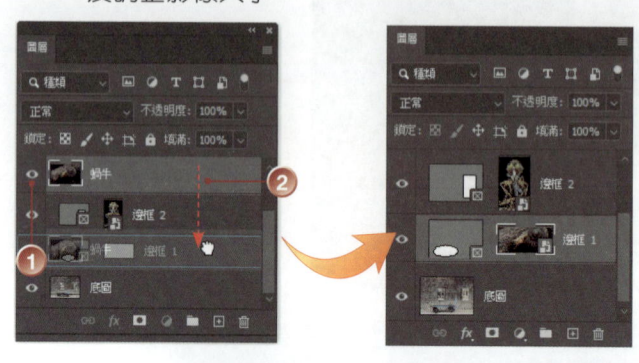

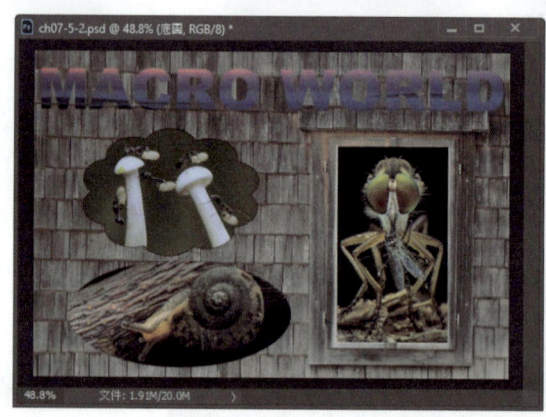

完成的結果

> 💬 說明
> - 在舊版本的 PhotoShop 中開啟含有邊框圖層的文件時，邊框圖層會以「智慧型物件」開啟，其中會有向量圖遮色片。
> - 從資料庫或 Adobe Stock 中將影像拖曳至邊框時，置入的影像若不想連結至原來的資料庫，拖曳時請按住 Alt 鍵。
> - 從本機中將影像拖曳至邊框時，預設會以「內嵌的智慧型物件」置入，拖曳時若按住 Alt 鍵則會建立「連結的智慧型物件」。 
>
>   連結的智慧型物件圖示
>
> - 將新影像拖曳至邊框即可取代現有的內嵌影像。

7-56

邊框和其中的內容可以分別選取，以便個別進行變形等編輯動作。

- 直接點選邊框圖層時會選取邊框及影像。

- 快按二下影像或點選邊框圖層中的「內容縮圖」，可以只選取影像，此時可單獨變形影像。再按二下即可同時選取框及影像。

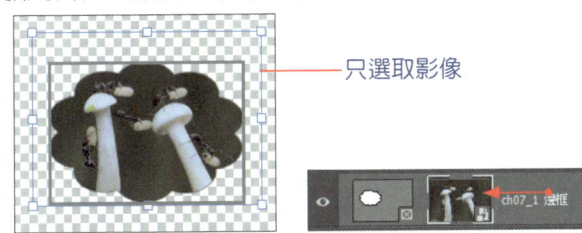

　　只選取影像

- 點選邊框圖層的「邊框縮圖」，或在選取狀態下按一下邊框的邊界，可以只選取邊框再進行變形。

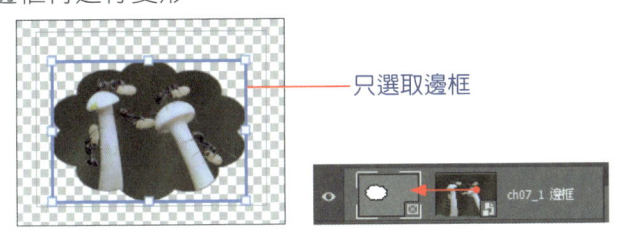

　　只選取邊框

選取邊框圖層後，在 **內容** 面板中可以設定 **筆畫** 選項，包括：筆觸類型（純色、漸層或圖樣）、寬度、對齊類型等。

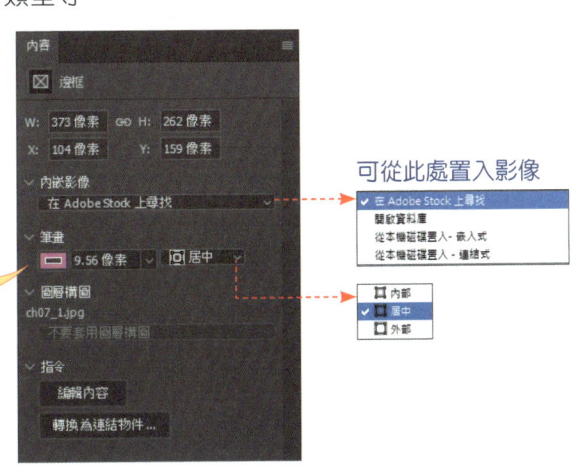

可從此處置入影像

7-57

7-5-3 編輯 / 更新與取代智慧型物件

產生智慧型物件後，可視需要進行編輯或取代，若來源檔案的影像內容有變動，則可更新智慧型物件。

STEP 1 開啟範例影像，範例中的智慧型物件是經由各種不同管道產生的。在「food-1」圖層按右鍵選擇 **編輯內容** 指令，或是在圖層縮圖上快按兩下，也可從 **內容** 面板點選【編輯內容】鈕。

此處會顯示「嵌入」還是「連結」

重設為原始狀態，包括任何變形、旋轉或彎曲

嵌入的物件可轉換為連結的物件

STEP 2 開啟來源視窗後進行編輯，例如調整為黑白。

STEP 3 完成編輯後，關閉視窗，出現是否儲存的訊息，按【是】鈕。

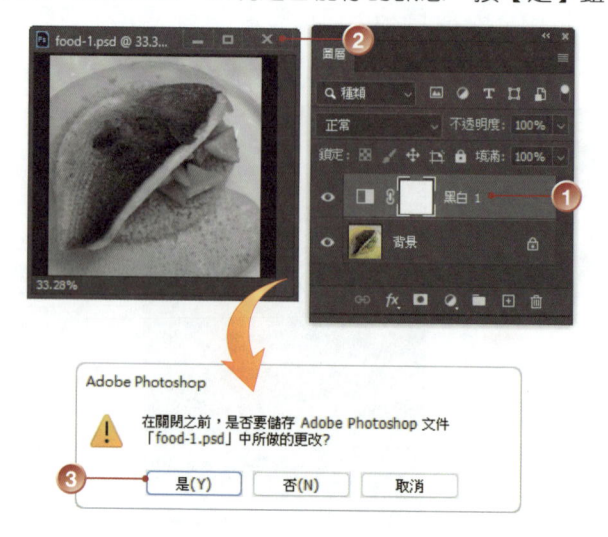

7-58

STEP**4** 儲存後返回 Photoshop，就會發現「food-1」圖層的影像已同步更新。

💬 說明

- 開啟原始資料時，會自動在系統中儲存一個暫時的檔案，修改完成後，若要讓 Photoshop 的智慧型物件同步更新，則務必執行 檔案 > 儲存 指令，但這個動作並不會修改到原始的檔案內容。
- 若該圖層的智慧型物件為向量式檔案，會自動開啟 Illustrator。
- 從 內容 面板可以檢視所置入的智慧型物件是「嵌入」還是「連結」的屬性，預設的情形下，只有執行 置入連結的智慧型物件 指令的內容，才與原始檔案有連結關係，此時編輯來源才會真的改變原始檔案的內容。

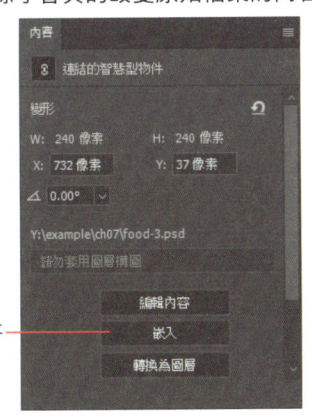

可改為內嵌物件

- 執行 圖層 > 智慧型物件 > 轉換為連結物件 指令，或點選 內容 面板的【轉換為連結物件】鈕，可將嵌入的智慧型物件改為連結，此時會出現 另存新檔 對話方塊要求儲存為新檔案。連結的智慧型物件則執行 嵌入連結物件（嵌入所有連結物件）指令，或點選 內容 面板的【嵌入】鈕，即可轉換為嵌入的物件。

更新連結的智慧型物件

如果外部來源檔案變更了，而參考它的 Photoshop 文件正好開啟，有連結關係的智慧型物件便會自動更新。不過，當您開啟包含非同步連結的智慧型物件的 Photoshop 文件時，也可以更新智慧型物件：

- 開啟「food-3.PSD」進行編輯並儲存，目前開啟中有連結關係的檔案會自動更新。

- 如果有連結關係的檔案尚未開啟，當開啟後，在連結的智慧型物件圖層上按一下滑鼠右鍵，選擇 **更新修改過的內容** 進行更新動作。

來源檔案已變更時會以醒目方式顯示

可更新所有已變更的內容

說明

如果連結的智慧型物件來源檔案已遺失時，該圖層縮圖上會有警告標示，狀態列 上也會有訊息，此時可將智慧型物件重新連結或點陣化。

已遺失的圖示

7-60

取代智慧型物件

透過 **圖層 > 智慧型物件 > 取代內容** 指令，可以將智慧型圖層中的內容以其他影像取代。基於這個特性，就可以利用智慧型物件來設計可重複使用的範本。例如下圖就是將「food-1」圖層的智慧型物件取代為「food-4」的結果。

food-1

7-5-4 複製與轉存智慧型物件

由於智慧型物件與圖層有連結的關係存在，當我們要複製智慧型物件圖層時，可以選擇是否與原「智慧型物件」圖層連結。點選要複製的智慧型物件圖層，執行 **圖層 > 新增 > 拷貝的圖層** 指令（**Ctrl+J**），複製後的智慧型物件圖層會與原來的智慧型物件圖層保持連結關係，也就是說，其中一個智慧型物件的原始資料經過編輯後，所有有關連的圖層也會一起更改。

若執行 **圖層 > 智慧型物件 > 透過拷貝新增智慧型物件** 指令，則會建立一個獨立的智慧型物件，不會與來源圖層有連結關係。

接下頁

7-61

「透過拷貝新增智慧型物件」與來源圖層無連結關係，因此不會同步更新

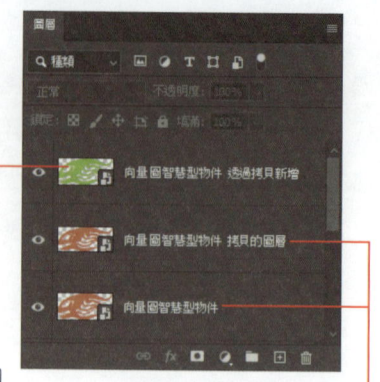

複製的智慧型物件若變更色彩，兩個物件都會產生變更

轉存嵌入的智慧型物件的內容

STEP**1** 從 圖層 面板中選取智慧型物件，執行 圖層 > 智慧型物件 > 轉存內容 指令。

STEP**2** 選擇儲存位置，然後按一下【存檔】鈕。Photoshop 會以智慧型物件置入時的原始格式（JPEG、AI、TIF、PDF 或其他格式），轉存智慧型物件。

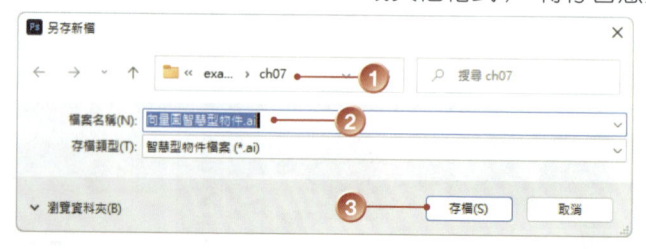

STEP**3** 如果智慧型物件是由圖層所建立的，則會以 PSB 格式轉存。

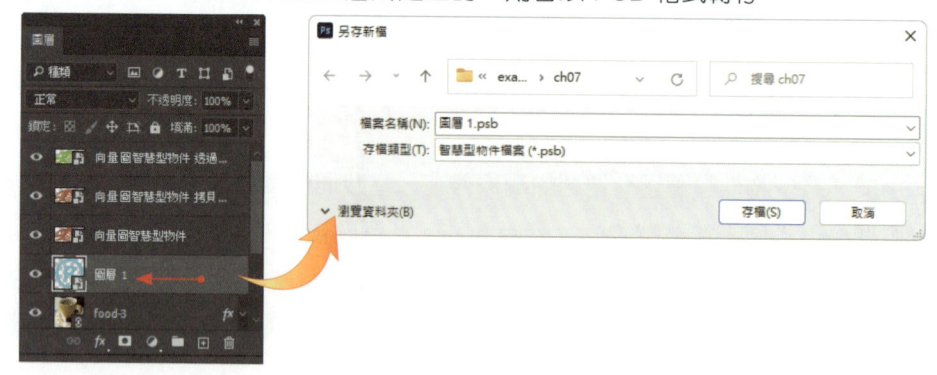

點陣化智慧型物件

智慧型物件類似向量圖，因此無法使用與像素有關的編輯工具，例如：繪圖工具、加亮或仿製工具等，執行時會出現下圖的警告訊息。

7-62

無法使用筆刷工具

若需要以像素編輯工具來編輯影像,可以點選智慧型物件圖層,執行 **圖層 > 點陣化 > 智慧型物件** 指令,經過點陣化後的圖層會成為一般圖層,就可以使用繪圖工具、加亮或仿製工具等來編輯影像。智慧型物件經過點陣化後,無法再編輯套用在智慧型物件上的變形、彎曲和濾鏡,因此執行前請確認不會再編輯原始資料。

您也可以將智慧型物件轉換回元件圖層,當智慧型物件包含多個圖層時,這些圖層會解除封裝到一個新的圖層群組中,對包含不止一個圖層的「智慧型物件」解除封裝時,不會保留其「變形」和「智慧型濾鏡」。

請在圖層上按右鍵選擇 **轉換為圖層** 指令,或是從 **內容** 面板選擇【轉換為圖層】鈕。展開轉換後的群組,原影像會顯示為「背景」圖層並呈現「鎖住」狀態,若要移動影像,請先解除鎖定。

7-63

7-5-5 封裝檔案

當文件中連結了許多智慧型物件後，如果這些物件的來源是分散在不同的位置，為了避免發生連結遺失的問題，可以將來源檔案儲存到指定的位置集中存放，Photoshop 會自動將文件的副本與這些來源檔案一起儲存在資料夾中，就好像在 InDesign 中打包檔案一樣。

STEP1 開啟範例檔案，其中已置入許多連結的智慧型物件。

STEP2 執行 **檔案 > 封裝** 指令，選取目的資料夾後，按【選擇資料夾】鈕。

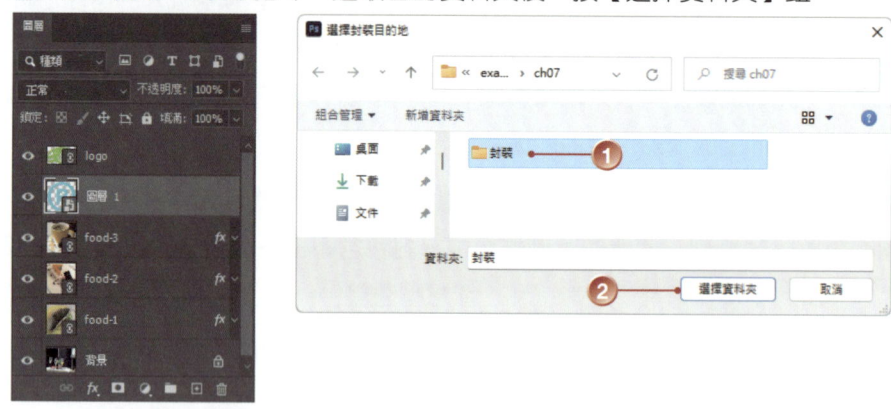

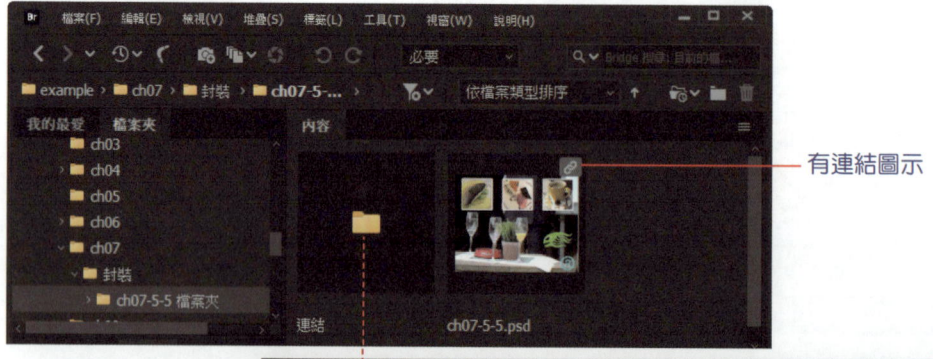

STEP3 封裝後開啟 Bridge，在指定位置下會產生與檔案同名的資料夾，資料夾下會有檔案副本和「連結」資料夾，其中即存放所有連結的來源檔案副本。

7-64

CHAPTER 08 繪製插畫的工具

坊間有專門介紹利用 Photoshop 學習繪畫與創作的工具書，因為 Photoshop 除了運用在相片編修以及做特殊效果的合成外，也可以繪製點陣圖與向量圖的圖形。許多使用筆刷工具來創作的使用者，總會安裝購買的筆刷工具，自從 2018 版改進了筆刷工具後，讓筆觸更平滑化，還簡化了筆刷的管理，增加了資料夾的功能，讓您分類管理筆刷。在筆刷面板的使用上也更人性化，您可以輕鬆的創作出質感精緻的插圖。

本章要介紹的繪製工具，包括：**筆刷、鉛筆** 以及 **橡皮擦** 工具的設定與使用方法，繪製過程中，透過 **步驟記錄工具** 面板可以還原或重做先前的操作，是初學者一定要善用的功能喔！

> **說明**
> 即使您不會繪畫也要學會使用 **筆刷工具**，因為可以利用筆刷在遮色片上塗抹，製作出水彩或彩繪的影像效果。

8-1 繪圖環境設定

繪圖時最常使用與色彩及筆刷有關的工具，因此切換到 **繪畫** 工作區是顯示相關面板最快的方式。此時部分工具會自動隱藏起來，要使用時可從 **編輯工具列** 中點選。

8-1-1 滑鼠游標的設定

當您使用其他編修工具時，滑鼠游標預設會變成該項工具的圖像，以方便您識別目前所使用的是哪種工具。不過，在進行精細的編修作業或是繪圖時，我們會希望游標以較精確的方式顯示，這時可以修改游標偏好設定中的參數。

請執行 **編輯 > 偏好設定 > 游標** 指令，開啟 **偏好設定** 對話方塊，畫面中分為 **繪圖游標** 與 **其他游標** 的設定選項，預設值分別是 ⊙ **精確** 與 ⊙ **標準** 模式。需要做精細的編修或繪圖時，可以將所有游標切換為 ⊙ **精確** 選項，此時游標十字形狀的中心點即為工具作用的中心點。

① **繪圖游標** 的 ⊙ **標準**：繪圖時使用小型的工具圖像游標。

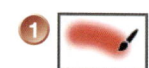

② **繪圖游標** 的 ⊙ **精確**：繪圖時使用十字游標。

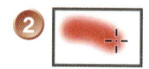

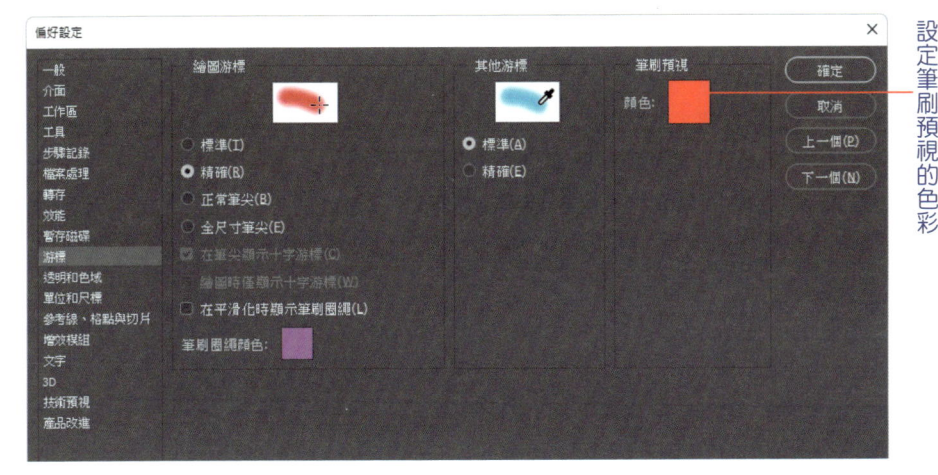

③ **其他游標** 的 ⊙ **標準**：使用工具時採用小型圖像游標。

④ **其他游標** 的 ⊙ **精確**：使用工具時採用十字游標。

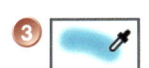

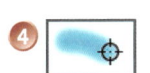

對於繪圖工具的 **繪圖游標** 而言，還可以切換為 **筆尖** 選項，此時游標會以圓圈大小顯示出筆刷尺寸，讓您在繪圖時可以精確的看到筆刷所涵蓋的範圍，可再視需要決定是否包含十字線。

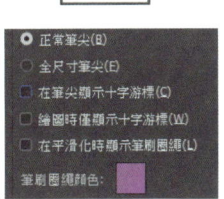

① **正常筆尖**：將游標大小限制為具有 50% 以上不透明度的筆觸區域。

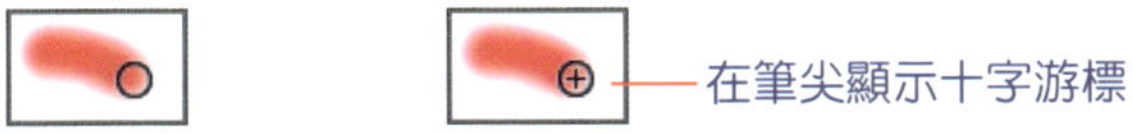

　　　　　　　　　　　　　　在筆尖顯示十字游標

② **全尺寸筆尖**：將游標大小調整成受筆觸影響的整個區域。若是軟頭筆刷，會產生比「正常」設定更大的游標大小，以包含稍微不透明的筆觸區域。

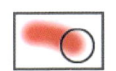

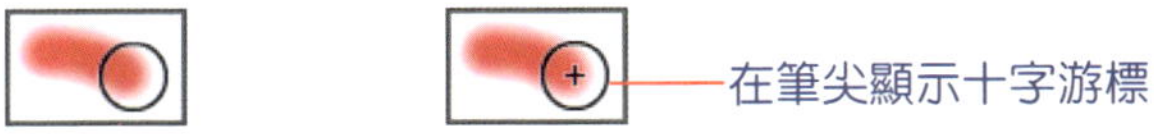

　　　　　　　　　　　　　　在筆尖顯示十字游標

③ **在筆尖顯示十字游標**：在筆刷游標的中心顯示十字游標。

④ **繪圖時僅顯示十字游標**：按下滑鼠拖曳繪圖時只顯示十字游標。

⑤ **在平滑化時顯示筆刷圈繩**：當啟用筆刷平滑化功能時，在筆畫到游標位置之間會顯示連接線，下方可指定預設的連接線色彩。

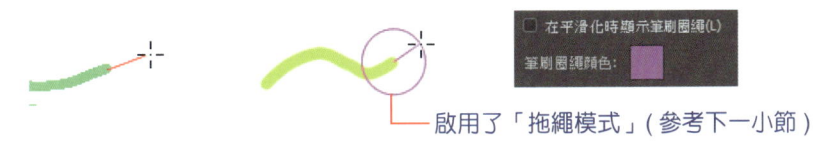

啟用了「拖繩模式」(參考下一小節)

設定筆刷預視的色彩

8 繪製插畫的工具

8-3

> **說明**
> - 使用繪圖工具時,若游標以圓圈大小顯示(正常筆尖),可按下快速鍵左中括號 [鍵縮小圓圈尺寸,按下右中括號] 鍵則放大圓圈尺寸。
> - 還記得在第 3 章介紹使用 **磁性套索工具** 時,若按下 CapsLock 鍵滑鼠游標會變成 ⊕ 狀態,可以建立更精確的選取範圍嗎?所指的就是將游標切換為 **其他游標** 中的 ⊙ **精確** 選項。使用 CapsLock 鍵快速切換的方法,也適用在 **筆刷** 和 **筆型** 工具。

8-1-2 繪圖工具的選項設定

選項 是伴隨 **工具** 一起使用的工具屬性設定,選用不同的工具時,**選項** 會隨之切換為對應的設定項目,且因工具特性而有所差異。

不透明

設定套用顏色的透明度。繪圖時,從下筆到放開滑鼠,繪製的內容會以指定的不透明度呈現,若重複在相同區域繪製,則呈現的不透明度會累加套用。拖曳 **選項** 的 **不透明** 滑桿,或輸入 1~100% 的數值,值小越透明,值大則越不透明。

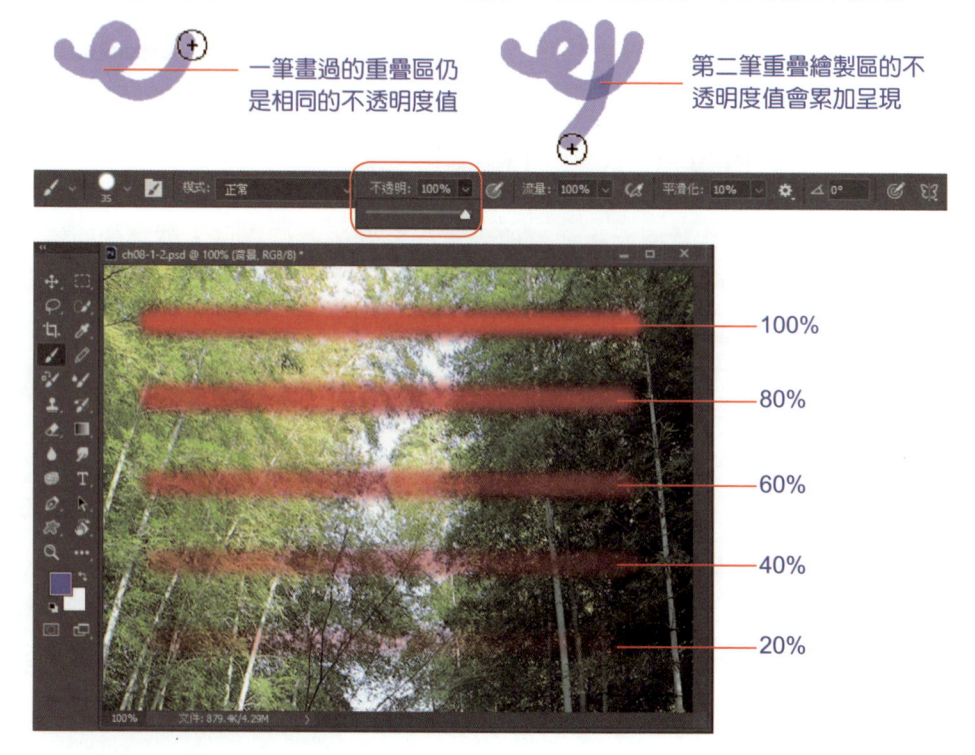

一筆畫過的重疊區仍是相同的不透明度值

第二筆重疊繪製區的不透明度值會累加呈現

100%
80%
60%
40%
20%

流量

設定在某區域上移動指標時所套用顏色的速率。在繪畫時如果按住滑鼠按鍵不放,色彩量會依據流量速率而逐漸增加,直到達不透明設定值為止。例如,將不透明度設定為 50%,流量也設定為 50%,那麼每移到某個區域上一次,上面的顏色就會以 50% 的比例趨近於筆刷顏色。除非放開滑鼠並且再次在該區域上運用筆觸,否則總和將不會超過 50% 不透明度。只有 **筆刷**、**噴槍** 及 **橡皮擦** 工具有這個控制參數。拖曳 **選項** 上方的 **流量** 滑桿,或直接輸入 1%~100% 的數值即可設定。

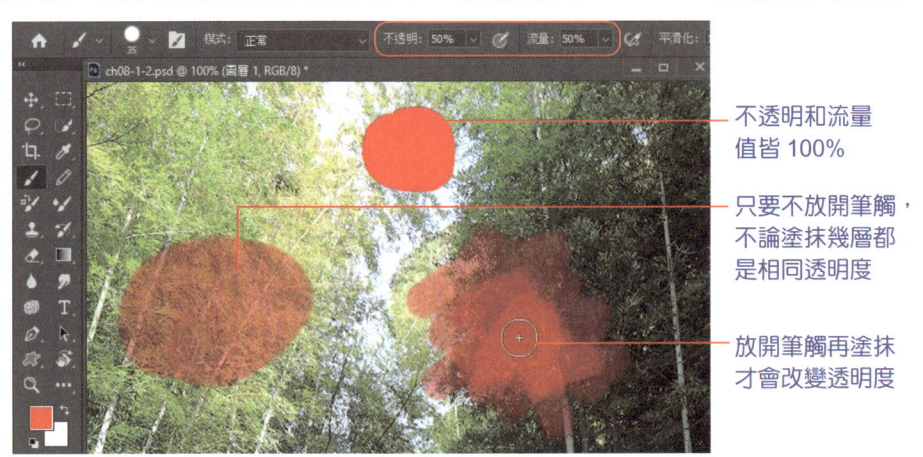

不透明和流量值皆 100%

只要不放開筆觸,不論塗抹幾層都是相同透明度

放開筆觸再塗抹才會改變透明度

繪圖模式

Photoshop 中最優異的功能之一便是對「色彩混合」的控制,在繪圖或編修影像時,可以運用多種不同的混色模式,將目前所繪製物件的色彩和現有像素混合,製作出變化無窮的效果!色彩混合模式(**繪圖模式**)的設定,是在 **選項** 的 **模式** 下拉式清單中擇一設定,此功能與圖層的 **混合模式** 類似,不過 **下置** 和 **清除** 選項是在圖層 **混合模式** 中所沒有的,且無法使用於「背景」圖層。

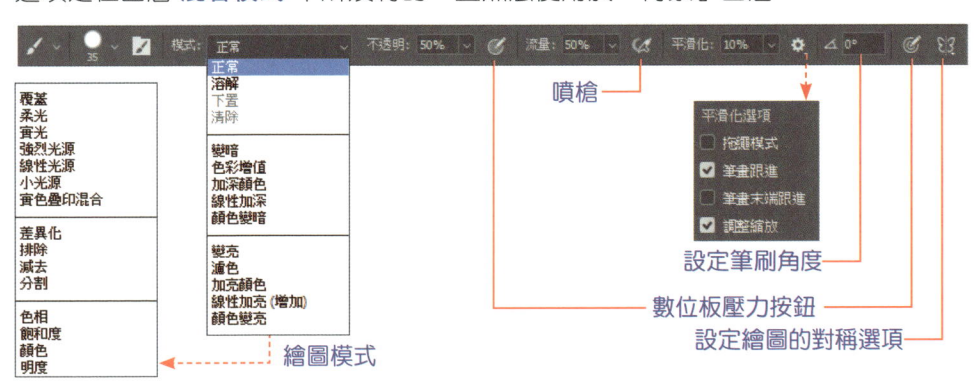

噴槍

設定筆刷角度

數位板壓力按鈕

設定繪圖的對稱選項

繪圖模式

8-5

下置 模式只能用於有透明底色的圖層，且作用在透明的區域。在此模式下所繪製的色彩會繪入到圖層的背面，如同在描圖紙的背面著色一樣，原影像色彩不變，透明部分會顯示出背面繪製的顏色。

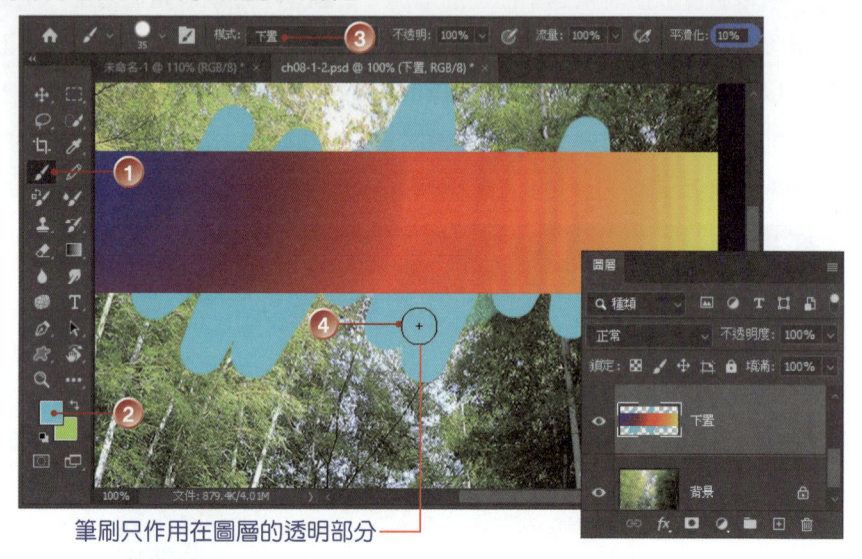

筆刷只作用在圖層的透明部分

清除 模式會將該圖層影像以指定的不透明值予以清除。

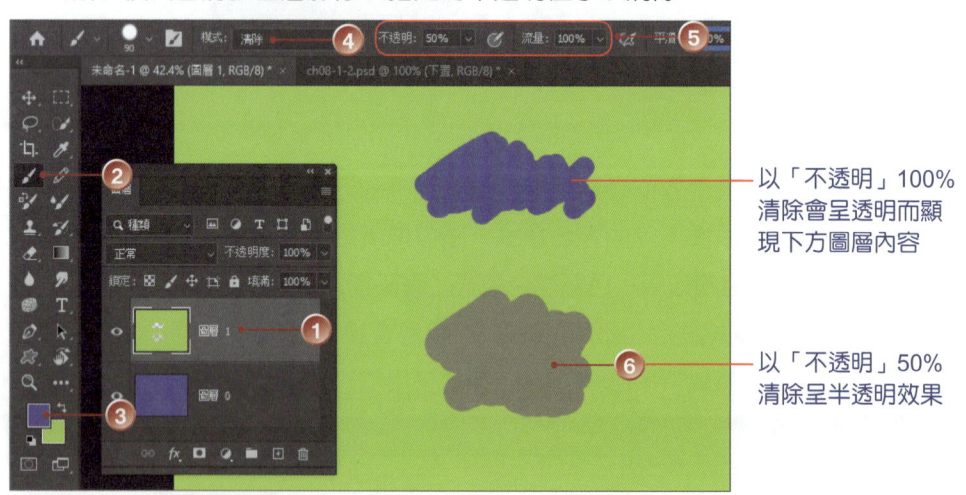

以「不透明」100% 清除會呈透明而顯現下方圖層內容

以「不透明」50% 清除呈半透明效果

噴槍

使用噴槍模擬繪畫。啟動噴槍功能可以在影像中套用漸進色彩，模擬傳統畫中的噴槍技巧，產生精細的繪圖顆粒，模擬出自然真實的噴槍效果。當您將指標移到某個區域的時候，按住滑鼠按鈕會使顏料逐漸增加，此時筆刷 **硬度**、**不透明** 和 **流量** 選項可控制套用顏料的速度和份量。

8-6

停留時間愈久，愈會增加顏色流量

數位板壓力按鈕

有控制 **不透明度** 和 **尺寸** 的二個數位板壓力按鈕，啟動後，即可使用筆尖的壓力來控制 **不透明度** 和 **大小** 設定。

平滑化選項

可以執行筆觸智慧平滑化作業。**平滑化** 的值（0-100）愈高會增加平滑化的程度，預設值為 10，值為 0 則與舊版的平滑化效果一樣。例如下圖中筆觸相同大小的鋸齒狀，**平滑化** 的值不同，結果就不一樣。

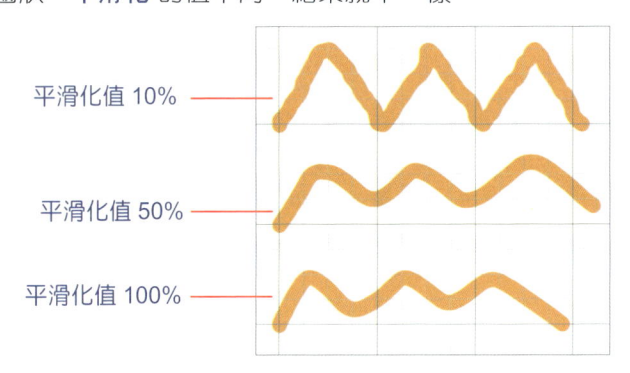

平滑化值 10%
平滑化值 50%
平滑化值 100%

筆觸平滑化有幾種模式，可視需要啟動一或多個項目。**筆刷**、**鉛筆**、**混合器筆刷** 和 **橡皮擦** 工具都有這個選項，請先在 **游標** 的 **偏好設定** 中勾選 ☑**在平滑化時顯示筆刷圈繩**，即可將目前的繪圖位置連結到當下的游標位置。（實際的操作請下載線上教學影片）。

- **拖繩模式**：繪製時會產生類似拉動筆刷的感覺，只有在拉緊繩索時才繪圖，在平滑化半徑內的游標移動時不會留下痕跡。

未拉緊

半徑內的繩索呈拉緊狀態下才繪圖　　　在半徑內移動不會留下痕跡

◯ **筆畫跟進**：當您暫停筆畫時，讓繪圖繼續跟進游標。若停用此模式，則游標停止移動時，繪圖也會停止。

停用此模式，則游標停止時繪圖也停止

◯ **筆畫末端跟進**：完成最後一個繪圖位置，到放開滑鼠的點之間的筆觸。

停在此處放開滑鼠後　　會連接到放開點之間的距離

◯ **調整縮放**：調整平滑化以防止出現抖動的筆畫。當放大顯示時會降低平滑化，縮小顯示時增加平滑化。

8-2 繪圖工具的使用

使用繪圖工具時，可搭配 **選項** 與 **筆刷** 面板進行各種選項的設定。套用預設的繪圖工具集，可以使用各類專業且可完全自訂的繪圖工具來建立或修改影像。

在「基本工能」工作區下，筆刷工具會群組在一起

8-2-1 筆刷和鉛筆工具

筆刷工具 和 **鉛筆工具** 的作用就像是傳統的繪畫工具，可以目前的 **前景色** 在影像上塗繪。**筆刷工具** 會建立柔和的彩色筆畫，**鉛筆工具** 則建立硬邊的線條。透過定義的毛刷屬性，例如：筆尖形狀、尺寸和硬度，讓您以逼真自然的筆刷筆觸輕鬆繪圖。進行繪圖工作時，可以參考下列步驟來操作。

STEP**1** 點選 **工具** 中的 **設定前景色** 方塊，在 **檢色器** 對話方塊中挑選筆刷色彩。

STEP**2** 點選 **筆刷工具** 或 **鉛筆工具**，透過 **選項** 設定相關屬性。

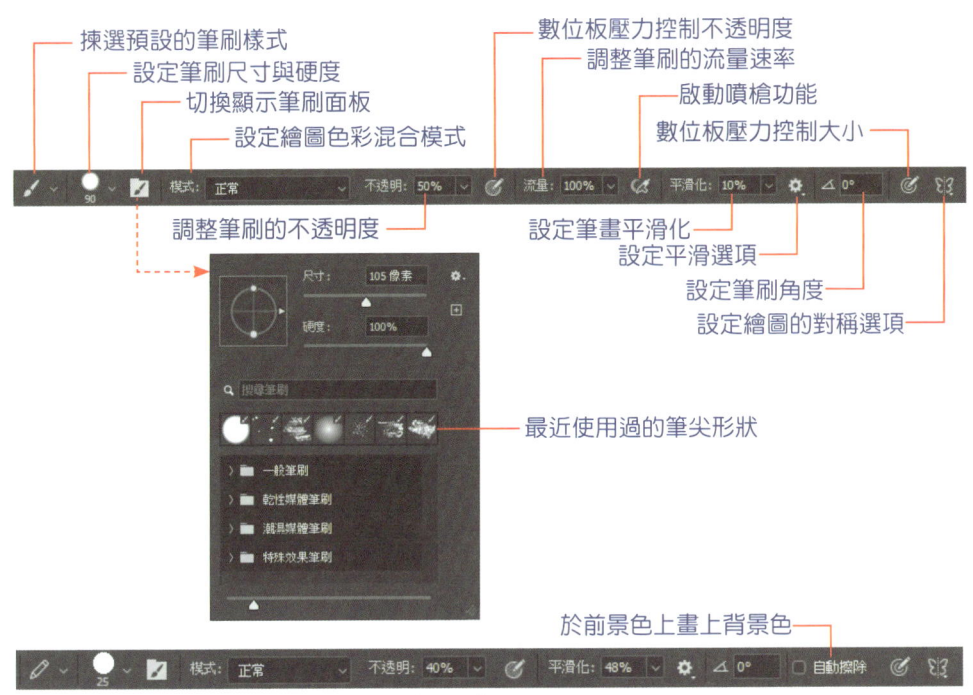

揀選預設的筆刷樣式
設定筆刷尺寸與硬度
切換顯示筆刷面板
設定繪圖色彩混合模式
數位板壓力控制不透明度
調整筆刷的流量速率
啟動噴槍功能
數位板壓力控制大小
調整筆刷的不透明度
設定筆畫平滑化
設定平滑選項
設定筆刷角度
設定繪圖的對稱選項

最近使用過的筆尖形狀

於前景色上畫上背景色

鉛筆工具的選項列

STEP 3 按住滑鼠左鍵在影像編輯視窗上拖曳繪製圖案。

STEP 4 要繪製水平或垂直線條，請先在文件的起點位置上按一下滑鼠左鍵，然後按住 Shift 鍵，再以滑鼠左鍵設定終點位置，即可繪製指定的直線線段。

8

繪製插畫的工具

8-9

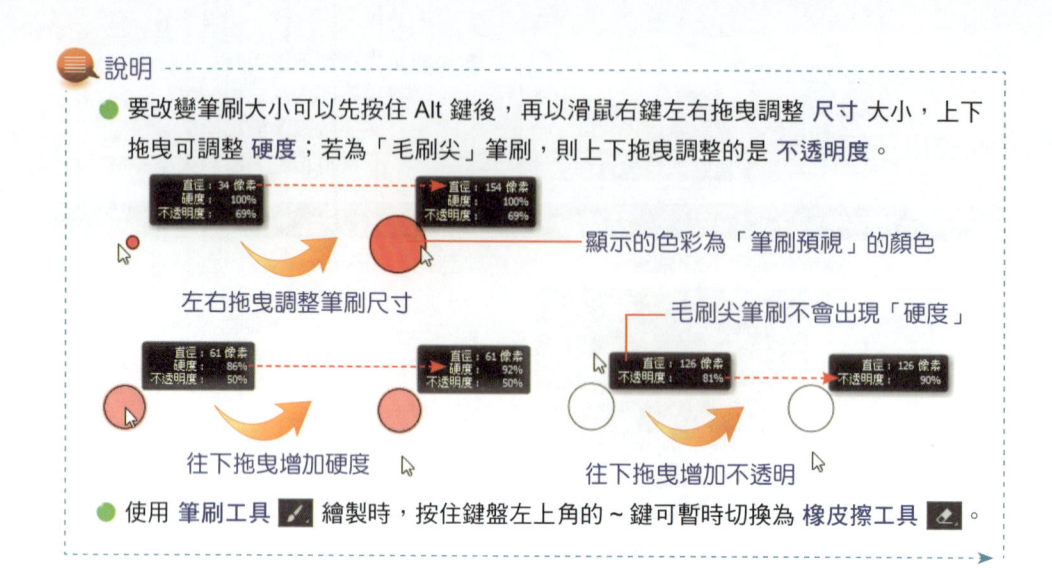

> 說明
> - 要改變筆刷大小可以先按住 Alt 鍵後，再以滑鼠右鍵左右拖曳調整 **尺寸** 大小，上下拖曳可調整 **硬度**；若為「毛刷尖」筆刷，則上下拖曳調整的是 **不透明度**。
>
>   左右拖曳調整筆刷尺寸　　　顯示的色彩為「筆刷預視」的顏色
>
>   毛刷尖筆刷不會出現「硬度」
>
>   往下拖曳增加硬度　　　往下拖曳增加不透明
>
> - 使用 **筆刷工具** 繪製時，按住鍵盤左上角的 ~ 鍵可暫時切換為 **橡皮擦工具**。

鉛筆工具 可繪製硬邊線條，因此沒有 **流量** 參數的設定，也不能使用柔邊的筆刷形狀，但它有一項 **自動擦除** 的功能，啟動後，可以在與 **前景色** 顏色相同的區域以 **背景色** 填色。(以下筆處的色彩為依據進行擦除)。

勾選「自動擦除」核取方塊，會擦去「前景色」並以「背景色」來繪製

使用對稱繪圖

從 2018 版本開始新增了對稱繪圖的功能，使用 **筆刷**、**鉛筆** 和 **橡皮擦** 工具時可以進行對稱繪圖。啟動這項功能後，即可在 **選項** 列上選擇對稱類型，筆畫會立即顯示在對稱線上，讓您更易於素描臉孔、汽車、動物等。

STEP**1** 開啟預設大小的新文件,新增「圖層 1」。

STEP**2** 點選 **筆刷** 或 **鉛筆** 工具,在 **選項** 列上點選 **設定「繪圖」的對稱選項** 鈕,選擇一種對稱類型,例如:**垂直**。

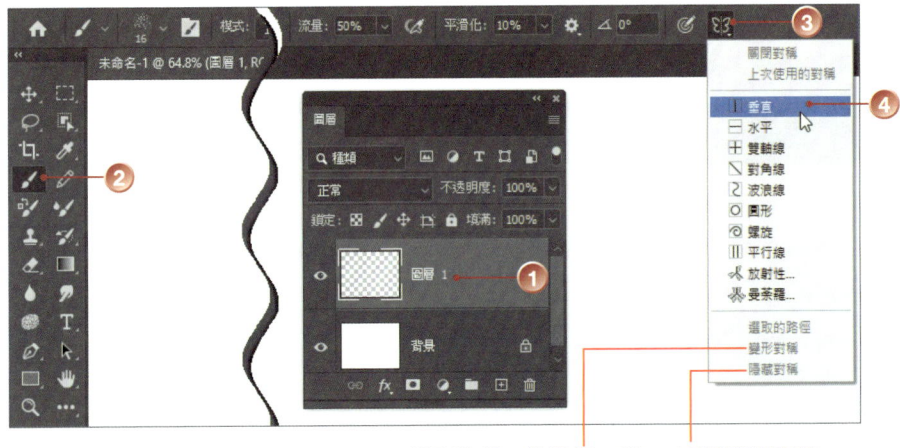

可變形路徑 (參閱第 9 章)　可隱藏對稱線

STEP**3** 頁面中央出現一條垂直線,同時會顯示控制點,可移動或旋轉該垂直線,按 Enter 鍵完成定位。

STEP**4** 指定色彩後,開始在任一側繪製,繪製的同時,另一側自動產生對稱圖形。

對稱參考線

8-11

STEP 5 繪製完成，可選擇 **關閉對稱**，或改選其他工具例如：**移動工具**，參考線就會取消，即可進行一般的繪製作業。

STEP 6 若要再次回到先前的對稱繪圖狀態，可選擇 **上次使用的對稱**，即可繼續對稱繪圖。

使用「對稱」模式輕鬆建立複雜的圖樣

8-2-2 顏色取代工具

顏色取代工具 可以利用筆刷，以指定的 **前景色** 將影像中的內容或選取範圍，以塗抹的方式將顏色取代。此工具適用於快速編輯，因此無法盡如人意，尤其用在深色和黑色時。

STEP 1 開啟範例影像，將要取代顏色的範圍先行選取。

STEP 2 切換到 **顏色取代工具** ，指定 **前景色**，設定筆刷大小和相關參數後，於選取範圍上塗抹；由於已事先選取範圍，因此即使塗抹到範圍外也沒有關係。

- **連續**：拖曳時連續的取樣顏色。
- **一次**：只在筆刷下筆處所選顏色（符合容許度設定）的區域中，取代目標顏色。
- **背景色票**：只取代包含目前背景色的區域。

8-2-3 混合器筆刷工具

混合器筆刷工具 可以用來模擬畫布未乾時，畫筆在乾燥或潮濕的畫布上塗抹而產生色彩融合的效果。可以將影像當成調色盤，藉由 **混合器筆刷工具** 將影像本身的色彩進行混合，製作出油畫般的藝術效果。

在使用 **混合器筆刷工具** 與影像進行混合前，可以先指定筆刷的色彩，取樣的方式有二種：一種是從影像中取樣，類似以 **仿製印章工具** 自影像中蓋印取樣，這種方式可以取得較多、較豐富的色彩，取樣的顏料存放處稱為「儲槽」；另一種是以「挑選管」吸取畫布上的色彩，可從影像中取樣或由 **檢色器** 指定顏色，再與畫布色彩混合。接下來就以一個簡單的範例介紹其用法和設定。

STEP**1** 開啟範例檔案，選取 **混合器筆刷工具** ，接著於 **選項** 上設定筆刷種類和尺寸（筆刷的設定請參閱 8-3 節），及設定相關的工具選項：

接下頁 ➡

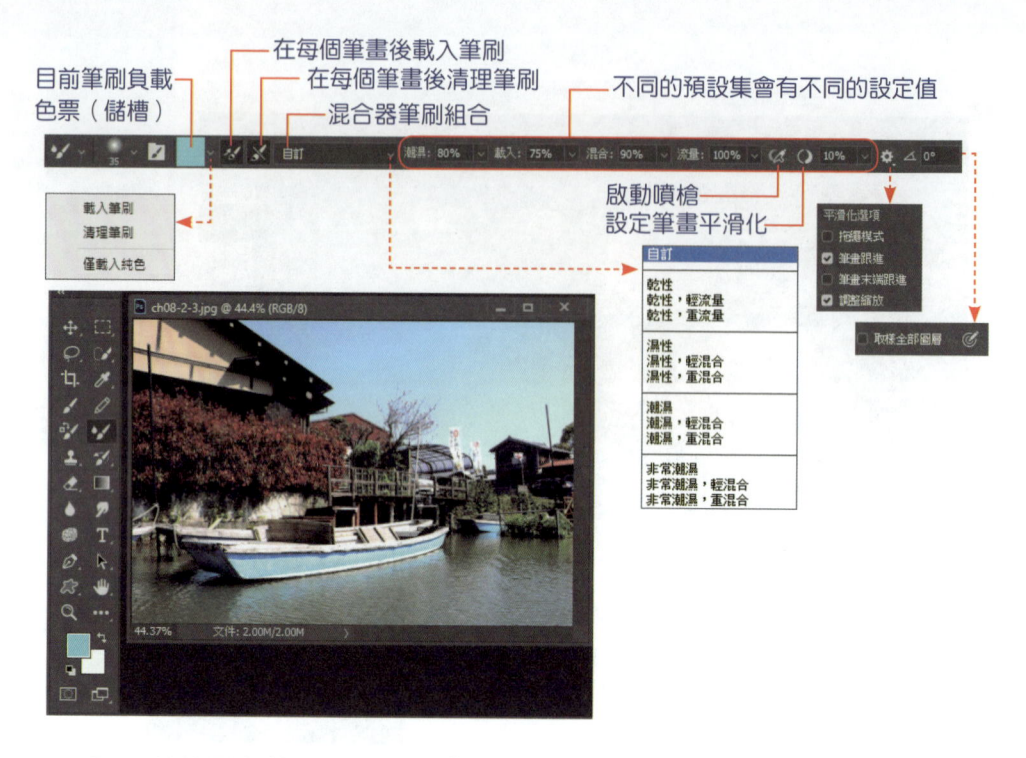

- **目前筆刷負載色票**：選擇「載入筆刷」時，會以「儲槽」顏色填滿筆刷；選擇「清理筆刷」則會移除筆刷的顏料。若要在每個筆畫後自動執行這些工作，請啟動 **在每個筆畫後載入筆刷** 鈕，或 **在每個筆畫後清理筆刷** 鈕（類似實際作畫時清洗畫筆的動作）。

- **有用的混合筆刷組合**：可套用預設的 **潮濕**、**載入** 和 **混合** 等參數設定組合，省去自行設定的過程。

- **潮濕**：控制筆刷從畫布挑選的顏料量，值愈高，筆刷吸取影像上的色彩量愈多，會產生較長的繪圖條紋。

- **載入**：指定從「儲槽」載入的顏料量。載入率低，載入的色彩愈少，繪圖筆畫會比較快乾。

- **混合**：控制影像畫布顏料和「儲槽」顏料的比例。100% 表示所有顏料挑選自影像畫布；0% 表示所有顏料來自「儲槽」；不過仍由 **潮濕** 的設定值決定顏料與畫布的混合方式。

- **取樣全部圖層**：從所有可見圖層挑選畫布顏色。

STEP **2** 新增一圖層，並勾選 ☑**取樣全部圖層** 核取方塊，這樣就可以在圖層上進行繪製。

8-14

STEP 3　要將顏料載入「儲槽」，請按住 Alt 鍵再按一下影像畫布以便進行取樣；或直接選擇 **前景色**，再啟動 **在每個筆畫後載入筆刷**。

STEP 4　接著在影像中拖曳筆刷進行繪畫，並重複步驟 3 取樣顏料再繪製；即可根據筆刷的設定值與影像畫布的色彩進行混合，塗抹出如油畫般的效果。

> 說明
>
> 從畫布載入（取樣）顏料時，筆尖會反映取樣區的任何色彩變化，若要吸取單一色彩，請於 **選項** 的 **目前筆刷負載色票** 清單中選擇「僅載入純色」。

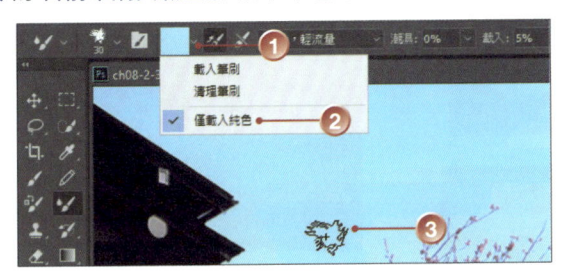

8-15

8-3 筆刷設定與管理

使用各種繪圖工具時,可以透過筆刷設定的功能,來定義工具的筆尖形狀和大小。從 2018 年的版本開始,可以讓您下載多達 1,200 種由專家設計的免費筆刷,還能建立資料夾來分門別類放置各種類型的筆刷。

> **說明**
> 橡皮擦、模糊、指尖 和 海綿 工具可以修改影像中的現有顏色,因此使用之前也可以進行筆刷設定。

8-3-1 筆刷面板與筆刷設定

選擇繪圖工具後,先從 **筆刷** 面板選擇 **筆刷**,然後可以開始繪製,若要調整筆刷選項,則是在 **筆刷設定** 面板中設定。**筆刷** 面板中提供了許多預設的筆刷可選取使用,在面板或 **選項** 中按下 **切換筆刷設定面板** 鈕、執行 **視窗 > 筆刷設定** 指令或按下 F5 鍵,都可開啟 **筆刷設定** 面板。將滑鼠放在 **筆刷** 面板中的筆刷上暫停一下,直到出現工具提示,此時 **筆刷設定** 面板底部的預視區域會顯示筆觸,也就是筆畫繪圖時看起來的樣子。

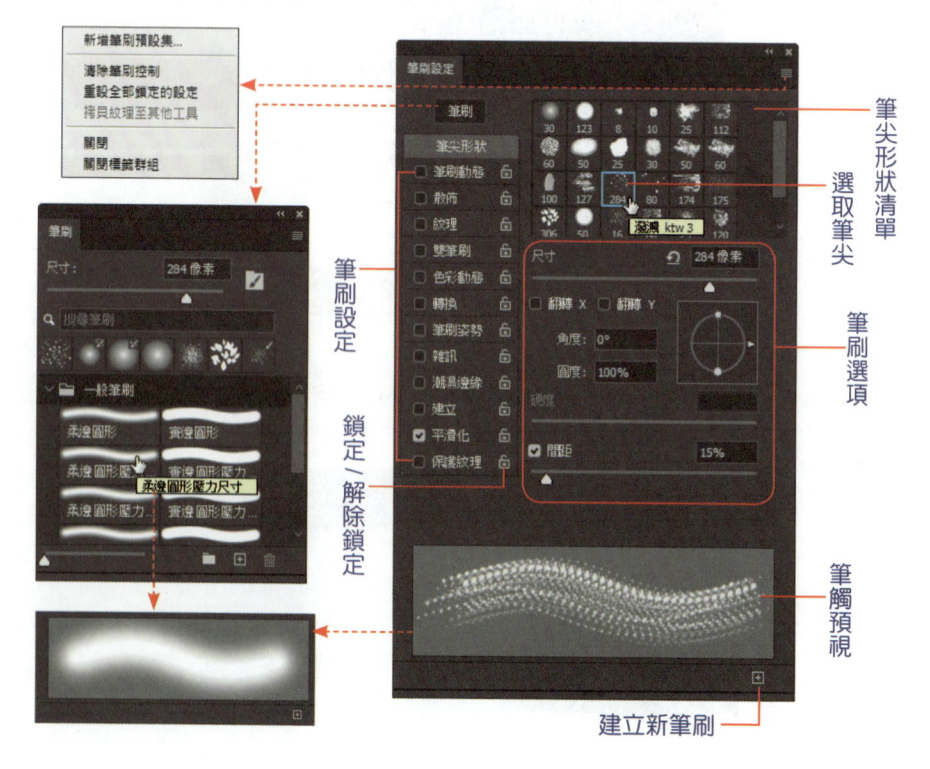

筆刷設定 面板可讓您修改現有筆刷,並設計自訂的筆刷。其中包含一些如何將顏料套用到影像的筆尖選項,預設會顯示 **筆尖形狀** 的參數設定。於面板左側選取一個選項組合,可用的參數選項會顯示在右側。如果只按一下選項左側的核取方塊,可以只是啟動(關閉)選項而不檢視參數項目。(如何設定這些參數請參考 8-3-3 小節)。

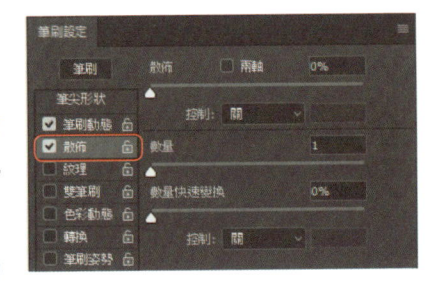

不過點選以下的選項時,面板中並不會出現更多的參數供設定:

- **雜訊**:勾選之後會在筆畫中加上雜點。
- **潮濕邊緣**:勾選之後所繪出的筆觸,會產生水彩繪圖時的暈開效果。
- **平滑化**:預設會勾選,因此所繪出的筆畫較為平滑、柔和。
- **保護紋理**:使用 **筆刷** 中含有紋理的筆刷來繪圖時,勾選此項後,在使用多個紋理筆尖繪圖時,可以繪出一致的版面紋理。

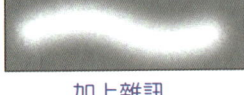

柔邊圓形筆刷　　　　加上雜訊　　　　加上潮濕邊緣

點選【筆刷】鈕會開啟 **筆刷** 面板,顯示筆刷 **尺寸**、搜尋筆刷、最近使用的筆刷清單以及預設的筆刷資料夾(4 種)。預設筆刷包含了已定義特性的儲存筆尖,例如:尺寸、形狀和硬度。

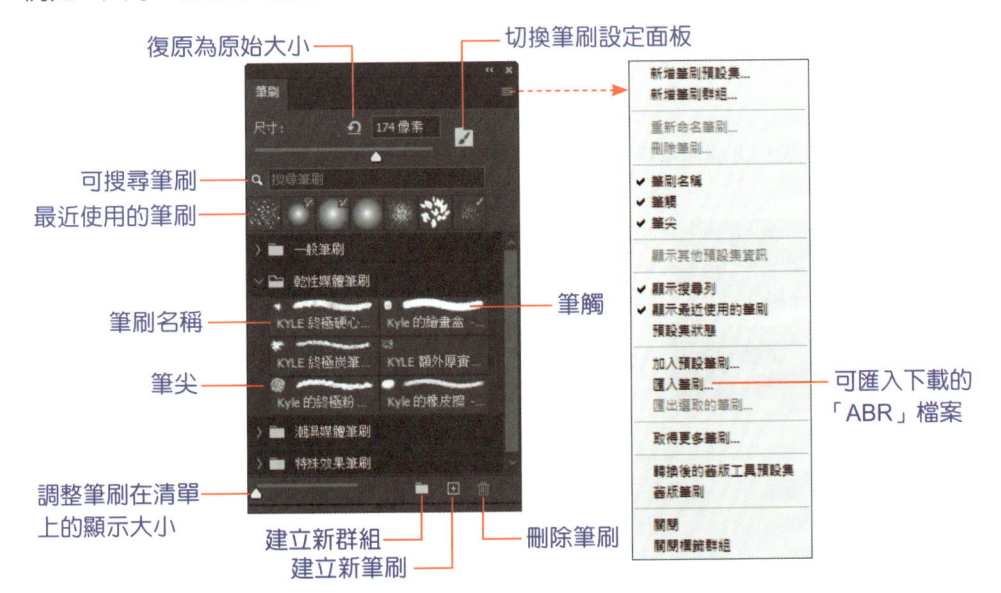

8-17

若想載入更多筆刷，可從選單 ▤ 中執行 **取得更多筆刷**，連上網站下載來自 Kyle T.Webster（一位國際級的得獎插畫家和設計師）的獨家筆刷，請在下載的「ABR」檔案上快按兩下，即可載入 筆刷 面板。

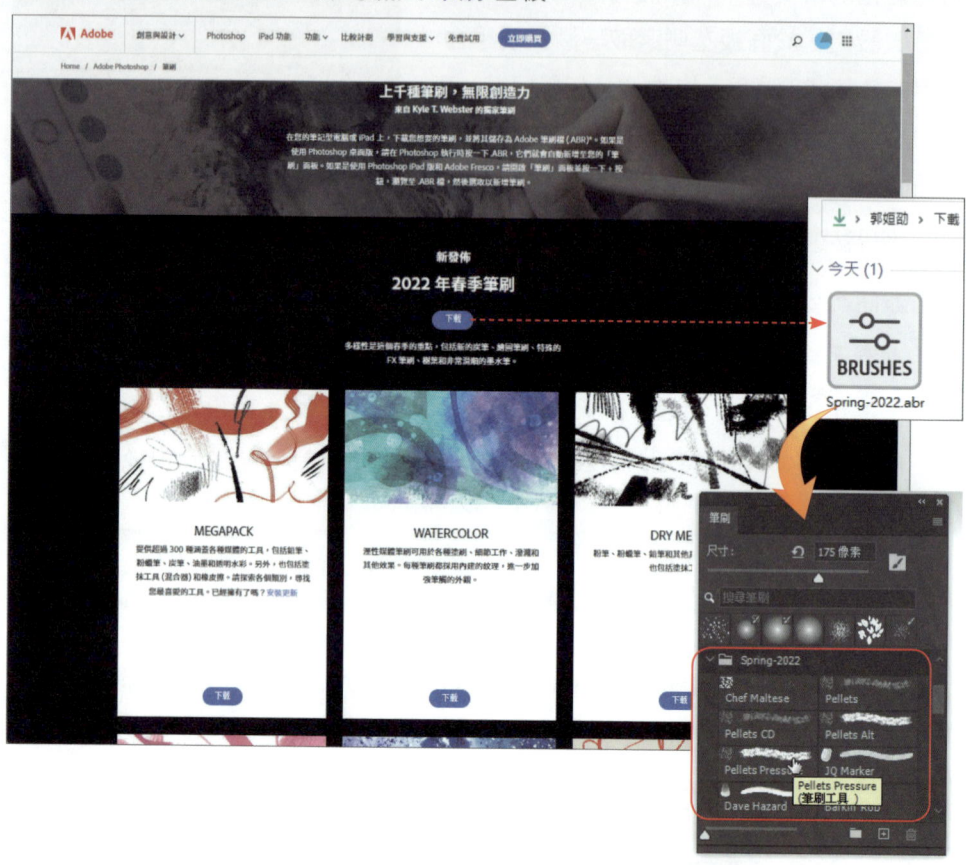

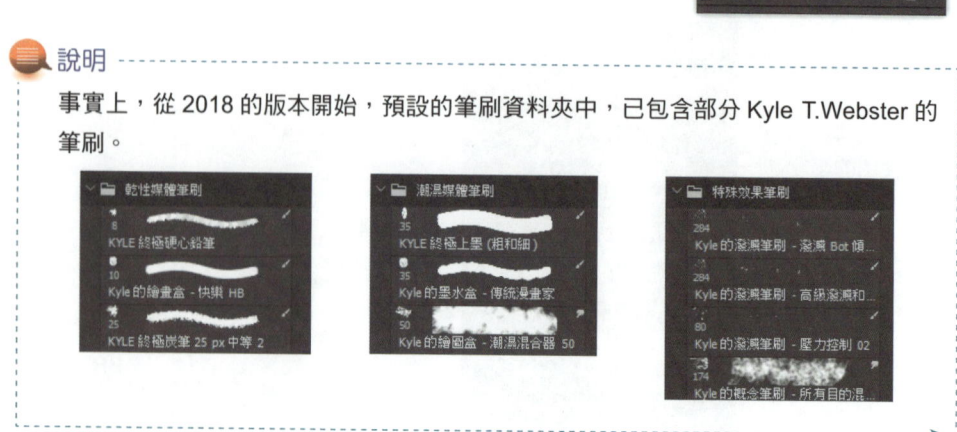

> 💬 **說明**
>
> 事實上，從 2018 的版本開始，預設的筆刷資料夾中，已包含部分 Kyle T.Webster 的筆刷。

8-18

新增筆刷群組

您可以將經常使用到的筆刷群組在一起，方便日後快速取用。按一下面板的 **建立新群組** 鈕並命名，再將常用或自訂的筆刷拖曳移動到自訂的資料夾中。（如何自訂筆刷請參考 8-3-4 小節）

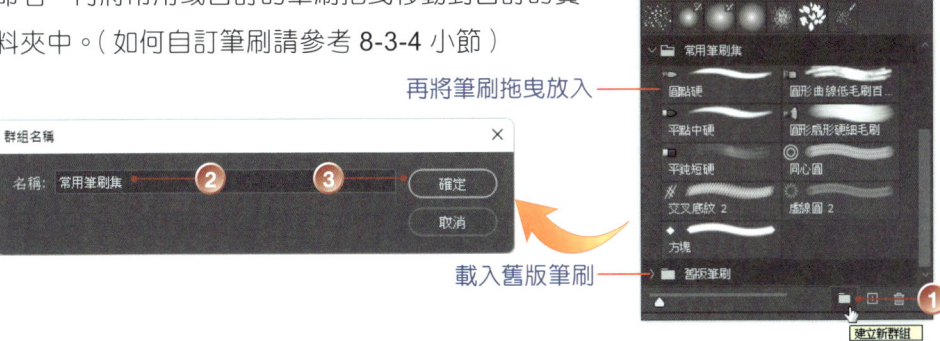

再將筆刷拖曳放入

載入舊版筆刷

8-3-2 設定筆尖形狀

筆尖形狀的設定可以在 **筆刷設定** 面板中進行，種類不同可指定的參數項目也有差異。針對標準的筆尖形狀，通常有以下的選項可供指定：

- **尺寸**：拖曳滑桿或直接輸入 1~5000 的像素值來設定筆刷大小。**復原為原始大小** 鈕（使用樣本尺寸）可以將筆刷重設為原始直徑，不過，只有當筆尖形狀是從影像中取樣像素而建立時，才可使用這個選項。

- **翻轉 X / 翻轉 Y**：以筆尖的 X 軸 / Y 軸為基準，變更筆尖的方向。

- **角度**：指定橢圓或取樣筆刷的長軸，沿水平方向旋轉的角度。

拖曳調整主軸與水平線的角度

0 度
45 度
88 度

有角度的筆刷

- **圓度**：設定筆刷長軸與短軸的比例，調整 **圓度** 可以壓縮筆尖的形狀。100% 時為正圓形筆刷，0% 為線性筆刷，介於中間的值則代表橢圓筆刷。

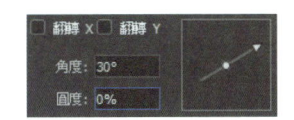

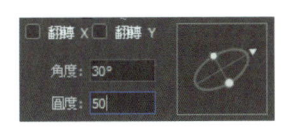

8-19

- **硬度**：控制筆刷的實心大小，硬度值越低邊緣越柔和。使用 **鉛筆工具** 時，**硬度** 設定對筆刷是無效的，因為鉛筆永遠是硬邊的。

硬度 100%　　　　　硬度 0%

- **間距**：是指繪製線條時，點與點的中心距離，值從 1-1000 %。若未勾選，會變為不固定間距，繪圖時點與點的間距會由畫筆繪圖的速度來決定，速度越快間距就越大。

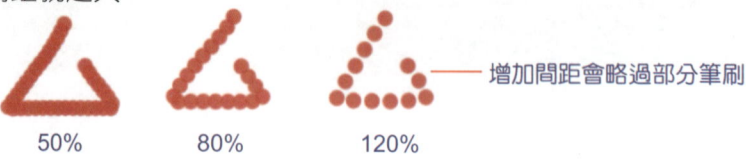

50%　　80%　　120%　　── 增加間距會略過部分筆刷

說明

- 使用預設筆刷時，按 [鍵可以減少筆刷寬度，按] 鍵可以增加寬度。如果是實邊圓形、柔邊圓形和書法筆刷，按 Shift + [鍵可以減少筆刷硬度，按 Shift +] 鍵可以增加筆刷硬度。

- 從 2018 版本開始預設已無「毛刷尖」和「噴槍」筆尖，執行 **筆刷** 面板選單 的 **舊版筆刷** 指令可將這些舊版筆刷組合復原。

- 載入舊版筆刷後，若不想再使用，請將 **舊版筆刷** 資料夾選取後以 鈕刪除，或是按右鍵執行。

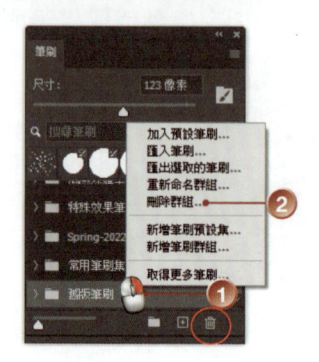

8-20

8-3-3 設定其他繪畫選項

筆刷設定 面板中除了 **筆尖形狀** 外，還有許多繪畫選項，通常預設或匯入的筆刷會有已設定的筆刷控制項，視狀況可靈活調整以產生符合需求的繪圖效果。

筆刷動態

使筆刷在繪圖的過程中改變筆刷大小、顏色和不透明度。**筆刷動態** 中的「快速變換」百分比會指定動態成份的隨機性，值為 0% 時，成份在筆畫過程中不會變更；值為 100% 時，成份具有最大的隨機性。**控制** 參數可以讓您指定如何控制動態成份的變化，預設值都是 關，視需要設定筆刷的淡化、扭曲程度。

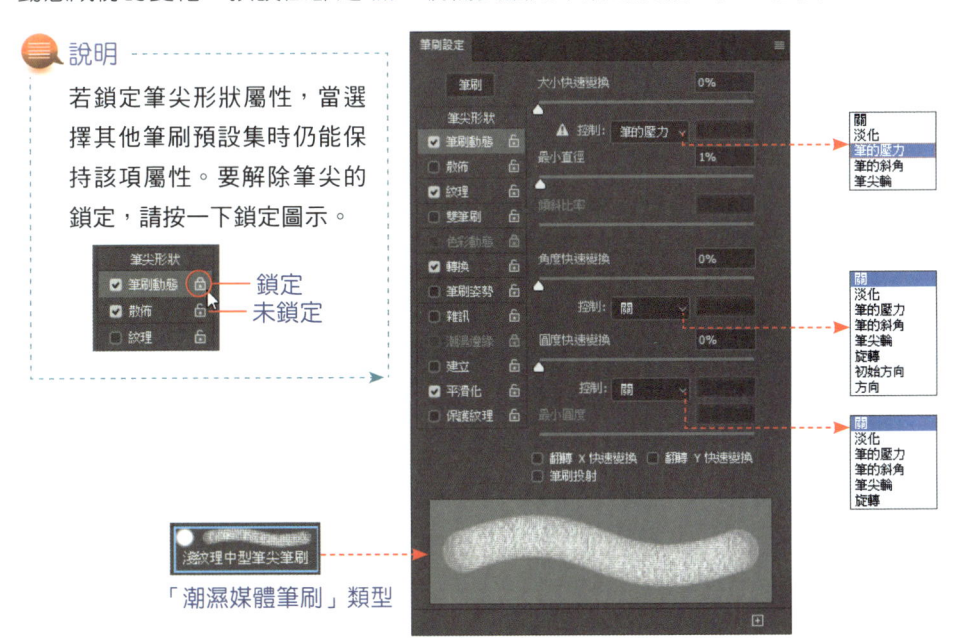

> 說明
> 若鎖定筆尖形狀屬性，當選擇其他筆刷預設集時仍能保持該項屬性。要解除筆尖的鎖定，請按一下鎖定圖示。
>
> 鎖定／未鎖定

「潮濕媒體筆刷」類型

- **淡化**：可輸入的階調數範圍是 1~9999；每一個階調即代表一個筆刷點，定義階調數會決定繪製線條的長度。

- **筆的壓力**、**筆的斜角** 與 **筆尖輪**：只有在安裝了數位板或感壓筆裝置時才有效。您可以設定壓力控制的參數，並設定一個以上的參數。

不含動態筆刷的筆觸 ——— ——— 含動態筆刷的筆觸

8-21

散佈

若設定了筆刷 **散佈** 方式，可以調整筆刷標記在筆畫中的數目和位置。下圖的預設筆刷中並沒有 **散佈** 控制項，可比較加上前後的效果。

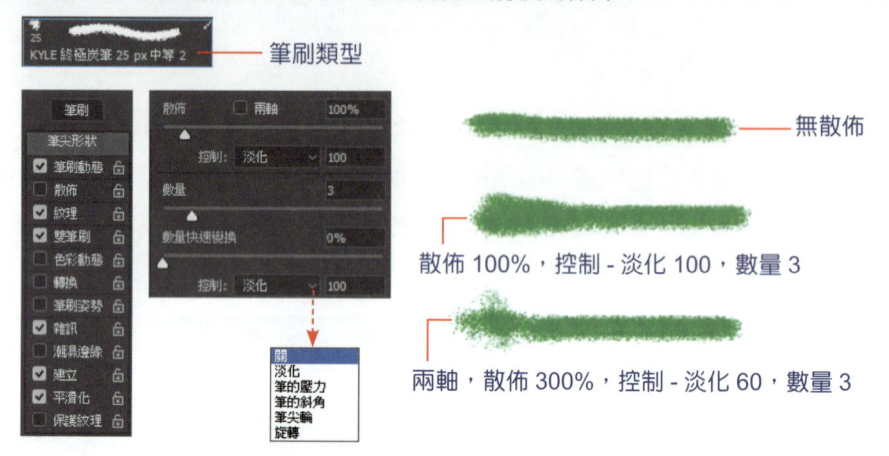

筆刷類型

無散佈

散佈 100%，控制 - 淡化 100，數量 3

兩軸，散佈 300%，控制 - 淡化 60，數量 3

紋理

設定筆刷 **紋理**，可以選擇套用圖樣，讓筆畫看起來像是畫在有紋理的版面上。

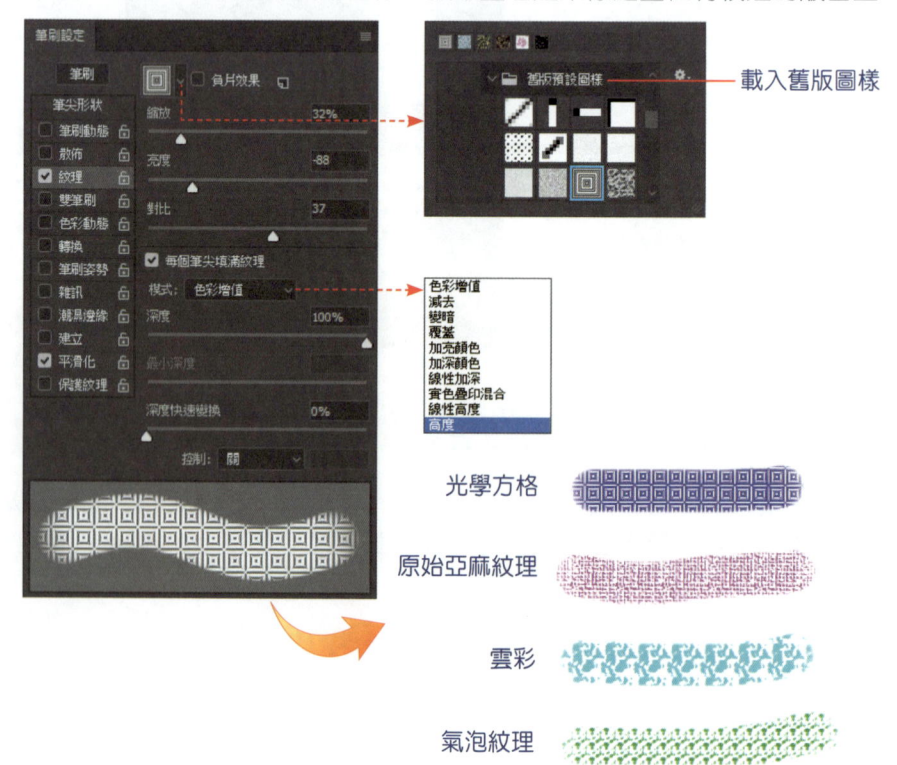

載入舊版圖樣

光學方格

原始亞麻紋理

雲彩

氣泡紋理

8-22

雙筆刷

可讓兩個筆尖形狀融合在一起，以第一個筆刷為主要外型，第二個筆尖的圖形只有在筆觸交會處才會顯現。先於 **筆尖形狀** 設定第一個筆刷，接著在 **雙筆刷** 設定選項中選定第二個筆刷，並設定相關參數即可。

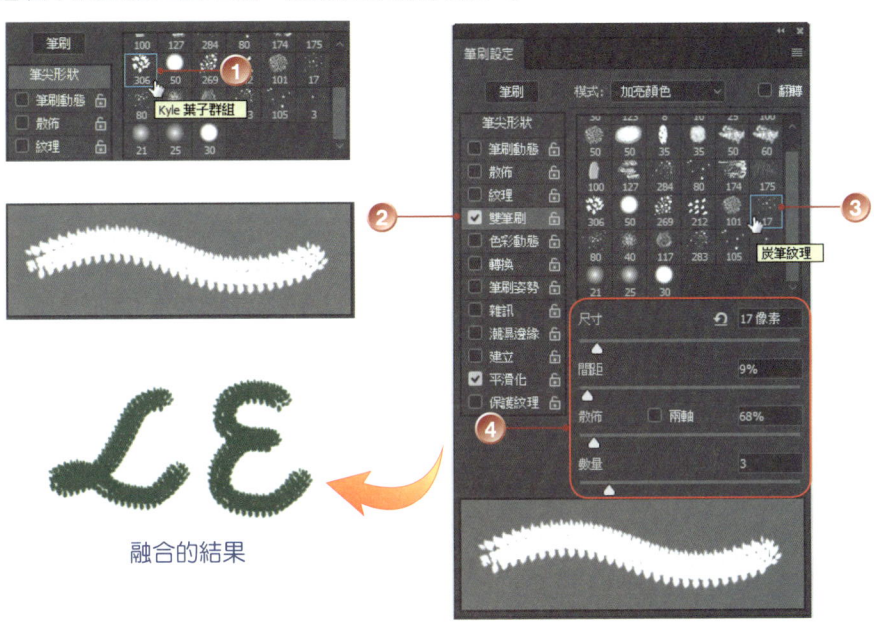

融合的結果

色彩動態

色彩動態 是用來設定筆刷中顏料的色彩，在筆畫過程中的改變方式，可指定前景色或背景色再繪製，例如下圖是以雙筆刷（同上圖筆尖）設定不同前景和背景色的繪製結果。

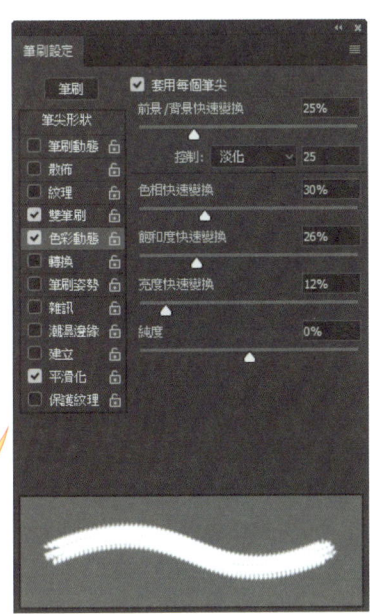

8-23

轉換

轉換 中的參數設定,與繪圖工具對應選項的 **不透明** 與 **流量** 設定相同,都是用來決定顏料在筆畫過程中的色彩透明度與流量。

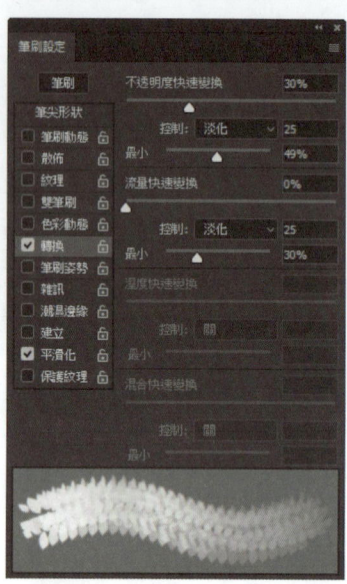

筆刷姿勢

筆刷姿勢 中的參數用來調整筆刷的姿勢,包括往 X 及 Y 座標的傾斜百分比或旋轉角度,讓您達成手寫筆效果。

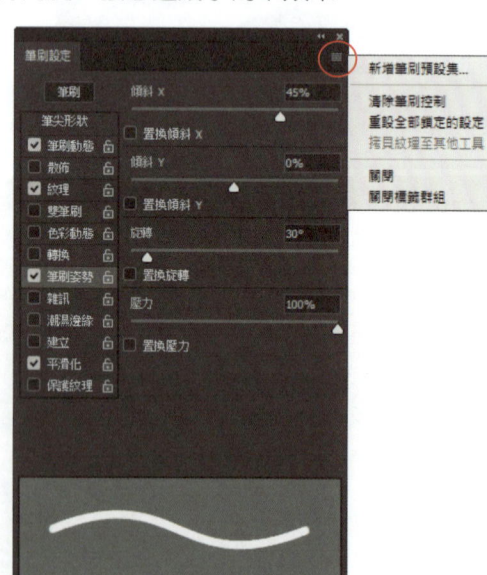

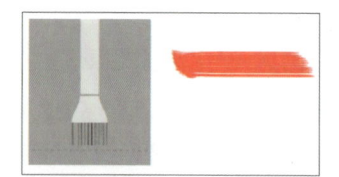

未設定筆刷姿勢前的筆刷繪製

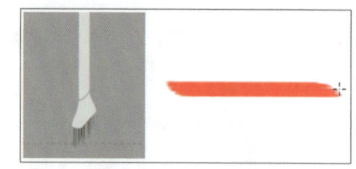

設定筆刷姿勢後的筆刷繪製

> 說明
>
> 要全部清除對筆刷設定所做的參數變更(**筆尖形狀** 的設定除外),請於面板選項清單中執行 **清除筆刷控制** 指令。

8-3-4 建立新的預設筆刷

當您變更預設筆刷的大小、形狀或硬度時，變更只是暫時性的，若經常做相同的變更，可以將自訂筆刷儲存為 **筆刷** 面板和 **預設集管理員** 中顯示的預設筆刷。

STEP**1** 選擇一種預設筆刷，再變更大小、形狀、或硬度等參數，按下 **建立新筆刷** 鈕。

STEP**2** 輸入新筆刷的 **名稱**，按【確定】鈕。

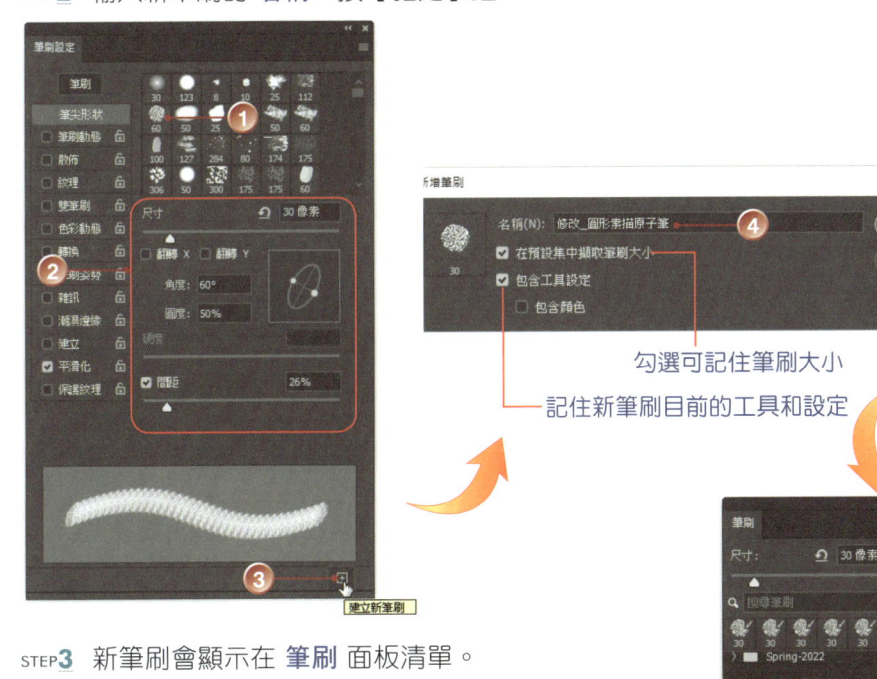

勾選可記住筆刷大小

記住新筆刷目前的工具和設定

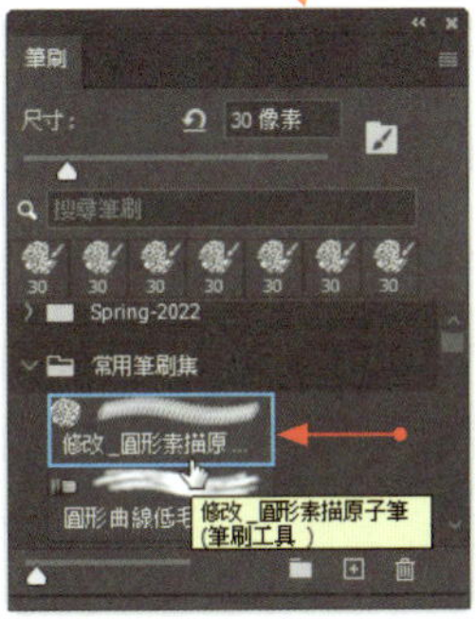

STEP**3** 新筆刷會顯示在 **筆刷** 面板清單。

以新筆刷繪製

自定筆尖形狀

除了針對現有的筆刷樣式進行參數變更後，再新增之外，您也可以從現有的影像中來建立新的 **筆尖形狀**。

STEP**1** 以任一選取工具選取自訂的筆尖形狀，筆刷形狀的大小不要超出 2500X2500 像素。

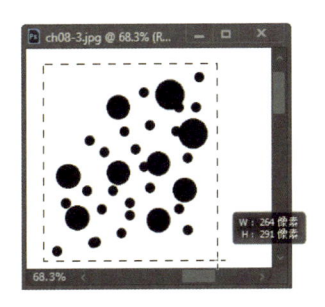

8-25

> **說明**
> 定義筆刷只能用「灰階」色彩來設定,「白色」為全透明,「灰色」應用於半透明或羽化的效果,「黑色」為不透明。

STEP**2** 執行 **編輯 > 定義筆刷預設集** 指令,出現 **筆刷名稱** 對話方塊,輸入自訂的**名稱**,按【確定】鈕。

STEP**3** **筆刷** 面板最下方會顯示自訂的筆尖圖案。

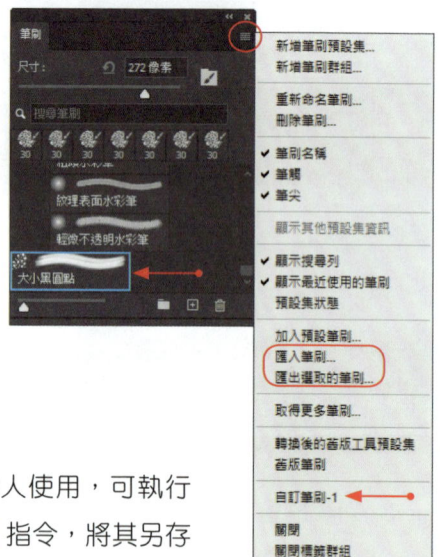

儲存與載入筆刷集

要永久儲存新的自訂筆刷,或提供給他人使用,可執行 **筆刷** 面板選項 ☰ 清單中的 **匯出選取的筆刷** 指令,將其另存為一組新的筆刷集,其檔案格式為「*.ABR」,儲存後的筆刷集也會出現在面板選項清單中(參考上圖)。

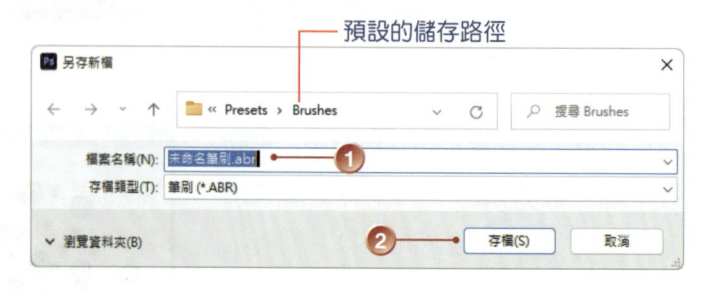

接著將此檔案複製到其他使用者的電腦中,再以 **匯入筆刷** 指令將其載入,即可直接使用。

8-4 繪圖的步驟記錄

在進行影像編修的過程中，經常會這裡修修、那裡改改，幾乎不太可能一次就達到滿意的結果。為了增進編修工作的效率，可以透過 **步驟記錄** 面板（參考 4-3-2 小節）、**步驟記錄筆刷工具** 及 **藝術步驟記錄筆刷** 來輔助編輯。

8-4-1 步驟記錄筆刷工具

使用 **步驟記錄筆刷工具** 並搭配 **步驟記錄** 面板，可以將影像編修的某一狀態或快照，還原到所記錄下來的指定步驟之前。

STEP1 開啟要編修的影像，執行 **視窗 > 步驟記錄** 指令，顯示 **步驟記錄** 面板。

STEP2 對影像執行編修動作，例如：執行 **影像 > 調整 > 去除飽和度** 指令，此時影像變為黑白，在 **步驟記錄** 面板會看到「去除飽和度」的記錄。

STEP3 在此我們希望部分影像恢復至「開啟」時的狀態，因此於 **步驟記錄** 面板的「開啟」項目前方點選一下核取方塊，為步驟記錄筆刷設定來源。

STEP4 點選 **步驟記錄筆刷工具**，視需要設定 **選項** 上的相關屬性。

STEP 5 以滑鼠在要編修的影像區域上進行局部塗抹，塗抹過的區域即會回復到「開啟」時的狀態；鬆開滑鼠按鍵後，**步驟記錄** 面板中會新增一筆「步驟記錄筆刷」的記錄。

筆刷拖曳的路徑讓黑白效果恢復到開啟時的狀態

STEP 6 繼續操作後，若要將目前的編修結果儲存下來，請按一下 **步驟記錄** 面板下方的 **建立新增快照** 鈕，即可新增「快照 1」。

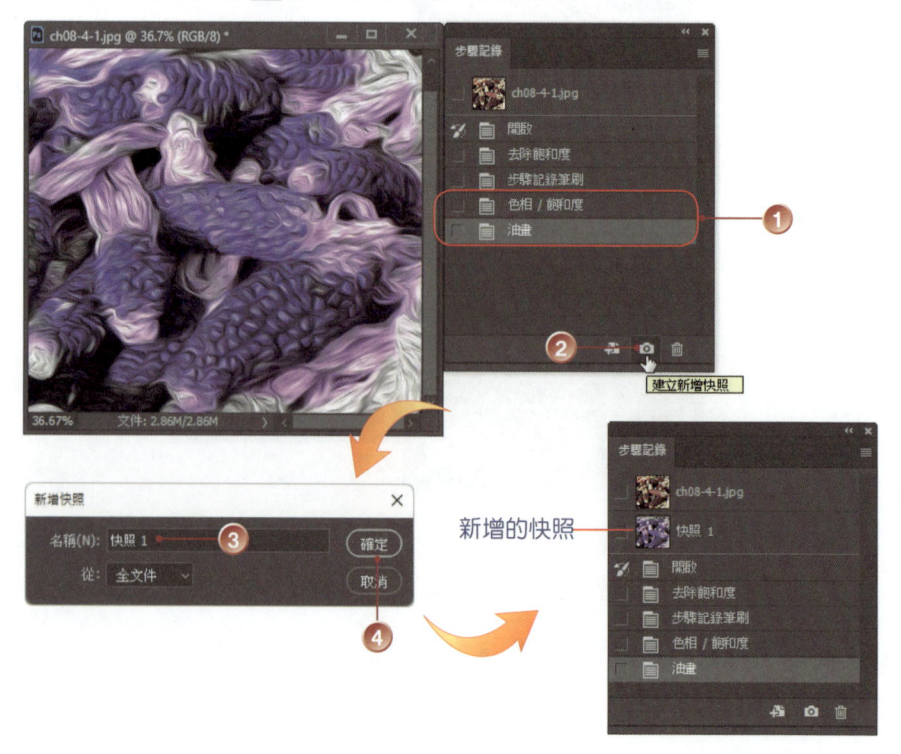

8-28

> 💬 說明
> 快照 不會與影像一起儲存,關閉檔案之後即會自動刪除。

STEP 7 點選「步驟記錄筆刷」項目回到此步驟狀態,再點選「油畫」前方的核取方塊,為步驟記錄筆刷設定來源。

STEP 8 使用 **步驟記錄筆刷工具** ,以滑鼠在要編修的影像區域上進行塗抹,塗抹過的區域即會套用「油畫」效果。

STEP 9 如果對編輯結果不滿意或不小心錯刪步驟記錄,點選之前所建立的「快照」就可以將影像局部還原。

接下頁 ➡

8 繪製插畫的工具

8-29

還原至影像「快照 1」

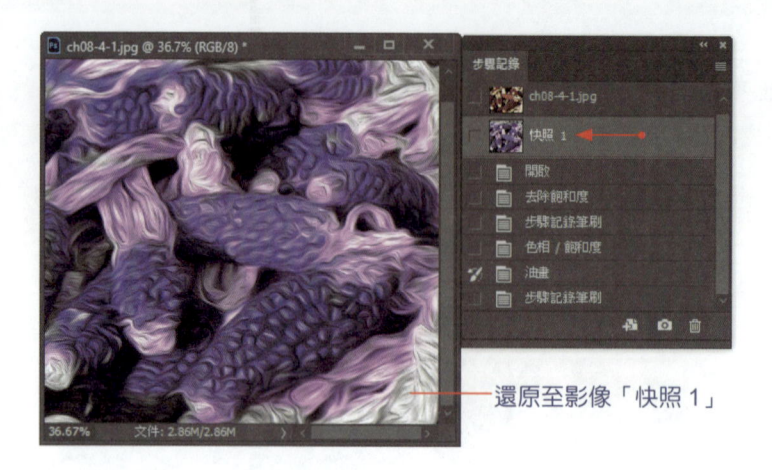

說明

- 若將步驟記錄狀態所在的項目拖曳到 刪除目前狀態 🗑 鈕中,則該項以下的所有編修記錄都會被刪除。

- 由於關閉檔案後步驟記錄和快照就會被刪除,因此若想儲存某個快照或記錄狀態,請執行面板下方的 從目前狀態中建立新增文件 📄 鈕,會自動以狀態名稱建立新文件,請再執行儲存動作。

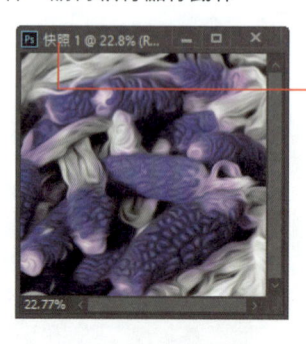

會自動以狀態命名

8-4-2 藝術步驟記錄筆刷

在 步驟記錄 面板中指定步驟記錄狀態或快照中的來源資料,即可繪製出繪畫風格的筆觸。使用方式與 步驟記錄筆刷工具 🖌 一樣,不同的是,步驟記錄筆刷 🖌 的繪畫方式是以新的影像資料作為指定的來源,而 藝術步驟記錄筆刷 🖌 則是藉由來源影像的資料配合筆刷的屬性設定,建立類似塗抹的藝術風格。

STEP 1 開啟要編修的影像,執行 濾鏡 > 風格化 > 油畫 指令,接著在 步驟記錄 面板按下 建立新增快照 📷 鈕產生「快照 1」。

8-30

STEP 2 執行 **影像 > 調整 > 色彩平衡** 指令，調整後再建立「快照 2」。

STEP 3 在 **步驟記錄** 面板中勾選「快照 2」的核取方塊，作為 **藝術步驟記錄筆刷** 設定的影像來源。

STEP 4 選取「快照 1」項目顯示「快照 1」的畫面，再點選 **藝術步驟記錄筆刷工具**，視需要設定 **選項** 上的相關屬性。

接下頁 ➡

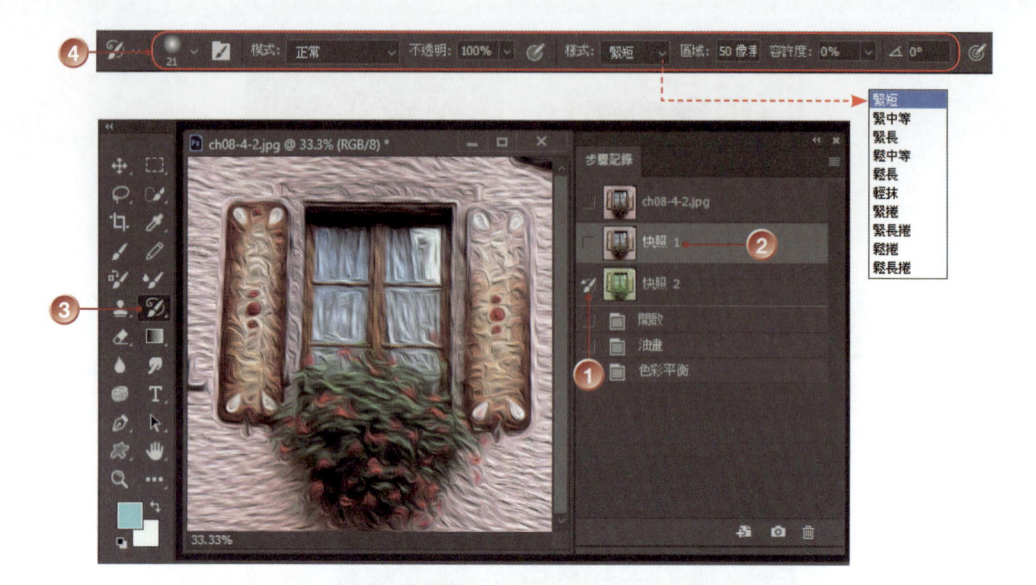

STEP 5 以滑鼠在要編修的影像區域上進行塗抹。

結果

8-32

8-5 橡皮擦工具

橡皮擦工具群組 中有三種工具，分別為 **橡皮擦工具**、**背景橡皮擦工具** 及 **魔術橡皮擦工具**，使用的方法相同，只是運用及功能上有些差異，**選項** 上的參數也各有不同。

橡皮擦工具

橡皮擦工具 可以擦掉影像中的顏色，然後填入 **背景色**，是一種另類的繪圖工具，因此可以選擇並設定筆刷後，在影像編輯視窗上拖曳擦除不要的影像，或是先建立選取範圍後，在選取範圍內擦除。只不過畫上去的是 **背景色**，如果是擦掉「一般圖層」上的顏色，則會變為透明。

擦除的位置呈現背景色

若為「一般」圖層則擦除部分成為透明

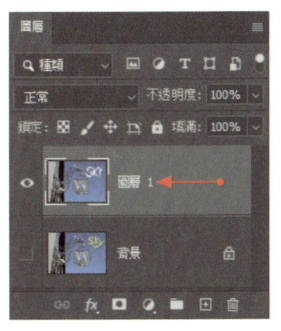

8-33

背景橡皮擦工具

如果使用 **背景橡皮擦工具** 來擦除影像,則拖曳滑鼠所經過的路徑會將像素擦至透明。在 **選項** 中可以藉由不同的 **取樣方式** 和 **容許度** 等設定,控制透明範圍和邊界的銳利程度;勾選 ☑ **保護前景色** 核取方塊,可保護影像中與 **前景色** 相同的色彩不被擦除。

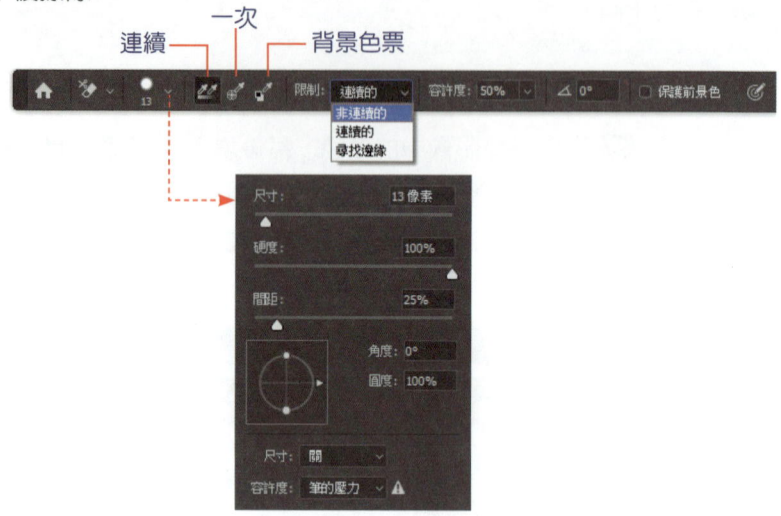

- **取樣方式**
  - **連續**:會隨著滑鼠所拖移的區域連續取樣顏色。
  - **一次**:只會擦除第一次按下滑鼠左鍵時,下筆處所包含的顏色區域。
  - **背景色票**:只會擦除包含目前所設定的背景色區域。
- **擦除限制模式**:設定擦除時所展開的距離有多長。
  - **非連續的**:可以擦除筆畫中的所有顏色,即使顏色區域不相連。
  - **連續的**:可以擦除筆畫中有相連區域的顏色。
  - **尋找邊緣**:可以擦除筆畫中顏色的連接區域,同時保留形狀邊緣的銳利度。

以下為擦除指定之「背景色票」的結果,可以防止擦除掉其他色彩區域,由於有「背景」圖層,因此擦除後的區域會顯示為背景的顏色。

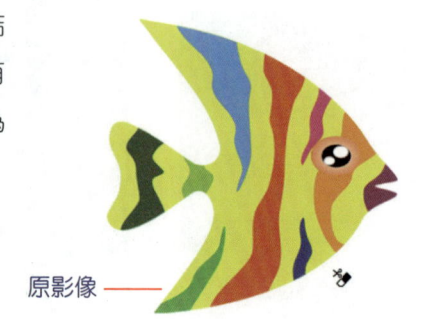

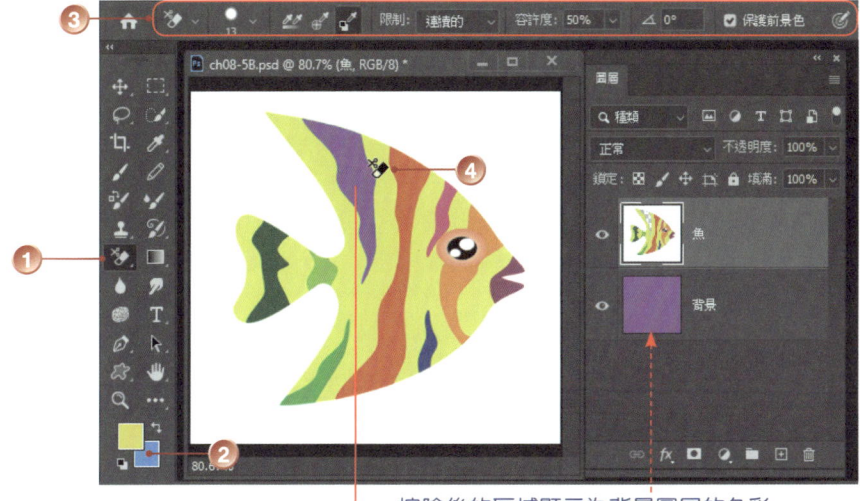

擦除後的區域顯示為背景圖層的色彩

魔術橡皮擦工具

魔術橡皮擦工具 好比使用 魔術棒工具 加上 橡皮擦工具，能將相同或相近的顏色擦除。使用 魔術橡皮擦工具 在「已鎖定透明像素」的「一般圖層」中擦除影像，擦除路徑的像素會變成 背景色；若圖層未鎖定透明像素，則擦除像素後會成為透明色。

原影像

擦除的像素會填滿「背景色」

已鎖定透明像素

8-35

若在「背景」圖層使用 **魔術橡皮擦工具** ，被擦除的像素也會變成透明色，並且自動轉為一般圖層。

自動轉為一般圖層

點選的像素相近色皆被擦除

CHAPTER 9 向量圖形的繪製與編修

除了前一章所介紹的點陣圖繪製外，在 Photoshop 中可使用 **筆型工具** 與各種形狀工具來繪製向量圖形。如果您已熟悉 Adobe 的另一項產品：Illustrator，那麼建立向量圖形可說是易如反掌。向量圖形與解析度無關，無論做任何改變（例如：調整大小、變形、輸出、儲存⋯），圖形邊緣仍能保持清晰。透過向量圖形的繪製，可以產生精確又平滑的選取範圍，彌補點陣圖選取時容易發生的鋸齒現象。

9-1 路徑面板與路徑工具

在 Photoshop 中繪製向量圖形時會產生「路徑」，路徑是由點和線所組成，可以透過各種「路徑」工具來產生，例如：各種筆工具和形狀工具。**路徑** 面板則用來管理路徑的新增、刪除和用途，例如：您可以將選取的路徑轉換為選取範圍、進行填色或繪製筆畫的外框，以及新增為圖層遮色片。

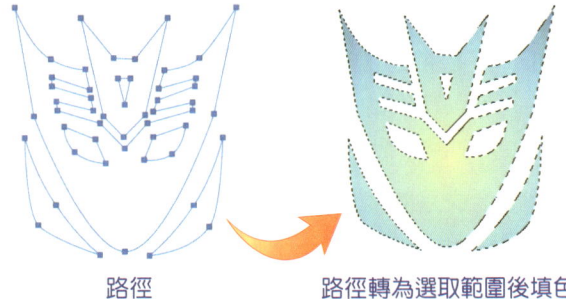

路徑　　　　　　路徑轉為選取範圍後填色

9-1-1 何謂路徑

進行向量圖形的繪製與編輯工作之前，我們先來瞭解一下什麼是「路徑」，「路徑」用來定義形狀的外框，它是由數個「錨點（節點）」所連結而成的一或多個直線或曲線線段，它可以是封閉的區域，或是非封閉區域的開放式路徑。曲線上的「錨點」被選取之後會出現用來控制方向的「方向線」和「方向點」，移動方向線和方向點的位置會決定曲線線段的尺寸和形狀。平滑曲線是由平滑的錨點（平滑點）所連接，銳利的曲線路徑則由「轉折點」連接而成。未被選取的「錨點」呈白色且無法調整，被選取之後會變為深色且可以調整。

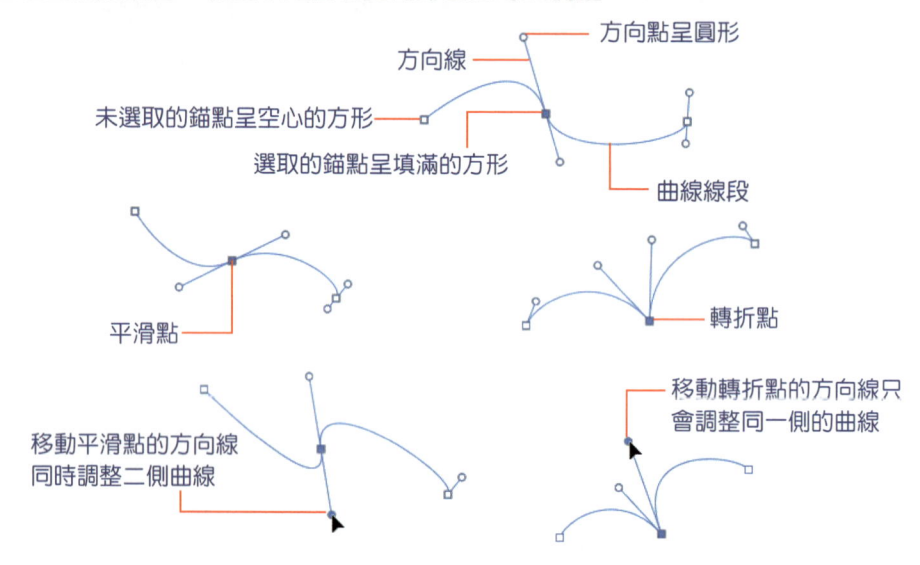

「路徑」的特性可以歸納為下列幾點：

- 「路徑」可能是一段直線或曲線，可以是由數條線段所組成的圖形或形狀，不一定是相連的同一系列線段，可以包含一個以上不同且分離的路徑組件。可以精細的調整或修改它的外形，直到確定後再進行填色或是描邊。

- 「路徑」基本上是「向量式」的線條，因此在縮小或放大時不會影響它的解析度或是圓滑度。即使沒有數位手寫板，也可以使用滑鼠繪出漂亮完美的線條。

- 「路徑」與「選取範圍」一樣，可以和影像物件同時儲存，而路徑所佔的檔案較少，對於大型或要長期儲存的影像檔案而言，儲存路徑較為經濟。

- 使用選取工具時，選取的範圍可能會不夠平滑，以路徑工具來繪製選取路徑，不但可以進行精細的微調，還可以提供較平滑的曲線外形。

9-1-2 認識路徑工具

繪製或編輯路徑的工具都集中在 **工具** 面板，如下圖所示：

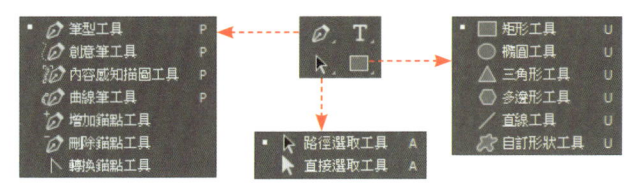

- **筆型工具**：讓您以絕佳的精確度繪製直線和曲線線段。
- **創意筆工具**：使用此工具就像是在紙上使用鉛筆繪圖一樣，可以繪製任意路徑，Photoshop 會自動增加錨點，您無需決定錨點要放置的位置。
- **內容感知描圖工具**：是從 2020 年新增的工具，只要將滑鼠游標暫留在影像邊緣上並點選，就可輕鬆在物件周圍繪製路徑。
- **曲線筆工具**：是從 2018 版新增的工具，可直接繪製曲線及直線線段。
- **增加錨點工具**：在現有的路徑中增加錨點。
- **刪除錨點工具**：在現有的路徑中刪除錨點。
- **轉換錨點工具**：可以在「平滑點」和「轉折點」之間切換錨點的二種形式。
- **路徑選取工具**：用來選取整個路徑，以便進行路徑的搬移、旋轉等編輯工作。
- **直接選取工具**：可以選取單一線段或錨點，或是採用「框選」方式選取部分路徑，以便進行路徑的修改、搬移、旋轉等編輯工作。
- **矩形工具**、**圓角矩形工具**、**三角形工具**、**橢圓工具**、**多邊形工具**：可以用來繪製指定形狀的向量圖形，繪製時可從 **選項** 上指定圓角矩形的 **圓角半徑** 和多邊形的 **邊** 數。
- **直線工具**：用來繪製直線。
- **自訂形狀工具**：Photoshop 提供多種預設的向量圖形讓您選用，您可以匯入或自行繪製其他任意造型的向量圖形。

已載入舊版預設形狀

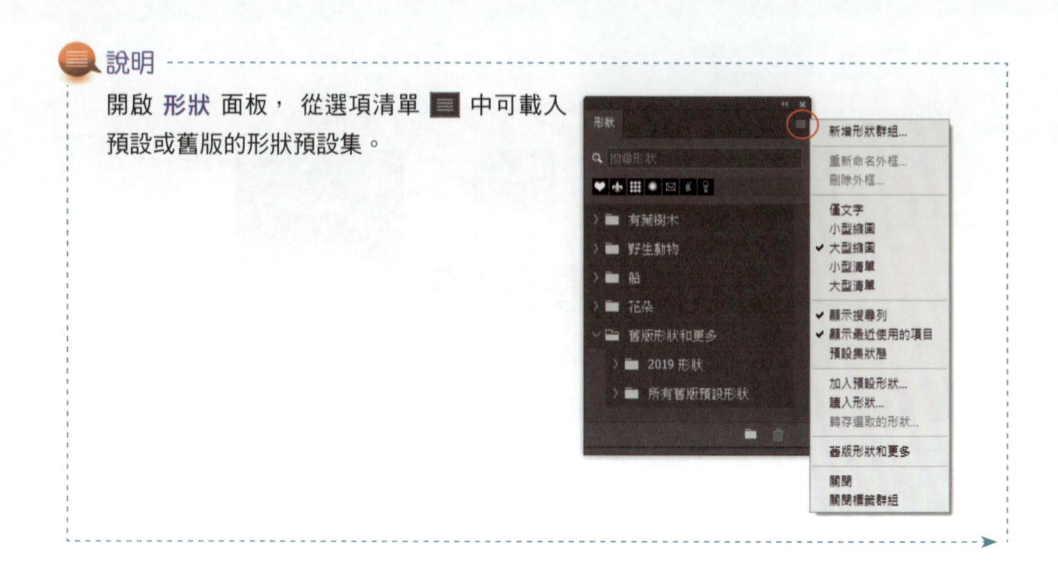

> **說明**
> 開啟 **形狀** 面板，從選項清單 ≡ 中可載入預設或舊版的形狀預設集。

9-1-3 認識路徑面板和路徑選項

繪畫 工作區中會顯示 **路徑** 面板，執行 **視窗 > 路徑** 指令也可將其開啟。以各種路徑工具在影像中產生路徑時，可以透過 **路徑** 面板來管理路徑，面板中會列出每一個已儲存路徑、目前的工作路徑及形狀路徑（只有選取「形狀圖層」時才會出現），若要檢視路徑，必須先在面板中選取路徑。

9-4

① **以前景色填滿路徑**：在路徑所圍成的區域內填入 **前景色**。
② **使用筆刷繪製路徑**：依指定的筆刷類型和顏色，沿著路徑描邊。
③ **載入路徑作為選取範圍**：將路徑圍成的區域轉換為選取範圍；如果是非封閉型路徑，則二個端點會自動連接成為封閉區域。
④ **從選取範圍建立工作路徑**：將選取範圍轉換為路徑。
⑤ **增加遮色片**：將選取的路徑新增為圖層遮色片。
⑥ **建立新增路徑**：點選後可建立新的路徑。
⑦ **刪除目前路徑**：將已建立的路徑拖曳到「垃圾筒」內，可刪除該路徑。

產生路徑前，可以在 **選項** 列中指定相關選項，例如：定義路徑線條的顯示顏色和粗細，以便檢視。勾選 ☑**顯示線段** 核取方塊，在執行「按一下、移動指標、按一下」的連續動作時，可以預視路徑線段（顯示線段效果）。不同的路徑工具會有不同的選項參數。

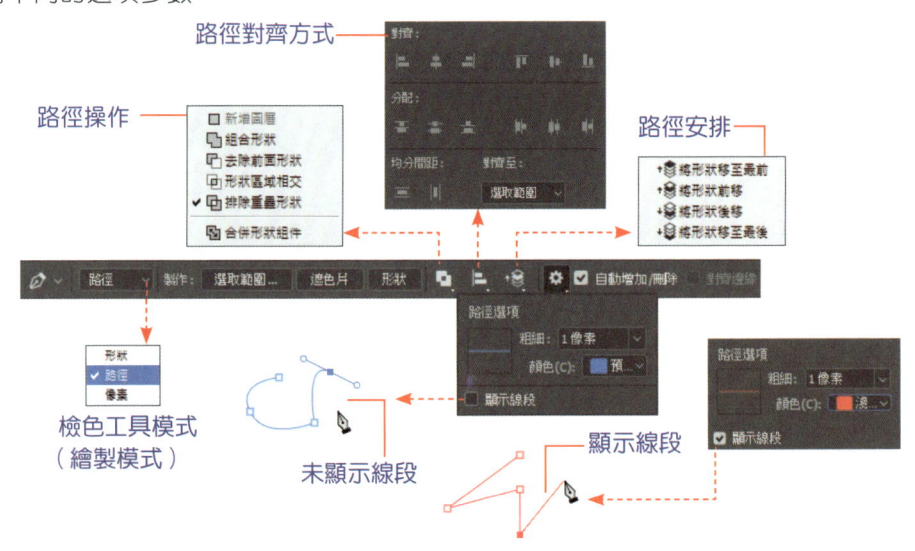

使用筆或形狀工具時可以選擇繪製模式，以便決定是要在各別的圖層上建立向量形狀、在現有圖層產生工作路徑，還是只要在現有圖層繪製點陣圖形狀。

🔵 **形狀**：產生單純的向量圖形，會以 **選項** 上指定的填色、筆畫色彩、線條類型和寬度，在新的圖層產生形狀（形狀圖層）。形狀圖層包含定義形狀顏色的填色圖層，以及定義形狀外框的連結向量圖遮色片，您可以展開 **內容** 面板檢視其屬性。當點選形狀圖層時，形狀的外框（路徑）會顯示在 **路徑** 面板中。

接下頁 ➡

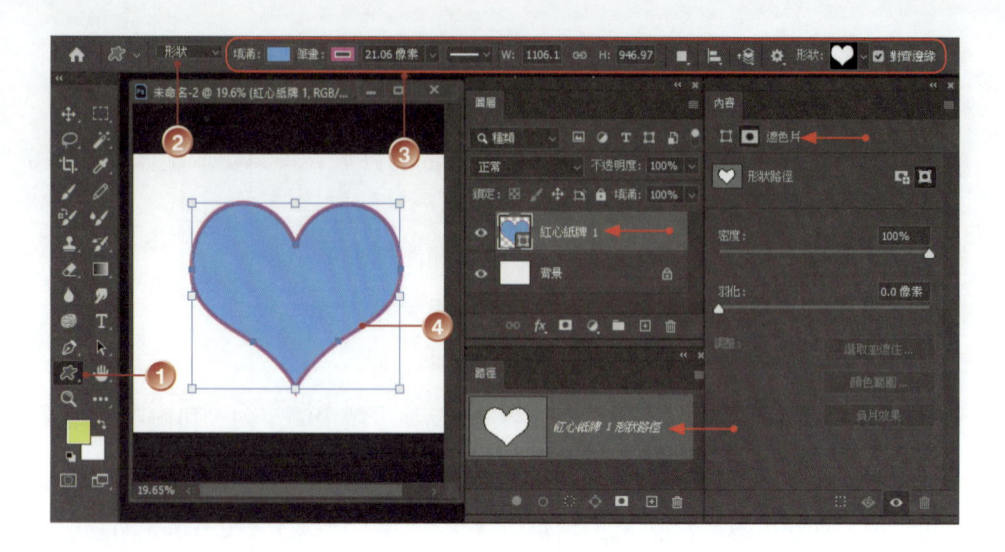

● **路徑**：在目前的圖層上繪製工作路徑，用來做為選取範圍、建立向量圖遮色片，或利用顏色填滿和繪製筆畫以建立點陣化圖樣。

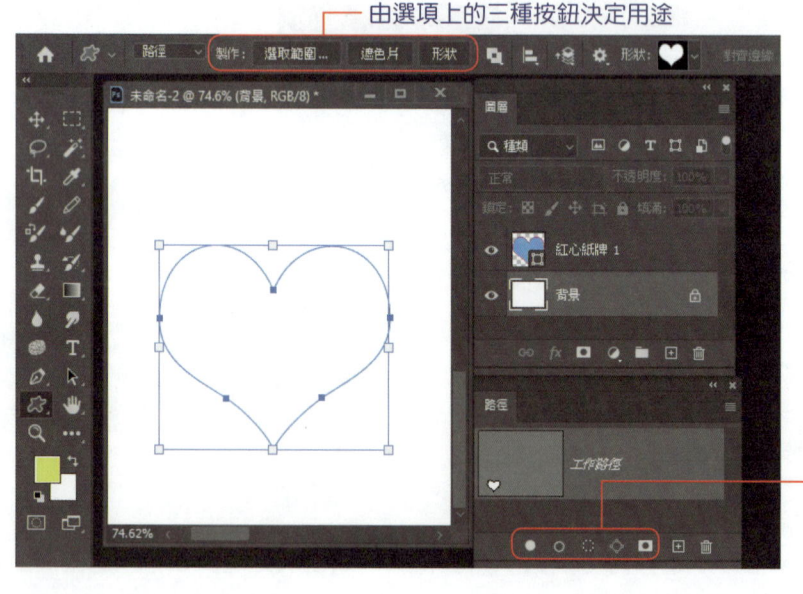

● **像素**：直接在目前的圖層上，以 **前景色** 繪圖產生點陣影像，其與繪畫工具的作用類似。請注意！只有形狀工具才能使用此模式，筆工具沒有這種模式。

💬 說明

由於本章重點在介紹向量圖形的繪製，因此後面章節將以「路徑」和「形狀」的繪製模式為主。

透過混合模式與其他圖層的影像產生特殊效果

從圖層設定一致的混合模式

9-1-4 新增與管理路徑

一個影像檔中可以建立多個路徑,並沒有數目的限制,端視記憶體容量而定。

STEP**1** 點選 **路徑** 面板上的 **建立新增路徑** 鈕,可以在面板中新增一預設名稱為「路徑 1」的路徑,或稍後重新命名。若執行面板指令清單 中的 **新增路徑** 指令會出現對話方塊,可以新增路徑並加以命名。

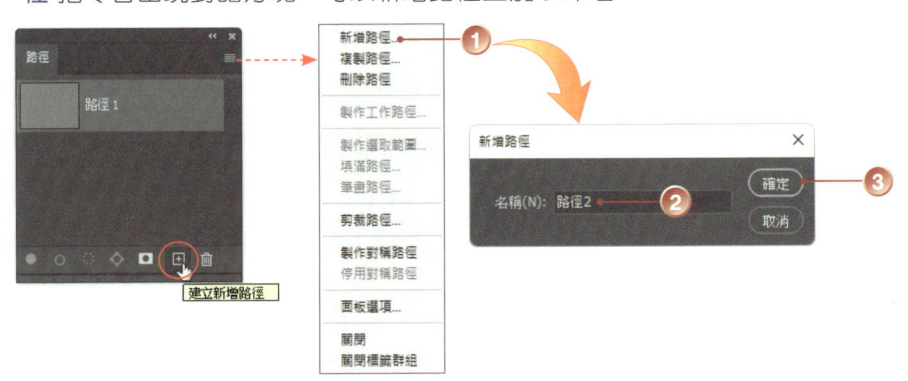

STEP**2** 接著以各種路徑工具繪製路徑,例如:以 **橢圓工具** 繪製一個「圓形」路徑(按住 Shift 鍵)。

接下頁

9-7

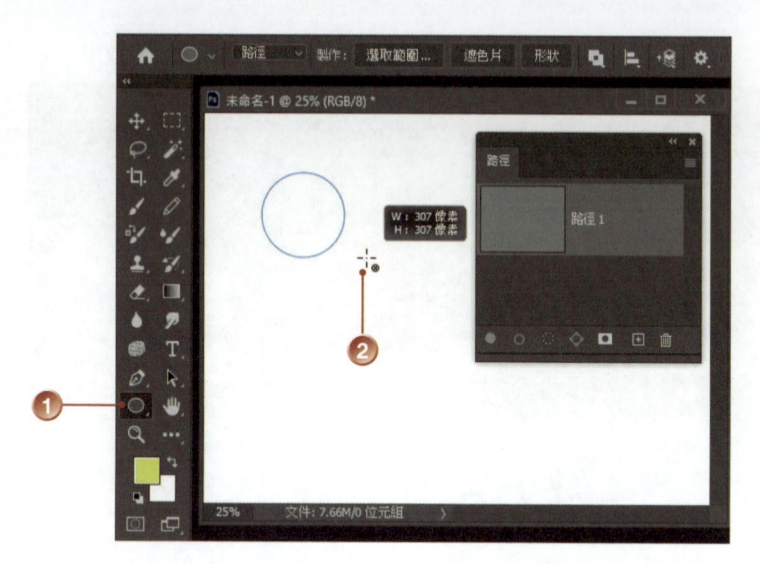

> **說明**
>
> 以形狀工具建立路徑後，預設會自動展開 **內容** 面板，若不希望自動展開，請於面板選項清單 中取消勾選 **建立形狀時顯示** 指令。

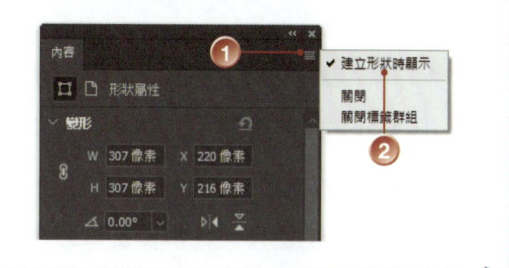

STEP 3 建立新路徑時若沒有事先命名，會有預設的路徑名稱（路徑 1、路徑 2…），您可以修改已建立路徑的名稱，只要在路徑名稱上快按兩下，例如：路徑 1，直接輸入新名稱後按 Enter 鍵。

儲存工作路徑

當您開啟 **路徑** 面板，未新增路徑就直接在影像編輯視窗中繪製了一或多個路徑時，面板上會顯示「工作路徑」。「工作路徑」是暫時性的路徑，用來定義形狀的外框，每份文件只有一個「工作路徑」，若不儲存，可隨時被其他新繪製的路徑所取代，因此若已完成路徑的編輯工作，最好將其儲存，以便保存此路徑的繪製結果。儲存路徑的方法有下列二種：

- 以滑鼠將「工作路徑」拖曳到 **路徑** 面板下方的 **建立新增路徑** 鈕上，會將「工作路徑」轉換為「路徑 1」。

- 使「工作路徑」成為作用中，按一下 **路徑** 面板的選項 鈕，選擇 **儲存路徑** 指令，於 **儲存路徑** 對話方塊中輸入路徑 **名稱**，按【確定】鈕。

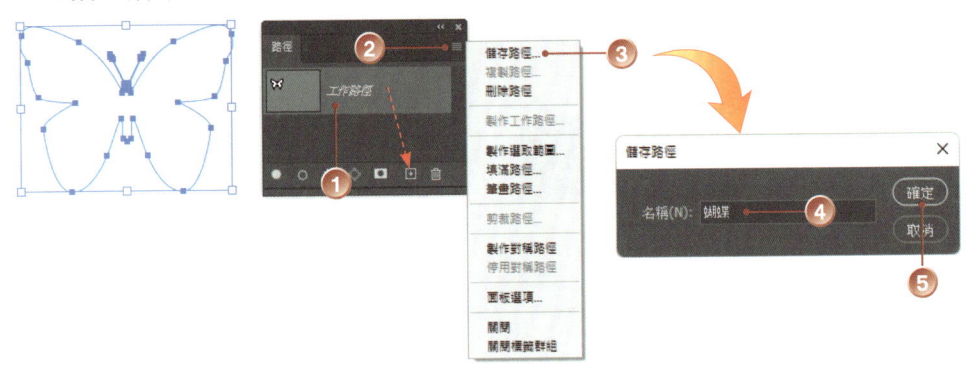

開啟與關閉路徑

路徑 面板上會顯示所有已建立完成的路徑，以滑鼠點取路徑的名稱即可開啟並操作該路徑，作用中的路徑會呈灰色網底顯示。在 **路徑** 面板的深色空白處按一下，或按 Esc 鍵，即可取消選取路徑並關閉路徑的作用狀態。在舊版本中，作用中路徑只能有一個，CC 中可以按住 Shift 鍵後同時選取多個路徑，以便進行複製或刪除作業。

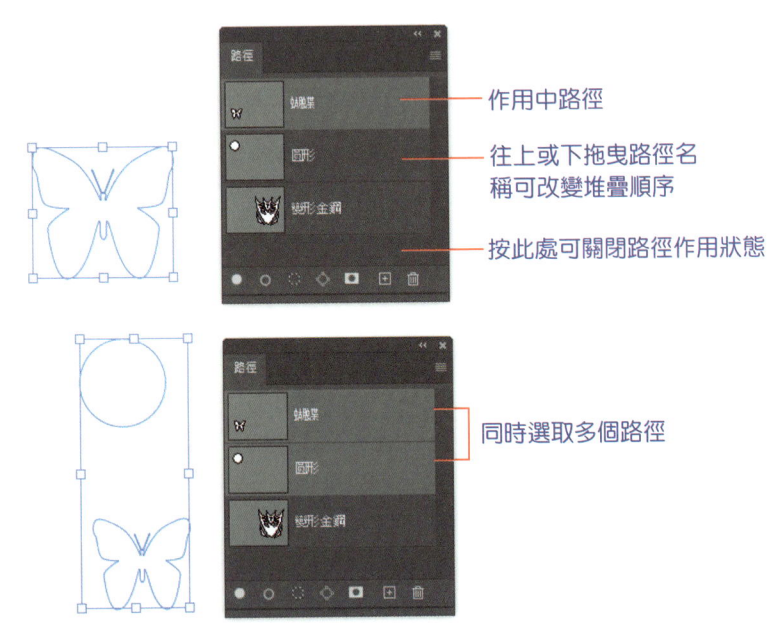

複製與刪除路徑

使用下列二種方式可以複製路徑：

- 選取要複製的路徑（可複選），點選面板指令清單 中的 **複製路徑** 指令，在 **複製路徑** 對話方塊中，採用預設路徑名稱或輸入新 **名稱**，按【確定】鈕，即可複製指定的路徑。

- 將要複製的路徑成為作用中，以滑鼠將其拖曳到 **建立新增路徑** 鈕上，或按住 Alt 拖曳，即會將指定的路徑拷貝一份。

> 說明
> 選取路徑後，執行 Ctrl+C 組合鍵，再切換到另一個檔案中執行 Ctrl+V，即可將路徑複製到其他檔案中（或直拖曳路徑到其他檔案中）。

刪除路徑同樣也有二種方法：

- 點選面板指令清單 中的 **刪除路徑** 指令，即可刪除指定的路徑。
- 將要刪除的路徑直接拖曳到 **刪除目前路徑** 鈕。

9-2 繪製路徑

了解路徑的新增方式後,接下來可以利用向量工具繪製路徑了。使用各種筆工具可以建立或編輯直線、曲線或任意形狀的路徑,如果再與各種形狀工具一起運用,可以建立更複雜的形狀與路徑。繪製前可先執行 **檢視 > 顯示 > 格點** 指令,以便輔助繪圖。

9-2-1 筆型工具

使用標準 **筆型工具** 能繪製的最簡單路徑就是一條直線,只要以滑鼠點取「錨點」的位置(請勿拖移),各「錨點」之間便會由線段連結成路徑。要繪出水平、垂直或是 45 度直線路徑時,請按住 Shift 鍵,可以精確而快速的進行繪製。

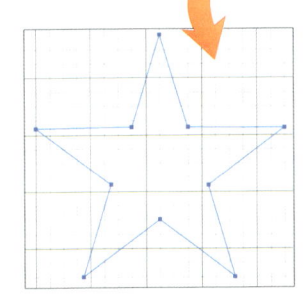

回到起點時游標圖示會有小圓圈,點選後可完成封閉路徑

🗨 說明

- 如果繪製的是開放式路徑,因為終點不需回到起點,所以完成路徑後請按 Esc 鍵,即可終止路徑的繪製。
- 取消 檢視 > 靠齊至 > 格點 指令可方便設定錨點位置。
- 本範例提供下方影像圖層做為繪製參考圖,在「圖層 1」產生路徑時,將圖層 不透明度 設為「0」,以便看到下方圖層的參考形狀,繪製完成的路徑是無填色的外框。

9-11

曲線路徑和直線路徑最大的差異，在於「錨點」上有「方向控制把手」(簡稱「方向線」)，把手的長度和斜度會決定曲線的形狀。製作曲線的程序和直線路徑非常類似，不過，設定錨點位置後，需拖移並形成曲線的方向線後再放開滑鼠。

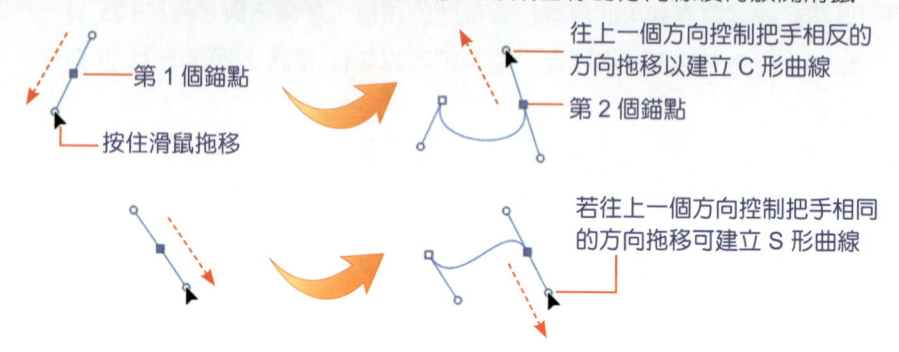

第 1 個錨點
按住滑鼠拖移
往上一個方向控制把手相反的方向拖移以建立 C 形曲線
第 2 個錨點

若往上一個方向控制把手相同的方向拖移可建立 S 形曲線

繪製曲線路徑時有以下技巧提供您參考：

- 調整「方向控制把手」的方向可以決定弧線的切線方向，調整「方向控制把手」的長度可以控制圓弧的弧度。此時按住空白鍵還可移動錨點位置。

調整單邊的方向線

- 若要調整單邊的方向線，請先按住 Alt 鍵拖移，此時平滑控制點會轉換為轉折控制點。

- 拖曳「方向線」的同時，如果按住 Shift 鍵，可以限制「方向線」的方向為水平、垂直或 45 度方向。

- 繪製曲線過程中，若下一線段要產生直線，在放置錨點時請快按二下。同一個路徑中，可以由直線及曲線混合製作出完整的路徑。

快按二下
再快按二下產生線段

- 繪製時若有失誤，請按「倒退鍵」回到前一步驟的錨點後，點選該錨點再繼續進行，或按 Ctrl+Z 鍵回到前一步驟。

- 儘可能地使用較少的錨點來繪製曲線，會比較容易編輯，且系統也能較快顯示曲線。使用太多的控制點，會在曲線中產生不必要的隆起部分。

根據上述的說明,接下來可以試著練習看看:

STEP**1** 開啟範例檔案,藉由下方圖層的引導,在「繪製曲線」圖層練習曲線的製作,請按下 **路徑** 面板上的 **建立新增路徑** 鈕,新增「路徑 1。」

STEP**2** 點選 **工具** 中的 **筆型工具** ,在 **選項** 上選擇 **路徑** 的模式。

STEP**3** 在影像上點出路徑的起點並按住滑鼠左鍵拖曳,此時畫面上的錨點會出現「方向控制把手」,調整到適當的位置後,放開滑鼠即完成起始錨點的設定。

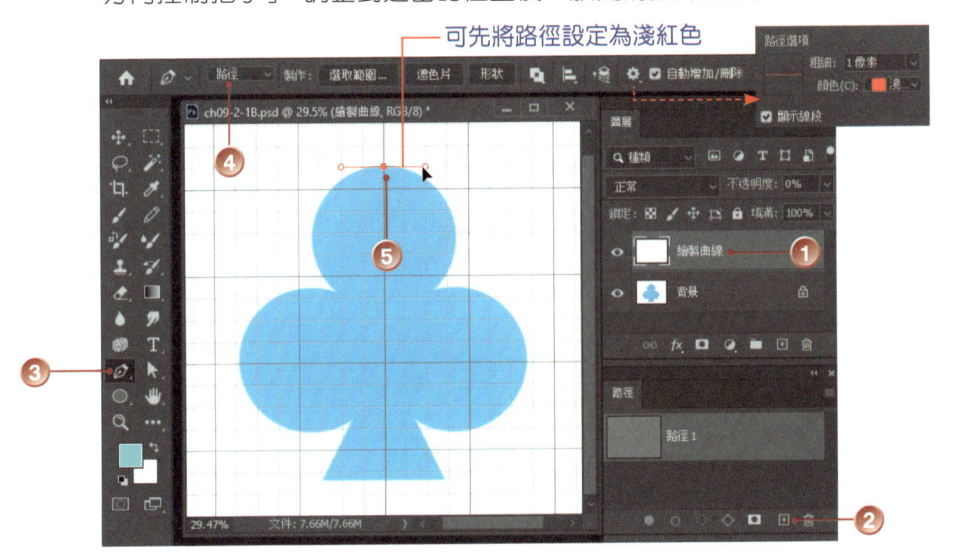

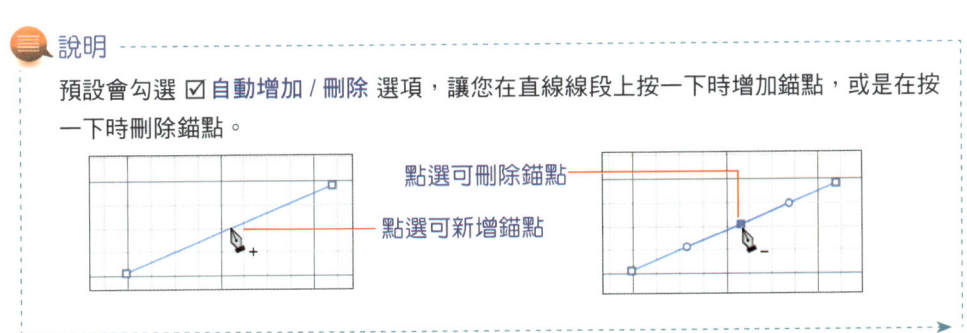

💬 說明

預設會勾選 ☑ **自動增加 / 刪除** 選項,讓您在直線線段上按一下時增加錨點,或是在按一下時刪除錨點。

STEP**4** 重複步驟 3,在畫面上製作第二個錨點,同時調整「方向線」,使路徑的方向滿足您的需要(還不要放開滑鼠)。

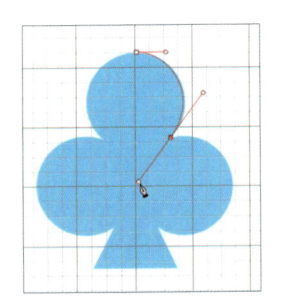

STEP 5 按住 Alt 鍵調整單邊的方向線,產生轉折點後再放開滑鼠。

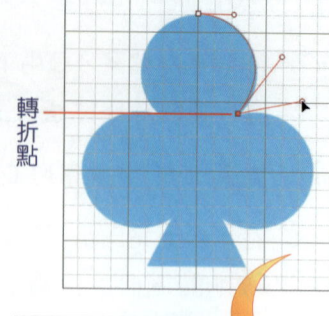

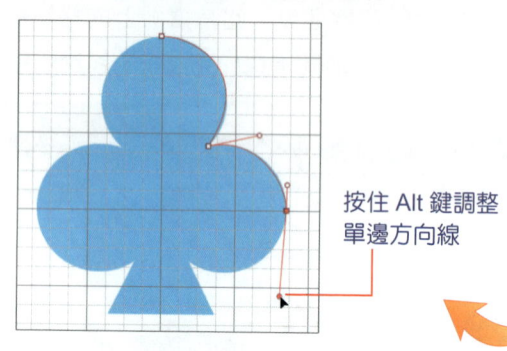

STEP 6 繼續產生下一個平滑點,由於下一個錨點會接直線線段,因此按住 Alt 鍵調整單邊方向線以便與下個錨點間產生適當的曲線。

轉折點

按住 Alt 鍵調整單邊方向線

STEP 7 放置下一個錨點時快按二下。

STEP 8 繼續在下一個錨點快按二下(或一下)產生線段。

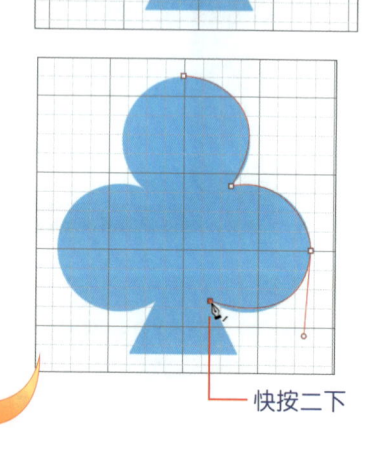

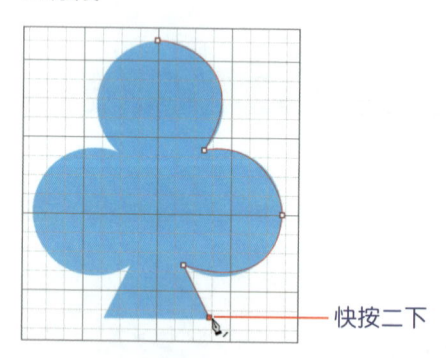

快按二下

快按二下

STEP 9 在直線要接曲線的錨點上按一下,再產生下一個平滑點。

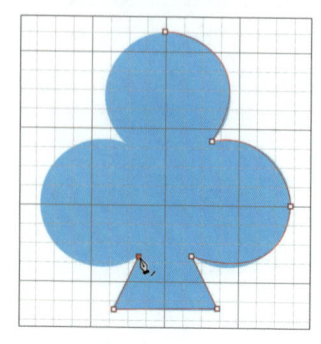

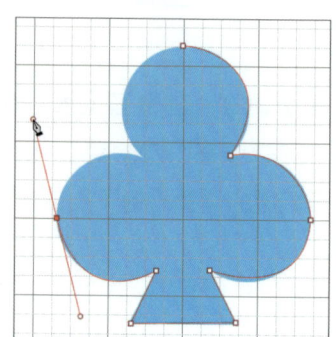

9-14

STEP**10** 依序繪出所有的錨點，先不用擔心曲線繪製的是否完美，因為可事後調整。

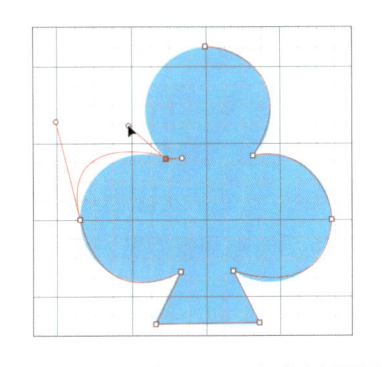

STEP**11** 完成之後將畫筆回到起點，游標圖示會帶著小圓圈，點選後可完成封閉路徑。（可再透過 **直接選取工具** 調整曲線）

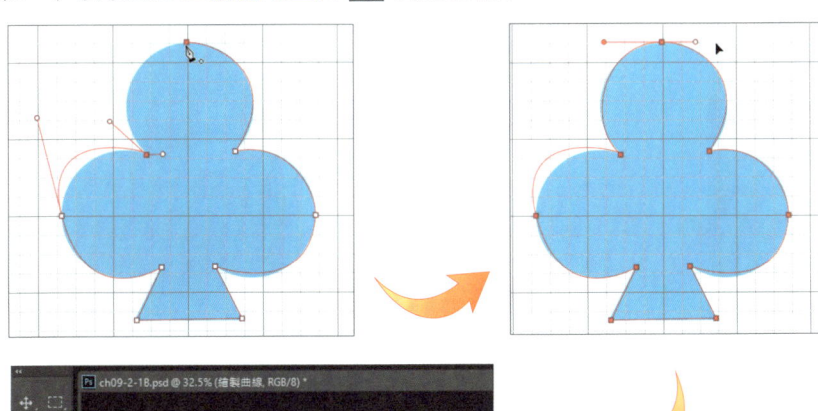

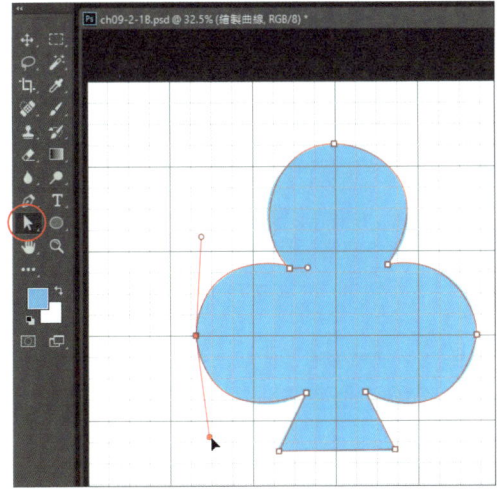

> 💬 說明
>
> 雖然後面小節介紹的其他「筆」工具能輕鬆繪製同樣的曲線，但因為 **筆型工具** 是所有向量圖繪製軟體中都具備的基礎工具，因此仍建議初學者學會如何使用它。

9 向量圖形的繪製與編修

9-15

9-2-2 曲線筆工具

標準的 **筆型工具** 對不是專業繪畫者來說，操作起來的困難度不低，還好從 2018 版本開始新增了 **曲線筆工具** ，可以輕鬆繪製曲線及直線線段。這個「直覺式」的工具，讓您在產生路徑時就微調影像，可以建立、切換、編輯、新增或移除平滑點和轉折點，過程中不需要切換工具。我們以同樣的範例來操作一遍：

STEP 1 在圖形的任意處按一下或點選一下，建立第一個錨點。

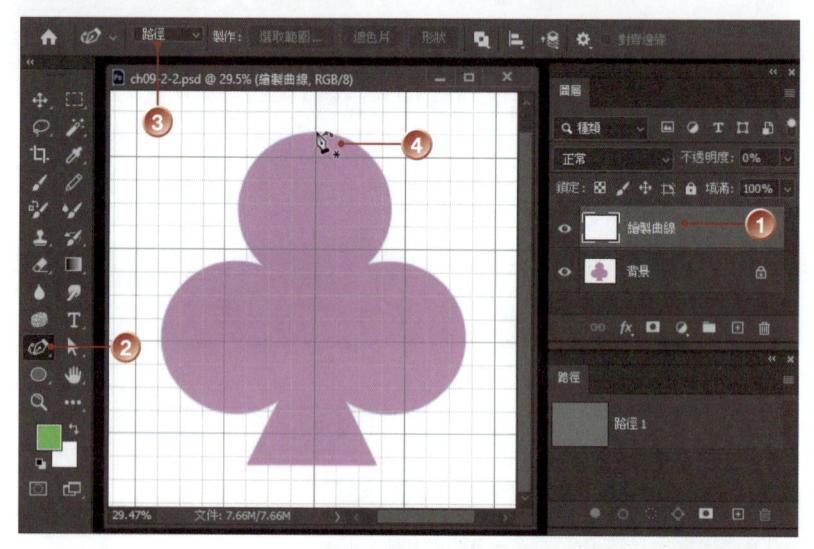

STEP 2 「按一下」或「點一下」定義下一個錨點，並完成路徑的第一個線段。

第一個線段會暫時以直線呈現

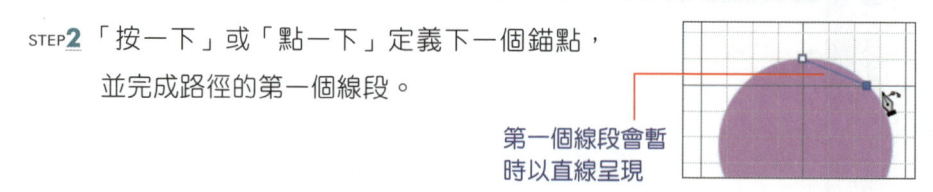

STEP 3 若希望路徑的下一個線段也是曲線，請再按一下，並以滑鼠拖曳繪製路徑的下一個線段，繪製出最佳的曲線線段。此時前一個線段會自動調整以保持平滑的曲線。

自動調整為曲線

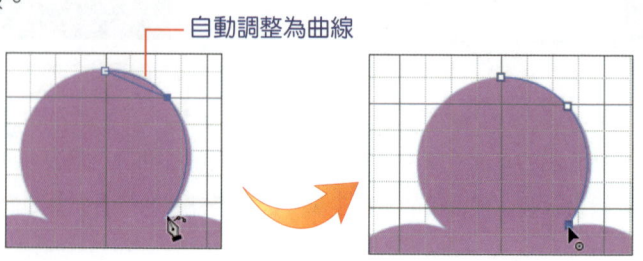

> 說明
> - 剛開始時，路徑的第一個線段都會以直線顯示，稍後會依您要繪製的下一個線段是曲線或直線再進行調整。如果要畫的是曲線，Photoshop 會將第一個線段變為平滑的曲線。
> - 若下一個線段想繪製直線，則按兩下，Photoshop 會依此建立平滑控制點或轉角控制點。

STEP 4 在路徑線段的任意處點選即可加入錨點，然後再拖曳錨點調整位置，鄰近的路徑線段會自動修改。過程中，可視狀況調整前面的錨點位置、在線段任意處點選新增錨點、或點選錨點按 Del 鍵刪除，刪除錨點後，Photoshop 會保留曲線，並根據其他錨點做出適度調整。

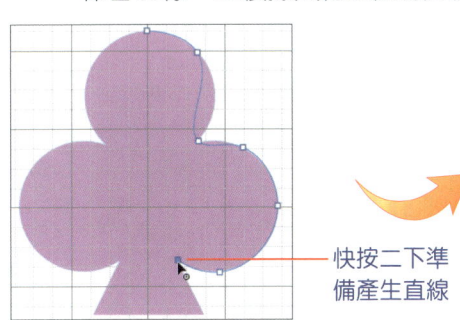

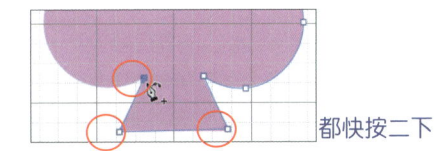

快按二下準備產生直線

都快按二下

可再回到前面，新增錨點並調整位置

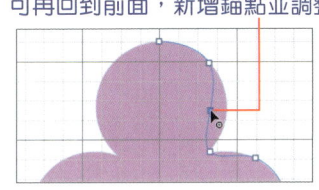

STEP 5 要繼續繪製，請點選最後一個錨點，然後接著繪製，完成後按 Esc 鍵。

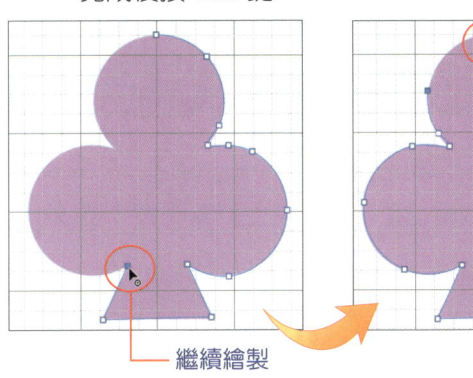

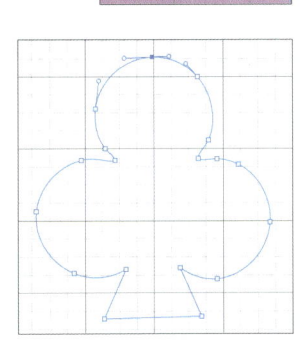

繼續繪製

完成的路徑

> 說明
> 要將轉角控制點轉換為平滑控制點，請快按兩下錨點（反之亦然）。

9-17

向量圖形的繪製與編修

9-2-3 創意筆工具

使用 **創意筆工具** 就如同是在紙上使用鉛筆繪圖一樣，可以繪製任意路徑，Photoshop 會自動增加錨點，您無需自行決定錨點要放置的位置，路徑完成之後可以再進行調整。若是要描繪現有影像的外形，為了更精準的描繪，可以啟動「磁性筆」功能，讓您在影像中繪製靠齊定義區域邊緣的路徑。您可以定義靠齊行為的範圍和敏感度，以及產生路徑的複雜度，使用方法與 **磁性套索工具** 類似。

STEP 1 開啟影像範例，按一下 **建立新增路徑** 鈕新增「路徑 1」。

STEP 2 點選 **創意筆工具**，點選 **選項** 上的 **路徑** 選項，勾選 ☑ **磁性** 核取方塊後，可進一步設定 **寬度**（1-256 像素）、**對比**（1-100%）、**頻率**（0-100）等參數，方便做更精確的繪製。**曲線符合** 中輸入介於 0.5 到 10 像素之間的值，較高的數值所建立的錨點較少，路徑也比較簡單。

STEP 3 以滑鼠直接在影像編輯視窗上，沿著「囍」字的外形移動，繪製出所要建立的路徑，錨點會自動增加，您可在關鍵位置點選以產生錨點；按「倒退鍵」可回到前一個錨點位置。

STEP 4 完成後將畫筆回到起點，游標圖示會帶著小圓圈，點選後可完成封閉路徑。

> 💬 說明
> - 繪製開放路徑，結束時請按 Enter 鍵；按二下會封閉包含磁性線段的路徑。
> - 若未勾選 ☐ **磁性** 核取方塊，可以像使用 **鉛筆工具** 一樣，拖曳繪製出外形。

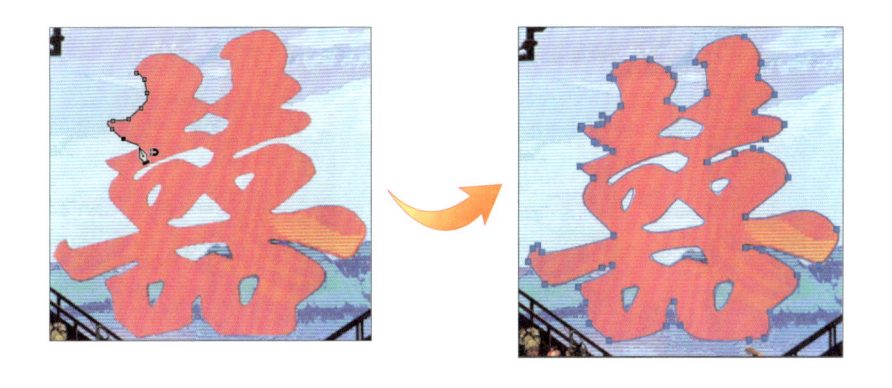

9-2-4 內容感知描圖工具

內容感知描圖工具 是在 2020 年 10 月的「技術預視」中引進，顧名思義是利用「內容感知」的技術來操作，您只要將滑鼠游標暫留在影像邊緣並且按一下，就可以建立向量路徑和選取範圍。

STEP **1** 請先執行 **編輯 > 偏好設定** 指令，在 **技術預視** 中勾選 ☑**啟用內容感知描圖工具** 核取方塊，然後重新啟動 Photoshop。

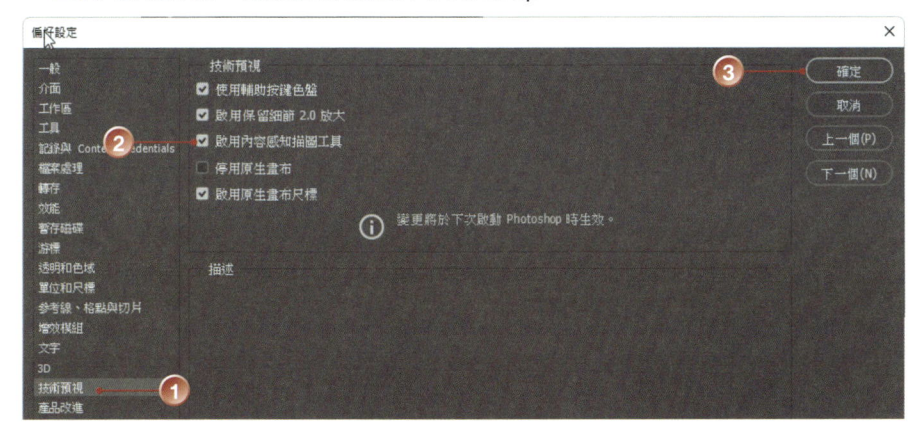

STEP **2** 開啟影像範例，新增「路徑 1」，再點選 **內容感知描圖工具** 。

接下頁

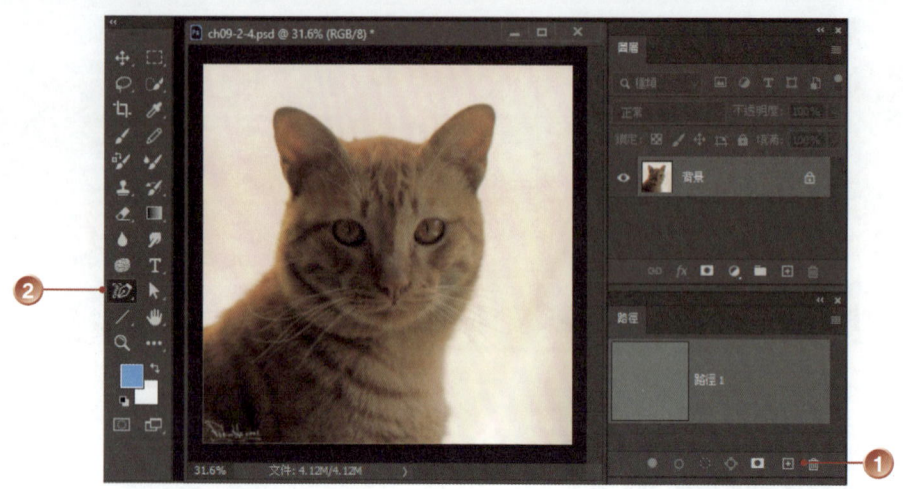

💬 說明

如果 筆型工具 群組中沒看到此工具鈕,可從 編輯工具列 鈕清單中找到,或參考 1-4-2 小節的操作,將其加入 筆型工具 群組中。

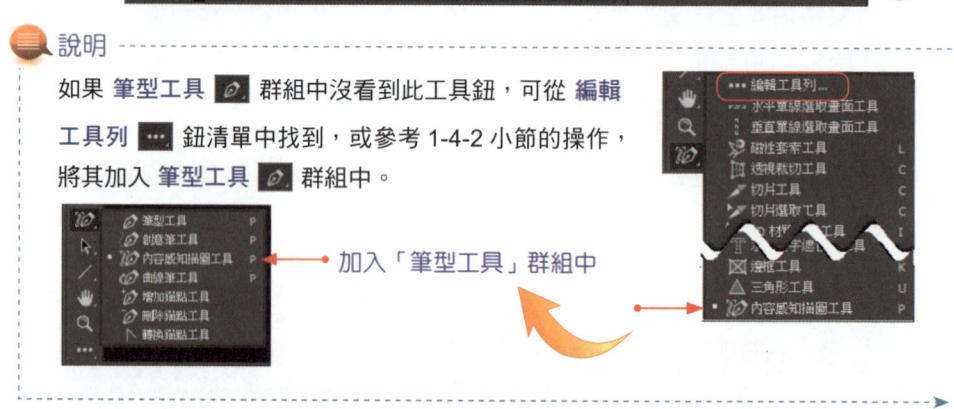

加入「筆型工具」群組中

STEP3 在 選項 列的 追蹤中 清單設定「描圖模式」。影像細節或紋理偵測到的多寡,可幫助我們描圖時更精準,但顯示太多邊緣會太複雜,增加描圖的難度。請視需要設定選項。本例中只需選擇貓的頭部外形,因此選擇「簡易」。

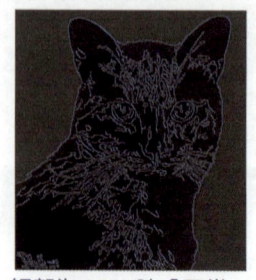

細部為 80% 時「正常」　　細部為 80% 時「簡易」　　細部為 80% 時「詳細」

STEP4 接著調整右側的 細部 滑桿,顯示邊緣預視,往右會增加 Photoshop 偵測到的邊緣量,往左移會減少偵測量。調整到可完整顯示外框的量即可,例如:55%。

9-20

STEP 5 將滑鼠游標指到影像邊緣並停留，會以醒目提示，點選即可建立路徑。

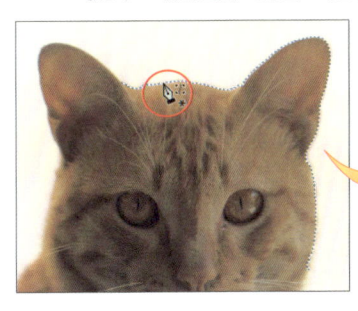

💬 說明

請注意！縮放顯示比例會影響系統查看影像的方式，因而影響到工具識別邊緣的情形。如果影像的解析度較低時，縮小顯示比例有助於 Photoshop 更輕易識別邊緣。

顯示比例「35%」時，識別邊緣的量比較多

顯示比例「50%」時，識別邊緣的量比較少

STEP 6 要繼續增加到路徑，請將滑鼠游標暫留在鄰近的邊緣，會以醒目提示新區段，按住 Shift 鍵再點選即可延伸路徑。

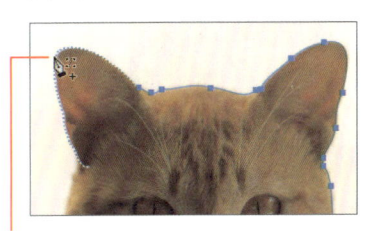

按住 Shift 鍵再點選

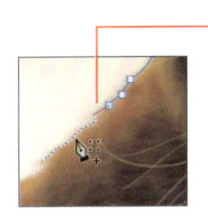

出現粉紅色線條表示會將新的區段新增至現有路徑，此時直接點選即可加入，不用按 Shift 鍵。

9 向量圖形的繪製與編修

9-21

STEP **7** 要從路徑刪除區域，請按住 Alt 鍵再按一下。也可以按一下然後往要刪除的方向拖移，即可移除較大的區段。

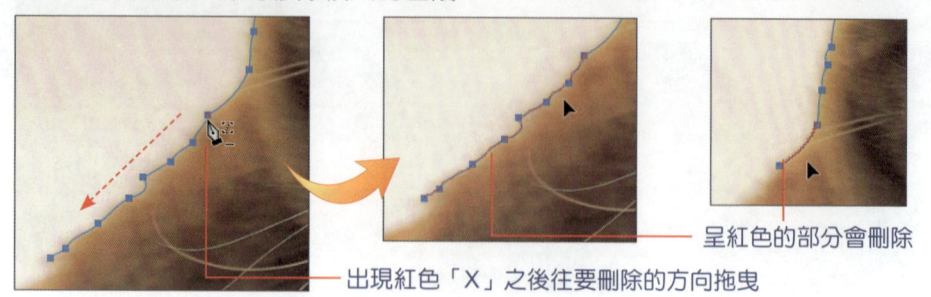

出現紅色「X」之後往要刪除的方向拖曳

呈紅色的部分會刪除

STEP **8** 重複上述的步驟繼續描繪所需的區域，過程中可在 **選項** 列中切換到 **以偵側到的邊緣延伸目前選取的路徑** 鈕延伸路徑，或以 **修剪描圖路徑** 鈕修剪路徑，切換到這兩個按鈕都可移動控制點調整位置。

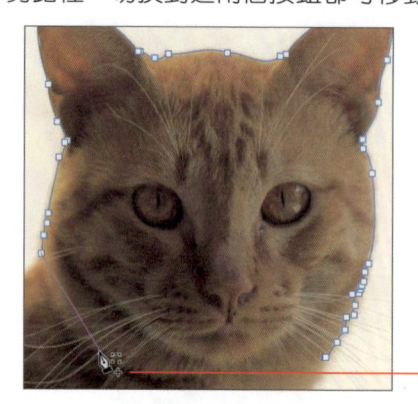

刪減會呈「-」號

延伸會呈「+」號

完成的路徑
（可稍後再依 9-3-1 節編輯路徑）

9-22

9-2-5 以形狀工具產生路徑

在 Photoshop 中除了使用各種筆工具來繪製向量路徑外，使用各式形狀工具可快速建立各種幾何圖形的路徑，繪製時可透過 **選項** 上的參數進行設定，可設定的參數因選取的工具而異。只要拖曳滑鼠就可繪製各種形狀路徑，或直接以滑鼠在文件上點選，會出現對話方塊讓您指定形狀的尺寸與外觀。

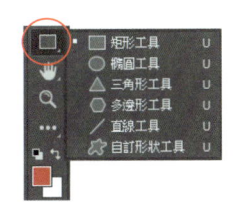

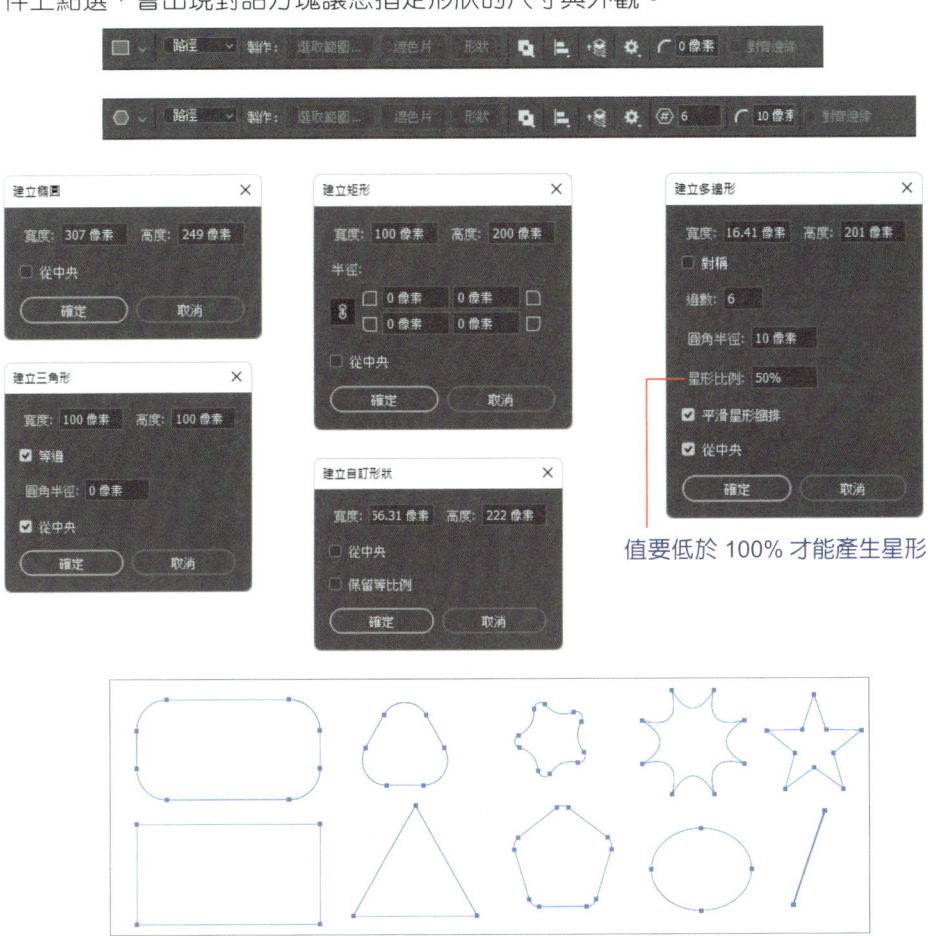

值要低於 100% 才能產生星形

各種幾何形狀路徑

> 🔍 說明
> ● 若 **自訂形狀工具** 群組中沒見到 **三角形工具** 鈕，請從 **編輯工具列** 清單中選取，或參考 1-4-2 小節的操作，將其加入群組中。
>
> 接下頁 ➡

9-23

- 這些幾何形狀工具在「形狀」的繪製模式時，**選項** 列上會有與屬性相關的參數可以指定，以產生各種格式化外觀的形狀，同時也會自動產生「形狀圖層」。

- 執行 **視窗 > 形狀** 指令將 **形狀** 面板開啟，找到要使用的形狀後，拖曳到文件中，也可建立形狀，此種方法與「形狀」的繪製模式相同。

　　產生矩形、三角形或多邊形時會出現多個控制項，可直接在畫布上動態地建立和編輯形狀，讓調整尺寸和調整形狀更快、更直覺，也可透過 **內容** 面板調整形狀控制項及外觀設定。外部的控制點可拖曳後變形，內部的控制點可拖曳產生圓角，預設會同時改變所有角的半徑，若只想改變矩形其中一個角，請按住 Alt 鍵再拖曳。

可旋轉

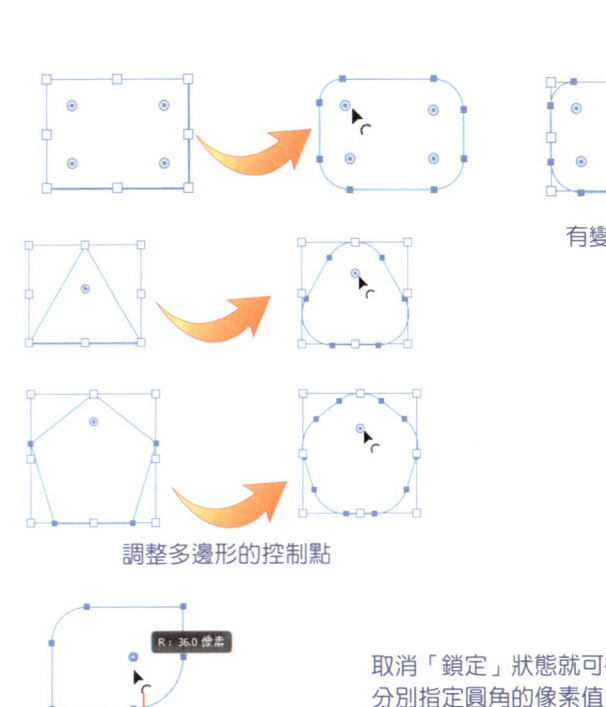

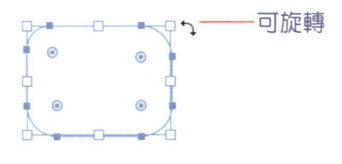

有變形動作後才能重設

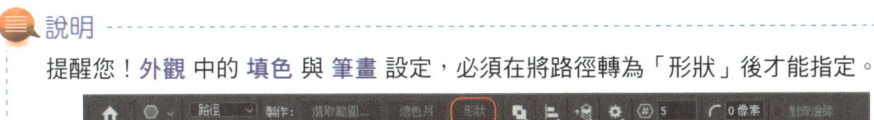

調整多邊形的控制點

取消「鎖定」狀態就可分別指定圓角的像素值

按住 Alt 鍵可以只調整單角

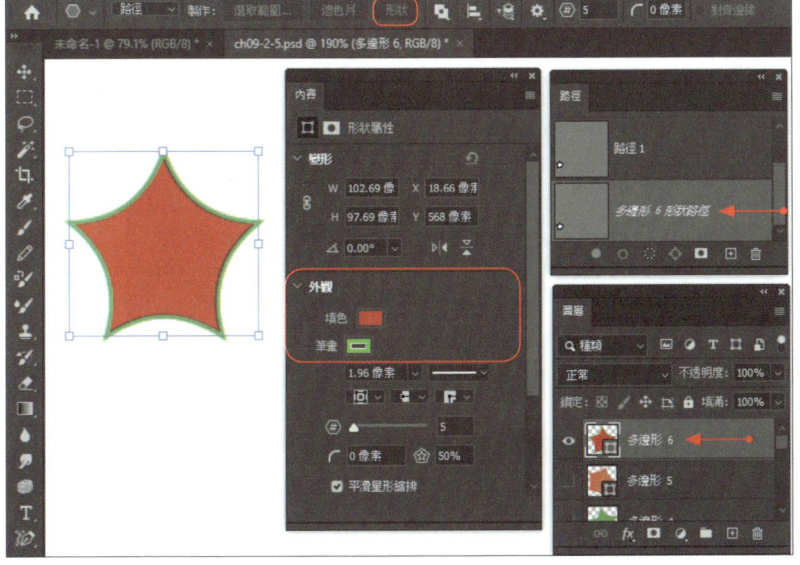

💬 **說明**

提醒您！**外觀** 中的 **填色** 與 **筆畫** 設定，必須在將路徑轉為「形狀」後才能指定。

9-25

向量圖形的繪製與編修

9-3 路徑的編輯與處理

依 9-2 節的步驟產生各種路徑後，可根據需求進行編輯作業，以達到理想中的外形，然後再做進一步的處理，例如：做為選取範圍、產生遮色片或是成為形狀進行填色。

9-3-1 編輯路徑

使用 **筆型工具** 繪製路徑時，可能無法立即做出完美的路徑，因此在繪製之後，通常會再透過 **增加錨點工具**、**刪除錨點工具**、**轉換錨點工具** 與 **直接選取工具** 來進行細部微調，或是執行複製及搬移作業，以達到您所期望的效果。只要是以向量工具產生的路徑，都可以下列方式進行調整。

STEP**1** 以滑鼠點選 **工具** 中的 **直接選取工具**，再點選要調整的線段。

STEP**2** 按住要調整的路徑線段拖曳可將其移動。

STEP**3** 以 **直接選取工具** 點取要調整的曲線錨點，錨點被選取後會變為實色並且顯示對應的「方向線」。

STEP**4** 用滑鼠拖曳錨點可以調整錨點的位置，拖曳「方向線」的端點可以調整控制線的曲度和方向。要控制單邊的方向線，別忘了先按住 Alt 鍵。

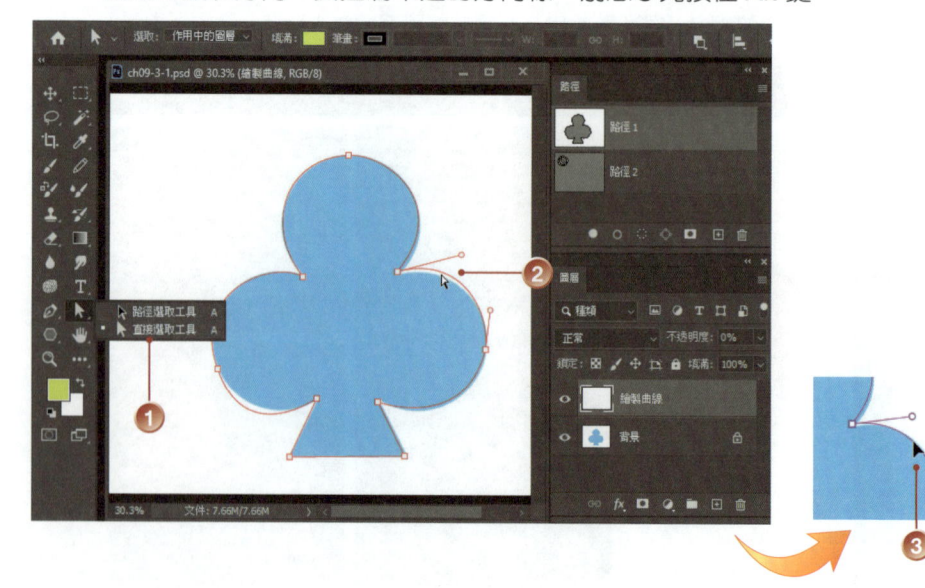

9-26

拖曳錨點 ④　　　　　　　　　　　⑤ 拖曳方向線的端點

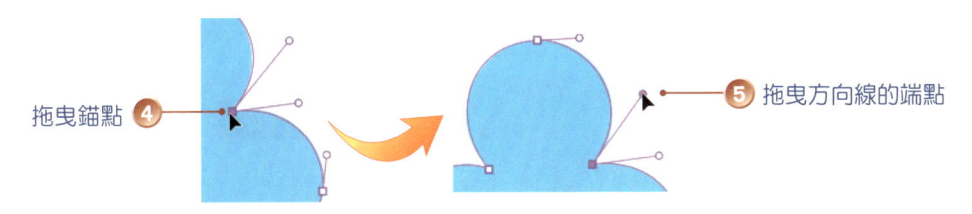

STEP 5 點選 **增加錨點工具** 或 **刪除錨點工具** ，可在現有的路徑上增加或是取消錨點。

新增錨點　　　　　　　　　刪除錨點

STEP 6 使用 **轉換錨點工具** 點選錨點，可將「平滑點」轉換為「轉折點」；若點取「轉折點」並且拖曳，則可以建立方向線而使該錨點成為「平滑點」。

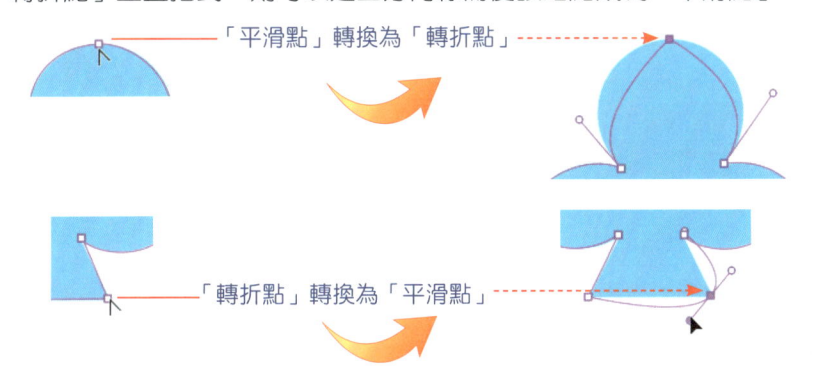

「平滑點」轉換為「轉折點」

「轉折點」轉換為「平滑點」

> 說明
> - 按住 Shift 鍵執行 路徑選取工具 或 直接選取工具 ，可同時選取其他路徑或線段。
> - 按住 Alt 鍵以 直接選取工具 點選路徑內部，可以選取整個路徑或路徑元件。

以 **直接選取工具** 點選要刪除的線段，按 Del 鍵，可以刪除指定的路徑線段。使用 **路徑選取工具** 可以選取整個路徑並移動以調整位置；按住 Alt 鍵後再拖曳滑鼠移動，則可以複製路徑。

刪除路徑　　　　　　　　　　　　接下頁 ➡

9 向量圖形的繪製與編修

直接拖曳

按住 Alt 鍵再拖曳可複製路徑

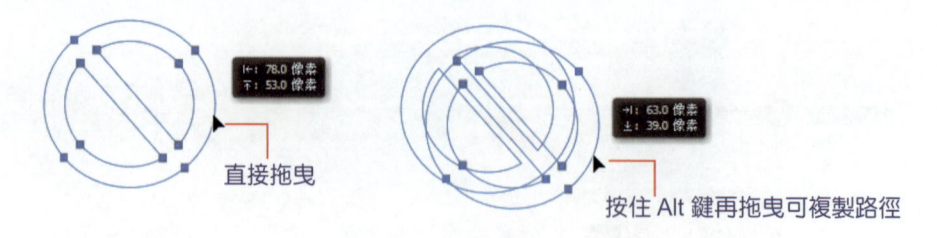

要在封閉路徑中建立開口,請先以 **增加錨點工具** 在要進行剪下的位置增加兩個點,再以 **直接選取工具** 選取要刪除的區段,按 Del 鍵刪除。

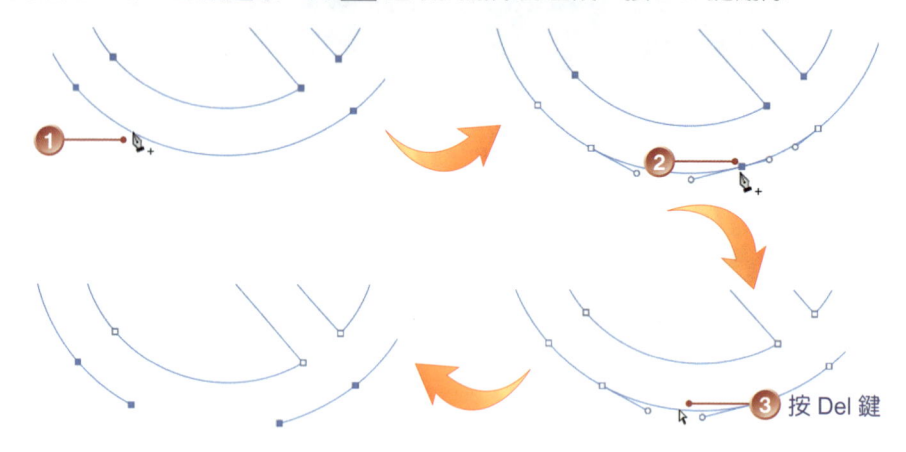

❸ 按 Del 鍵

將影像編輯視窗上的路徑,以 **路徑選取工具** 拖曳到另一個影像編輯視窗時,可以將該路徑複製到另一個影像中。

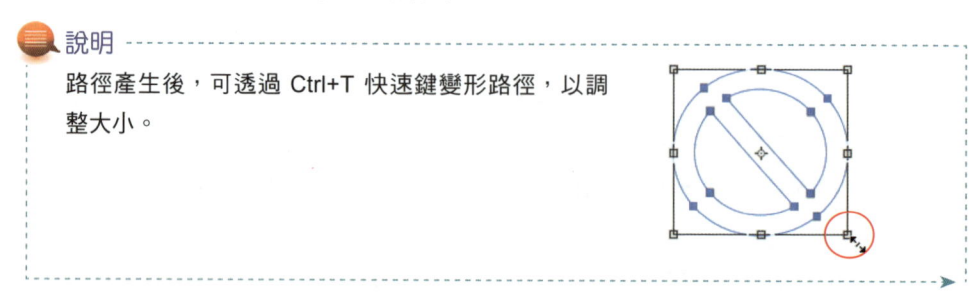

> 說明
> 路徑產生後,可透過 Ctrl+T 快速鍵變形路徑,以調整大小。

9-3-2 路徑的操作 / 對齊與安排

新增路徑時,可以在 **選項** 上設定路徑的操作方式,以決定路徑重疊時的處理方式,通常預設的選項是 **組合形狀**,因此新增的路徑彼此是重疊的關係。請先產生至少二個路徑,再以 **路徑選取工具** 選擇要執行的操作項目,最後點選 **合併形狀組件**:

9-28

① 先產生圓角矩形
② 再產生橢圓形

- **組合形狀**：增加至路徑區域，也就是在現有的路徑上加入新的路徑；先選取要加入的路徑再執行。

- **去除前面形狀**：從重疊的路徑區域中移除新的區域。當路徑重疊時，選取位在前面的路徑再執行，會從下方的路徑中移除重疊區域。

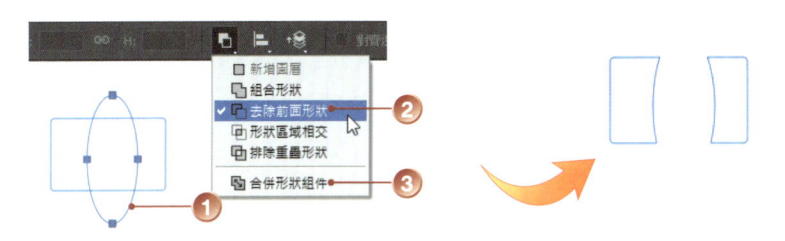

說明

執行時請注意，路徑的上下順序關係會影響合併結果，要調整路徑順序，請選取路徑後，從 選項 中選擇 路徑安排 鈕中的指令改變順序。

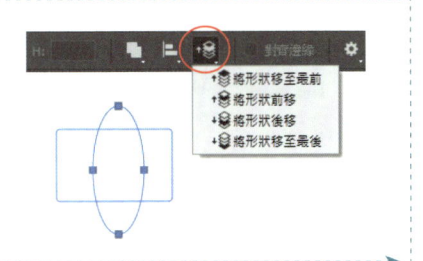

- **形狀區域相交**：產生與現有路徑重疊部分形狀的新路徑。

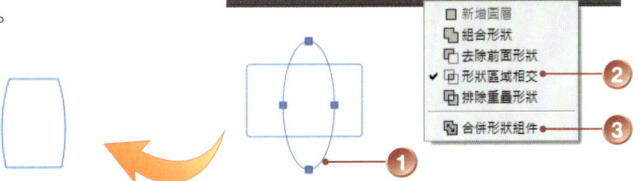

9-29

向量圖形的繪製與編修

- **排除重疊形狀**：產生與現有路徑非重疊部分形狀的新路徑（合併後的路徑會排除重疊的區域）。

將路徑填色

說明

- 利用產生的路徑並執行各種 **路徑操作**，就能將數個幾何或自訂形狀組合成單一路徑。

- 以形狀工具新增「形狀」時，預設的 **路徑操作** 是 **新增圖層**，因此每個形狀都會位在新的形狀圖層。

當產生了多個路徑時，可以 **路徑選取工具** 選取後，再以 **選項** 上的 **路徑對齊方式** 鈕進行對齊。

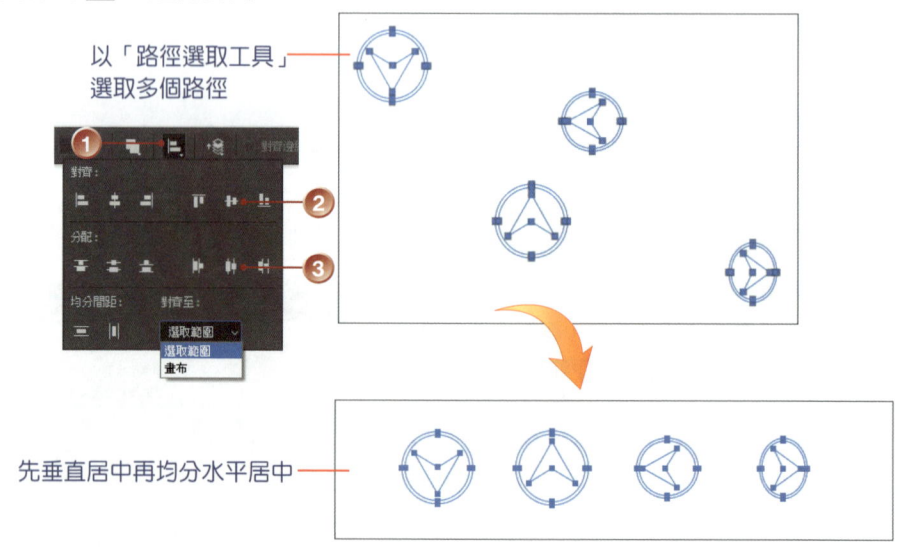

以「路徑選取工具」選取多個路徑

先垂直居中再均分水平居中

9-30

9-3-3 路徑的處理

依照目的產生完各種路徑後,可以在 **選項** 上選擇要處理的方式:

🔵 按【選取範圍】鈕:新增選取範圍,此與點選 **路徑** 面板上的 **載入路徑作為選取範圍** 鈕相同,可再儲存選取範圍方便日後載入。

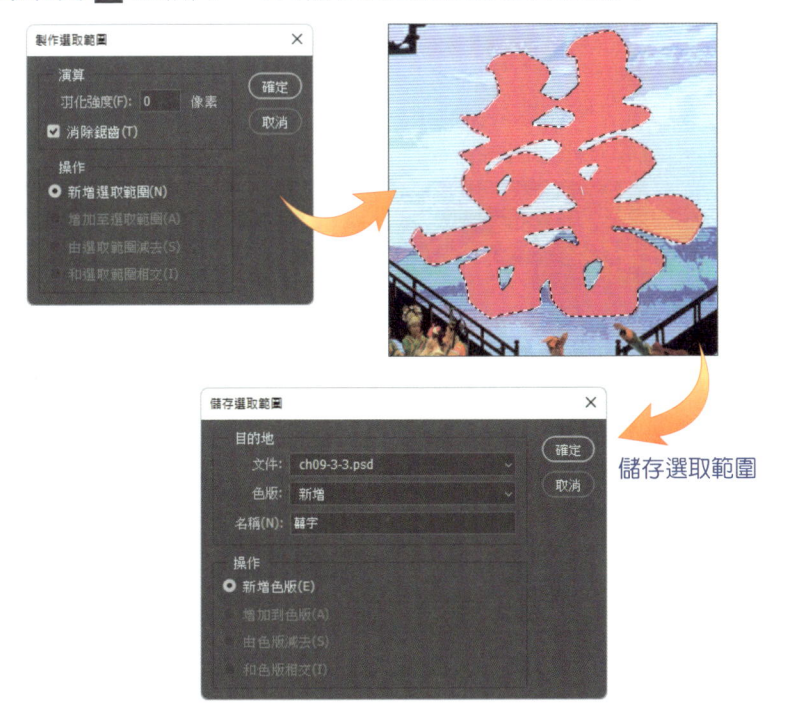

儲存選取範圍

◯ 按【遮色片】鈕：可製作向量圖遮色片。注意！作用中圖層如果是「背景」圖層，執行後會自動轉為「圖層 0」。

可再以「移動工具」調整位置

向量圖遮色片

> 💬 **說明**
> 向量圖遮色片會與其父圖層連結，只有在 圖層 面板中選取父圖層時，路徑 面板中才會出現向量圖遮色片。您可以將向量圖遮色片從圖層中移除，也可以將向量圖遮色片轉換為點陣式遮色片（參閱第 7-3-4）。

◯ 按【形狀】鈕：除了會以指定的 填滿 和 筆畫 格式化形狀外，也會新增「形狀」圖層和「形狀路徑」。

會套用先前「形狀」的屬性設定

> **說明**
> 點選【形狀】鈕與點選 **路徑** 面板上的 **以前景色填滿路徑** 鈕不同，後者只是利用路徑進行填色，不會產生「形狀」圖層和「形狀路徑」。

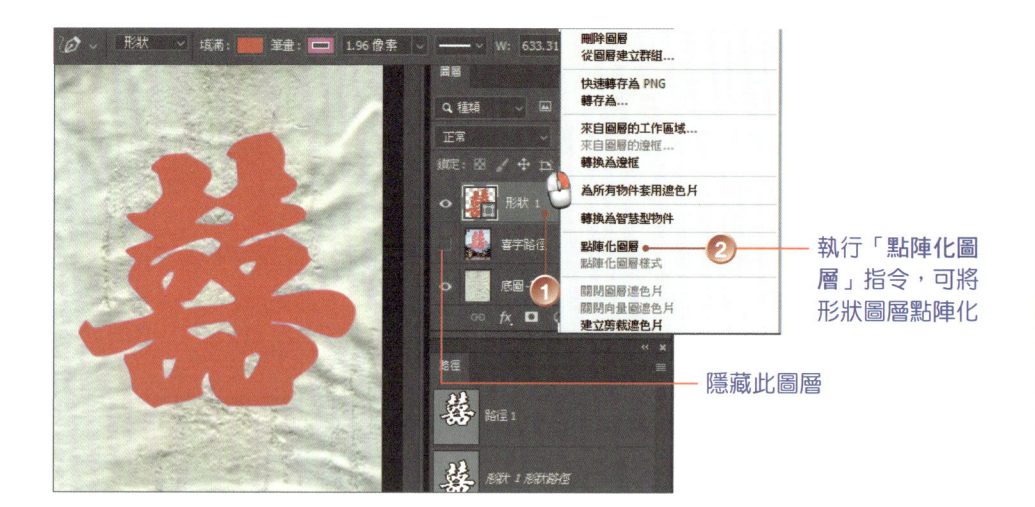

執行「點陣化圖層」指令，可將形狀圖層點陣化

隱藏此圖層

從 **路徑** 面板下方的工具鈕還可以執行不同的動作：

- 以「筆刷工具」的設定及前景色來描繪外框。

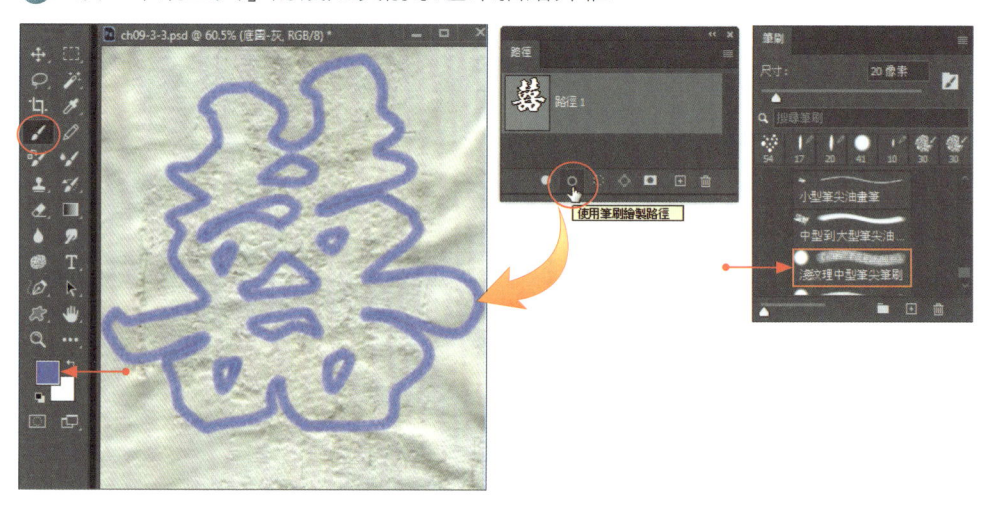

- 從目前的影像內容來建立路徑：可先以適當的選取工具進行範圍的選取之後，再執行 **路徑** 面板的 **從選取範圍建立工作路徑** 鈕，將範圍轉換為向量路徑。

- 將選取的路徑新增為遮色片（參考 9-4-3 的範例）。

9-4 路徑應用

透過各種幾何工具來繪製向量圖形時，只要活用一些 Photoshop 提供的指令，就可產生所需的形狀，我們以簡單的範例來做說明。

9-4-1 自訂形狀工具

Photoshop 提供多種預設向量圖形讓您選用，視需要您也可以自行繪製其他任意造型的向量圖形。

STEP**1** 開啟新檔案，點選 **自訂形狀工具**，選擇 **形狀**，從 **選項** 列中指定 **填滿** 和 **筆畫** 的屬性，從 **形狀** 清單中選擇一種外形。

STEP**2** 拖曳產生形狀。

STEP**3** 切換到 **直接選取工具**，可編輯路徑，或以其他路徑工具進行編輯。

若要建立自己設計的形狀，可接續以下步驟：

STEP**1** 改選擇 **橢圓工具**，**路徑操作** 選擇 **排除重疊形狀**。

STEP**2** 在中間繪製圓形（按住 Shift 鍵拖曳）。

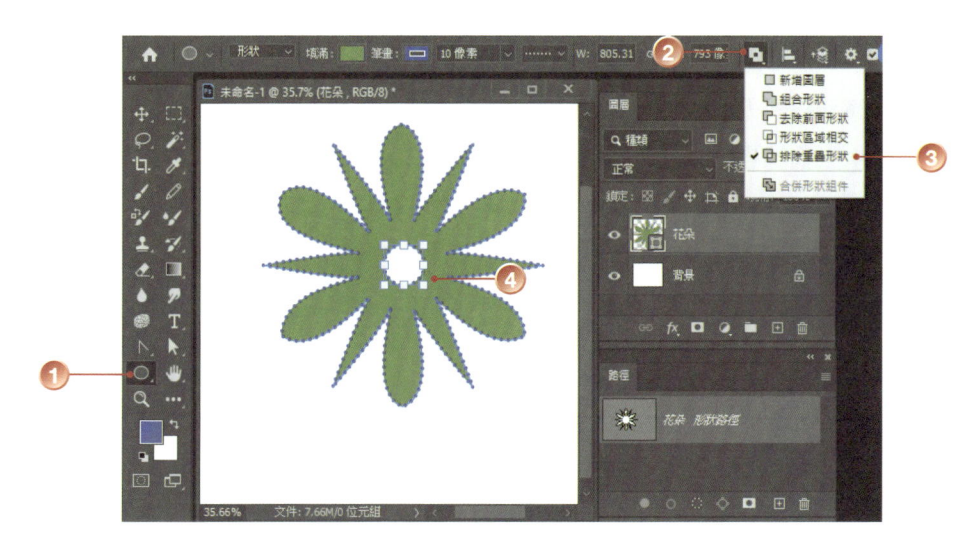

STEP3 以 **路徑選取工具** 點選已建立好的路徑（形狀路徑），執行 **編輯 > 定義自訂形狀** 指令。

STEP4 出現 **形狀名稱** 對話方塊，輸入自訂形狀的 **名稱**，按【確定】鈕。

STEP5 所建立的自訂形狀，即會新增至 **形狀** 清單中。

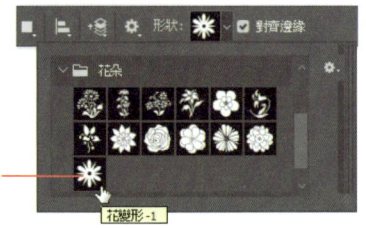

搬移到此處

💬 說明

以向量工具所繪製的圖形，可以再設定「圖層樣式」，並輕鬆的轉換成 CSS 語法，方便運用到網頁中。

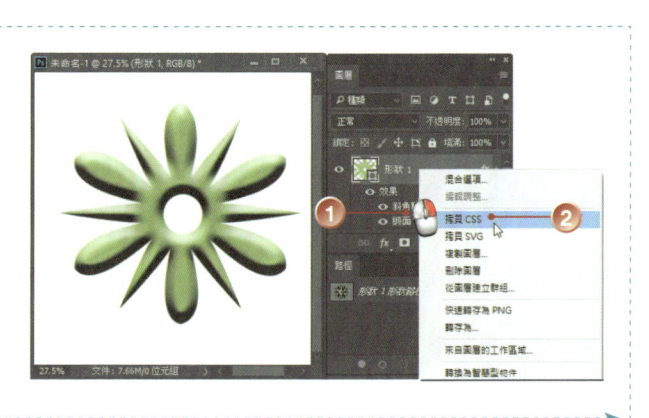

9

向量圖形的繪製與編修

9-35

9-4-2 自訂對稱路徑

第 8 章介紹過「對稱繪圖」，在進行繪製時可以選擇預設的對稱路徑，**路徑** 面板中會產生對稱路徑。您也可以將任何路徑設為對稱路徑，對稱路徑在關閉檔案後並不會消失，下次再開啟時，仍可在 **路徑** 面板中看到對稱路徑。

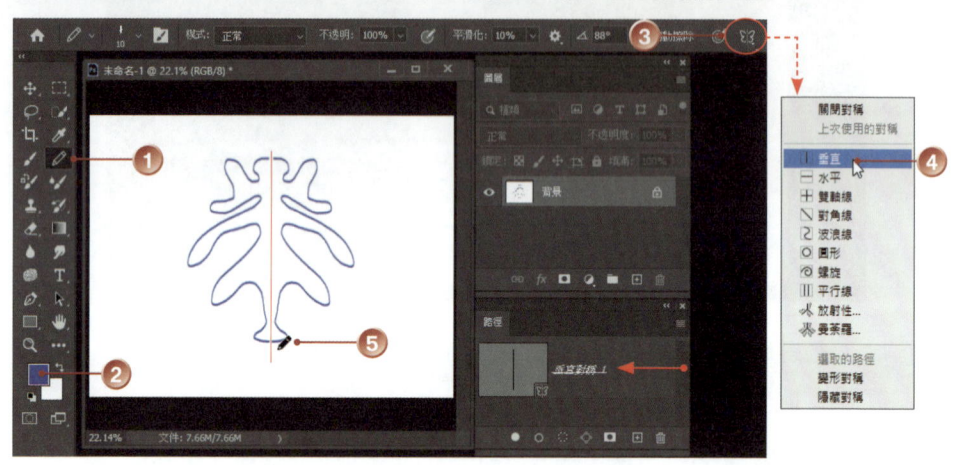

STEP**1** 以任意路徑工具產生路徑後，切換到 **筆刷** 或 **鉛筆工具**，從 **設定「繪圖」的選項** 鈕中選擇 **選取的路徑**。

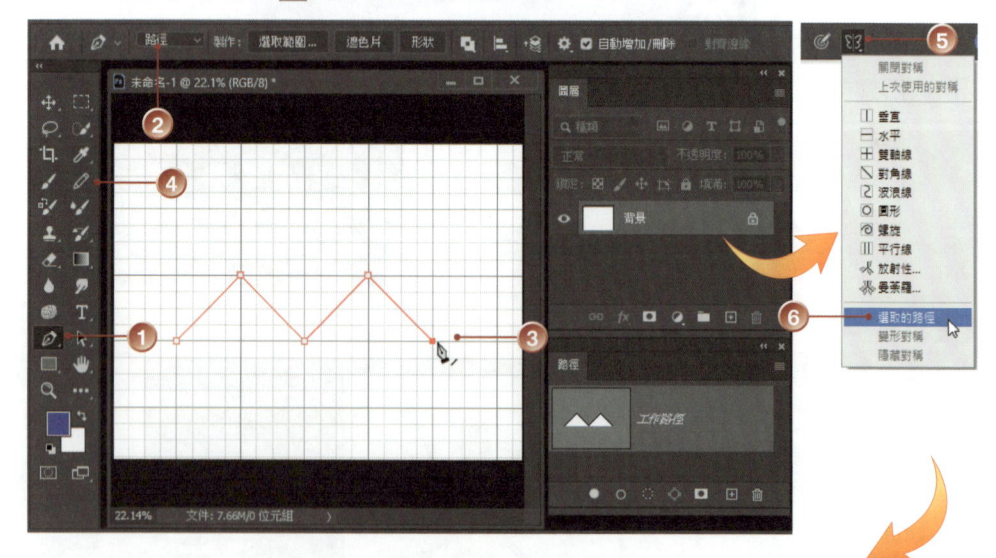

STEP**3** 出現控制點，按 Enter 鍵確認。

STEP**4** 可以開始繪製對稱圖形。

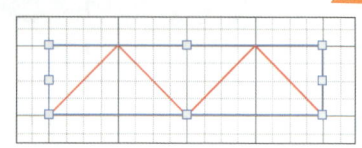

自訂的對稱路徑

以「鉛筆工具」產生對稱圖形

9-4-3 以路徑將影像去背

Photoshop 中替影像去背的方法很多，建立路徑也是不錯的方式。您可以在影像上建立路徑後，透過「遮色片」進行「去背」的動作，達到影像合成的效果。

STEP 1 開啟影像範例，在檔案中有二張影像，在「杯子」圖層以路徑工具先建立去背的路徑，並儲存為「杯子」路徑。

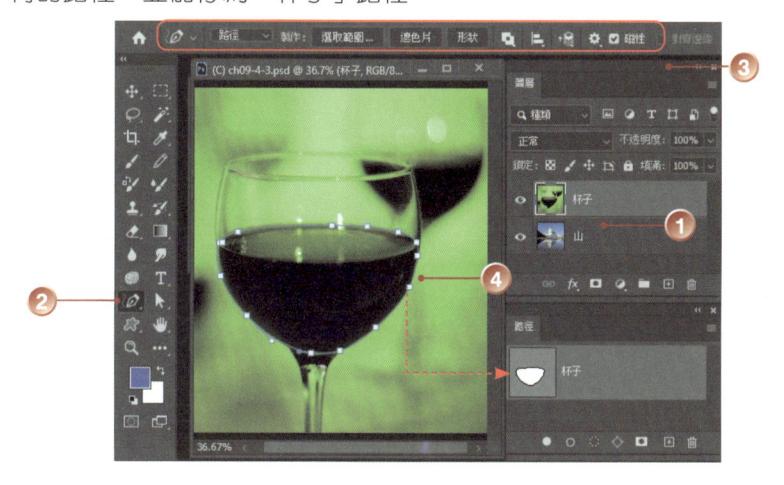

STEP 2 點選 路徑 面板的 載入路徑作為選取範圍 鈕，再執行 選取 > 反轉 指令，然後按下 增加圖層遮色片 鈕，完成影像去背的效果。

反轉選取範圍後

9-37

STEP3 點選 **筆刷工具**，設定大小、不透明度，點選遮色片，在遮色片邊緣塗抹。

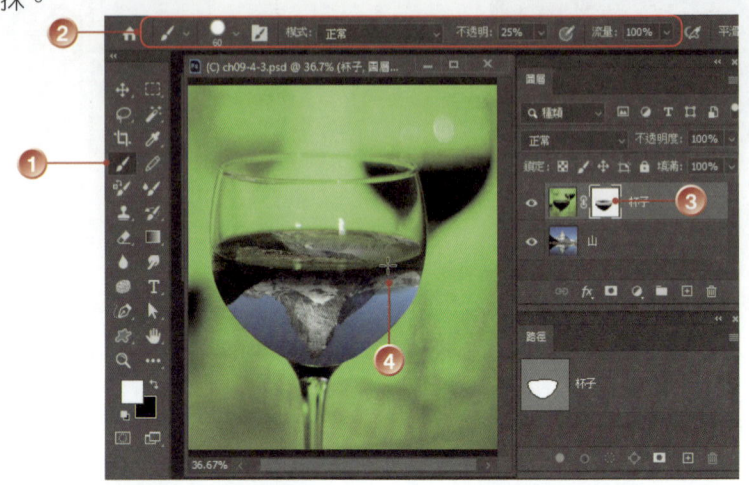

STEP4 調整下方圖層中山的位置或大小，以呈現最佳的效果。

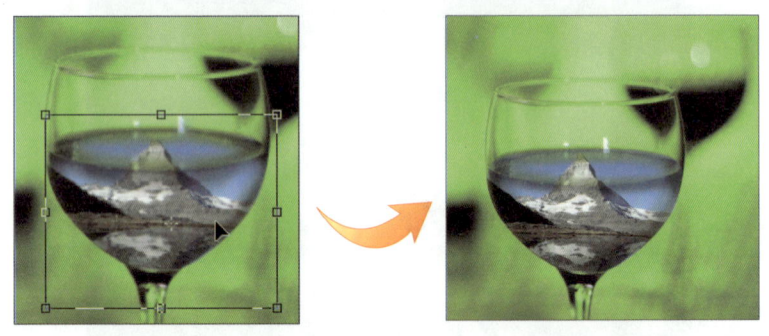

STEP5 再次點選 **路徑** 面板的 **載入路徑作為選取範圍** 鈕，點選「杯子」圖層按 Ctrl+J 快速鍵產生新圖層，選擇「飽和度」的 **混合模式**，將 **不透明度** 改為「50%」，完成影像合成的特效。

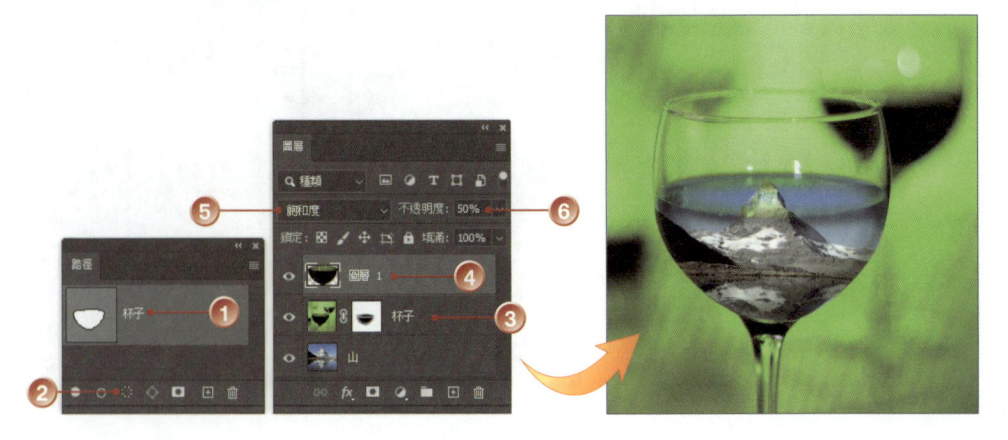

9-38

CHAPTER 10 文字的處理

Photoshop 與 Adobe Fonts 的整合,讓文字字體的使用更豐富與多樣化,您可以輕鬆的在影像中建立各種類型的文字。使用 **樣式** 功能可以更有效率的設定與套用格式,還可以建立 **扭曲**、**彎曲** 或 **傾斜** 文字。透過「所見即所得」的螢幕文字編輯方式,精確、即時地調整文字的相關屬性,搭配路徑工具還可以建立各種特殊的文字效果!

10-1 文字的建立與編輯

在 Photoshop 中,文字是由向量式文字外框所組成,可視需要在影像中的任意位置建立水平或垂直文字,再視文字的多寡選擇建立「錨點文字」或「段落文字」。Photoshop 提供了四種文字輸入工具,分別為 **水平文字工具**、**垂直文字工具**、**水平文字遮色片工具**、**垂直文字遮色片工具**。

10-1-1 建立錨點文字

錨點文字(Point Type)適合應用在輸入單一或單行字元,每一行文字都是獨立的,該行的文字長度視您所輸入文字的多寡而定,並不會自動折行。建立文字時會在 **圖層** 面板中自動新增一個「文字」圖層。輸入完成按 **Ctrl+Enter** 鍵、按數字鍵盤區的 **Enter** 鍵或點選 **選項** 列上的「確認」鈕。

錨點 — 對齊鈕

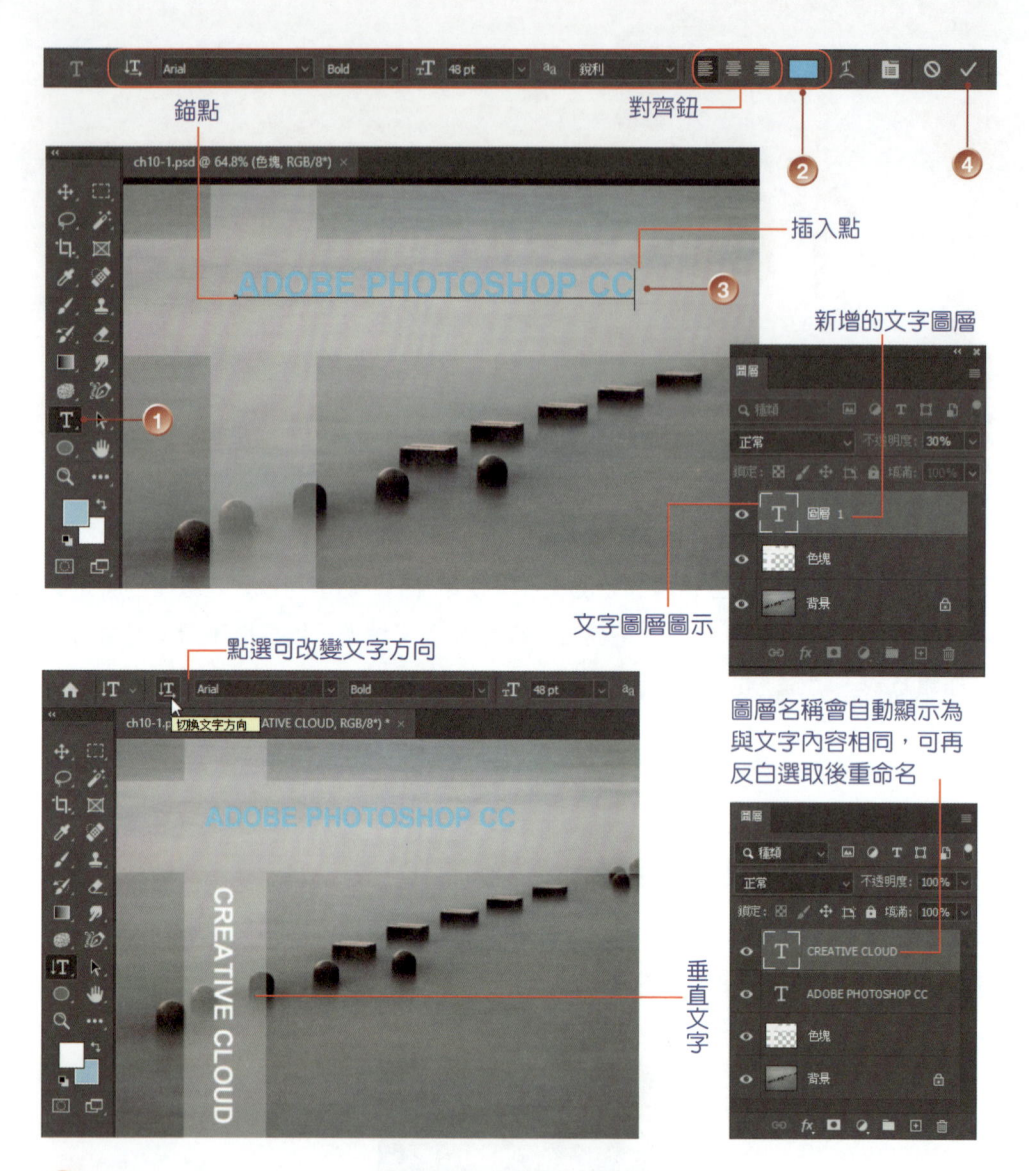

插入點

新增的文字圖層

文字圖層圖示

點選可改變文字方向

垂直文字

圖層名稱會自動顯示為與文字內容相同，可再反白選取後重命名

說明

- 要在編輯狀態下快速改變字體大小，請按住 Ctrl 鍵後點選文字，出現控制點後拖曳調整（縮放、傾斜或旋轉）；按住 Shift 鍵可等比例調整大小。

- 仍在編輯狀態下要改變文字位置，請將滑鼠移離開文字區，游標出現「移動」圖示時即可拖曳變更位置。

10-2

10-1-2 建立段落文字

段落文字（Area Type）適合應用在輸入單一或多個段落，文字會以方框的邊界尺寸為依據換行。重新調整邊界方框的尺寸，文字會重新排列，也可以使用邊界方框來旋轉、縮放和傾斜文字。與 **錨點文字** 一樣，建立文字時會在 **圖層** 面板中新增一個「文字」圖層，且圖層名稱會與文字內容相同。以滑鼠在影像上拖曳出一個方框後，可直接輸入文字內容，若要換行顯示請按 Enter 鍵，輸入完成按 Ctrl+Enter 鍵、按數字鍵盤區的 Enter 鍵或點選 **選項** 列上的「確認」 ✓ 鈕。

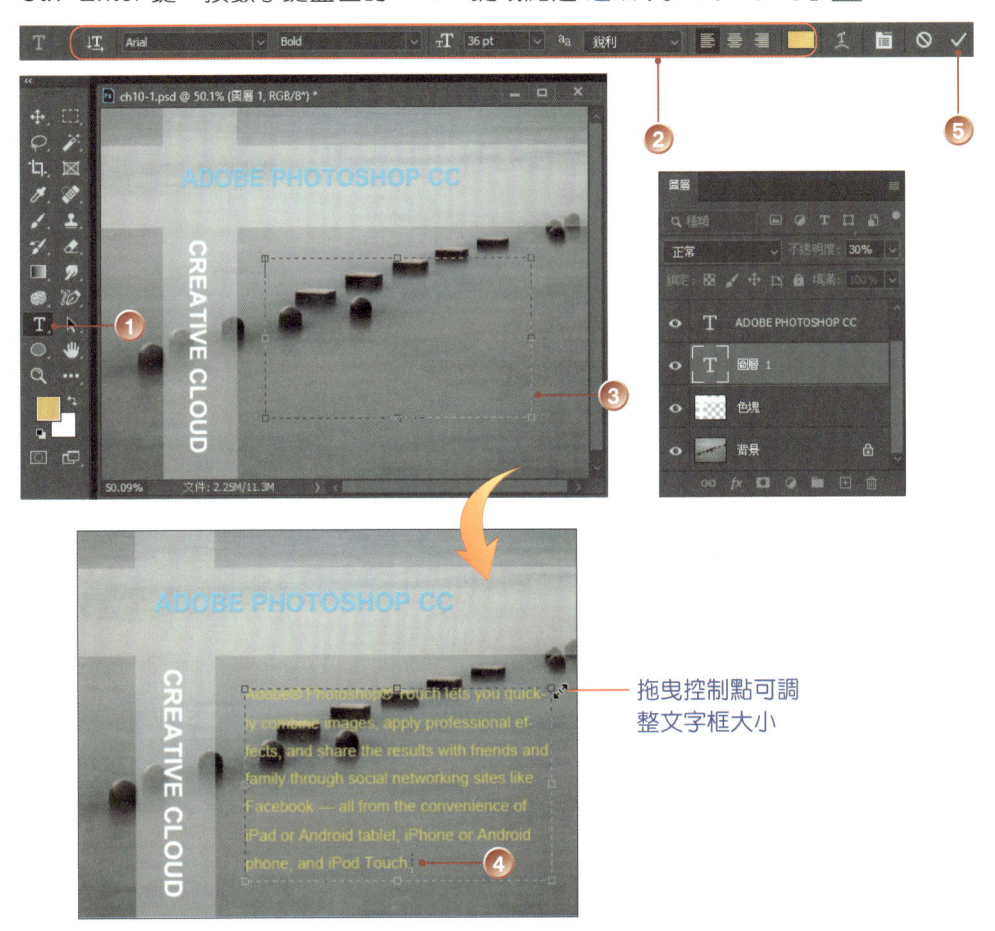

拖曳控制點可調整文字框大小

拖曳方框時按一下 Alt 鍵，會出現 **段落文字大小** 對話方塊，可指定 **寬度** 及 **高度** 值。如果輸入的文字內容太多，超出文字框所能容納的範圍時，方框的右下角會出現 ⊞ 溢出圖示。只要將滑鼠游標移到文字方框四個角落的控制點拖曳，即可調整方框大小。

接下頁 ➡

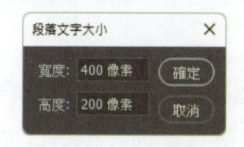

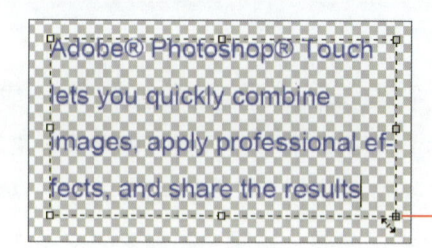

若是已在其他文書編輯軟體（例如：記事本、Word）中建立好文字內容，也可以選取並複製後貼到 Photoshop 的文字框中使用。將指標放在邊界方框的四個角落附近，指標會呈彎曲的雙向箭頭，拖曳可旋轉邊界方框。按住 Ctrl 鍵並拖移任一中間控點，可傾斜邊界方框並變形文字內容。

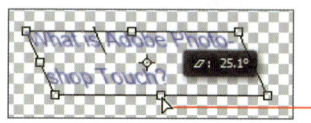

說明

- 執行 **文字 > 貼上 Lorem Ipsum** 指令會插入「假文」，可以作為文字框中的填充文字，方便您做為各種格式設定時的範例文字。

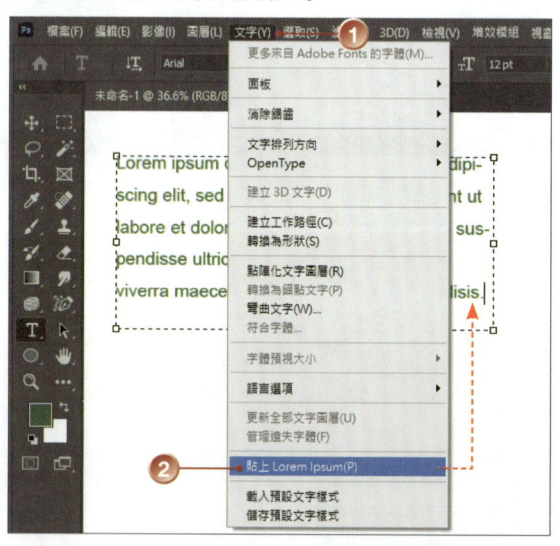

- 要在使用文字工具時（錨點文字或段落文字皆可）自動產生假文，請在 **編輯 > 偏好設定 > 文字** 的對話方塊中勾選 ☑ **以預留位置文字填入新類型的圖層** 核取方塊。

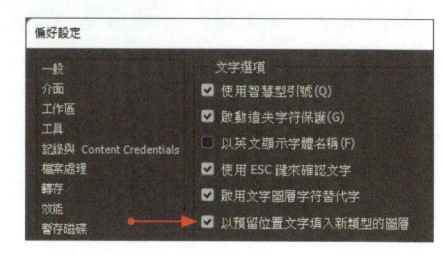

10-4

10-1-3 建立文字遮色片

水平文字遮色片工具 或 **垂直文字遮色片工具** 可以在作用中圖層建立文字外形的選取範圍,您可以執行與其他選取範圍一樣的移動、拷貝、填色或繪圖作業。使用文字遮色片同樣可以建立「錨點文字」或「段落文字」的文字選取範圍,操作方式與使用 **水平文字工具** 或 **垂直文字工具** 相同,不過完成後會顯示為文字外框的選取範圍,建立時會進入 **遮色片模式**。

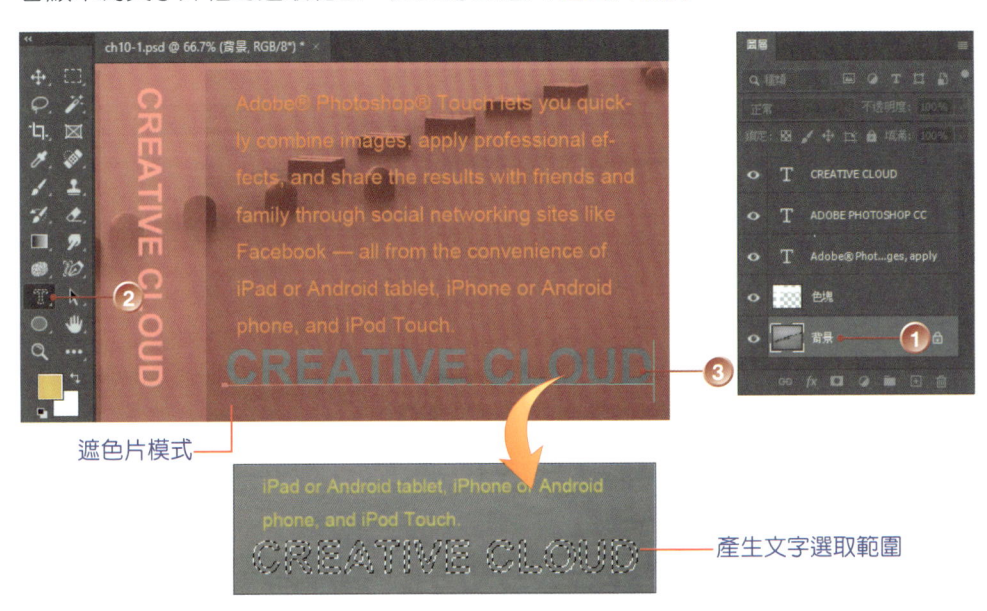

遮色片模式

產生文字選取範圍

藉由這個文字選取範圍,可以使用各種繪圖工具,或執行 **編輯 > 填滿**(或 **筆畫**)指令,製作出藝術文字效果。

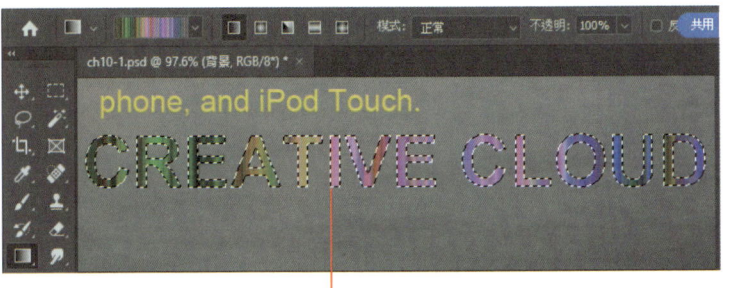

填滿漸層色(按 Ctrl+D 取消選取)

10-5

10-1-4 編輯文字

建立文字之後，可視需要修改或調整文字內容，例如：新增、刪除、修改與搬移文字等編輯工作，或是將文字變形處理。

選取文字的方法

- 快按二下 **圖層** 面板上要編修的「文字圖層縮圖」，該圖層中的文字內容會全部呈反白選取狀態，可透過 **選項** 調整該圖層中的所有文字內容，編輯完按 Ctrl＋Enter 鍵。

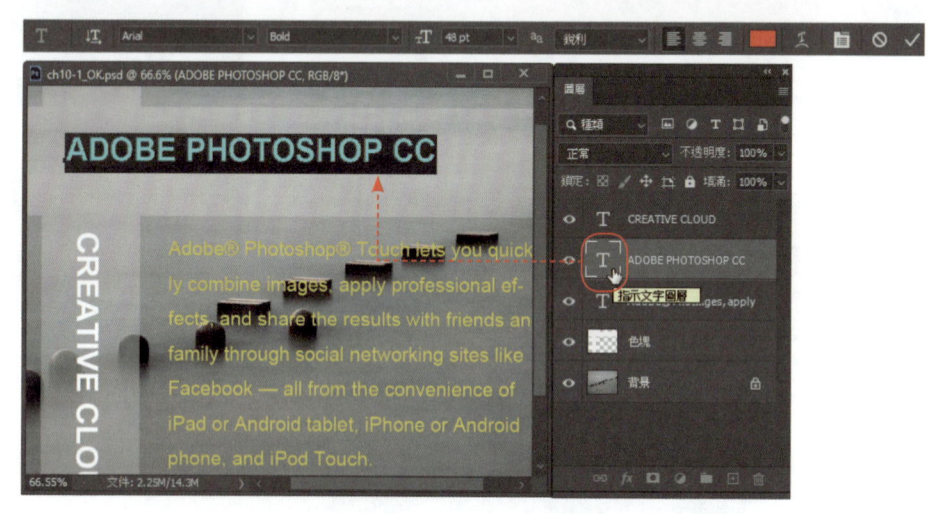

- 先在 **工具** 中點選任意文字工具，點選要編輯的文字圖層，再以滑鼠拖曳選取要編輯的文字，或直接快按二下要編輯的句子，被選取的文字會反白顯示；也可以在要編輯的位置點選一下，出現插入點後可增刪文字。

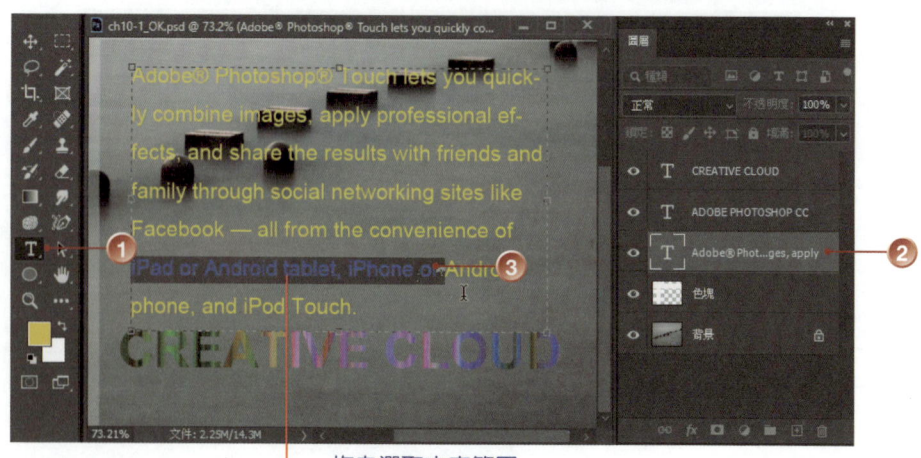

拖曳選取文字範圍

出現插入點　**ADOBE PHOTOSHOP CC**

　　以文字工具正確選取到文字時，文字下方會顯示錨點與底線（錨點文字）或文字方框（段落文字）；若沒有選到文字而點到影像，則 圖層 面板中會新增一個「文字」圖層。

> 說明
> 以「文字工具」所產生的文字內容基本上屬於向量式，可再變更文字內容及調整字體大小，藉由 選項 上的工具鈕設定消除鋸齒的方法。但經由「文字遮色片工具」產生填色的文字內容則是點陣式的影像（像素），一旦產生後就無法再編輯文字內容。

新增 / 修改 / 刪除與搬移文字

　　以「文字工具」點選文字之後，即可在插入點的位置新增文字內容。按 Del 鍵會刪除插入點之後的文字，按 Backspace（倒退）鍵會刪除插入點之前的文字。使用 **移動工具** 可以調整文字的位置，此時會以整個文字圖層為單位來移動。要修改文字內容，請選取文字並呈現「反白」狀態時，直接輸入要修改的文字。若選取文字後按 Del 鍵，則可以刪除選取的文字。如果要刪除整個文字圖層，請先點選該文字圖層後，再點選 圖層 面板下方的 **刪除圖層** 鈕即可。

錨點文字與段落文字間的轉換

　　「錨點文字」和「段落文字」之間可以進行轉換，當「錨點文字」轉成「段落文字」後，可調整邊界方框內的字元排列。將「段落文字」轉換為「錨點文字」時，每一行文字的排文彼此會獨立。請注意！進行文字轉換時是點選指定的「文字」圖層，而不要進入文字編輯狀態。先在 圖層 面板中選取要轉換的文字圖層，再執行 **文字 > 轉換為段落文字** 指令或 **文字 > 轉換為錨點文字** 指令。

接下頁 ➡

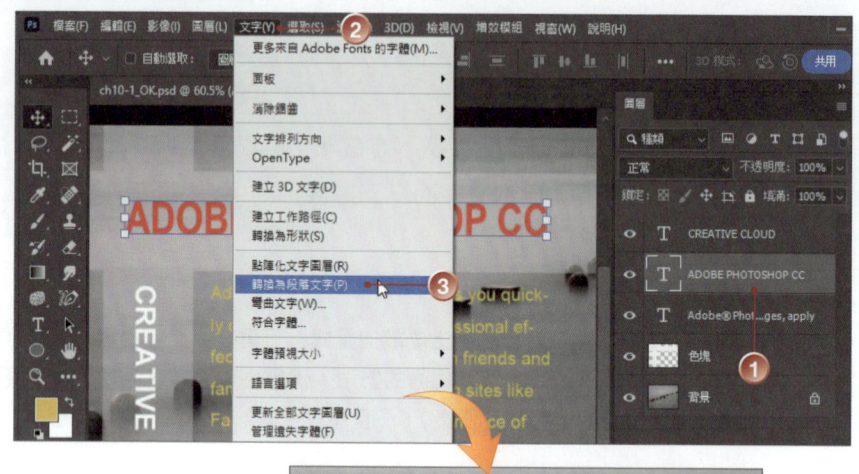

[圖示：Photoshop 操作畫面，示範將錨點文字轉換為段落文字]

錨點文字轉換為段落文字

段落文字轉換為錨點文字

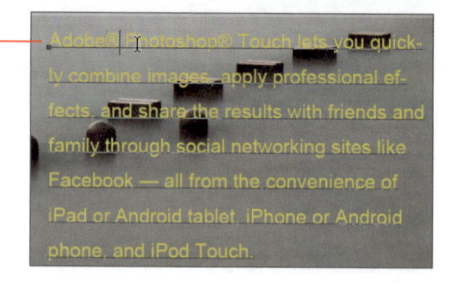

傾斜 / 旋轉與變形文字

無論您所建立的是「錨點文字」或「段落文字」，都可以在選取文字圖層後，使用 **編輯 > 變形**（或 **任意變形**）指令來產生變形文字。執行指令後即可以滑鼠拖曳調整控制點，或在 **選項** 上設定相關屬性，然後產生變形文字。這部分的操作方法與 **4-2** 節相同，請自行參閱。別忘了八字訣：「先選範圍，再做動作」，就能輕鬆進行任何的編修作業。

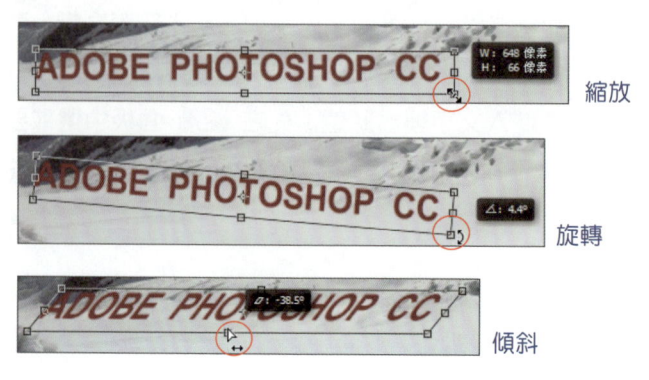

縮放

旋轉

傾斜

10-8

10-2 設定文字與段落格式

進行文字編輯時，除了可以修改文字的內容外，也可以修改文字的格式。點選任意「文字工具」後，有關文字的所有屬性設定，可以透過 **選項**、**字元**、**段落** 及 **內容** 面板輕鬆地設定或變更。而「樣式」功能對於處理大量文字內容的格式化作業，提供了最有效率的工具。

10-2-1 文字選項

選項 上會依使用者所點選的工具而變換參數選項，當選擇任一「文字工具」時，便會顯示如下圖的內容。

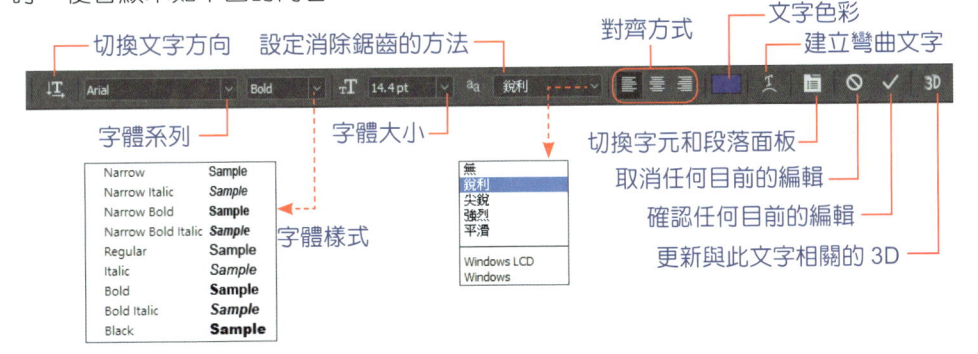

切換文字方向　設定消除鋸齒的方法　對齊方式　文字色彩　建立彎曲文字
字體系列　字體大小　切換字元和段落面板　取消任何目前的編輯　確認任何目前的編輯　更新與此文字相關的 3D
字體樣式

- **設定消除鋸齒的方法**：可用來設定文字邊緣的顯示狀況。
- **切換字元和段落面板**：點選可以開啟 **字元** 或 **段落** 面板，做文字字元與段落相關屬性之進階設定。

> **說明**
> - Photoshop 中的文字是由數學方式所定義的字體形狀組合而成，用來描述文字、數字與各式符號，常見的字體格式有：TrueType、PostScript（Type1）及 OpenType。不過從 2021 年 10 月 Photoshop 23.0 版開始已不支援 PostScript Type 1 字型，開啟具有 Type1 字型的檔案將被視為遺失字體，建議改使用 Adobe Fonts 資料庫中的字型（參考 10-4 節）。
> - OpenType 字體是由 Adobe 與 Microsoft 共同開發，它融合了 TrueType 與 PostScript 字體的優點，是目前支援 Unicode 字元編碼的最新格式。OpenType 字體使用單一字體檔案供 Windows 和 Macintosh 電腦使用，當您將檔案在這二個平台間轉換使用時，無須擔心字體替代或文字重排的問題。由於使用與 Windows 和 Mac 系統非常接近的消除鋸齒選項，可更真實的預覽網頁文字外觀。
>
> 接下頁

- 中、英文字體系列中，分別有不同的「字體樣式」設定。

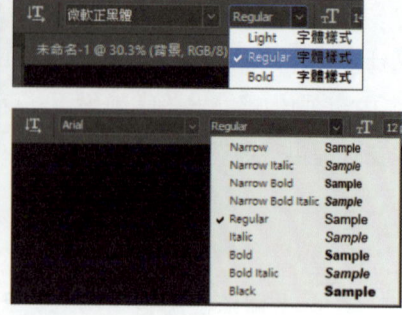

- 進入 編輯 > 偏好設定 > 文字 對話方塊，可設定以英文或中文顯示字體名稱。

  ─ 勾選會以英文顯示字體名稱

- 在 Photoshop 23.0 版本的更新中，「統一文字引擎」已取代舊版文字引擎，並為國際語言和字體（包括中文、日文、韓文和中東語系）啟用進階印刷樣式功能，要輸入東亞或中東語言的文字時，可透過 文字圖層內容 面板進行設定，不再需要依語言切換文字引擎。

10-10

10-2-2 設定文字的字元格式

字元 面板中提供了設定各種字元格式的選項，這些格式的設定，與一般文書軟體的設定大同小異。可在輸入文字之前先行指定格式，或在產生文字後，選取文字圖層中的字元、某個範圍內的字元或是所有字元後再進行變更。

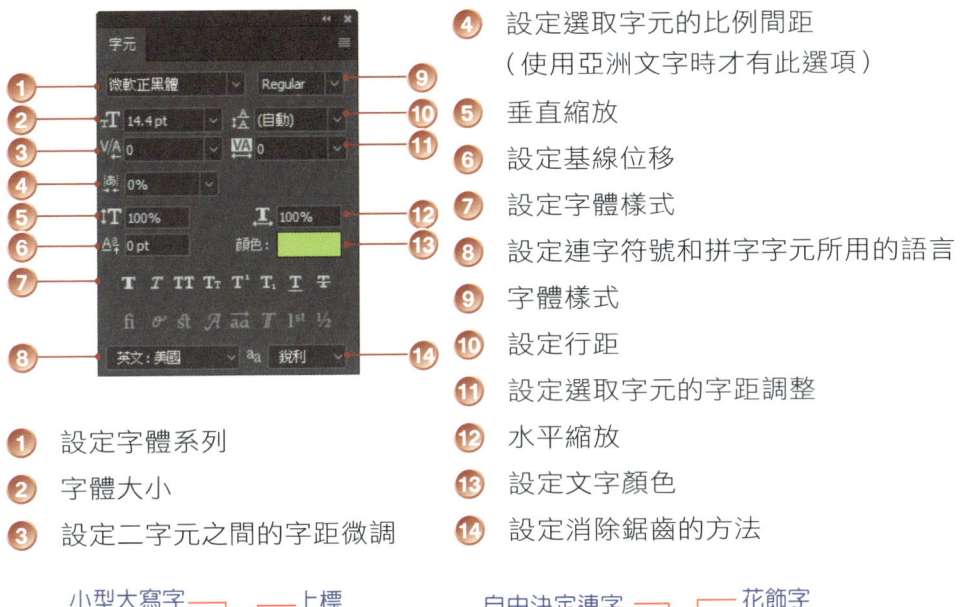

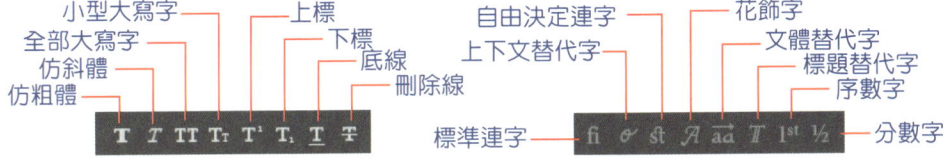

① 設定字體系列
② 字體大小
③ 設定二字元之間的字距微調
④ 設定選取字元的比例間距（使用亞洲文字時才有此選項）
⑤ 垂直縮放
⑥ 設定基線位移
⑦ 設定字體樣式
⑧ 設定連字符號和拼字字元所用的語言
⑨ 字體樣式
⑩ 設定行距
⑪ 設定選取字元的字距調整
⑫ 水平縮放
⑬ 設定文字顏色
⑭ 設定消除鋸齒的方法

小型大寫字
全部大寫字
仿斜體
仿粗體
上標
下標
底線
刪除線
自由決定連字
上下文替代字
花飾字
文體替代字
標題替代字
序數字
標準連字
分數字

> 💬 **說明**
> - 文字行與行之間的垂直間距稱為「行距」，可在相同的段落中，套用一種以上的行距，一行文字中的最大行距值將決定該行的行距值。
> - 輸入的文字色彩會採用目前的 前景色，點選要變更色彩的文字圖層，按 Alt+Backspace 鍵可填滿 前景色，按 Ctrl+Backspace 鍵則填滿 背景色，可針對該文字圖層內的所有文字色彩進行變更。

設定字體時，字體清單中可以預視各種不同字體套用的效果，名稱後方會顯示字體類型。要快速使用某種字體，可以在 **字體** 清單中輸入名稱的關鍵字，Photoshop 會立即篩選清單方便您選取，您可以篩選只來自 Adobe Fonts 的字體，若無可用的字體，可立即自 Adobe Fonts 啟用，有關 Adobe Fonts 的說明請參考 10-4 節。

接下頁 ➡

10-11

篩選類型

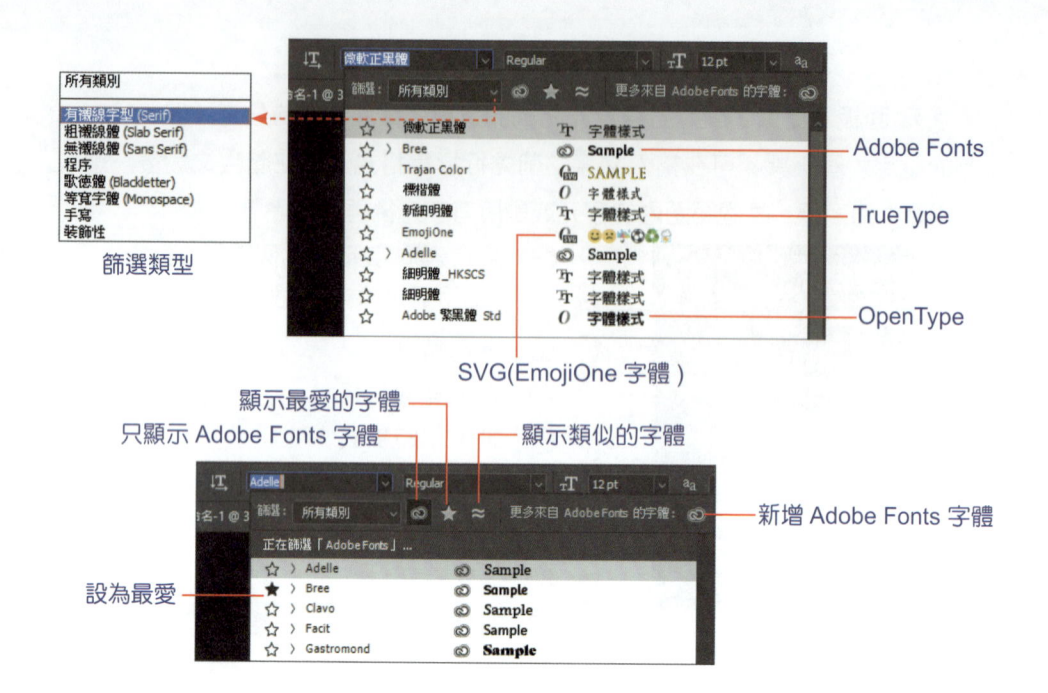

- 所有類別
- 有襯線字型 (Serif)
- 粗襯線體 (Slab Serif)
- 無襯線體 (Sans Serif)
- 程序
- 歌德體 (Blackletter)
- 等寬字體 (Monospace)
- 手寫
- 裝飾性

畫面標示：
- Adobe Fonts
- TrueType
- OpenType
- SVG(EmojiOne 字體)
- 只顯示 Adobe Fonts 字體
- 顯示最愛的字體
- 顯示類似的字體
- 新增 Adobe Fonts 字體
- 設為最愛

EmojiOne 字體是 OpenType SVG 字體的一種，可以在文件中包含各種彩色和圖形化的字元，例如：表情符號、國旗、街道標誌、動物、人物、食物、地標…等，點選後會展開 **字符** 面板，可選擇符號後輸入，也會隨文字一起放大縮小。

畫面標示：
- 最近使用的字符
- 顯示比例
- 放大字符
- 縮小字符

🗨 **說明**

- 「字符」是指特殊形式的字元，例如：某些字型中大寫字母的 A 有花飾或小型大寫字的形式，**字符** 面板可以從任何字體檢視和插入這些字符。
- 預設當展開字體清單時，可以檢視字體系列與字體樣式的範例，若要關閉預視功能，或變更字體名稱的大小，請執行 **文字 > 字體預視大小** 指令，然後選擇選項。

10-12

以 **垂直文字工具** 產生垂直走向的文字時，若要將字元的方向旋轉 90 度，請選取文字後，從 **字元** 面板選單 中選擇 **標準垂直羅馬字對齊方式** 指令。

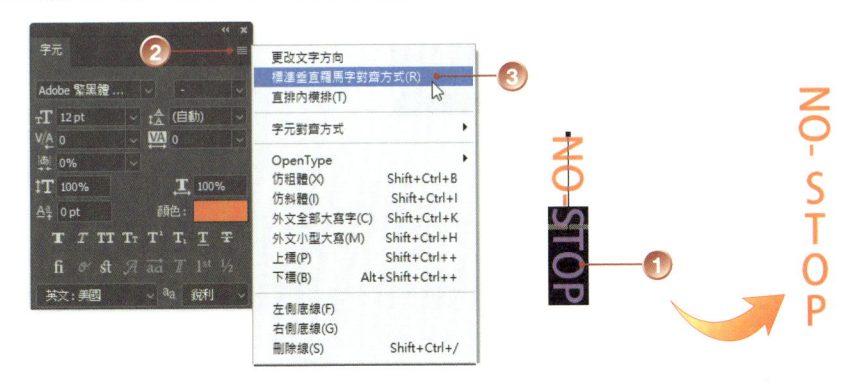

10-2-3 設定文字的段落格式

對「錨點文字」來說，每一行都是不同的段落，但對於「段落文字」而言，每一個段落可能有好幾行，視邊界方框的尺寸而定。可在選取段落後，以 **段落** 面板設定單一段落、多個段落或文字圖層中所有段落的格式選項。

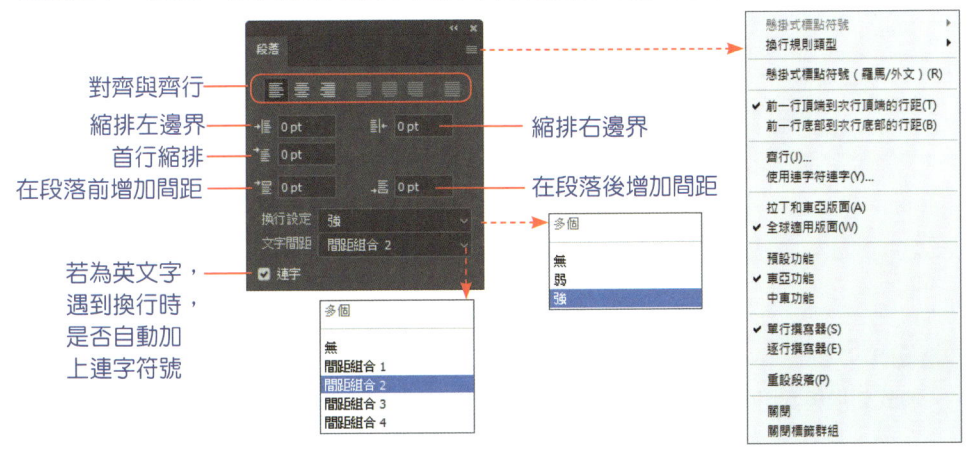

對齊與齊行
縮排左邊界
首行縮排
在段落前增加間距
縮排右邊界
在段落後增加間距
若為英文字，遇到換行時，是否自動加上連字符號

說明

「文體集」是可套用在選取的文字區塊的一組替代字符，由「字體開發工具」提供的文體集會顯示為「文體集 1」、「文體集 2」… 等，Photoshop 中可使用 OpenType 字體的文體集，展開 內容 面板後點選 文字選項 中的 文體集 鈕，即可對某範圍的文字套用一或多個文體集，以取代選取文字的預設字符。

原字體 —— galaxy
套用字體集 1 —— galaxy
套用字體集 1 和 2 —— Galaxy
套用字體集 1、2、3 —— GalaXy

10-2-4 樣式的新增與套用

熟悉文書處理或排版軟體的使用者，對「樣式」的使用一定不會陌生，對於有大量文字內容的文件，使用「樣式」是套用與控制格式最有效率的方式。如果您也會使用 Adobe 的另一套專業排版軟體 InDesign，那麼使用 Photoshop 的「樣式」功能就易如反掌了！唯一不同的地方是，不管是字元樣式或段落樣式，在套用時都必須先選取文字範圍，若選取圖層，則會套用到該圖層的所有文字內容。

套用字元樣式

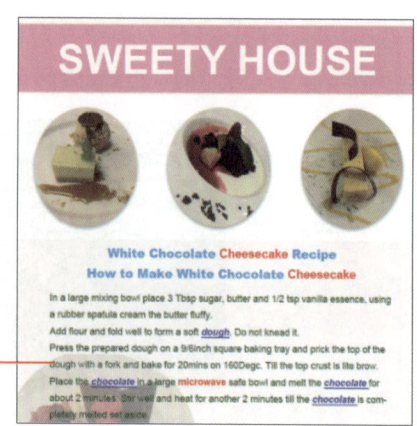

套用段落樣式

說明

樣式新增與套用的詳細作法，請參閱線上 PDF 的內容。

10-14

10-3 建立文字效果

我們可以對產生的文字執行各種作業來改變其外觀,例如:彎曲文字、將文字轉換為形狀、將文字加上陰影效果或執行預設的文字效果「動作」…等(以影像填滿文字的效果請參閱 7-3-5 小節)。透過「文字圖層」來處理文字,可以像處理「一般圖層」一樣,移動、重新堆疊、拷貝和變更文字圖層的圖層選項,也可以輕鬆地變更文字方向、消除文字鋸齒、在路徑中建立文字或從文字建立工作路徑。

10-3-1 在路徑上建立文字

如果您已經在影像中建立了各種路徑,就可以在路徑上輸入文字,讓文字沿著指定的路徑環繞,使文字的排列方式更活潑,當移動路徑或變更形狀時,文字也會調整以符合新路徑位置或形狀。

形狀封閉路徑文字
自訂開放路徑文字

STEP **1** 開啟影像範例,點選任意路徑繪圖工具,例如:**曲線筆** ,點選 **選項** 上的 **路徑** 模式,沿著影像中的圖案繪製出一條曲線路徑。

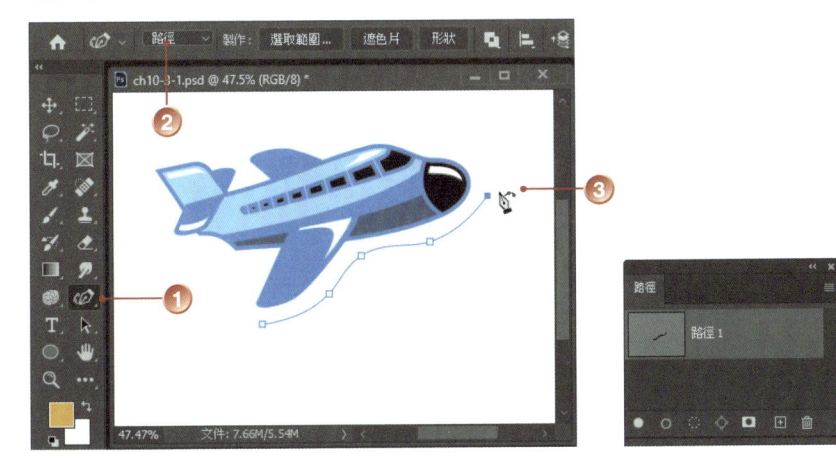

STEP **2** 點選 **水平文字工具** ,先在 **選項** 上或 **字元** 面板中設定相關的文字屬性。

接下頁 ➡

10-15

STEP 3 將滑鼠移到路徑上，當游標呈 圖示時按一下，路徑上出現插入點游標即可輸入文字內容，或是以 **拷貝** 及 **貼上** 的方式，將文字貼到指定的路徑上。

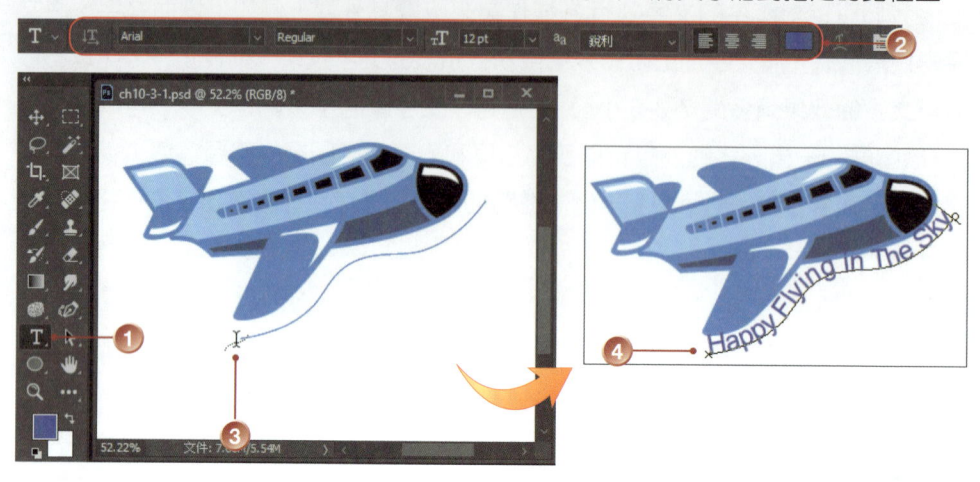

STEP 4 **圖層** 面板中會新增一文字圖層，輸入完成後，按 Ctrl+Enter 鍵，或按 **選項** 上的 **確認目前的任何編輯** ✓ 鈕。

STEP 5 建立路徑文字後，可再透過 **直接選取工具** 編輯路徑外形。切換到 **路徑選取工具** ，將滑鼠置於文字上，指標會變成具有箭頭的 圖示，點選並拖曳可調整文字起始位置；往路徑的反向拖曳可翻轉路徑文字的方向。

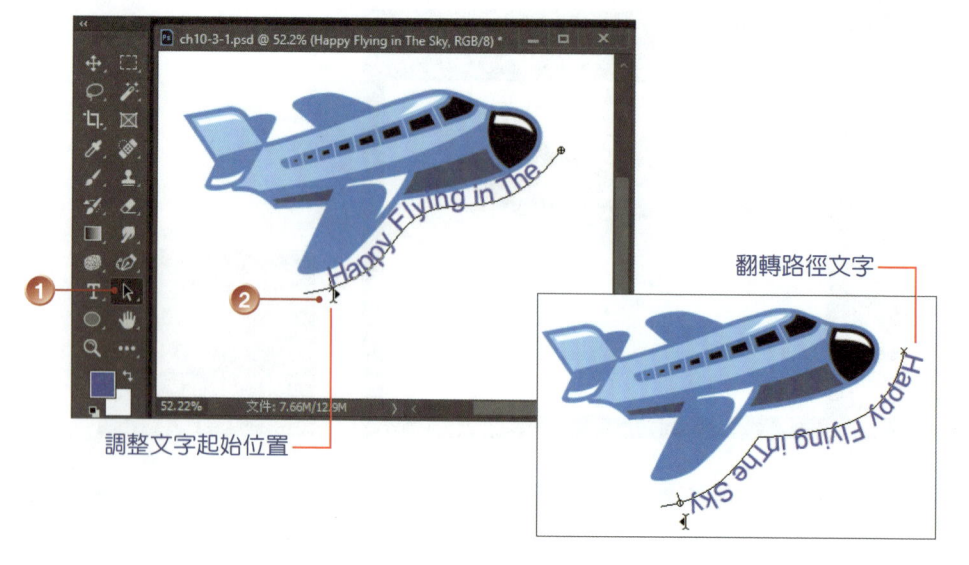

調整文字起始位置

翻轉路徑文字

10-16

STEP6 以 **移動工具** 可以移動整個路徑文字;以 **文字工具** 在路徑上快按三下可選取整個路徑文字,接著可變更格式。

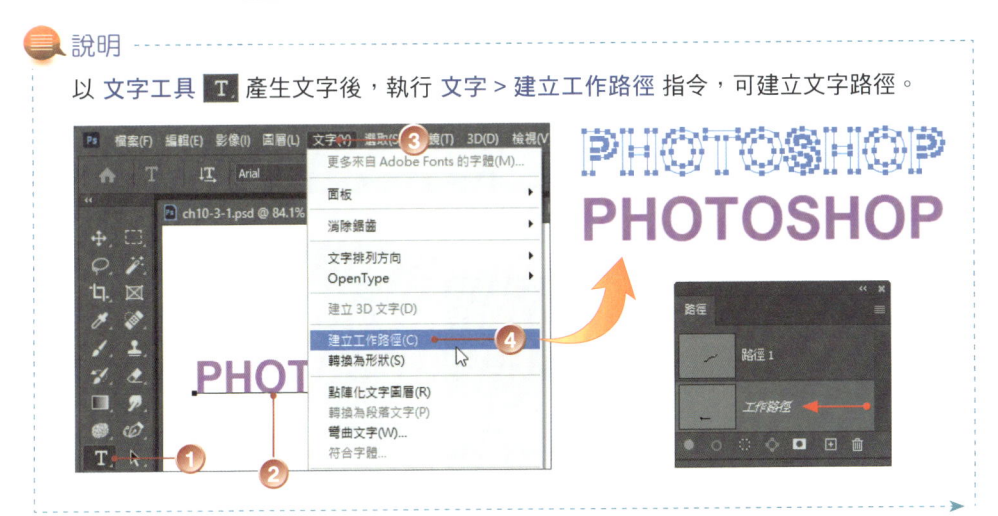

> 說明
> 以 **文字工具** 產生文字後,執行 **文字 > 建立工作路徑** 指令,可建立文字路徑。

10-3-2 建立彎曲文字

執行 **文字 > 彎曲文字** 指令,可以產生各種造型的彎曲文字,例如:可以將文字彎曲成弧形或波浪形。彎曲樣式是文字圖層的屬性,設定彎曲選項可以精確地控制彎曲效果的方向和扭曲程度。

STEP1 開啟影像範例,點選要建立彎曲文字的文字圖層,執行 **文字 > 彎曲文字** 指令;也可以在進入文字編輯狀態下點選 **選項** 上的 **建立彎曲文字** 鈕。

STEP2 開啟 **彎曲文字** 對話方塊,選取要套用的彎曲 **樣式**,調整相關參數後,按【確定】鈕。

接下頁 ➡

10-17

標幟

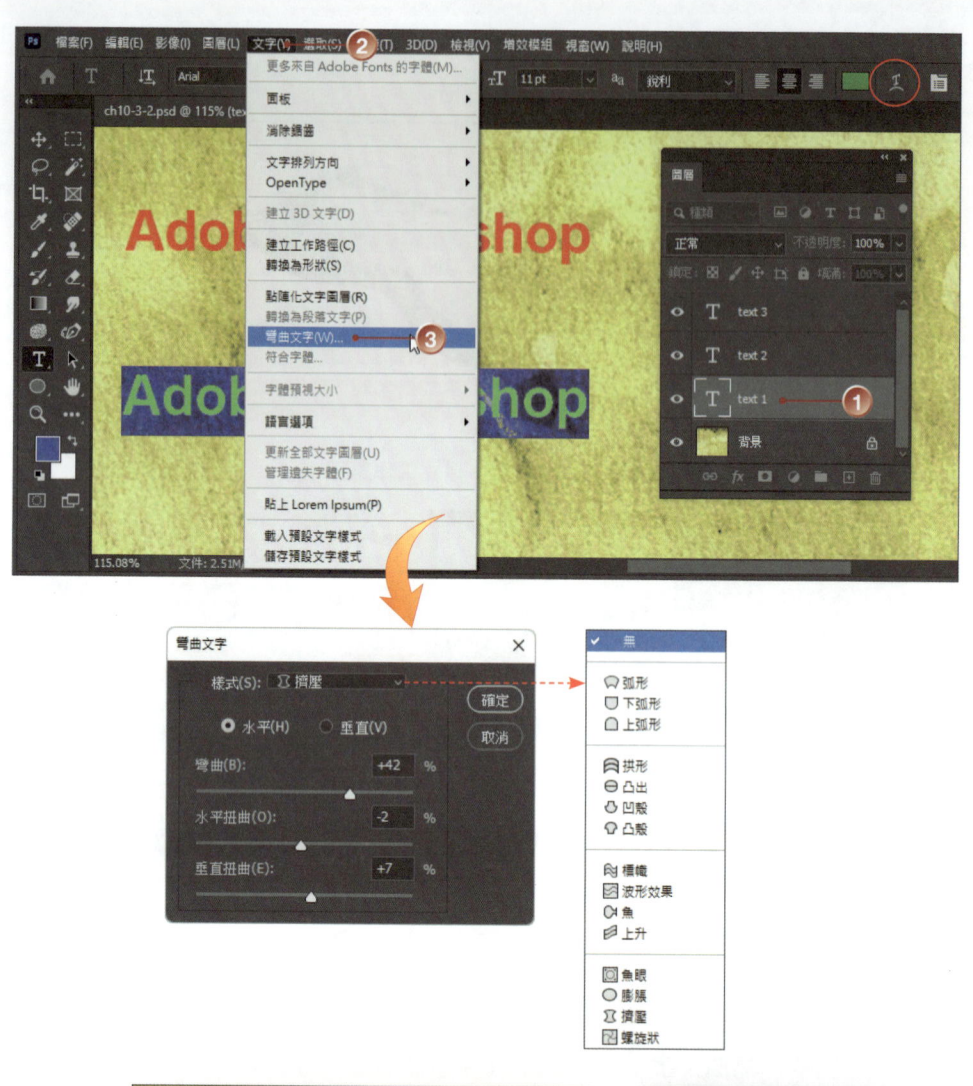

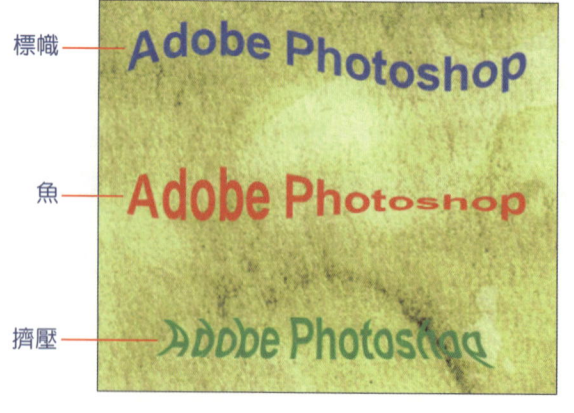

魚

擠壓

10-18

> **說明**
> - 執行 **編輯 > 變形 > 彎曲** 指令後，可以直接從 **選項** 上設定彎曲文字效果。 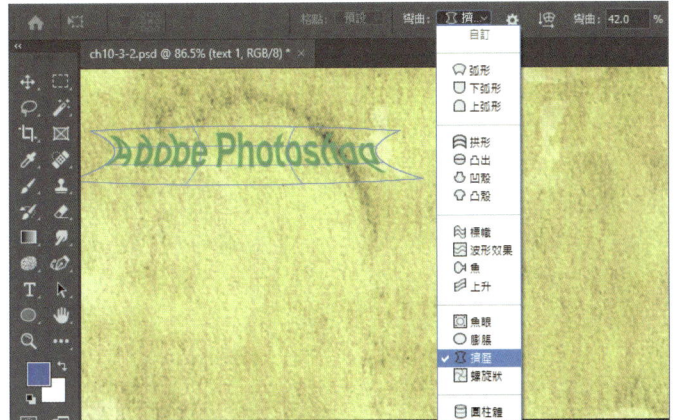
>
> - 若文字中已套用「仿粗體」的字體樣式，或是使用「點陣式字體」的「文字圖層」，將無法建立彎曲文字。

STEP 3 選取已套用彎曲效果的文字圖層，再次執行 **文字 > 彎曲文字** 指令，從 **樣式** 下拉式清單中選擇「無」(參考左頁的圖)，按【確定】鈕，即可取消 **彎曲文字**。

10-3-3 以圖層樣式格式化文字圖層

在前面章節中曾介紹過有關「圖層樣式」與「混合模式」的操作與設定，這些功能也經常應用在文字圖層中，可以凸顯文字效果。

STEP 1 開啟影像範例，展開 **圖層** 面板，包含了文字與背景圖片。

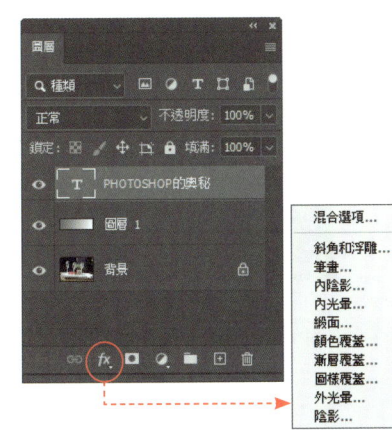

10-19

STEP 2 點選文字圖層，點選 增加圖層樣式 fx. 鈕，展開清單選擇 陰影。

STEP 3 設定 陰影 的 色彩、不透明 和 尺寸 ... 等選項。

STEP 4 再勾選 ☑ **斜角和浮雕**，設定相關參數，按【確定】鈕。

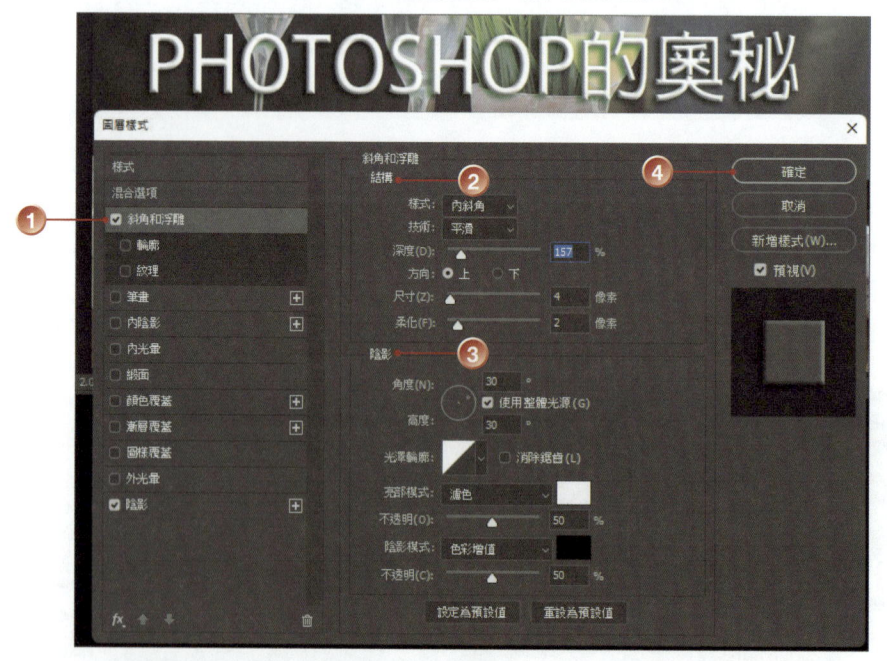

STEP 5 完成圖層樣式的美化作業，比較一下套用前後的效果。

10-20

套用前

套用後

10-4 啟用字體與遺失處理

Photoshop 與 Adobe Fonts 的整合，讓文字字體的使用更豐富與多樣化，從 Adobe Fonts 將字體同步至電腦，讓您即使在不同的電腦間操作，也不會有缺少字體的狀況發生。

10-4-1 從 Adobe Fonts 啟用字體

Adobe Fonts（舊版本中稱為 Typekit）是一款訂閱服務，提供大量可用於電腦應用程式和網站的字體。不過，您必須先訂閱 Creative Cloud，才能將字體同步到您的桌面。您可以從 Adobe Fonts 的眾多字型合作夥伴中選擇字體，然後使用 Creative Cloud 桌面應用程式同步到您的桌面或用於網站。已經同步的字體可以在所有 Creative Cloud 應用程式中使用，例如 Photoshop、Illustrator 或 InDesign... 等，也可以用在其他電腦應用程式，例如：Office。

STEP**1** 開啟 Creative Cloud 桌面應用程式，點選右上角的 f（**字體**），切換到 ADOBE FONTS 頁面，點選【瀏覽更多字體】鈕。

接下頁 ➡

10-21

> **說明**
> 這個頁面可讓您停用不再需要的字體、重新安裝您最近在 Creative Cloud 中未使用的字體、存取，或查看您以前啟用過的字體。

STEP **2** 開啟 Adobe Fonts 的 **搜尋字體** 頁面，依照 **語言和書寫系統**、**分類** 或 **屬性** 進行篩選，可輸入 **樣本文字**，找到想要使用的字體後，按【檢視系列】鈕。

10-22

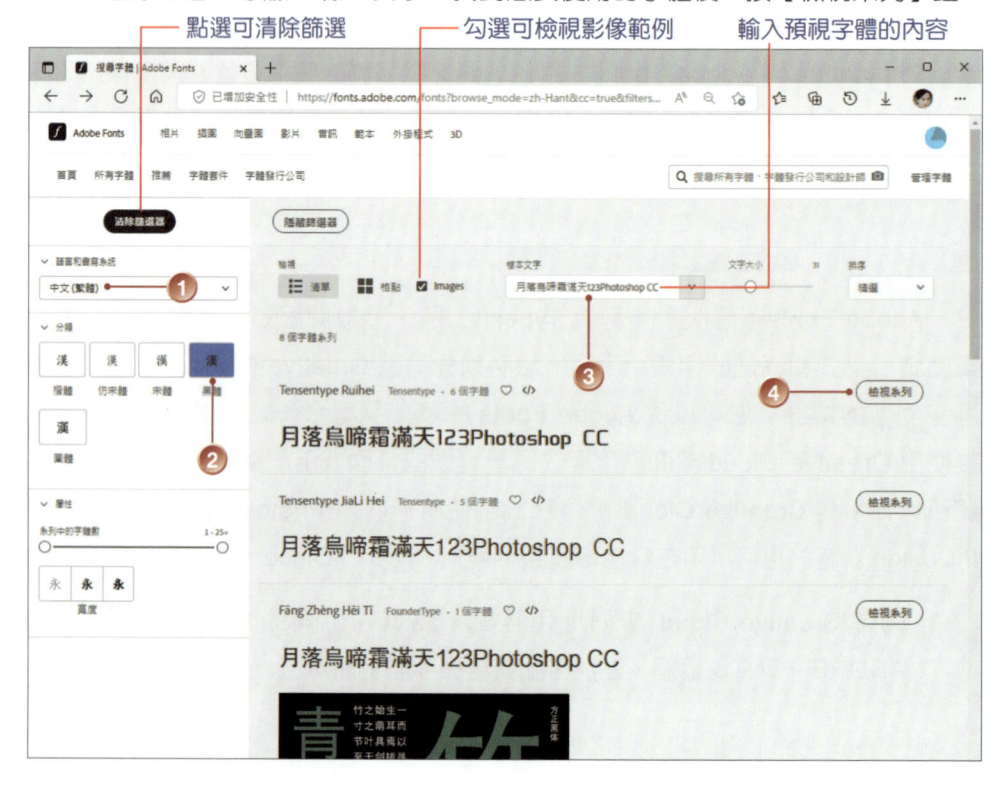

> **說明**
> 請注意！軟體和網頁內容會經常更新，請依實際出現的畫面操作。

STEP **3** 選擇要使用的字體粗細和樣式，或開啟右上角的 **啟用 X 個字體** 以新增完整的系列。

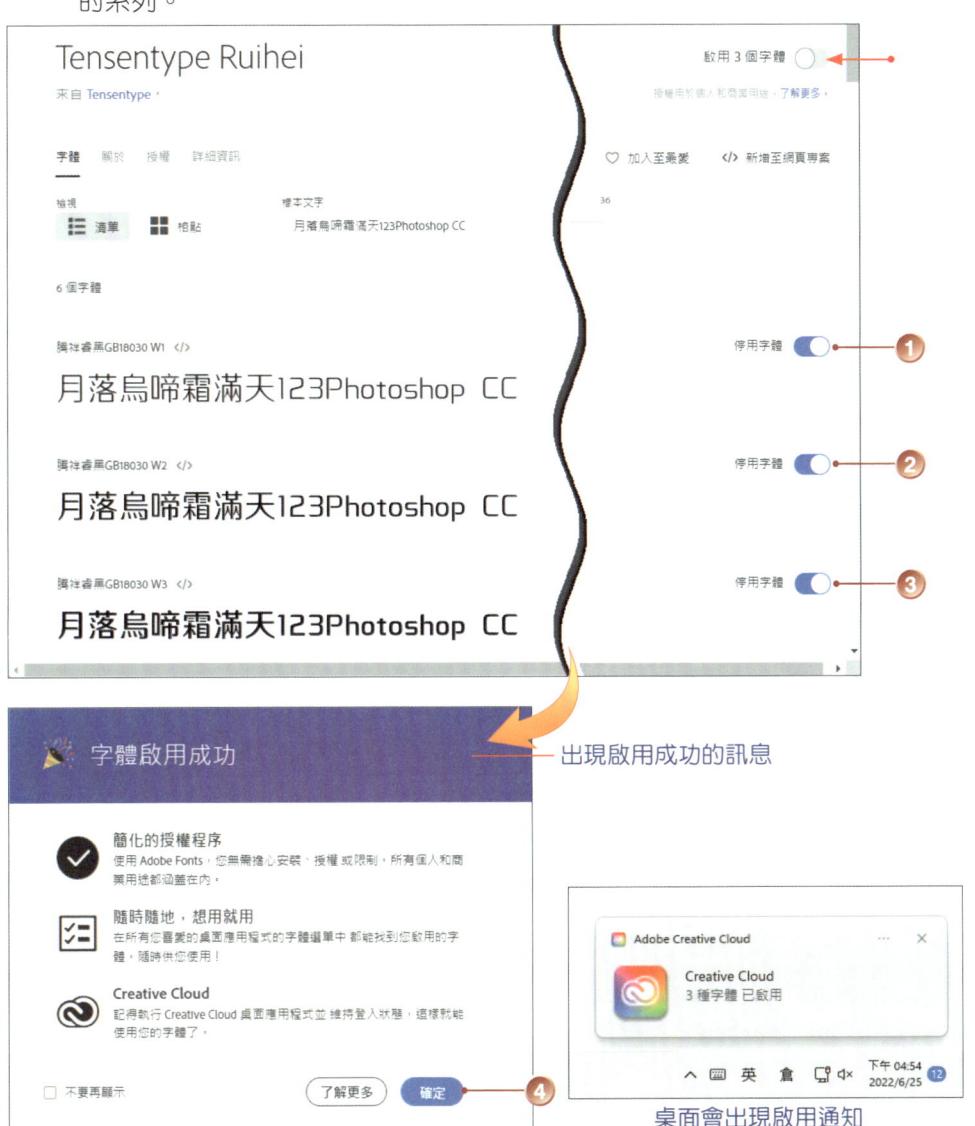

出現啟用成功的訊息

桌面會出現啟用通知

10-23

STEP **4** 回到 Creative Cloud 桌面應用程式，啟用的字體會顯示在 **啟用字體** 清單。

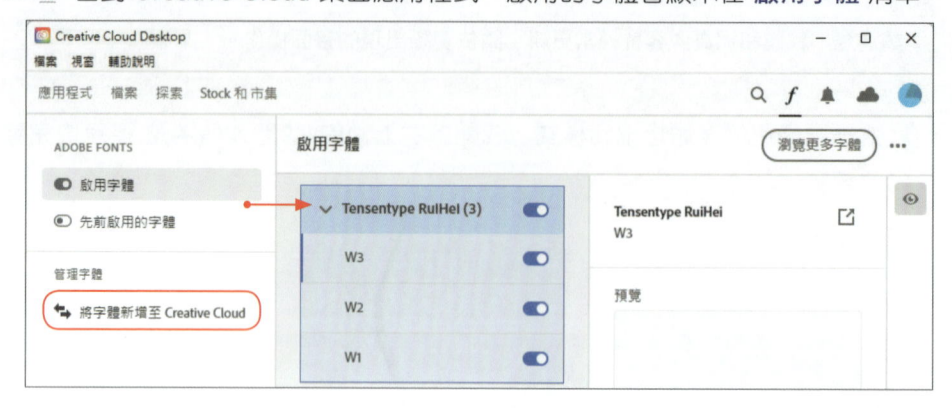

STEP **5** 字體啟用後，會新增到每個應用程式的字體選單中，可立即使用，有少數需要重新啟動應用程式才會新增新字體，例如 Adobe Acrobat 和 Microsoft Office。

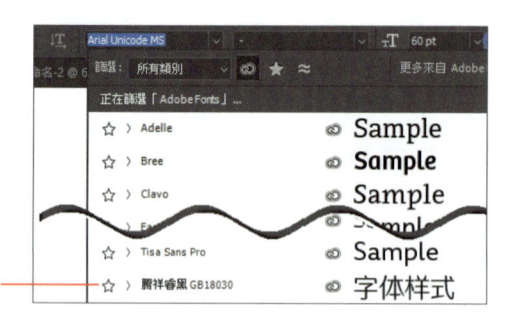

可使用新字型了

🔸 說明

● Adobe Fonts 中有上千種各式各樣的字體供您選用，透過篩選方式檢視並啟用喜愛的字體，可以豐富您的設計作品。

10-24

● 請依需要啟用任何數量的字體,建議保持啟用的字體清單簡潔,使效能最佳化。

新增字體至 Creative Cloud

點選 **將字體新增至 Creative Cloud**(參考步驟 4 的圖),可將本機電腦中的字體檔案新增至 Creative Cloud,這樣不管您在哪部電腦使用應用程式時,都可使用這些字體。

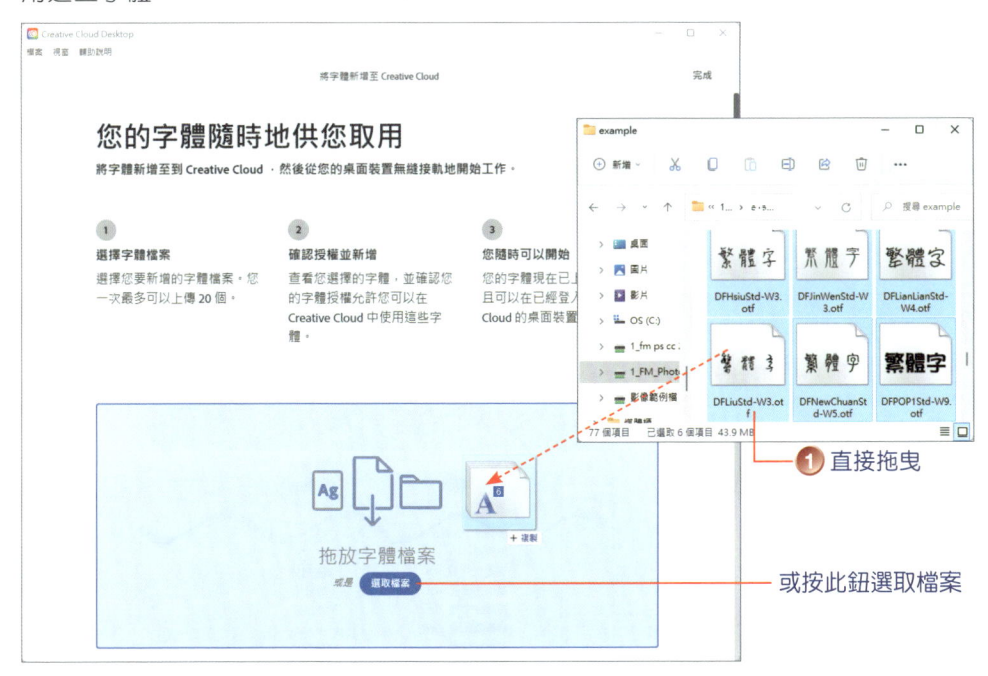

① 直接拖曳

或按此鈕選取檔案

接下頁 ➡

10-25

您的字體隨時地供您取用

以拖放的方式新增更多字體檔案
或是 選取檔案

字體檔案
DFLiuStd-W3.otf ✕
DFNewChuanStd-W5.otf ✕
DFPOP1Std-W9.otf ✕

❷ 一經將字體上傳到 Creative Cloud，您即了解您擁有所有必要的權利和授權，以允許您在 Creative Cloud 中使用該字體進行個人的使用。詳細資訊。 取消 新增 ❸

可選取後移除

點選可返回

Creative Cloud Desktop
檔案 視窗 輔助說明

將字體新增至 Creative Cloud ❹ 完成

將字體新增至 Creative Cloud

■ 已選取 1 個 🗑 移除 　檢視 ☰ 清單 ▦ 縮圖 　排序 新增的日期 ⌄ 　6 個字體已新增 ⟳ 新增更多

Ⓐ ☐ 　名稱　　　　　　　新增的日期　　　　　狀態

☑ Ag DFNewChuanStd-W5　2022/6/24 下午11:48:46　ⓘ 已安裝
Ⓑ ☁ 在 Cloud

☐ Ag DFJinWenStd-W3　2022/6/24 下午11:48:40　ⓘ 已安裝
☁ 在 Cloud

☐ Ag DFHsiuStd-W3　2022/6/24 下午11:48:35　ⓘ 已安裝
☁ 在 Cloud

代表儲存在雲端

Adobe 繁黑體 Std　　　　　　　　　　ᵀT 60 pt
調整：所有類別　　　　　　更多來自 Adobe Fonts 的字體：
☆ 　說明體　　　　　　　　Tr 字體樣式
☆ 　Adobe 繁黑體 Std　　　O 字體樣式
☆ 　Arial Rounded MT Bold　O Sample
☆ 　說明體 _HKSCS　　　　 Tr ☐☐☐
☆ 　說明體 -ExtB　　　　　 Tr ☐☐☐☐
☆ 　華康 POP1 體 Std　　　 O 字體樣式
☆ 　華康秀風體 Std　　　　O 字體樣式
☆ 　華康金文體 Std　　　　O 字體樣式
☆ 　華康流風體 Std　　　　O 字體樣式
☆ 　華康逸逸體 Std　　　　O 字體樣式
☆ 　華康新篆體 Std　　　　O 字體樣式
☆ 〉微軟正黑體　　　　　　Tr 字體樣式

已可使用新增的字體

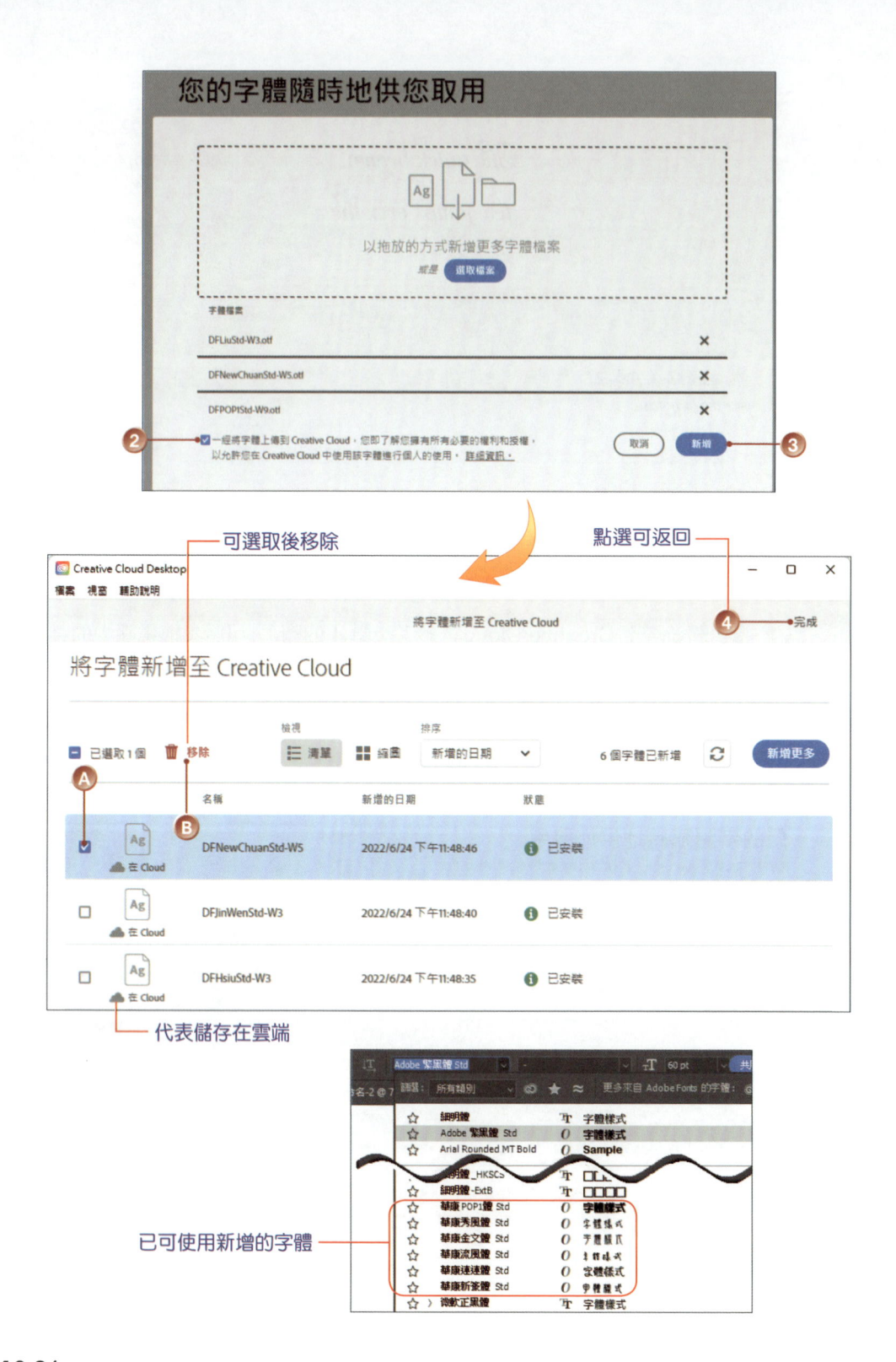

10-26

10-4-2 搜尋字體

當電腦中安裝或從 Adobe Fonts 啟用的字體很多時，透過搜尋工具，可以有效率的找到要使用的項目。

- **依分類篩選字體**：依分類篩選字體清單，例如：有襯線字體 (Serif)」、「歌德體」及「手寫」。

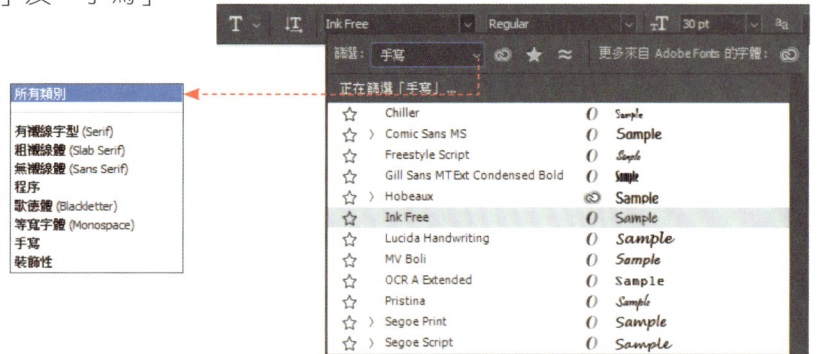

- **顯示來自 Adobe Fonts 的字體**：僅顯示從 Adobe Fonts 同步的字體。

- **顯示最愛的字體**：將常用或最愛的字體標示為最愛（字體前方呈現黑色星號 ★），即可快速篩選出這些字體。

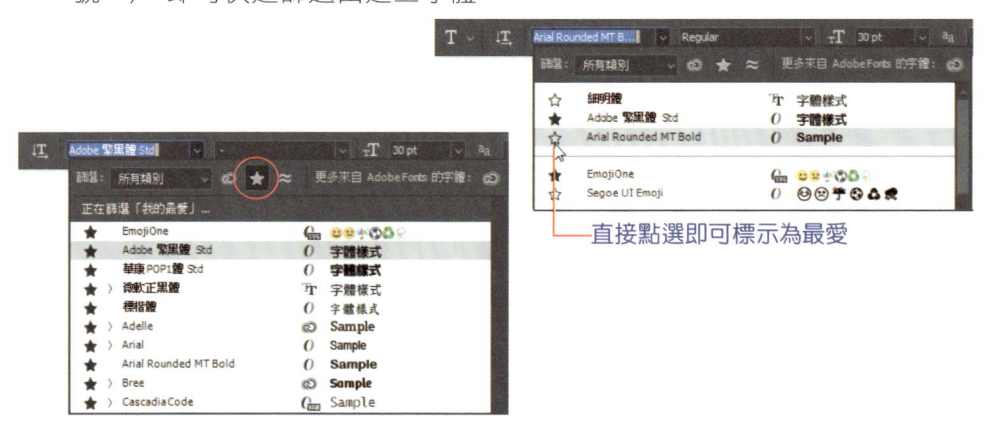

◐ **顯示類似的字體**：顯示與選定字體看起來很類似的字體。

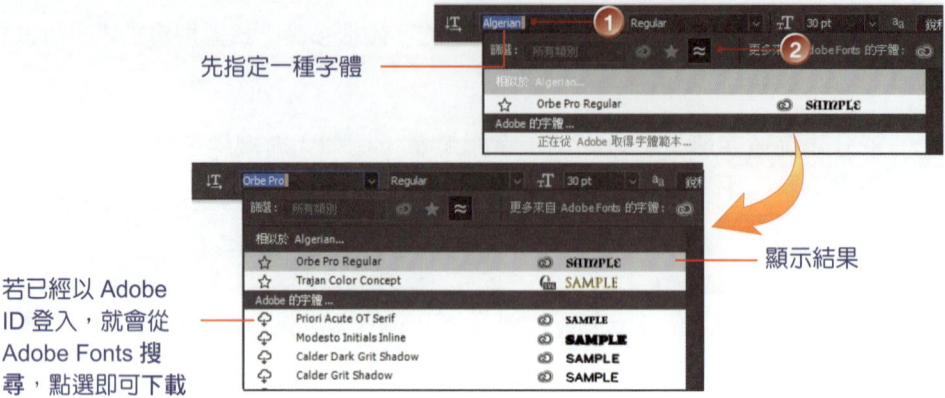

先指定一種字體

若已經以 Adobe ID 登入，就會從 Adobe Fonts 搜尋，點選即可下載

顯示結果

10-4-3 管理同步字體

您可以使用 Creative Cloud 桌面應用程式或 Adobe Fonts 網頁中的 **管理字體** 頁面，來檢視電腦上已同步的字體，並將不再使用的字體移除。

STEP 1 於 Adobe Fonts 網頁的 **管理字體** 頁面中，在不要使用的字體點選 **停用**。

STEP 2 出現確認訊息，按【停用】鈕。

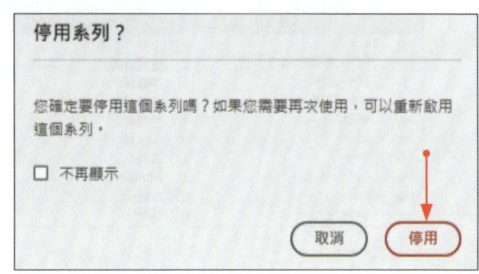

10-28

STEP3 即可從電腦中移除該字體，被停用的項目會列在 **先前啟用** 的標籤中，可視需要重新啟用。

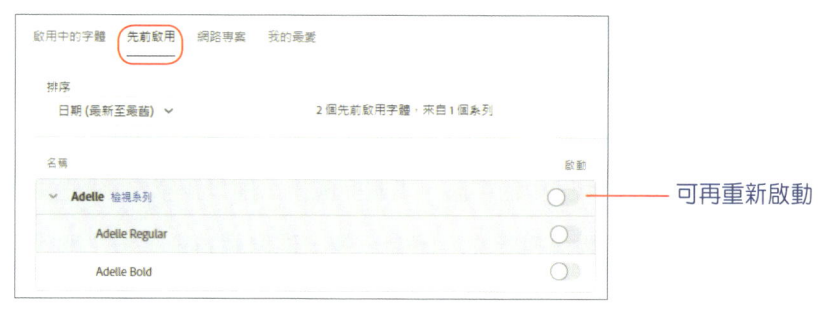

說明

- 在 Creative Cloud 桌面應用程式中，**先前啟用的字體** 標籤中可追蹤過去一年內您所停用的字體，以便隨時再次啟用。

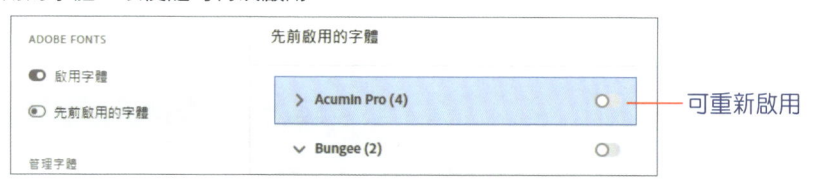

- 從 2021 年 1 月開始，適用於企業的 Creative Cloud 客戶會受到啟用字體的使用期限限制。如果 Creative Cloud 應用程式未更新，系統會解除安裝超過 150 天未使用的 Adobe Fonts（此天數可能會變更），以保持應用程式執行順暢。必須重新安裝才能在舊版本的 Creative Cloud 應用程式中使用，此時請點選 **啟用字體** 清單中字體名稱旁邊的雲端圖示，重新安裝字體。如果您使用的是最新版的應用程式，則無論經常使用與否，都可在應用程式的字體選單中繼續看到這些啟用的字體。

當您以相同 Adobe ID 登入已安裝 CC 的電腦時，預設的狀態下會啟用 Adobe Fonts，因此可以使用所有啟用的字體。在 Creative Cloud 桌面應用程式中執行 **檔案 > 偏好設定** 指令，切換到 **服務** 標籤，停用 Adobe Fonts 將會停用已透過 Creative Cloud 啟用的所有字體。

10-29

10-4-4 遺失字體的處理

在網路連線狀態下，以 Adobe ID 登入並開啟檔案時，Photoshop 就會自動將所有可用的 Adobe Fonts 載入，因此文件中缺少字體的情況將不復見。當開啟的文件內有電腦上未安裝的字體時，Photoshop 會自動從 Adobe Fonts 擷取及啟用這些缺少的字體。此時圖層面板上的文字縮圖會出現藍色的同步圖示，表示系統正從 Adobe Fonts 啟用缺少的字體，下載完成後，即以正常文字圖層圖示顯示。

如果在系統啟用期間編輯該文字圖層，會出現對話方塊，按【取代】鈕會以預設字體（英文為 Myriad Pro Regular）取代該缺少的字體，按【取消】鈕則取消文字編輯，等待缺少的字體啟用後再繼續編輯。

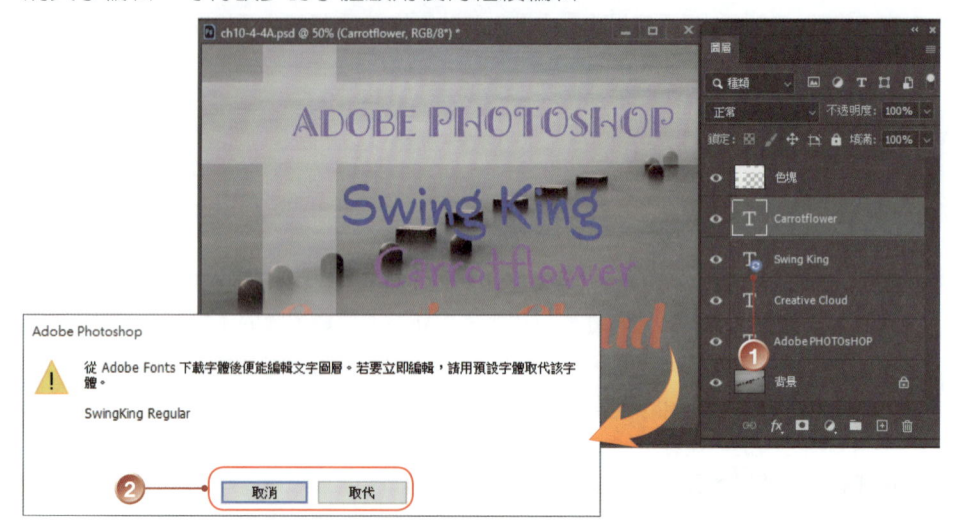

如果文件中缺少的字體無法經由 Adobe Fonts 取得，開啟檔案後，圖層面板的文字圖層縮圖會顯示黃色的缺少圖示。當您要編輯該文字內容時，會出現對話方塊，按【取代】鈕會以預設字體取代缺少的字體，按【管理】鈕會開啟 **管理遺失字體** 對話方塊，您可以從清單中選擇一種文件中已使用的字體取代。

執行「文字 > 管理遺失字體」指令也可開啟此對話方塊

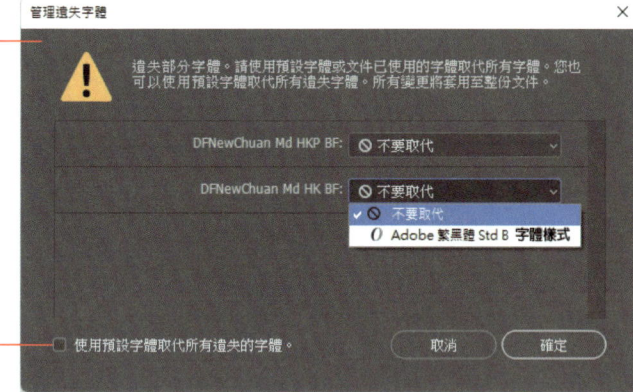

勾選會自動以預設字體取代所有遺失字體

若是將此缺少字體的文字圖層執行 **變形**，也會顯示警告訊息，告知圖層變形後可能會模糊或像素化，按【變形】鈕繼續變形操作，按【取消】鈕取消操作。

為了避免使用者開啟您所製作之影像檔案時出現同樣的困擾，可以在建立文字後，於文字圖層上按滑鼠右鍵選擇 **點陣化文字** 指令，Photoshop 會將向量式文字外框轉換為像素，並捨棄文字專屬的屬性資料，使文字圖層變為一般圖層，文字圖層點陣化為一般圖層後，就無法再以 **文字工具** T 編修文字內容。

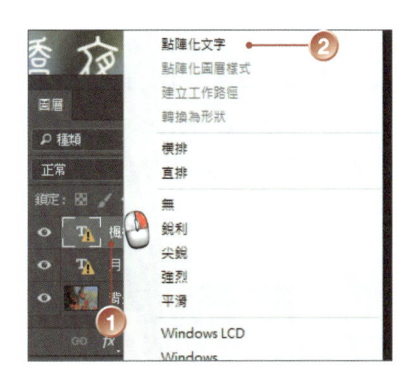

💬 說明

有些指令和工具（例如：濾鏡效果和繪圖工具）無法在文字圖層中使用，必須先將文字點陣化後，才能套用或使用這些工具。

10-31

10-4-5 符合字體

當影像中使用包含羅馬／拉丁或日文字體的圖片時，Photoshop 會利用進階機器學習演算法來偵測影像中使用的字體，經由智慧影像分析後，與電腦中或 Adobe Fonts 中的字體進行比對，找到或建議類似的字體。由 Adobe Sensei 提供技術支援的「符合字體」功能，在此版本中支援更多字體、垂直文字和多行偵測。

STEP 1 開啟範例檔案，選取內含要分析字體文字的影像區域。

STEP 2 執行 **文字 > 符合字體** 指令。

STEP 3 開啟 **符合字體** 對話方塊，Photoshop 會顯示類似影像中字體的清單，包括 Adobe Fonts 中的字體。選擇與影像中字體最接近的字體，若點選需從 Adobe Fonts 下載的字體，系統會立即啟用，再點選該字體按【確定】鈕。

10-32

該字體已可用

取消選取則只會檢視您
電腦本機中可用的字體

STEP**4** 點選 **文字工具**，Photoshop 即會在字體清單中顯示所點選的字體。

說明

比對字體、字體分類和字體相似性的功能，目前僅適用於羅馬 / 拉丁字元和日文。在選取文字進行字體比對之前，有以下的建議作法：

- 只框選單行文字，且選取時要緊貼著文字左緣和右緣。
- 選取範圍內不要混合多種字體和樣式。
- 請先拉直或修正影像的透視。

10-4-6 可變字型

這是從 Photoshop CC 2018 版本開始的新功能，可以利用 Adobe、Apple、Google 和 Microsoft 的新字型技術，在支援的字型內定義不同的寬度、高度、傾斜、視覺大小 ... 等屬性。

STEP1 以 **文字工具** 產生文字，先任意指定一種字體，設定大小和對齊方式。

STEP2 選取文字內容，在 **選項** 列的 **字體** 項目中鍵入「Variable」，立即列出所有標示為「VAR」的變動字型。

STEP3 移到任一種變動字型上預覽效果，並選擇一種套用。

變動字體的符號

10-34

STEP 4 **內容** 面板會自動開啟，可調整各項參數值。

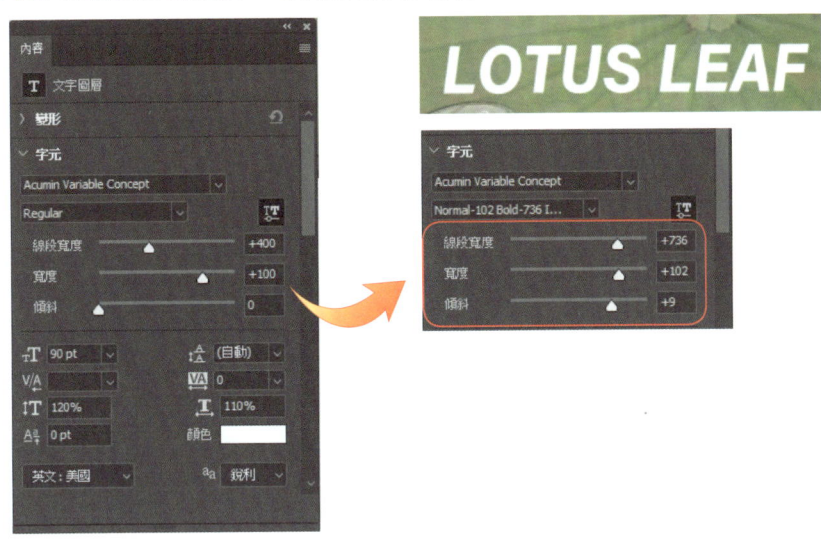

STEP 5 調整滑桿控制項時，Photoshop 會自動選擇最接近目前設定的文字樣式。例如：增加「Regular」文字樣式的 **傾斜** 時，Photoshop 會自動將其變更為斜體的變體。

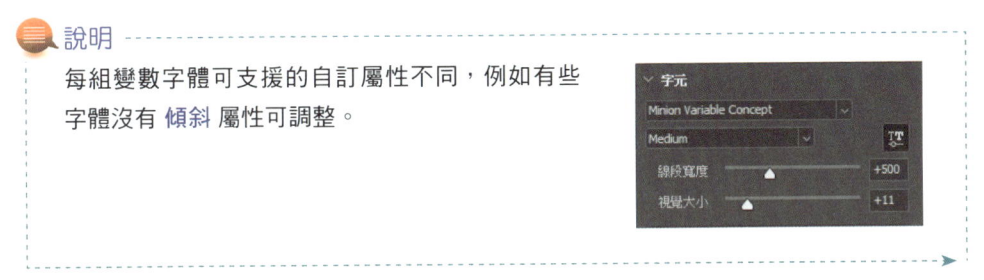

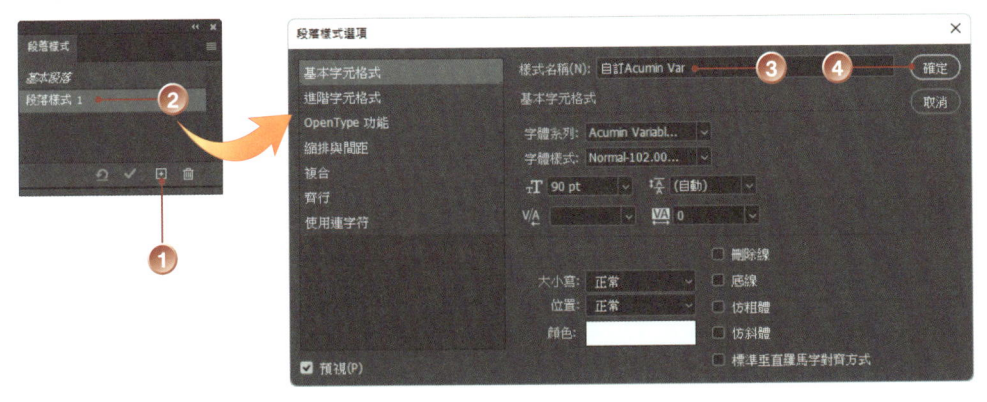

💬 說明
每組變數字體可支援的自訂屬性不同，例如有些字體沒有 **傾斜** 屬性可調整。

STEP 6 若要將同樣的設定套用在其他文字段落上，請新增段落樣式。

10-35

文字的處理

Note

CHAPTER 11

讓影像充滿想像與創意－濾鏡特效

展開 Photoshop 的 濾鏡 功能表，您會驚訝於它所涵蓋的豐富內容。不論是影像的變形，或是特殊的風格化表現，「濾鏡特效」絕對是您學習影像設計時必修的一課。新版本中，可以將 Camera Raw 所做的編輯，以濾鏡方式套用到 Photoshop 的任何圖層或檔案，更精確的修復影像、修正透視扭曲的現象，並建立暈映效果。

11-1 使用濾鏡特效的方式

Photoshop 中提供了上百種濾鏡和特效指令，涵蓋攝影印刷和數位影像特效，只需一個簡單的指令就可以完成如夢幻般的影像效果。此外，您也可以載入其他廠商所設計的 Plug-In 特效軟體來搭配使用。

11-1-1 濾鏡特效操作的原則

在使用各種濾鏡與特效指令之前，您需要先瞭解下列幾個原則：

- 使用 濾鏡 指令時，Photoshop 會針對「選取範圍」進行濾鏡的效果處理，如果沒有定義選取範圍，則會對整個影像做處理。

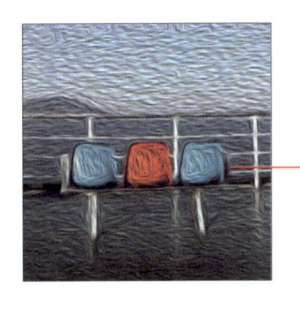

只對選取範圍套用濾鏡

整張影像套用濾鏡

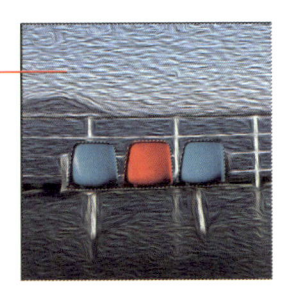

◐ 濾鏡的效果和影像解析度有關。在執行相同的指令時，解析度高的影像效果可能較不明顯，部分指令可以設定處理的半徑範圍，來控制效果的強弱。

◐ **點陣圖（黑白）**和 **索引色** 色彩模式的影像，不能使用 **濾鏡** 指令；**CMYK 和 16 位元 / 色版** 色彩模式的影像，無法套用部分的 **濾鏡** 指令。

◐ 執行 **濾鏡** 指令常常需要花費較長的 CPU 時間，因此在許多濾鏡指令的對話方塊中提供了 **預覽** 的功能，有效的使用預覽功能，可以在正式執行前確認濾鏡特效的效果，以提高工作效率。

◐ 濾鏡除了可以直接套用到作用中圖層（包含視訊圖層）外，也可作用在「智慧型物件」上，以便在不影響原始影像的方式下使用濾鏡，又稱為「智慧型濾鏡」。先將要套用濾鏡的影像執行 **濾鏡 > 轉換成智慧型濾鏡** 指令，影像所在的圖層會顯示為「智慧型物件」，「智慧型濾鏡」會以圖層效果的方式儲存在 **圖層** 面板中，並作用於包含在「智慧型物件」中的原始影像資料，可以隨時重新調整或移除效果還原到原始狀態。現在「智慧型物件」也支援模糊及液化濾鏡，讓您進行非破壞性的效果。

智慧型物件

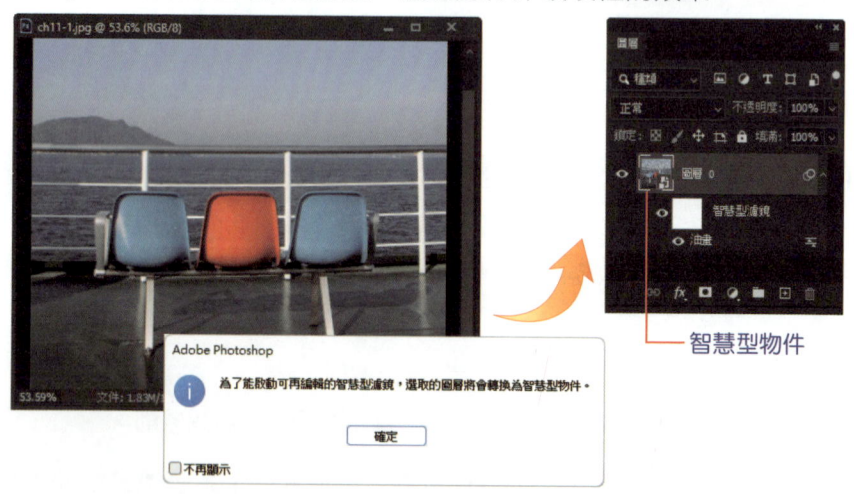

◐ Photoshop **濾鏡** 指令的預覽功能大致可分為二種：若對話方塊中有 ☑ **預視** 核取方塊，代表也可以在影像視窗中預覽效果；另一種則只能在對話方塊中進行預覽。在對話方塊中預覽時，將指標移至「預視區」會呈手形，按住不放會顯示未套用時的原始影像。有些濾鏡指令在預覽時，若將滑鼠游標移至影像編輯視窗中，會顯示方形框，點選後可以快速指定所要預覽的影像區域。

只能在對話方塊中預覽

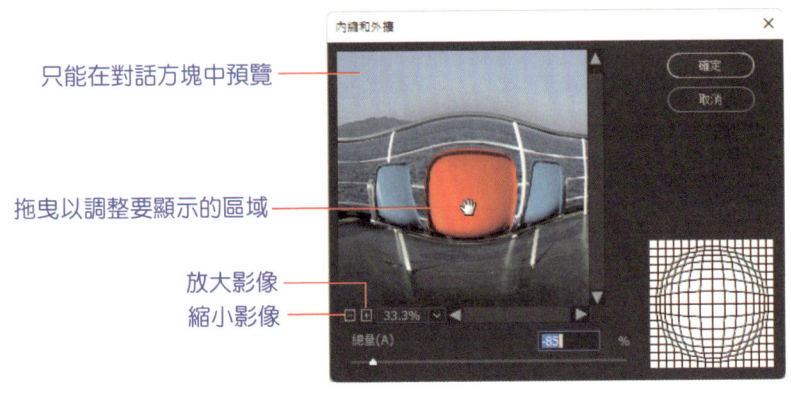

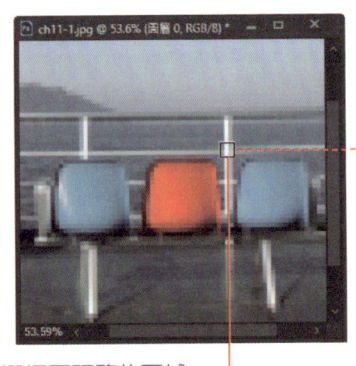

拖曳以調整要顯示的區域

放大影像
縮小影像

選擇要預覽的區域

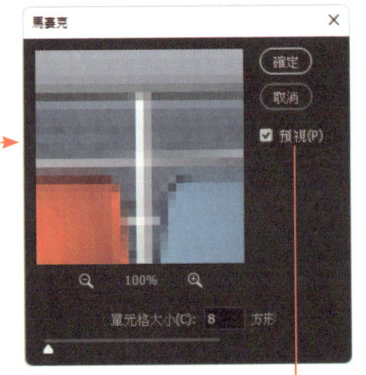

有「預視」核取方塊，代表可以在影像視窗中預視效果

- 只對局部影像進行濾鏡的效果處理時，可以對選取範圍設定 **羽化** 像素，讓處理的區域能自然而漸進的和原影像結合，減少突兀的感覺。

- **濾鏡** 指令執行完後，**濾鏡** 應用程式選單的第一個指令會出現前次執行的濾鏡（例如：**馬賽克**、**高斯模糊** 等）指令，讓您快速的重複執行相同的濾鏡指令，用以強化影像上所要呈現的效果。快速鍵為 Alt＋Ctrl＋F。

- 使用 **編輯** 應用程式選單中的 **還原**、**向前**、**切換最後狀態** 指令，或關閉 **圖層** 面板中「智慧型濾鏡」的可見度，即可立刻切換比對使用濾鏡指令前、後的效果。

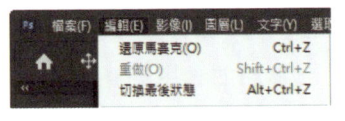

點選可關閉「智慧型濾鏡」的可見度

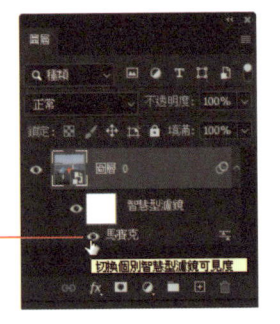

- 同一影像在不同的色彩模式下執行 **濾鏡** 指令時，可能產生不同的效果；若針對不同的 **色版** 分別執行指定的 **濾鏡** 指令，也會獲得不同的結果。

11

讓影像充滿想像與創意 ─ 濾鏡特效

11-3

11-1-2 使用濾鏡收藏館

為了方便使用與檢視濾鏡套用後的結果，Photoshop 的 **濾鏡收藏館** 中收錄了 **扭曲、風格化、紋理、素描、筆觸、藝術風** 六大類的濾鏡特效（注意！不包含 **濾鏡** 功能表中對應類別的所有特效指令），可以直接在對話方塊中設定相關參數，並預覽套用濾鏡的效果，還可在影像上同時套用不同的濾鏡特效，或「累加」地套用相同的濾鏡數次，設計出另人讚嘆的絕妙效果。

STEP1 開啟要套用濾鏡特效的影像，執行 **濾鏡 > 轉換成智慧型濾鏡** 指令轉換為「智慧型物件」，再執行 **濾鏡 > 濾鏡收藏館** 指令開啟 **濾鏡收藏館** 對話方塊。

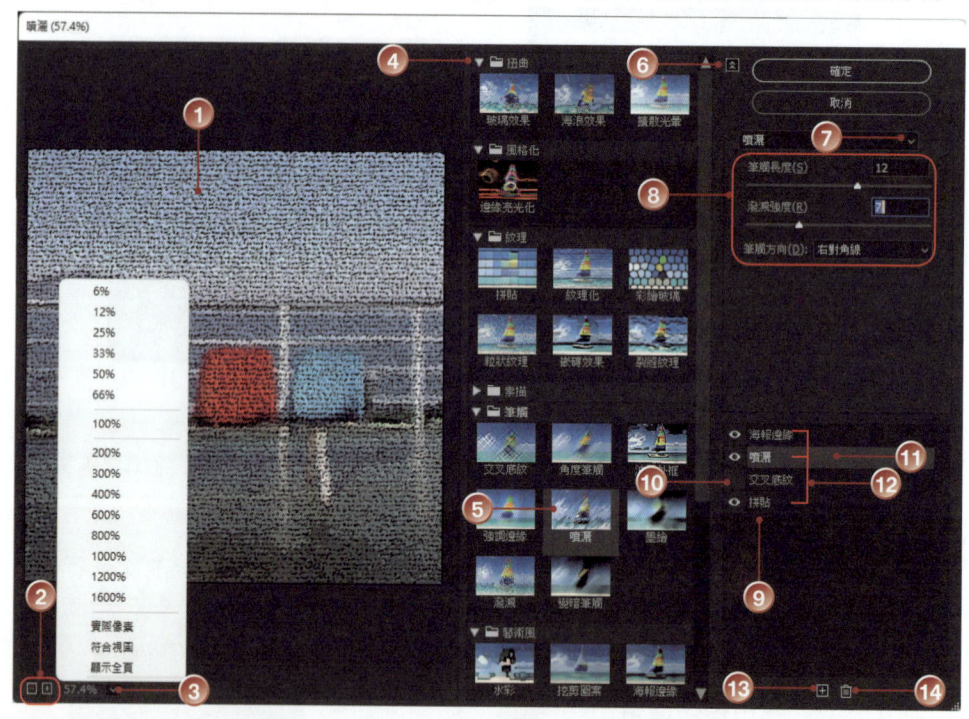

① 預覽區
② 放大與縮小顯示比例
③ 影像預覽的顯示比例
④ 濾鏡類別
⑤ 選取的濾鏡縮圖
⑥ 顯示 / 隱藏濾鏡縮圖
⑦ 濾鏡下拉式清單
⑧ 所選濾鏡的參數設定
⑨ 套用的濾鏡效果清單
⑩ 隱藏的濾鏡效果
⑪ 目前選取的濾鏡效果
⑫ 已累加並套用的濾鏡效果
⑬ 新增效果圖層
⑭ 刪除效果圖層

STEP2 在濾鏡類別清單中選擇要套用的濾鏡，即可將濾鏡加入到濾鏡效果清單，接著可設定各種參數。要再新增效果請按一下 **新增效果圖層** 鈕，然後選擇濾鏡，濾鏡效果清單中會依您選取的濾鏡順序來套用特效。從濾鏡效果清單點選不再套用的濾鏡效果，按 **刪除效果圖層** 鈕即可將效果移除。

STEP3 視需要可以拖曳方式重新排列濾鏡效果，或調整濾鏡參數；若按一下濾鏡效果左側的眼睛 圖示，可以切換隱藏或顯示該濾鏡效果。

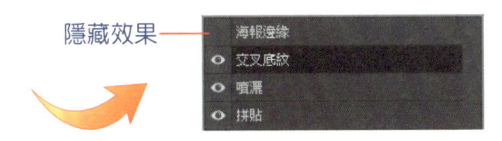

移動　　隱藏效果

STEP4 決定好要套用的濾鏡後，按一下 **顯示 / 隱藏濾鏡縮圖** 鈕，可以更清楚預覽套用結果，最後按下【確定】鈕即可套用指定的濾鏡特效。

> 說明
> 後面各節將針對改良或新增的濾鏡做圖文對照的說明，若需詳細的參數使用說明，請下載線上的 PDF 電子檔。

11-2 像素與演算上色濾鏡

像素 濾鏡是針對影像的最基本組合元素—像素，給予不同的視覺效果變化，例如：多面體、馬賽克、彩色網屏、殘影、結晶化…等。**演算上色** 濾鏡乃針對影像及色彩給予光線照明效果及雲狀效果的混合。

11-2-1 像素濾鏡

Photoshop 提供了七種像素變化的濾鏡特效指令，它們主要的功能是將顏色相近的像素合併，以產生明確的輪廓或是特殊的視覺效果。

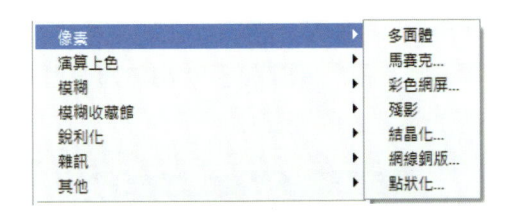

像素	▶	多面體
演算上色	▶	馬賽克…
模糊	▶	彩色網屏…
模糊收藏館	▶	殘影
銳利化	▶	結晶化…
雜訊	▶	網線銅版…
其他	▶	點狀化…

接下頁 ➡

11-5

原影像　　　　　多面體　　　　　馬賽克

彩色網屏　　　　殘影　　　　　結晶化

網線銅版　　　　點狀化

11-2-2 演算上色濾鏡

演算上色 濾鏡特效指令組中，有多種製作特殊組合的濾鏡指令，和 3 項原先使用在以「圖樣」填滿時的選項，其中的 **火焰** 使用之前需先選取路徑（可將選取範圍轉為路徑後再執行）。由於這 3 個指令執行時都需經過演算的過程，因此被歸納在 **演算上色** 濾鏡中。

原影像

> 說明

由於 Photoshop 即將停止 3D 功能，包括其中的 光源效果 濾鏡，因此執行該濾鏡時會出現下圖的訊息。如果仍需使用包含 3D 的功能，建議使用 Photoshop 22.2 版本，不過該版本的開放時間有限。Adobe 建議您使用最先進的 3D 建立工具—Substance 3D 產品線，詳情請參閱 Adobe 官網。

反光效果

光源效果

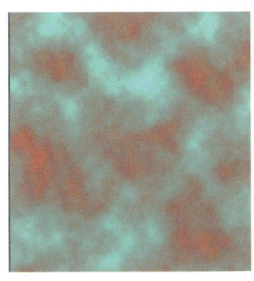

前景色為「天藍色」，背景色為「紅色」的雲狀效果

前景色為「黃色」，背景色為「綠色」的雲彩效果

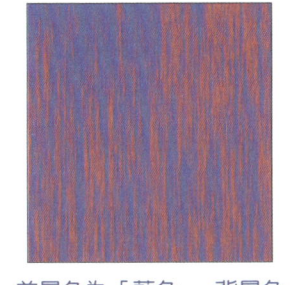

前景色為「藍色」，背景色為「紅色」的纖維效果

火焰

圖片框

樹

11-7

11-3 筆觸與素描濾鏡

筆觸 濾鏡與 **素描** 濾鏡，可將相片影像改為繪圖式的影像，與 **藝術風** 濾鏡合併使用，可以創作出完全手繪感覺的作品。

11-3-1 筆觸濾鏡

要使用 **筆觸** 濾鏡必須進入 **濾鏡收藏館**，展開 **筆觸** 資料夾，其中共有 8 種濾鏡特效，可以用來製作繪圖的筆刷效果。

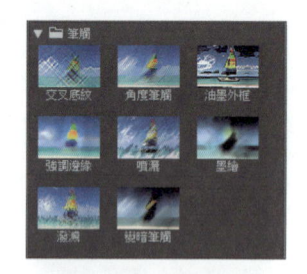

原影像	 交叉底紋	 角度筆觸
 油墨外框	 強調邊緣	 噴灑
 墨繪	 潑濺	 變暗筆觸

11-8

11-3-2 素描濾鏡

進入 **濾鏡收藏館** 展開 **素描** 資料夾，其中共有 14 種濾鏡特效，可以用來製作類似素描的繪圖效果。這些濾鏡特效多半可以配合 **前景色** 和 **背景色** 的設定，製作出不同色彩的素描效果，也可以先針對各色版執行再合併成彩色的影像。

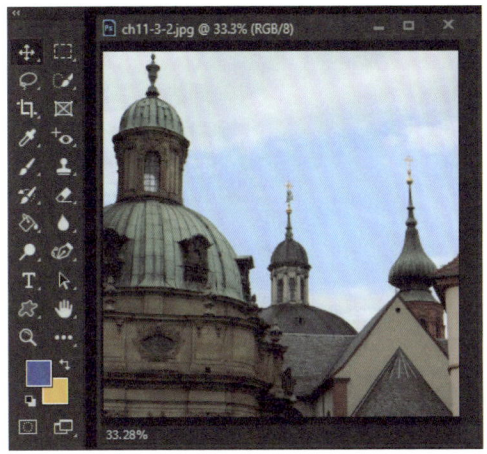

原影像

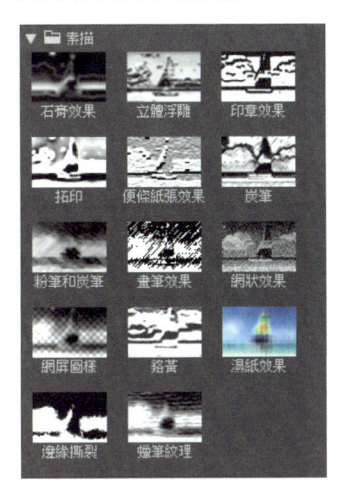

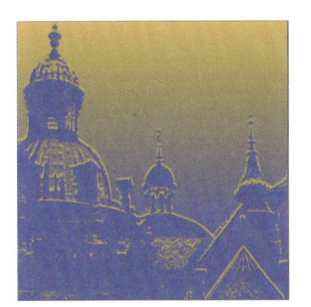

石膏效果 　　　　立體浮雕 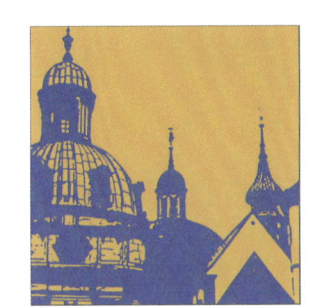　　　　印章效果

拓印 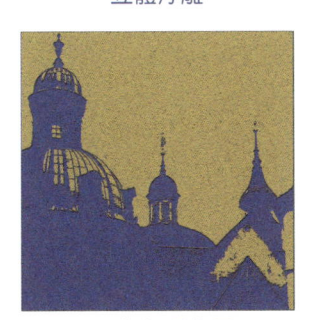　　　　便條紙張效果 　　　　炭筆

接下頁 ➡

粉筆和炭筆 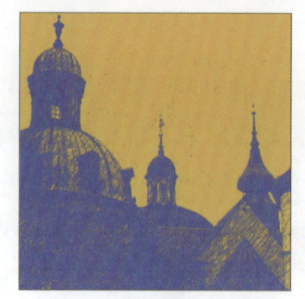　　　　　畫筆效果　　　　　網狀效果

網屏圖樣 　　　　　　鉻黃 　　　　　　　濕紙效果

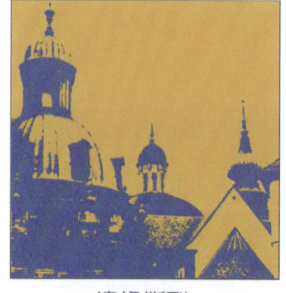

邊緣撕裂 　　　　　　蠟筆紋理

11-4 模糊 / 銳利化 / 雜訊濾鏡

模糊 濾鏡可以模擬攝影中的柔焦鏡頭，讓影像呈現柔和的效果；**銳利化** 濾鏡則相反，可以提高影像像素間的反差，製造出較清晰的效果；而 **雜訊** 濾鏡可以減少影像上的灰塵等雜質像素，或是在影像上增加雜紋製作出特殊效果。

11-4-1 模糊濾鏡

在 **濾鏡 > 模糊** 指令中有多種模糊濾鏡特效指令，這些濾鏡套用之後，可以使影像較為柔和，製作出迷霧或夢幻的效果，也可以掩飾小瑕疵，功能相當於攝影用的柔焦鏡。

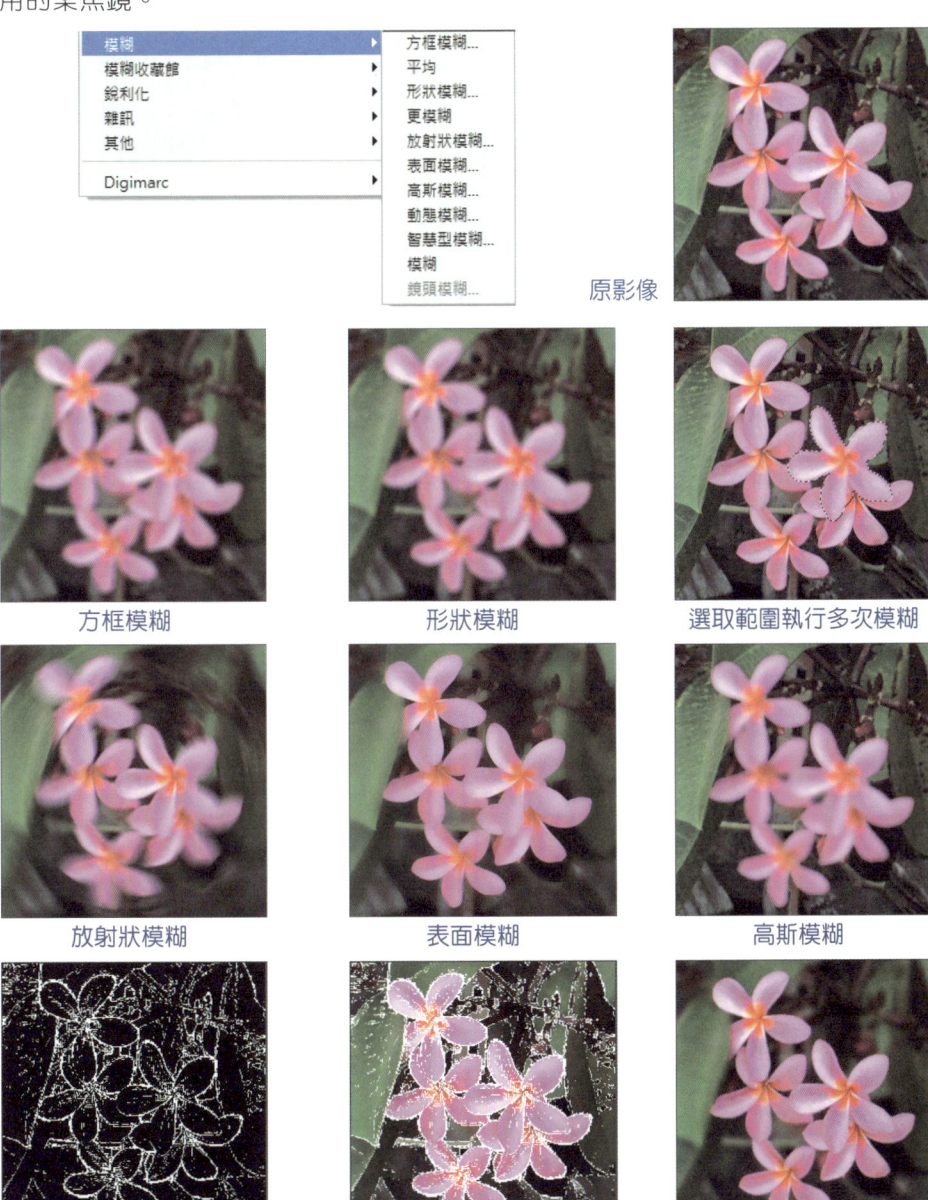

模糊	▶	方框模糊...
模糊收藏館	▶	平均
銳利化	▶	形狀模糊...
雜訊	▶	更模糊
其他	▶	放射狀模糊...
		表面模糊...
Digimarc	▶	高斯模糊...
		動態模糊...
		智慧型模糊...
		模糊
		鏡頭模糊...

原影像

方框模糊　　　　形狀模糊　　　　選取範圍執行多次模糊

放射狀模糊　　　表面模糊　　　　高斯模糊

智慧型模糊—僅限邊緣　　智慧型模糊—覆蓋邊緣　　背景「鏡頭模糊」

接下頁 ➡

11-11

原影像　　　　「平均」背景的結果

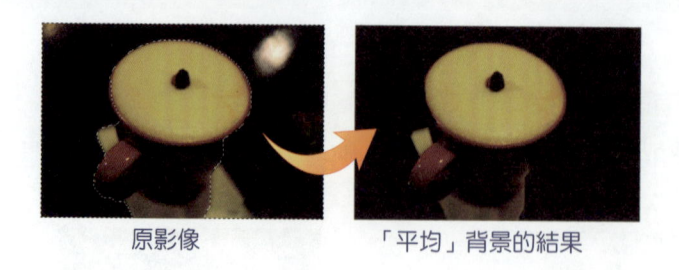

背景「動態模糊」

11-4-2 模糊收藏館

在 Photoshop CS6 時，**模糊收藏館** 濾鏡中有 **景色模糊**（Field Blur）、**光圈模糊**（Iris Blur）和 **移軸模糊**（CS6 稱作 **傾斜位移**）（Tilf-Shift）三種模糊方式，讓攝影師在後期編輯照片時，能以非常簡單的操作，創造出媲美真實相機拍攝的景深效果。到了 CC 2014 版本，又新增 **路徑模糊** 與 **迴轉模糊** 二種濾鏡，讓您沿著路徑建立動態模糊，或旋轉影像製造模糊效果。執行這些濾鏡時會出現 **模糊工具** 面板，只要調整參數，就能快速製造相片的模糊效果，並立即檢視結果。CC 版本開始支援非破壞性的模糊效果操作，也就是可以先將影像轉換為「智慧型物件」後再執行，各種模糊濾鏡的詳細操作請參閱線上 PDF。

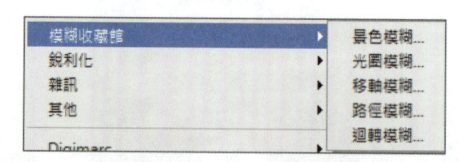

原影像　　　　景色模糊 - 增加景深效果

11-12

原影像 　　　　　　　　　　光圈模糊

原影像 　　　　　　　　　　移軸模糊

迴轉模糊
角度：46
強度：30
閃光燈：2
持續時間：10 度

原影像 　　　　　　　　　　路徑模糊

11 讓影像充滿想像與創意—濾鏡特效

11-13

11-4-3 銳利化濾鏡

　　Photoshop 提供了 5 種指令來提高影像的銳利化,這類型的濾鏡主要是利用提高像素間的反差,來達到提高銳利化的效果。在影像後製過程中,銳利化是很重要的一個環節,也是最常用的功能之一,可以用來解決對焦不夠精準,或按快門時手部不慎搖晃的情形。其中又以 **智慧型銳利化** 及 **遮色片銳利化調整** 最為重要。提醒您:「銳利化」不是萬靈丹,過於模糊的影像再怎麼銳利化也無法補救!

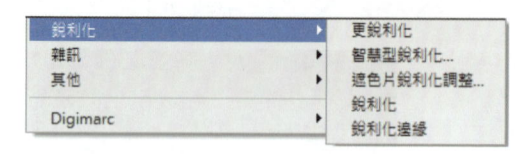

💬 說明

從 2022 年 4 月的 Photoshop 23.3 版本開始,相機防手震功能(濾鏡 > 銳利化 > 防手震 指令)已被移除。如果您使用的是先前的版本,有關防手震濾鏡的操作請參閱線上 PDF 有關濾鏡的說明。

原影像

套用三次「銳利化」　　套用二次「更銳利化」　　智慧型銳利化

執行銳利化邊緣指令 3 次　　遮色片銳利化調整

11-4-4 雜訊濾鏡

所謂的「雜訊」是指那些不屬於影像上該有的額外像素、灰塵或刮痕等。Photoshop 中有五個與 **雜訊** 有關的濾鏡指令，可以先選取範圍後再執行指令。這類型的濾鏡，除了 **增加雜訊** 濾鏡是增加雜紋用的之外，其餘四個都是減少影像雜紋的濾鏡指令，可以除去影像上因灰塵、掃描不良或原稿破舊 ... 等形成的雜紋。

原影像有細小雜紋（先選取範圍）

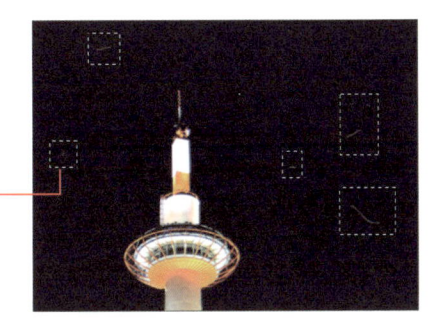

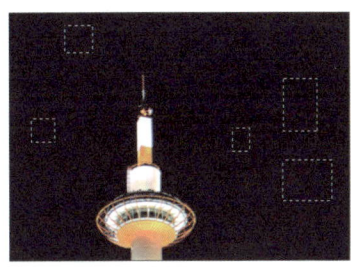

中和

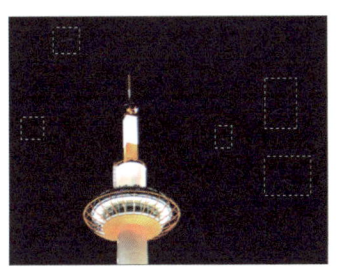

執行 5 次「去除斑點」

污點和刮痕

原影像

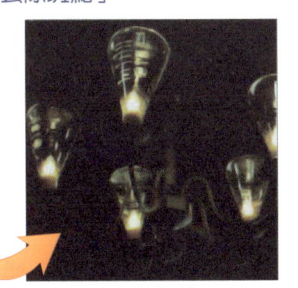

減少雜訊

原影像

增加雜訊

11-5 紋理 / 藝術風 / 風格化濾鏡

使用 **紋理** 濾鏡可以將影像改變成繪畫式的效果，加深影像的質感及拼圖式的特效。使用 **風格化** 濾鏡可以在影像中移置像素，尋找和增加對比效果，製作出印象派畫風。**紋理**、**藝術風** 和部分 **風格化** 濾鏡效果必須進入 **濾鏡收藏館** 中設定。

11-5-1 紋理濾鏡

紋理 濾鏡共有 6 種製作紋路的特效，這些濾鏡除了可以用來製作影像特效外，也可以在單色的底色上製作出底紋。

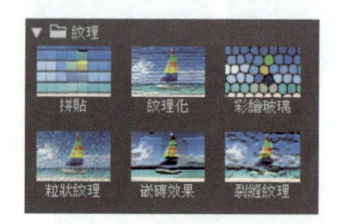

原影像

拼貼

紋理化

彩繪玻璃

粒狀紋理

嵌磚效果

裂縫紋理

11-5-2 藝術風濾鏡

藝術風 濾鏡共有 15 種特效，可以用來模擬美術作品的效果。

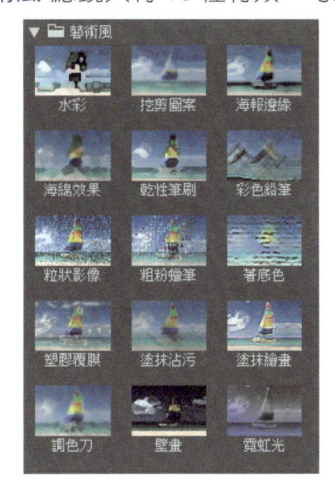

原影像

水彩

挖剪圖案

海報邊緣

海綿效果

乾性筆刷

彩色鉛筆

接下頁

粒狀影像　　　　　　粗粉蠟筆　　　　　　著底色

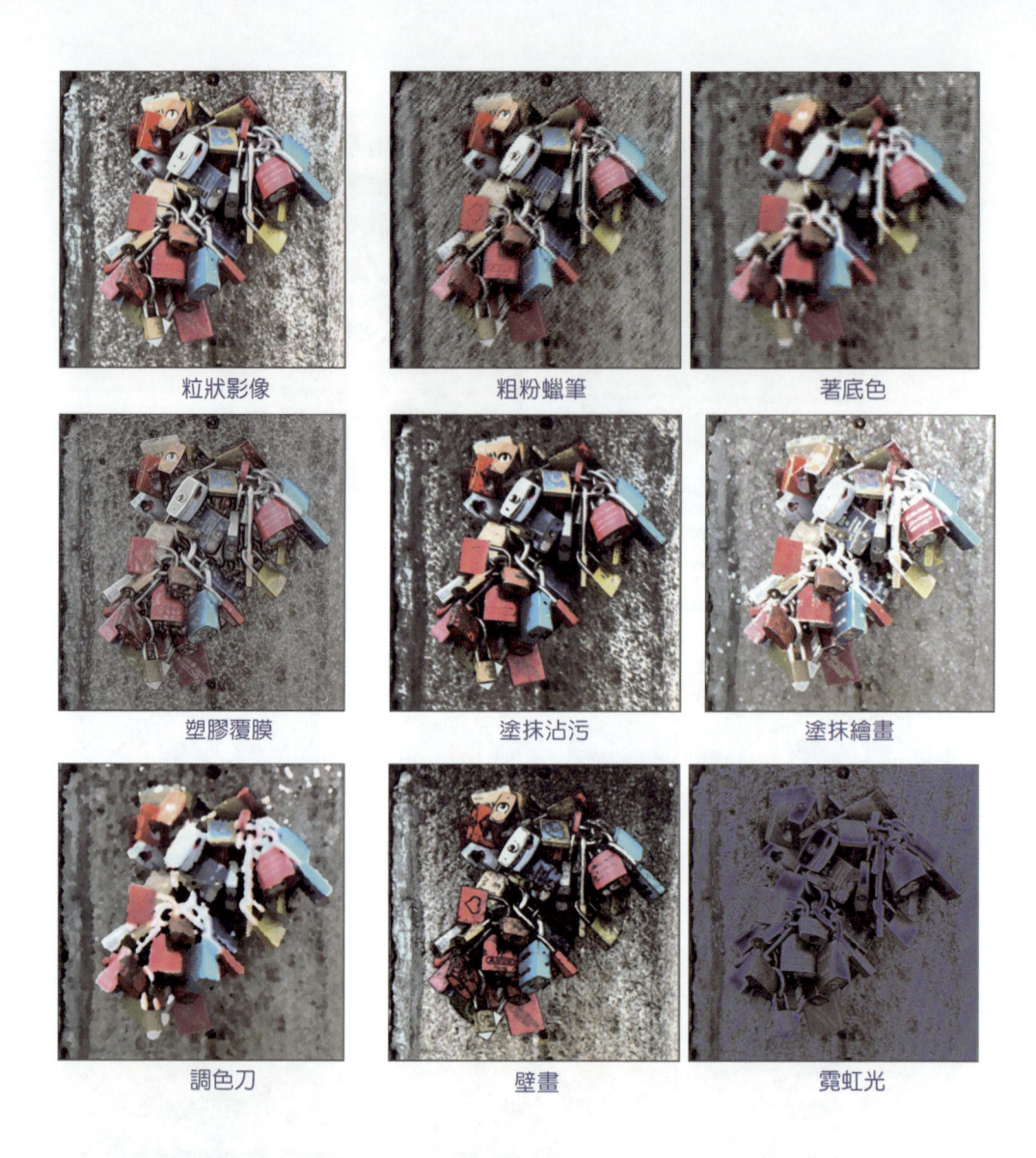

塑膠覆膜　　　　　　塗抹沾污　　　　　　塗抹繪畫

調色刀　　　　　　　壁畫　　　　　　　　霓虹光

11-5-3 風格化濾鏡

　　風格化 濾鏡會在影像中尋找對比較高的像素，藉以製造出繪圖或印象派效果，共有 9 種風格化濾鏡可以選用，**邊緣亮光化** 濾鏡要進入 **濾鏡收藏館** 執行。

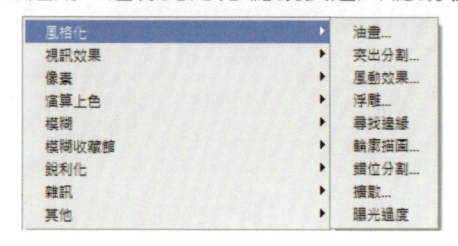

原影像	油畫	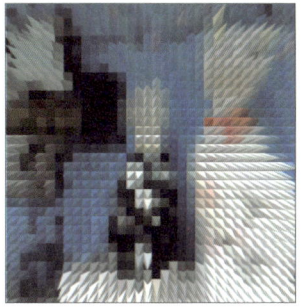 突出分割（金字塔「根據色階」）
風動效果	浮雕	尋找邊緣
輪廓描圖	錯位分割	擴散
曝光過度	邊緣亮光化	

11 讓影像充滿想像與創意—濾鏡特效

11-19

11-6 扭曲與液化濾鏡

扭曲 濾鏡顧名思義是以扭曲畫面為效果，使用時會佔用相當多的記憶體。**液化** 濾鏡可以自由的依使用者決定位置，改變影像的膨漲、縮小或進行扭曲。

11-6-1 扭曲濾鏡

扭曲 濾鏡內含 12 種不同的扭曲特效，是以幾何方式來扭曲影像，使其產生 3D 或其他變形的效果。其中的 3 種效果（**玻璃效果、海浪效果、擴散光暈**）須進入 **濾鏡收藏館** 中執行。

原影像

內縮

外擴

扭轉效果

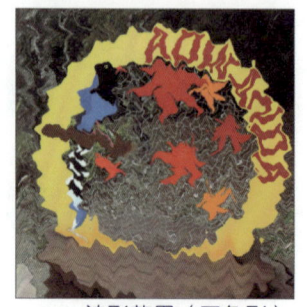

波形效果（三角形）

旋轉效果

魚眼效果

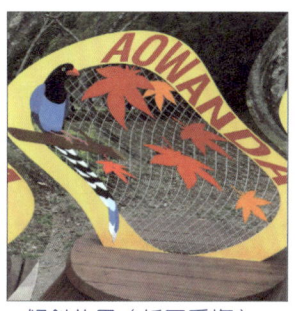

傾斜效果（折回重複）	漣漪效果	鋸齒狀
玻璃效果	海浪效果	擴散光暈

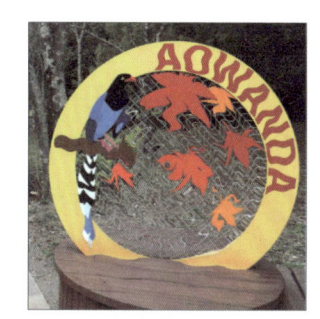

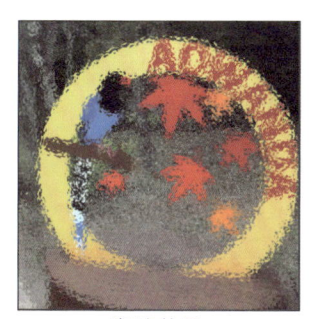

　　移置 是利用一張「檔案類型」為「置換色階配對表」(*PSD) 的來源影像中的灰階值，使目的影像的範圍產生不同方向的位移（水平與垂直式的扭曲）。如何操作請參閱線上 PDF 有關濾鏡的說明。

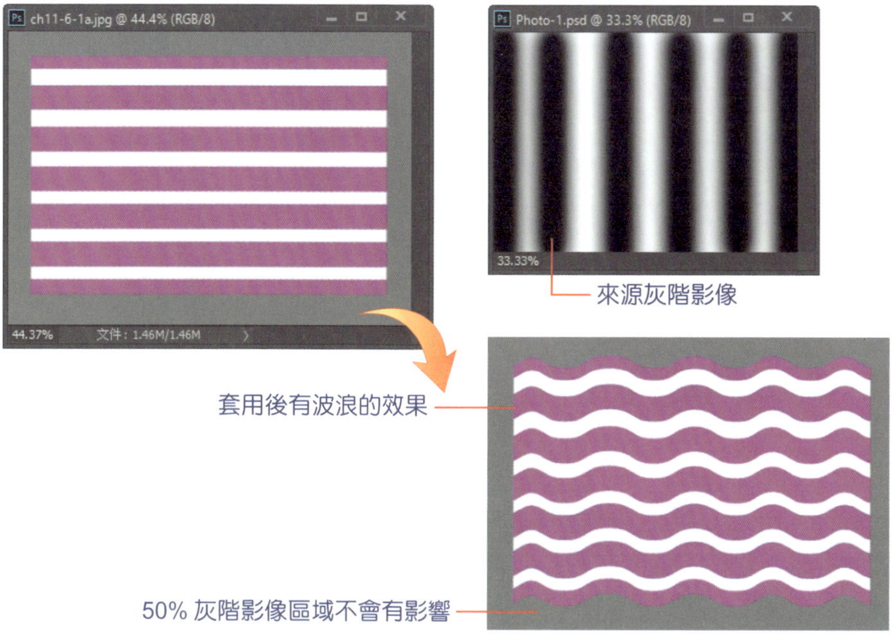

來源灰階影像

套用後有波浪的效果

50% 灰階影像區域不會有影響

11-21

11-6-2 液化濾鏡

　　液化 濾鏡可用來推、拉、旋轉、收縮及膨脹影像的任何範圍，善用這個濾鏡可以潤飾影像或建立獨特風格的藝術效果，例如：修飾人物的身材，讓模特兒更顯纖細、修長就是最常應用的實例。**液化** 濾鏡只適用於每色版 8 位元或每色版 16 位元的影像。CC 版本中的處理速度加快且支援「智慧型物件」，因此可先將影像轉換為「智慧型物件」再進行處理，這樣即使儲存檔案後，也可以再編輯或移除 **液化** 效果。

　　液化 濾鏡中最常使用到的扭曲工具為 **向前彎曲工具** 及 **縮攏工具**（參考右頁圖中的工具列），例如下圖為使用這二個工具將模特兒修飾的更纖細的結果，詳細的操作請參閱線上 PDF。

腰部和腿部都變細了

原影像　　　　　　　　　　　　　　修飾後的效果

臉部感知液化

　　臉部感知液化 提供進階臉部感知能力，能自動辨識影像中的眼睛、鼻子、嘴巴及其他臉部特徵，讓您輕鬆完成相關調整，很適合用來修飾人像照片及創作諷刺畫作。不過使用此項功能前，請確認已在 **偏好設定 > 效能** 中啟用圖形處理器。

STEP**1** 開啟含有一或多張臉孔的影像,將影像轉為智慧型濾鏡。

STEP**2** 執行 **濾鏡 > 液化** 指令,開啟對話方塊。點選 **臉部工具** ,系統會自動辨識相片中的臉部。在面板的 **臉部感知液化** 區域,**選取臉部** 清單會列出已辨識的臉部。在預視區域點選或從選單中選取要處理的臉部。

STEP**3** 展開 **臉部感知液化** 區域中的各選項,拖曳滑桿適度變更臉部特徵。移動左眼和右眼的滑桿選項,以對眼睛套用獨立效果,點選「鎖定」 鈕,移動任一眼的滑桿選項,可對眼睛套用對稱效果。

接下頁 ➡

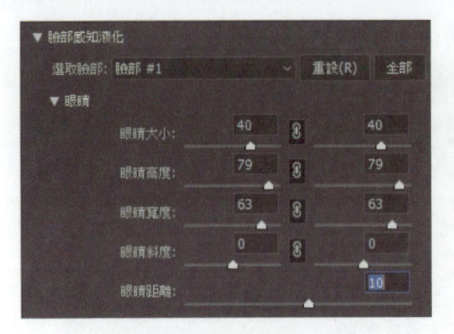

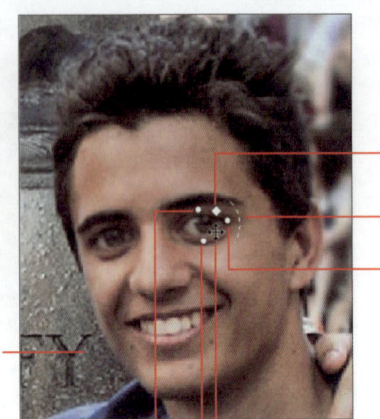

眼睛大小
眼睛斜度
眼睛寬度
眼睛高度 ─ 可移動眼睛

也可直接在預視區拖曳控制點調整

STEP 4 針對其他部位進行調整。

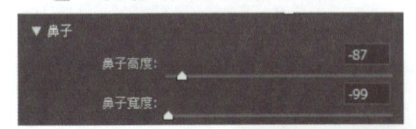

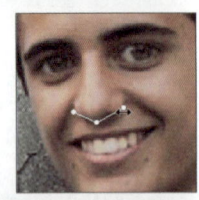

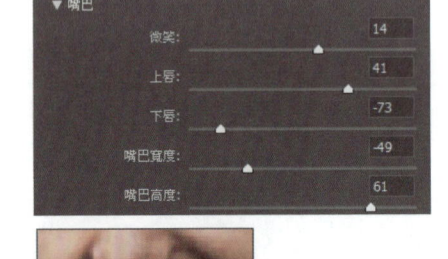

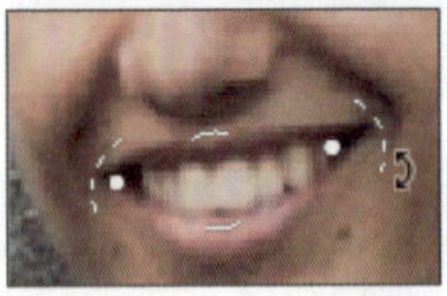

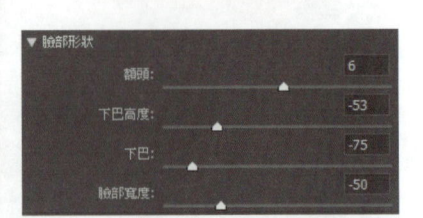

STEP 5 滿意變更後，按【確定】鈕。

原臉部 　　　　變更後

11-24

調整前　　　　　　　　　　　　　調整後

> 說明
> - 此項功能最適合用來調整面向鏡頭的臉部特徵，若想獲得最佳結果，套用設定前，請先旋轉調整任何傾斜的臉孔。
> - 【重建】、【全部復原】鈕及復原工具不適用於透過「臉部感知液化」所做的變更。

11-7　鏡頭校正與最適化廣角

鏡頭校正 濾鏡可以修正攝影時常見的鏡頭缺陷，包括：**桶狀** 與 **枕狀** 扭曲、**色差** 或 **暈映**。**最適化廣角** 濾鏡對於以廣角或魚眼鏡頭所產生的變形，可以快速的辨識狀況，並以簡單的方式進行調整。事實上，現在的數位相機大都有修正鏡頭缺陷的功能，因此除非是從 RAW 檔案中檢視，否則 JPEG 影像中不太看的到這些狀況了。

11-7-1　鏡頭校正

透過這個濾鏡，可以修正攝影時常見的鏡頭缺陷，例如：**桶狀** 與 **枕狀** 扭曲、**色差** 或 **暈映**。這個濾鏡也可以用來旋轉影像，或是修正由垂直或水平傾斜所造成的影像透視。

- **桶狀扭曲**：指的是會使直線向影像邊緣外彎的鏡頭缺陷。
- **枕狀扭曲**：其結果與 **桶狀扭曲** 相反，會造成直線向影像邊緣內彎。
- **色差**：是指在被拍攝的物體邊緣出現色彩光差，會產生這種情形是因為鏡頭折射所產生的光學誤差，導致 RGB 三色沒有聚焦在相同的位置。

◐ **暈映**：會讓影像的邊緣，特別是角落區域，產生較影像中央深暗的情形，也稱為「暗角」。**鏡頭校正** 除了可以去除照片暗角外，也可以增加暗角，讓畫面看起來有不同的氛圍；前陣子很流行的「Lomo」風格，暗角就是特色之一。

自訂校正

除了「自動」校正外，如果想「手動」進行鏡頭校正，可以切換到 **自訂** 標籤來自訂各項參數值。

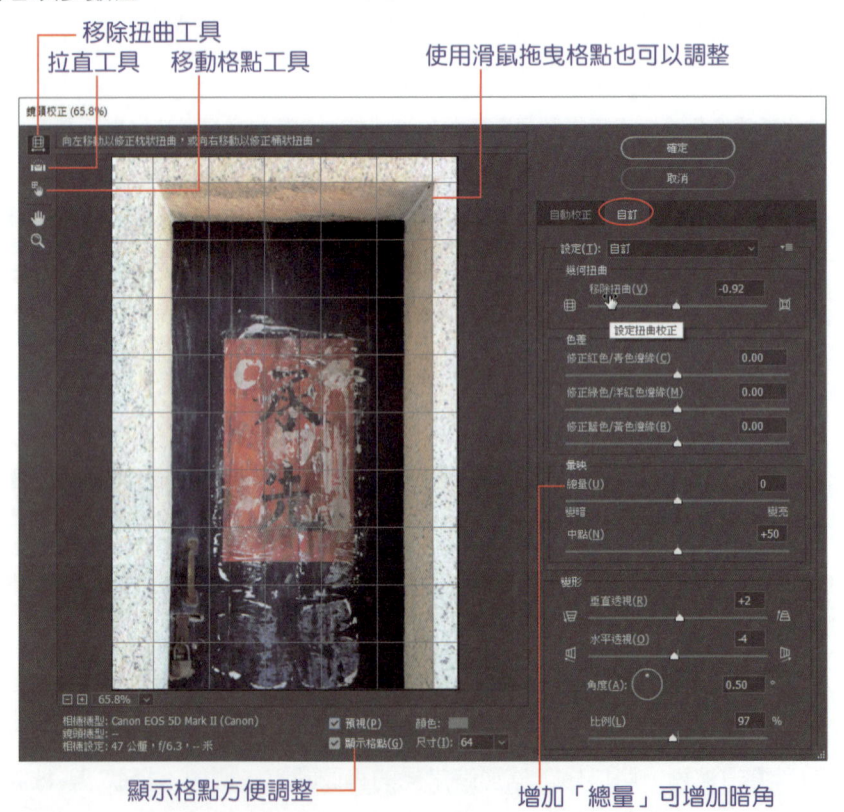

- 移除扭曲工具
- 拉直工具
- 移動格點工具
- 使用滑鼠拖曳格點也可以調整
- 顯示格點方便調整
- 增加「總量」可增加暗角

11-7-2 最適化廣角

這個濾鏡功能可以輕鬆的拉直全景影像，以及使用魚眼或廣角鏡頭拍攝時，造成影像中的彎曲物件。「畫布調整工具」會運用個別鏡頭的物理特性，自動校正彎度，並讓您即時檢視調整的結果。

修正透視

STEP1 開啟影像範例，由於從下往上拍攝而造成影像的透視效果，建築物向上傾斜。請先轉為智慧型濾鏡後，再執行 **濾鏡 > 最適化廣角** 指令。

STEP2 開啟 **最適化廣角** 對話方塊，視窗左側有工具列，左下角會顯示 **相機機型** 及 **鏡頭機型**；右側的 **校正** 欄位顯示為「自動」，也就是濾鏡自動做了校正動作；**細部** 預覽窗格中會顯示滑鼠游標在畫布上的局部放大內容，方便做精確的設定。

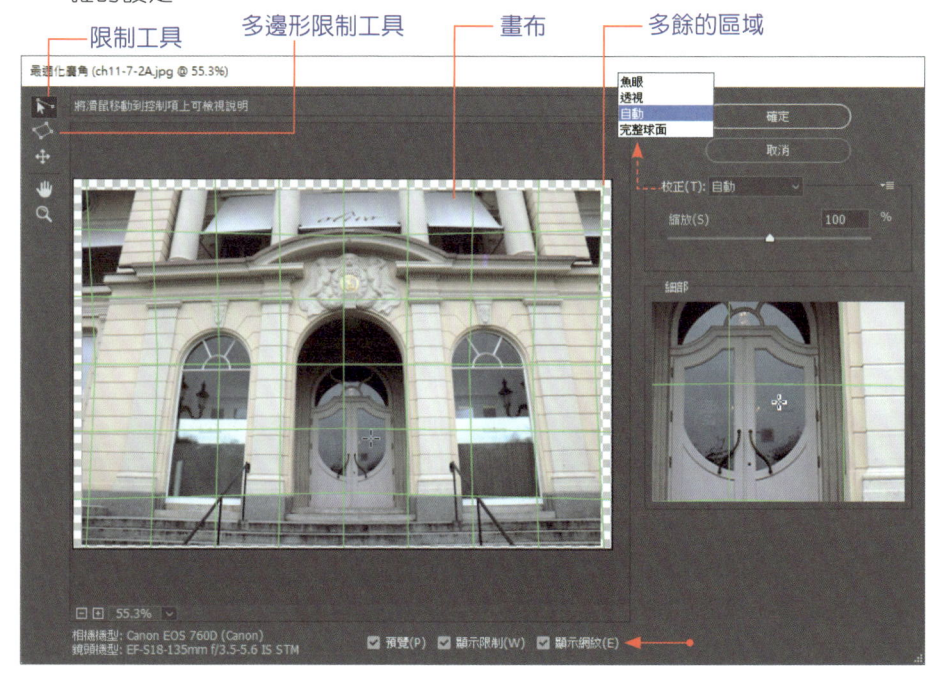

STEP3 要查看系統自動校正後，套用到影像的變形視覺呈現，可勾選下方的 ☑ **顯示網紋** 核取方塊。

11-27

STEP 4 本例中要選擇的 **校正** 為「透視」，由於影像出現了多餘的區域，因此調整 **縮放** 和 **裁切係數** 參數，以便補償濾鏡造成的空白影像區域。

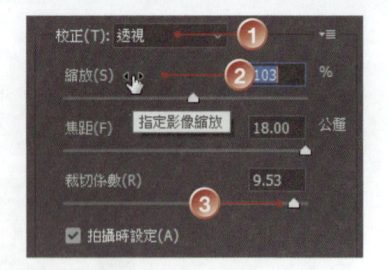

STEP 5 選擇 **限制工具**，在需要拉直或垂直 / 水平對齊的關鍵物件上拖曳。

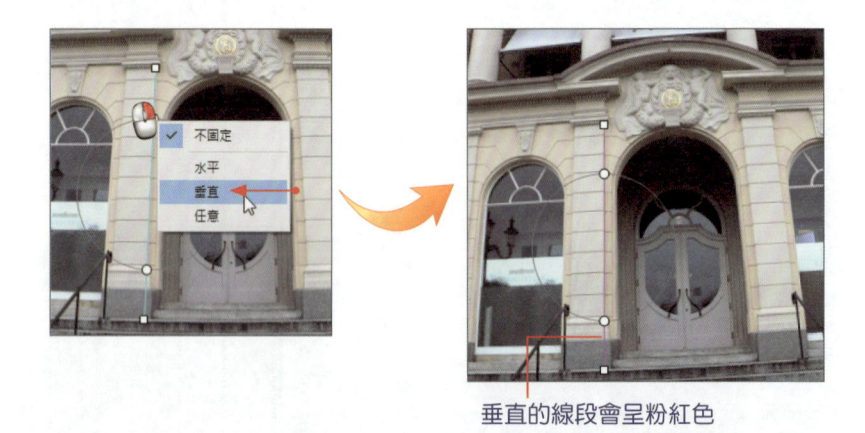

STEP 6 線段上出現控制點，方形控制點可移動線段位置；圓形控制點可旋轉線段方向。為確保線段是呈垂直或水平，可在限制線段上按右鍵，選擇一種方向。

垂直的線段會呈粉紅色

STEP 7 影像呈現大幅度的角度變更，繼續以 **限制工具** 在其他應拉直的建築物上建立參考線段，並調整角度；系統會自動偵測線段的曲度而拉直。

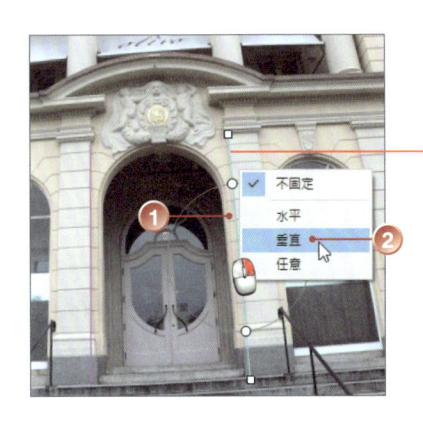

拉出第二條垂直線

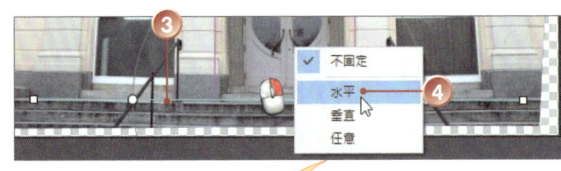

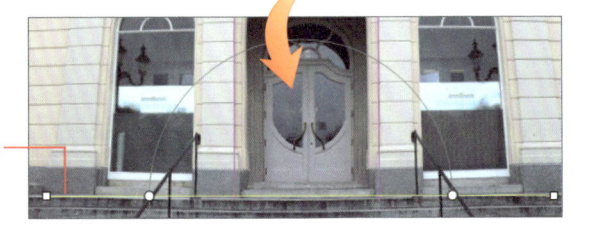

水平的線段會呈黃色

STEP 8 操作中請適時的調整縮放比例，並藉由 **細部** 窗格設定線段位置。調整滿意後，按【確定】鈕。

原影像 　　　　　　　　　　　　修正影像後

11

讓影像充滿想像與創意—濾鏡特效

11-29

11-8 消失點

消失點 整合了透視及圖片變形這兩種功能,可以在編輯包含透視平面的影像時,保留正確的透視。例如:在建築物或任何矩形的物體上進行 **仿製**、**填色** 和 **貼上** 等編輯工作,在執行過程中,會產生自動符合指定影像主角的周圍物件。當您使用 **消失點** 來潤飾、增加或移除影像內容時,所產生的效果會較逼真,因為編輯的內容會依據透視平面,適度地調整方向與縮放比例。以下介紹消失點常見的應用,詳細的操作請參考線上 PDF。

產品貼圖

消失點 常運用在產品貼圖,不管是產品或建物上的廣告招牌,都可以相同的操作進行。

透視物件複製

第二種 **消失點** 常見的應用,是複製一張影像中的某部分,然後貼到不同的位置,藉由透視空間的遠近而自動調整大小,呈現自然不突兀的結果。

11-9 Neural Filters—神經濾鏡

Neural Filters 又稱為 **神經濾鏡**，是由 Adobe Sensei 驅動的人工智慧濾鏡集，內含多種濾鏡可以幫您大幅減少繁複的工作流程，您只需移動參數滑桿，就可以在幾秒鐘內變更人物的表情、年齡、目光或姿勢，將場景彩色化或將黑白照片上色，放大影像的局部區域，模糊相片背景…等進行非破壞性的作業，讓您對這些驚人的效果嘆為觀止！

首次使用這些濾鏡時，必須先從雲端下載才能開始編輯，下載後大部分的濾鏡會在本機運作，只有部分濾鏡會在雲端處理，因此需要有網路連線。當然您必須先以有效的 Adobe ID 登入後，才能取得最新的 Photoshop 版本並使用更新後的濾鏡。請依以下的步驟來使用 Neural Filters：

處理時會出現在本機或雲端處理的提示

STEP 1 開啟要處理的影像，執行 **濾鏡 > Neural Filters** 指令，展開 Neural Filters 面板。

11-31

> 說明
> 如果影像中未偵測到臉部，則與人像有關的濾鏡將會變灰而無作用。

STEP**2** 從 **所有濾鏡** 標籤的 **精選** 類別中，選擇要使用的濾鏡，點選名稱右方的雲端圖示 ☁ 或右側面板的【下載】鈕。

> 說明
> **精選** 類別是已正式推出的濾鏡；**BETA** 類別是處於測試階段的濾鏡，雖可使用，但效果可能差強人意；**等待清單** 類別則是未來將會推出的濾鏡。

STEP**3** 下載完成，面板中顯示各種參數選項，依所需調整效果。

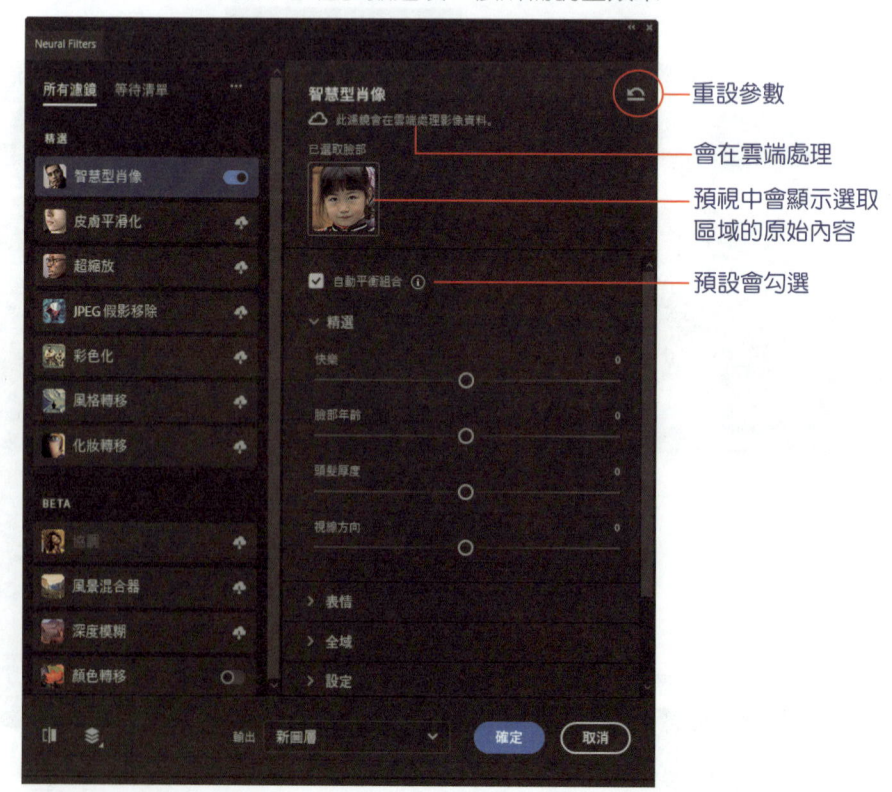

- 重設參數
- 會在雲端處理
- 預視中會顯示選取區域的原始內容
- 預設會勾選

11-32

可展開各選項進行調整

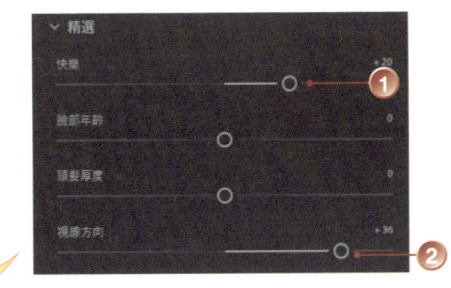

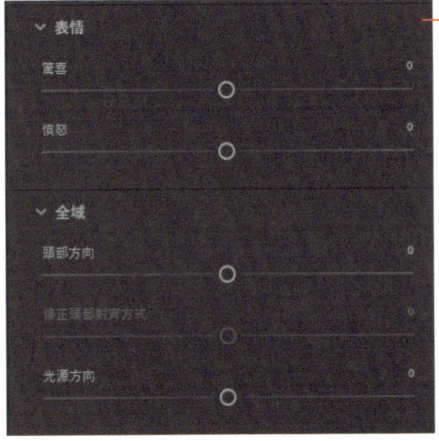

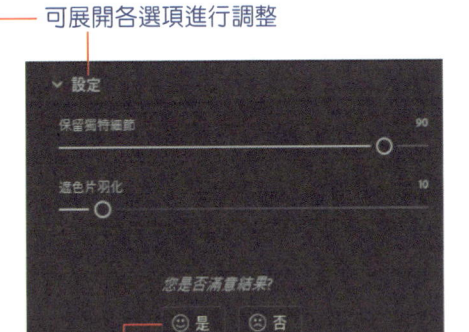

可將個人意見回饋給 Adobe

STEP**4** 預設的 **輸出** 選項是 **新圖層**，按【確定】鈕，文件中會新增「圖層 1」。

原來的表情

濾鏡效果並不會破壞
到原始影像的內容

　　這個濾鏡的部分效果很像 **液化** 濾鏡，只是操作更簡單。Neural Filters 從 2020 年底首次出現後，經歷過多次版本更新將功能改良，不過，這項功能至今的褒貶不一，端看使用者如何妥善的運用。例如下圖是將黑白影像套用 **彩色化** 濾鏡的效果，套用完畢還可在面板進行 **調整** 手動為影像上色。

接下頁 ➡

11-33

自動上色的效果

復古棕色

手動再調整的效果

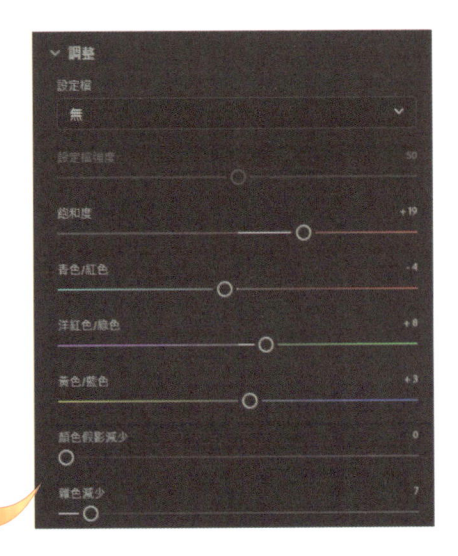

接著再來示範如何使用 BETA 類別的 **協調** 濾鏡，這個濾鏡可讓圖層的顏色符合色調，創造完美的合成影像：

STEP**1** 開啟要處理的影像，先選取主體的叉子內容，按 Ctrl+J 快速鍵複製到圖層。

STEP**2** 將另一個影像檔案拖曳到「圖層 1」的下方，命名為「夕陽」，再調整一下「圖層 1」中叉子的位置。

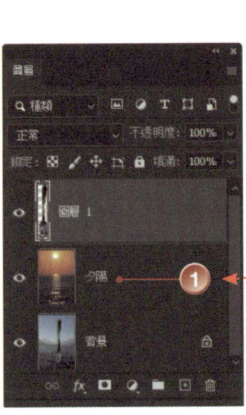

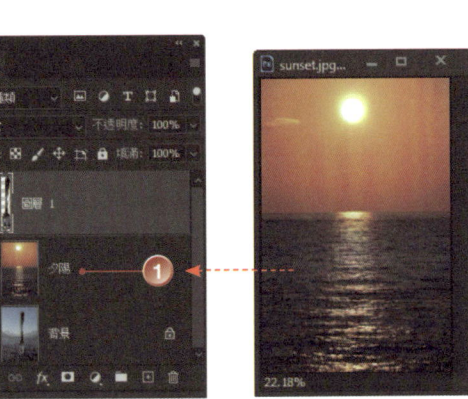

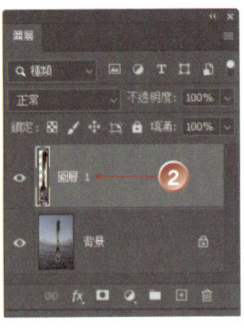

11 讓影像充滿想像與創意—濾鏡特效

11-35

STEP 3 我們要讓叉子呈現出黃昏下該有的色調,選取叉子所在的圖層後,開啟 Neural Filters 面板,下載 BETA 類別的 協調 濾鏡。

STEP 4 在 選取圖層 清單中選取「夕陽」,也就是要做為色調參考的影像來源。

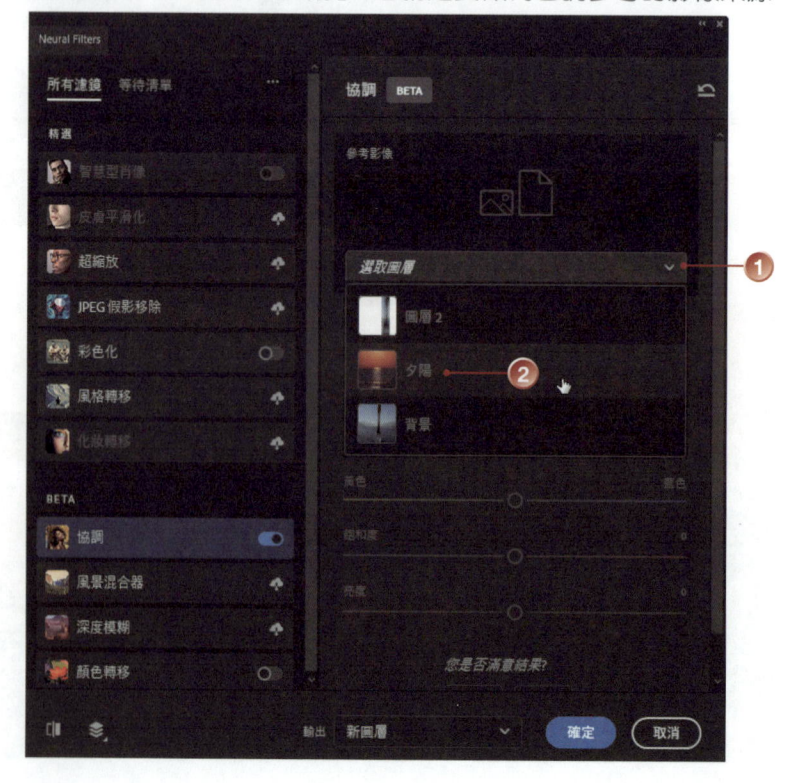

STEP 5 可再調整下方的參數滑桿，以便達到理想的效果。

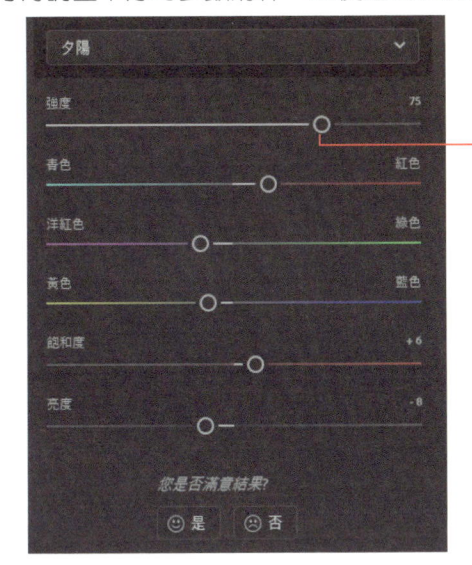

「強度」可加強色調的調合度

調整前 　　　　　　　　調整後

11 讓影像充滿想像與創意—濾鏡特效

11-37

11-10 Adobe Camera Raw

　　Adobe Camera Raw（簡稱 ACR）是 Photoshop 的增效模組，可以解譯相機所拍攝的 Raw 檔，它可以調整影像的曝光、色溫、亮部、陰影、銳利度，也可以修飾雜點、去雜訊…等許多基本的編輯作業，只要在 ACR 就可以完成，然後直接輸出檔案，不必使用到 Photoshop，因此不失為高效率、高品質編輯作業的好方法。

> 💬 說明
>
> ACR 增效模組可以從 Adobe 官網免費下載，版本會經常更新以便增加市場新推出的各種數位相機，請留意 Creative Cloud 面板上的更新資訊，以維持在最新的版本。

　　Photoshop 的編輯功能與特效比 ACR 多很多，可以執行比較細膩的局部編修。通常攝影玩家的處理流程，是先用 ACR 來開啟 Raw 檔，盡可能的進行影像編輯，如果還需要更進一步的處理，再使用 Photoshop 做接續的特效處理。

與 Camera Raw 濾鏡的差異

　　Photoshop 的濾鏡中，也有一個 Camera Raw 濾鏡，用來編輯 Photoshop 中的影像，這個濾鏡外觀和功能操作都與 ACR 大同小異，但是它編輯的對象已經不是原來的 Raw 檔，而是在 Photoshop 中的影像檔，其編輯的寬容度比不上 Raw 檔。使用 Camera Raw 濾鏡的優點，是可以在一個對話方塊裡一次完成許多的調整（例如：亮度、飽和度…等），不必使用好幾個各別指令，這對熟悉 ACR 操作的使用者尤其方便。

　　要注意的是，一旦 Raw 檔轉換到 Photoshop 中就再也不是 Raw 檔了，也無法保有原始 Raw 那麼豐富的資料，因此大幅度的調整（尤其是階調、色溫、色彩調整），要盡量在 Camera Raw 進行處理，然後再進入 Photoshop 完成剩下的編輯作業，這樣才能獲得最好的畫質。

　　ACR 的功能非常多，多到可以寫一本專書，限於篇幅，本節只介紹初學者最常用的基本功能。在 11-10-5 小節也會以實例說明 Camera Raw 濾鏡的操作步驟，初學者在了解這二者的區別後，可視拍攝結果與編輯需要，選擇適當的影像處理方式。

11-10-1 認識 Raw 檔案

究竟什麼是 Raw 檔呢?一般數位相機拍攝的影像檔是 JPEG 格式,其特性是方便、格式通用、不需特殊軟體就可以開啟、壓縮的檔案很小易於傳輸、品質還算不錯,因此 JPEG 是最方便、最常用的檔案格式。較進階的相機可以同時儲存 Raw 檔,拍攝時會儲存「Raw + JPEG」二種影像格式。當我們在 Bridge 中同時檢視 JPEG 和 Raw 格式的照片時,總會發現同一張照片呈現出不同的色調,這是因為 Raw 檔記錄了影像感光元件拍攝時完整的原始資料(因此稱為 Raw),沒有加入拍攝設定的場景模式修飾(例如:風景、人像…)、色溫白平衡、飽和度、銳利度、對比度…等調整。除了包含更多資料和更好的畫質外,還可以進行比較大幅度的編輯調整,因此對專業的使用者來說,Raw 檔非常重要。它也被稱作是「數位的底片」,如同傳統攝影中的「底片」一樣,還沒經過暗房處理的原始影像。而 JPEG 格式則是已經過相機拍攝設定,以及相機內建的影像引擎轉換處理的結果。因此,Raw 格式可再以專用的軟體來調整色溫、色彩平衡、對比、銳利度、曝光、階調…等,也較不易產生失真的現象。

Raw 檔與 JPEG 檔呈現出來的結果會不太一樣
(受限於印刷輸出,讀者可能難以區別差異,還請包涵。)

Raw 檔比 JPEG 檔大很多

從檔案大小來看,由於 Raw 檔是非破壞、非壓縮檔案的格式,相對於 JPEG 檔案而言會大很多。而 JPEG 檔案因為經過破壞式的壓縮,已經損失了一部分的影像資訊,能再調整的幅度相當有限。Raw 檔除了檔案較大之外,還必須專用軟體才能讀取。

ACR 可以支援各大相機公司所拍攝的 Raw 檔,也支援 JPEG 與 TIFF 檔案格式。相機直出(直接輸出)的 JPEG 檔是 8 位元色彩,而 Raw 檔有更高的色彩位元,能記錄更豐富的影像細節、色彩與階調。多數相機的 Raw 檔是 14 位元甚至 16 位元,比 8 位元的 JPEG 檔有較多的細節,因此我們可以從 Raw 檔得到比 JPEG 檔更多的資料和更好的畫質。

ACR 對 Raw 檔的編輯是附加在原始 Raw 檔之外，不會變更原始的 Raw 檔，因此您可以多次對其進行編修，而不會損失畫質。ACR 編輯影像後，會產生一個與 Raw 檔同名的「.xmp（中繼資料）」檔案，這個檔案就記錄了編輯的設定參數。

131A5984.CR3　131A5984.JPG　131A5984.xmp

> **說明**
>
> - Raw 拍攝時決定的固定參數為：光圈、快門和感光度（ISO），曝光值在拍攝當下就已經決定，無法再改變，ACR 調整曝光亮度僅在改變階調分佈，因此會有極限，一般調整超過 4 級曝光就會有失真雜訊產生，所以拍攝時一定要力求曝光正確才能獲得最佳畫質。其他的相機設定例如：場景模式（風景、人像…）、色溫白平衡、飽和度、銳利度、對比度…等調整都對 Raw 檔案沒有影響，且這些效果都可在後製時調整出來，因此其後製的寬容度很大。
>
> - 大多數相機公司都有不同的 Raw 格式，而這些格式的規格資訊並未公開，因此並非任何軟體都能讀取每種原始檔案。Raw 儲存的是完整的感光元件（CMOS 互補性氧化金屬半導體）記錄的原始影像資料。
>
> | 相機廠牌 | 副檔名 |
> | --- | --- |
> | Canon | CR2、CR3 |
> | Nikon | NEF |
> | Olympus | ORF |
> | Fujifilm | RAF |
> | Kodak | DCR |
> | Sony | SRF |
>
> - Adobe 所提出的 DNG 格式（Digital Negative 數位負片）就是希望能解決這個相容性問題，DNG 是一種公開的數位影像 Raw 格式。目前已有數以百計的軟體製造商支援 DNG 格式。
>   除了數位負片的規格外，Adobe 也提供免費的 Adobe DNG 轉換器，讓您輕鬆的將各家相機不同的 Raw 檔轉換為更通用的 DNG 檔案，以便在更多應用程式中開啟。
>
> - Leica 與 Pentax 相機就是使用 DNG 格式作為數位相機 Raw 檔的格式，Apple、Google 和 Samsung 等公司的產品也支援 DNG。

11-10-2 以 Adobe Camera Raw 編輯影像

在 Photoshop 開啟 Raw 格式時，會自動進入 Adobe Camera Raw 視窗，您也可以先進入 Adobe Bridge，直接在 Raw 檔案上快按二下，同樣可以開啟 Camera Raw 進行後製。如果照片是 JPEG 檔，可以按滑鼠右鍵選擇 **在 Camera Raw 中開啟** 指令（或按 Ctrl+R 組合鍵），即可在 Camera Raw 開啟 JPEG 格式的照片。您可以同時開啟多個 Raw 檔進行編輯。

接下來將透過簡單的操作，介紹 ACR 的影像處理流程。

STEP**1** 開啟要修正的多個 Raw 影像，點選要編輯的縮圖底片，從 **編輯** 面板中展開要設定的選項。

- 開啟的 Raw 底片
- 顯示相機的機型
- 色帶式色階分佈圖
- 轉換並儲存影像
- 拍攝資訊
- 切換全螢幕模式
- 工具（預設會位在「編輯」）
- 檢視工具
- 底片選單
- 調整顯示比例
- 隱藏底片
- 篩選排序
- 為底片標示星級
- 切換可見度

💬 說明

開啟的影像會顯示在預覽下方的底片選單中，您可以根據拍攝日期、檔案名稱、星號評等和顏色標籤來排序影像，也可以篩選相片，這幾項的操作與在 Bridge 相同。

STEP**2** 最重要、最常用的調整都集中在 **基本** 選項，可視需要進行調整設定。大部分的操作與第六章所介紹的功能基本上一樣，只不過全部集中在一個面板中，只要熟悉第六章的各項操作，就可在此一次完成所有調整。

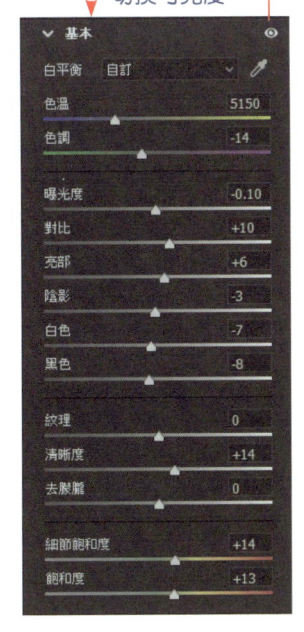

11-41

💬 **說明**

對初學者而言,多個指令集中在一起,可能會感到眼花撩亂、無從下手,但熟悉之後就會發現它的好處,因為各項調整功能是互相牽動的,例如:調整了 亮部、陰影 後,可能需要再次微調 曝光度 或 對比,以獲得更完美的效果,此時就可一併完成。最常用的編輯是 基本、曲線、細部 和 光學。

STEP 3 要比較調整前後的對照圖,請點選縮圖下方的 **循環切換「編輯前」/「修圖後」視圖** 鈕,共有四種方式可供切換比較。

調換「之前」/「之後」設定
切換至預設設定
將目前的設定拷貝到「之前」

💬 **說明**

長按面板右側的眼睛圖示,可切換並預覽影像調整前後的差異;有經過變更才會呈現可切換狀態。

沒有變更呈現無作用

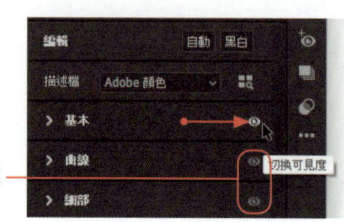

11-42

STEP 4 視需要展開常用選項之面板，檢視可調整之參數，進行調整或影像校正。

調整銳利化、減少雜訊和色彩雜訊抑制

可微調色調範圍

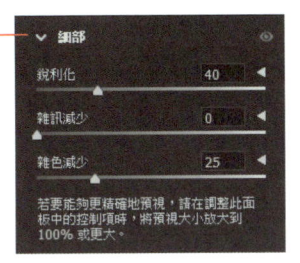

可移除色差或扭曲和暈映

使用「修飾外緣」影像中取樣紫色或綠色色相以進行修正

說明

若想放棄所做的調整，回到一開始開啟時的狀態，可按住 Alt 鍵，此時【取消】鈕會變成【重設】鈕，點選即可重設。

STEP 5 除了 **編輯** 作業外，還可切換到其他工具進行 **裁切**、**汙點移除**、**建立遮色片**、**移除紅眼**、**建立快照**，或是進行縮放、移動或顯示格點，這些功能大多與 Photoshop 中的類似。

STEP 6 完成所有調整作業後，您可以有以下幾種執行方式：

▶ 按【完成】鈕，套用更改並關閉對話方塊，不會在 Photoshop 開啟影像。此時在儲存 Raw 檔的相同位置會產生同名的「.XMP」檔案，記錄本次的修改，下次再開啟時仍會記住這些變更。如果再次開啟該 Raw 檔並重新調整過，新的「.XMP」就會覆蓋掉前次的「.XMP」檔。

131A5984.JPG　131A5984.xmp

11-43

◐ 按【開啟】鈕，會在套用變更後進入 Photoshop，可再做更進一步的編輯。

雖然顯示的是 Raw 檔，不過編輯後只能以其他格式儲存

◐ 選擇【以物件形式開啟】鈕，會依智慧型物件的方式開啟，若想再次編輯可在圖層縮圖上快按二下，即可再次開啟 ACR 重新調整。

會自動在原檔名後方加上「-1」、「-2」…

◐ 選擇【以拷貝形式開啟】鈕，將不更新影像的「.XMP」就直接在 Photoshop 開啟。

11-10-3 套用預設集

ACR 中提供了許多預設集，可以讓您快速套用在不同風格與主題的 Raw 檔，省去繁複的調整過程，包括不同膚色的肖像、風景、食物、旅行、電影 … 等預設集，透過人工智慧技術，可以自動套用「選取主體」和「選取天空」遮色片，您還可以批次處理有相同設定的 Raw 檔。

STEP**1** 開啟多張 Raw 檔，選取目標檔案，點選 **預設集** 鈕，展開預設集分類，以滑鼠指到要套用的項目，例如：**自適應：天空**，可即時預覽套用效果（只有天空會受到影響）。

STEP**2** 套用後，面板上方會顯示「預設集總量滑桿」，可調整所選預設集的強度，值從「0」至「200」。

11-44

預設值為 100

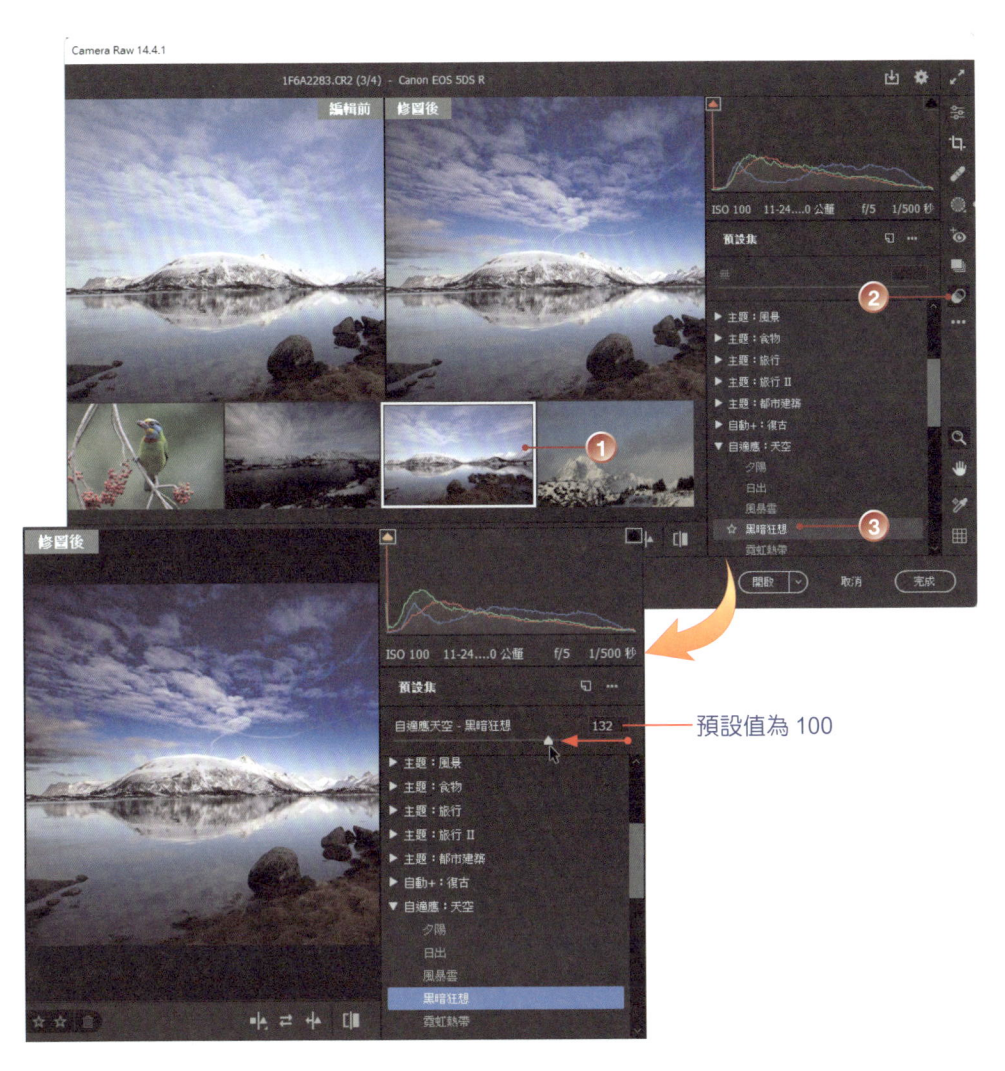

11 讓影像充滿想像與創意—濾鏡特效

STEP**3** 在該 Raw 檔縮圖底片上點選 **選 單** 鈕，展開清單選擇 **拷貝所選編輯設定** 指令。

11-45

STEP **4** 開啟對話方塊，視需要取消勾選不想拷貝的項目，本例中按下【核取所有項目】鈕，再按【拷貝】鈕。

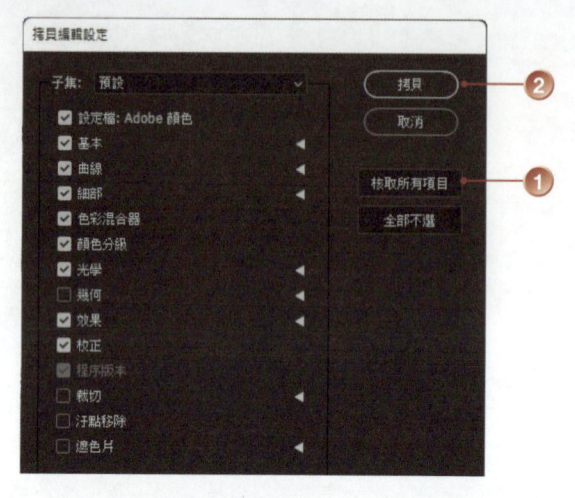

STEP **5** 依序點選要套用相同編輯的底片縮圖，按下 選單 鈕選擇 貼上編輯設定 指令。

套用結果

STEP6 再點選另一張鳥的 Raw 檔縮圖，展開 **自適應：主體** 預設集，選擇要套用的選項，例如：**光暈**，視需要調整 **總量** 滑桿。

只有主體，也就是「鳥」會套用效果

11-10-4 以工作流程輸出影像

我們可以在 Camera Raw 開啟多張 Raw 影像，調整或裁切成所需大小後，將最終效果輸出。

STEP1 於 Bridge 選取多個 Raw 檔案，按 Ctrl+R 鍵於 Camera Raw 視窗中開啟。

STEP2 分別點選影像縮圖，依所需進行影像調整作業，調整完畢點選下方的影像尺寸超連結。

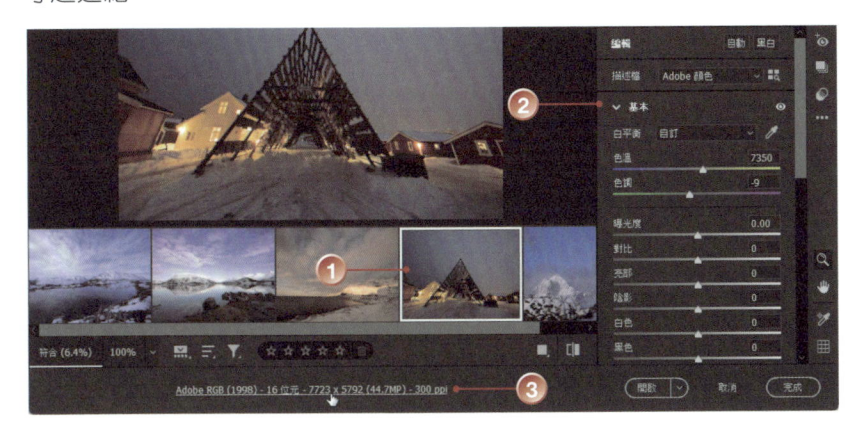

11-47

STEP**3** 開啟偏好設定對話方塊並位在 **工作流程** 標籤，勾選 ☑**重新調整大小以符合** 核取方塊，選擇符合 **寬度與高度**，並指定為「**800X600 像素**」，**解析度** 為「**100**」，按【確定】鈕。Camera Raw 預設會將所有影像同步化。

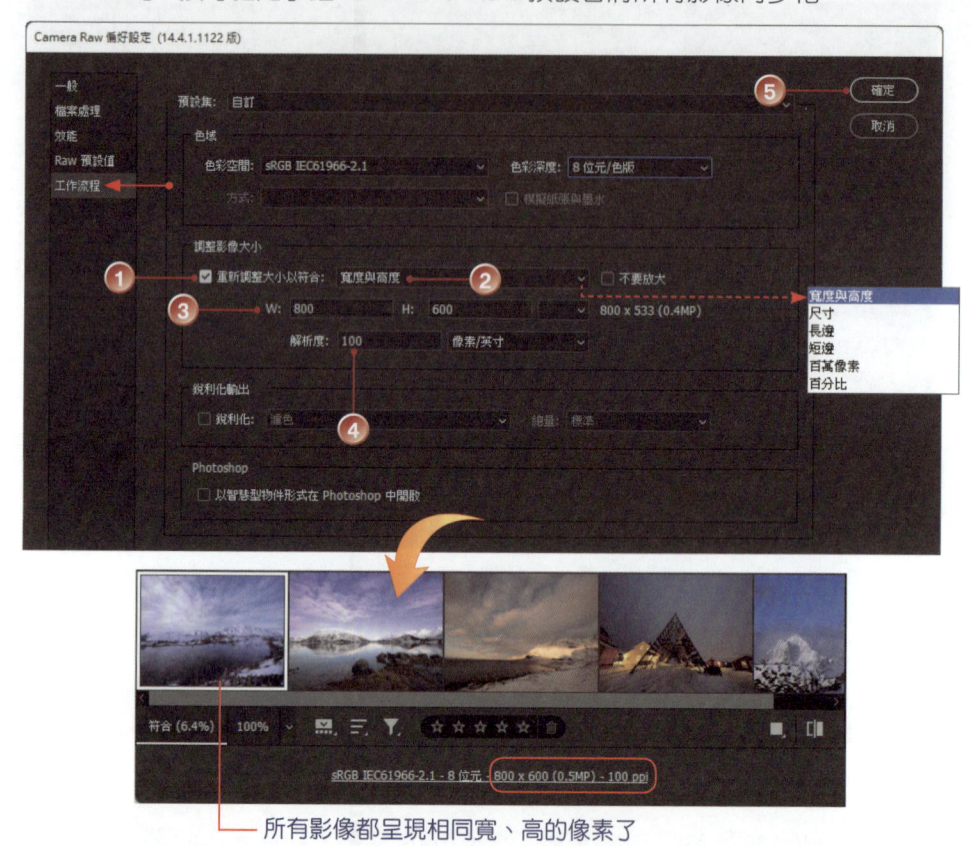

　　　　└ 所有影像都呈現相同寬、高的像素了

STEP**4** 再將第 1 張影像的 **飽和度** 參數調為「**-100**」。

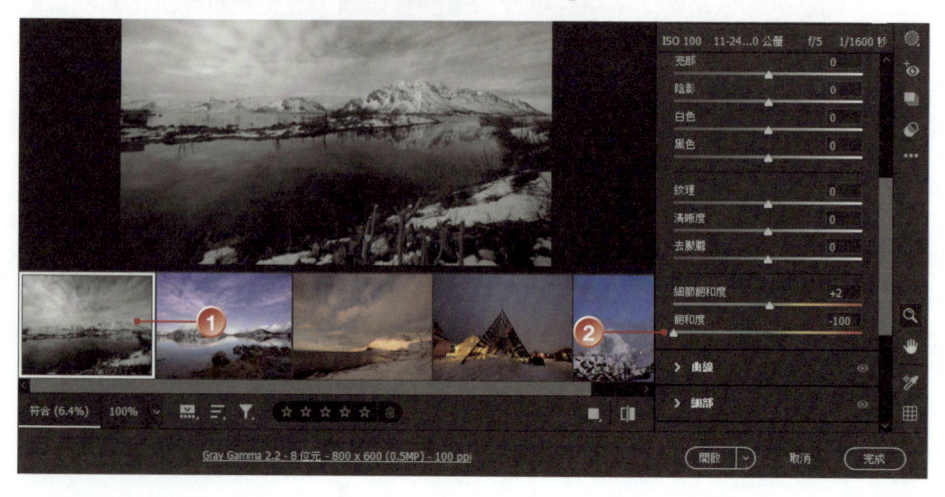

11-48

STEP 5 從縮圖底片的選單 中選擇 **全部選取** 指令，然後再選擇 **同步設定** 指令。

STEP 6 開啟 **同步化** 對話方塊，先按【全部不選】鈕，再展開 **基本**，勾選 **飽和度** 核取方塊，按【確定】鈕。

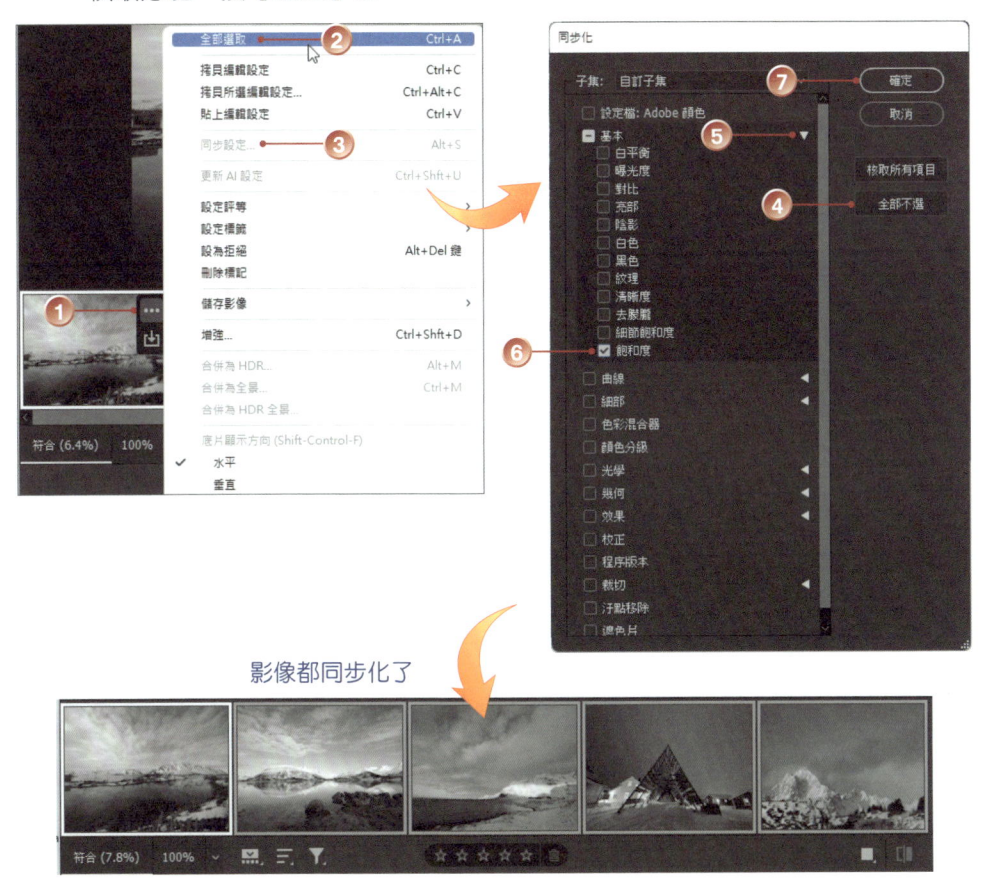

影像都同步化了

STEP 7 要儲存調整後的影像結果，請確認已選取全部的影像縮圖，再按視窗右上方的 **儲存影像** 鈕，開啟 **儲存選項** 對話方塊。

STEP 8 選擇 **目的地**（儲存位置），再命名檔案，從 **副檔名** 下拉式清單中選擇一種類型（例如：.jpg），**格式** 下方區域的參數會自動切換，視需要設定其他選項，完成後按【儲存】鈕。

接下頁 ➡

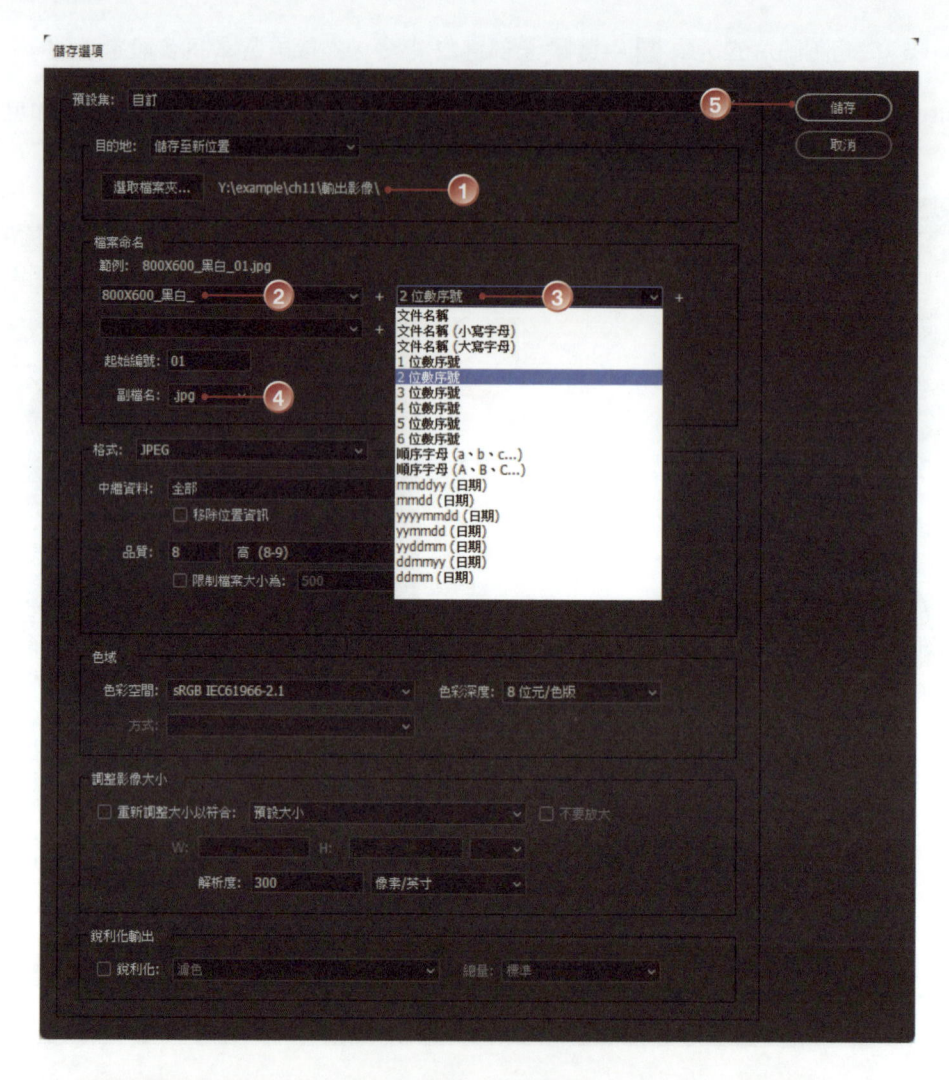

step 9 不再編輯可按【完成】鈕套用更改並關閉 Camera Raw 視窗,也不會在 Photoshop 開啟影像,下次再開啟該 Raw 檔時仍會記住這些變更。

輸出結果

11-50

Bridge 中的影像縮圖會出現圖示（代表調整及裁切過）

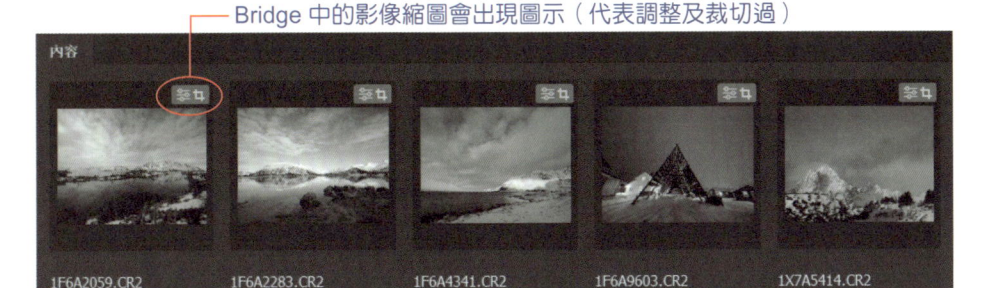

💬 說明

- 在 Camera Raw 編輯完 Raw 影像後，修改完的數據並不會覆蓋原本的 Raw 檔，因此可再還原為原始設定值。相關的參數設定會儲存在下列兩個位置之一：「Camera Raw」資料庫或是附屬的「*.XMP」檔案（預設的選項）。這些儲存的設定值讓 Photoshop 可以記住每個相機原始影像檔的設定，因此下次再開啟這些相機原始影像檔時，上一次所做的設定都會成為預設的設定值。您可以從 Camera Raw 偏好設定 來決定設定值儲存的位置。「Camera Raw」資料庫檔案通常位於使用者的「Application Data」檔案夾中；「*.XMP」檔案則會與原始檔案位在同一個檔案夾內，並使用相同的主檔名。

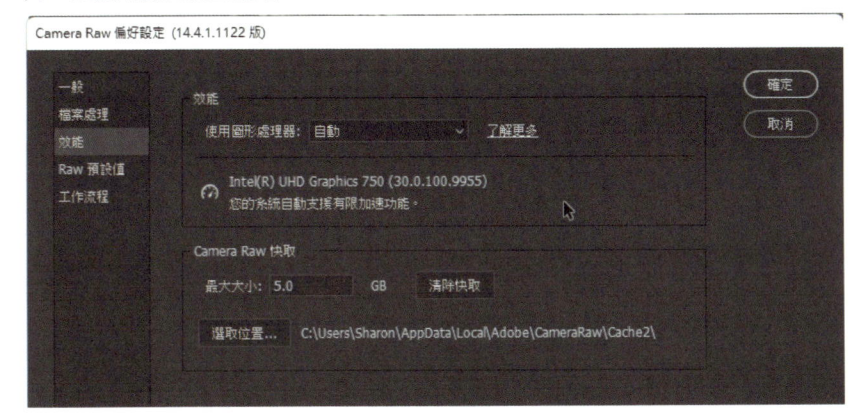

- 在 Bridge 中檢視檔案時，縮圖和預視會使用您調整過的設定，Bridge 快取中儲存了檔案縮圖資料、中繼資料以及檔案資訊等資料。當 Camera Raw 的影像設定變更時，Camera Raw 快取 可讓 Camera Raw 加速開啟影像，並且讓 Adobe Bridge 可以更快重建影像預視。

11 讓影像充滿想像與創意－濾鏡特效

11-51

11-10-5 以 Camera Raw 濾鏡調整影像

如果只想採用與 ACR 相似的編輯環境，來處理一般影像格式，那麼可以在 Photoshop 中執行 Camera Raw 濾鏡，您將會看到與 ACR 相似的視窗與功能，編輯完後回到 Photoshop，得到與使用智慧型濾鏡一樣的結果。

污點移除工具

STEP 1 開啟要調整的影像，轉換為智慧型濾鏡後執行 Camera Raw 濾鏡 指令。

STEP 2 開啟 Camera Raw 視窗，請和 11-41 頁的圖做比較，和 ACR 的視窗有 9 成的相似度（少了 **裁切** 和 **建立快照** 工具）。由於一次只能編輯一張影像，因此不會有縮圖清單和排序、篩選的需求，也不會顯示相機型號、位元、尺寸、解析度 … 等資訊。

STEP 3 點選 **污點移除** 工具,滑鼠游標會呈虛線雙圓框。面板中 **文字** 清單的「修復」會將取樣區域的紋理、光源和陰影符合選取的區域。「仿製」則會將影像的取樣區域套用到選取的區域。

STEP 4 調整筆刷 **大小**、**羽化** 及 **不透明** 參數,接著在要移除(污點)的位置點選一下。

STEP 5 系統會自動偵測附近相似的影像並以複製後的內容填入(如同使用 **修復筆刷工具**)。點選處會變成紅虛線圓框且顯示修復後的結果,同時還會顯示另一個綠虛線圓框,代表複製來源,您可以移動綠虛框以改變複製的來源影像,或按「/」斜線鍵自動修補選取的污點。(按 V 鍵可切換顯示或隱藏虛線框)

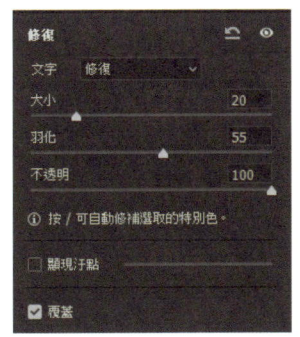

修復結果　　複製來源

11-53

STEP 6 若要修復的範圍較大,可以用點選並拖曳的方式塗抹目標範圍,如下圖所示。視需要調整面板上的 羽化 及 不透明 值,按 重設修復 鈕可清除所有修復設定。

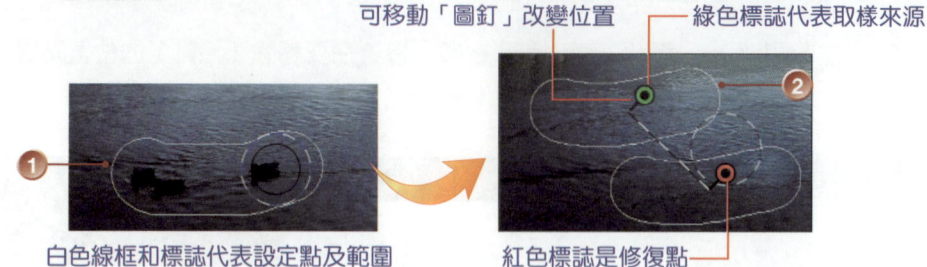

可移動「圖釘」改變位置　　綠色標誌代表取樣來源

白色線框和標誌代表設定點及範圍　　紅色標誌是修復點

STEP 7 修復完成按【確定】鈕。若要恢復被「抹除」的內容,可以 筆刷工具 在智慧型濾鏡的遮色片上以黑色進行塗抹。

在 Camera Raw 濾鏡快按二下
即可開啟視窗重新編輯

遮色片之選取天空

STEP 1 開啟要調整的影像,轉成智慧型濾鏡後進入 Camera Raw 濾鏡視窗。

STEP 2 為了使這張略顯平淡的影像增加可看性,可以讓天空和草地的色調再飽和些,您可以參考前面小節使用「天空」預設集,若想有更多調整彈性,請點選 遮色片 工具,再點選 選取天空。

STEP 3 自動新增「遮色片 1」,天空區域會以遮色片顯示,調整各項參數以獲得想要的效果。

11-54

視需要選擇工具使用

只有天空會受影響

STEP**4** 接著要調整草地的部分,先複製「遮色片 1」,再執行 **反轉遮色片** 指令。

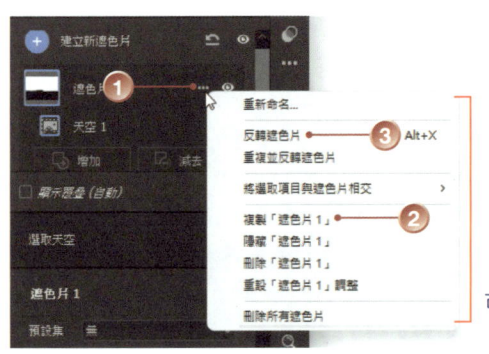

可調整總量

可對遮色片做進一步處理

STEP 5 調整各項參數以獲得想要的效果，比較一下編輯前後的效果呈現，滿意了就按下【確定】鈕。

只有草地部分會變更設定

遮色片之放射性漸層

STEP 1 開啟要設定的影像並進入 Camera Raw 濾鏡視窗，點選 遮色片 工具，再選擇 放射性漸層。

11-56

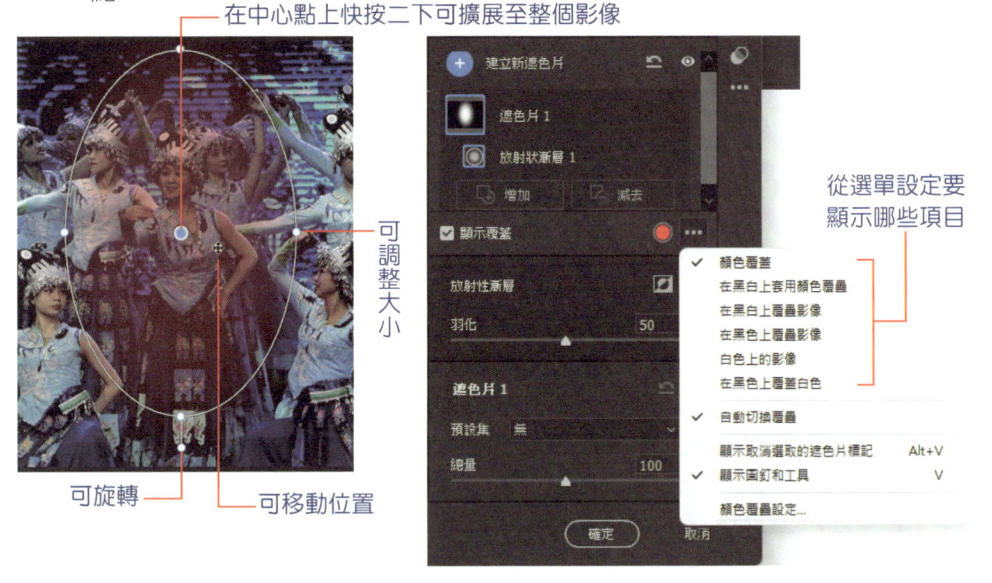

STEP2 在要套用的影像區域點選中心位置後，拖曳出橢圓形（按住 Shift 鍵產生圓形），拖曳的同時按住「空白鍵」可移動位置，按住 Alt 鍵可調整單一控制點。

在中心點上快按二下可擴展至整個影像

可調整大小

從選單設定要顯示哪些項目

可旋轉　可移動位置

STEP3 於面板調整各項參數值，預設的效果會套用在「內部」，按 X 鍵切換為「外部」。

STEP4 按 V 鍵可取消標示線，再按 P 鍵切換顯示調整前後的差異，或以下方的工具鈕切換比較。

接下頁 ➡

11-57

STEP **5** 若要再增加新的放射性漸層，本例中選擇【減去】鈕，如下圖所示。不需要
的放射性漸層，可點選後按 Del 鍵刪除。

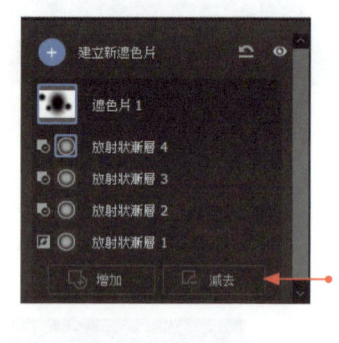

STEP **6** 編輯完成按【確定】鈕。

> 說明
>
> 上一個範例也可選擇 遮色片 的 線性漸層 來處理，
> 結果如下所示。 
>
> 產生 2 個遮色片分別調整天空和草地

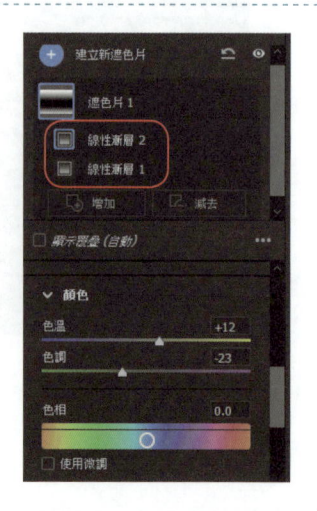

11-58

CHAPTER 12　有效率的處理影像

本章我們將說明如何透過軟體所提供的工具和指令，來提升編修影像的效率，包括使用雲端資料庫、工作區域以及能「自動處理」的相關功能，並了解數位影像的輸出方式，輕鬆又快速的處理影像。

12-1　資料庫

Creative Cloud Libraries（**資料庫**）從 2014 版本開始出現後，經過了不斷的改良，至今功能更加完備了。即使在不同電腦的各種應用程式中，都能看見您以相同 Adobe ID 登入時所建立的 **資產**（Asset），讓您在任何地方創作時，都可取用儲存在雲端的資產。

12-1-1　資料庫的運作方式

資料庫 是一種網頁式服務，可透過各種 Adobe 桌面（和行動）應用程式存取儲存在雲端的個人或團隊資產。您可以將圖形、顏色、文字樣式、筆刷及圖層樣式新增至 Photoshop 中的個人及共用資料庫中，並存取 Adobe Stock 中超過千萬個高品質影像、圖形、視訊、範本和 3D 資產。

尚未登入無法使用的畫面

返回資料庫
邀請使用資料庫
建立新資料庫
匯入資料庫
從文件建立新資料庫...
轉存「我的資料庫」
邀請人員...
取得連結
重新命名「我的資料庫」
刪除「我的資料庫」
自動為「我的資料庫」產生群組
篩選條件
排序選項
搜尋位置
Adobe Stock
目前資料庫
所有資料庫
收合所有群組
永遠顯示名稱
顯示透明度格點
在網站上檢視
檢視已刪除的項目
深入瞭解
新增功能
提供意見回饋
關閉
關閉標籤群組
資產
搜尋位置
格點檢視
路徑
清單檢視
資料庫同步狀態
新增群組
新增元素

- 色票 16144
- 形狀 1 PSD
- 筆畫+陰影
- 蝴蝶 PSD
- Black and White Flowers PSD
- food-3 PSD
- Happy holiday, funny tree with b... AI

從影像擷取
前景顏色
圖形
全部新增

💬 **說明**

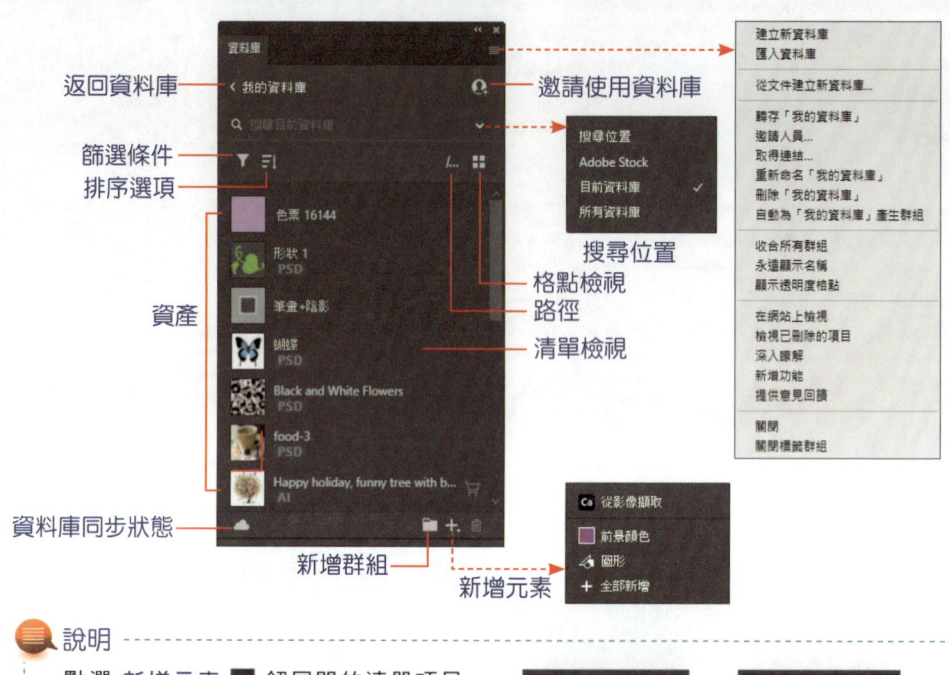

點選 **新增元素** ➕ 鈕展開的清單項目，會根據目前所在圖層而顯示不同的內容。

從影像擷取
圖層效果線條顏色
前景顏色
fx 圖層樣式
圖形
全部新增

從影像擷取
文字顏色
前景顏色
A 字元樣式
fx 圖層樣式
圖形
全部新增

- **儲存至資料庫**：輕鬆的將資產從 Photoshop 拖曳到資料庫，成為可重複使用的元素。檔案會自動轉換成適當的格式，以便在桌面或行動應用程式中使用。

- **隨處取用**：即使離線也可以在 Adobe 桌面和行動應用程式中使用資料庫。

- **隨時使用更新的連結資產**：當資產變更時，可以在任何使用該資產的專案中進行更新，不必擔心擷取錯誤的版本。

- **使用共用資料庫進行協同作業**：邀請人員使用共用團隊資料庫中的資產，並維持專案間的一致性。可指派成員的編輯存取權限，允許變更資產或僅供檢視，完成的更新會自動顯示在資料庫中。

- **分類管理**：將設計資產組織成多個資料庫，可以根據專案、資產類型、甚至是經常重複使用的個人最愛加以分類。

針對資料庫和資產的使用，有以下幾點注意事項：

- 需具備免費或付費的 Creative Cloud 會籍才能使用 Creative Cloud 資料庫。
- 一個資料庫最多可以包含 10,000 個資產，資產類型包括：Ai、PNG、Bmp、Psd、SVG、Gif、Jpg、Tif、PDF、Heic、Heif 和 Dng 等格式，支援的檔案類型取決於應用程式；單一資產的檔案大小上限目前為 1GB。
- 可以建立的資料庫數目沒有限制。
- 資料庫支援單一色票或顏色主題的顏色資料，只支援印刷色，不支援特別色（會當做印刷色新增至資料庫）。
- 大部分的資產都可以在桌面應用程式之間重複使用，不過只能檢視及使用與目前應用程式相關的資產，例如：「圖層樣式」目前只能在 Photoshop 中重複使用。
- 您的資產會儲存在本機裝置中，並與 Creative Cloud 同步。

12-1-2　建立資料庫與新增資產

對資料庫有基本認識後，可以開始建立個人資料庫並新增資產，您可以使用 Photoshop 中的 **資料庫** 面板、Creative Cloud 桌面應用程式或 Creative Cloud 網頁來管理和安排資產。在 Creative Cloud 桌面應用程式的 **檔案** 標籤內可以存取和管理您的資料庫（如下圖所示），不過，本節主要針對 Photoshop 的 **資料庫** 面板做操作說明，請先以 Adobe ID 登入才能使用 **資料庫** 面板。

STEP1 執行 視窗 > 資料庫 指令將其開啟，尚未建立時會顯示如右圖的畫面。預設會顯示 我的資料庫，請點選 建立新資料庫。

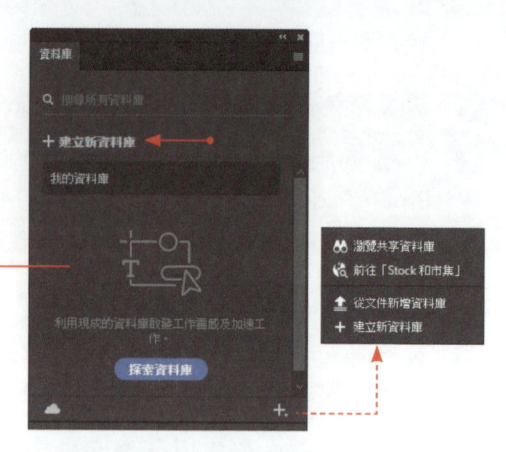

空的資料庫

STEP2 輸入 資料庫名稱，按【建立】鈕。

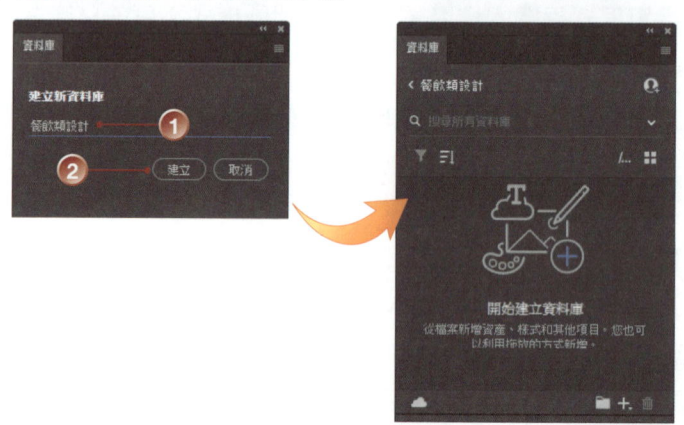

STEP3 開啟包含要新增資產的檔案，在 圖層 面板中，選取資產所在的正確圖層或圖層群組，以 移動工具 拖曳項目到 資料庫 面板中。

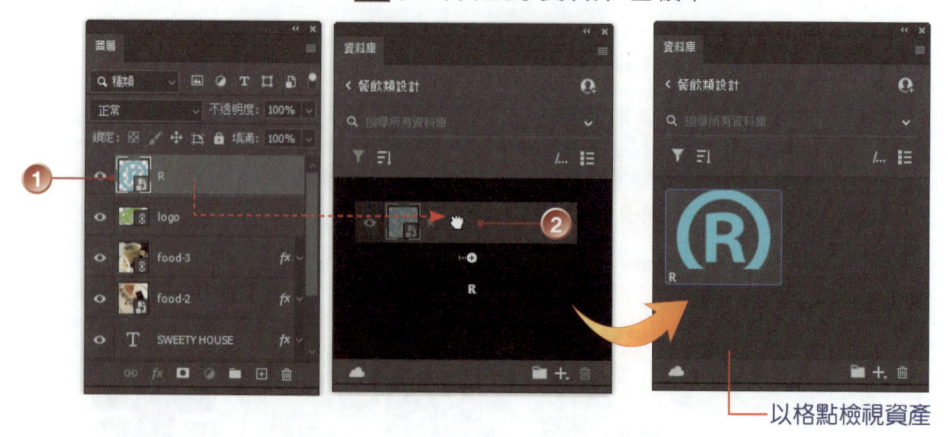

以格點檢視資產

STEP**4** 如果要新增的項目很多,可以點選面板選項 ▤ 鈕選擇 **從文件建立新資料庫** 指令(參考 12-2 頁的圖),開啟 **從文件新增資料庫** 對話方塊,有五種資產類型會自動新增至資料庫,且會顯示各類型資產的數量。按【建立新資料庫】鈕,會以檔案名稱命名新資料庫,可視需要透過選單指令重新命名。

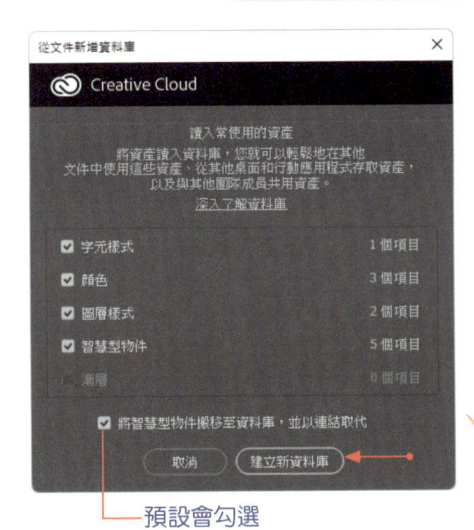

注意此圖示已改為雲端圖示

預設會勾選

💬 說明

- 從文件新增資料庫後,文件若執行存檔動作,該文件中的物件會變成資產而自動與資料庫連結,此時所在圖層的圖示都會變成雲端圖示。
- 您也可以拖曳 **筆刷預設集** 面板中的筆刷預設集、**色票** 面板中的顏色,以及 **樣式** 面板中的圖層樣式到 **資料庫** 面板中。

接下頁 ➡

- 透過 Creative Cloud 桌面應用程式的 **新增項目 +** 鈕,可以將檔案上傳到資料庫;也可以從 Bridge 或 **檔案總管** 拖曳匯入。目前只有圖形、範本、視訊和音訊才能透過拖放功能匯入。

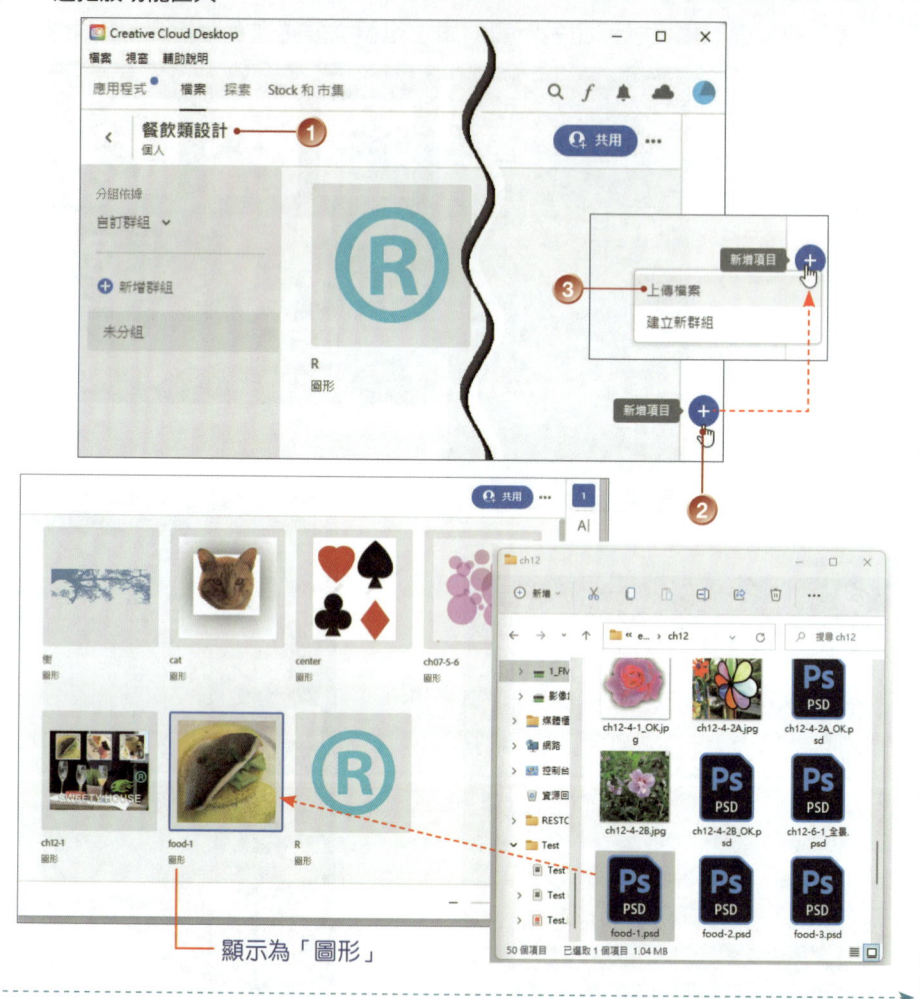

顯示為「圖形」

指定新增內容

新增資產時,會根據所選圖層的內容和目前的前景色來新增項目,例如:圖層中包含圖形和圖層樣式時,預設會同時新增這些項目。如果只想新增「圖形」的內容,其他不想新增,在新增前可點選 **新增元素** ➕ 鈕展開清單,點選要新增的項目。

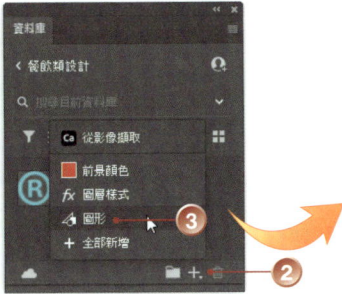

12-1-3 從影像擷取

使用 Photoshop 中的 Capture 應用程式延伸功能，可讓您將來自文件或硬碟的影像，轉換為各種設計元素，例如：顏色主題、圖樣、向量形狀和漸層，這些資產會自動儲存至您的資料庫。從影像建立資產時，可以一次選取數個影像，並以群組形式使用，或使用單一影像產生數個不同的資產。

STEP**1** 開啟影像範例，點選要設定的圖層，本例中為「形狀圖層」，點選 **資料庫** 面板的 **新增元素** 鈕，選擇 **從影像擷取**。

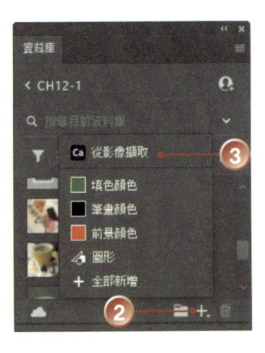

STEP**2** 選取要建立的資產類型的模組，例如：**圖樣**。

- **圖樣**：會將影像切片為幾何圖樣，可在 Photoshop 或 Illustrator 中使用。
- **形狀**：將影像轉換為平滑的可擴展向量。
- **色彩主題**：從影像中抓取顏色主題。
- **漸層**：對影像進行取樣，以獲得更順暢的色彩漸層。

STEP**3** 指定拼貼形狀的 **色彩模式** 並選擇一種 **圖樣**，拖曳滑桿 **縮放** 和 **旋轉** 影像，下方可預覽圖形的縮放和旋轉方向，即時預視資產外觀以便做適當的調整。

接下頁 ➡

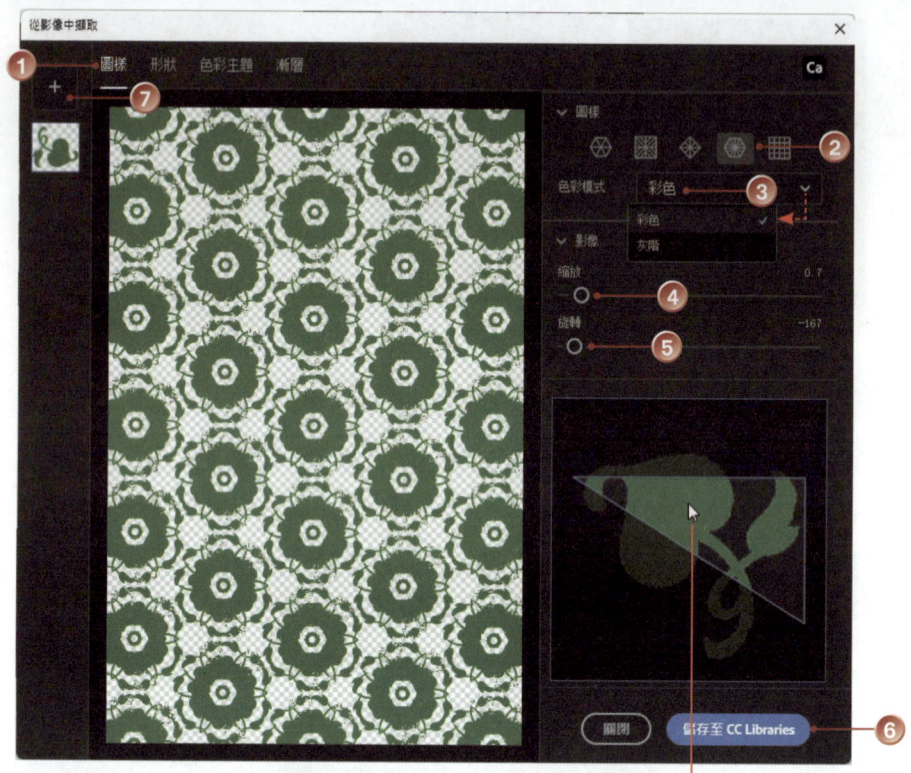

三角框內為圖形使用的部分，可拖曳調整範圍

STEP **4** 滿意結果後按下【儲存至 CC Libraries】鈕，接著可再從相同影像繼續處理，或按下左側的「+」鈕選擇其他檔案中的影像，例如：再開啟「ch12-1-3B.jpg」檔案。

STEP **5** 切換到 **色彩主題** 標籤，Capture 應用程式會自動從影像產生色彩主題，請從 **色彩情境** 清單選擇項目。

STEP **6** 可以拖曳預覽視窗中的控制項選取精準的顏色。

STEP **7** 按一下色票來複製 16 進位值，在 Photoshop 中建立的顏色主題可以用在其他 Adobe 應用程式中。

顯示的顏色

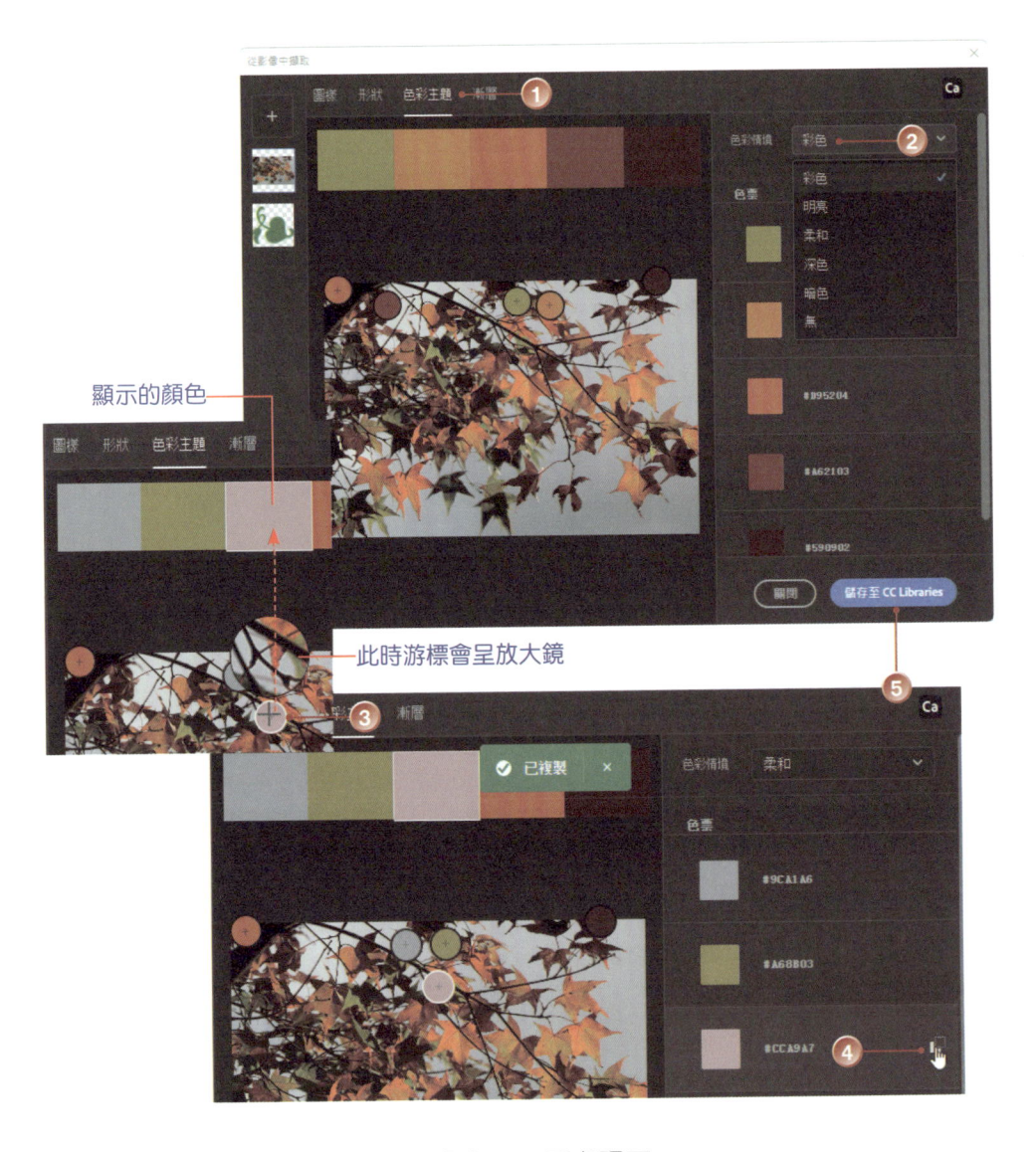

此時游標會呈放大鏡

STEP 8 按下【儲存至 CC Libraries】鈕，不再處理可按【關閉】鈕離開。**資料庫** 中會顯示所新增的項目。

可再重新命名

12 有效率的處理影像

12-9

STEP**9** 要使用圖樣時，請選取要填滿的物件，在資料庫中快按兩下資產，開啟 **圖樣填滿** 對話方塊設定選項，或是在圖樣上按右鍵選擇 **套用圖樣** 指令。

STEP**10** 按一下 **資料庫** 面板顏色主題中的色票，指定作用中色彩，即可進行填色。

12-1-4 已連結與解除連結資產

建立資料庫的內容後，任何時候在任何裝置上，只要以 Adobe ID 登入，就能存取資料庫中的資產；選取要使用的資料庫，拖曳資產到文件中即可。資產所在的圖層會顯示 **智慧型物件縮圖**，右下角的雲朵 圖示代表已連結至資料庫。

連結資料庫的資產會與資料庫原始資產保持關聯，當資料庫中的原始資產更新時，文件中的內容也會自動更新，且套用至資產的所有效果仍會維持，這種與資料庫連結資產的行為和「連結的智慧型物件」類似。

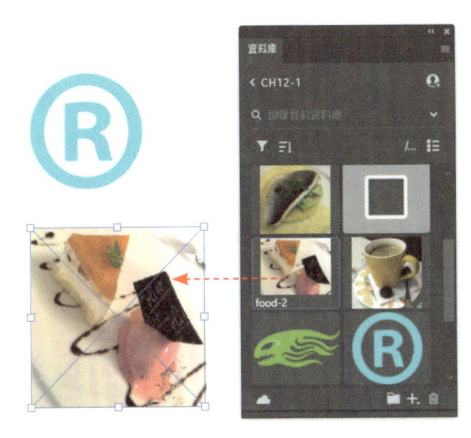

雲朵代表連結至資料庫

使用資產時，如果不想與資料庫保持連結，拖曳資產時請按住 Alt 鍵，或以右鍵點選資料庫中的資產，選擇 **置入圖層** 指令。

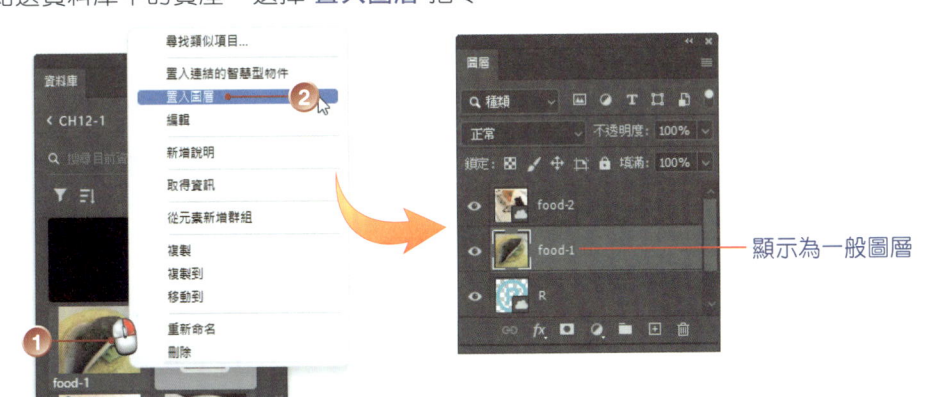

顯示為一般圖層

已經置入的連結資產也可解除連結關係，展開 **內容** 面板，按下【嵌入】鈕即可。解除連結的資產會嵌入您的文件，並與資料庫中的原始資產分離。原始資產有變更時，解除連結的資產不會自動更新。

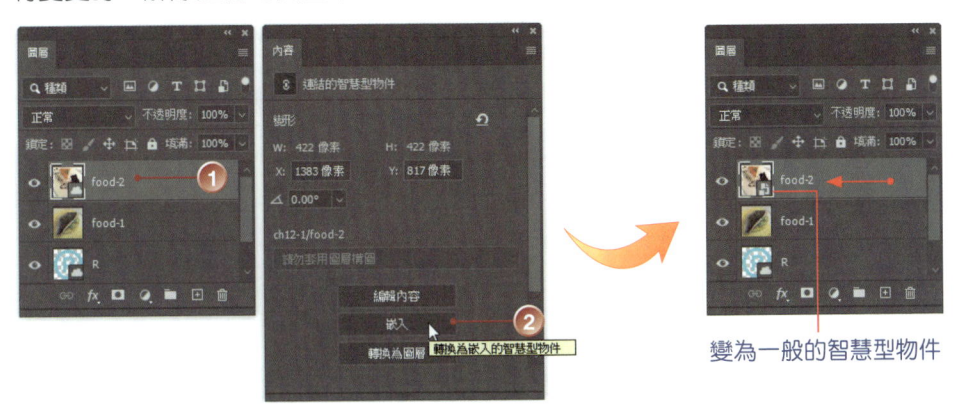

變為一般的智慧型物件

12-1-5 編輯資料庫與資產

您可以依需求建立多個資料庫，點選 **返回資料庫** 圖示可回到資料庫。透過 **資料庫** 面板選單，可以執行資料庫的重新命名、刪除、在網站上檢視…等作業，若要替資產重新更名，只要在資產名稱上快按二下，即可進入更名狀態。

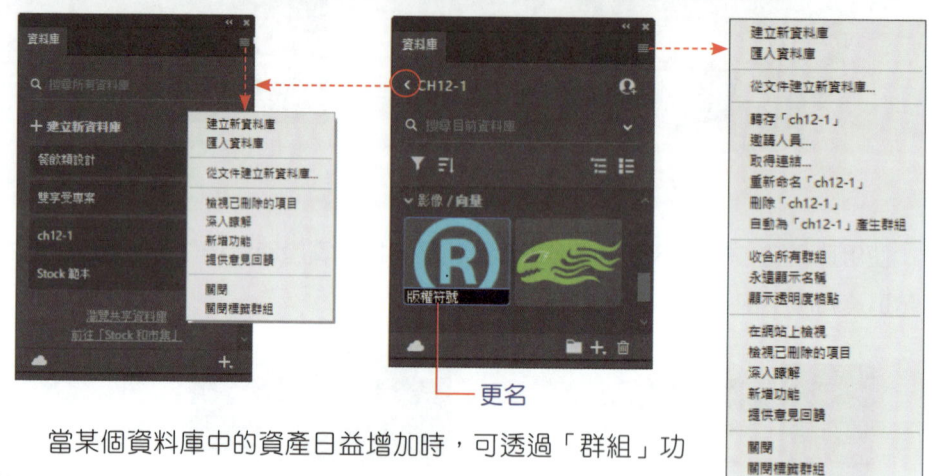

← 更名

當某個資料庫中的資產日益增加時，可透過「群組」功能將其分類存放。群組中可再分「子群組」，此時可點選 **路徑** 鈕，在樹狀檢視和路徑檢視之間切換，以查看展開或收合的群組結構。

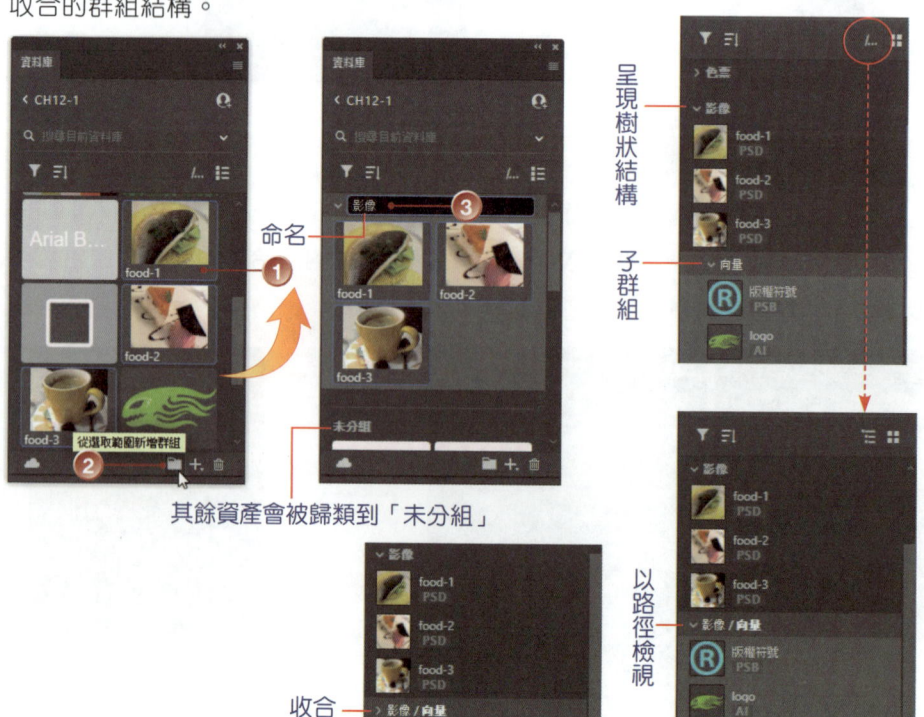

① 命名
② 從選取範圍新增群組
③ 其餘資產會被歸類到「未分組」

呈現樹狀結構
子群組
以路徑檢視
收合

12-12

選擇面板選單 ■ 的 **自動為「XXX」產生群組** 指令，會自動依照資產屬性產生分類，例如右圖是「我的資料庫」自動產生群組的結果。

除了分群組外，也可藉由 **篩選器** 篩選出所需的資產，或是 **排序選項** 將資產排序。

若要在資料庫之間複製或移動資產，請在資產上按右鍵執行所需指令。選擇 **尋找類似項目** 指令會搜尋 Adobe Stock，並找尋類似的物件。執行 **編輯** 指令會開啟同名的檔案，可進行編輯。

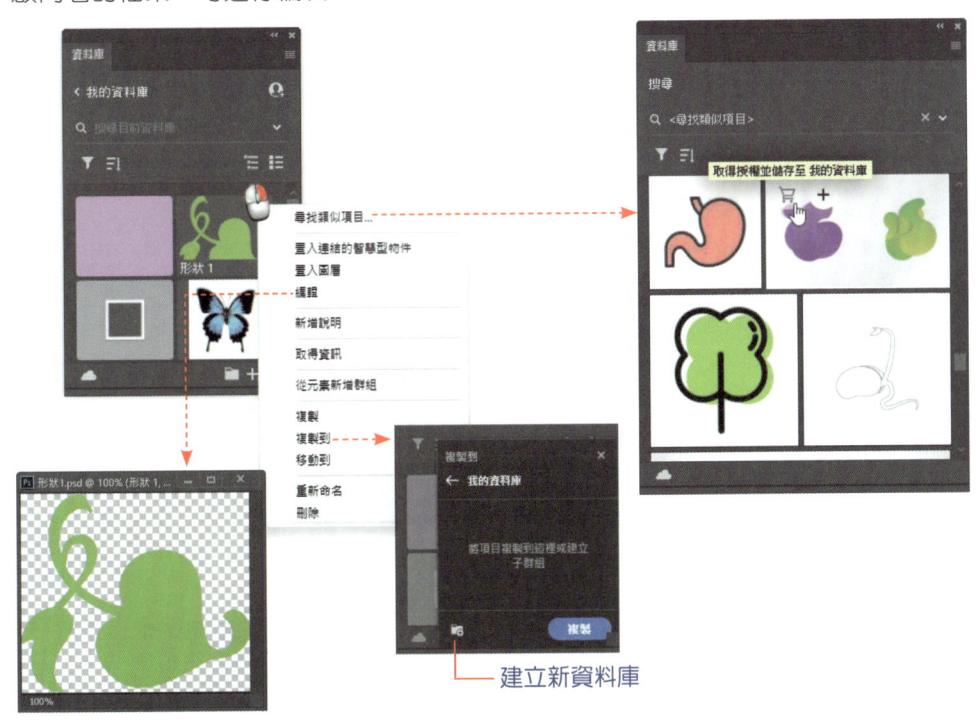

建立新資料庫

12-13

點選 刪除 🗑 鈕可將資產刪除，此時會出現可復原的提示，點選 還原 超連結即可立即還原。執行面板選單 ☰ 中 檢視已刪除的項目 指令，會開啟 Creative Cloud 網站的 檔案 > 已刪除 頁面，勾選資產項目，決定要 永久刪除 或 還原 到資料庫中。

點選可立即還原

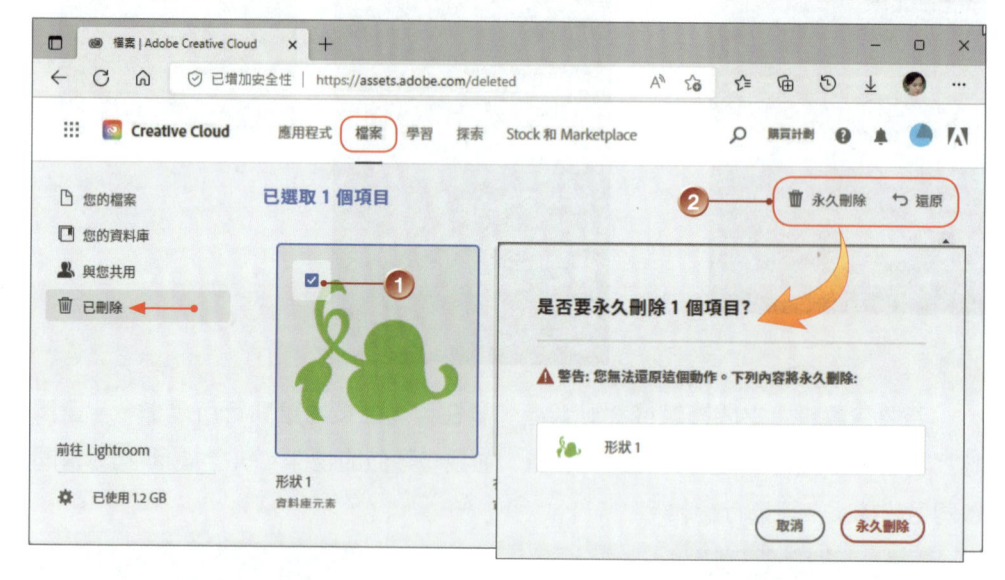

切換到 您的資料庫 頁面，可檢視所有資料庫，點選資料庫可檢視其中的資產，視需要執行複製、重新命名、刪除、共用…等作業。

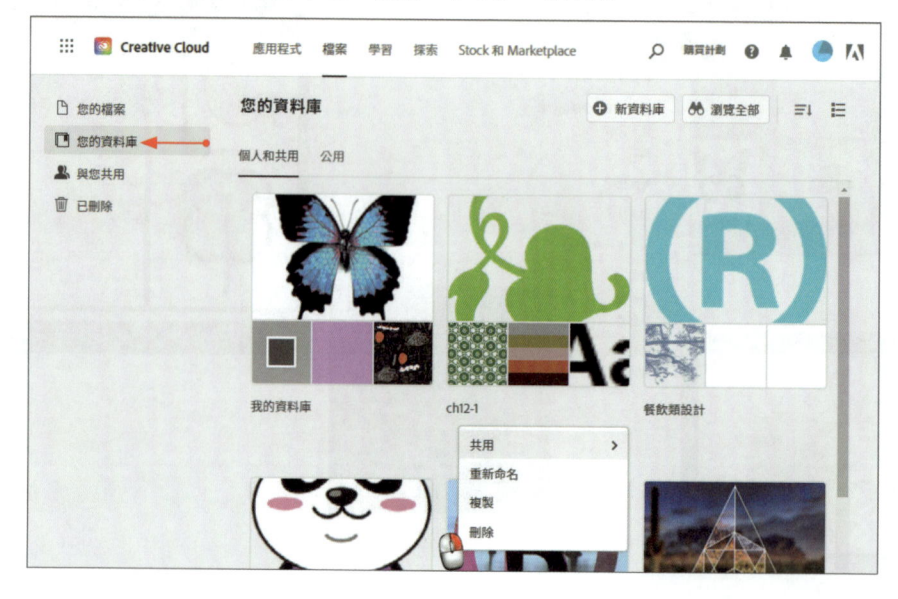

12-14

12-1-6 搜尋 Adobe Stock

Adobe Stock 是一項服務，可以讓設計師和企業存取超過數百萬高品質免版稅或付費的精選相片、視訊、插圖、向量圖形、3D 資產和範本，並在其所有創意專案中使用。Adobe Stock 已和 Creative Cloud 資產深入整合，可直接在應用程式內搜尋後，將有「浮水印」的庫藏影像拖曳到專案中，查看資產的顯示效果，滿意後再進行授權，此時就會替換成高解析度的版本。此外，如果您有不錯的創作，可將設計的影像、圖形和視訊，放在全球最大創意社群 Behance 中供人購買並賺取版稅。

STEP 1　於 **搜尋** 欄位中鍵入關鍵字，下方立即顯示搜尋到的項目。

STEP 2　在想使用的資產上點選 **儲存預視至我的資料庫** 圖示。

STEP 3　資產會當做與資料庫連結的資產，新增至目前的資料庫中，可拖曳到文件中使用。

未授權的資產會有浮水印

12-15

STEP**4** 滿意這個庫藏資產時，直接在 **資料庫** 面板中授權此庫藏影像。取得授權後，所有在已開啟文件中的資產，會自動更新為不含浮水印、高解析度、已獲授權的庫藏資產。

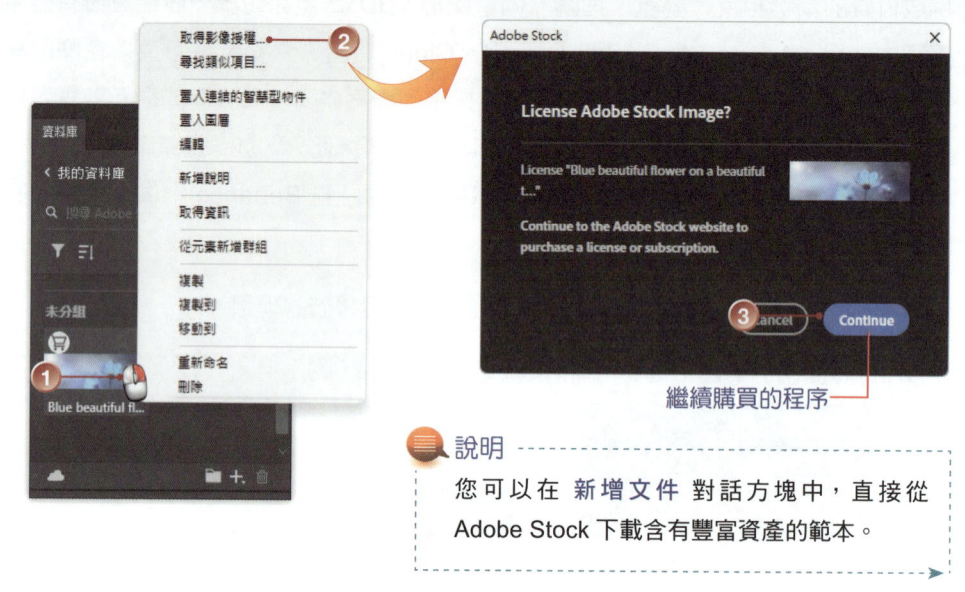

繼續購買的程序

💬 **說明**
您可以在 **新增文件** 對話方塊中，直接從 Adobe Stock 下載含有豐富資產的範本。

除了從 **資料庫** 中搜尋並使用 Adobe Stock 外，也可從 Creative Cloud 桌面應用程式或 Adobe Stock 網站搜尋感興趣的庫藏影像。

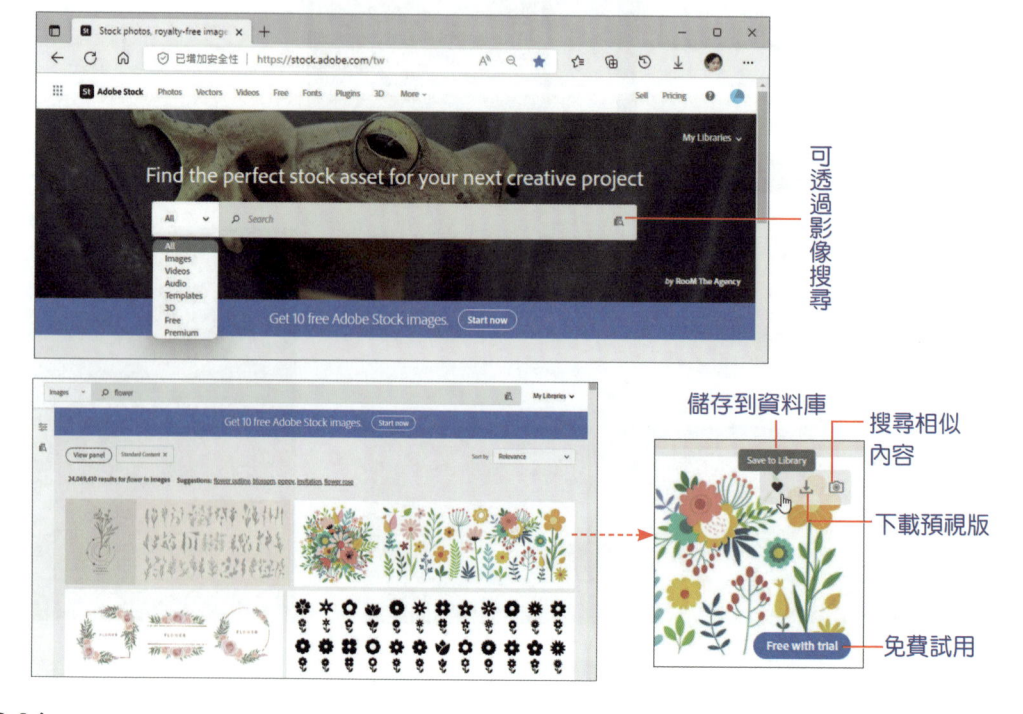

可透過影像搜尋

儲存到資料庫
搜尋相似內容
下載預視版
免費試用

12-16

開啟 Creative Cloud 桌面應用程式，切換到 **Stock 和市集** 標籤，即可依類別檢視各種資產並進行下載，下載後的項目也會出現在資料庫中。個人和團隊可以透過訂閱計劃，來存取 Adobe Stock 標準素材，不同的訂閱計劃可下載的數量不同，請參考 Adobe 官網上的資訊。

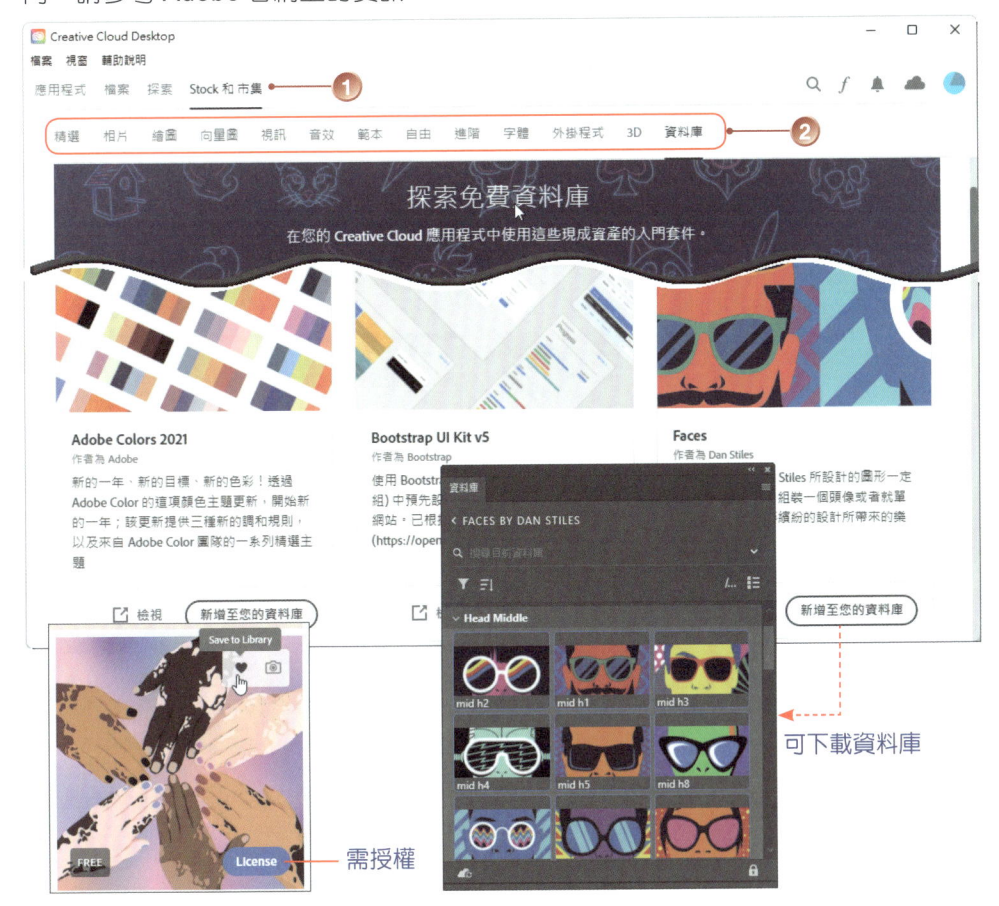

12-1-7 邀請人員與取得連結

您可以與專案計劃中的其他成員共用資料庫，授權他們有存取權或檢視權限。有編輯層級的權限可以編輯、重新命名、移動和刪除內容，檢視層級的權限只能檢視資料庫的內容及加上評論。

STEP 1 從 **資料庫** 面板中選擇要共用的資料庫，再從面板選項 ≡ 清單中選擇 **邀請人員**。

接下頁 ➡

12-17

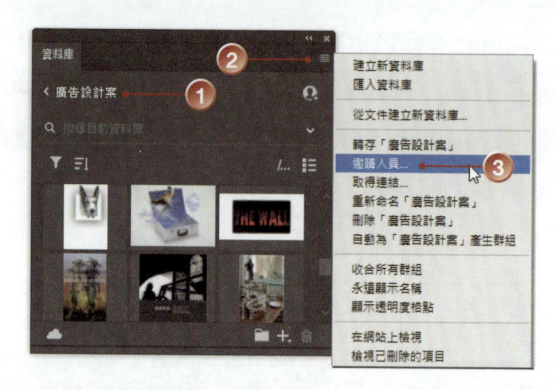

STEP2 自動開啟 Creative Cloud 桌面應用程式，輸入電子郵件地址和訊息，再指定權限。（請注意！共同作業的人員必須擁有 Adobe ID，若沒有 Adobe ID，可以在接受邀請時建立）

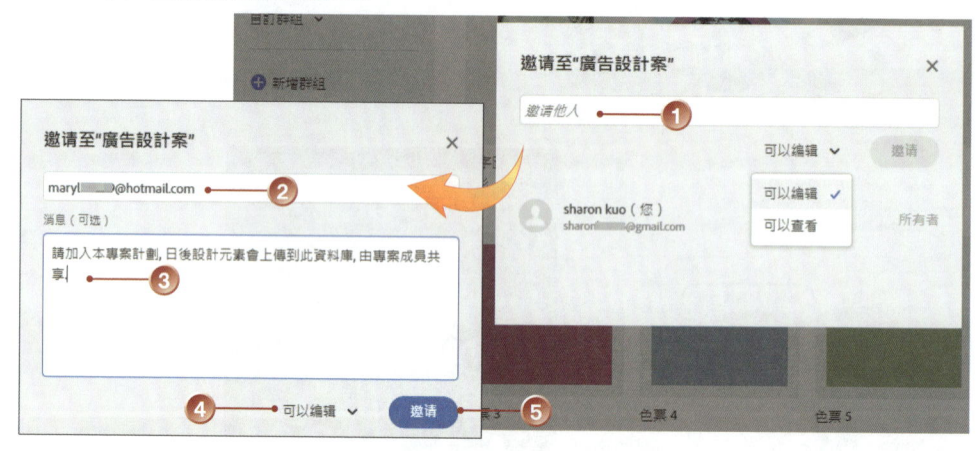

STEP3 按下【邀請】鈕後，送出共同作業邀請，可繼續邀請人員，共同作業人數上限為 1,000 人。

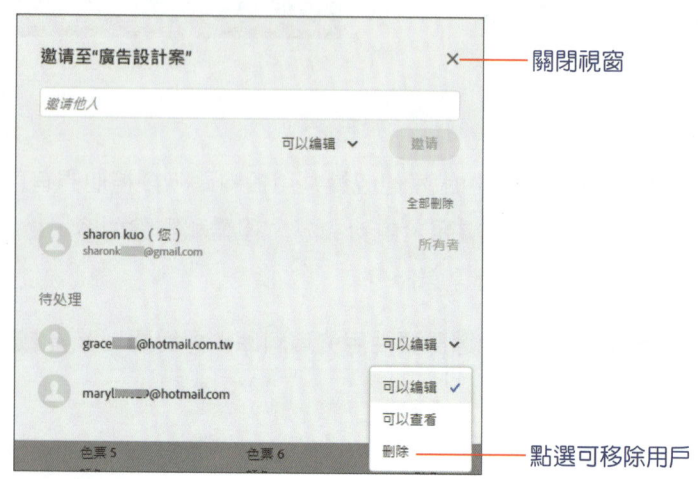

12-18

STEP **4** 這些共同作業人員會收到邀請他們加入共同作業的電子郵件訊息，有 Adobe ID 者還會透過 Creative Cloud 桌面應用程式和網站收到通知。

按此接受邀請

顯示共用圖示

💬 說明

在 Creative Cloud 桌面應用程的 **檔案** 標籤選取要共用的資料庫後，按右上方的【共用】鈕也可邀請人員共享資料庫。

可取得連結

取得連結

您也可以分享資料庫的連結給他人，讓他們直接在網頁瀏覽器中檢視資產，而不必安裝 Creative Cloud 應用程式或登入網站。藉由分享連結，可以收集其他人對資產的意見。除了檢視資產外，他們也可以寫下評論，若經您的允許也可下載檔案複本。當您更新資料庫的內容時，他們會自動在所有支援的 Creative Cloud 應用程式中取得更新。

STEP **1** 從 **資料庫** 面板中選擇要共用的資料庫，再從面板選項 ≡ 清單中選擇 **取得連結**。(參考 12-18 頁步驟 1 的圖)

12-19

STEP 2 出現右圖的畫面。

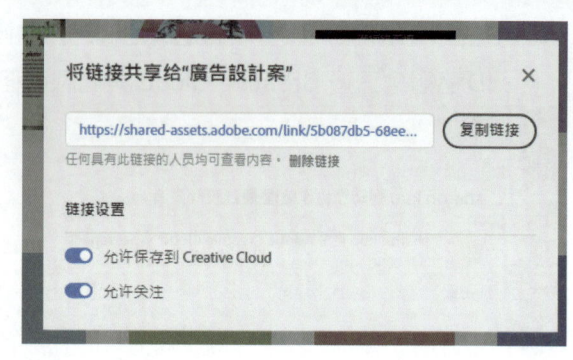

STEP 3 視需要取消預設已啟用的選項：

- **允許保存到 Creative Cloud**：啟用時，其他用戶可以將目前狀態下的資料庫複製到他們的 Creative Cloud 帳戶並編輯資產。不過，他們不會收到資料庫的任何後續更新。

- **允許關注**：啟用時，擁有資料庫連結的人都可以關注它。每當您更新資料庫的內容時，關注者將自動在所有支援的 Creative Cloud 應用程式中取得更新。

STEP 4 按【複製連結】鈕，出現已複製到剪貼簿的訊息，關閉視窗。

STEP 5 您可以將複製的連結網址，經由電子郵件或複製 / 貼上傳送給要分享的人，收件者點選此連結即可開啟網頁檢視內容。

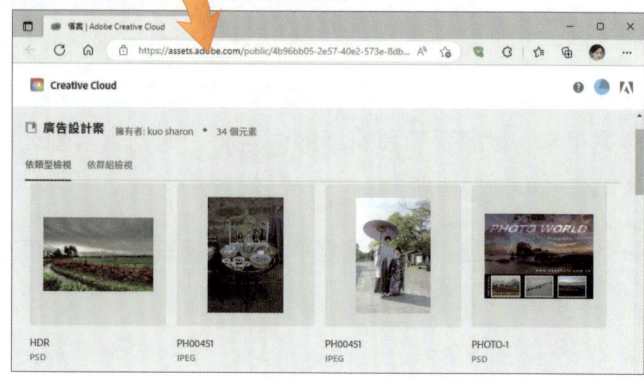

💬 說明

再次提醒您！應用程式和網站內容會經常更新，請依實際出現的畫面操作。

12-20

12-2 工作區域

從事網頁或 UX 設計的人員，經常要將設計的內容在不同的裝置中呈現，這些相同的內容可能經過縮放或移動位置，目的是要適合不同尺寸的版面。**工作區域**（Artboard）可以滿足這樣的設計需求，讓您在無限的畫布上配置不同裝置和螢幕的設計，以協助您簡化設計程序。

12-2-1 認識工作區域

我們可以將工作區域視為一種特殊類型的「圖層群組」，文件中可以有不同大小的工作區域（畫布），每一個工作區域會在 **圖層** 面板中以一個群組呈現，工作區域的名稱即為圖層群組名稱，其中可再包含圖層和圖層群組。工作區域會將任何包含成份的內容剪裁至其邊界，文件中未包含在工作區域範圍內的圖層，會顯示在 **圖層** 面板的最上方，如下圖所示。

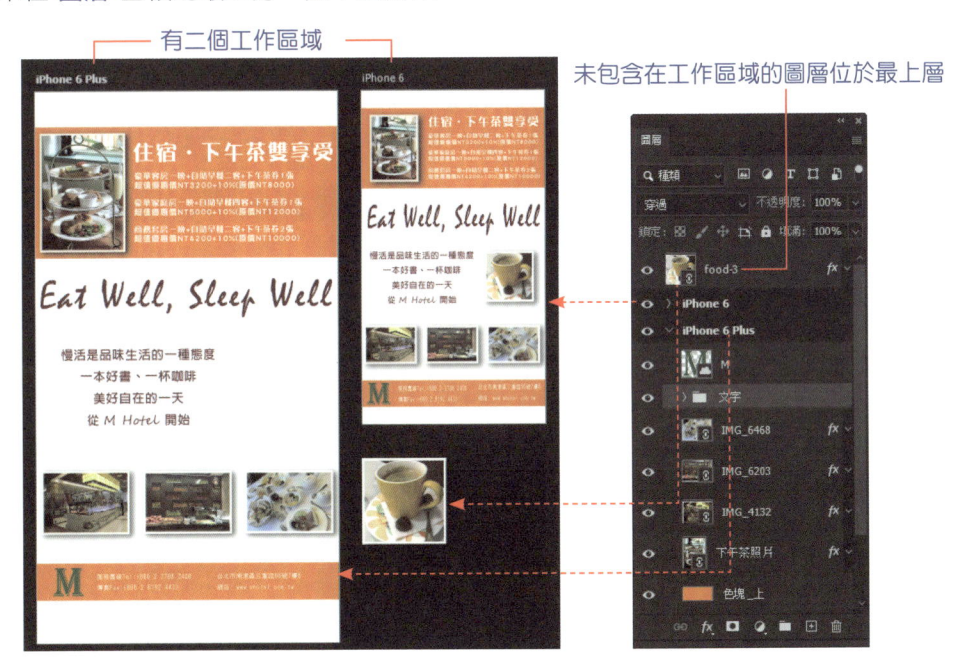

有二個工作區域 ── 未包含在工作區域的圖層位於最上層

> 💬 **說明**
> 要自訂工作區域外觀，請執行 **編輯 > 偏好設定 > 介面** 指令，在 **外觀** 的 **工作區域** 中選擇邊緣顏色，然後顯示或隱藏工作區域邊界。
>
> 接下頁 ➡

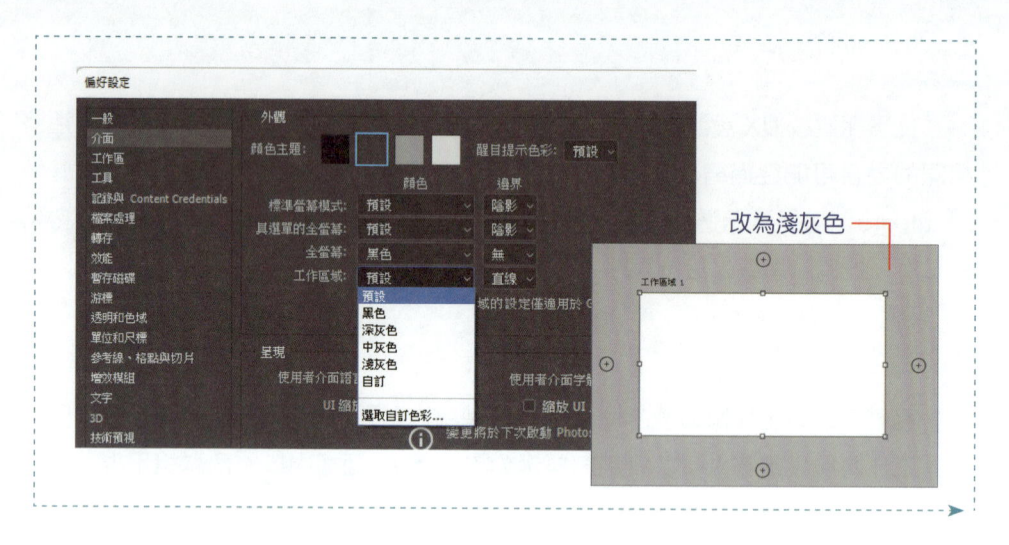

由於工作區域就是圖層群組，因此內容的產生與編輯與一般圖層的操作無異。唯工作區域的新增、移動、調整尺寸、對齊以及行為調整，必須切換為 **工作區域工具** 後執行。

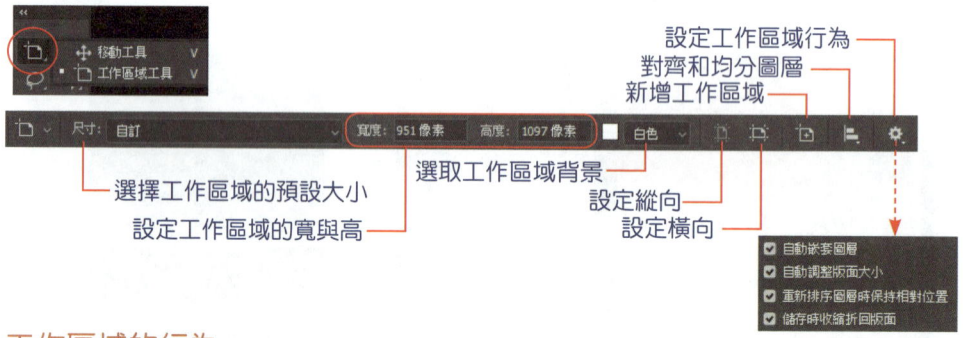

工作區域的行為

- **自動嵌套圖層**：當圖層被移入和移出工作區域時，自動調整圖層在 **圖層** 面板上的位置。

- **自動調整版面大小**：允許視需要放大和縮小版面以容納所有圖稿。

- **重新排序圖層時保持相對位置**：在不同工作區域間移動圖層時，讓圖層維持相對位置。

- **儲存時收縮折回版面**：縮小已儲存文件的版面到所需的最小尺寸，以容納所有圖稿。以 **移動工具** 在工作區域的邊界上點選，可立即切換為 **工作區域工具**，此時工作區域上的控制點會出現，四周也會出現 + 符號，點選即可新增相同尺寸的工作區域。要移動工作區域，滑鼠請移至邊界上再點選拖曳。

- 展開 **內容** 面板,可以設定工作區域的屬性,例如變更尺寸、座標位置和背景色彩。

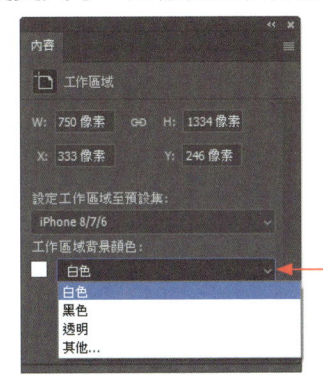

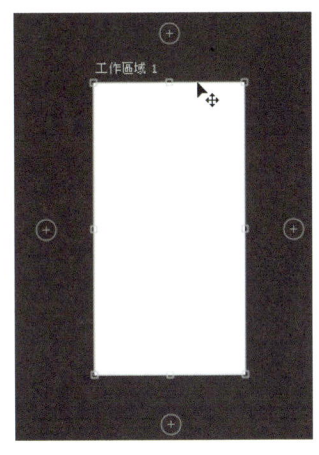

12-2-2 建立工作區域文件

建立工作區的方法可以從新增文件開始,或是將現有文件轉換成工作區域文件,也可以在目前的文件中增加工作區域。在 **新增文件** 對話方塊中勾選 ☑ **工作畫板** 核取方塊,產生的就是工作區域文件。

新增工作區域文件

> **說明**
> 只有選擇 **網頁** 或 **行動裝置** 的文件預設集時,預設會勾選 ☑ **工作畫板**。

如果已經在 Photoshop 中設計好內容,那麼將現有文件轉換成工作區域是最有效率的作法。我們以範例操作來說明:

STEP 1 開啟範例檔案,這是一份以 Photoshop 預設大小產生的文件,內容是設計一家飯店的專案廣告,因此需要有多種裝置的版面設計。

接下頁 ➡

12-23

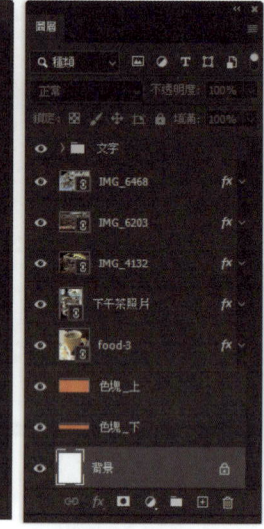

STEP **2** 選取一或多個要轉換的圖層和圖層群組，按右鍵選擇 **來自圖層的工作區域** 指令。

STEP **3** 在 **從圖層新增工作區域** 對話方塊中鍵入新工作區域的 **名稱**，於下方選擇工作區域的預設集，按【確定】鈕。

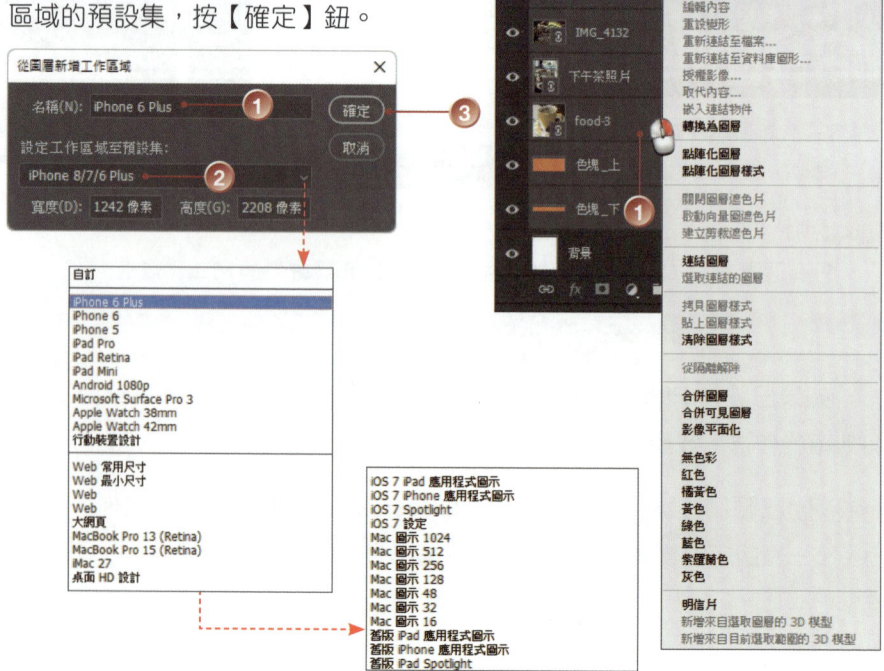

12-24

STEP 4 版面轉換為新的尺寸，請一一調整物件的大小和位置，以符合版面所需。

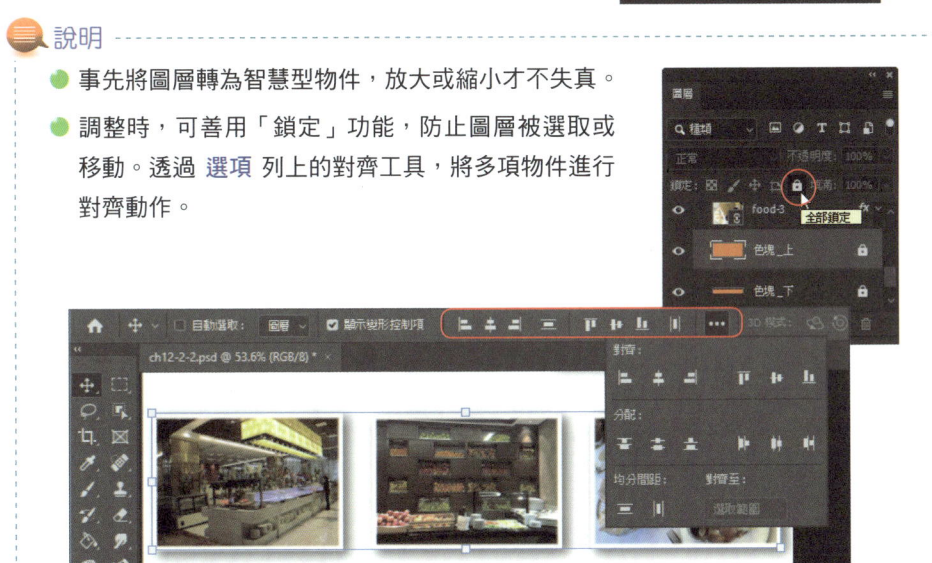

同時選取再調整

說明

- 事先將圖層轉為智慧型物件，放大或縮小才不失真。
- 調整時，可善用「鎖定」功能，防止圖層被選取或移動。透過 選項 列上的對齊工具，將多項物件進行對齊動作。

STEP 5 要繼續新增不同尺寸的工作區域，可在工作區域邊界點選一下，出現新增符號，點選可新增相同大小的空白工作區域，要複製工作區域，可按住 Alt 鍵再點選新增符號；點選 選項 列上的 新增工作區域 鈕，也可拖曳產生工作區域。

接下頁 ➡

12-25

STEP 6 在選項列的 **尺寸** 下拉式清單改為 iPhone 8/7/6，或展開 **內容** 面板來變更。然後在 **圖層** 面板將群組更名。

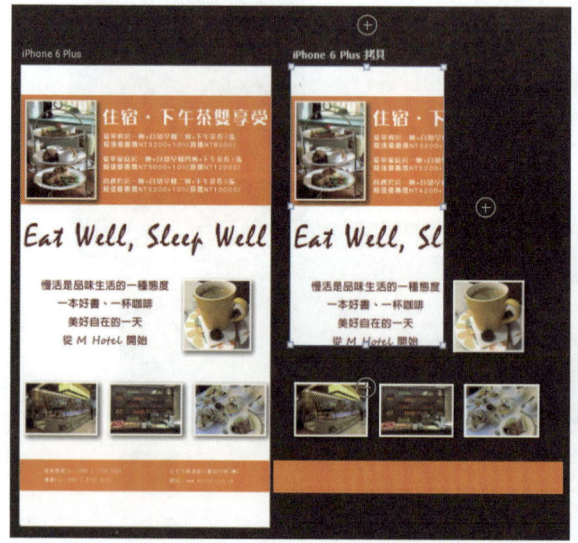

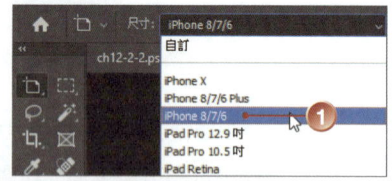

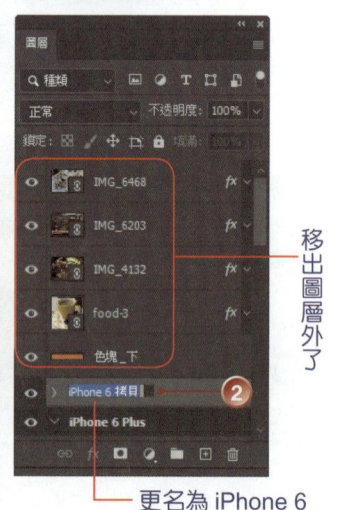

STEP 7 由於版面尺寸變小了，因此部分圖層的內容移出了工作區域，使得所在圖層會離開工作區域嵌套。仿照前面步驟，調整各物件的大小，以符合新的版面尺寸。

STEP **8** 展開 **資料庫** 面板,指定要使用的資料庫,將 LOGO 拖曳到每個工作區域中。

> **說明**
> - 若資料庫中的資產經過編輯(例如:變更色彩),二個工作區域中的 LOGO 也會同步更新。
> - 要在工作區域之間複製圖層內容,請在圖層上按右鍵選擇 **複製圖層** 指令,**目的地** 可選擇 **工作區域**。

STEP **9** 重複上述的步驟,可繼續產生不同尺寸的工作區域。

12-2-3 使用與轉存工作區域

當文件中包含多個工作區域時,**圖層** 面板可能會變得很複雜,為了操作更有效率,可善加利用圖層的「篩選」與「鎖定」功能。下圖是一個包含二個工作區域的文件,如果展開所有圖層的內容,要找目標圖層需花些時間。

接下頁 ➡

12-27

依工作區域篩選圖層

在 **圖層** 面板的篩選清單中選擇 **工作區域**，面板檢視中只會顯示選取的工作區域。要再顯示完整的圖層檢視，請關閉圖層濾鏡或選取工作區域以外的項目。

工作區域位置鎖定

選取工作區域並指定 **鎖定位置**，工作區域會固定在畫布上的位置而無法移動，但仍然可以增、刪或移動內部的元素。如果是對工作區域中的元素鎖定位置，則該元素會無法選取。

12-28

防止自動嵌套進出工作區域

工作區域預設會有「自動嵌套圖層」的行為，若將工作區域鎖定此選項，會禁止圖層的自動嵌套，因此當您將元素移出工作區域時，元素所在的圖層也不會離開原群組。

將 PS LOGO 移出工作區域，該圖層並未移出

分解工作區域

選取工作區域後，執行 **圖層 > 解散工作區域群組** 指令，工作區域會進行分解，原組成元素全都會在 **圖層** 面板中往上移動一個層級。若原文件中只有一個工作區域，則分解後，該文件將會成為無工作區域的一般文件。

解散後的工作區域

12-29

轉存工作區域

完成各種工作區域的設計後，可以將這些不同尺寸的版面轉存以供檢視或輸出之用。轉存工作區域的方式與圖層的轉存類似，可以直接從 **圖層** 面板將工作區域轉存為 JPEG、GIF、PNG、PNG-8 或 SVG 影像資產，也可以執行 **檔案 > 轉存** 指令。

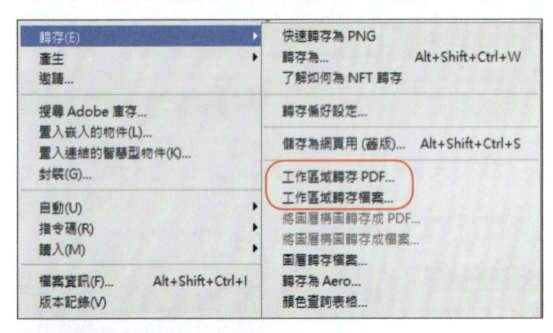

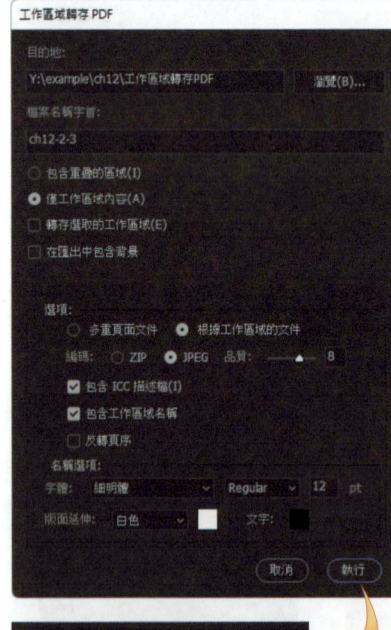

選項的內容依檔案類型而異

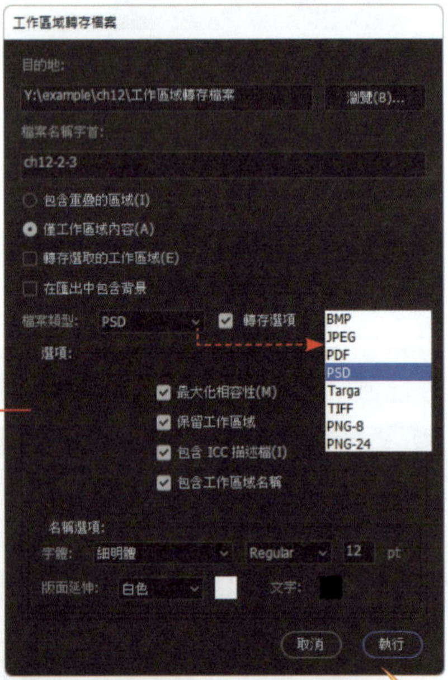

12-30

CHAPTER
13
Photoshop中的生成式AI

Photoshop 中人工智慧的應用從早期的「內容感知」，到 2021 年推出的「Neural Filters 神經濾鏡」，無一不是結合了人工智慧的技術。應用程式在日新月異的演進下愈來愈聰明，讓一般的用戶也能體驗到專家級的影像編輯快感與成就。

13-1 免費的線上 AI 影像生成器 - Adobe Firefly

近年來各種免費的 AI 影像軟體如雨後春筍般出現（例如：MyEdit、Midjourney、Stable Diffusion…等），影像處理業界的領航者 Adobe 也在 2023 年 3 月正式發佈 Adobe Firefly，它是一款「生成式 AI 網頁應用程式」，可以快速產生影像、新增或移除物件，現在還能生成音訊和影片。

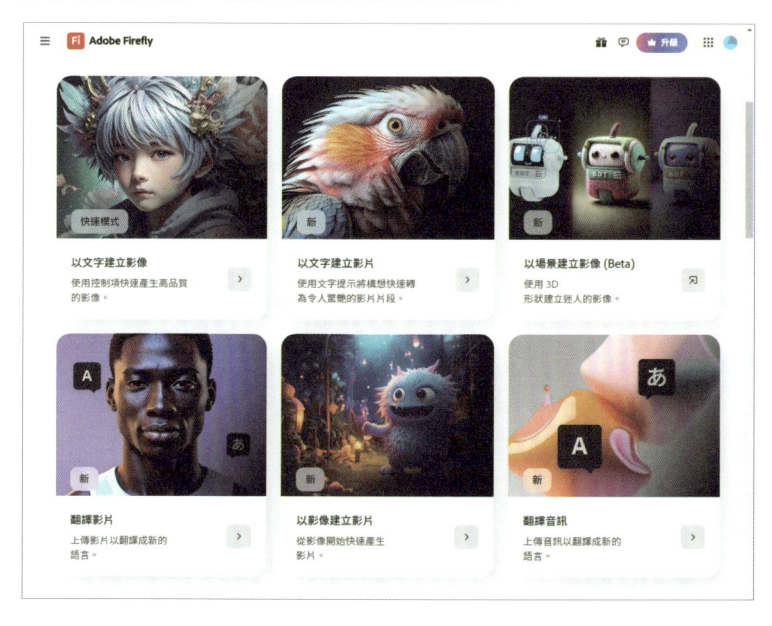

13-1-1 免費取得 Firefly

對於不熟悉影像處理的使用者，只要透過簡單的滑鼠操作，就能輕鬆的達到影像修改的目的，還能透過功能強大的「文字轉影像功能」，製作精美的影像以建立數位藝術作品，最吸引人的地方就是可以「免費使用」。

STEP1 進入 Adobe Firefly 網頁：https://firefly.adobe.com，點選右上角的【登入】鈕。

STEP2 使用現有的帳戶登入或是建立新帳戶。

STEP3 登入後即可開始使用 Adobe Firefly。

和許多的線上 AI 軟體一樣，它是以固定數量的生成點數提供給用戶免費使用（目前是每月 25 點，點數用完要等到下個月才能再免費使用，最新的詳細資訊請參考 Adobe 官網）。用戶也可以訂閱 Adobe 產品或是升級付費購買更多點數繼續使用，訂閱後可在 Adobe 帳戶中查閱生成式點數餘額。

由於它是一種網頁應用程式，因此不需下載安裝，只要連上網際網路即可開始使用。

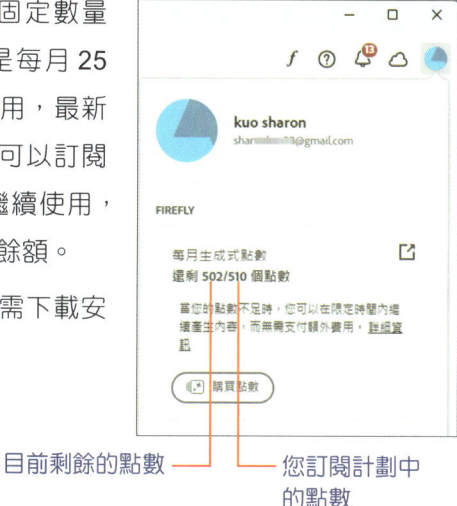

目前剩餘的點數 ── 您訂閱計劃中的點數

> **說明**
> 隨著 AI 技術的不斷精進，可以提供的功能將遠超過我們的想像。因此，網頁內容不可避免的會持續更新，請您依據網頁上出現的畫面和功能進行操作。本章僅簡述 Firefly 的部分功能，更詳細的功能介紹請參閱線上說明或相關書籍。

13-1-2 以文字建立影像

STEP 1 於 Adobe Firefly 首頁中選擇 **影像**，在右側的提示框中輸入欲產生影像的文字描述，按【產生】鈕。

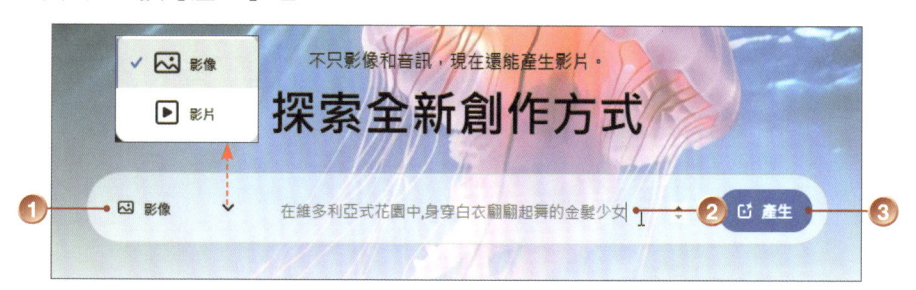

STEP 2 會生成四個影像，可透過左側面板中的選項，變更 **外觀比例**、**內容類型**、**結構**、**樣式**、**效果** ... 等，再按【產生】鈕重新產生影像。

接下頁 ➡

13-3

① 可參考上傳的影像生成內容

② 設定的項目會顯示在此
全部清除
點選可移除

③ 調整各種參數

STEP 4 將滑鼠移到影像上方，出現可編輯、下載和分享...等圖示，點選即可執行。

13-4

重新產生的影像

下載後的 *.jpg 影像

STEP 5 如果滿意生成的結果，可直接在影像縮圖點選 **下載** 鈕，預設的檔案格式為「JPG」。

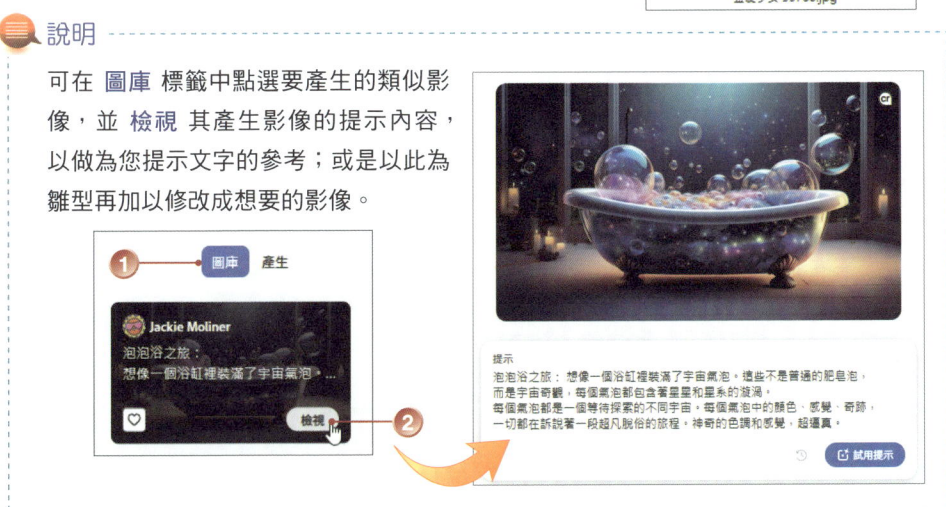

💬 說明

可在 **圖庫** 標籤中點選要產生的類似影像，並 **檢視** 其產生影像的提示內容，以做為您提示文字的參考；或是以此為雛型再加以修改成想要的影像。

13

Photoshop中的生成式AI

13-5

13-1-3 生成式填色

STEP 1 回到首頁，點選 **影像** 分類，再點選 **生成式填色** 項目。

STEP 2 點選【上傳影像】鈕，或直接從 **檔案總管** 拖曳要處理的影像到視窗中。

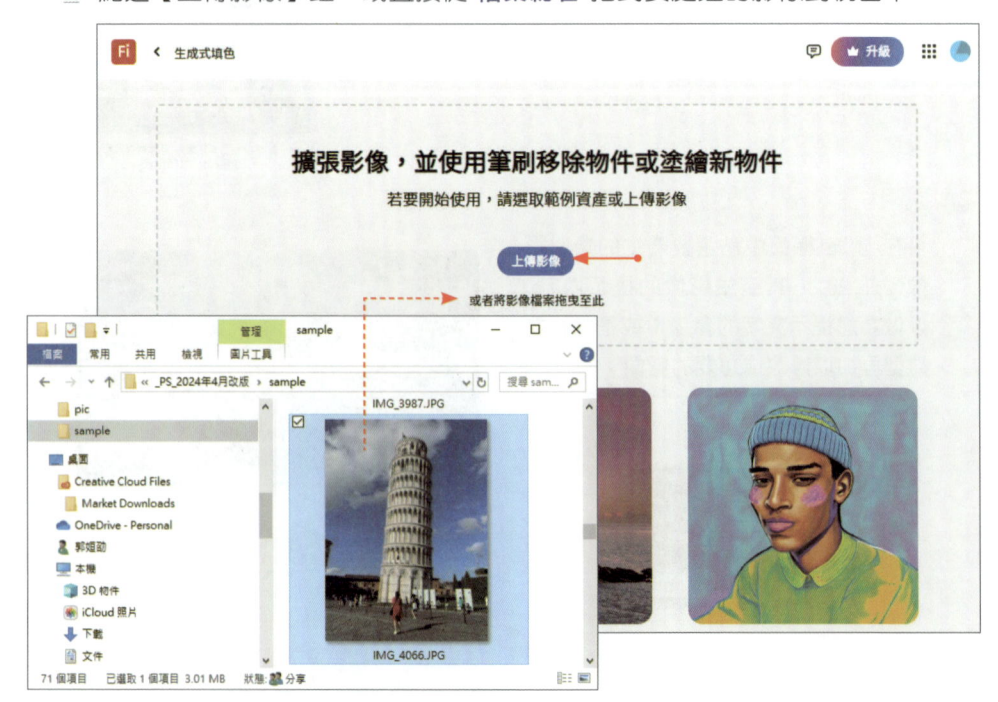

13-6

STEP3 點選 **移除**，指定 **筆刷大小**、**筆刷硬度** 及 **筆刷不透明度** 等屬性，接著在要移除的影像上拖曳，再按下【移除】鈕。

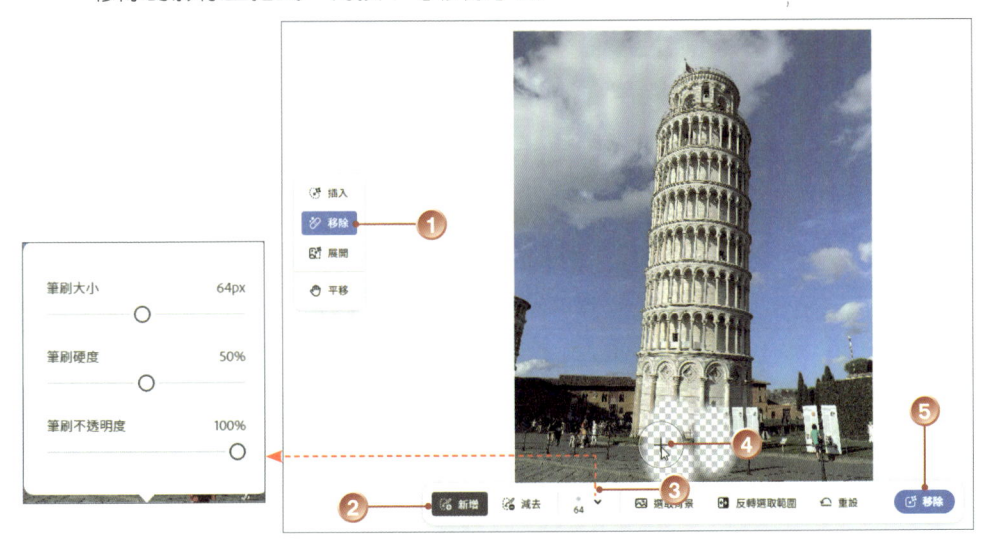

STEP4 出現正在產生的訊息，稍待一會兒，畫面中將顯示處理後的影像，預設會生成 3 種結果，點選縮圖一一瀏覽，按 **更多** 可產生更多結果；點選生成滿意的影像縮圖後，按【保留】鈕。

STEP5 可繼續進行其他操作，完成後按右上方的【下載】鈕。

STEP 6 下載完成，可再以 Adobe Express 進行編輯，例如：新增文字、圖形或建立社交貼文。在預設的 **下載** 資料夾中存取該影像，預設格式為 PNG。

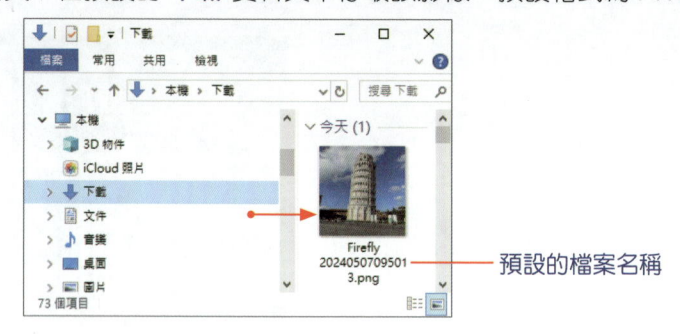

預設的檔案名稱

STEP 7 若不再處理影像，請關閉網頁視窗，離開 Adobe Firefly 即可。

13-2 Photoshop 中的生成式填色

這項由 Adobe Firefly 技術支援的「生成式填色功能」，也已經在 Photoshop 中推出，利用生成式 AI 支援的簡單文字提示，以不具破壞性的方式新增、移除並修改影像中的內容，為影像編輯添加強大的效果後，再使用 Photoshop 精確的編輯工具加以完善，能有效節省創作的時間。

生成式 AI 的技術可透過適當的陰影、反射、光線和視角，來新增或創作內容，大幅縮短編輯時間，輕鬆替我們實現從無到有的高品質創作，包括：

- **輕鬆消除不想要的元素**：可以快速移除相片中的多餘內容，只要選取想要消除的項目，生成填色功能就會使用合理的影像內容取而代之。

- **微調、潤飾和重新製作**：使用文字提示為影像新增內容，例如在餐桌上新增佳餚、在風景照片中新增繚繞的雲霧、變更背景、更新服飾，並於隨後進行調整，產生的內容會新增至新的「生成圖層」，不會破壞原始影像。

- **擴展影像內容**：利用「生成擴充功能」擴展畫布並提高外觀比例，將直向相片轉換為橫向影像。

- **生成影像**：從零開始快速製作影像，只要輸入提示文字，愈精準的描述內容就愈能得到符合期望的影像結果。

> 說明
> - 「生成填色」和「生成擴充」是由 Adobe Firefly 生成式 AI 模型系列提供技術支援，因此在設計上可安全投入商業用途。
> - 生成式 AI 技術透過雲端計算，因此必須連線到網際網路才能使用。
> - Photoshop 支援超過 100 種語言的文字提示輸入。
> - 透過會籍訂閱或免費試用，即可在 Photoshop 中存取「生成填色」工具和固定數量的生成點數，依您訂閱的方案而有不同的可用點數，最新資訊請參考 Adobe 官網。

更新版本

STEP1 要在 Photoshop 中使用支援 AI 生成的功能，您必須安裝 Photoshop 25.0（含）以上的版本。因此啟動 Photoshop 後，若出現要求更新的提示畫面，請進行更新。

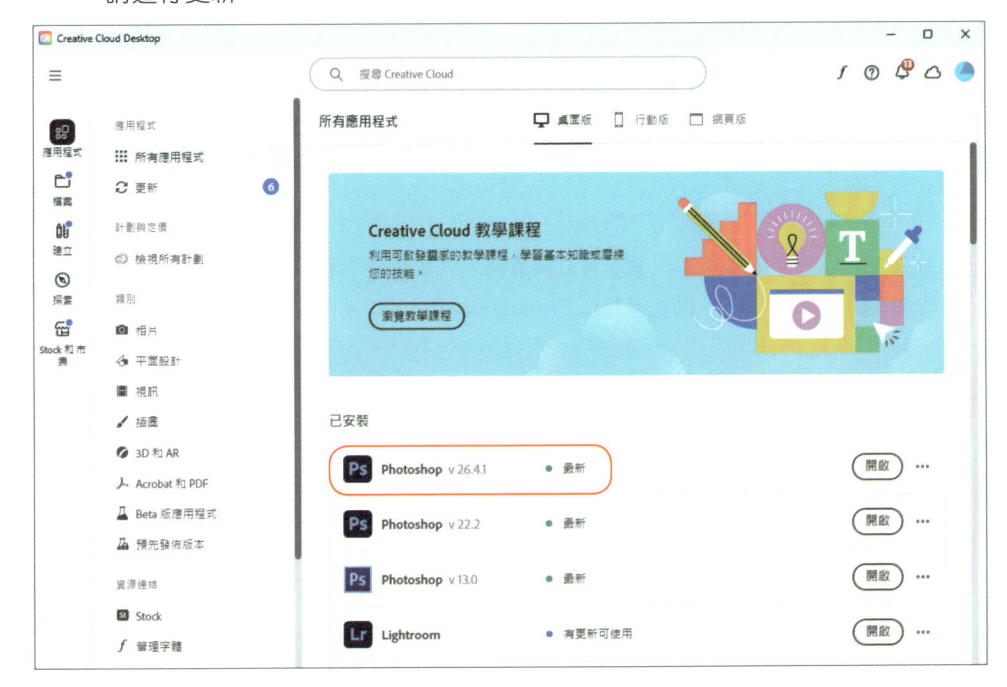

STEP2 於 Creative Cloud Desktop 視窗，點選 Beta 版應用程式，可安裝 Photoshop(Beta) 桌面版，下載內含最新 Adobe Firefly 模型的全新生成式 AI 功能。

接下頁 ➡

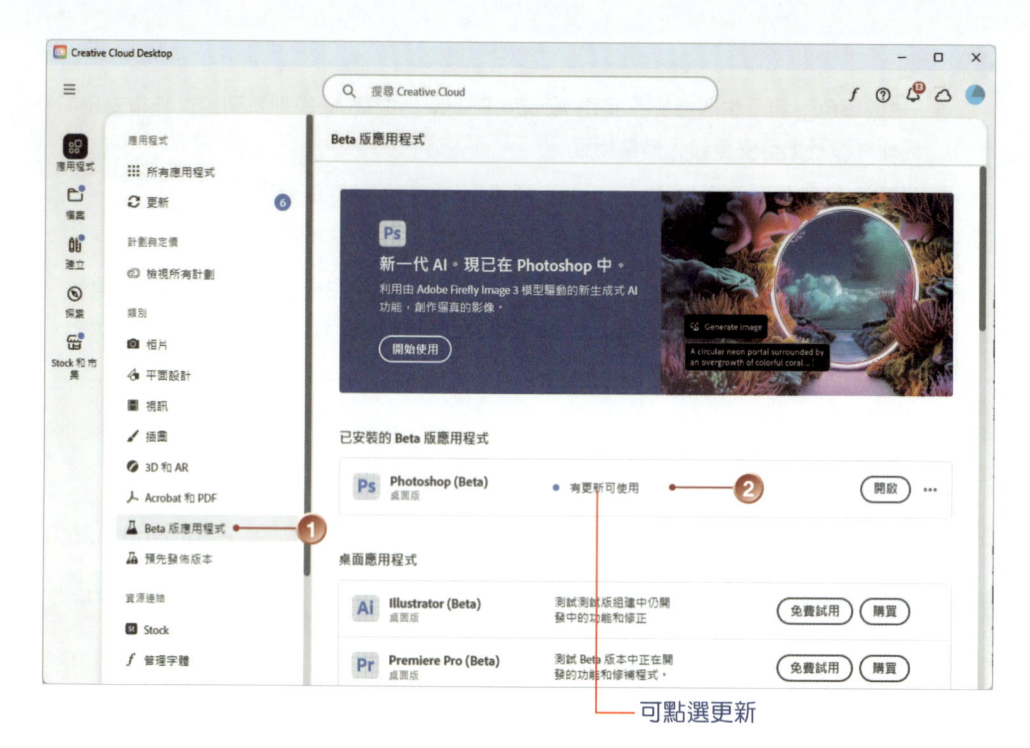

STEP **3** 安裝完畢啟動 Photoshop，即可開始體驗最新模型的生成式 AI 功能。

🗨 說明

AI 生成技術會不斷更新，只要您有訂閱會籍，就能隨時下載並使用最新的功能。由於 Beta 版仍在測評階段，因此本章以 Photoshop 2025(26.4.1) 版本操作。

13-3 生成式填色的實例介紹

從前面的介紹中已知 Photoshop 中的「生成式填色」功能，可以在影像中新增或移除物件、變更場景、擴張影像，還能無中生有，接下來以實例一探究竟。

13-3-1 生成式填色之變更背景

STEP**1** 開啟要處理的影像，畫面中會自動出現 **相關工作列**。使用任何選取工具選取影像中的物件或區域，或直接按下工具列中的【選取主體】鈕。

相關工作列

可快速移除背景

以 Adobe Firefly 建立的影像

接下頁 ➡

13-11

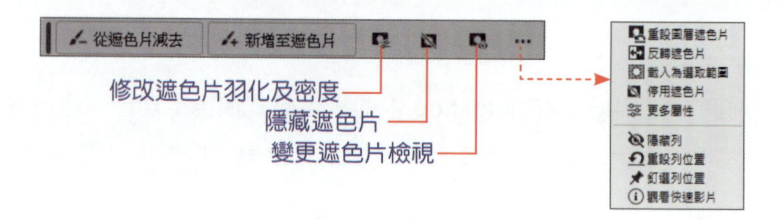

修改遮色片羽化及密度
隱藏遮色片
變更遮色片檢視

重設圖層遮色片
反轉遮色片
載入為選取範圍
停用遮色片
更多屬性

隱藏列
重設列位置
釘選列位置
觀看快速影片

STEP**2** 在隨即出現的工具列中按下 **反轉選取範圍** 鈕,再按【生成式填色】鈕。

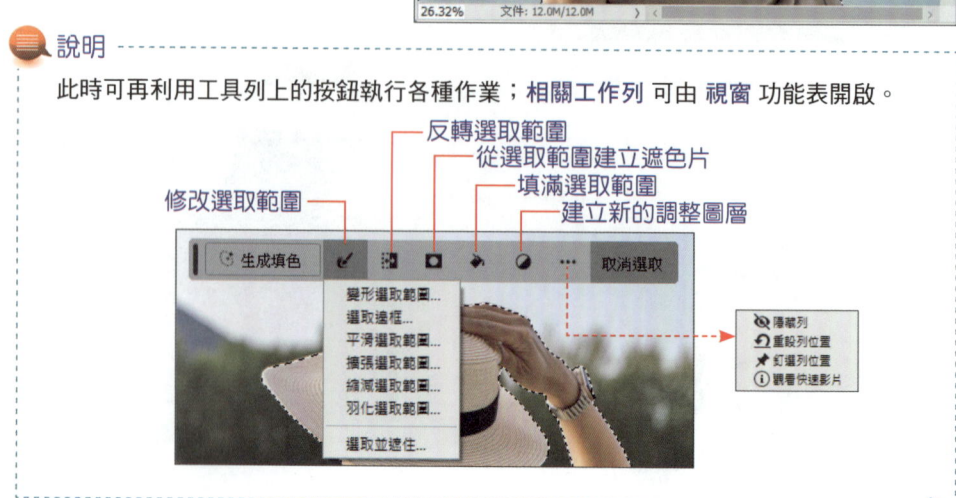

> 說明
> 此時可再利用工具列上的按鈕執行各種作業;**相關工作列** 可由 **視窗** 功能表開啟。

反轉選取範圍
從選取範圍建立遮色片
填滿選取範圍
建立新的調整圖層
修改選取範圍

變形選取範圍...
選取邊框...
平滑選取範圍...
擴張選取範圍...
縮減選取範圍...
羽化選取範圍...
選取並遮住...

隱藏列
重設列位置
釘選列位置
觀看快速影片

13-12

STEP 3 在文字輸入提示方塊中,針對您想要生成的物件或場景撰寫描述提示,或是保持空白讓 Photoshop 根據周圍環境填滿所選區域。按下【產生】鈕,開始產生內容。

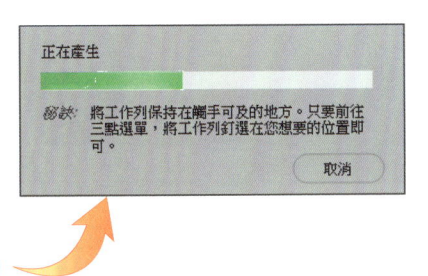

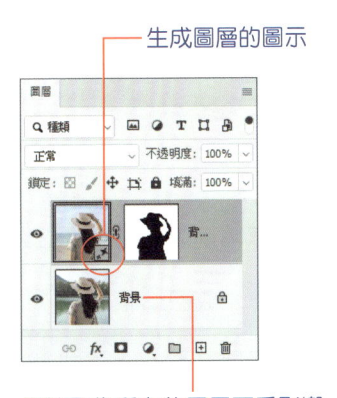

STEP 4 畫面上會顯示根據您提示所產生之不同圖稿的縮圖預覽,**圖層** 面板中會建立「生成」圖層,可對原始影像進行不具破壞性的編輯。

可預覽其他生成影像

生成圖層的圖示

原始影像所在的圖層不受影響

13-13

STEP 5 從 **內容** 面板中點選影像縮圖，也可切換顯示影像的不同版本。

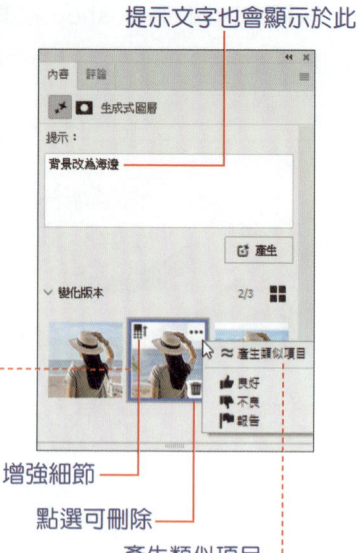

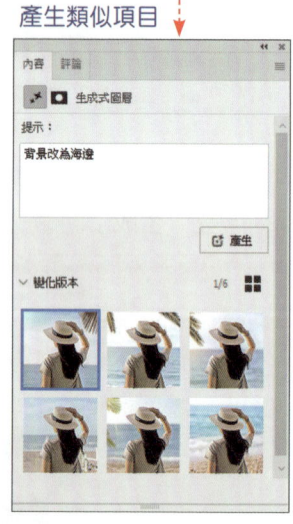

提示文字也會顯示於此

增強細節

點選可刪除

產生類似項目

> **說明**
> 刪除不需要的影像版本，可以減少檔案大小。

STEP 6 可再依需求以各種編修工具進行影像編輯。

STEP 7 不滿意生成的結果，請再按一次【產生】鈕產生更多影像縮圖。

STEP 8 將結果儲存為 psd 格式後，下次再開啟檔案時，工具列上仍會保留提示文字和縮圖。

> 💬 **說明**
> - 生成式點數的消耗取決於所產生輸出的運算成本，以及所使用生成式 AI 功能的價值。如果您有多個訂閱，能使用的生成式點數總數即是每個計劃中點數的加總。有 Adobe ID 的使用者可在帳戶中存取生成式點數計數，計數器上會顯示分配到您帳戶的每月點數，以及您在此週期內已使用的點數數目。
> - 生成式點數計數會每個月「重設」，因此當月的點數若沒用完，是不會累加到下個月的。

13-3-2 生成式填色之移除與擴張

STEP 1 開啟要處理的影像，以 **套索工具** 選取要移除的範圍，按【生成式填色】鈕。

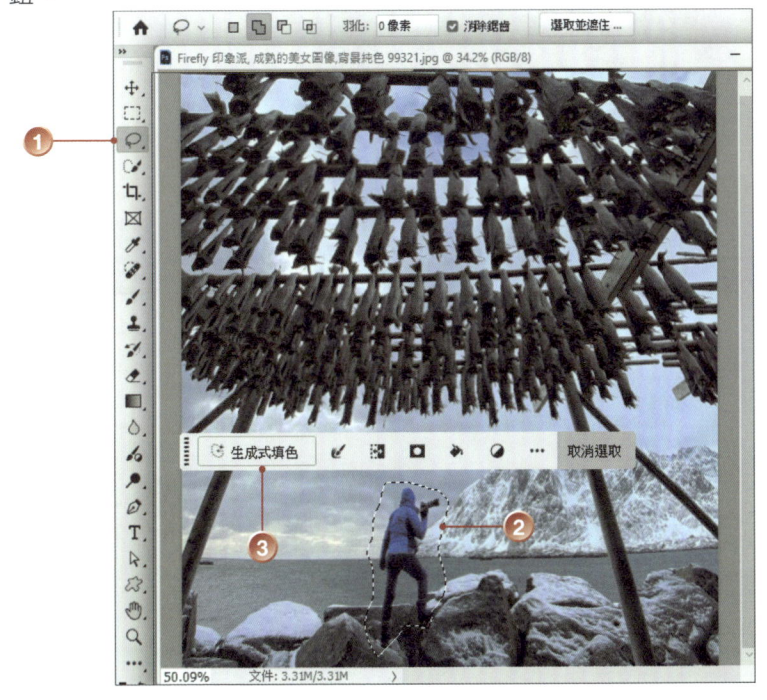

13-15

STEP**2** 在 **提示文字框** 內不輸入任何內容，直接按下【產生】鈕。

STEP**3** 產生結果後，瀏覽影像縮圖以檢視影像內容。

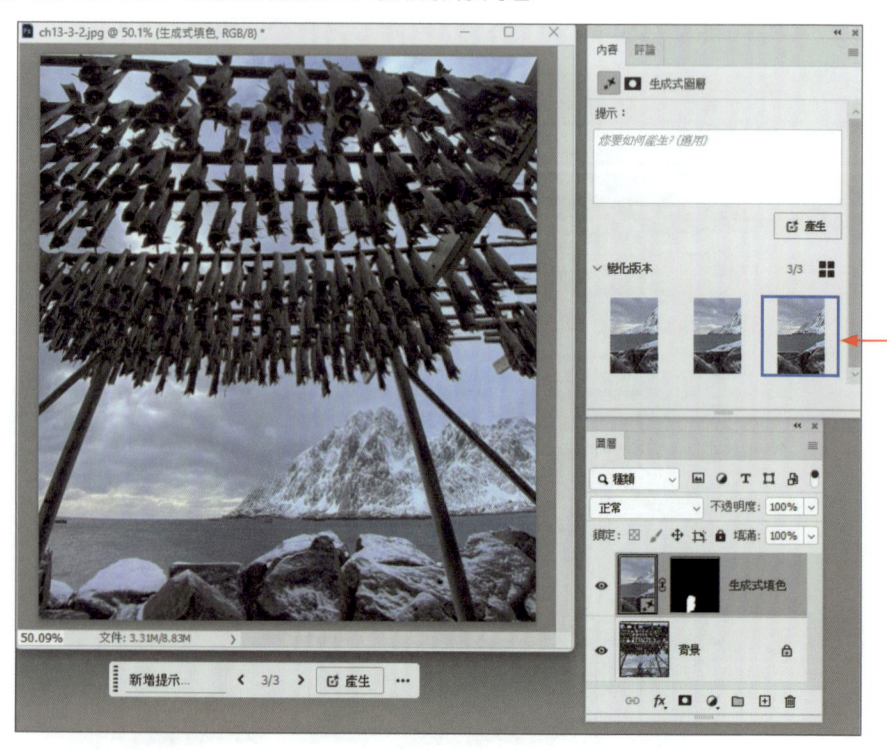

13-16

STEP**4** 點選 **裁切工具**，按住 Alt 鍵再拖曳右側控制點，將影像尺寸水平擴展後，先按【生成式擴張】鈕，再按下【產生】鈕。

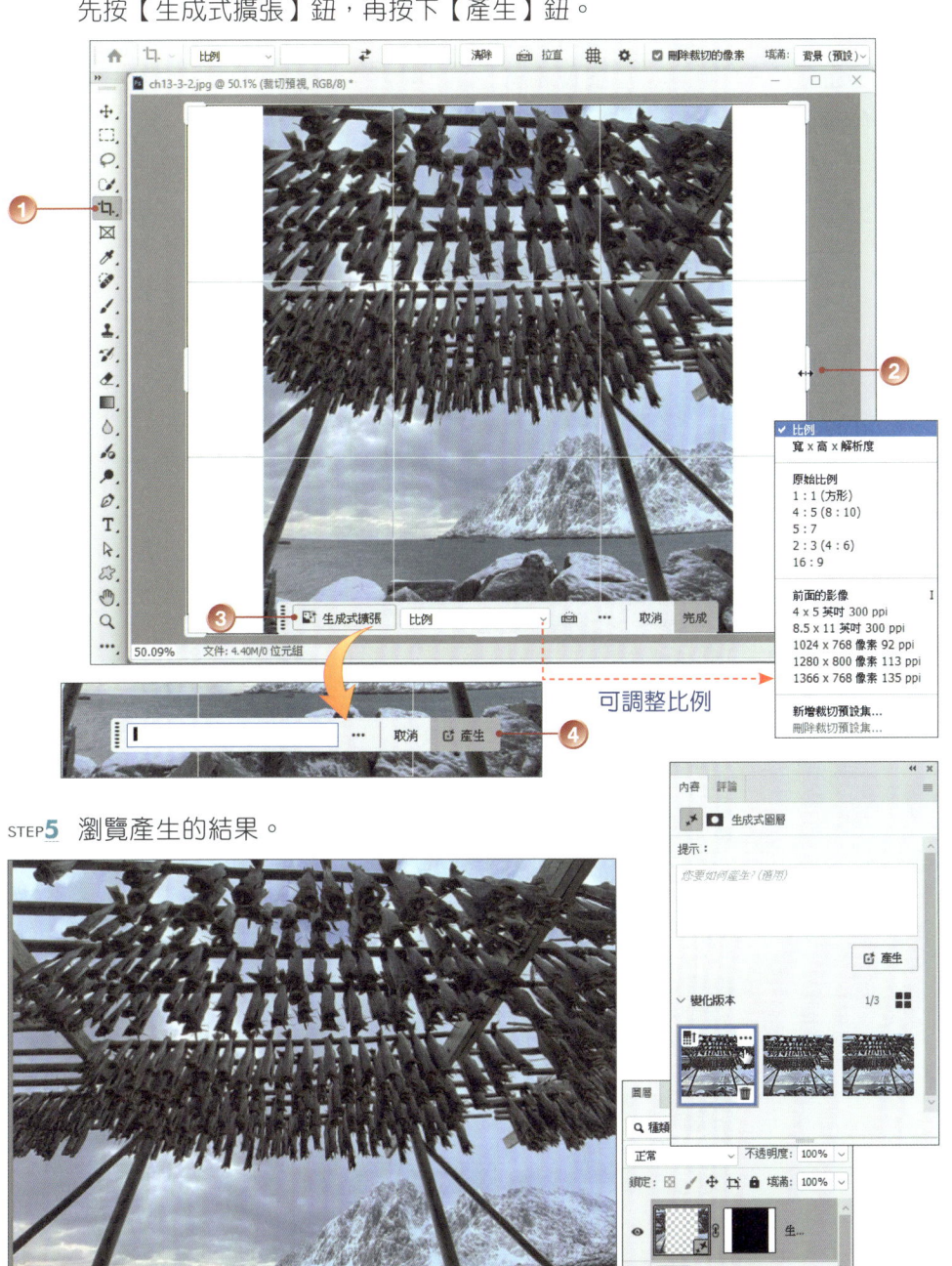

可調整比例

STEP**5** 瀏覽產生的結果。

13-17

13-3-3 生成式填色之無中生有

STEP1 開啟要處理的影像,以 **套索工具** 框選要產生內容的範圍,本例中要在餐桌上產生一杯咖啡,由於玻璃窗上會反射物件,因此也要做範圍選取,按下【生成式填色】鈕。

STEP2 在提示框內輸入「coffee」,按【產生】鈕。

STEP3 桌上和玻璃窗上都出現咖啡杯,並隨著光影呈現正確的陰影,不過玻璃窗上反射的咖啡杯有些突兀,可以在圖層遮色片上編輯改善。

STEP**4** 接著點選 **筆刷工具**，**模式** 為 **溶解**，調整筆畫的 **不透明** 程度，點選 **圖層遮色片** 縮圖，然後在反射的咖啡杯上進行塗抹。

13-19

調整後

STEP 5 再開啟另一個要處理的影像,以 **套索工具** 選取女人的頸部區域,按【生成式填色】鈕。

STEP 6 在提示框輸入「珍珠項鍊」,按【產生】鈕。

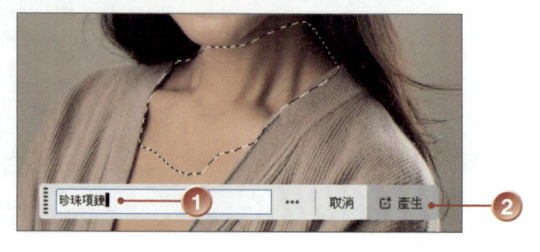

13-20

STEP 7 瀏覽產生的結果。

項鍊貼合頸部曲線、栩栩如生

STEP 8 如果想再換另一種項鍊，請再次點選文字提示框，輸入「紅寶石項鍊」，按【產生】鈕。

STEP 9 工具列上會顯示更多項目，**內容** 面板上可檢視影像縮圖。

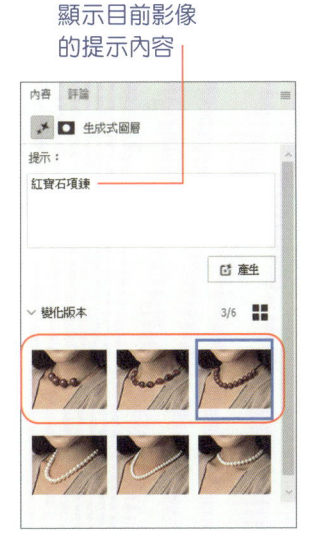

顯示目前影像的提示內容

13-21

STEP**10** 要將滿意的影像結果輸出，可將檔案另存為所需格式。

儲存為 JPG 格式 ⎯ 紅寶石項鍊.jpg

STEP**11** 再開啟一份 預設 Photoshop 大小 的新檔案。

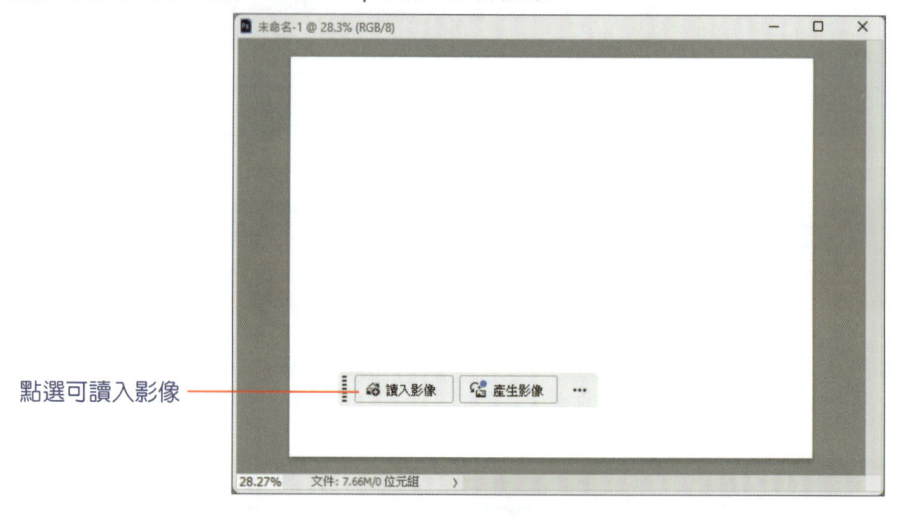

點選可讀入影像

STEP**12** 以 矩形工具 在影像上方拖曳出矩形區域，按【生成式填色】鈕。

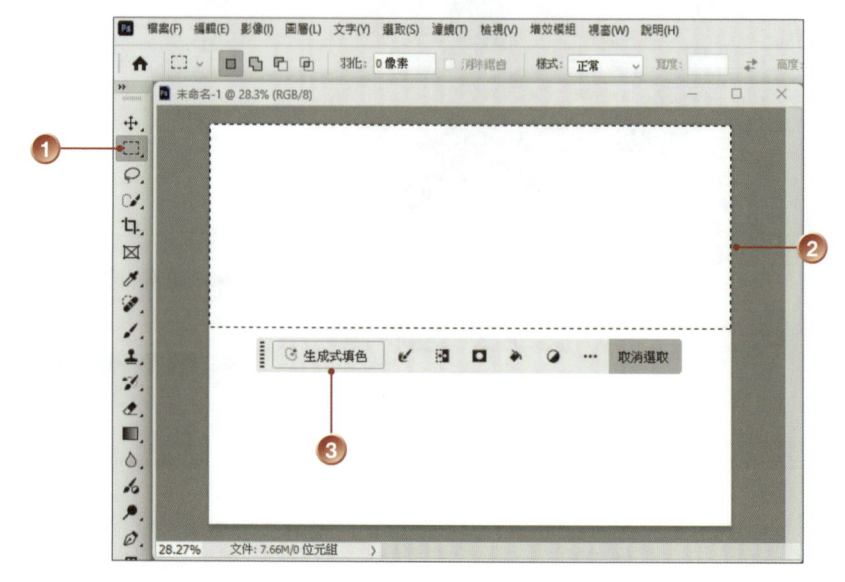

STEP**13** 在提示框中輸入「森林」，按【產生】鈕。

STEP**14** 再框選影像下方的矩形區域，按【生成式填色】鈕後，在提示框中輸入「湖泊與船隻」，按【產生】鈕。

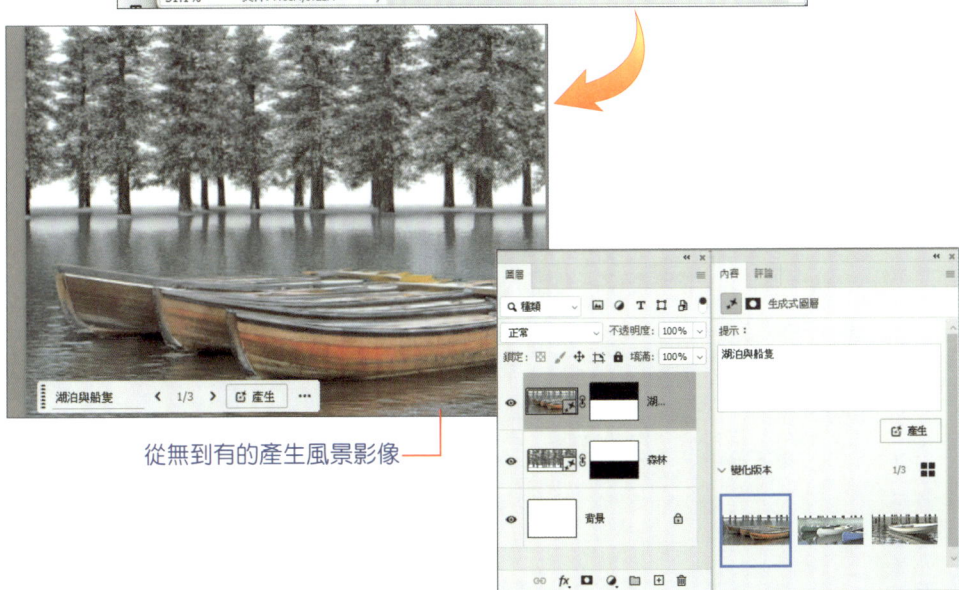

生成森林

從無到有的產生風景影像

13-23

STEP**15** 在步驟 11 選擇【產生影像】鈕,可以從範本中的提示內容加以修改,然後產生不同版本的影像內容。

13-24

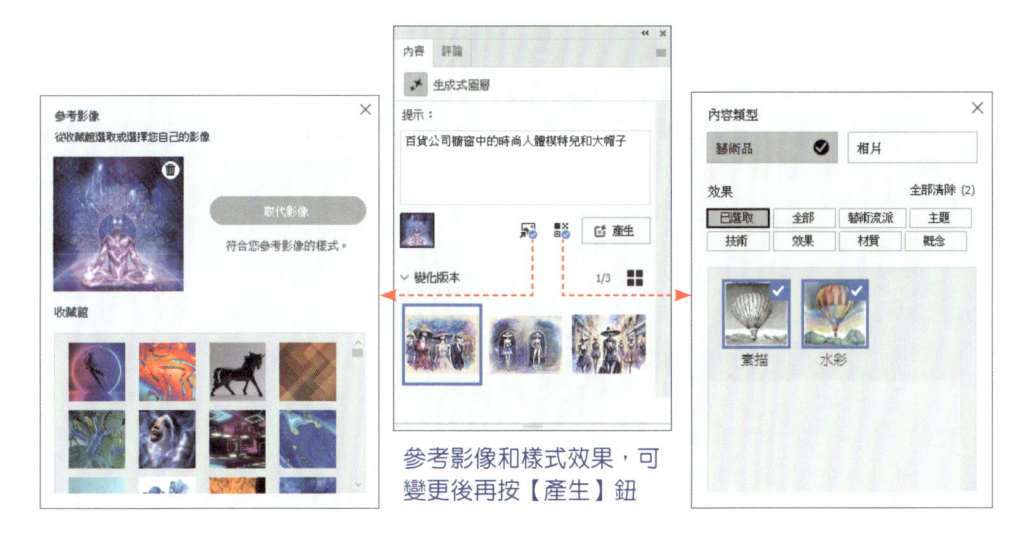

參考影像和樣式效果，可變更後再按【產生】鈕

STEP **16** 在步驟 15，從 **參考影像** 點選 **樣式**，可以從 **收藏館** 選擇影像，或是自選影像後，輸入提示內容並設定效果來產生影像內容。

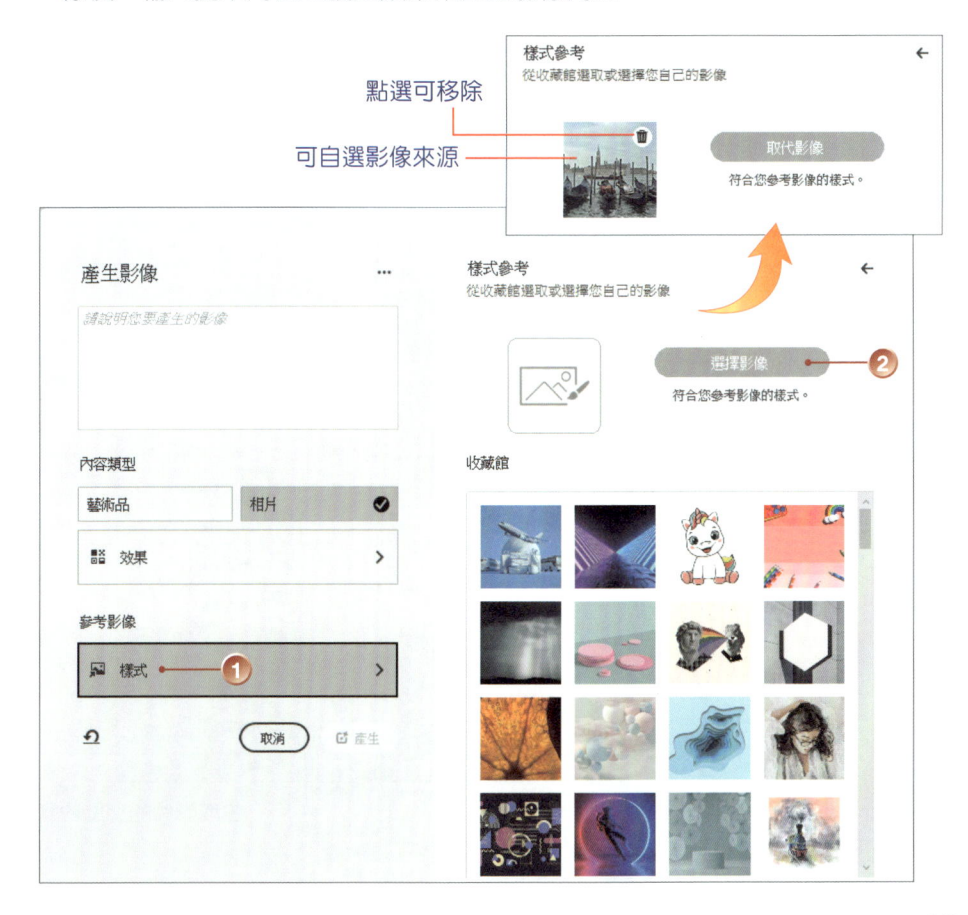

點選可移除

可自選影像來源

13

Photoshop中的生成式AI

13-25

> 💬 **說明**
>
> 如果在舊版本的 Photoshop 中,開啟包含「生成圖層」的 PSD 檔案,圖層會以「智慧型物件」顯示;在「智慧型物件圖層」上快按二下將其開啟,圖層 面板中會顯示各種生成影像的圖層內容。

在 Photoshop CS6 開啟包含「生成圖層」的檔案 — 智慧型物件圖層

開啟智慧型物件 — 生成影像的圖層內容

13-26

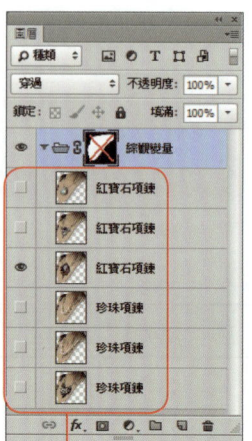

跟我學 Photoshop 一定要會的影像處理技巧 x AI 生成應用(第五版)

作　　　者：志凌資訊 郭姮劭 / 何頌凱
企劃編輯：江佳慧
文字編輯：江雅鈴
設計裝幀：張寶莉
發　行　人：廖文良

發　行　所：碁峰資訊股份有限公司
地　　　址：台北市南港區三重路 66 號 7 樓之 6
電　　　話：(02)2788-2408
傳　　　真：(02)8192-4433
網　　　站：www.gotop.com.tw
書　　　號：ACU086631
版　　　次：2025 年 06 月五版
建議售價：NT$590

商標聲明：本書所引用之國內外公司各商標、商品名稱、網站畫面，其權利分屬合法註冊公司所有，絕無侵權之意，特此聲明。

版權聲明：本著作物內容僅授權合法持有本書之讀者學習所用，非經本書作者或碁峰資訊股份有限公司正式授權，不得以任何形式複製、抄襲、轉載或透過網路散佈其內容。
版權所有‧翻印必究

本書是根據寫作當時的資料撰寫而成，日後若因資料更新導致與書籍內容有所差異，敬請見諒。若是軟、硬體問題，請您直接與軟、硬體廠商聯絡。

國家圖書館出版品預行編目資料

跟我學 Photoshop 一定要會的影像處理技巧 x AI 生成應用 / 郭姮劭, 何頌凱著. -- 五版. -- 臺北市：碁峰資訊, 2025.06
　面；　公分
ISBN 978-626-425-089-4(平裝)

1.CST：數位影像處理

312.837　　　　　　　　　　　　　　114006610